石墨烯基能源器件
Graphene – based Energy Devices

[韩] A. 拉希德·本·莫赫德·尤索夫
（A. Rashid bin Mohd Yusoff） 主编

张强强 何平鸽 徐 翔 王 玉 译

机械工业出版社

本书系统地介绍了石墨烯在能源器件领域的应用，有效地将学术研究与工业生产联系起来。本书不仅综述了石墨烯材料相关的主要合成技术、表征方法和物理化学性能，同时也系统地讨论了石墨烯在锂离子电池、超级电容器、储氢等储能领域的发展现状。此外，本书还包含了传统的产能器件、新型的微生物和酶促燃料电池等石墨烯基能源器件，以及进一步综述了石墨烯光伏发电的原理及应用。全书不仅从实验室尺度探讨了器件架构，同时从工业生产流程以及质量控制的层面深入阐释了石墨烯基能源器件的发展进程。本书内容全面系统，机理解释客观合理，理论分析深入，是一本学习石墨烯基功能材料在能源领域应用研究的经典著作。

本书适合材料科学、物理化学、电化学、固态物理学以及电工行业的科研工作者和技术人员阅读参考。

译 者 序

随着全球经济的高速发展以及人们对生活需求的不断增加,资源和能源日渐短缺,而生态环境日益恶化。因此,为了实现社会及经济高效与持续发展,一方面,需要积极开发出更多更环保的新能源;而另一方面,需要实现新能源的有效转化、利用及存储。进入21世纪以来,以光伏和动力电池为代表的新能源领域研究发展迅速,但是和人们期待的真正高效的能量转化和存储尚有较大差距,距离大规模的商业化应用尚需时日,因此需要大力研发具有优异性能的新型能源材料。石墨烯自2004年在实验室被成功剥离以来,受到了各个学科领域的广泛关注。而其独特的能带结构、大的比表面积、优异的电子输运特性和力学柔性,让石墨烯在新能源产业领域表现出巨大的应用潜力。然而目前,除了一些关于石墨烯基能源材料的综述文献以外,几乎很少有专业书籍系统地介绍关于石墨烯基结构在能源领域的应用,中文书籍就更是寥寥无几。这限制了石墨烯新型结构作为能源材料的广泛应用及推广。因此,为指导我国石墨烯资源优化整合、高效推动新能源产业的快速发展,开展关于石墨烯基材料在新能源领域应用外文专著资料的编译工作将具有重要的指导意义。

本书由韩国庆熙大学信息显示系高级显示研究中心 A. Rashid bin Mohd Yusoff 教授所著,2015年由 Wiley 出版社出版。本书系统地介绍了石墨烯结构在能源产业领域的发展历史沿革,不仅涵盖了石墨烯的制备方法、合成机理、功能化处理、结构表征和性能测试等相关内容,同时也介绍了石墨烯在超级电容器、锂离子二次电池、太阳电池、光催化、燃料电池、储氢以及光伏等领域应用的最新研究进展。本书内容全面详尽,机理解释客观合理,是一本学习石墨烯基功能材料在能源器件领域应用的经典著作,很适合石墨烯基能源材料领域化学、物理、材料等学科师生以及研究者参阅。

本书是政府产业发展政策研究制定者、科研人员、企业管理者等了解石墨烯基功能材料在能源领域应用研究的重要著作之一,并为对本领域感兴趣的专业研究者和非专业读者提供了有价值的参考。

本书的第1~8章由北京科技大学何平鸽翻译,第9~16章的翻译,以及本书译稿汇总由兰州大学张强强、王玉完成,本书图表、辅文等的翻译和校对由哈尔滨工业大学徐翔完成。

本书在翻译过程中,得到了机械工业出版社、翻译小组成员、研究团队成员和家人的支持和协助，以及 2018 年度"博士后创新人才支持计划"项目（项目编号：BX20180132）和甘肃省杰出青年科学基金（项目编号：18JR3RA263）的资助，在此一并表示感谢。

此外，本书的翻译受限于时间和译者自身能力，存在诸多的不足，敬请读者不吝批评指正。

何平鸽
于北京科技大学

原书前言

石墨烯是纳米级的神奇材料,是材料科学研究中最热门的领域之一。由曼彻斯特大学的两名俄罗斯科学家 Andre Geim 和 Konstantin Novoselov 于 2004 年发现,石墨烯革命性的物理特性为这两位科学家赢得了 2010 年诺贝尔物理学奖。从那时起,大量的努力付诸实现石墨烯作为能源材料的充分利用,并且当前在开发高效能量转换和存储装置方面已经实现了巨大的进步。在这方面,本书旨在概述能量转换和存储领域的最新研究进展。来自各个领域的研究人员,包括物理学、化学、材料科学、生物学和工程学,根据他们在这些领域的研究专长,编写了本书。

本书分为两个方面,即基础知识和应用。在基础章节(第 1 章)中,读者将了解石墨烯的基础知识和重要性能,然后介绍其合成。在合成部分,讨论了机械剥离,该方法是从高度有序的热解石墨中获得石墨烯的最简单方法之一。此外,该章还讨论了外延生长、化学气相沉积和溶液处理,包括超声波、插层和化学剥离。第 1 章还涉及各种表征方法,如原子力显微镜、扫描电子显微镜、透射电子显微镜、X 射线光电子能谱、X 射线衍射、拉曼光谱和光致发光。最后,该章讨论了石墨烯的光学性质以及石墨烯的一些光电应用。

本书的第 2 部分,大部分内容可分为两个不同的领域,即基于石墨烯的能量存储和基于石墨烯的能量转换。基于石墨烯的储能装置包括锂离子电池、超级电容器、光化学水分解装置、光催化装置和储氢装置。该部分还介绍了燃料电池、微生物燃料电池、酶促生物燃料电池、聚合物太阳电池和敏化剂。

本书的第 2 部分从锂离子电池有关的章节"组合"开始,即第 2 章和第 3 章。第 2 章介绍了锂离子电池的一些基本工作原理,石墨烯作为锂离子电池正极和负极材料的应用,以及石墨烯基柔性正极和负极材料的应用。第 3 章为石墨烯用于超级电容器、锂硫电池、燃料电池和太阳电池提供了一些额外的讨论。

第 4 章、第 5 章和第 6 章专门介绍了高性能石墨烯超级电容器。从双电层电容器开始,第 4 章主要为我们提供了一个新的方面,其中就石墨烯/金属氧化物纳米复合材料和石墨烯/导电聚合物复合材料作为超级电容器的主要电极材料进行了深入的讨论。第 5 章从石墨烯的一些合成路线开始,包括自上而下和自下而上的方法,并讨论了石墨烯/金属氧化物/导电聚合物纳米复合材料超级电容器。第 6 章与第 4 章和第 5 章不同,因为它涉及电容器和电化学电容器的基本原理。此外,该章还介绍了基于双层电容的电容器,该电容器由石墨烯基的电极组成,石墨烯通过还原氧化石墨烯、活化的石墨烯、石墨烯和碳纳米结构复合物以及氮掺杂的石墨烯合成。该章还详细讨论了基于石墨烯/赝电容材料复合物和基于石墨烯的不对称超级电容器的电极。最后，第6章讨论了基于石墨烯的微型电容器。

第7章涉及水分解，这是一种储能机制。该章首先介绍了太阳能驱动水分解装置的基本构建模块，并讨论了石墨烯在这类器件中的应用前景。它还介绍了石墨烯与各种半导体的组合，用于集成光化学电池。原石墨的高度氧化和剥离产品为石墨烯基混合光催化体系的开发提供了极大的便利。该章还涉及石墨烯基电解槽装置，它将太阳光转化为电能，为电解水提供必要的电压。一些好的结论和观点最终在该章最后介绍。

第8章和第9章主要关注石墨烯的光催化作用。第8章的第一部分涉及石墨烯和氧化石墨烯的合成机理及其性质。此外，还讨论了基于石墨烯的半导体光催化剂，其使用单个二氧化钛（金红石）晶体作为光电阳极，并且使用铂作为反电极。该章最后讨论了各种光催化应用，如有机污染物的光降解、H_2O的光催化分解、光催化还原CO_2和其他应用。第9章从石墨烯基光催化剂的合成方法开始，包括异位杂化和原位生长策略。在后一种情况下，水热法被认为是合成无机纳米晶体有力且通用的工具。最近，电化学和电泳沉积已经引起了极大的关注，因为它们不需要复合材料的任何合成后转移的过程。例如，已经成功地将恒定电流应用于还原氧化石墨烯上种植纳米颗粒，随后在恒定电位模式下生长纳米颗粒。此后讨论了化学气相沉积和光化学反应。该章最后讨论了能源应用、光催化析氢、光催化还原二氧化碳和环境修复。

第10章涉及基于石墨烯的储氢，它由低温液体、高压气体电池、低温吸附物、金属氢化物和化学存储组成。此外，该章还讨论了分子氢和石墨烯基金属/金属氧化物纳米颗粒的存储，这些纳米颗粒最近引起了人们对储氢的关注。此外，为了显著提高它们的氢结合能力，该章详细讨论了掺杂有诸如硼、铝、硅或氮等元素的石墨烯。该章最后讨论了基于氢溢出的原子氢存储。

本书的最后一部分主要关注燃料电池、微生物燃料电池、酶促生物燃料电池、聚合物太阳电池和敏化剂。第11章的第1部分主要涉及质子交换膜燃料电池、直接甲醇燃料电池、直接甲酸燃料电池和直接醇燃料电池的配置和设计。第2部分讨论石墨烯/金属纳米结构已用作电催化剂，包括金属纳米团簇（Au、Ag和Cu）、单金属颗粒和合金纳米颗粒、核-壳纳米结构、中空纳米结构、立方纳米结构、纳米线和纳米棒、花状纳米结构、纳米枝晶和二维或三维纳米结构。

第12章和第13章主要关注微生物燃料电池中石墨烯的应用。第12章讨论了微生物燃料电池的基本工作原理，它们的一些优点以及分类。接下来介绍了微生物燃料电池的历史和未来前景。最后，该章讨论了基于石墨烯的微生物燃料电池的各个方面，如阳极、膜和阴极。第13章涉及微生物燃料电池中电极性能的改善。它以石墨烯及其衍生物如纳米片、三维石墨烯和氧化石墨烯作为阳极开始。然后讨论了石墨烯材料作为阴极电极，其包括裸石墨烯、涂覆的石墨烯和掺杂的石墨烯。最后，该章以一些积极的前景和对石墨烯微生物燃料电池未来改进的详细讨论结束。

第14章介绍了另一种燃料电池，即酶促生物燃料电池。该章相当简短，因为该领域的研究刚刚开始。该章的第1部分涉及无膜酶促生物燃料电池，第2部分讨论了改性的阳极和阴极。这些包括电化学还原氧化石墨烯和石墨烯-单壁碳纳米管。

第15章讨论了石墨烯在太阳电池中的各种应用。如今，石墨烯已成功用于有机太阳电池中作为阳极、空穴和电子界面层，以及顶部电极。该章还涉及更换目前使用的透明电极氧化铟锡（ITO）的可能性，还讨论了使用石墨烯作为串联太阳电池中的中间层。

第16章最后讨论石墨烯作为存储集流体及阳极和阴极集流体的敏化剂。此外，该章还涉及染料敏化太阳电池中光电阳极添加剂的领域。最后，该章介绍了石墨烯作为阴极电催化剂，其中包括氮、硼、磷、硫和硒掺杂的石墨烯。

本书汇集了各种来源的材料，包括作者以前发表的文章、最新的实验和讲义。本书中的所有材料都经过组织和审核，现在以一致且更易读的方式呈现，因为它们已经过非常彻底的审核和重新制定。编写并同时编辑基于石墨烯的能量转换和存储设备的书籍是一件非常愉快的事情。对我来说，本书是一种爱的劳动成果，并且沿着一个统一的主题编写内容的冒险本身是一个丰富的经历和充分的回报。我希望所有的读者在探索本书的每一页时，都能同样得到很大的收获和理解。最后，我要感谢我亲爱的妻子 Sharifah Nurilyana 和我们的家人的支持和理解。感谢我的学生、同事，特别是我的导师 Jin Jang，他们提供了富有成效的讨论和帮助。

A. Rashid bin Mohd Yusoff
首尔
2014.10.23

目 录

译者序
原书前言
第1章 石墨烯的基础原理 ……… 1
1.1 引言 ……… 1
1.2 石墨烯的制备 ……… 3
  1.2.1 机械剥离法 ……… 3
  1.2.2 外延生长 ……… 3
  1.2.3 CVD 生长石墨烯 ……… 4
  1.2.4 溶液法制备石墨烯 ……… 5
  1.2.5 基于氧化石墨烯的复合材料 ……… 7
1.3 石墨烯的表征 ……… 12
  1.3.1 AFM ……… 12
  1.3.2 SEM ……… 14
  1.3.3 TEM/SEAD/EELS ……… 14
  1.3.4 XPS ……… 17
  1.3.5 XRD ……… 17
  1.3.6 拉曼光谱 ……… 19
  1.3.7 PL 测试 ……… 20
1.4 石墨烯的光学性质改性 ……… 21
  1.4.1 石墨烯（太赫兹，紫外-可见光-近红外光谱）吸收性能改性 ……… 21
  1.4.2 石墨烯 PL 性质的改性 ……… 25
1.5 石墨烯的光电应用 ……… 33
参考文献 ……… 38

第2章 基于石墨烯的锂离子电池电极 ……… 42
2.1 引言 ……… 42
2.2 LIB 的工作原理 ……… 42
2.3 基于石墨烯的 LIB 正极材料 ……… 44
2.4 基于石墨烯的 LIB 负极材料 ……… 46
  2.4.1 基于石墨烯的 LIB 负极 ……… 46
  2.4.2 石墨烯基复合材料 LIB 负极 ……… 48

2.5 二维柔性和不含黏合剂的石墨烯基电极 ……… 57
  2.5.1 基于石墨烯基的柔性 LIB 负极材料 ……… 58
  2.5.2 基于石墨烯的柔性 LIB 正极材料 ……… 63
2.6 三维宏观石墨烯基电极 ……… 64
2.7 总结和展望 ……… 66
参考文献 ……… 68

第3章 基于石墨烯的储能装置 ……… 74
3.1 引言 ……… 74
3.2 石墨烯用于锂离子电池 ……… 74
  3.2.1 负极材料 ……… 74
  3.2.2 正极材料 ……… 88
3.3 石墨烯用于超级电容器 ……… 96
3.4 石墨烯用于锂硫电池 ……… 99
3.5 石墨烯用于燃料电池 ……… 101
3.6 石墨烯用于太阳电池 ……… 102
3.7 总结 ……… 104
参考文献 ……… 104

第4章 基于石墨烯纳米复合材料的超级电容器 ……… 108
4.1 引言 ……… 108
4.2 基于石墨烯的超级电容器 ……… 109
  4.2.1 EDLC ……… 109
  4.2.2 石墨烯/金属氧化物纳米复合材料 ……… 112
  4.2.3 石墨烯/导电聚合物复合材料 ……… 114
  4.2.4 原子层沉积技术制备石墨烯/金属氧化物纳米复合材料 ……… 119
4.3 问题和展望 ……… 119
参考文献 ……… 121

目 录

第5章 基于新型石墨烯复合材料的高性能超级电容器 ... 127
- 5.1 引言 ... 127
- 5.2 石墨烯的制备方法 ... 129
  - 5.2.1 "自上而下"的制备方法 ... 130
  - 5.2.2 "自下而上"的制备方法 ... 131
- 5.3 基于石墨烯的超级电容器电极 ... 132
  - 5.3.1 石墨烯 ... 132
  - 5.3.2 石墨烯基复合材料 ... 133
- 5.4 结论和展望 ... 144
- 参考文献 ... 144

第6章 石墨烯应用于超级电容器 ... 149
- 6.1 引言 ... 149
  - 6.1.1 电化学电容器 ... 150
  - 6.1.2 石墨烯作为超级电容器材料 ... 152
- 6.2 用于石墨烯基电容器的电极材料 ... 153
  - 6.2.1 基于双层电容的石墨烯电极材料 ... 153
  - 6.2.2 石墨烯/赝电容复合电极材料 ... 159
- 6.3 基于石墨烯的不对称超级电容器 ... 167
  - 6.3.1 基于石墨烯和赝电容材料的非对称电容器 ... 168
  - 6.3.2 石墨烯基锂离子电容器 ... 172
- 6.4 石墨烯基微型超级电容器 ... 174
- 6.5 总结和展望 ... 177
- 致谢 ... 178
- 参考文献 ... 178

第7章 基于石墨烯的太阳能驱动水分解装置 ... 187
- 7.1 引言 ... 187
- 7.2 太阳能驱动水分解装置的基本结构 ... 188
- 7.3 石墨烯在太阳能驱动水分解装置中的前景 ... 188
- 7.4 基于石墨烯的集成光电化学电池 ... 190
- 7.5 基于石墨烯的混合胶体光催化体系 ... 197
- 7.6 基于石墨烯的光伏/电解器件 ... 206
- 7.7 结论和观点 ... 210
- 参考文献 ... 210

第8章 石墨烯衍生物在光催化中的应用 ... 218
- 8.1 引言 ... 218
- 8.2 氧化石墨烯和还原氧化石墨烯 ... 219
  - 8.2.1 制备 ... 219
  - 8.2.2 性能 ... 220
- 8.3 石墨烯基半导体光催化剂的合成 ... 222
  - 8.3.1 混合法 ... 223
  - 8.3.2 溶胶-凝胶工艺 ... 223
  - 8.3.3 水热和溶剂热法 ... 224
- 8.4 光催化应用 ... 225
  - 8.4.1 有机污染物的光降解 ... 225
  - 8.4.2 光催化分解 H_2O ... 229
  - 8.4.3 光催化还原 CO_2 ... 231
  - 8.4.4 其他应用:染料敏化太阳电池 ... 232
- 8.5 结论和展望 ... 233
- 致谢 ... 234
- 参考文献 ... 234

第9章 石墨烯基光催化剂在能源领域的应用:进展和未来前景 ... 243
- 9.1 引言 ... 243
  - 9.1.1 石墨烯基光催化剂的合成 ... 244
  - 9.1.2 异位杂化策略 ... 244
  - 9.1.3 原位生长策略 ... 245
- 9.2 能源应用 ... 248
  - 9.2.1 光催化氢气的释放 ... 248
  - 9.2.2 光催化还原二氧化碳 ... 250
  - 9.2.3 环境修复 ... 251
- 9.3 结论和展望 ... 252

参考文献 ………………………… 252

第10章 石墨烯基储氢装置 ……… 259
10.1 引言 …………………………… 259
10.2 分子氢的存储 ………………… 260
   10.2.1 石墨烯基金属/金属氧化物 …………………… 263
   10.2.2 掺杂石墨烯 ……………… 263
10.3 基于氢溢流的原子氢存储 … 264
参考文献 ………………………… 266

第11章 可控尺寸和形状石墨烯支撑的金属纳米结构用于燃料电池的先进电催化剂 …… 269
11.1 引言 …………………………… 269
11.2 燃料电池 ……………………… 270
   11.2.1 PEMFC 的配置和设计 … 270
   11.2.2 DMFC ……………………… 271
   11.2.3 DFAFC ……………………… 273
   11.2.4 DAFC 和生物燃料电池 … 274
11.3 石墨烯基金属纳米结构作为燃料电池的电催化剂 …………… 274
   11.3.1 石墨烯支撑的金属纳米团簇 ……………………… 275
   11.3.2 石墨烯支撑的单金属和合金金属纳米颗粒 …………… 277
   11.3.3 石墨烯支撑的核-壳纳米结构 ……………………… 280
   11.3.4 石墨烯支撑的中空纳米结构 ……………………… 282
   11.3.5 石墨烯支撑的立方纳米结构 ……………………… 283
   11.3.6 石墨烯支撑的纳米线和纳米棒 …………………… 286
   11.3.7 石墨烯支撑的花状纳米结构 ……………………… 287
   11.3.8 石墨烯支撑的纳米枝晶 … 289
   11.3.9 其他石墨烯支撑的二维或三维纳米结构 …………… 289
11.4 结论 …………………………… 291
致谢 ……………………………… 291

参考文献 ………………………… 292

第12章 石墨烯微生物燃料电池 ……………………… 296
12.1 引言 …………………………… 296
12.2 MFC ……………………………… 297
   12.2.1 MFC 的工作原理 ………… 297
   12.2.2 MFC 的优势 ……………… 297
   12.2.3 MFC 的分类 ……………… 298
12.3 MFC 的发展历史 ……………… 300
12.4 MFC 的应用前景 ……………… 300
   12.4.1 微型电池嵌入身体 ……… 301
   12.4.2 移动电源 ………………… 301
   12.4.3 光合作用产生电力 ……… 301
   12.4.4 生物传感器 ……………… 301
   12.4.5 偏远地区或公海的电力供应 …………………… 301
   12.4.6 有机废水处理 …………… 301
12.5 MFC 中存在的问题 …………… 302
12.6 基于石墨烯的 MFC ……………… 302
   12.6.1 阳极 ……………………… 302
   12.6.2 膜 ………………………… 303
   12.6.3 阴极 ……………………… 303
参考文献 ………………………… 304

第13章 石墨烯基材料在改善微生物燃料电池电极性能中的应用 …………………………… 308
13.1 引言 …………………………… 308
13.2 MFC 中阳极电极的石墨烯材料 …………………… 309
   13.2.1 石墨烯纳米片 …………… 309
   13.2.2 三维石墨烯 ……………… 311
   13.2.3 GO ………………………… 312
13.3 用于 MFC 中阴极电极的石墨烯材料 …………………… 313
   13.3.1 裸石墨烯 ………………… 314
   13.3.2 用石墨烯作为掺杂剂的聚合物涂层 ………………… 314
   13.3.3 用石墨烯作为支撑物的金属涂层 ………………… 315

13.3.4 氮掺杂石墨烯 ………… 316
13.4 展望 …………………………… 317
参考文献 ……………………………… 318

第14章 石墨烯及其衍生物在酶促生物燃料电池中的应用 ………… 322

14.1 引言 …………………………… 322
14.2 无膜酶促生物燃料电池 ………… 323
14.3 改性生物阳极和生物阴极 ……… 325
  14.3.1 电化学还原的 GO 和 MWCNT/ZnO ………………… 325
  14.3.2 石墨烯/SWCNT ………… 326
14.4 结论 …………………………… 327
致谢 …………………………………… 327
参考文献 ……………………………… 327

第15章 石墨烯及其衍生物用于高效有机光伏 ………………… 329

15.1 引言 …………………………… 329
15.2 太阳电池中的各种应用 ………… 329
  15.2.1 导电电极 ……………… 329
  15.2.2 活动层 ………………… 336
  15.2.3 电荷传输层 …………… 339
  15.2.4 电子传输层 …………… 346

15.3 结论 …………………………… 350
致谢 …………………………………… 350
参考文献 ……………………………… 350

第16章 石墨烯作为敏化剂 ……… 355

16.1 石墨烯作为敏化剂 ……………… 355
16.2 石墨烯作为存储集流体 ………… 357
  16.2.1 阳极集流体 …………… 358
  16.2.2 阴极集流体 …………… 359
16.3 石墨烯作为光电阳极添加剂 …… 361
  16.3.1 DSSC 应用程序 ……… 361
  16.3.2 OPV 应用 ……………… 362
  16.3.3 锂离子电池 …………… 363
  16.3.4 传感器应用 …………… 363
  16.3.5 透明导电薄膜 ………… 364
  16.3.6 光催化应用 …………… 365
16.4 石墨烯作为阴极电催化剂 ……… 365
  16.4.1 N 掺杂石墨烯 ………… 366
  16.4.2 B、P、S 和 Se 掺杂的石墨烯 …………………… 366
16.5 结论 …………………………… 367
致谢 …………………………………… 368
参考文献 ……………………………… 368

第1章 石墨烯的基础原理

Seong C. Jun

1.1 引言

石墨烯是由碳原子以 sp^2 键合成六边形单元组成的单原子厚的片层结构,由于它的电子能带结构而引起独特的电子[1]、力学[2]和热学[3]特性而受到了极大的关注。因为石墨烯的广泛适应性,使得它在各个领域展现出无限的应用可能性[4,5];同时,由于其独特的本质属性,碳的 π 电子之间会产生特殊色散关系[1]。

存在许多不同的方法来制备"原始"石墨烯结构。石墨烯的合成主要分为剥离[6]、化学气相沉积(CVD)[7]、电弧放电[8]和氧化石墨烯(GO)的还原[9]等几种方法。其中有一种方法是通过石墨晶体的机械剥离来分离石墨烯片层结构,但这种方法不能大规模化,仅仅限于小面积石墨烯,使得石墨烯的横向尺寸在数十至数百微米的量级。但也有报道显示能够通过机械剥离图案化石墨以制备图案化的石墨烯。

石墨烯的大规模合成方法包括碳化硅的热分解[10]和 CVD 生长。通过在温度范围 1000~1500℃ 的超高真空(UHV)环境下加热 C 面或 Si 面,使 Si 升华,同时伴随烃的热分解,最终可以在 SiC 基底表面形成具有 sp^2 键合的碳层。CVD 方法能够合成高品质、大表面积的石墨烯,因此引起了广泛的关注。也有相关研究报道了石墨烯薄片的气相合成法以及多层石墨烯的电弧放电合成法。

而通过石墨在溶剂中的剥离,能够获得 GO 分散体以产生单独的 GO 片层结构,以这种方法制备石墨烯,生产成本低,并具有大规模生产的潜力[9]。根据最近的研究,GO 由位于片层顶部和底部表面的酚羟基和环氧官能团,以及主要位于片层边缘含有 sp^2 杂化碳的羧基和羰基构成,这些基团为获得功能化的石墨烯基材料提供了巨大的机会[11]。将石墨氧化成 GO 会破坏堆叠的石墨烯片层的 sp^2 杂化结构,而这种石墨烯晶格的破坏反映在层间距的变化:由石墨的 0.335nm 层间距增加到 GO 中大于 1nm 的层间距。在 GO 中,sp^2/sp^3 杂化比例的调控开辟了一些材料可能的新功能,并且由于含氧基团的形成而导致 π 电子网络的波动,从而产生有限的电子能带隙。因此,有可能通过不同气体的化学或物理处理,以降低电子网络的导电性,从而调节材料的电子结构[12-14]。与所有原子都是 sp^2 杂化的原始石墨烯不同,GO 还含有与含氧官能团共价键合的 sp^3 碳原子。

石墨烯的表征涉及各种微观分析和光谱技术，例如，X 射线衍射（XRD）、透射电子显微镜（TEM）、低能电子衍射（LEED）、拉曼光谱、扫描电子显微镜（SEM）等。表征工具可用于研究石墨烯的结构、化学与电学性质，甚至磁性。蒙特卡罗模拟 TEM 技术已经解决了自由悬浮石墨烯表面的固有波纹问题，并且可以使用光学显微镜来确定石墨烯的层数和缺陷的存在[15,16]。光学显微镜是基于界面处的反射光束之间的干涉而引起的对比度。SEM 中的对比度也可用于确定石墨烯的层数[17]。而使用 TEM，通过观察薄片的边缘，可以分析石墨烯的层数。TEM 还可用于评定石墨烯层的数量以及石墨烯薄膜的结晶质量[10]。TEM 图片能够提供 sp^2 簇的图像以及缺陷信息。而衍射实验提供了晶格取向的相关信息，并且可以反映不同的晶粒结构。在电子衍射这种有效的分析工具中，其衍射峰的强度随单层石墨烯的入射角变化不大。但是，在双层石墨烯中，不同入射角，其衍射强度发生变化。因此，通过比较电子衍射图案的相对强度，可以确定石墨烯的层数。石墨烯层的厚度可以通过处于轻敲模式的原子力显微镜（AFM）获得。同时，可以通过扫描隧道显微镜（STM）研究沉积在不同 Si 基底上的石墨烯薄片的高度波动。

拉曼光谱是检测石墨烯晶体质量的主要手段，它是一种非破坏性检测方法，不需要真空环境。拉曼光谱是一种通过观察在大约为 $2700cm^{-1}$ 处 2D 峰的位置和形状来确定石墨烯层数的方法。GO 的拉曼光谱主要由位于约 $1586cm^{-1}$ 处的 G 峰、约 $1350cm^{-1}$ 处的 D 峰以及 $2697cm^{-1}$ 处的 2D 峰组成[18]。所有无序碳结构的拉曼光谱均主要由 sp^2 位点的相对尖锐的 G 峰和 D 峰特征决定。G 峰和 2D 峰分别代表 E_{2g} 振动和芳香碳环中的平面外模式。G 峰是布里渊区中心的变性光学声子模式，而这种模式是由单一共振过程所诱导。位于 $1350cm^{-1}$ 附近的峰被定义为 D 峰 [平面碳环呼吸模式（A_{1g} 模式）]，而 D 峰是不会出现在完美的石墨结构中。该过程需要在缺陷位置上散射以保持其动量。另外，这种碳系统中的光致发光（PL）通常是 sp^2 簇中局部 e-h 对重组的结果[19]。同时，还能观察到 GO 和石墨烯量子点的 PL 峰对激发波长的依赖性，当激发波长从 320nm 变为 420nm 时，PL 峰从 430nm 移动到 515nm[13]。Bao 等人[20]报道了基于化学改性石墨烯结构中强烈的 PL 现象，其中通过氧等离子体处理石墨烯以在其结构中引入带隙开口，并且带隙开口的程度与氧化程度成比例。而 Gokus 等人描述了氧等离子体处理对 CVD 过程生长单层和少层石墨烯（FLG）的 PL 性质的影响，他们观察到氧等离子体处理的石墨烯的可见发光现象，这种现象归因于与碳-氧有关的局部状态的改变[21]。通过在石墨烯表面上产生波纹，能够改变石墨烯的局部电学和光学性质，因此，波纹改性工程可以应用于各种设备中。

1.2 石墨烯的制备

1.2.1 机械剥离法

机械剥离法是由高度有序的热解石墨（HOPG）获得石墨烯的最简单方法之一，能够确保材料其光滑的边缘结构。机械剥离是将大块晶体［例如六方氮化硼（h-BN）或二硫化钼（MoS_2）］剥离成少层超薄单晶层的通用且新颖的方法。在曼彻斯特大学的 Andre Geim 和 Konstantin Novoselov 的研究中，他们通过这种方法剥离和分离了一些微米尺寸的石墨烯薄片，由此他们在 2004 年获得了诺贝尔物理学奖[6]。这种方法也称为胶带剥离（Tapping）方法，其中使用透明胶带将石墨烯片层从石墨中分离。少量的石墨片会被粘在透明胶带上，而连续交替的附着和分离将石墨片剥离成少层石墨烯结构。为了转移和可视化石墨烯，我们需要将胶带粘在 Si/SiO_2 晶片上，并用光学显微镜观察晶片。肉眼观察单层及少层石墨烯都是透明的。然而，通过将石墨烯层转移到 Si/SiO_2 晶片（通常被氧化约 300nm），石墨烯与光之间发生干涉效应并改变颜色，这使我们能够区分出它的存在，甚至能够区分单层或几层到多层石墨烯。图 1.1 显示了如何将粘有剥离石墨烯的透明胶带附着到晶片上。

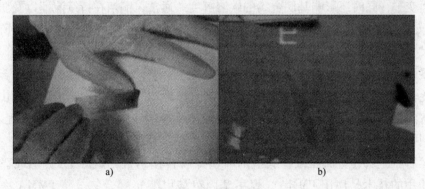

图 1.1 石墨烯的机械剥离

1.2.2 外延生长

由于机械剥离制备石墨烯过程中存在许多问题，采用外延生长石墨烯的方法引起了极大的关注。目前已熟知的是通过外延生长机制，在 SiC 表面（0001）上生长少层石墨。1975 年，通过在低压氧气氛围下，在高于 1000℃ 的温度下，加热 SiC 晶体，从而得到覆盖在其表面的石墨[10]。在高温、低真空的条件下，Si 会耗尽，导致大部分碳层转变为石墨层。LEED 图案通常用于显示所获得的石墨层的状态。在高于上述典型温度时退火，会影响产物的结构重建，例如，富 Si ($\sqrt{3} \times \sqrt{3}$) R30°结构转变成富碳 ($6\sqrt{3} \times 6\sqrt{3}$) R30°结构[22]。由于重建的富碳结构是在 SiC 上生长石墨烯的前驱体，因此这种结构引起了人们的注意。SiC 和石墨烯或少层石墨烯的不同能带位置会导致在结点处存在阻碍，从而影响包括光发射的电性质。由于能带结构的相对位置差异，造成存在约 3eV 的带隙。经过多次研究，已能够制备均匀大面积的石墨烯[23]。首先将基底进行化学机械抛光处理。然后，石墨烯生长过程在高温等温条件下以及 Ar 环境中进行。并且，许多材料可以用于其生长基底，例如 Ru[24]、Ir[25] 和 Pt[26]。

1.2.3 CVD 生长石墨烯

石墨烯可以通过 CVD 工艺在催化剂金属基底上生长。通常使用金属箔，尺寸约为 20cm，厚度为几微米，或使用沉积金属的基底。可以采用各种金属，包括 Ni、Cu、Pd，它们是碳的催化剂[7]。然后将金属基底样品装入 2in⊖ 宽的石英管的反应器中，随着温度的升高，在 Ar、H_2 或者它们的混合气氛下发生反应。以铜基底为例，这是目前使用最广泛的基底材料。首先，在 H_2 的气氛下将铜基底加热至 1000℃ 或更高。达到目标温度后，对样品进行退火处理。据报道，退火处理会使基底表面变平，同时还影响基底金属的碳溶解度。通常，铜箔在持续流速以及压力的 H_2 气氛下，退火 30min。而且，在以铜为基底的情况下，这种热处理会产生所需的晶粒尺寸以制备更高质量的石墨烯薄膜。退火 30min 后，包含 CH_4 气体或 C_2H_2 气体的碳源气氛与 Ar/H_2 混合气体一起进入到反应器中，而气氛的匹配取决于金属或气体混合物的注入速率。通过该步骤，来自气体源的碳扩散到铜箔中。通过快速冷却到室温来终止该扩散过程，通常不发生碳源气体的流动。在快速冷却过程之后，扩散到铜中的碳会继续扩散至表面，并形成单层碳六边形膜而成为石墨烯。

然后将生长在金属膜或基底上的石墨烯膜转移到目标基底上[27]。最普遍和广泛使用的技术是使用 PMMA（聚甲基丙烯酸甲酯）聚合物。将 PMMA 涂覆在石墨烯-金属基底上，然后使用特定的蚀刻剂刻蚀掉金属。采用各向同性湿法刻蚀，能从金属基底的底表面去除金属和一些石墨烯残余物。然后用去离子水（DI）冲洗 PMMA-石墨烯膜上残留的金属蚀刻剂，时间为 1 天或 2 天，从而确保在其表面上没有 Cu 蚀刻剂的残留物，并小心地将其转移到目标基底上。然后在高真空和高温条件下进行清洁和退火，以除去 PMMA 黏附物。通常，使用拉曼光谱和其他通用特征（电阻或可见区域中的光学透射率）以确认目标基底上

⊖ 1in = 0.0254m。——译者注

的石墨烯膜的纯度。

图1.2为石墨烯生长过程的示意图。在右侧的图片中，石墨烯样品生长在Cu箔表面，该Cu箔厚度为50μm，反应温度为1000℃，通过从甲烷（CH_4）以及氢气（H_2）的混合气氛中获得碳源生长石墨烯，并且将生长的石墨烯通过PMMA和Cu蚀刻剂转移到Si/SiO_2基底上。SEM图像显示在基底上均匀沉积的石墨烯，并且底部SEM图片证实石墨烯被转移到Si/SiO_2基底上。

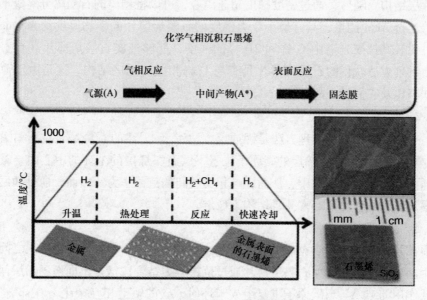

图1.2　石墨烯的化学气相沉积过程

1.2.4　溶液法制备石墨烯

在19世纪，氧化石墨是由Brodie、Staudenmaier和Hummers方法合成的[9]。从那时起，就已经存在各种基于溶液的制备石墨烯的方法，不仅包括化学方法，还包括物理方法。自从石墨烯材料由于其优越性而引起极大关注之后，在溶液中剥离石墨烯的方法就已经应用于实践中。此外，基于溶液制备的石墨烯具有制备许多器件的优势，例如卷对卷和可印刷工艺制备器件，尤其是在大规模生产方面。通过上述方法基于溶液合成的石墨烯是从石墨中剥离，石墨是碳的同素异形体之一，通过石墨烯片层的AB方式堆叠而成。从石墨中剥离石墨烯的想法归功于片层之间的弱相互作用。

1.2.4.1　超声法

采用物理方法制备的石墨烯分散体，是通过天然石墨片在含有胆酸钠作为稳定剂和密度梯度超速离心的水溶液中，进行角超声处理来剥离[28]。与由苯环组成的石墨烯单层片中的碳的共价键相比，由于 p_z 电子轨道的相互作用，每个石墨烯片层在范德华力作用下组合堆叠，而这种组合堆叠可能会被角超声波破坏。然而，由于这些分离的石墨烯薄片是疏水性的，它们会聚集成胶体，将胆酸钠溶解在溶液中可以分散石墨烯薄片。胆酸钠的疏水面与石墨烯薄片结合，而由脂质体组成的亲水面与水溶液结合，然后通过离心沉降，以除去在角超声破碎过程中一些不完美的较厚的片层结构。随后，通过密度梯度超速离心，可以将剥离的石墨烯分离成不同的厚度。通过 AFM 测量，具有最小浮力密度的石墨烯薄片的平均厚度约为 1nm。同时通过比较其拉曼光谱中 G 峰和 2D 峰的强度，能够证实石墨烯薄片具有不同层数。由物理方法获得的石墨烯薄片具有与 D 峰相关的无序结构，这是由于薄片内存在缺陷以及它们微小的尺寸。

1.2.4.2 插层

另一种剥离石墨的物理方法是钾插层方法[29]。天然的石墨是通过石墨烯层的 AB 堆叠，并且上层石墨烯层的碳原子位于下层石墨烯层的苯环的中心内。碱金属容易插入石墨的层状结构中，从而影响相关层间的范德华力。然而，通过插层剥离的石墨烯薄片表现出低产率并且结构不稳定。

1.2.4.3 化学剥离

而在另一方面，化学剥离方法需要氧化剂，如氧原子，打破石墨烯层之间的相互作用。正如前面所述，石墨烯薄片通过范德华力结合，这是不同石墨烯层间的 π 键相互作用的结果。当碳原子重复组成苯环时，碳的轨道相互杂化，将 sp^3 轨道变为 sp^2 和 p_z 轨道。比较而言，sp^3 表现出三维结构，而 sp^2 呈现平面形状，并将每个碳组合为 σ 键。剩余的轨道，每个碳的 p_z 轨道，组成离域电子云，这种电子云会影响范德华力。因此，如果离域轨道受到不同键合组合的影响，则薄片之间的范德华力变弱。通常，使用氧化剂，氧原子会对薄片之间的范德华力产生影响。在化学剥离方法中，强酸和氧化剂用于合成 GO。在近些年来，Hummers 方法是最常用的，并随后在此方法上进行了一些改进。天然存在的石墨粉用于合成氧化石墨，是合成材料（GO）的初级阶段，这种氧化石墨具有比普通石墨状态更弱的键合。改进的 Hummers 方法包括两步氧化法。在硫酸条件下使用过二硫酸钾和五氧化二磷预氧化步骤之后，经过几小时的预氧化石墨再次通过高锰酸钾氧化，然后过滤，并用 HCl 洗涤消除氧化剂中的金属离子。接下来，通过搅拌蒸馏水，对膜过滤器中的氧化石墨进行透析，以去除残留的盐和酸。将悬浮液超声处理以进行剥离，并离心除去不与氧化剂反应的石墨粉末。然而，良好分散在纯净水中的 GO 悬浮液表现出比石墨烯电导率相对更低的性质，这是由于与氧相关的官能团（包括羧基、羰基和环氧基）引起的参与离域载流子的数量减少。根据以往的研究，这些官能团置于片层结构的不同位置,如表面上的酚羟基和环氧基团,以及片状边缘的羧基和羰基[11]。这些官能团使 GO 性质变得可调变,以适应各种应用范围。为了还原 GO,采用了热还原和化学还原手段[30,31]。一种能够保留单层石墨烯性质的还原氧化石墨烯(RGO),可以在各种条件下的器件上还原 GO 得到,通常通过在惰性气体条件下汽化的肼或高温退火还原。

悬浮状态的 GO 通常通过混合各种化学物质如肼、氢醌和 $NaBH_4$ 进行化学改性而还原。通过元素分析拉曼光谱和 X 射线光电子能谱(XPS)证明,这些还原方法改变了 GO 中原子的比例,由碳和氧组成的 sp^3 键转变为苯环的 sp^2 键。由于羧基和羟基的含量随还原过程而降低,这种变化带来了许多各异的性质。而因为碳-碳键和碳-氧键的比例发生变化,XPS 的结果显示出不同强度比例的峰型。而且,振动散射根据轨道转变效应而改变,从而影响拉曼散射峰值的强度比。由于离子官能团化,GO 自然地表现出负电荷,使其易于分散在水中。在肼还原过程之前,使用胺在甲醇溶液中获得已胺改性的石墨烯[32]。通过元素分析和 XPS 测试,石墨烯比未改性的石墨烯含有更多的氮原子,从而显示出更高的碳和氮峰强度。由于当配体被电离时,石墨烯薄片上的胺基显示出正电荷,因此可以适应不同的应用。而且,层状石墨烯倾向于强烈的层间相互作用,而带相同电荷的功能化的石墨烯则不会。

1.2.5 基于氧化石墨烯的复合材料

纳米复合材料或混合材料因其新的光学、电子、热学、力学和催化性能,而在过去几十年中吸引了巨大的研究热情。基于石墨烯的材料可以与各种其他材料(例如金属、聚合物和生物分子)结合,以制备复合材料。目前已经证明使用原始石墨烯片形成复合物是困难的,因为它是化学稳定且无活性的。相反地,GO 具有许多官能团,包括氧,这有助于 GO 与其他颗粒结合。因此,它更多地用于合成复合材料中。已经研究证明了石墨烯片的复合材料能够改变能级分布,从而改善复合材料的性能。许多研究小组已经尝试制备石墨烯和金属或金属氧化物改性的石墨烯。这类研究激发了一种新型复合材料,并可能带来了新的功能和性质[33-36]。

石墨烯片与插入材料之间的结构性质和化学键合可以通过各种测试手段证明,例如 XPS、XRD、TEM、SEM 等。TEM 和 SEM 是用于观察材料表面轮廓的高分辨率成像技术。XRD 有助于确认材料的结构。并且 XPS 可测试原子之间的键能,以分析其化学关系。此外,还有许多检测方法,如电子能量损失谱(EELS)、高分辨率透射电子显微镜(HR-TEM)、高角度环形暗场(HAADF)-扫描透射电子显微镜(STEM)和能量色散光谱学(EDS)。根据材料的状态,我们应该选择合适的实验方案[13,37-39]。

复合材料中的金属一般研究的是金、银、铜、钴、镍、钯、钛等。但这并没有限制。同时，金属的状态也是不同的，例如，均质纳米颗粒（NP）、金属阳离子和阴离子组成的离子和分子的状态。其中，特别是 Ag 被大量开发用于与石墨烯/GO 的复合物中[40]。研究报道了许多制备方法并广泛用于一些先进实验中。Ag/石墨烯复合材料表现出对石墨烯氧还原反应的催化活性，并且因为它可以帮助解决来自阳极的甲醇穿梭问题，可以成为碱性燃料电池中的正极材料。此外，Ag/石墨烯的光学性质可以通过调节 Ag 和碳原子中轨道的相互作用来改变[40,41]。

通常通过使用化学混合及加热或气相沉积法来制备石墨烯与金属纳米颗粒的复合材料。因此，一个极其重要的因素是实验的条件——温度、溶液浓度、操作时间等因素，因为这些条件有助于石墨烯片的剥离和 NP 的分散。本章将讨论先前开发的 Ag/石墨烯复合材料的合成方法。Ag/石墨烯的制备方法涉及使用 RGO，因为其性能更接近石墨烯，且更易于合成。GO 被吸附在 3-氨基丙基三乙氧基硅烷改性的 Si/SiO_x 基底上。然后，GO 还原以形成 RGO。通过 RGO 在 $AgNO_3$ 溶液中 75℃下加热 30min，使得 Ag 颗粒在 RGO 表面生长。RGO 变成用 Ag 颗粒改性的结构。另一种方法是在分散的 GO 的 NH_3 水溶液中加入 $Ag[(imH)_2]NO_3$，其中溶液的 pH 值为 9.5。随后，将 Ag 络合物和 GO 的化合物在氮气气氛中加热。图 1.3 中的 AFM 图像显示了在单层 GO 表面上生长的 Ag NP。

类似地，包含 Au 的样品可以通过将 $[Au(bipy)Cl_2]NO_3$ 加热，以 5K/min 的升温速率加热至 573K。其他过渡金属也可以与 GO 形成复合物，例如 Co、Ni 和 Cu。氨基络合物如 $[Co(NH_3)_6]^{3+}$、$[Ni(NH_3)_6]^{2+}$、$[Cu(NH_3)_4]^+$，可以用作嵌入物以制备前驱体，随后生成金属结构改性的石墨烯复合材料结构。图 1.4 的 TEM 图像分别表示在 673K 加热的 Cu-Gr（见图 1.4a），加热到 673K 的 Co-Gr（见图 1.4b），加热到 673K 的 Ni-Gr（见图 1.4c）。这些图像类似于我们报道的 Pt、Pd 或 Ru 样品的图像。在碳表面上未发现微孔或中孔。因此通过等温线测试发现的中孔结构，是由于剥离的石墨烯片之间的空间和石墨烯片上的褶皱部分中的空隙而产生的。通过 GO 与 Fe^{2+} 之间的氧化还原反应是制备 Fe_3O_4/RGO 复合材料的主要方法（RGO）。GO 与 Fe^{2+} 在水/NH_4OH（pH 值为 9）溶液中发生氧化还原反应，并通过施加磁场收集产物。

复合材料不仅与金属结合，还能与一种聚合物结合。GO 表面上的官能团，例如醇、醛、酯、羧酸和酰胺，有利于化学反应进行。作为多相固体材料的聚合物也具有各种官能团，这些可以帮助与其他材料结合形成复合材料[39,42]。该领域的许多研究是利用聚合物的选择性附着的特征，将其用于传感、黏合和过滤等方面。开

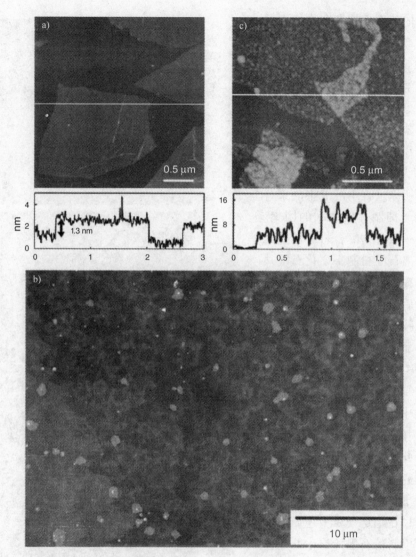

图1.3 a) 吸附在APTES改性SiO_x基底上的单层GO的轻敲模式AFM轮廓图和高度分布图。
b) 在RGO表面生长的Ag颗粒的SEM图像。c) 在单层GO表面生长的Ag纳米颗粒的轻敲模式AFM轮廓图和高度分布图

发了许多与蛋白质、DNA和金属颗粒等生物分子相互作用的装置。石墨烯和聚合物的复合物提供了一种生产创新型石墨烯基材料的方法及其在各种领域中的应用。本章介绍了石墨烯-聚合物复合材料的常用制备方法，即石墨剥离和分子级聚合物分散。例如，聚苯乙烯-石墨烯复合材料、导电石墨烯-聚合物纳米复合材料，通过将剥离的GO进行苯基异氰酸酯处理，随后与聚苯乙烯进行溶液相变混合，然后进行化学还原。这些复合材料表现出单个石墨烯片均匀地分散在聚合物基质中的特

征。其他苯乙烯的聚合物如丙烯腈-丁二烯-苯乙烯和苯乙烯-丁二烯橡胶也表现出类似的性质。化学还原是用于产生电导率必不可少的步骤，因为复合材料样品在苯基异氰酸酯处理过的氧化石墨片还原之前是绝缘的。另外，因为 GO 片层被聚合物覆盖，在还原过程中溶液中的聚合物有助于抑制片层之间的团聚。石墨烯-聚合物复合材料制造工艺从剥离石墨粉制备氧化石墨片开始。在用异氰酸苯酯处理氧化石墨片后，将它们与溶解在二甲基甲酰胺（DMF）中的聚苯乙烯混合。通过溶于甲醇中的 N,N-二甲基肼的还原，石墨烯和聚合物凝聚而得到复合粉末。在图 1.5 中，SEM 和 TEM 图像呈现了石墨烯/聚苯乙烯复合物的形貌。此外，许多聚合物改性方法的研究报道了基于所用试剂得到的性能改善。在有一些方法中，通过在稳定介质中还原的方法，可以制备石墨烯与十八烷基胺的复合物。而通过共价键的改性，可以制备石墨烯与多聚 L 赖氨酸的复合物。通过亲核取代，可以制备石墨烯与烷基胺/氨基酸的复合物。这些方法可以带来许多好处，例如增强材料的导电性以及电容、改善其力学性能和热容量。

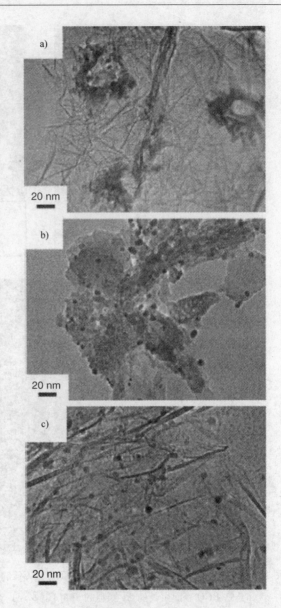

图 1.4　a）加热至 673K 的 Cu-Gr，b）加热至 673K 的 Co-Gr，c）加热至 673K 的 Ni-Gr 的 TEM 图像

最后，其他一些原子如镧系元素铈和钯也可用于与石墨烯基材料的复合[39]。这些复合材料表现出在可见光范围内的 PL 特性以及在显示器材料领

图1.5 石墨烯-聚合物复合材料制备工艺的流程。a) 天然石墨的 SEM 和光学照片（插图）。b) 从水分散体（插图）沉积到云母基底上的氧化石墨片的典型 AFM 非接触模式图像，沿红线截取的横截面测量表明片层厚度为 1nm。c) 在云母上的苯基异氰酸酯处理的氧化石墨片的 AFM 图像和显示其 1nm 厚度的轮廓图。d) 苯基异氰酸酯处理过的 1mg/mL 氧化石墨的悬浮液在溶解于聚苯乙烯的 DMF 之前（左）和 N, N-二甲基肼还原之后（右）的照片。e) 在甲醇中凝结后得到的复合粉末。f) 以相同的处理方式，热压复合材料（体积分数为 0.12%）和纯聚苯乙烯到相同的 0.4mm 厚度。g) 由体积分数为 0.48%（左）和 2.4%（右）的复合样品的断裂表面获得的低倍（上行）和高倍（下行）SEM 图像

域的可能应用。类似地，这些原子通过在溶液中的化学混合和退火而与石墨烯复合。用热和氧等离子体处理的 GO 的 PL 性能将在后面的章节中进行阐述。

1.3 石墨烯的表征

石墨烯是一种单原子厚度的六边形排列的 sp^2 键合的碳原子层，由于其电子能带结构的独特性，使材料具有独特的电子、力学和热学性能，因而得到了极大的关注。在最近的研究基础上，我们可以发现 GO 由片层顶部和底部表面上的酚羟基和环氧官能团组成，并且含有羧基和羰基的 sp^2 杂化的碳主要位于片层的边缘处，这些基团为获得功能化的石墨烯提供了巨大的机会。将石墨氧化成 GO 会破坏堆叠的石墨烯片层的 sp^2 杂化结构，而这种石墨烯晶格的破坏反映在层间距的变化：由石墨的 0.335nm 层间距增加到 GO 中大于 1nm 的层间距。在 GO 中，由于含氧基团的形成而导致 π 电子网络的波动。因此，有可能通过不同气体的化学或物理处理，以降低电子网络的导电性，从而调节材料的电子结构。TEM 还可用于测定石墨烯的层数并评估石墨烯薄膜的结晶质量。TEM 图片能够提供 sp^2 簇的图像以及缺陷信息。而衍射实验提供了晶格取向的相关信息，并且可以反映不同的晶粒结构。拉曼光谱提供有关石墨烯层数的信息，并可研究有关 HOPG、FLG 和石墨烯之间的差异。PL 光谱可用于分析 sp^2 和 sp^3 簇。与原始石墨烯所有原子都是 sp^2 杂化的结构不同，GO 还包含与氧键合的 sp^2 杂化的碳原子，而在这种结构中，PL 现象通常是 sp^2 簇中 e-h 电子对重组的结果。同时，还能观察到 GO 和石墨烯量子点的 PL 峰对激发波长的依赖性，当激发波长从 320nm 变为 420nm 时，PL 峰从 430nm 移动到 515nm。

1.3.1 AFM

该成像测量方法可以有效地呈现出纳米尺度的表面轮廓。AFM 是一种扫描探针显微镜类型，具有非常高的分辨率，大约为纳米级，比光学衍射的极限分辨率高 1000 倍以上。然而，该方法不适合于大面积材料的成像。它是通过表面与机械探针之间的相互作用获得结构的轮廓。压电元件用于精确的运动，并通过电子信号变化而感应压力[43,44]。成像模式主要有两种类型：具有悬臂偏转的静态模式和使用基本共振频率振动的动态模式。在静态模式操作中，尖端根据需要连接到样品的表面。因此，在静态模式的 AFM 中，需要始终与整个力接触，这个过程是排斥的。探针在表面拖动时，力保持恒定，用以报告偏转。

而在动态模式中，悬臂的尖端与样品表面保持一定距离。悬臂以其共振频率振动，其振动幅度通常在几皮米到几纳米（<10nm）之间[45]。在材料表面上方，范德华力或任何其他长程力都会降低悬臂的共振频率。根据测量扫描区域每个点的尖

端到样品的距离,可以建立样品表面的形貌图像。这种方法称为非接触 AFM,是使用 AFM 测量软样品(例如生物样品和有机薄膜)的优选方法。因为非接触模式 AFM 不会对尖端造成损害,并且不会对样品产生降解影响,有时候在 AFM 进行溢出扫描后,样品会发生一定的破坏。

仅使用 AFM 的形貌对比因子难以区分图像中的 GO 和石墨烯层。相位成像,即轻敲模式的 AFM,可以区分这两种材料[46]。因为在原始石墨烯及其官能化基团上,AFM 尖端会经历不同的力,因此可以区别这两种材料。二维材料特别是石墨烯的厚度,可以通过 AFM 的排斥模式来测量[47]。如图 1.6 所示[19,48],未还原的 GO 的厚度约为 1.0nm,而化学还原的 GO 的厚度为 0.6nm。厚度以及相的差异源于材料亲水性的差异,而亲水性的差异则是由于还原与未还原材料中不同的含氧官能团。

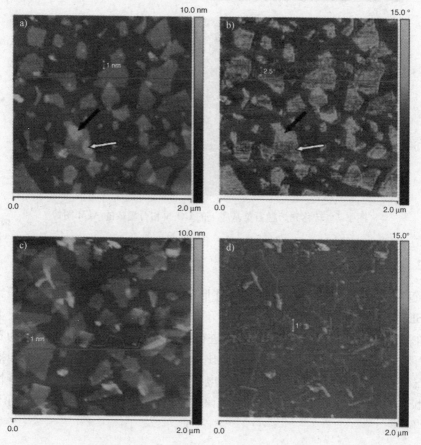

图 1.6 从水分散体沉积到新切割的 HOPG 上的未还原 GO(a, b)和化学还原 GO 纳米片(c, d)的高度分布图(a, c)和相应的相的轻敲模式下的 AFM 图像(b, d)。图像在尖端与样品之间相互吸引力的作用下记录。叠加到每个图像上的是沿着红线标记的线轮廓

在之前的研究中，AFM 已经被用于石墨烯的力学和结构表征，因为它可以感受到来自探针尖端的力[48]。在未来，将开发新的 AFM 模式，并且已经提出了其他模式关于研究石墨烯薄片的力学、摩擦、电学、磁性甚至弹性性质（见图1.7）。

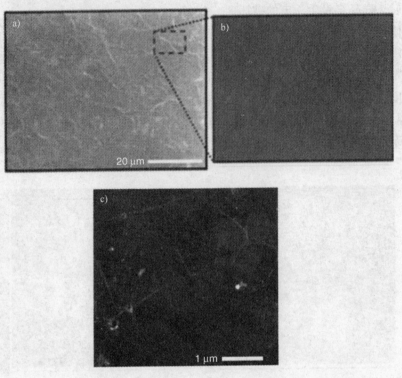

图 1.7 转移到熔融石英基底上的 GO 膜和石墨烯的 AFM 图像

1.3.2 SEM

沉积在基底上的石墨烯或 GO 需要在形态学上表征以进行更多的分析研究。而采用 SEM 手段能够获得更详细的信息。不仅石墨烯而且功能化石墨烯的层数可以通过在高度优化的条件下，使用该方法进行结构分类[17,19]。这主要是因为石墨烯和非石墨烯位置之间的明显的可区分对比能够揭示表面上的缺陷、边缘和褶皱信息。石墨烯易于检测，因为它具有高的电子迁移率，并且表现为半金属特性。然而，由于其材料的半金属性质，SEM 图像显示出的是代表性的电子结构而不是拓扑结构。

1.3.3 TEM/SEAD/EELS

将 GO 样品沉积在标准的多孔炭膜覆盖的铜网格上，并装载到显微镜中用于 TEM 测试以研究 GO 晶格结构。原始 GO 和用不同氧气压力的氧等离子体

GO 的 HR-TEM 图像表明，原子结构在最佳氧气压力下变得有序并随后在其他压力下表现出无序（见图 1.8a 和图 1.24b）。TEM 图像显示，在氧等离子体处理期间，热作用能有利于 sp^2 相的进一步聚集，从而激发有序环与随机键合到石墨烯位点的氧原子之间建立连接，将 sp^2 碳键转化为 sp^3 键。因此，最初 GO 中的 sp^2 簇很小，并且被非晶及高度无序的 sp^3 键合基质分开，在簇之间形成高隧道势垒。在热处理过程中，热能利于 sp^2 相的进一步簇合，从而激发有序环之间的连接，并从多晶结构变为二维纳米晶体石墨烯结构。

从选择性区域电子衍射（SAED）图像中，可以获得 GO-1 膜的典型尖锐的多晶环图案（见图 1.8a 的插图）。值得注意的是，观察到了表明内部短程晶序特征的清晰衍射斑（GO-3），其六边形图案与材料的六边形晶格一致（见图 1.8b 的插图）。这种简单的六边形斑点图案类似于从氧化石墨中获得的图案，因此可以得出几个结论，即 GO 膜不是完全无定形的，并且除了与石墨结构相对应的衍射斑点之外，没有任何衍射斑点表明 GO 上的含氧官能团形成超晶格型有序阵列。这意味着相当一部分氧原子参与碳原子之间的连接。然而，对于 GO-4 来说（见图 1.8c 的插图），与 GO-3 相比，该图案再次显示出无序的纳米晶体图案。也由于衍射斑点的宽化，一些无序斑点的存在是显而易见的。这种斑点的宽化表明在紧密堆积的平面结构中存在扰动。在石墨的电子衍射图案中，

图 1.8　a) GO-1、b) GO-3 和 c) GO-4 薄膜的 HR-TEM 图像。插图显示相应样品的 SAED 图

也观察到类似的行为。

GO 中的第一个衍射环的晶格间距为 0.76nm，已被确定为 (110) 晶面反射。经过氧等离子体处理后，相应的间距分别为 2.1nm 和 2.4nm，大于原始 GO 的晶面间距。这可归因于 GO 层上存在氧官能团。而在 EELS 光谱中，如图 1.9 所示，碳 K 边缘区域表现出在 285eV 的峰，该峰对应于从 1s 轨道转变到 π^*（$1s-\pi^*$）状态，以及在 291eV 的峰，对应于从 1s 过渡到 σ^*（$1s-\sigma^*$）状态。如图 1.9a 所示，当材料经过氧等离子体处理（GO-3，GO-4）时，出现 $1s-\pi^*$ 态的跃迁。在 GO 中，高阶 π^* 和 σ^* 态处于约 292.5eV 和约 293.5eV 的共振现象，主要归因于通过环氧化物和羰基键与氧原子键合的碳原子的存在。从图 1.9b 上可以在薄膜中观察到较低的能量等离子体的激发。根据先前的报道显示，对于单层 GO，原始 GO 片的等离子体能量为 24.5eV，等离子体能量随 sp³ 含量分数几乎线性降低。

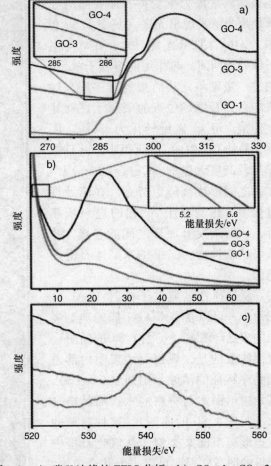

图 1.9　a) 碳 K 边缘的 EELS 分析，b) GO-1、GO-3 和 GO-4 薄膜的低能量等离子体共振图谱，c) GO 薄膜的氧 K 边缘光谱。图 a 中插图显示了 GO-3 和 GO-4 薄膜的 $1s-\pi^*$ 跃迁。图 b 中插图显示了 GO-1 和 GO-3 薄膜中 π^* 电子的低能等离子体激发

GO 中由于含氧基团诱导的 sp³ 杂化，使得该值增加。实验记录了单层和 5 层石墨烯的 $\pi^*+\sigma^*$ 等离子体能量，分别为 16.6eV 和 18eV。因此，在本研究中，19.2eV 的等离子体激发能量对应于 4~6 层的 GO 结构。图 1.9b 中的 GO-3 和 GO-4 样品分别给出约 21eV 和 22eV 的峰值。并且报告显示，含有约 45% 的 sp³ 键的无定形碳的等离子体能量约为 24eV。这也证实了氧等离子体处理增加了 sp³ 键合。GO 薄膜中 π^* 电子的低能等离子体激发约为 5.2eV（见图 1.9b），而单层 GO 中的 π^* 电子的低能等离子体激发能约为 5eV，这表明这种薄膜由 3~5 层组成。在图 1.9b、c 中，GO-1 显示出在约 539.7eV 处的峰值，这可能是由于 GO 样品中所

有更高阶氧原子的 π^* 共振和 1, 2 - 环氧键的高阶 σ^* 共振。而在 GO - 3 膜中，表现出对应于约 536.7eV 的峰值，这似乎仅由环氧键的 σ^* 和高阶 π^* 共振引起。位于 545eV 的峰是来自 C＝O 和 O - C＝O 基团的氧原子。该峰的强度增加，表明羰基在后期氧化阶段中占主导地位。

1.3.4 XPS

XPS 通过每种键结合能的强度分析，展示了材料结构中键的分布情况。就石墨烯而言，位于 284.8eV 处 sp^2 杂化碳中的 C - C 键是从 GO 氧化缺陷处发生偏移。在图 1.10a 中，XPS 结果揭示了两个不同的碳键峰（sp^2），其强度随着 CVD 石墨烯的等离子体氧化处理而降低。在大多数情况下，CVD 石墨烯在其制造过程中具有自身的固有缺陷，这使得难以仅出现 sp^2 碳的单个高斯峰。图 1.10b 显示了 GO 的 XPS 结果，位于 284.8eV 的峰对应于 sp^2 碳，而另一个位于 288eV 的峰对应于 C＝O 或者 O - C＝O 中的碳。特别地，不是 CVD 石墨烯，而是强度显著降低的 sp^2 碳峰显示氧相关缺陷的形成。通常，GO 中存在几种不同的官能团，其特征在于几个 XPS 光谱峰的出现。GO 中 XPS 的 C1s 谱由 5 个峰组成，对应于 sp^2 碳的 284.8eV 峰、对应于 O - H/O - C - O 的 286.2eV 峰、对应于 C＝O 的 287.8eV 峰、对应于 O - C＝O 的 288.5eV 峰以及对应于 COOH 基团的 289.3eV 峰。290.2eV 处的峰来自等离子体，这是 GO 中的离域价电子的聚集行为。可以认为薄膜中碳原子的主要键合类型是 C - C 键。GO 片层由基于碳的六角形环网络组成，具有 sp^2 杂化的碳原子和在片层两侧带有羟基和环氧官能团的 sp^3 杂化碳。因此，在 GO 中，sp^2 簇的大小不定，并由无定形和高度无序的 sp^3 键合基质分开，在簇与簇之间形成高的隧道势垒。

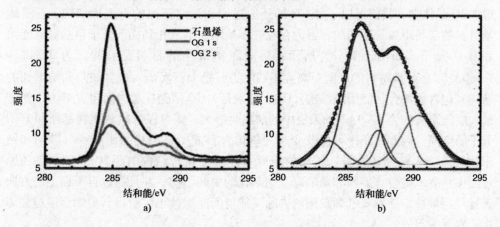

图 1.10 石墨烯和 GO 的 XPS

1.3.5 XRD

XRD 是通过测量衍射光束的角度和强度，确认材料的晶体结构[50-52]，其中，材料结构中的结晶性原子导致 X 射线发生许多特定方向的衍射。由于 X 射线与电子相互作用，因此该测量可以预测晶体中电子的空间密度。根据这个期望，可以估计晶体中原子的平均位置，以及它们的化学键、缺陷和其他各种信息[53-55]。XRD 测试可以研究许多结晶材料，例如盐、矿物质、金属、半导体以及无机、有机和生物分子。XRD 测定对于这些材料的表征起着关键的作用，如原子的大小、化学键的长度和类型，以及复合材料中各组分间原子尺度下的差异[56-60]。

在测试中，晶体位于测角仪上，并在 X 射线发射的同时逐渐旋转，收集称为反射的规则间隔点的衍射图案。X 射线晶体学与确定原子结构的其他几种方法有关。通过散射电子或中子可以获得类似的衍射图案，其同样被解释为傅里叶变换。

XRD 给出了石墨烯材料的 3 种结构信息——晶格的层间距离、石墨烯材料的厚度和石墨烯的层数。首先，X 射线衍射的基础原理是基于布拉格定律[61]，$n\lambda = 2d_{(hkl)}\sin\theta$，其中 λ 是 X 射线的波长，θ 为散射角，n 是整数，表示衍射峰的阶数，d 是晶格的层间距离，(hkl) 是米勒指数。石墨或多层石墨烯具有（002）晶面；d_{002} 成为层间距离。在每个石墨烯平面上发生入射 X 射线的散射。当改变入射角时，X 射线通过乘以光束波长 λ 的 n（整数）倍来表示经历路径的长度差。在相邻的石墨烯平面之间散射的光束在实际中可以组合。因此，石墨烯的（002）面的 XRD 峰显示出 d_{002} 值，并且能够获得晶格尺寸和质量的线索。

使用 Sherrer 方程[61]时，石墨烯厚度可以预测，即 $D_{002} = K\lambda/B\cos\theta$，其中，$D_{002}$ 为晶面的厚度，石墨烯的厚度，K 是常数，依赖于微晶的形状（0.89），λ 是 X 射线波长，B 是半高宽（FWHM），θ 是散射角[61]。从 Sherrer 方程中，可以使用以下公式（Ju 等人报道[62]）来确定石墨烯的层数（N_{GP}）：$N_{GP} = D_{002}/d_{002}$。通过 XRD 晶体学，我们可以了解 GO 的还原过程和最终还原的石墨烯结构。石墨烯基材料的层间距离是不同的，因为存在许多缺陷、纳米孔和插入分子包括氧官能团和 H_2O 分子。如图 1.11[63]所示，层间距离最小的材料是石墨，为 3.348 ~ 3.360Å[63]。各类材料的层间距离大小顺序为石墨 < 石墨烯 < 包含缺陷和纳米孔的结构 < 包含氧键合官能团的结构 < GO。特别是，GO 因为在层之间包含 H_2O，拥有最大层间距离约为 5~9Å，如果层中的缺陷足够大，则可以忽略氧化物基团和 H_2O 分子的空间。因此，顺序可以改变为（氧键合官能团）结构的距离 ≈（缺陷和纳米孔）或（氧键合官能团）结构的距离 ≈（石墨烯）结构的距离。GO 在氧还原过程中具有氧键合官能团和缺陷以及纳米孔的中间结构，并且通过自下而上的方向进行片层堆叠，随着氧气和缺陷的去除，使层间隙减小，所得石墨烯会通过晶体生长发展为石墨。

在各种退火条件下，GO 和石墨烯膜显示出与温度相关的 XRD 图案。从图 1.12 所示的 X 射线衍射图案的变化，我们可以发现该热还原 GO 的结构和键合状态取决于退火温度[64]。随着温度的升高，左侧 GO 膜的（002）峰连续向右移动，强度和 FWHM 的变化如图 1.13 所示。

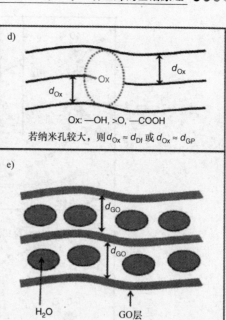

图 1.11 a）石墨烯（GP）或石墨（002）平面的布拉格定律，b）~d）热还原 GP 的模型，e）GO 的 d_{002} 模型。在该模型中，层间距的变化规律为石墨 < d_{GP} < d_{Df} < d_{Ox} < d_{GO}

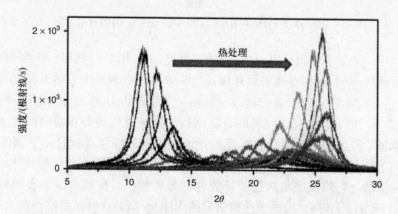

图 1.12 由室温到 1000℃下获得的 GO/GP 膜的原位 X 射线衍射图

1.3.6 拉曼光谱

GO 的拉曼光谱具有突出的光谱特征，人们将处于约 1586cm^{-1} 的峰称为 G 峰，处于约 1350cm^{-1} 的峰称为 D 峰，处于 2697cm^{-1} 的峰称为 2D 峰。在所有无序碳的

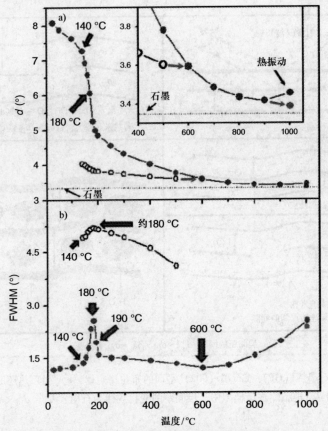

图1.13 图1.4中的 a) FWHM 和 b) d_{002} 的 XRD 图谱。插图显示了图 a 的放大图像

拉曼光谱中,主要表现出代表 sp^2 位点的高强度的 G 和 D 峰特征。G 和 2D 峰分别代表芳香碳环内的 E_{2g} 振动和平面外模式。G 带是布里渊区中心的退化光学声子模型,并且由单共振过程激发。处于 $1350cm^{-1}$ 附近的 D 峰(平面碳环呼吸模式 [A_{1g} 模式]),是不会出现在完美的石墨结构中。该过程需要在缺陷位置上散射以保持其动量。先前的报道显示,D 模式光谱中出现的峰主要源自布里渊区域 K 和 M 点之间的声子。D 模式是离散的,它随着光子激发能量的变化而变化,即使 G 峰不是离散的,它的强度与六边芳环的存在紧密相关。G 峰对应于石墨样品中的 sp^2 碳,D 峰对应于与 sp^3 碳原子连接诱导的无序 sp^2 碳。D 峰最终能够给出周围 sp^3 碳含量的相对测量值。石墨烯层中的缺陷例如杂质原子、官能团、七边形-六边形对、折叠等能够产生 D 峰。D 和 G 峰之间的相互作用使得材料在 $2931cm^{-1}$ 附近产生 G0 峰。

1.3.7 PL 测试

石墨烯本质上是半金属,最高占据分子轨道(HOMO)和最低未占据分子轨道

(LUMO) 在 K 点相遇, 使其成为零带隙材料, 并且由于与氧原子的功能化可以打开其结构带隙。除了费米能级和氧相关态附近的状态, GO 还具有类似于石墨烯的电子结构。sp^3 基质中 sp^2 簇的形成预计会产生量子限制效应, 这导致带隙在费米能级开放。在石墨烯中, $\pi-\pi^*$ 带在 K 点退化并与费米能级一致, 使其成为零带隙。但在 GO 中, 由于 π 和氧相关状态之间的键合, 导致电子从碳转移到氧并且向下移动到 HOMO 状态, 导致带隙开放, 因此 π 状态在费米能级附近消失。由于 σ 带远离费米能级而 π 带接近它, 因此 $\pi-\pi^*$ 带控制带隙。因为 sp^3 矩阵和大的 $\sigma-\sigma^*$ 间隙, 整个 π 带位于 $\sigma-\sigma^*$ 间隙内, 并且 $\pi-\pi^*$ 能态高度局域化。因此, sp^2 簇中的电子可能被限制, 这是由于 sp^3 碳位点充当载体, 产生大的排斥势垒, 因此较小尺寸的 sp^2 簇导致更大的 $\pi-\pi^*$ 分裂。由于 π 和 π^* 状态形成带边缘, 因此间隙的大小取决于 sp^2 簇的大小, 并且研究发现光学间隙的宽度与 sp^2 簇大小成反比。由于深势阱而使电子-空穴对被固定, 从而通过发射光子进行结构重组, 使得载流子与扩展的 σ 态分离。

1.4 石墨烯的光学性质改性

1.4.1 石墨烯(太赫兹, 紫外-可见光-近红外光谱)的吸收性能改性

在 GO 逐渐被还原的过程中, 石墨烯、GO[65] 和 RGO 的光学性质显示出十分相似的趋势, 这些都与石墨烯类似, 并且等离子体氧化石墨烯(OG)显示出与 GO 类似的性质。因此, 可以通过退火和氧等离子体两种处理来计算石墨烯与 GO 之间的吸光度, 找出透射率的可调特征(见图 1.14)。

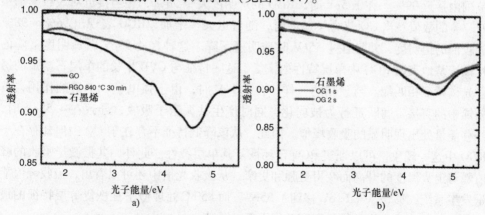

图 1.14 石墨烯和 GO 的透射光谱, a) 经过热处理还原的 GO, b) 用于制造缺陷和氧化的氧等离子体处理。OG 为氧等离子体处理的石墨烯

1.4.1.1 热退火 GO 的吸收特性

热退火是还原 GO 非常强大的一种手段。虽然化学方法也适用于 GO 的还原,

但热退火的还原效率仍然最高。最高将 GO 加热到 850℃，大部分的氧官能团会被还原，最终仅仅保留芳环。图 1.15 中的拉曼分析表明，GO 通过热退火还原，其中 G 峰向石墨烯发生偏移，D 峰由于氧原子的还原而强度增加。G 峰的偏移表明 GO 的载流子密度增加，与石墨烯类似，并且 RGO 的物理性质类似于石墨烯的物理性质。此外，当 GO 的退火温度达到 850℃时，2D 峰显著增加，通过还原过程形成石墨烯的晶体结构。此外，拉曼数据显示 GO 的还原过程具有温度依赖性，但是与时间无关。

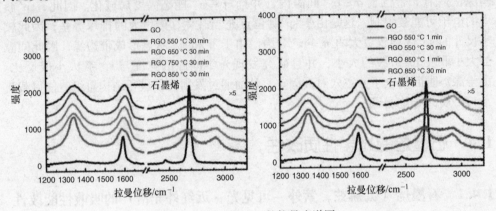

图 1.15　热还原 GO 的拉曼光谱图

在图 1.16 中，热还原的 GO 的紫外（UV）-可见光吸收特性与拉曼光谱的结果相似。首先，单层 GO 和 RGO 薄膜是高度透明的，透明度在 1.5~5.5eV 的光学范围内接近 99%。在 1.5eV 时，RGO 的透明度大于 98%，相当接近对应石墨烯中 97.7% 的数值。当 GO 热力学还原时，随着退火率增加，RGO 表现出 96%~98% 的较低的透明度，并且在 4.55eV 时透明度下降。这种在 4.55eV 时透明度下降的特征清楚地表明 RGO 中单层特性的恢复，这一特征与 CVD 生长的单层石墨烯的透射光谱特征相匹配。与预测的一样，在 5.1eV 时，由于强电子-空穴的作用，石墨烯中的直接带间跃迁行为被弱化，同时产生共振激子吸收，导致在 4.55eV 时，红移能量处出现明显的吸收峰值。因此，从该降低特性不存在于 GO 中但却存在于 RGO 中这一现象，可以证实 RGO 已经恢复其单层特性。此外，共振激子吸收的峰值随着退火温度的升高而变得更强和更窄。从吸收光谱中还可以看出，吸收峰值能量发生系统红移，从 4.62eV 移到 4.55eV。而 850℃处理似乎是恢复单层特征的最有效途径，即吸收峰的能量匹配单层石墨烯的值。

1.4.1.2　等离子体处理石墨烯的吸收性质

石墨烯上的氧等离子体处理导致其结构的无序和掺杂效应。通过等离子体氧化处理的石墨烯具有几种不同的物理性质，例如高透明度、低电子迁移率和适度的自由载流子密度[12]。在可见光区域中的光学特性表示出了量子化的常规吸光度，即

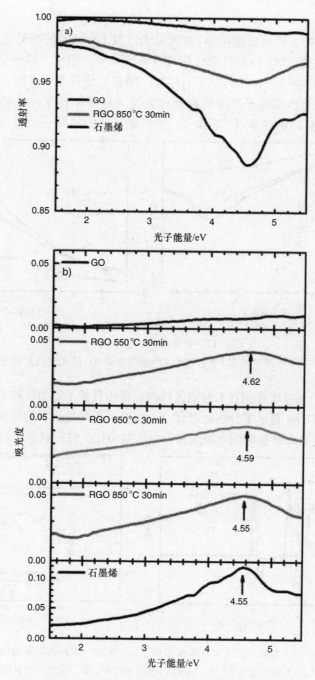

图1.16 热还原GO的可见光吸收光谱图

$\pi e^2/\hbar c = 0.023$，其中 c、e 和 $\hbar$ 分别是光在真空中的速度、电子电荷以及降低的普朗克常数。在UV区域，在4.55eV左右处出现的电子-空穴激子吸收是石墨烯的主要特征之一。

在图 1.17a 中,将石墨烯和 OG 在可见光以及 UV 区域的透射光谱根据不同的氧化时间进行比较。OG 1s 的透射性质与石墨烯接近;相反,对于 OG 2s,其透射率在可见光范围内接近 100%,高于石墨烯。随着氧化程度的增加,透射率也随之增加,这是由于自由载流子密度的降低和金属-绝缘体转变。结果与图 1.17b 中 UV 区域内拉曼 G 峰的红移以及弱电子-空穴激子峰的共振一致。

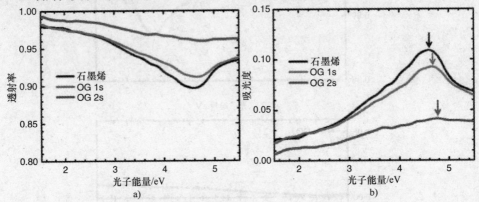

图 1.17 石墨烯、GO、OG 1s 和
OG 2s 在可见光和 UV 区域的 a)透射率和 b)吸光度的光谱图

目前,人们已经注意到在太赫兹区域内,自由载流子动力学和金属-绝缘体转变的现象。图 1.18a 显示了分别通过真空、熔融石英衬底、石墨烯薄膜和熔融石英衬底上 OG 薄膜的太赫兹时域电场振幅。与真空相比,时间延迟与材料的折射率和

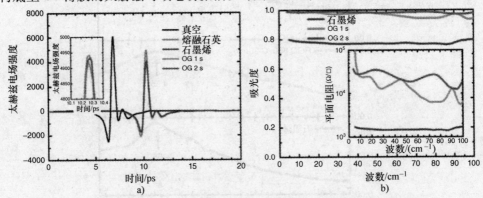

图 1.18 太赫兹区域中石墨烯和 OG:a,主图)太赫兹时域电场图,
a,插图)放大的太赫兹脉冲峰,b,主图)透射光谱图,b,插图)计算的光学平面电阻

厚度有关。此外,太赫兹脉冲峰值由于等离子体氧化而显示出幅度增加。图 1.18b 显示了石墨烯和 OG 薄膜的透射光谱(主图)以及计算的平面电阻(插图)。太赫兹区域中的透射光谱显示自由载流子密度降低,并且再次与先前可见光和 UV 范围

中的透射率变化一致。光学平面电阻 $\rho(\omega)$ 可以由吸光度 $A(\omega)=(4\pi/c)/\rho(\omega)$ 得到。OG 2s 的透射率（接近 100%）和光学平面电阻高于 OG 1s 和太赫兹范围内的石墨烯的对应值。伴随着氧化过程，光学平面电阻的增加再次与金属-绝缘体转变有关。自由载流子密度的降低直接导致直流电阻率的增加。通过可见光-UV 区域和太赫兹光谱结果证实，通过等离子体氧化可以使我们方便地将石墨烯制造成具有可调节平面电阻的透明 OG。

1.4.2 石墨烯 PL 性质的改性

1.4.2.1 氧等离子体处理石墨烯的 PL 特性

对 GO 的氧等离子体处理不仅导致石墨烯上的缺陷产生，而且导致氧官能团中的分布变化：由环氧基变为羰基。通过这种物理性质的改变，PL 光谱发生红移现象取决于等离子体的压力[66]。图 1.19 为拉曼光谱分析结果。GO-1 是原始的 GO，当它变成 GO-4 时，氧气压力增加。所有无序碳的拉曼光谱主要由 sp^2 位点中高强度的 G 峰和 D 峰特征决定。此外，G 峰和 2D 峰代表芳香碳环内的 E_{2g} 振动和平面外模式。由于氧等离子体的处理，与 G 峰强度相比，D 峰的强度增加。拉曼光谱中显著的 D 峰来自于碳基底面上羟基和环氧基团连接所产生的结构缺陷。这表明由于氧等离子体处理导致的结构缺陷密度增加。

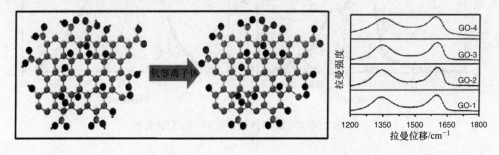

图 1.19　氧等离子体处理的 GO 的氧化官能团
从环氧树脂到羰基和拉曼光谱随氧气压力的变化图

GO 膜的 PL 发射光谱如图 1.20 所示，其波长为 487nm。在 200nm 处激发的等离子体处理下，光谱几乎保持不变。然而，当氧等离子体处理 GO 薄膜时，530nm 处的肩峰随着氧气压力的增加（从左到右）逐渐消失，并导致更宽的发射。而在氧等离子体处理后，石墨烯中更高波长（550~650nm）发射的发射强度显著降低。

这一结果可以与图 1.21 中的 XPS 分析结合考虑，很明显当氧气压力增加时，由于氧气的掺入，sp^3 杂化增加，导致 O—C—O、C=O 和 O—C=C 的连接。环氧和羰基通常激发局域电子-空穴（e-h）对的非辐射复合，这导致 GO 的非发射性质。氧化增加了反应活性位点，例如环氧基和羰基，因此降低了 GO 纳米片上 sp^2 结构域的发射效率。此外，XPS 分析表明，随着氧气压力的增加，羰基增加。对于

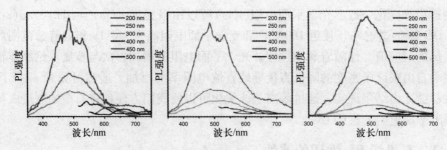

图 1.20 GO 的氧等离子体与 PL 特性改性的依赖关系图

氧处理的薄膜材料,可以推断,由于羰基数量的增加,大部分被激发至高水平的电子非辐射地弛豫,这降低了较高波长区域中的 PL 发射。而且,对于这些样品,石墨烯边缘的不均匀性和悬空键被认为可能对它们的化学性质和反应性具有显著的影响,这也会降低较高波长区域中的 PL 发射。

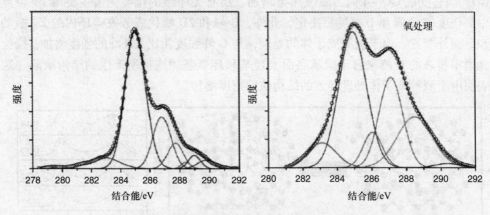

图 1.21 用氧等离子体处理的 GO 的 XPS 分析

1.4.2.2 基底效应

GO 的光学和结构特性随基底的变化而变化,并且基底显著影响其光学性能,因为基底和 GO 之间的相互作用改变了材料电子带结构[19]。石墨烯是半金属性的,因为它的 HOMO 和 LUMO 接触,导致零带隙结构[67]。然而,SiC 衬底上的石墨烯显示出约 0.26eV 的带隙,这可能是与基底的相互作用。氧相关的官能团的存在增加了材料与基底反应的可能性。如果石墨烯和它们的基底具有相互作用能够产生带隙,那么可以考虑适当改变其能带结构以应用于晶体管或光电器件中。在本节中,我们将比较 4 种类型的器件:G1 为 GO/金纳米颗粒/石英,G2 为 GO/ITO/玻璃(氧化铟锡),G3 为 GO/石英,G4 为 $GO/SiO_2/Si$。通过 EELS 分析,我们可以确认 GO 具有不同类型的氧官能团。285eV 处的峰表示在碳 K 边缘光谱的范围内,存在碳的 1s 与 π^* 态的转变,并且 291eV 处的峰表示碳在相同范围内存在 σ^* 态至 1s 态的跃迁。位于 539.7eV 处的峰属于氧 K 边缘光谱的范围,这意味结构中存在着每

个氧的高阶 π^* 共振以及 1, 2 - 环氧连接中的 σ^* 共振[68]。每个样品中都出现了在 UV - 可见光谱范围内约 200nm 处的吸收峰，表明由于芳香簇 sp^2 碳键合的存在，而发生 $\pi-\pi^*$ 跃迁。由于与环氧化物和过氧化物的连接变化，这些样品的 UV - 可见光谱中都出现了一些波动。由于金纳米颗粒产生表面等离子体共振，而影响额外的吸收，因此在 420nm 附近存在一个额外的峰。而且，G1 在整个可见光范围内几乎显示出恒定的吸收值。因此，基底对材料的吸收具有显著的影响，这对应于材料的带隙。G2 表现出了傅里叶变换红外（FTIR）中几乎不存在的峰，位于 $1600cm^{-1}$ 的峰对应于羧基的振动，以及位于 $1726cm^{-1}$ 的峰对应于与羰基和羧基基团有关的 $C=O$ 伸缩振动[69]。与通常具有位于约为 $10.5°$ 衍射峰的 GO 相比（$d=0.83nm$，由 XRD 测定），由于存在少量的氧官能团，G2 表现出了位于 $24°$ 的衍射峰（$d=0.36nm$），而 G4 具有位于 $11.26°$ 的衍射峰（$d=0.789nm$），这种衍射峰源于（002）晶面，与 FTIR 光谱结果一致[63]。而且，由于拉曼光谱中的峰与 GO 中的氧含量相关，在不同的膜材料中，D 峰的拉曼位移可以表示含氧官能团化的程度。金纳米颗粒作为热源可以产生局部表面的等离子体，从而导致晶格参数的变化，使 G 和 D 峰发生移动。而 XPS 光谱中的 C1s 可以表示膜中存在多少氧官能团。与前一次测量结果相同，因为氧原子从 GO 转移到 ITO，G2 样品显示出 286.2eV 峰与 288.4eV 峰的最低峰强度比，其中 286.2eV 峰对应于 O-H/O-C-O 中的碳原子，288.4eV 峰对应于 $C=O$ 中的碳原子。此外，铟的 XPS 光谱显示，由于氧等离子体（443.7~444.02eV）的处理，$3d_{5/2}$ 的轨道峰向更高处移动，这种峰位的迁移结果与上述现象作用机理相同。因此，当 GO 沉积在 ITO 基板上时，GO 会被还原。相比于 G1 和 G4 样品，在 G3 的 XPS 中，位于 286.2eV 对应于 O-C-O 的峰的强度更低，因为 G3 样品的环氧键的数量很少。而在 G1 的 XPS 中，还有其他峰，对应于缺陷 sp^2 杂化结构位于 285.4eV 处的峰，对应于 Au-C 杂化键位于 283.9eV 处的峰。根据 sp^2 构型中碳原子的结合能，缺陷峰的位置会影响 XPS 总体峰。因此，金纳米颗粒使离域键固定于其中，导致 sp^3 的无序化。因为 GO 由 sp^3 矩阵中的 sp^2 簇组成，因此量子限制效应会在 K 点处打开带隙。这与氧官能化使 HOMO 能级降低有关。这些样品在 495nm、540nm 和 650nm 表现出类似的 PL 峰，其对应于簇的尺寸（分别为 1.2nm、1.3nm 和 1.4nm）。为了研究基底对材料拉曼光谱的影响，将涂覆在不同基底上的 GO 膜进行拉曼分析，结果如图 1.22 所示。这些薄膜被命名为 GO-1（GO/Au/石英）、GO-2（GO/ITO/玻璃）、GO-3（GO/石英）和 GO-4（GO/SiO_2/Si）。对于 GO-2、GO-3 样品，它们的拉曼光谱出现了大约位于 $1590cm^{-1}$ 的 G 峰、位于 $1350cm^{-1}$ 的 D 峰以及位于 $2697cm^{-1}$ 的 2D 峰。但是在 GO-1（GO/Au/石英）薄膜的拉曼光谱中，G 峰、D 峰和 2D 峰的位置被发现分别为 $1579cm^{-1}$、$1339cm^{-1}$ 和 $2709cm^{-1}$。对于 GO-2、GO-3 和 GO-4 样品的拉曼光谱，它们的 G、GO 以及 2D 峰的位置几乎一致，只有 D 峰的位置出现轻微波动。由于 D 峰取决于 GO 中的氧含量，这种波动可能是由于不同膜中含氧官能团的变化。但是对于 GO-1（GO/Au/石英）薄膜，其 G、D 和 2D 峰位置与其他薄膜相比变化很大。这些峰位置的变化被解释为镀金石英基底的纳米结构中局部场的增强效应。通过金纳米颗粒的局部表面等离子体与石墨烯薄膜的表面等离子体耦合，有可能在两种结构的接触区域产生局部场，这导致石墨烯晶格参数发生变化，相应的 G 和 D 峰位置发生偏移。石墨烯-金键合的本质是共价键，这种键合会改变其晶格常数以及电子特性。此外，石墨烯晶格和界面金层之间的晶格不匹配可能会对石墨烯产生压缩应力，从而发生 G 拉曼峰频率的偏移。纳米晶石墨烯中点状缺陷的关系表明，I_D/I_G 与缺陷之间的平均距离（L_D）成反比，即 $I_D/I_G = C(\lambda)/L_D^2$。其中，$C$ 可变，取决于波长。随着 I_D/I_G 比的增加，微晶边界增加并且微晶尺寸减小。但在 Ferrari 报道的 Tuinstra-Koenig 关系中，当 sp^2 的簇尺寸（L_a）小于 2nm 时，这种关系在临界缺陷密度之上无效；I_D/I_G 比随着芳环数量的增加而增加，与 Tuinstra-Koenig 关系的预期相反。对于 L_a 低于 2nm 的情况，他们提出了第二非晶化阶段，并且根据用于该阶段的唯象模型，I_D/I_G 比随着微晶尺寸减小而降低：$I_D/I_G = C'L_a^2$，其中 $C' = 0.0055$，L_a 单位为 Å。在第一阶段，I_D/I_G 比的增加表明无序结构的增加；而在第二阶段，I_D/I_G 比的增加表明无序结构的减少。

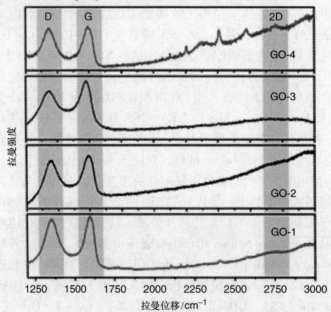

图 1.22　GO 薄膜（GO-1、GO-2、GO-3 和 GO-4）的拉曼光谱

由于离域轨道数量的差异，不同尺寸的簇表现出不同的 PL 发射现象。G1 在 435nm 和 450nm 出现不同的主峰位置。Au 中的 d 轨道和芳香碳的 π 轨道相互作用，影响能带结构中 sp^2 杂化的缺陷碳原子。这种相互作用改变了与费米能级、电子声子耦合有关的能带结构。因此，不同基底上 GO 膜的光电性质发生了改变，例

如 PL 现象和与能带结构相关的吸收性质。基底显著地影响材料的结构和光学性质，例如材料的层间距、sp^2 簇约束的变化和能带结构。由于产生缺陷的 sp^2 位点，在金缓冲液中，GO 和基底之间发生了 PL 发射的蓝移现象。图 1.23 以及图 1.23c 的插图显示了来自涂覆在不同基底上的 GO 膜的光发射，其激发范围为 200～450nm。这些薄膜被命名为 GO-1（GO/Au/石英）、GO-2（GO/ITO/玻璃）、GO-3（GO/石英）和 GO-4（GO/SiO_2/Si）。图 1.23d 显示了基底（Au/石英、ITO/玻璃、SiO_2、石英）的发射作为参考。

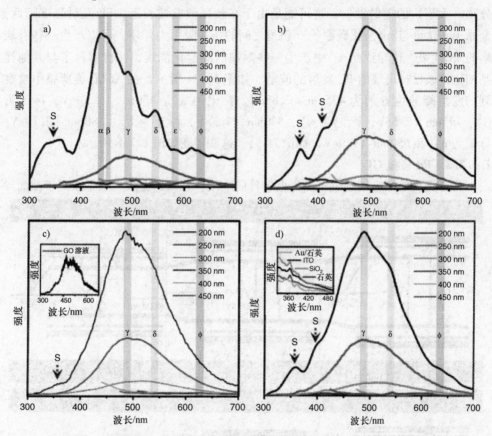

图 1.23 GO 薄膜的 PL 光谱 a) GO-1、b) GO-2、c) GO-3 和 d) GO-4，显示出激发性能依赖于 PL 发射。图 c 插图显示来自 GO 溶液的发射，图 d 插图显示来自基底（Au/石英，ITO/玻璃，SiO_2，石英）的发射

相应薄膜的能级图的示意图如图 1.24 所示。GO-2、GO-3 和 GO-4（GO/SiO_2/Si）薄膜显示出几乎相似的 PL 发射行为，在图 1.24a、b、c 中，发射峰对应于约 495nm（2.5eV 标记为 γ）、540nm（约 2.3eV，标记为 δ）和 650nm（约 1.9eV，标记为 φ）。在图 1.24d、e、f 中，除了这些发射峰外，GO-1（GO/Au/石英）薄膜还表现出在 435nm（2.83eV，标记为 α）、450nm（2.74eV，标记为 β）

和580nm（2.13eV，标记为ε）附近的发射峰。如图1.24a和图3.11b所示，平均簇尺寸约为1.2nm的发射峰对位于495nm附近（2.5eV标记为γ）；较大的簇（1.3nm）则表现出在540nm处的发射峰（约2.3eV，标记为δ），而更大的簇（1.4nm）则表现出在650nm处的发射峰（约1.9eV，标记为φ）。425nm和350nm附近的发射对应于基底发射效应（图1.23a中标记为"S"）。不同大小范围的sp^2簇会产生激发依赖性发射。在200nm激发下，所有簇产生发射，导致在400～600nm范围内出现宽化的发射峰。然而，当使用更高波长激发时，仅观察到来自部分簇（大簇）的辐射发射。这可能是由于在较高激发波长下，PL发射强度降低。金原子d轨道与sp^2杂化碳原子π轨道之间的相互吸引力作用，可以产生一些有缺陷的sp^2能级，这导致在$π^*$中产生一些附加的固定化能级，这也解释了与其他样品相比，该材料出现的PL发射的波动。如图1.23a所示，在Au/石英薄膜中观察到的发射峰的位置约为435nm（2.83eV，标记为α）、450nm（2.74eV，标记为β）、495nm（2.5eV，标记为γ）、540nm（2.3eV，标记为δ）、580nm（2.13eV，标记为ε）和650nm（1.9eV，标记为φ）。这些转变如图1.23b所示。

1.4.2.3 Pd 接枝 GO

为了将石墨烯应用于电子和光电器件的应用，石墨烯克服了由于缺乏带隙而导

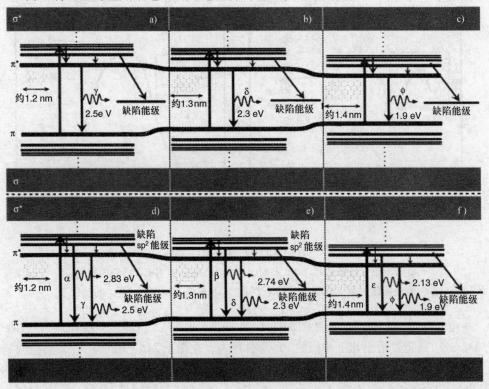

图1.24 GO-1、GO-2、GO-3和GO-4薄膜的GO能级图的示意图

致的限制。作为改性途径,许多研究小组一直在研究金属或半导体(如 TiO_2、Co_3O_4、Pt、Pd、Ag 和 Au)纳米颗粒功能化 GO 的光电性能。采用与上述纳米颗粒与石墨烯基材料复合的结构可应用于包括光学、电子学、催化和传感器在内的各种领域。局部 sp^2 轨道中的受限电子会影响 GO 的光学性质,例如影响其从 UV 到近红外光谱区域中的光学吸收和宽带荧光性质。钯和氧化钯的优异物理和化学性质使其在过渡金属和金属氧化物掺杂剂应用中引起了极大的关注。特别是,由于其催化性能以及与石墨烯复合结构的优异性能,使其在传感器和光电器件中存在潜在应用[13]。石墨烯中的芳香碳结构的层间距(0.246nm)和钯的层间距(0.225nm)接近,证明两者的复合结构是可行的。钯的接枝会影响材料的 PL 性能,因为它能调节 GO 的还原过程。原始 GO 存在更多的结构缺陷,而 RGO 是通过与氧和碳原子键合获得的,将碳原子轨道转化为 sp^3。EELS 显示,由于环氧键的共振,检测到位于 536.7eV 的吸收峰,这种共振似乎是 σ^* 和更高阶 π^* 态。未接枝的 GO 通过缺陷捕获激发出黄绿色 PL。随着退火过程的进行,结构恢复程度增加,导致黄绿色 PL 的减少以及蓝色 PL 的增加。由于退火,GO 的 FTIR 光谱显示了峰($1730cm^{-1}$)强度的降低,该峰对应于碳和氧的双键。当 GO 还原时,产生蓝色 PL 发射的 sp^2 位点增加。这是由于退火过程,即低压 Ar 的热加热环境条件导致官能团的消除,因此,sp^3 转换为 sp^2 结构。研究报道了钯接枝 GO 对 PL 发射的影响,并且使用各种测量技术来分析 PL 发射的来源。钯增加了材料还原的可能性,因为钯作为还原剂,增加了 C=C—C 芳环的振动。而且,与原始的 GO 相比,由于氧化钯的形成,接枝后的结构的 sp^2 杂化增强,并且进一步退火,会增强与蓝色 PL 发射相关的性质的恢复。钯的调控效应通过各种测试技术证实,如 XPS、拉曼、EELS、UV-可见光吸收、FTIR 等。与原始 GO 的晶面间距相比,由于钯的存在,复合结构表现出更大的晶格间距,测试为(002)反射结果。而由钯引起的从 1s 到 σ^* 的转变,改变了对应于碳 K 边缘区域的 EELS 的峰位置,并且钯产生对应于其 M4、5 边缘的峰。FTIR 的峰强度表明,在退火处理前的接枝样品中,$1050cm^{-1}$、$1100cm^{-1}$ 和 $1200cm^{-1}$ 的位置分别对应于碳的单键、碳氧单键、C—O—C 伸缩振动。随着退火温度的升高,C—C 伸缩振动峰($1050cm^{-1}$)增强。在未接枝的 GO 中,其在退火处理时也表现出类似的峰强度趋势,但是其峰强度的增加率低于接枝的 GO。利用 XPS 光谱,可以清楚地检测到 GO 的碳和氧相关官能团。而由于碳的芳香键占主导地位,强度最高的峰位于 284.6eV,而不是任何其他峰,如位于 286.2eV 对应 O—H/O—C—O 的峰、位于 287.8eV 对应 C=O 的峰、位于 288.5eV 对应 O—C=O 的峰以及位于 289.3eV 对应羧基官能团的峰。因此,随着退火温度的升高,由于 sp^2 簇中 sp^3 位点的恢复,284.8eV 处的峰的相对强度增加。比较原始 GO 和接枝 GO 的 XPS 光谱图可以发现,钯接枝 GO 结构的恢复率高于原始 GO。与上述测试结果一样,UV-可见光吸收显示出在范围为 240~260nm 内的宽峰,这种

宽峰与各种尺寸 sp^2 团簇中 $\pi-\pi^*$ 态的跃迁有关。此外，在 295~305nm 范围内的峰与 n 到 π 跃迁有关，而这种跃迁是由于环氧化物（C-O-C）和过氧化物（R-O-O-R）键的连接。而且，随着 sp^2 簇伴随还原过程的增加，可见光吸收的总体范围增强，并且接枝的 GO 表现出相对于原始 GO 吸收可见光范围更广。因此，我们可以推断钯在结构中起到了还原剂的作用。随着氧从官能团中脱离，GO 中的共轭电子增加，使芳香族 sp^2 杂化结构恢复。由于钯的接枝影响 sp^2 网络中碳的单键与双键之间的改变，钯接枝样品表现出一些额外的峰，这些峰与光子组合模式相关，由面内横向光学（iTO）与在 K 点附近（$2300cm^{-1}$）和远离 K 点（$2400cm^{-1}$）的面内横向声学（iTA）组合。通过这些研究，证明了结构变化对能带结构的影响，从而影响 PL 发射性质。GO 片层结构的钯接枝改善了材料 PL 特性以及退火处理也与材料的 PL 发射有关。当在 GO 上加载钯时，与 $\sigma-\sigma^*$ 带相关的 sp^2 簇的面积增加。当钯接枝结构在高的退火温度处理时，其位于 465nm 和 485nm 处的 PL 峰增强。在 XPS、拉曼、UV-可见光光谱的研究中，我们可以推断那些蓝色 PL（465nm 和 485nm）发射归因于具有不同大小面积的 sp^2 簇。此外，黄绿色发射随着还原过程的减少，揭示其发射峰源于结构的缺陷部位。此外，当钯接枝 GO 时，其退火处理效应更强。PL 发射图谱（见图 1.25）由位于 465nm、485nm、505nm 和 536nm 附近的峰组成。所有薄膜（GOPd 以及 GO）显示在 465nm（约 2.66eV，标记为 α）和 485nm（约 2.5eV，标记为 β）附近的峰值发射，这些峰归因于局部 $\pi-\pi^*$ 跃迁产生的电子-空穴对（e-h 对）的辐射复合（见图 1.26）。

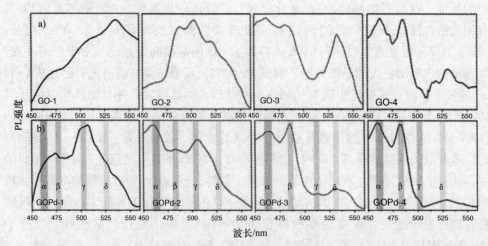

图 1.25　a）Pd 接枝和 b）未接枝的 GO 薄膜的 PL 发射光谱

如图 1.26 所示，峰值位于 505nm（2.44eV，标记为 γ）和 530nm（2.32eV，标记为 δ）的发射对应由氧官能度引起的缺陷态发射。氧官能度的存在可能导致

π-π*间隙中存在缺陷态。因此，在GOPd和GO膜中，γ和δ峰值发射强度随退火温度的增加而降低。通过退火，缺陷密度由于氧官能度的去除而降低，从而降低了γ和δ峰的强度（见图1.25b）。同时，与退火的GO膜（GO-3和GO-4）相比，退火的GOPd膜（GOPd-3和GOPd-4）的PL发射强度更低。这可能是由于与GO膜相比，GOPd膜中的缺陷密度更低。随着GO的还原（GOPd-4），黄绿色发射峰（γ，δ）减少，蓝色PL成为主要的发射峰。伴随着还原过程，电子共轭结构在石墨烯中恢复，所以可预测到材料的蓝色PL发射源自sp^2簇，以及黄绿色PL发射来自捕获态。不规则的PL光谱表明，被困电子状态会影响发射光谱。GOPd在退火温度下，蓝色发光增强，绿黄色发光强度降低。尽管在未接枝的GO薄膜中也观察到绿黄色发射的猝灭，但在退火的接枝薄膜中猝灭效应更为突出。

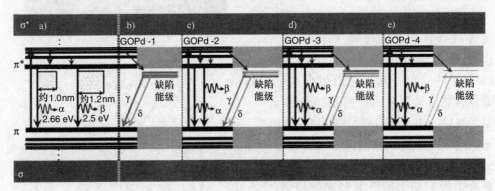

图1.26　GOPd薄膜的能级图示意图

1.5　石墨烯的光电应用

无质量电子表现为狄拉克费米子，在石墨烯上的二维结构中其能量-动量成线性关系[70-72]。因此，石墨烯的电子特性是从由带电粒子二维气体的相对论狄拉克方程式导出的。模拟粒子载体的有效质量为零，电子的费米速度为$10^6 m/s$[71,72]。据报道，悬浮样品中石墨烯的电子迁移率高达$10^6 cm^2/(V·s)$。石墨烯是应用于纳米电子学有潜力的材料，特别是在高频率区，能够与大气环境下的近弹性运输相结合[73]。

石墨烯还具有非凡的光学特性。虽然是单原子层厚度，但它可以是透明的[74,15,75]。与狄拉克电子的线性色散关系在光子学领域得到了广泛应用。由于Pauli阻滞效应，石墨烯表现出可饱和吸收的显著特征[76]。石墨烯中的非平衡载流子能够引起热发光[77]。石墨烯还可以通过化学和力学处理产生PL效应。石墨烯是光子和光电子应用的主要候选材料，这得益于其独特的物理特性，如透光率和带有狄拉克点的小带隙[21,78]（见图1.27）。

对于诸如显示器、触摸屏、发光二极管、太阳电池的光电器件,需要具备低平面电阻 R_s 和高透明度的性能。对于长度为 L 且宽度为 W 的矩形,电阻 R 为

$$R = (\rho/d)(L/W) = R_s(L/W)$$

在薄膜中, $R_s = \rho/d$,其中 d 是膜厚度, $\rho = 1/(\sigma_{dc})$ 是电阻率。不重叠覆盖在电阻上 W 边正方形单元的数量可以被定义为 L/W 。

用于电极的半导体基透明材料[79]是各种各样的:氧化锌(ZnO)[80]、掺杂氧化铟(In_2O_3)[81]、氧化锡(SnO_2)[79],以及基于它们组合的三元化合物。最著名的材料是掺杂的 n 型半导体,由 In_2O_3 和 SnO_2 以 9:1 的比例组成,称为氧化铟锡(ITO)[79]。Sn 原子作为掺杂原子充当 n 型供体,显著了影响 ITO 的电学和光学性质。ITO 具有约 80% 的透射率以及在玻璃上小于 $10\Omega/\square$ 的电阻,在聚对苯二甲酸乙二醇酯(PET)上约为 $60 \sim 300\Omega/\square$ 的电阻[82]。由于铟元素稀缺、加工困难、对酸性和碱性环境的敏感性,ITO 的应用受到严重的限制[79,82]。此外,ITO 在外部冲击下易碎且脆弱,并且如果它是弯曲的,

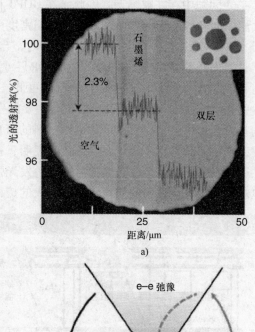

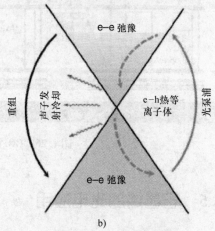

图 1.27 材料增加层数的透射率。石墨烯中光激发电子动力学的示意图,具有非平衡电子群的可能的弛豫机制

如触摸屏和柔性显示器,它很容易磨损。为了克服 ITO 这些缺点,金属网栅[83]、金属纳米线[84] 和其他金属氧化物[81-84] 已被研究以改善其性能。石墨烯和石墨烯基材料对透明导体性能表现出显著的改善效应。与单壁碳纳米管薄膜、薄金属薄膜和 ITO 相比,石墨烯薄膜显示出更高的透射率和更宽的可用波长范围。在图 1.28 中,比较了几种透明导体材料的透射率和平面电阻。对于更宽的波长范围,石墨烯比任何其他材料更透明,平面电阻也比 ITO、纳米管和 Ag 纳米线网栅更低且性能更好。

与光伏电池有关的光电器件、光电探测器可以将能量由光能转变为电能[85]。能量转换效率定义为最大功率和入射功率之比, $\eta = P_{max}/P_{in}$,其中 P_{max} 由电路中

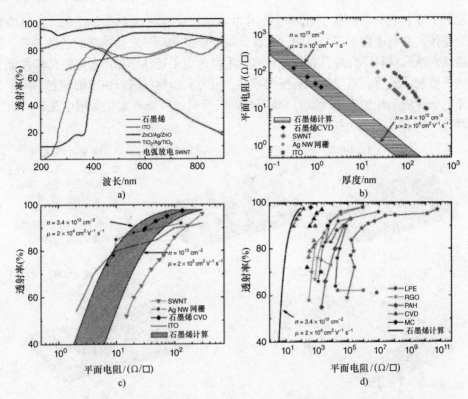

图 1.28 a) 不同透明导体的透射率：GTCF（基于石墨烯的透明导电膜）[37]，单壁碳纳米管（SWNT）[73]，ITO[74]，ZnO-Ag-ZnO[75]，$TiO_2/Ag/TiO_2$[76]，其中 Ag 为银和 TiO_2 为二氧化钛。b) R_s 对厚度的依赖性：蓝色菱形为卷对卷 GTCF[37]；红色正方形为 ITO[74]；灰点为金属线[74]；绿色菱形为 SWNT[73]。其中使用 n 和 μ 的典型值还绘制了 GTCF 的两个限制线（阴影区域）。c) 相对于 R_s，不同透明导体的透射率：蓝色菱形为卷对卷 GTCF[37]；红线为 ITO[74]；灰点为金属线[74]；绿色三角形为 SWNT[73]。阴影区域为使用在图 b 中 n 和 μ 计算的 GTCF 限制线。d) GTCF 的透射率相对于 R_s 的关系图，并根据制备方法将其分组：CVD[35-37,77]，微机械剥离（MC）[78]，有机合成[68]，原始石墨烯的 LPE（液相剥离）[42,43,47,78] 或 GO[52,54,79-81]

的电压和电流决定。η 高达约 25% 的硅是光伏器件的主要材料[85,86]。在聚合物基有机光伏电池中，使用聚合物有利于有效电荷传输的光吸收。与 Si 电池相比，聚合物电池具有较低的 η，但它们制备过程具有经济效应的优势，并可采取卷对卷工艺进行大规模生产[87]。有机光伏电池是一种用于光活性层和电极的透明导体。染料敏化光伏电池由液体电解质作为电荷传输介质。当外部入射的光照射时，染料分子吸收入射光子产生的电子-空穴对，随后电子被输送到阳极。染料分子通过从液体电解质吸收电子而再生。目前最著名的材料是 ITO 用作光电阳极，而阴极用涂有

Pt 层的 ITO 材料。石墨烯的光学性质可以满足光伏器件的要求。首先，石墨烯是透明导体，有利于应用于窗户中。其次，由于能量和动量之间独特的色散关系，石墨烯是光活性材料。此外，石墨烯具有非常高的电子迁移率和用于电荷传输的低有效电子质量。最后，石墨烯具有催化特性，可与其他材料进行快速的相互作用。各种光电器件应用如图 1.29 所示，如无机的、有机的、染料敏化太阳电池、有机发光器件（OLED）、光电探测器。

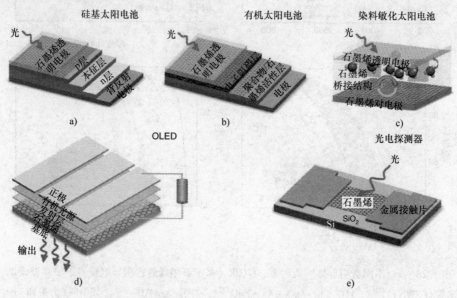

图 1.29　a）无机的、b）有机和 c）染料敏化太阳电池，
d）有机发光器件（OLED），e）光电探测器的示意图

两个电荷注入电极之间的有机发光器件需要电致发光材料，并且其中至少一个是透明的[88]。HOMO 和 LUMO 捕获阳极和阴极处的空穴和电子。该捕获过程连接到匹配阳极和阴极的功函数。因为有机发光器件具有低功耗、高图像质量的优点，并且可以制造超薄器件。OLED 已经在超薄电视和其他显示屏中显示出许多应用前景，例如计算机和移动电话的监视器。同样在其他应用中，4.4~4.5eV 的 ITO 是主要用于显示的材料，即使它由于易碎、弯曲和成本问题存在例如力学性能等多方面的局限性[89]。此外，ITO 表现出扩散到有源 OLED 层中的趋势，这导致性能随时间而衰减。石墨烯可以改变具有 4.5eV 功函数的 ITO，并且使材料易于获得良好的力学柔性。图 1.30 显示了石墨烯的预期 OLED 结构设计，不存在扩散问题。

该光电探测装置通过将吸收的光子能量转换成电能以测试光子通量或光功率。光电探测器有很多应用，如遥控操作、DVD 播放器等[90]。由光子能量激发的电子从价带移动到导带，同时电子-空穴载体产生电流。能带隙限制了在宽波长范围内的光吸收，因为具有长波长和低量子能量的光不能激发电子。石墨烯可以吸收从紫外到太赫兹范围内的光[91,92]。因此,由石墨烯制成的光电探测器可以在很宽的波长范围内工作。此外,石墨烯的响应时间很快,因为具有零有效质量的高电子迁移率。

大多数光子应用都需要非线性光学和电光学特性[93]。激光制造商提供的纳皮秒至亚皮秒的脉冲,可供基础研究、材料加工、电路板印制、计量甚至眼科手术等使用。模型锁定是超快激光系统中最重要的技术,它需要非线性光学元件,称为可饱和吸收体。可饱和吸收体将连续波束转换为一系列超快光脉冲[94]。非线性材料需要具备快速响应时间、强非线性特征和宽泛的有效波长范围。此外,对制造商而言,需要高功率处理、低功耗、便宜且容易的方式来设置光学系统。目前,可饱和吸收体的主要材料是由半导体可饱和吸收镜制成。然而,它具有调谐范围、制造和包装复杂的缺点。最开始,研究者们试图利用低成本和通过控制直径来操作波长的单壁纳米管来取代早期的材料[95]。石墨烯可以解决传统材料(如硅、碳纳米管等)的许多问题,原因如下:石墨烯对工作波长和超快载流子动量没有限制。与具有镜像的传统材料或纳米管相比,石墨烯不必考虑带隙。

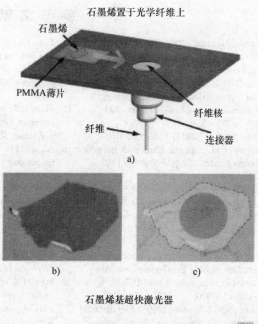

图1.30 a)光纤安装在支架上。一旦与原始基底分离,就将聚合物/石墨烯膜滑动并与纤维核对齐。b)最初沉积在 SiO_2/Si 上的薄片结构。c)确定位置放置后的相同薄片。d)石墨烯模式锁定的超快激光器:石墨烯可饱和吸收器放置在两个光纤连接器之间。掺铒光纤(EDF)是获取信号的介质,由激光二极管(LD)通过波分复用器(WDM)抽气。隔离器(ISO)保持单向操作。偏振控制器(PC)优化锁定模式

参 考 文 献

1. Schedin, F. et al. (2007) Detection of individual gas molecules adsorbed on graphene. *Nat. Mater.*, **6** (9), 652–655.
2. Lee, C. et al. (2008) Measurement of the elastic properties and intrinsic strength of monolayer graphene. *Science*, **321** (5887), 385–388.
3. Xiao, N. et al. (2011) Enhanced thermopower of graphene films with oxygen plasma treatment. *ACS Nano*, **5** (4), 2749–2755.
4. Eda, G., Fanchini, G., and Chhowalla, M. (2008) Large-area ultrathin films of reduced graphene oxide as a transparent and flexible electronic material. *Nat. Nanotechnol.*, **3** (5), 270–274.
5. Wu, Q. et al. (2010) Supercapacitors based on flexible graphene/polyaniline nanofiber composite films. *ACS Nano*, **4** (4), 1963–1970.
6. Novoselov, K.S. et al. (2004) Electric field in atomically thin carbon films. *Science*, **306** (5696), 666–669.
7. Obraztsov, A.N. et al. (2007) Chemical vapor deposition of thin graphite films of nanometer thickness. *Carbon*, **45** (10), 2017–2021.
8. Gattia, D.M., Vittori Antisari, M., and Marazzi, R. (2007) AC arc discharge synthesis of single-walled nanohorns and highly convoluted graphene sheets. *Nanotechnology*, **18** (25), 255604.
9. Hummers, W.S. Jr., and Offeman, R.E. (1958) Preparation of graphitic oxide. *J. Am. Chem. Soc.*, **80** (6), 1339.
10. Van Bommel, A.J., Crombeen, J.E., and Van Tooren, A. (1975) LEED and Auger electron observations of the SiC(0001) surface. *Surf. Sci.*, **48** (2), 463–472.
11. Wang, Z. et al. (2009) Direct electrochemical reduction of single-layer graphene oxide and subsequent functionalization with glucose oxidase. *J. Phys. Chem. C*, **113** (32), 14071–14075.
12. Choi, K. et al. (2013) Terahertz and optical study of monolayer graphene processed by plasma oxidation. *Appl. Phys. Lett.*, **102** (13), 131901.
13. Rani, J.R. et al. (2013) Controlling the luminescence emission from palladium grafted graphene oxide thin films via reduction. *Nanoscale*, **5** (12), 5620–5627.
14. Lim, J. et al. (2013) Terahertz, optical, and Raman signatures of monolayer graphene behavior in thermally reduced graphene oxide films. *J. Appl. Phys.*, **113** (18).
15. Nair, R.R. et al. (2008) Fine structure constant defines visual transparency of graphene. *Science*, **320** (5881), 1308.
16. Meyer, J.C. et al. (2007) The structure of suspended graphene sheets. *Nature*, **446** (7131), 60–63.
17. Tung, V.C. et al. (2009) High-throughput solution processing of large-scale graphene. *Nat. Nanotechnol.*, **4** (1), 25–29.
18. Ferrari, A.C. et al. (2006) Raman spectrum of graphene and graphene layers. *Phys. Rev. Lett.*, **97** (18), 187401.
19. Rani, J.R. et al. (2013) Substrate and buffer layer effect on the structural and optical properties of graphene oxide thin films. *RSC Adv.*, **3** (17), 5926–5936.
20. Bao, Q. et al. (2010) Graphene-polymer nanofiber membrane for ultrafast photonics. *Adv. Funct. Mater.*, **20** (5), 782–791.
21. Gokus, T. et al. (2009) Making graphene luminescent by oxygen plasma treatment. *ACS Nano*, **3** (12), 3963–3968.
22. Bostwick, A. et al. (2008) Photoemission studies of graphene on SiC: growth, interface, and electronic structure. *Adv. Solid State Phys.*, **47**, 159–170.
23. Virojanadara, C. et al. (2008) Homogeneous large-area graphene layer growth on 6H-SiC(0001). *Phys. Rev. B: Condens. Matter*, **78** (24), 245403.
24. Sutter, P.W., Flege, J.I., and Sutter, E.A. (2008) Epitaxial graphene on ruthenium. *Nat. Mater.*, **7** (5), 406–411.
25. N'Diaye, A.T. et al. (2008) Structure of epitaxial graphene on Ir(111). *New J. Phys.*, **10**.
26. Otero, G. et al. (2010) Ordered vacancy network induced by the growth of epitaxial graphene on Pt(111). *Phys. Rev. Lett.*, **105** (21), 216102.
27. Regan, W. et al. (2010) A direct transfer of layer-area graphene. *Appl. Phys. Lett.*, **96** (11), 113102.
28. Green, A.A. and Hersam, M.C. (2009) Solution phase production of graphene

with controlled thickness via density differentiation. *Nano Lett.*, **9** (12), 4031–4036.

29. Ziambaras, E. et al. (2007) Potassium intercalation in graphite: a van der Waals density-functional study. *Phys. Rev. B: Condens. Matter*, **76** (15), 155425.
30. McAllister, M.J. et al. (2007) Single sheet functionalized graphene by oxidation and thermal expansion of graphite. *Chem. Mater.*, **19** (18), 4396–4404.
31. Stankovich, S. et al. (2007) Synthesis of graphene-based nanosheets via chemical reduction of exfoliated graphite oxide. *Carbon*, **45** (7), 1558–1565.
32. Compton, O.C. et al. (2010) Electrically conductive "alkylated" graphene paper via chemical reduction of amine-functionalized graphene oxide paper. *Adv. Mater.*, **22** (8), 892–896.
33. Chandra, V. et al. (2010) Water-dispersible magnetite-reduced graphene oxide composites for arsenic removal. *ACS Nano*, **4** (7), 3979–3986.
34. Zhu, X. et al. (2011) Reduced graphene oxide/tin oxide composite as an enhanced anode material for lithium ion batteries prepared by homogenous coprecipitation. *J. Power Sources*, **196** (15), 6473–6477.
35. Wu, Z.S. et al. (2012) Graphene/metal oxide composite electrode materials for energy storage. *Nano Energy*, **1** (1), 107–131.
36. Feng, H., Li, Y., and Li, J. (2012) Strong reduced graphene oxide-polymer composites: hydrogels and wires. *RSC Adv.*, **2** (17), 6988–6993.
37. Bai, H. et al. (2011) Graphene oxide/conducting polymer composite hydrogels. *J. Mater. Chem.*, **21** (46), 18653–18658.
38. Li, B. et al. (2011) Cu 2O@reduced graphene oxide composite for removal of contaminants from water and supercapacitors. *J. Mater. Chem.*, **21** (29), 10645–10648.
39. Stankovich, S. et al. (2006) Graphene-based composite materials. *Nature*, **442** (7100), 282–286.
40. Zhou, X. et al. (2009) In situ synthesis of metal nanoparticles on single-layer graphene oxide and reduced graphene oxide surfaces. *J. Phys. Chem. C*, **113** (25), 10842–10846.
41. Shen, J. et al. (2011) One-pot hydrothermal synthesis of Ag-reduced graphene oxide composite with ionic liquid. *J. Mater. Chem.*, **21** (21), 7795–7801.
42. Chen, G.H. et al. (2001) Dispersion of graphite nanosheets in a polymer matrix and the conducting property of the nanocomposites. *Polym. Eng. Sci.*, **41** (12), 2148–2154.
43. Binnig, G., Quate, C.F., and Gerber, C. (1986) Atomic force microscope. *Phys. Rev. Lett.*, **56** (9), 930–933.
44. Lang, K.M. et al. (2004) Conducting atomic force microscopy for nanoscale tunnel barrier characterization. *Rev. Sci. Instrum.*, **75** (8), 2726–2731.
45. Gross, L. et al. (2009) The chemical structure of a molecule resolved by atomic force microscopy. *Science*, **325** (5944), 1110–1114.
46. Parades, J.I. et al. (2008) Graphene oxide dispersions in organic solvents. *Langmuir*, **24** (19), 10560–10564.
47. Paredes, J.I. et al. (2009) Atomic force and scanning tunneling microscopy imaging of graphene nanosheets derived from graphite oxide. *Langmuir*, **25** (10), 5957–5968.
48. Singh, V. et al. (2011) Graphene based materials: past, present and future. *Prog. Mater. Sci.*, **56** (8), 1178–1271.
49. Kim, K.S. et al. (2009) Large-scale pattern growth of graphene films for stretchable transparent electrodes. *Nature*, **457** (7230), 706–710.
50. Barlow, W. (1883) Probable nature of the internal symmetry of crystals. *Nature*, **29** (738), 186–188.
51. Sohncke, L. (1884) Probable nature of the internal symmetry of crystals. *Nature*, **29** (747), 383–384.
52. Compton, A.H. (1923) A quantum theory of the scattering of X-rays by light elements. *Phys. Rev.*, **21** (5), 483–502.
53. Bragg, W.H. (1908) The nature of γ and X-rays. *Nature*, **77** (1995), 270–271.
54. Bragg, W.H. (1910) XXXIX. The consequence of the corpuscular hypothesis of the γ and X rays, and the range of β rays. *Philos. Mag. Ser. 6*, **20** (117), 385–416.

55. Bragg, W. (1912) On the direct or indirect nature of the ionization by X-rays. *Philos. Mag.*, **23**, 647–650.
56. von Laue, M. (1915) Concerning the Detection of X-ray Interferences. Nobel Lecture, http//www.nobelprize.org/nobel_prizes/physics/laureates/1914/ (accessed 30 August 2014).
57. Ford, W.E. and Dana, E.S. (1932) *A Textbook of Mineralogy*, John Wiley & Sons, Inc., New York, p. 438.
58. Bragg, W. (1913) The structure of some crystals as indicated by their diffraction of X-rays. *Proc. R. Soc. London, Ser. A*, **89** (610), 248–277.
59. Bragg, W., James, R.t., and Bosanquet, C. (1921) The intensity of reflexion of X-rays by rock-salt.—Part II. *London, Edinburgh Dublin Philos. Mag. J. Sci.*, **42** (247), 1–17.
60. Bragg, W.L. (1914) The analysis of crystals by the X-ray spectrometer. *Proc. R. Soc. London, Ser. A*, **89** (613), 468–489.
61. Culity, B. and Stock, S. (1978) *Elements of X-ray Diffraction*, Edison Wesley, London.
62. Hye-Mi, Ju, Seung Hun, Huh, Seong-Ho, Choi, Hong-Lim, Lee (2010) Structures of thermally and chemically reduced graphene, Materials Letters, **64**, (3), 357–360, ISSN 0167-577X, http://dx.doi.org/10.1016/j.matlet.2009.11.016. (http://www.sciencedirect.com/science/article/pii/S0167577X0900857X)
63. Li, Z. *et al.* (2007) X-ray diffraction patterns of graphite and turbostratic carbon. *Carbon*, **45** (8), 1686–1695.
64. Huh, S.H. (2011) *Thermal Reduction of Graphene Oxide*, Chapter, INTECH.
65. Lim, J. *et al.* (2013) Terahertz, optical, and Raman signatures of monolayer graphene behavior in thermally reduced graphene oxide films. *J. Appl. Phys.*, **113** (18), 183502–183502-5.
66. Rani, J. *et al.* (2012) Epoxy to carbonyl group conversion in graphene oxide thin films: effect on structural and luminescent characteristics. *J. Phys. Chem. C*, **116** (35), 19010–19017.
67. Zhou, S. *et al.* (2007) Substrate-induced bandgap opening in epitaxial graphene. *Nat. Mater.*, **6** (10), 770–775.
68. Saxena, S., Tyson, T.A., and Negusse, E. (2010) Investigation of the local structure of graphene oxide. *J. Phys. Chem. Lett.*, **1** (24), 3433–3437.
69. Titelman, G. *et al.* (2005) Characteristics and microstructure of aqueous colloidal dispersions of graphite oxide. *Carbon*, **43** (3), 641–649.
70. Wallace, P. (1947) The band theory of graphite. *Phys. Rev.*, **71** (9), 622.
71. Geim, A.K. and Novoselov, K.S. (2007) The rise of graphene. *Nat. Mater.*, **6** (3), 183–191.
72. Charlier, J.-C. *et al.* (2008) *Electron and Phonon Properties of Graphene: their Relationship with Carbon Nanotubes*, in Carbon Nanotubes, Springer, pp. 673–709.
73. Lemme, M.C. *et al.* (2007) A graphene field-effect device. *IEEE Electron Device Lett.*, **28** (4), 282–284.
74. Casiraghi, C. *et al.* (2007) Rayleigh imaging of graphene and graphene layers. *Nano Lett.*, **7** (9), 2711–2717.
75. Blake, P. *et al.* (2007) Making graphene visible. *Appl. Phys. Lett.*, **91**, 063124.
76. Hasan, T. *et al.* (2009) Nanotube–polymer composites for ultrafast photonics. *Adv. Mater.*, **21** (38-39), 3874–3899.
77. Lui, C.H. *et al.* (2010) Light emission from graphene induced by femtosecond laser pulses. *Bull. Am. Phys. Soc.*, **1**, Z22.008.
78. Eda, G. *et al.* (2010) Blue photoluminescence from chemically derived graphene oxide. *Adv. Mater.*, **22** (4), 505–509.
79. Hamberg, I. and Granqvist, C.G. (1986) Evaporated Sn-doped In_2O_3 films: Basic optical properties and applications to energy-efficient windows. *J. Appl. Phys.*, **60** (11), R123–R160.
80. Minami, T. (2005) Transparent conducting oxide semiconductors for transparent electrodes. *Semicond. Sci. Technol.*, **20** (4), S35.
81. Holland, L. and Siddall, G. (1953) The properties of some reactively sputtered metal oxide films. *Vacuum*, **3** (4), 375–391.
82. Granqvist, C.G. (2007) Transparent conductors as solar energy materials: a panoramic review. *Sol. Energy Mater. Sol. Cells*, **91** (17), 1529–1598.

83. Lee, J.-Y. et al. (2008) Solution-processed metal nanowire mesh transparent electrodes. *Nano Lett.*, **8** (2), 689–692.
84. De, S. et al. (2009) Silver nanowire networks as flexible, transparent, conducting films: extremely high DC to optical conductivity ratios. *ACS Nano*, **3** (7), 1767–1774.
85. Chapin, D., Fuller, C., and Pearson, G. (1954) A new silicon p-n junction photocell for converting solar radiation into electrical power. *J. Appl. Phys.*, **25** (5), 676–677.
86. Green, M.A. et al. (1999) Solar cell efficiency tables (version 13). *Prog. Photovoltaics Res. Appl.*, **7** (1), 31–37.
87. Krebs, F.C. (2009) All solution roll-to-roll processed polymer solar cells free from indium-tin-oxide and vacuum coating steps. *Org. Electron.*, **10** (5), 761–768.
88. Burroughes, J. et al. (1990) Light-emitting diodes based on conjugated polymers. *Nature*, **347** (6293), 539–541.
89. Giovannetti, G. et al. (2008) Doping graphene with metal contacts. *Phys. Rev. Lett.*, **101** (2), 026803.
90. Saleh, B. and Teich, M. (2007) *Fundamentals of Photonics*, Chapter 7, John Wiley & Sons, Inc., NewYork.
91. Dawlaty, J.M. et al. (2008) Measurement of ultrafast carrier dynamics in epitaxial graphene. *Appl. Phys. Lett.*, **92**, 042116.
92. Wright, A., Cao, J., and Zhang, C. (2009) Enhanced optical conductivity of bilayer graphene nanoribbons in the terahertz regime. *Phys. Rev. Lett.*, **103** (20), 207401.
93. Boyd, R.W. (2003) *Nonlinear Optics*, Academic Press.
94. Keller, U. (2003) Recent developments in compact ultrafast lasers. *Nature*, **424** (6950), 831–838.
95. Wang, F. et al. (2008) Wideband-tuneable, nanotube mode-locked, fibre laser. *Nat. Nanotechnol.*, **3** (12), 738–742.

第 2 章　基于石墨烯的锂离子电池电极

Ronghua Wang, Miaomiao Liu, Jing Sun

2.1　引言

作为一种碳材料，石墨烯片层（GS）由于其高的理论比表面积（2600m^2/g）、良好的柔性、优异的化学、热稳定性以及出色的电学、热学性能和力学性能，在各种领域引起越来越多的关注。并且，其独特的结构和优异的性能使石墨烯在电子、传感器和能量存储/转换中具有应用前景。

在锂离子电池（LIB）领域，石墨烯具有宽的电位窗口和丰富的表面化学活性，因此可以单独用作电极材料。而且，高电导率和独特的层状结构使石墨烯可以与其正负极材料复合，形成复合电极。在石墨烯/其他材料复合材料中经常发生显著的协同促进效应，这将大大提高材料的整体电化学性能。一方面，与石墨烯复合后，正极或负极材料的电导率可以显著提高，这将提高电极的电子传输和倍率性能。另一方面，石墨烯良好的力学性能有助于保持电极材料的微观结构，提高其循环稳定性。此外，石墨烯具有非常大的纵横比和优异的结构柔性。因此它可以作为结构单元自组装成二维（2D）、柔性、自支撑式电极以及三维（3D）宏观气凝胶结构。这对促进新型电极结构和新型 LIB 的开发具有重要意义。

在本章中，我们将总结关于高性能 LIB 的石墨烯基电极的合成方法、结构设计以及电化学性能的最新研究进展，包括石墨烯基正极材料、石墨烯基负极材料、二维石墨烯基柔性电极和三维宏观石墨烯基电极。

2.2　LIB 的工作原理

LIB 以其高能量密度、高电压和环境友好性被广泛认为是电动汽车动力源最有可能的候选者之一[1,2]。如图 2.1 所示，LIB 通常由正极、负极以及分隔两个电极的多孔膜（允许锂离子穿过）和电解质组成（在充电和放电过程中传导锂离子）。一个典型的 LIB 可以表示如下[3]：

$$(-)C_n | 1\text{mol/L LiPF}_6 - \text{EC} + \text{DEC} | \text{LiMO}_x (+) \qquad (2.1)$$

式中，C 表示含碳材料，M 表示金属。在正极上发生以下反应：

$$\text{LiMO}_x - ye^- \underset{\text{放电}}{\overset{\text{充电}}{\rightleftharpoons}} \text{Li}_{1-y}\text{MO}_x + y\text{Li}^+ \qquad (2.2)$$

第 2 章 基于石墨烯的锂离子电池电极

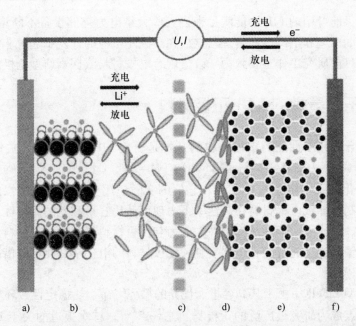

图 2.1 常见 LIB 示意图：a) 铝集流体；b) 金属氧化物正极活性材料；c) 有机电解液中的多孔隔膜；d) 固体电解质界面层；e) 石墨负极活性材料；f) 铜集流体（经许可转载自参考文献［3］。版权所有（2013），英国皇家化学学会）

在负极上发生以下反应：

$$C_n + y\text{Li}^+ + ye^- \underset{\text{放电}}{\overset{\text{充电}}{\rightleftharpoons}} \text{Li}_y C_n \tag{2.3}$$

整个反应可以表示如下：

$$\text{LiMO}_x + C_n \underset{\text{放电}}{\overset{\text{充电}}{\rightleftharpoons}} \text{Li}_{1-y}\text{MO}_x + \text{Li}_y C_n \tag{2.4}$$

在充电过程中，锂离子将从正极脱出到电解液中，扩散穿过多孔隔板，并插入碳质负极中。在放电过程中，锂离子将从负极脱出并插入正极层之间的空位。由于锂离子传输机制，LIB 也被称为摇椅式电池。

LIB 的容量定义为特定条件下充电和放电过程可以获得的充电量。LIB 的理论容量由活性物质的量决定，由参考文献［4］给出：

$$C_o = 26.8 n (m_o / M) = (1/q) m_o \tag{2.5}$$

式中，C_o 为理论容量（Ah）；m_o 是参与电化学反应的活性材料的质量（g）；M 为活性材料的摩尔质量（g/mol）；n 为反应中涉及的电子数；q 是电化学当量。例如，与每个 Li 离子进行六配位碳原子（LiC_6）的石墨负极的理论容量计算如下[4]：

$$\text{LiC}_6 \rightarrow \text{Li}^+ + C_6 + e^- \tag{2.6}$$

$$\text{LiC}_6 = 26.8 \times (1/78.94) \times 1000 = 339.50 (\text{mAh/g}) \tag{2.7}$$

然而，目前可用的 LIB 不能满足来自一些大量电力存储设备不断增加的需求，例如用于电动车辆和电网电源管理。电极在高性能电池的开发中起着非常重要的作用。因此，目前研究工作主要致力于改进现有电极材料或探索新型电极材料。

2.3 基于石墨烯的 LIB 正极材料

具有优异电化学性能的正极材料的开发是目前 LIB 研究的一个关键任务。当前，LIB 最具吸引力的正极材料是 $LiMPO_4$（M = Fe、Co、Mn、V）、锂金属（Mn、Co、Ni）氧化物、V_2O_5 等[5]。然而，它们的实际应用受到电子和缓慢的 Li^+ 传输动力学的限制，导致电极材料在高速率下表现出低比容量和差的循环性。石墨烯具有高导电性、高比表面积和结构柔性，成为与正极材料复合的理想材料，以克服离子和电子传输限制。通过与石墨烯复合，正极材料的电化学性能可以借助导电网络而得到显著提高。

橄榄石型 $LiFePO_4$ 由于其高容量、优异的循环寿命、热稳定性、环境友好性和低成本等特点成为研究最广泛的正极材料之一[6-8]。首次报道的关于 $LiFePO_4$/GS 复合材料的文章是 Ding 和同事[9]在 2010 年发表的，他们通过共沉淀法获得在 GS 表面均匀改性的 100nm $LiFePO_4$ 纳米晶的复合材料，该复合材料在 0.2C 时的初始比容量为 160mAh/g，而纯 $LiFePO_4$ 的初始比容量仅为 113mAh/g。Zhou 等人[10]开发了一种喷雾干燥和退火相结合的方法来制备 $LiFePO_4$/GS。$LiFePO_4$ 纳米颗粒被松散的石墨烯三维网络均匀包裹，以形成微球化的二级结构。这种特殊的纳米结构有利于 Li^+ 的扩散，在 60C 放电倍率下具有 70mAh/g 的高比容量，并且在 10C 充电和 20C 放电 1000 次循环过程中，容量衰减率小于 15%。在另一项研究中，报道了低温多元醇法制备石墨烯包裹 $LiFePO_4$ 纳米棒复合材料，该材料具有优异的放电容量，分别为 164mAh/g、156.7mAh/g 和 121.5mAh/g，并且 100 次循环，在电流倍率分别为 0.1C、1C 和 10C 时，其容量保持率分别为 99%、97.9% 和 98.6%（见图 2.2a、b）[11]。

除了 $LiFePO_4$ 之外，其他正极材料/GS 复合材料也被深入探索。Dai 和同事[6]提出了在 GS 上合成 $LiMn_{0.75}Fe_{0.25}PO_4$ 纳米棒的两步法（见图 2.2c）：首先通过可控水解法将 Fe 掺杂的 Mn_3O_4 纳米颗粒选择性地生长在 GO 上；然后氧化物纳米颗粒前驱体与 Li 和磷酸根离子进行溶剂热反应，并在 GS 上原位转化为 $LiMn_{0.75}Fe_{0.25}PO_4$ 纳米棒。$LiMn_{0.75}Fe_{0.25}PO_4$/GS 复合材料具有高的电导率，理想的纳米棒形态和紧密的界面相互作用，表现出超高的倍率性能（分别在 20C 和 50C 的高放电倍率下，其容量分别为 132mAh/g 和 107mAh/g）和优异的循环稳定性（见图 2.2d、e）。Rao 等人[12]采用微乳液相法和球磨法制备了 $LiNi_{1/3}Mn_{1/3}Co_{1/3}O_2$/GS 复合材料，该复合材料在 5C 时的可逆容量为 153mAh/g，远高于纯 $LiNi_{1/3}Mn_{1/3}Co_{1/3}O_2$ 结构。这种性能的改善归因于晶粒的相互连接性和高的电子导电性。

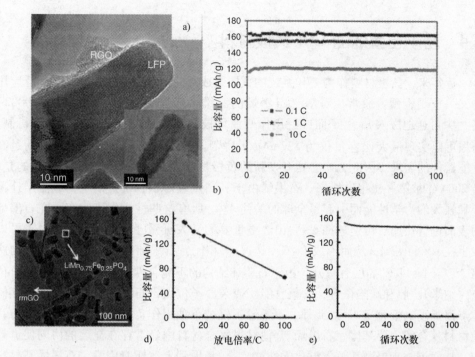

图 2.2 a)、b) LiFePO$_4$/石墨烯复合材料的 HRTEM 图像和倍率性能(经许可转载自参考文献 [11]。版权所有 (2012),英国皇家化学学会)。c)~e) LiMn$_{0.75}$Fe$_{0.25}$PO$_4$/石墨烯的 TEM 图像、倍率性能和循环稳定性。图 c 中的 rmGO 表示还原的温和氧化程度的氧化石墨烯。(经许可转载自参考文献 [6]。版权所有 (2011),John Wiley&Sons, Inc)

由于其层状结构、低成本和高能量密度,V$_2$O$_5$ 是 LIB 正极材料最有前途的候选者之一。最近,有研究报道了 V$_2$O$_5$/GS 复合材料作为 LIB 的正极。例如,Yang 和 Liu[13] 开发了一种以石墨为前驱体的改性水热法制备的超长 V$_2$O$_5$ 纳米线 (NW)/GS 复合材料。由于电导率的提高,V$_2$O$_5$/GS 复合材料在 50 次循环后的比容量为 190mAh/g。通过使用简易真空过滤法制备 V$_2$O$_5$/GS 复合材料,进一步实现了具有极其稳定循环性能的 V$_2$O$_5$[14]。经过 10 万次循环后,在电流密度为 10A/g 时,它们可以提供 0.1Ah/g 的容量。这种性能的改进可归因于 GS,它们是优秀的电子导体,可以降低 LIB 的极化效应。

利用石墨烯改善正极材料性能的原理可以简述如下:首先,与未改性的结构相比,具有高电导率的石墨烯,可以提高复合电极材料的电导率。其次,石墨烯的良好力学性能可以保持正极材料的微观结构,提高循环稳定性。尽管已经实现了锂存储性能的许多改进,但是石墨烯前驱体 GO 对正极材料形貌的影响,正极材料和 GS 之间的界面相互作用,以及纳米结构的合理设计仍然需要进行深入的研究。

2.4 基于石墨烯的 LIB 负极材料

近年来,负极材料作为 LIB 系统的重要组成部分之一,成为制约 LIB 广泛应用的又一重要瓶颈。通常,石墨(石墨烯的三维网络)通过在层间空间[(0002)层]中可逆地嵌入 Li 离子而广泛用作商业负极材料。然而,采用 LiC_6 插层机制,石墨可以实现最大比容量仅为 372mAh/g[15,16]。这种材料容量较低,难以满足高性能器件的需求。因此,有必要开发新的负极材料以获得高容量。值得注意的是,自 2004 年被第一次报道以来,石墨烯由于其高比表面积、快速的电荷载流子迁移率和强大的力学性能而引起了全球的关注[17]。所有这些性质促进锂离子在石墨烯的表面进行快速、可逆地插入/脱出。更重要的是,研究已经计算出锂的吸附可以发生在 GS 的两侧,从而形成 Li_2C_6,与石墨相比,石墨烯能够实现理论容量的两倍[3,18]。除 Li_2C_6 插层容量外,由于石墨烯结构的不完善性,例如层边缘和共价位点,纳米孔/腔和缺陷位置,含氧官能团或杂原子位点,石墨烯材料存在更多存储位点以提高电极容量[19]。此外,石墨烯不仅被单独用作负极材料,而且还是与其他材料复合的主要基体。石墨烯/其他材料复合材料中经常存在显著的协同促进效应,从而进一步提高其整体电化学性能[20]。考虑到上述所有因素,石墨烯基材料有望成为下一代 LIB 有前途的负极材料。

2.4.1 基于石墨烯的 LIB 负极

众所周知,石墨烯的发展为下一代 LIB 开辟了新的领域。为了确保石墨烯作为负极材料的优势,一些工作从理论上研究了石墨烯的锂存储特性。早在 1995 年,Dahn 和同事[18]就提出,每个石墨碳片只有一层嵌入锂。然而,在主要由单层组成的碳中,推测相同面密度的 Li 原子可能吸附在片的每一侧上,导致每个碳片吸附的锂层为两层,因此理论最大容量为 740mAh/g。在另一项工作中,Sato 等人[21]通过使用高分辨率显微镜和锂 -7 核磁共振(NMR)的方法研究无序碳的传输机制。结果表明在碳材料中存在 Li_2 共价分子。这种额外的锂共价位点为 LIB 提供了更好的性能。理论上,无序石墨烯由于其容量大大增加而成为高性能的负极材料。

在这些开创性的理论研究的推动下,许多关于石墨烯作为 LIB 负极的实验研究也已经开展。Song 等人[22]通过石墨的氧化、膨胀和超声波处理来制备石墨烯纳米片。经过 30 次循环后,电流密度为 $0.2mA/cm$ 时,GS 的比容量可达 502mAh/g,远远高于石墨(265mAh/g)。同样,Wang 等人[23]通过氧化由石墨粉合成 GS,然后在氮气气氛中快速热膨胀。这种材料在 40 次循环后,在电流密度为 100mA/g 时,可维持可逆比容量为 848mAh/g。石墨烯的优良性能可归因于其 Li_2C_6 嵌入机理和 GS 的无序碳或缺陷结构。如图 2.3 所示,一些锂离子通过形成 Li_2C_6 在(002)面之间可逆插入/脱出。同时,锂离子可以存储在边缘和内部位置的缺陷处。为了更好地证明无序碳和缺陷的作用,Pan 等人[24]通过不同的还原方法合成具有不同结构参数的石墨烯纳米片,如肼还原、低温热解和电子束辐射。高度无序的 GS 在 50mA/g 时显示出高的可逆容量为 794~1054mAh/g,这大于以前报道的纯 GS (540mAh/g)[25],结果表明这种材料在锂存储方面的巨大优势。最近,杂原子掺杂,如氮和硼原子掺杂,已被证明是一种调控石墨烯性能的新方法。掺杂效应会导致缺陷和无序表面形态,提高电极-电解液润湿性,并提高电导率。所有这些效应都有利于锂的快速吸附和电子传输,从而为 LIB 提供了有前途的应用。在一个典型的例子中,掺杂浓度分别为 3.06% 和 0.88% 的氮掺杂和硼掺杂的 GS 被制备用于高功率、高能量的 LIB[26]。氮掺杂和硼掺杂的石墨烯电极在电流密度 50mA/g 下表现出非常高的容量,分别为 1043mAh/g 和 1549mAh/g。在另一个例子中,Cui 等人[27]通过在氨气气氛下对 GO 进行热处理获得具有 2% 氮含量的氮掺杂石墨烯纳米片。所制备的电极在 42mA/g 时表现出高达 900mAh/g 的可逆容量,进一步证明了掺杂石墨烯在锂离子电池领域的潜在应用。

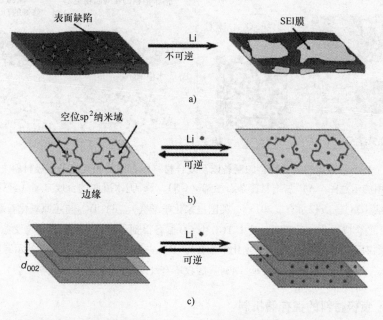

图 2.3 a) 石墨烯和电解液之间界面处的不可逆 Li 存储。b) 边缘位置的可逆 Li 存储以及嵌入 GS 中的纳米域的内部缺陷(空位等)。c) (002) 面之间的可逆 Li 存储(经许可转载自参考文献 [24]。Solid Electrolyte Interphase。版权所有(2009),美国化学学会)

尽管石墨烯作为 LIB 的负极材料取得了巨大的成就,但仍然面临着很大的挑战。其中,难以解决的问题是由于范德华力导致干燥过程中石墨烯容易团聚和重新堆积,这严重限制了电子和离子的传输,从而导致材料不理想的性能。考虑到上述问题,迫切需要寻求更有效的方法来制备实际应用中高性能的石墨烯负极材料。

2.4.2 石墨烯基复合材料 LIB 负极

如上所述,现有问题限制了 LIB 中石墨烯的发展。为了解决这些问题,将石墨烯与其他负极材料如 Si[28-30]、Sn[31]、金属硫化物[32,33]和金属氧化物[34-37]结合,以制造石墨烯基复合材料,被认为是一种高效实用的方法(见图 2.4)。这种复合可充分利用石墨烯和其他负极材料作为活性材料的优点,进一步通过协同作用改善复合材料的电化学性能[20]。首先,石墨烯作为柔性约束材料,能够均匀地支撑和分散具有良好组织尺寸及形状的负极材料,抑制其他负极材料的团聚和体积变化。其次,其他负极材料能够分离石墨烯并防止其重新堆积,为电解液离子在锂存储过程中的有效反应提供更好的浸入和扩散。最后,这种复合结构形成了一个完美的导电网络,增加了导电性,缩短了离子传输路径,进一步提高了电极材料在高电流密度下的性能。因此,石墨烯基复合材料有望在 LIB 中取得卓越的成就。

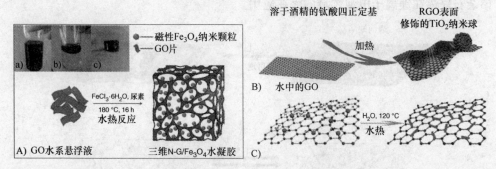

图 2.4 基于石墨烯的复合材料的制备以及复合材料中石墨烯和其他的负极材料之间协同促进作用的示意图。A)三维氮掺杂石墨烯(GN)/Fe_3O_4 水凝胶的合成方案(经许可转载自参考文献[38]。版权所有(2013),英国皇家化学学会)。B)TiO_2 与还原氧化石墨烯复合物(TGC)的合成方法的示意图,其中 TGC 由 GO 制备得到(经许可转载自参考文献[39]。版权所有(2012),英国皇家化学学会)。C)一步水热合成 SnO_2/GS 的示意图(经许可转载自参考文献[40]。版权所有(2012),英国皇家化学学会)

2.4.2.1 负极材料的锂存储机制

为了更好地利用石墨烯基复合材料,关键是明确材料的锂存储机制。LIB 负极可根据其锂存储机制主要分为以下几种(见图 2.5)[16,20,41]:

1)合金化储锂机制。锂合金反应机理如下:

$$M_xO_y + 2ye^- + 2yLi^+ \leftrightarrow xM^{[M]0} + yLi_2O$$

$$M + ze^- + zLi^+ \rightarrow Li_zM$$

元素 M,如 Si、Sn 等与锂形成合金已被广泛研究。该过程涉及的反应表现出较大的可逆容量:Sn(或 Si)+ 4.4Li ↔ $Li_{4.4}$Sn(或 Si),通常发生在低电位(≤1.0V 对于 Li)。因此,这些负极材料具有高的理论比容量(Si 和 Sn 分别为

4200mAh/g 和 992mAh/g）。然而，充/放电时大的体积变化效应（>300%）导致电极材料的严重聚集、电极的粉碎与集流体相关的电接触损失，最终限制了它们的广泛应用。

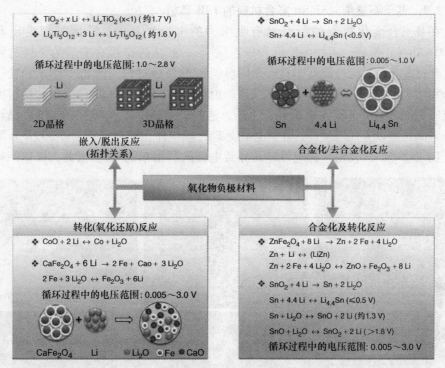

图 2.5 根据可逆锂离子嵌入-脱出机理而得出的氧化物负极材料的分类：嵌入-脱出型，合金化-去合金化型，转化（氧化还原）反应型。在有利的情况下，后两个过程可以协同作用，产生大而稳定的容量存储能力。给出了一些特定例子并表示出该过程的示意图。所示电压是对于 Li 金属而言（经许可转载自参考文献 [41]。版权所有（2013），美国化学学会）

2）转化机制。以下是反应机制：

$$M_xO_y + 2ye^- + 2yLi^+ \leftrightarrow x[M]^0 + yLi_2O$$

金属氧化物（SnO_2、Fe_3O_4、Co_3O_4、NiO）属于这种机制。上述材料也具有较高的理论比容量（600~1000mAh/g）。但同时，它们遭受严重的体积膨胀和差的导电性，这是亟待解决的问题。

3）嵌入-脱出机制。以下是反应机制：

$$M_xO_y + ze^- + zLi^+ \leftrightarrow Li_zM_xO_y$$

具有二维层或三维网络晶体结构的负极材料（例如 TiO_2 和金属硫族元素化合物（MoS_2、TiS_2））遵循该反应机制，这种材料可以可逆地将锂嵌入具有小体积变化的晶格中，类似于石墨。因此，这种负极材料由于结构稳定性而表现出长寿命循环。尽管如此，这些材料的缺点包括比容量低和导电性差，阻碍了它们作为 LIB 电极的发展。随着对这些负极材料优点和缺点的更好理解,研究人员可以设计出优异的石墨烯基复合材料,这种复合材料可以充分发挥协同效应,并表现出改善的电化学性能。

2.4.2.2 基于石墨烯-Si/Sn 复合材料的 LIB 负极

在基于合金化机制的所有具有吸引力的电极材料中,Si 因其理论比容量(4200mAh/g)最高、工作电位低和成本低[42],被认为是最有前景的负极材料之一。到目前为止,已经制造了具有不同形貌的 Si 负极材料,例如 Si 纳米颗粒[43]、纳米片[44]、空心纳米球[45]、纳米线[46]和纳米管[47](见图 2.6)。尽管材料的性能有所提高,但由于形态学的设计复杂,这些结果并不令人满意。Si 负极仍然存在成本高,难以大规模生产,在合金化处理过程中体积变化巨大(>300%)导致循环稳定性差,以及由于导电性差而导致电极的利用率低[48]。因此,探索一种具

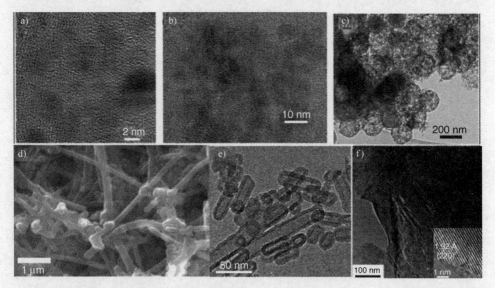

图 2.6 不同形貌的硅基材料:异位 TEM 图像 a)尺寸为 5nm、b)尺寸为 10nm 的 Si 纳米颗粒(红色线表示 n-Si 颗粒)(经许可转载自参考文献 [43]。版权所有(2010),John Wiley&Sons, Inc)。c)Si-SiC/C 中空纳米球的 TEM 图像(经许可转载自参考文献 [45]。版权所有(2010)转载,英国皇家化学学会)。d)硅涂覆碳纳米管的 SEM 图像(经许可转载自参考文献 [46]。版权所有(2009),美国化学学会)。e)Si 纳米管的 TEM 图像(经许可转载自参考文献 [47]。版权所有(2013),Elsevier)。f)Si 纳米管的 TEM 图像(经许可转载自参考文献 [44]。版权所有(2011),美国化学学会)

有成本效益的导电材料来缓冲 Si 体积变化,并改善负极的导电性是一个重要的课题。幸运的是,石墨烯符合上述所有功能。如理论计算[29]所示,Si/石墨烯结构的整体体积变化比完全锂化时原始硅颗粒的体积变化更小(24%)。因此,将石墨烯与 Si 结合得到复合材料是制备高性能负极的有效方法(见图 2.7)。

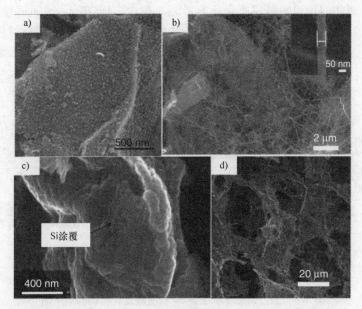

图 2.7 Si/石墨烯复合材料：a) Si/GS 的 SEM 图像（经许可转载自参考文献 [28]。版权所有 (2012)，英国皇家化学学会）。b) CVD 合成的 Si NW/GO 复合材料的 SEM 图像（经许可转载自参考文献 [49]。版权所有 (2014)，英国皇家化学学会）。c) Si 涂覆石墨烯的 SEM 图像（经许可转载自参考文献 [50]。版权所有 (2011)，John Wiley&Sons，Inc）。d) Si/GS 气凝胶的 SEM 图像（经许可转载自参考文献 [30]。版权所有 (2013)，Elsevier）

Zhou 和同事[51]通过混合静电组装的方式合成了 Si/石墨烯复合材料，带负电荷的 GO 和带正电荷的氨基丙基三乙氧基硅烷改性的 Si 纳米颗粒通过静电吸引自组装，随后对材料进行热处理。GS 形成了一条连续的导电路径，并且很好地覆盖在高度分散的 Si 纳米颗粒表面。这种新型结构不仅可以提供锂化和脱锂过程中体积变化所需的缓冲空间，而且还可以提供优异的导电性，从而提高 Si 纳米颗粒的有效利用率。因此，Si/石墨烯电极表现出优异的电化学性能，在 0.1A/g 的电流密度下进行 100 次循环之后，其放电容量为 822mAh/g，这比 Si 纳米颗粒容量（30 个循环之后，容量仅仅为 16mAh/g）高得多。而在另一项研究中，通过 GS 的简单自组装成功制备了 Si/GS 气凝胶[30]。气凝胶结构拥有更有效的框架来形成三维导电网络，并缓冲大的体积变化。结果 Si/GS 电极在 50 次循环后表现出高达 1481mAh/g 的放电容量，并且在 5000mA/g 时具有 705mAh/g 的高倍率容量。

为了确保 Si 纳米颗粒与石墨烯之间良好的化学键合和电子传导，许多研究集中于镁热还原过程，通过该过程，Si 纳米颗粒在 GS 上原位生长（见图 2.8）。例如，研究报道了通过镁热效应还原法构建 Si/石墨烯纳米复合材料的三维多孔结构，其中 Si 纳米颗粒通过薄 SiO_x 层稳定地固定在石墨烯纳米片上[28]。这种独特的三维结构大大提高了 Si 负极的倍率性能，当电流密度从 100mA/g 增加到 1A/g 时，材料表现出 900mAh/g 的可逆容量，容量衰减很少。Du 等人[52]通过镁热还原法，在 GS 上原位生成 SiO_2 纳米颗粒，以制备结构良好的 Si/石墨烯复合材料。在这种复合材料中，尺寸为 5nm 的 Si 纳米颗粒均匀地分布在石墨烯上。Si/石墨烯复合材料具有长循环寿命，在 120 次循环后表现出 1374mAh/g 的容量。材料独特的结构可提供高导电性并适应 Si 严重的体积变化，从而带来卓越的性能。

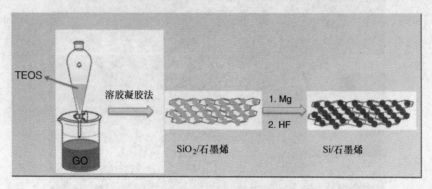

图 2.8　通过镁热还原制备 Si/石墨烯复合材料的示意图

不仅 Si 纳米颗粒，其他形态的 Si 也被用于与石墨烯复合。Ren 等人[49]报道了一种新型的分层 Si 纳米线（Si NW）/GS 复合材料结构作为负极，其在 100 次循环中保持 2300mAh/g 的高比容量。SiNW/GS 复合材料的优异性能归因于 SiNW 和 GS 外覆层之间增强的接触，其中 GS 缓冲了 SiNW 的体积变化，进一步保持了电极结构的完整性。在另一项工作中，Evanoff 等人[50]研究了在 500℃下通过 SiH_4 分解在 GS 上共形沉积连续的 Si 膜。所获得的负极材料在 140mA/g 的电流密度下，表现出高达 2000mAh/g 的可逆容量。

除了 Si 材料之外，由于其高理论容量（992mAh/g）和低放电电位，Sn 是另一个有希望的 LIB 负极材料，其锂存储机理属于合金化机制。然而，就像 Si 一样，Sn 也通常会发生显著的体积变化，这会导致电极材料严重的粉碎，进一步导致容量快速衰减和循环性变差。类似地，克服这个问题的有效途径是设计 Sn/石墨烯复合材料。在最近的研究中，Wang 等人[31]通过第一性原理计算研究了石墨烯的锂存储特性。结果表明，锂可以存储在 GS 的两侧，从理论上证明了石墨烯的优点。同时，他们制备了 Sn/石墨烯纳米复合材料，其中尺寸为 2～5nm 的 Sn 纳米颗粒充当间隔物，有效地分离石墨烯纳米片层。Sn/石墨烯复合材料在 100 次循环后的可逆容量为 508mAh/g，与纯石墨烯电极（255mAh/g）和纯 Sn 电极（失效）相比，其性能得到提高。在另一项工作中，通过原位化学气相沉积（CVD）技术构建了新型三维多孔石墨烯网络结构。通过使用金属前驱体作为催化剂，NaCl 颗粒的自组装作为模板，制备用石墨烯壳包覆的小而均匀的 Sn 纳米颗粒的三维网络结构[53]。在这种独特的结构中，CVD 合成的石墨烯壳不仅可以有效避免被包封的 Sn

直接暴露于电解液中，保持 Sn 纳米颗粒的结构和界面稳定性，而且还抑制 Sn 纳米颗粒的聚集并缓冲其体积膨胀。同时，相互连接的三维多孔石墨烯网络使整体电极的导电性和结构完整性显著增强。因此，这种三维复合负极即使在高电流密度下也表现出非常优异的循环稳定性，在 2A/g 时表现出 682mAh/g 的高容量，并在 1000 次循环后保持约 96.3%。结果揭示了石墨烯基复合材料的构建对于改善 LIB 的性能是必需的。

2.4.2.3 基于石墨烯 – 金属氧化物复合材料的 LIB 负极

如上所述，大多数金属氧化物（SnO_2、Fe_2O_3、Fe_3O_4、Co_3O_4、NiO、Mn_3O_4）遵循转换机制，通过氧化还原反应作用并提供高容量（600～1000mAh/g）。尽管如此，严重的体积膨胀和差的电导率限制了它们在 LIB 中的实际应用。幸运的是，石墨烯的出现克服了这个问题。一些研究工作已经证明，石墨烯与金属氧化物的结合使材料的可逆容量和倍率容量显著提高。制备石墨烯 – 金属氧化物复合材料的方法有很多种（见图 2.9）。其中，物理混合方法是最初的一种。2009 年，Honma 等人[54]在 SnO_2 纳米颗粒存在下，重新组装石墨烯纳米片，即 GS 分布在 SnO_2 纳米颗粒之间。这样的结构抑制了锂插入时 SnO_2 的体积膨胀，从而避免了循环过程中产生的应力。所获得的 SnO_2/GS 复合材料表现出可逆容量为 810mAh/g。30 次循环后，充电容量维持在 570mAh/g，可逆容量保持约 70%。Du 和同事[55]用 Fe(OH)$_3$ 溶胶和 GO 作为前驱体，通过简便的水热法合成了 α – Fe_2O_3/GS 复合物（见图 2.10a）。在 100mA/g 下循环 70 次后，优化后的 α – Fe_2O_3/GS 复合材料的可逆容量为 950mAh/g，明显高于 α – Fe_2O_3 材料（200mAh/g）。这种方法与通过物理混合实现有效电子传导的方式不同。因此，材料性能得到了改善，但还不够。进一步优化复合材料的性能仍然是一个巨大的挑战。为了在金属氧化物和石墨烯之间产生良好的结构完整性和电子传导，通常使用偶联剂来在两者之间形成共价键。如图 2.10b 所示，Feng 等人通过带负电荷的 GO 和带正电荷的 Co_3O_4 进行组装，合成石墨烯包裹的 Co_3O_4（Co_3O_4/GS）结构，其中，对 Co_3O_4 纳米颗粒首先进行氨基丙基三甲氧基硅烷（APS）的表面接枝而改性。GS 包裹在 Co_3O_4 纳米颗粒的表面，这些纳米颗粒将单个纳米颗粒分开并保留连续的导电网络以连接所有的纳米颗粒。得益于这种独特的结构，电极在经过 130 次循环后，仍旧保持 1000mAh/g 的稳定可逆容量。

与上述方法相比，原位化学合成法能够有效改善纳米颗粒在石墨烯上的分散性，增强界面接触，进一步优化复合材料的电化学性能。例如，通过在 GS 之间原位还原氢氧化铁制备了 Fe_3O_4 颗粒改性的石墨烯纳米片的复合材料，这种材料具有良好的结构（见图 2.10c）[57]。GS/Fe_3O_4 复合材料在 35mA/g 下循环 30 次后表现出可逆的比容量为 1026mAh/g，在 700mA/g 下循环 100 次后，表现出可逆的比容量为 580mAh/g，结果表明其具有优异的倍率性能和长效循环稳定性。这种优异的

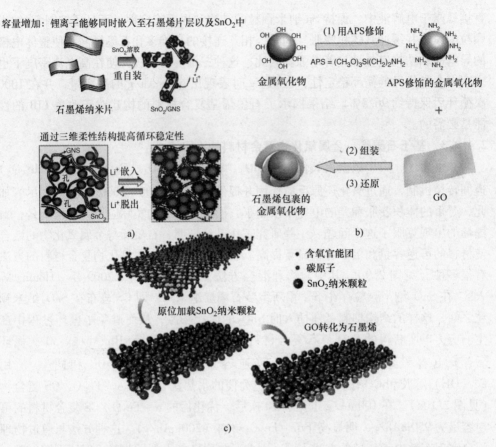

图 2.9　石墨烯 – 金属氧化物复合材料的制备方法：a）制备 SnO_2/GS 的物理混合方法的
示意图（经许可转载自参考文献 [54]。版权所有（2009），美国化学学会）。
b）使用偶联剂制备石墨烯 – 金属氧化物的方法（经许可转载自参考文献 [35]。
版权所有（2010），John Wiley&Sons, Inc）。c）用于制备 SnO_2/GS 的原位化学
合成法（经许可转载自参考文献 [56]。版权所有（2010），英国皇家化学学会）

性能可以归因于其独特的结构，即 GS 作为基体，有效地分散了 Fe_3O_4 单个颗粒，起到缓冲体积变化和为电子传输提供快速通道的作用。在另一项工作中，Chen 等人[59]开发了一种简便的一步水热法，用于原位制备 SnO_2/GS 材料。由于原位化学合成，平均直径为 3nm 的超细 SnO_2 纳米颗粒被均匀地改性或包裹在 GS 中。该结构显著缩短了每个 SnO_2 颗粒和石墨烯内锂离子的扩散路径，进一步增强了锂离子和电子的扩散。因此，所制备的 SnO_2/GS 电极在 2A/g 的高电流密度下，在超过 1000 次循环后，其可逆容量高达 1813mAh/g。Ryu 等人[58]通过简单的原位化学沉淀法制备了石墨烯/NiO 复合物（见图 2.10d）。NiO 纳米颗粒被用作间隔物来保持 GS 片层结构的分离。另外，GS 彼此连接以组装适宜快速电子传输的三维导电网

络。结果，所得到的电极即使在 5000mA/g 的高电流密度下，也可以提供 856mAh/g 的比容量。因此，可以推断原位化学合成是制备高性能 LIB 的极其有效的方法。

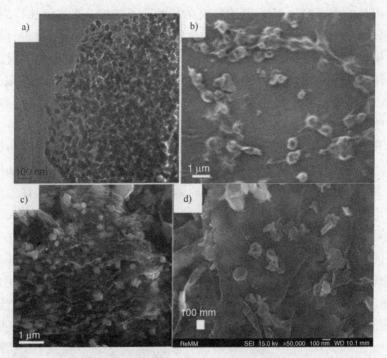

图 2.10　a) Fe_2O_3/石墨烯复合材料的 SEM 图像（经许可转载自参考文献 [55]。版权所有（2013），英国皇家化学学会）。b) 石墨烯包裹的 Co_3O_4 的 SEM 图像（经许可转载自参考文献 [35]。版权所有（2010），John Wiley&Sons，Inc）。c) Fe_3O_4/石墨烯复合材料横截面的 SEM 图像（经许可转载自参考文献 [57]。版权所有（2010），美国化学学会）。d) NiO/石墨烯的 SEM 图像（经许可转载自参考文献 [58]。版权所有（2012），Elsevier）

众所周知，与石墨烯相比，氮掺杂石墨烯通过提供更多活性位点并增强碳与锂之间的相互作用而显著改善材料的锂存储性能。因此，氮掺杂的石墨烯 - 金属氧化物纳米复合材料被认为是用于 LIB 的优异电极材料。在最近的一项研究中，Sun 等人[60]通过一步水热法合成 Fe_2O_3/GN 复合材料。尺寸为 100~200nm 的 Fe_2O_3 颗粒均匀地分布在 GN 表面。由于其较好的导电性和结构均匀性，Fe_2O_3/GN 复合材料比 Fe_2O_3/原始石墨烯和纯 Fe_2O_3 具有更好的电化学性能，100 次循环后其可逆容量达到 1012mAh/g。在另一项工作中，Park 等人[61]开发了一种简单的水热方法，使用水合肼作为还原剂和氮源，在氮掺杂石墨烯表面上生长小的 Mn_3O_4 纳米颗粒。氮掺杂石墨烯/Mn_3O_4 比容量高达 800mAh/g，并且比石墨烯/Mn_3O_4（703mAh/g）更稳定，性能更优异。这种增强的循环性能是由氮掺杂所引起的，氮掺杂有利于快速电子和离子传输，通过降低能垒，从而使材料表现出更出色的电化学性能。

2.4.2.4 石墨烯 – TiO_2/MoS_2 复合材料作为 LIB 的负极

除了上面讨论的负极材料之外，另一种常用材料是插入类型材料，其遵循插入机制，例如 MoS_2 和 TiO_2。MoS_2 具有特殊的层状分子结构。在这种独特的结构中，Mo 和 S 原子通过强共价力形成二维层，然后这些单层通过范德华力进行堆叠。片层之间弱相互作用促进 Li 离子插入和脱出，而并没有大的体积变化。因此，MoS_2 是有效存储和释放锂离子的潜在材料。然而，不良的电导率和团聚效应限制了它的实际应用。石墨烯作为完美的导电基体，再次呈现出独特的优势。Chen 等人[32]采用了简便的原位溶液相还原法合成 MoS_2/GS 复合材料（见图 2.11a~c）。该电极表现出非凡的容量，比容量高达 1300mAh/g，并具有出色的倍率性能和循环稳定性。MoS_2/GS 的优异性能可归因于原位引入的石墨烯，其提供了导电基体以分散 MoS_2 纳米片，并适应材料在循环过程中的体积变化。除了利用石墨烯二维结构作为基体固定 MoS_2 外，石墨烯还可以通过自组装形成三维结构以支撑 MoS_2。独特的三维架构可以提供丰富的吸收锂离子的场所，一个集成网络以提高电导率，并有一个大的空间来缓冲体积变化。Zhang 等人[62]用简便的 CVD 方法制备了 MoS_2 涂覆的三维石墨烯网络（MoS_2/3D GN）。3D GN 由相互连接的 GS 组成，并被用作基底以沉积 MoS_2。MoS_2/3D GN 在 50 次循环后，在 100mA/g 和 500mA/g 的电流密度下，分别表现出 877mAh/g 和 665mAh/g 的可逆容量，并表现出优异的倍率和循环性能。

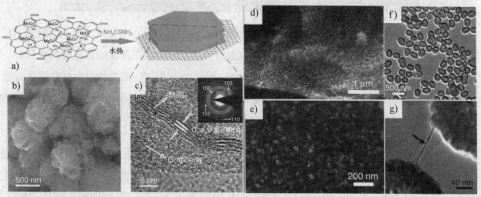

图 2.11　a)~c) MoS_2/GS 的结构表征（经许可转载自参考文献 [32]。版权所有（2011），英国皇家化学学会）。a) MoS_2/GS 的原位合成示意图。b) MoS_2/GS 复合材料的 SEM 图像。c) 石墨烯上的 MoS_2 层的 HRTEM 图像（插图是石墨烯上的 MoS_2 纳米片的电子衍射图案）。d)、e) TONRA – GS 纳米复合材料的 SEM 图像（经许可转载自参考文献 [37]。版权所有（2012），英国皇家化学学会）。f)、g) GS/空心 TiO_2 复合材料的 TEM 图像（图 g 中的黑色箭头表示 TiO_2 空心颗粒与 GS 连接之间的折皱）（经许可转载自参考文献 [63]。版权所有（2011），英国皇家化学学会）

TiO$_2$ 也已报道用于锂嵌入/脱出材料，在锂嵌入时 TiO$_2$ 晶格中会发生小的体积变化。而 TiO$_2$ 与 GS 混合制备具有增强电化学性能的 LIB 负极材料。Lee 等人[37]通过将金红石 TiO$_2$ 纳米棒直接生长在 GS 上，设计出独特的类三明治结构（见图 2.11d、e）。这种独特的类三明治结构可以提供更大的电极-电解液接触面积和快速的 Li 离子传输通道，并防止电化学活性材料在循环过程中发生团聚，从而提高电极的性能。值得注意的是，TONRA-GS 纳米复合材料在 0.2C 和 2C 下的比容量分别为 190mAh/g 和 117mAh/g，远高于纯的 TONR 材料（比容量分别为 36mAh/g 和 11mAh/g）。在另一个例子中，Lou 等人[63]报道了通过合理设计，制备 GS 包裹锐钛矿 TiO$_2$ 空心颗粒的结构（见图 2.11f、g）。石墨烯/TiO$_2$ 空心颗粒在 180 个循环过程中，其可逆容量为 90mAh/g，而纯 TiO$_2$ 只能达到 60mAh/g。GS/TiO$_2$ 显著增强的锂存储能力可能归因于 GS 包裹，不仅产生了高度导电的网络，允许 TiO$_2$ 中空颗粒之间有效的电子传导，而且在长时间的充/放电循环过程中提高了结构的完整性。

总之，与纯负极材料或纯石墨烯相比，将具有不同反应机理的负极材料与 GS 复合形成的复合电极材料，显示出显著改善的电化学性能。石墨烯在复合材料中起到许多作用，例如防止纳米活性颗粒团聚，在循环过程中有效地缓冲颗粒的体积膨胀和收缩，由于其优异的导电性而提高电极的倍率性能，并且可逆地存储锂离子。反过来，复合材料也可以从纳米颗粒中获益，这些纳米颗粒可以充当 GS 之间的间隔物，从而形成高度可接近的表面。

2.5 二维柔性和不含黏合剂的石墨烯基电极

随着柔性电子学的出现，柔性 LIB 已经成为柔性和可穿戴电子设备如卷起式显示器、触摸屏、可穿戴式传感器和植入式医疗设备等新兴领域的有前途的能量源。传统的 LIB 电极由涂有活性材料、电导体和聚合物黏合剂的混合物的集流体形成（见图 2.12a）。这种类型的电极不适用于柔性电极或可弯曲电极，因为活性材料层容易在重复变形后从基底脱离。此外，聚合物黏合剂会产生许多不连续的通道，阻碍离子迁移并导致电导率下降[65-68]。在这方面，自支撑式和无黏结剂电极材料的开发对于柔性和可弯曲的 LIB 来说是非常理想的（见图 2.12b）。石墨烯具有非常大的纵横比和优异的结构柔性，因此可以很容易地逐层组装成宏观的柔韧石墨烯膜。这些特点使其成为有前途的柔性储能电子设备的独立电极，并且最近的研究已经证明了它在这种应用中的前景。

a）商业电池的电极　　　　b）用于电池的柔性碳纳米管/石墨烯基电极

图 2.12　a）传统和 b）柔性电极组件在 LIB 中的示意图
（经许可转载自参考文献［64］。版权所有（2014），英国皇家化学学会）

2.5.1　基于石墨烯基的柔性 LIB 负极材料

2.5.1.1　二维、柔性、无黏合剂的石墨烯电极

石墨烯基纸可以通过简单的真空过滤方法轻松获得：真空过滤过程中的水流将产生引导力，从而驱动 GO 或 GS 逐层组装并形成有序的分层膜。华莱士集团对石墨烯纸作为柔性电极材料进行了首次调查[69,70]。尽管石墨烯纸具有良好的力学性能（拉伸强度为 293.3MPa、杨氏模量为 41.8GPa）、高电导率（351S/m）和大的初始放电容量（680mAh/g），但其存在明显的不可逆容量，其放电容量在第 2 个周期仅保留 84mAh/g。这可能是由于大的 π-π 相互作用，使 GS 倾向于紧密地重叠在一起，这严重地抑制了电解液中离子向膜中进行扩散和渗透。为了解决这个问题，碳纳米管被随机分散在 GS 之间，以防止其重新堆积并增加纸的横向电导率[71]。因此，复合纸在第 2 和第 100 次循环后分别表现出约 375mAh/g 和 330mAh/g 的可逆比容量，极大地提高了材料的循环稳定性。在另一项研究中，Kung 和同事[72]报道了一种超声波振动和弱酸氧化方法，通过将平面内碳空位缺陷（孔）引入 GS（见图 2.13a、b）以增加交叉平面的离子扩散。这些面内孔提供了高密度的新型交叉平面离子扩散通道，有助于电荷传输和锂离子高速存储。在13.3C 和 26.6C 时，材料达到约为 150mAh/g 和 70mAh/g 的高比容量，并在 1000次循环过程中没有任何容量衰减。此外，通过使用 GO 作为碳前驱体和聚合物作为模板，例如聚（甲基丙烯酸甲酯）（PMMA）球体[73]和聚苯乙烯（PS）胶体颗粒[74,75]，来构建大孔泡沫石墨烯膜[74,75]（见图 2.13c）。这种大孔结构不仅可以提供三维离子和电子通道，而且还可以大大增加电极和电解液之间的接触面积，因此与填充石墨烯薄膜相比，电极的能量密度和功率密度显著提高（见图 2.13d）。最近，Liu 等人[76]通过机械压制石墨烯气凝胶的方法，制备了互连的多孔石墨烯网络。这种独立式石墨烯纸具有高度柔韧性、三维多孔结构，在 200mA/g 的电流密度下可提供 557mAh/g 的容量。

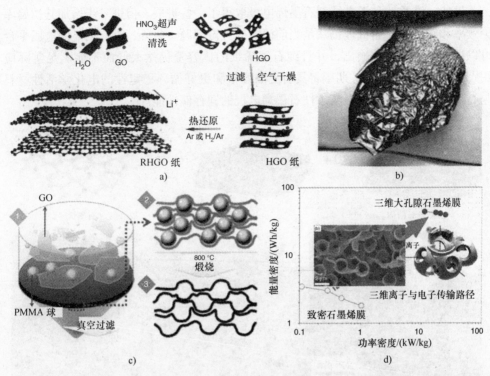

图 2.13 a)、b) 多孔石墨烯纸形成的示意图以及其光学照片图（经许可转载自参考文献 [72]。版权所有（2011），美国化学学会）。c) 制造含有微孔气泡石墨烯薄膜的示意图（转载许可经许可转载自参考文献 [73]。版权所有（2012），英国皇家化学学会）。d) 多孔电极中三维离子和电子传输路径的图示，插图是气泡石墨烯的高倍放大的 SEM 图像（经许可转载自参考文献 [74]。版权所有（2012），美国化学学会）

除了化学剥离石墨烯，CVD 生长的石墨烯具有更高的导电性和更少的结构缺陷，并且还可以被过滤以制造石墨烯纸。例如，Cao 等人[77]在 CVD 工艺中使用膨胀蛭石作为分层模板，以 g 为单位大规模生产片层为数百微米数量级的 GS 材料（见图 2.14a～c）。由于较大的片层尺寸，所获得的 GS 很容易制造成具有低表面密度和良好导电性的柔性石墨烯纸（见图 2.14d）。与使用还原 GO 制备的石墨烯纸相比，所获得的石墨烯纸表现出显著提高的可逆容量（在 50mA/g 下，容量为 1350mAh/g）和循环性能。基于 CVD 途径，在 Cu 箔上生长单层石墨烯，并与锂箔负极和薄固体聚合物电解质中间层进一步组装，形成总厚度为 50mm 的柔性全固态电池（见图 2.14e 的插图）[78]。电池可以弯曲到小于 1mm 的半径，并可以驱动 LED（发光二极管）工作（见图 2.14e～g）。由于单层石墨烯表面快速的 Li^+ 吸收/扩散和电子传输效应，使材料在 50W/L 的功率密度下实现了 10Wh/L 的高体积能量密度，并且在 100 次循环中表现出良好的循环稳定性。

虽然二维柔性和无黏结剂石墨烯电极取得了一些进展，但进一步增加其初始库伦效率和阐明锂存储机理仍然是当前研究的关键问题。另外，没有明显的电压平台可以提供稳定的电位输出，并且纯石墨烯纸的比容量仍然太低而不能满足实际应用[64]。鉴于这些问题，期望将具有更高容量和更好循环稳定性的电化学活性材料与石墨烯组合以进一步提高柔性石墨烯电极的锂存储性能。

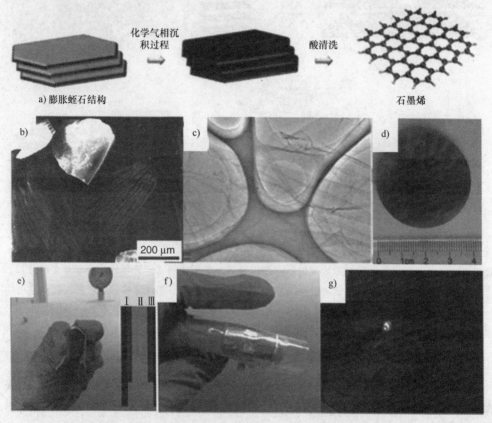

图 2.14　a) 使用膨胀蛭石作为模板制备石墨烯的示意图。b) 膨胀蛭石模板的 SEM 图像。
c) CVD 石墨烯的 TEM 图像。d) 所制备的石墨烯纸的照片（经许可转载自参考文献 [77]。
版权所有（2013），英国皇家化学学会）。e)、f) 柔性石墨烯电池发生变形，
图 e 中的插图表示电池的夹层结构：(Ⅰ) 铜箔上的石墨烯作为正极、
(Ⅱ) 聚合物电解质和 (Ⅲ) 锂箔作为负极。g) 石墨烯单层电池为 LED 供电
（经许可转载自参考文献 [78]。版权所有（2013），英国皇家化学学会）

2.5.1.2　二维、柔性、无黏结剂石墨烯基复合负极电极

迄今为止，研究者们已经致力于制备基于石墨烯的自支撑式和不含黏合剂的复合电极。例如，使用柔性石墨烯膜作为集流体，通过化学沉积[67,79]或水热反应[80]与金属氧化物复合。这种方法通常只能加载少量的金属氧化物，并且金属氧

化物之间会发生团聚效应，因此整体复合电极性能的改善并不明显。另一种方法是基于真空过滤，通过这种方法，可以将各种活性材料（如 Fe_3O_4[81]、Co_3O_4[82]、SnO_2[34,83]、TiO_2[84,85]、MnO_2[68,86]、V_2O_5[14] 和硅[87-89]）纳入石墨烯支架中[68]。具体而言，将两种组分均匀混合并过滤以产生纸状电极，其中石墨烯形成三维导电网络以作为机械支撑骨架并嵌入集流体中。从结构上看，一方面导入石墨烯薄膜中的电活性物质不仅可以抑制 GS 的紧密堆积，而且可以增加材料的可用表面积，从而提高材料的电化学活性。另一方面，石墨烯也可以作为支撑物来诱导第二相在其表面均匀分散[64]。所有这些因素都将改善材料的锂存储性能。金属氧化物因其理论容量高而受到广泛关注。Guo 等人[83]首先通过对 GO 和 SnO_2 纳米颗粒进行真空过滤，然后进行热还原（见图 2.15a），制备了一种柔性、自支撑式的 SnO_2 纳米颗粒/GS 纸结构。与纯石墨烯纸相比，复合纸结构由于石墨烯与高容量的 SnO_2 纳米颗粒复合而表现出更高的容量。而与纯 SnO_2 纳米颗粒相比，由于与优异的柔性导电石墨烯的复合，复合纸表现出更好的循环稳定性。Li 和同事使用 7，7，8，8-四氰基对苯二甲酸根阴离子（$TCNQ^-$）作为氮源和络合剂制备了 SnO_2/N 掺杂的石墨烯夹层纸结构[34]。应用于 LIB 时，材料表现出大容量（100mA/g 时，容量为 918mAh/g）、高倍率（在 5A/g 时，容量为 504mAh/g），以及由其独特功能所产生的出色循环稳定性，这些独特的功能有与三明治结构相关的优异电子传导性，短的锂离子和电子传输路径，以及弹性体空间以适应 Li 嵌入/脱出时材料的体积变化。最近，Sun 等人[81]设计了一种多孔、自支撑式、空心 Fe_3O_4 纳米棒/GS 薄膜，以增强材料在电化学过程中的离子扩散动力学（见图 2.15b）。该复合膜具有松散的层状三维结构，并且在纳米棒和 GS 之间存在许多孔，这种富含孔隙的纳米结构不仅为离子传输提供了丰富的开放通道，而且为 Fe_3O_4 的体积膨胀提供了足够的缓冲空间。结果表明，复合电极具有较高的比容量（100mA/g 时为 1555mAh/g）和优异的循环稳定性（分别在 200mA/g 和 500mA/g 电流密度下，循环 50 次后其容量分别为 940mAh/g 和 660mAh/g），远远优于传统电极和纯 Fe_3O_4 电极。之后，研究者们制备了一种分层结构的 Co_3O_4 纳米片/GS 薄膜，这种结构通过静电吸引相互作用，从而加强两者界面的相互作用（见图 2.15c）[82]。由于形貌的兼容性和 Co_3O_4 纳米片与 GS 之间强烈的界面相互作用，该材料在 100mA/g 时实现了 1400mAh/g 的高容量。此外，其他金属氧化物，如 MnO_2 纳米管[86]和 TiO_2 纳米片[85]，也与 GS 结合形成复合膜结构。

如上所述，除了金属氧化物之外，Si 是另一种有前景的负极材料，由于其具有超高比容量、资源丰富以及成本低。研究者们通过真空过滤硅纳米颗粒和 GO 以及热还原处理的方法[90]制备自支撑式硅纳米颗粒/GS 薄膜。该复合膜在 50 次循环后其容量大于 2200mAh/g，200 次循环后其容量大于 1500mAh/g，容量衰减率为 0.5%/次循环。因此，其循环稳定性仍需改进。基于这项工作，Kung 等人通过

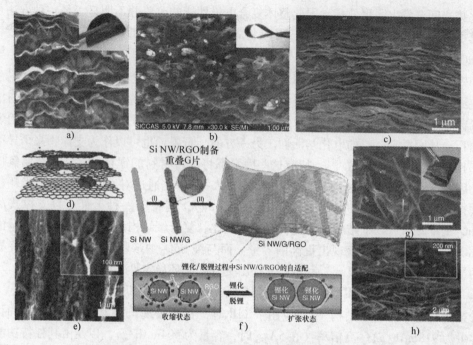

图 2.15　a) SnO_2 纳米颗粒/GS 纸的横截面的 SEM 图像（经许可转载自参考文献 [83]。版权所有（2012），美国化学学会）。b) 空心的 Fe_3O_4 纳米棒/GS 薄膜的 SEM 图像（经许可转载自参考文献 [81]。版权所有（2013），英国皇家化学学会）。c) 纳米片 Co_3O_4/GS 的横截面 SEM 图像（经许可转载自参考文献 [82]。版权所有（2013），英国皇家化学学会）。d) 由包含面内碳空位缺陷的石墨烯骨架构成的复合电极材料的示意图。e) Si 纳米颗粒/GS 纸结构横截面的 SEM 图像（经许可转载自参考文献 [87]。版权所有（2011），John Wiley&Sons，Inc）。f) 制造双护套 Si NW/GS/RGO 电极及其锂化/脱锂的示意图。g) Si NW/GS/RGO 电极的横截面和 h) 顶部表面 SEM 图像（经许可转载自参考文献 [88]。版权所有（2013），美国化学学会）

用弱酸刻蚀将平面内纳米尺寸的碳空位引入 GS 中，进一步优化了 Si/GS 膜的纳米结构（见图 2.15d、e）。面内碳空位为整个复合膜创造了离子易传输的扩散通道，因此克服了石墨烯材料对 Li 离子传输的本征高电阻。因此，这种 Si/GS 自支撑式、无黏结剂的电极在 8A/g 下实现了前所未有的 1100mAh/g 高可逆容量，相当于 8min 内完全放电的速率，在 150 次循环过程中稳定性高达 99.9%。除 0 维纳米颗粒之外，Zhi 和同事[89]开发了一种新型负极结构，即由 2D GS-1D Si 纳米线（Si NW/GS）组成的三明治结构。这种一维/二维组合可以形成三维的多孔结构，促进锂离子的快速扩散，在 840mA/g 时表现出 3350mAh/g 的大容量，在 8.4A/g 时表现出 1200mAh/g 的倍率容量。此外，通过 CVD 方法将重叠的 GS 结构预覆盖在 Si NW 上，形成核-壳纳米电缆结构（Si NW/GS），然后夹在还原 GO 之间以构建双鞘保护的柔性 Si NW/GS/RGO 电极（见图 2.15f）[88]。在该结构中，内部 GS 密封套防止了 Si NW 直接暴露于电解液中,从而实现结构和界面稳定。同时,柔性导电 RGO 外涂层能够缓冲嵌入式 Si NW/GS 纳米电缆的体积变化,保持电极的结构和电化学性能的稳定性(见图 2.15g、h)。基于纳米结构的独特设计,电极在 2.1A/g 下表现出 1600mAh/g 的高可逆比容量,在 100 次循环后具有 80% 的容量保持率,并且基于总电极质量,具有优异的倍率性能(在 8.4A/g 时,容量为 500mAh/g)。

2.5.2 基于石墨烯的柔性 LIB 正极材料

目前正极材料是制备高性能 LIB 的瓶颈之一。因此,石墨烯基柔性正极材料也被深入研究。例如,V_2O_5/GS 纸正极和石墨烯纸负极集成在一起,构建了一种柔性的可充电锂电池(见图 2.16a、b)[67]。采用脉冲激光沉积技术制备 V_2O_5/GS 纸,石墨烯纸作为模板和集流体。在电池集成之前,石墨烯纸负极被电化学锂化处理,因为锂最初不存在于正极或负极中。如图 2.16a 所示,柔性电池在卷起或扭曲时能够正常工作,第一次充电容量约为 15mAh/cm^2,证明其在柔性电子设备中的

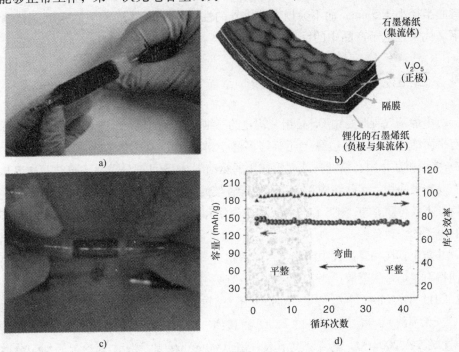

图 2.16 a)基于石墨烯纸组装的柔性锂电池的照片,这种石墨烯纸轻薄且灵活,可以被卷起或扭转。b)基于石墨烯纸的柔性锂电池的示意图。V_2O_5/石墨烯纸和电化学锂化石墨烯纸分别用作正极和负极,它们通过浸在电解液中的隔膜分离(经许可转载自参考文献 [67]。版权所有(2011),英国皇家化学学会)。c)使用 LiFePO$_4$/GF 正极和 Li$_4$Ti$_5$O$_{12}$/GF 负极的完整电池照片,在弯曲情况下点亮红色 LED 器件。d)该电池在平整及弯曲状态下的循环性能[93]

潜在应用。最近，研究者们使用 Ni 泡沫模的 CVD 法合成三维多孔导电石墨泡沫（GF），并将这种结构开发成独立式的轻质集流体，在其上滴加 LiFePO$_4$ 以制备用于 LIB 的正极材料[91,92]。由于重量轻（约 9.5mg/cm）和高导电的互连网络（300K 时约 1.3×10^5 S/m），LiFePO$_4$/GF 正极相对于 Li/Li$^+$ 电位，其电化学稳定窗口高达 5V，在电流密度为 1280mA/g 时，其容量为 70mAh/g。之后，Liu 等人[93]通过原位水热沉积技术开发了一种轻薄、柔性的 LiFePO$_4$/GF 和 Li$_4$Ti$_5$O$_{12}$/GF 电极，可同时获得高达 200C 的高充放电倍率。他们使用溶解在碳酸亚乙酯/碳酸二甲酯中的 LiPF$_6$ 作为电解质，通过用聚二甲基硅氧烷（PDMS）将 LiFePO$_4$/GF 和 Li$_4$Ti$_5$O$_{12}$/GF 电极密封，进一步组装了轻薄、柔性的 LIB 全电池。整个厚度小于 800μm 的柔性全电池在反复弯曲半径小于 5mm 后，没有出现结构性故障，弯曲时可以为红色 LED 供电（见图 2.16c）。结合这些电极的力学柔性和高倍率性能，LIB 全电池可以在 0.2C 下提供 143mAh/g 的初始放电容量，并且基于 LiFePO$_4$/GF 和 Li$_4$Ti$_5$O$_{12}$/GF 电极的总质量，其能量密度为 110Wh/kg。此外，柔性电池可以反复弯曲半径小于 5mm，而不会损失其优异的性能（见图 2.16d），这表明了该器件在下一代柔性电子产品中的巨大应用潜力。

2.6 三维宏观石墨烯基电极

石墨烯基气凝胶是由 GS 自组装构建的三维宏观石墨烯结构。石墨烯可以看作是具有平面结构并且在其边缘上还有许多悬空键的大分子。在非共价键（范德华力、π-π 堆积相互作用、氢键）或共价作用的驱动下，GS 可部分重叠或聚结并自组装成具有高比表面积、多孔结构和连续石墨烯骨架的稳定三维宏观水凝胶[94-96]。这些结构特征不仅可防止单个 GS 在组装过程中聚集和重新堆积，而且还促进电解液离子扩散和电子的快速传输。此外，三维多孔骨架可以适应金属氧化物和硫化物的体积变化，并防止其在循环过程中团聚，从而获得优异的电化学性能[97,98]。所有这些性质都使得石墨烯基气凝胶成为 LIB 领域中具有吸引力的电极材料。

2011 年，Chen 等人[99]在 NaHSO$_3$ 还原剂的帮助下，通过温和的化学还原（约 90℃，无搅拌），将提前制备的 Fe$_3$O$_4$ 捕获到三维石墨烯网络中。所获得的 Fe$_3$O$_4$/GS 气凝胶在 200mA/g 电流密度下表现出 1000mAh/g 的容量。理论上，均匀分散在水悬浮液中的任何纳米颗粒都可嵌入到石墨烯网络中以形成三维纳米颗粒/GS 水凝胶。虽然整个过程是简单、温和、通用的，但需要用超纯水进行长期透析以除去大量的还原剂。此外，由于制备好的纳米颗粒和 GS 只是物理接触，界面相互作用较差，这种方法还需要进一步改进。后来，Yu 等人[100]发现亚铁离子（FeSO$_4$）既可以作为还原剂诱导 GS 的组装，又可以作为一种前驱体在温和条件下，实现在 GS

上α-FeOOH 纳米棒和 Fe_3O_4 纳米颗粒的原位生长（见图 2.17a~d）。因此，这种方法不需要额外的还原剂，也大大改善了纳米结构与原位生长界面相互作用。

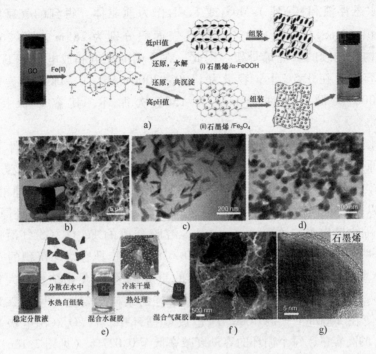

图 2.17　a）α-FeOOH/GS 和 Fe_3O_4/GS 水凝胶形成机理的示意图。b）α-FeOOH/GS 的 SEM 图像及其光学照片（图 b 中的插图）。c）、d）分别为 α-FeOOH/GS 和 Fe_3O_4/GS 气凝胶的 TEM 图像（经许可转载自参考文献 [100]。版权所有（2012），美国化学学会）。e）通过水热法制备三维 Fe_3O_4/GN 气凝胶的工艺。Fe_3O_4/GN 气凝胶的 f) SEM 图像和 g) HRTEM 图像（经许可转载自参考文献 [101]。版权所有（2012），美国化学学会）

除化学还原法外，水热处理是制造三维石墨烯结构的另一种常用方法。例如，通过混合 GO 水性悬浮液、乙酸铁和聚吡咯（作为氮源），将混合液进行水热处理，冷冻干燥和热处理来合成 Fe_3O_4 纳米颗粒改性的氮掺杂石墨烯气凝胶（Fe_3O_4/GN）结构（见图 2.17e）[101]。所制备的 Fe_3O_4/GN 呈现出互连的多孔三维石墨烯框架结构，其连续大孔的孔径在微米尺寸范围内，并且在 GN 上均匀分布 Fe_3O_4 纳米颗粒（20~80nm）（见图 2.17f、g）。但是，这种结构的比表面积仅为 110m^2/g，表明 GN 发生了严重团聚。此外，相同的作者制备了一种与石墨烯封装的 Fe_3O_4 纳米球（约 200nm）交联的三维石墨烯泡沫（Fe_3O_4/GS/GF）[102]。石墨烯外壳抑制了 Fe_3O_4 的团聚并缓冲了结构的体积膨胀，而相互连接的三维石墨烯网络增强了 Fe_3O_4/GS 的核壳结构，从而提高了整个电极的导电性。因此，Fe_3O_4/GS/GF 在 93mA/g 电流密度下，150 次循环中实现了 1059mAh/g 的高可逆容量，并具有优异的倍率性能（在4800mA/g时，容量为363mAh/g）。最近，Ajayan及其合作者[97]通过水热反应合成了三维多孔 MoS_2/GS、FeO_x/GS复合结构，研究者们使用GO水悬浮液和$(NH_4)_2MoS_4$或$FeCl_3$作为前驱体。得到的气凝胶具有高的比表面积（MoS_2/GS和FeO_x/GS的比表面积分别为$285m^2/g$和$265m^2/g$）、多孔的结构和连续的石墨烯骨架。因此，在不同的充电和放电倍率下，电极实现了高比容量（在0.5C下，容量为1100~2000mAh/g）和长循环寿命（对于MoS_2为3000次循环，对于FeO_x为1500次循环，其容量保持率几乎为100%）。

尽管水热法可以成功地诱导石墨烯的自组装，但在温和的还原条件下，GO仅部分被还原。最近，Sun和同事[1]开发了一种新型的溶剂热诱导自组装方法，以胶体为前驱体，构建三维金属氧化物/GS气凝胶单体。与一般的水热处理相比，溶剂热处理可以进一步抑制所得纳米晶的粗化，同时使GS更加彻底地被还原，赋予复合材料更高的导电性。而基于$Fe(OH)_3$溶胶合成的Fe_3O_4/GS气凝胶（见图2.18a）证明了这一想法。所制备的Fe_3O_4/GS气凝胶具有均匀沉积的20~50nm Fe_3O_4纳米结构，而影响电极优异性能的重要因素为大孔结构、大比表面积（$212.1m^2/g$）、高电导率（277.5S/m）和良好的结构均匀性（见图2.18b~d）。因此，即使在2000mA/g的1000次充/放电循环中，Fe_3O_4/GS电极也能提供733mAh/g的高容量，每个循环的容量衰减率低至0.027%（见图2.18e）。更重要的是，溶剂热诱导的自组装过程是用于制造金属氧化物/GS水凝胶的通用方法。此外，胶体前驱体不限于氢氧化物胶体，可以延伸至氧化物胶体。例如，当使用SnO_2溶胶作为前驱体（晶体尺寸为3~7nm）时，也获得了宏观SnO_2/GN气凝胶结构[2]。受益于氮掺杂性能和三维石墨烯结构，SnO_2/GN具有优异的倍率性能（在电流密度为1000mA/g、3000mA/g和6000mA/g时，容量分别为1126mAh/g、855mAh/g和614mAh/g），并且在高电流下具有非常长的循环寿命（在2000mA/g下1000次循环后，容量为905mAh/g）。

2.7 总结和展望

我们回顾了基于石墨烯的LIB电极的最新进展，包括基于石墨烯的正极材料、基于石墨烯的负极材料、新型二维柔性、无结合剂石墨烯基电极以及三维宏观石墨烯基电极（气凝胶），突出它们作为一种有前途、先进的LIB电极材料。虽然在这个领域已经取得了相当大的研究进展和突破，但是在这种有前途的材料广泛用于人们的日常生活之前，仍然需要解决几个问题和挑战。

1）大量研究表明，在以石墨烯为基础的传统电极中，活性物质与石墨烯的结合可以充分利用各成分的协同作用，从而提高电极的锂存储性能。然而，为了进一

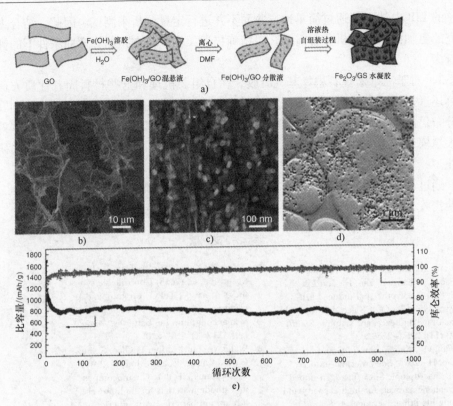

图2.18 a) 使用Fe(OH)$_3$溶胶作为前驱体，通过溶剂热诱导的自组装方法制备Fe$_2$O$_3$/GS气凝胶的示意图。Fe$_2$O$_3$/GS气凝胶的b)、c) SEM和d) TEM图像。e) Fe$_2$O$_3$/GS气凝胶在电流密度为2000mA/g时的循环性能

(经许可转载自参考文献[1]。版权所有(2014)，John Wiley&Sons，Inc)

步提高电化学性能，以下几个方面应该是未来研究的重点。一方面，研究工作应深入理解石墨烯基电极的锂存储机理以及微观结构与电化学行为之间的关系。在这方面，需要开发原位TEM和AFM技术来直接观察动态行为并阐明活性材料的作用机理。另一方面，还应该进一步努力设计新型纳米结构，控制活性材料的尺寸、形貌和分散性，以及改善活性材料和石墨烯之间的界面相互作用。

2) 尽管已经报道了大量关于二维柔性石墨烯其正极和负极材料的研究，但还迫切需要开发简单、低成本和大规模的制造工艺。此外，最先进的报道主要集中在制备柔性、无黏合剂的石墨烯基电极方面。考虑到最终的工业应用，高性能柔性正极和负极材料应该组装在一起，用于开发实用的柔性LIB器件，而不仅仅是开发某些方面性能优越的电极材料。因此，具有优异阻隔性能的轻质、柔性包装材料，形状可变形的高导电性电解质以及完整电池系统的集成技术值得探索，但却非常具有挑战性。而且，目前的柔性石墨烯基电极通常在刚性半电池中进行测试，或者甚至

完整的 LIB 电池也仅通过简单地弯曲而不并进行定量分析来测试。因此，结合力学研究的更加深入的分析非常需要，以精确描述柔性 LIB 在扭曲和弯曲条件下的锂存储行为。

3）对于三维宏观石墨烯基气凝胶，在自组装机理和这些材料固有性质方面的理解还远远不够，需要进一步探索。而且，如何提高气凝胶的强度和精确控制其孔径分布仍然是一个巨大的科学和技术挑战。此外，构建石墨烯基气凝胶的成本效益和大规模生产方法的发展是另一个重要问题。这些方面应该得到越来越多的研究关注。

通过不断地发展，我们相信基于石墨烯基电极的 LIB 将应用于实际生活中，例如便携式工具、电动车辆以及许多柔性可穿戴的电子设备。

参 考 文 献

1. Wang, R., Xu, C., Du, M., Sun, J., Gao, L., Zhang, P., Yao, H., and Lin, C. (2014) Solvothermal-induced self-assembly of Fe_2O_3/GS aerogels for high li-storage and excellent stability. *Small*, **10** (11), 2260–2269.
2. Wang, R., Xu, C., Sun, J., Gao, L., and Yao, H. (2014) Solvothermal-induced 3D macroscopic SnO_2/nitrogen-doped graphene aerogels for high capacity and long-life lithium storage. *ACS Appl. Mater. Interfaces*, **6** (5), 3427–3436.
3. Xu, C.H., Xu, B.H., Gu, Y., Xiong, Z.G., Sun, J., and Zhao, G. (2013) Graphene-based electrodes for electrochemical energy storage. *Energy Environ. Sci.*, **6** (5), 1388–1414.
4. Guo, B.K., Xu, H., Wang, X.Y., and Xiao, L.X. (2002) *Lithium Ion Batteries*, Central South University Press, Changsha, pp. 7–11.
5. Chen, L., Zhang, M., and Wei, W. (2013) Graphene-based composites as cathode materials for lithium ion batteries. *J. Nanomater.*, 2013, 940389–940397.
6. Wang, H.L., Yang, Y., Liang, Y.Y., Cui, L.F., Casalongue, H.S., Li, Y.G., Hong, G.S., Cui, Y., and Dai, H.J. (2011) $LiMn_{1-x}Fe_xPO_4$ nanorods grown on graphene sheets for ultrahigh-rate-performance lithium ion batteries. *Angew. Chem. Int. Ed.*, **50** (32), 7364–7368.
7. Wang, R., Xu, C., Sun, J., Gao, L., Jin, J., and Lin, C. (2013) Controllable synthesis of nano-$LiFePO_4$ on graphene using Fe_2O_3 precursor for high performance lithium ion batteries. *Mater. Lett.*, **112** (1), 207–210.
8. Wang, G., Liu, H., Liu, J., Qiao, S., Lu, G.M., Munroe, P., and Ahn, H. (2010) Mesoporous $LiFePO_4$/C nanocomposite cathode materials for high power lithium ion batteries with superior performance. *Adv. Mater.*, **22** (44), 4944–4948.
9. Ding, Y., Jiang, Y., Xu, F., Yin, J., Ren, H., Zhuo, Q., Long, Z., and Zhang, P. (2010) Preparation of nano-structured $LiFePO_4$/graphene composites by co-precipitation method. *Electrochem. Commun.*, **12** (1), 10–13.
10. Zhou, X.F., Wang, F., Zhu, Y.M., and Liu, Z.P. (2011) Graphene modified $LiFePO_4$ cathode materials for high power lithium ion batteries. *J. Mater. Chem.*, **21** (10), 3353–3358.
11. Oh, S.W., Huang, Z.D., Zhang, B.A., Yu, Y., He, Y.B., and Kim, J.K. (2012) Low temperature synthesis of graphene-wrapped $LiFePO_4$ nanorod cathodes by the polyol method. *J. Mater. Chem.*, **22** (33), 17215–17221.
12. Rao, C.V., Reddy, A.L.M., Ishikawa, Y., and Ajayan, P.M. (2011) $LiNi_{1/3}Co_{1/3}Mn_{1/3}O_2$-graphene composite as a promising cathode for

lithium-ion batteries. *ACS Appl. Mater. Interfaces*, **3** (8), 2966–2972.

13. Liu, H. and Yang, W. (2011) Ultralong single crystalline V_2O_5 nanowire/graphene composite fabricated by a facile green approach and its lithium storage behavior. *Energy Environ. Sci.*, **4** (10), 4000–4008.

14. Lee, J.W., Lim, S.Y., Jung, H.M., Hwang, T.H., Kang, J.K., and Choi, J.W. (2012) Extremely stable cycling of ultra-thin V_2O_5 nanowire-graphene electrodes for lithium rechargeable battery cathodes. *Energy Environ. Sci.*, **5** (12), 9889–9894.

15. Wang, G., Shen, X., Yao, J., and Park, J. (2009) Graphene nanosheets for enhanced lithium storage in lithium ion batteries. *Carbon*, **47** (8), 2049–2053.

16. Huang, X., Zeng, Z., Fan, Z., Liu, J., and Zhang, H. (2012) Graphene-based electrodes. *Adv. Mater.*, **24** (45), 5979–6004.

17. Wang, H.B., Maiyalagan, T., and Wang, X. (2012) Review on recent progress in nitrogen-doped graphene synthesis, characterization, and its potential applications. *ACS Catal.*, **2** (5), 781–794.

18. Dahn, J.R., Zheng, T., Liu, Y.H., and Xue, J.S. (1995) Mechanisms for lithium insertion in carbonaceous materials. *Science*, **270**, 590–593.

19. Kaskhedikar, N.A. and Maier, J. (2009) Lithium storage in carbon nanostructures. *Adv. Mater.*, **21** (25-26), 2664–2680.

20. Wu, Z.S., Zhou, G., Yin, L.C., Ren, W., Li, F., and Cheng, H.M. (2012) Graphene/metal oxide composite electrode materials for energy storage. *Nano Energy*, **1** (1), 107–131.

21. Sato, K., Noguchi, M., Demachi, A., Oki, N., and Endo, M. (1994) A mechanism of lithium storage in disordered carbon. *Science*, **264** (22), 556–558.

22. Guo, P., Song, H., and Chen, X. (2009) Electrochemical performance of graphene nanosheets as anode material for lithium-ion batteries. *Electrochem. Commun.*, **11** (6), 1320–1324.

23. Lian, P., Zhu, X., Liang, S., Li, Z., Yang, W., and Wang, H. (2010) Large reversible capacity of high quality graphene sheets as an anode material for lithium-ion batteries. *Electrochim. Acta*, **55** (12), 3909–3914.

24. Pan, D., Wang, S., Zhao, B., Wu, M., Zhang, H., Wang, Y., and Jiao, Z. (2009) Li storage properties of disordered graphene nanosheets. *Chem. Mater.*, **21** (14), 3136–3142.

25. Yoo, E., Kim, J., Hosono, E., Zhou, H.S., Kudo, T., and Honma, I. (2008) Large reversible Li storage of graphene nanosheet families for use in rechargeable lithium ion batteries. *Nano Lett.*, **8** (8), 2277–2282.

26. Wu, Z.S., Ren, W.C., Xu, L., Li, F., and Cheng, H.M. (2011) Doped graphene sheets as anode materials with superhigh rate and large capacity for lithium ion batteries. *ACS Nano*, **5** (7), 5463–5471.

27. Wang, H., Zhang, C., Liu, Z., Wang, L., Han, P., Xu, H., Zhang, K., Dong, S., Yao, J., and Cui, G. (2011) Nitrogen-doped graphene nanosheets with excellent lithium storage properties. *J. Mater. Chem.*, **21** (14), 5430–5434.

28. Xin, X., Zhou, X., Wang, F., Yao, X., Xu, X., Zhu, Y., and Liu, Z. (2012) A 3D porous architecture of Si/graphene nanocomposite as high-performance anode materials for Li-ion batteries. *J. Mater. Chem.*, **22** (16), 7724–7730.

29. Tang, H., Tu, J.P., Liu, X.Y., Zhang, Y.J., Huang, S., Li, W.Z., Wang, X.L., and Gu, C.D. (2014) Self-assembly of Si/honeycomb reduced graphene oxide composite film as a binder-free and flexible anode for Li-ion batteries. *J. Mater. Chem. A*, **2** (16), 5834–5840.

30. Park, S.H., Kim, H.K., Ahn, D.J., Lee, S.I., Roh, K.C., and Kim, K.B. (2013) Self-assembly of Si entrapped graphene architecture for high-performance Li-ion batteries. *Electrochem. Commun.*, **34**, 117–120.

31. Wang, G.X., Wang, B., Wang, X.L., Park, J., Dou, S.X., Ahn, H., and Kim, K. (2009) Sn/graphene nanocomposite with 3D architecture for enhanced reversible lithium storage in lithium ion batteries. *J. Mater. Chem.*, **19** (44), 8378–8384.

32. Chang, K. and Chen, W. (2011) In situ synthesis of MoS_2/graphene nanosheet composites with extraordinarily high

electrochemical performance for lithium ion batteries. *Chem. Commun.*, **47** (14), 4252–4254.

33. Yin, J., Cao, H., Zhou, Z., Zhang, J., and Qu, M. (2012) SnS_2@reduced graphene oxide nanocomposites as anode materials with high capacity for rechargeable lithium ion batteries. *J. Mater. Chem.*, **22** (45), 23963–23970.

34. Wang, X., Cao, X., Bourgeois, L., Guan, H., Chen, S., Zhong, Y., Tang, D.M., Li, H., Zhai, T., Li, L., Bando, Y., and Golberg, D. (2012) N-doped graphene-SnO_2 sandwich paper for high-performance lithium-ion batteries. *Adv. Funct. Mater.*, **22** (13), 2682–2690.

35. Yang, S., Feng, X., Ivanovici, S., and Müllen, K. (2010) Fabrication of graphene-encapsulated oxide nanoparticles: towards high-performance anode materials for lithium storage. *Angew. Chem. Int. Ed.*, **49** (45), 8408–8411.

36. Qiu, D., Bu, G., Zhao, B., Lin, Z., Pu, L., Pan, L., and Shi, Y. (2014) In situ growth of mesoporous Co_3O_4 nanoparticles on graphene as a high-performance anode material for lithium-ion batteries. *Mater. Lett.*, **119** (15), 12–15.

37. He, L., Ma, R., Du, N., Ren, J., Wong, T., Li, Y., and Lee, S.T. (2012) Growth of TiO_2 nanorod arrays on reduced graphene oxide with enhanced lithium-ion storage. *J. Mater. Chem.*, **22** (36), 19061–19066.

38. Chang, Y., Li, J., Wang, B., Luo, H., He, H., Song, Q., and Zhi, L. (2013) Synthesis of 3D nitrogen-doped graphene/Fe_3O_4 by a metal ion induced self-assembly process for high-performance Li-ion batteries. *J. Mater. Chem. A*, **1** (46), 14658–14665.

39. Cao, H., Li, B., Zhang, J., Lian, F., Kong, X., and Qu, M. (2012) Synthesis and superior anode performance of TiO_2@reduced graphene oxide nanocomposites for lithium ion batteries. *J. Mater. Chem.*, **22** (19), 9759–9766.

40. Xu, C., Sun, J., and Gao, L. (2012) Direct growth of monodisperse SnO_2 nanorods on graphene as high capacity anode materials for lithium ion batteries. *J. Mater. Chem.*, **22** (3), 975–979.

41. Reddy, M.V., Subba Rao, G.V., and Chowdari, B.V.R. (2013) Metal oxides and oxysalts as anode materials for Li ion batteries. *Chem. Rev.*, **113** (7), 5364–457.

42. Chan, C.K., Peng, H., Liu, G., McIlwrath, K., Zhang, X.F., Huggins, R.A., and Cui, Y. (2007) High-performance lithium battery anodes using silicon nanowires. *Nat. Nanotechnol.*, **3** (1), 31–35.

43. Kim, H., Seo, M., Park, M.H., and Cho, J. (2010) A critical size of silicon nano-anodes for lithium rechargeable batteries. *Angew. Chem. Int. Ed.*, **49** (12), 2146–2149.

44. Lu, Z., Zhu, J., Sim, D., Zhou, W., Shi, W., Hng, H.H., and Yan, Q. (2011) Synthesis of ultrathin silicon nanosheets by using graphene oxide as template. *Chem. Mater.*, **23** (24), 5293–5295.

45. Wen, Z., Lu, G., Cui, S., Kim, H., Ci, S., Jiang, J., Hurley, P.T., and Chen, J. (2014) Rational design of carbon network cross-linked Si-SiC hollow nanosphere as anode of lithium-ion batteries. *Nanoscale*, **6** (1), 342–351.

46. Cui, L.F., Yang, Y., Hsu, C.M., and Cui, Y. (2009) Carbon-silicon core-shell nanowires as high capacity electrode for lithium ion batteries. *Nano Lett.*, **9** (9), 3370–3374.

47. Wen, Z., Lu, G., Mao, S., Kim, H., Cui, S., Yu, K., Huang, X., Hurley, P.T., Mao, O., and Chen, J. (2013) Silicon nanotube anode for lithium-ion batteries. *Electrochem. Commun.*, **29**, 67–70.

48. Lai, J., Guo, H., Wang, Z., Li, X., Zhang, X., Wu, F., and Yue, P. (2012) Preparation and characterization of flake graphite/silicon/carbon spherical composite as anode materials for lithium-ion batteries. *J. Alloys Compd.*, **530** (25), 30–35.

49. Ren, J.G., Wang, C., Wu, Q.H., Liu, X., Yang, Y., He, L., and Zhang, W. (2014) A silicon nanowire-reduced graphene oxide composite as a high-performance lithium ion battery anode material. *Nanoscale*, **6** (6), 3353–3360.

50. Evanoff, K., Magasinski, A., Yang, J., and Yushin, G. (2011) Nanosilicon-coated graphene granules as anodes for Li-ion batteries. *Adv. Energy Mater.*, **1** (4), 495–498.
51. Zhou, M., Pu, F., Wang, Z., Cai, T., Chen, H., Zhang, H., and Guan, S. (2013) Facile synthesis of novel Si nanoparticles-graphene composites as high-performance anode materials for Li-ion batteries. *Phys. Chem. Chem. Phys.*, **15** (27), 11394–11401.
52. Du, Y., Zhu, G., Wang, K., Wang, Y., Wang, C., and Xia, Y. (2013) Si/graphene composite prepared by magnesium thermal reduction of SiO2 as anode material for lithium-ion batteries. *Electrochem. Commun.*, **36**, 107–110.
53. Qin, J., He, C.N., Zhao, N.Q., Wang, Z.Y., Shi, C.S., Liu, E.Z., and Li, J.J. (2014) Graphene networks anchored with Sn@graphene as lithium ion battery anode. *ACS Nano*, **8** (2), 1728–1738.
54. Paek, S.M., Yoo, E., and Honma, I. (2009) Enhanced cyclic performance and lithium storage capacity of SnO_2/graphene nanoporous electrodes with three-dimensionally delaminated flexible structure. *Nano Lett.*, **9** (1), 72–75.
55. Du, M., Xu, C., Sun, J., and Gao, L. (2013) Synthesis of alpha-Fe_2O_3 nanoparticles from $Fe(OH)_3$ sol and their composite with reduced graphene oxide for lithium ion batteries. *J. Mater. Chem. A*, **1** (24), 7154–7158.
56. Zhang, L.S., Jiang, L.Y., Yan, H.J., Wang, W.D., Wang, W., Song, W.G., Guo, Y.G., and Wan, L.J. (2010) Mono dispersed SnO_2 nanoparticles on both sides of single layer graphene sheets as anode materials in Li-ion batteries. *J. Mater. Chem.*, **20** (26), 5462–5467.
57. Zhou, G., Wang, D.W., Li, F., Zhang, L., Li, N., Wu, Z.-S., Wen, L., Lu, G.Q., and Cheng, H.M. (2010) Graphene-wrapped Fe_3O_4 anode material with improved reversible capacity and cyclic stability for lithium ion batteries. *Chem. Mater.*, **22** (18), 5306–5313.
58. Hwang, S.G., Kim, G.O.K., Yun, S.R., and Ryu, K.S. (2012) NiO nanoparticles with plate structure grown on graphene as fast charge-discharge anode material for lithium ion batteries. *Electrochim. Acta*, **78** (1), 406–411.
59. Chen, Y., Song, B.H., Chen, R.M., Lu, L., and Xue, J.M. (2014) A study of the superior electrochemical performance of 3 nm SnO_2 nanoparticles supported by graphene. *J. Mater. Chem. A*, **2** (16), 5688–5695.
60. Du, M., Xu, C., Sun, J., and Gao, L. (2012) One step synthesis of Fe_2O_3/nitrogen-doped graphene composite as anode materials for lithium ion batteries. *Electrochim. Acta*, **80** (1), 302–307.
61. Park, S.K., Jin, A., Yu, S.H., Ha, J., Jang, B., Bong, S., Woo, S., Sung, Y.E., and Piao, Y. (2014) In situ hydrothermal synthesis of Mn_3O_4 nanoparticles on nitrogen-doped graphene as high-performance anode materials for lithium ion batteries. *Electrochim. Acta*, **120** (20), 452–459.
62. Cao, X., Shi, Y., Shi, W., Rui, X., Yan, Q., Kong, J., and Zhang, H. (2013) Preparation of MoS_2-coated three-dimensional graphene networks for high-performance anode material in lithium-ion batteries. *Small*, **9** (20), 3433–3438.
63. Chen, J.S., Wang, Z., Dong, X.C., Chen, P., and Lou, X.W. (2011) Graphene-wrapped TiO_2 hollow structures with enhanced lithium storage capabilities. *Nanoscale*, **3** (5), 2158–2161.
64. Zhou, G., Li, F., and Cheng, H.-M. (2014) Progress in flexible lithium batteries and future prospects. *Energy Environ. Sci.*, **7** (4), 1307–1338.
65. Chen, X.C., Wei, W., Lv, W., Su, F.Y., He, Y.B., Li, B.H., Kang, F.Y., and Yang, Q.H. (2012) Graphene-based nanostructure with expanded ion transport channels for high rate li-ion battery. *Chem. Commun.*, **48** (47), 5904–5906.
66. Noerochim, L., Wang, J.Z., Chou, S.L., Wexler, D., and Liu, H.K. (2012) Free-standing single-walled carbon nanotube/SnO_2 anode paper for flexible lithium-ion batteries. *Carbon*, **50** (3), 1289–1297.
67. Gwon, H., Kim, H.S., Lee, K.U., Seo, D.H., Park, Y.C., Lee, Y.S., Ahn, B.T.,

and Kang, K. (2011) Flexible energy storage devices based on graphene paper. *Energy Environ. Sci.*, **4** (4), 1277–1283.

68. Li, Z.P., Mi, Y.J., Liu, X.H., Liu, S., Yang, S.R., and Wang, J.Q. (2011) Flexible graphene/MnO_2 composite papers for supercapacitor electrodes. *J. Mater. Chem.*, **21** (38), 14706–14711.

69. Dikin, D.A., Stankovich, S., Zimney, E.J., Piner, R.D., Dommett, G.H.B., Evmenenko, G., Nguyen, S.T., and Ruoff, R.S. (2007) Preparation and characterization of graphene oxide paper. *Nature*, **448** (7152), 457–460.

70. Chen, H., Müller, M.B., Gilmore, K.J., Wallace, G.G., and Li, D. (2008) Mechanically strong, electrically conductive, and biocompatible graphene paper. *Adv. Mater.*, **20** (18), 3557–3561.

71. Hu, Y., Li, X., Wang, J., Li, R., and Sun, X. (2013) Free-standing graphene–carbon nanotube hybrid papers used as current collector and binder free anodes for lithium ion batteries. *J. Power. Sources*, **237** (1), 41–46.

72. Zhao, X., Hayner, C.M., Kung, M.C., and Kung, H.H. (2011) Flexible holey graphene paper electrodes with enhanced rate capability for energy storage applications. *ACS Nano*, **5** (11), 8739–8749.

73. Chen, C.M., Zhang, Q., Huang, C.H., Zhao, X.C., Zhang, B.S., Kong, Q.Q., Wang, M.Z., Yang, Y.G., Cai, R., and Sheng Su, D. (2012) Macroporous 'bubble' graphene film via template-directed ordered-assembly for high rate supercapacitors. *Chem. Commun.*, **48** (57), 7149–7151.

74. Choi, B.G., Yang, M.H., Hong, W.H., Choi, J.W., and Huh, Y.S. (2012) 3D macroporous graphene frameworks for supercapacitors with high energy and power densities. *ACS Nano*, **6** (5), 4020–4028.

75. Wang, Z.L., Xu, D., Wang, H.G., Wu, Z., and Zhang, X.B. (2013) In situ fabrication of porous graphene electrodes for high-performance energy storage. *ACS Nano*, **7** (3), 2422–2430.

76. Liu, F., Song, S., Xue, D., and Zhang, H. (2012) Folded structured graphene paper for high performance electrode materials. *Adv. Mater.*, **24** (8), 1089–1094.

77. Ning, G., Xu, C., Cao, Y., Zhu, X., Jiang, Z., Fan, Z., Qian, W., Wei, F., and Gao, J. (2013) Chemical vapor deposition derived flexible graphene paper and its application as high performance anodes for lithium rechargeable batteries. *J. Mater. Chem. A*, **1** (2), 408–414.

78. Wei, D., Haque, S., Andrew, P., Kivioja, J., Ryhanen, T., Pesquera, A., Centeno, A., Alonso, B., Chuvilin, A., and Zurutuza, A. (2013) Ultrathin rechargeable all-solid-state batteries based on monolayer graphene. *J. Mater. Chem. A*, **1** (9), 3177–3181.

79. Xiao, F., Li, Y.Q., Zan, X.L., Liao, K., Xu, R., and Duan, H.W. (2012) Growth of metal–metal oxide nanostructures on freestanding graphene paper for flexible biosensors. *Adv. Funct. Mater.*, **22** (12), 2487–2494.

80. Yuan, C.Z., Yang, L., Hou, L.R., Li, J.Y., Sun, Y.X., Zhang, X.G., Shen, L.F., Lu, X.J., Xiong, S.L., and Lou, X.W. (2012) Flexible hybrid paper made of monolayer Co_3O_4 microsphere arrays on rGO/CNTs and their application in electrochemical capacitors. *Adv. Funct. Mater.*, **22** (12), 2560–2566.

81. Wang, R.H., Xu, C.H., Sun, J., Gao, L., and Lin, C.C. (2013) Flexible free-standing hollow Fe_3O_4/graphene hybrid films for lithium-ion batteries. *J. Mater. Chem. A*, **1** (5), 1794–1800.

82. Sun, J., Wang, R.H., Xu, C.H., Liu, Y.Q., Gao, L., and Lin, C.C. (2013) Free-standing and binder-free lithium-ion electrode based on robust layered assembly of graphene and Co_3O_4 nanosheets. *Nanoscale*, **5** (15), 6960–6967.

83. Liang, J., Zhao, Y., Guo, L., and Li, L. (2012) Flexible free-standing graphene/SnO_2 nanocomposites paper for Li-ion battery. *ACS Appl. Mater. Interfaces*, **4** (11), 5742–5748.

84. Hu, T., Sun, X., Sun, H.T., Yu, M.P., Lu, F.Y., Liu, C.S., and Lian, J. (2013) Flexible free-standing graphene-TiO_2 hybrid paper for use as lithium ion battery anode materials. *Carbon*, **51**, 322–326.

85. Li, N., Zhou, G., Fang, R., Li, F., and Cheng, H.M.h. (2013) TiO$_2$/graphene sandwich paper as an anisotropic electrode for high rate lithium ion batteries. *Nanoscale*, **5** (17), 7780–7784.
86. Yu, A.P., Park, H.W., Davies, A., Higgins, D.C., Chen, Z.W., and Xiao, X.C. (2011) Free-standing layer-by-layer hybrid thin film of graphene-MnO$_2$ nanotube as anode for lithium ion batteries. *J. Phys. Chem. Lett.*, **2** (15), 1855–1860.
87. Zhao, X., Hayner, C.M., Kung, M.C., and Kung, H.H. (2011) In-plane vacancy-enabled high-power Si–graphene composite electrode for lithium-ion batteries. *Adv. Energy Mater.*, **1** (6), 1079–1084.
88. Wang, B., Li, X.L., Zhang, X.F., Luo, B., Jin, M.H., Liang, M.H., Dayeh, S.A., Picraux, S.T., and Zhi, L.J. (2013) Adaptable silicon-carbon nanocables sandwiched between reduced graphene oxide sheets as lithium ion battery anodes. *ACS Nano*, **7** (2), 1437–1445.
89. Wang, B., Li, X.L., Luo, B., Jia, Y.Y., and Zhi, L.J. (2013) One-dimensional/two-dimensional hybridization for self-supported binder-free silicon-based lithium ion battery anodes. *Nanoscale*, **5** (4), 1470–1474.
90. Lee, J.K., Smith, K.B., Hayner, C.M., and Kung, H.H. (2010) Silicon nanoparticles-graphene paper composites for Li ion battery anodes. *Chem. Commun.*, **46** (12), 2025–2027.
91. Chen, Z.P., Ren, W.C., Gao, L.B., Liu, B.L., Pei, S.F., and Cheng, H.M. (2011) Three-dimensional flexible and conductive interconnected graphene networks grown by chemical vapour deposition. *Nat. Mater.*, **10** (6), 424–428.
92. Ji, H., Zhang, L., Pettes, M.T., Li, H., Chen, S., Shi, L., Piner, R., and Ruoff, R.S. (2012) Ultrathin graphite foam: a three-dimensional conductive network for battery electrodes. *Nano Lett.*, **12** (5), 2446–2451.
93. Li, N., Chen, Z., Ren, W., Li, F., and Cheng, H.M. (2012) Flexible graphene-based lithium ion batteries with ultrafast charge and discharge rates. *Proc. Natl. Acad. Sci.U.S.A.*, **109** (43), 17360–17365.
94. Sudeep, P.M., Narayanan, T.N., Ganesan, A., Shaijumon, M.M., Yang, H., Ozden, S., Patra, P.K., Pasquali, M., Vajtai, R., Ganguli, S., Roy, A.K., Anantharaman, M.R., and Ajayan, P.M. (2013) Covalently interconnected three-dimensional graphene oxide solids. *ACS Nano*, **7** (8), 7034–7040.
95. Xu, Y., Sheng, K., Li, C., and Shi, G. (2010) Self-assembled graphene hydrogel via a one-step hydrothermal process. *ACS Nano*, **4** (7), 4324–4330.
96. Han, Z., Tang, Z., Li, P., Yang, G., Zheng, Q., and Yang, J. (2013) Ammonia solution strengthened three-dimensional macro-porous graphene aerogel. *Nanoscale*, **5** (12), 5462–5467.
97. Gong, Y.J., Yang, S.B., Liu, Z., Ma, L.L., Vajtai, R., and Ajayan, P.M. (2013) Graphene-network-backboned architectures for high-performance lithium storage. *Adv. Mater.*, **25** (29), 3979–3984.
98. Jiang, L.L. and Fan, Z.J. (2014) Design of advanced porous graphene materials: from graphene nanomesh to 3D architectures. *Nanoscale*, **6** (4), 1922–1945.
99. Chen, W.F., Li, S.R., Chen, C.H., and Yan, L.F. (2011) Self-assembly and embedding of nanoparticles by in situ reduced graphene for preparation of a 3D graphene/nanoparticle aerogel. *Adv. Mater.*, **23** (17), 5679–5683.
100. Cong, H.P., Ren, X.C., Wang, P., and Yu, S.H. (2012) Macroscopic multi-functional graphene-based hydrogels and aerogels by a metal ion induced self-assembly process. *ACS Nano*, **6** (3), 2693–2703.
101. Wu, Z.S., Yang, S.B., Sun, Y., Parvez, K., Feng, X.L., and Mullen, K. (2012) 3D nitrogen-doped graphene aerogel-supported Fe$_3$O$_4$ nanoparticles as efficient eletrocatalysts for the oxygen reduction reaction. *J. Am. Chem. Soc.*, **134** (22), 9082–9085.
102. Wei, W., Yang, S.B., Zhou, H.X., Lieberwirth, I., Feng, X.L., and Müllen, K. (2013) 3D graphene foams cross-linked with pre-encapsulated Fe$_3$O$_4$ nanospheres for enhanced lithium storage. *Adv. Mater.*, **22** (21), 2909–2914.

第3章 基于石墨烯的储能装置

Wei – Ren Liu

3.1 引言

由于目前报道的石墨烯具有优良的性能,如高杨氏模量(>1060GPa)、电子电导率(10^4S/m)、热导率(约3000W/(m·K))、重量轻、成本低,广泛用于许多应用中。通过将石墨烯从微米尺寸缩小到纳米尺度,即石墨烯,未来该应用将扩大到聚合物复合材料、锂离子电池的负极材料、超级电容器、储氢材料、吸收剂和催化剂。在本章中,我们将介绍石墨烯在锂离子电池、锂硫电池、燃料电池和太阳能电池等能源设备中的应用。

3.2 石墨烯用于锂离子电池

3.2.1 负极材料

为开发能量密度高于石墨负极理论容量372mAh/g的下一代负极材料,合金基负极材料备受关注。然而,由于在充电/放电过程中剧烈的体积变化,这些负极的较差的循环寿命导致它们商业化的困难。如今,石墨烯已经成为一种应用于晶体管、透明电极、传感器,以及具有许多不寻常的物理、化学和力学性能的能源器件的有吸引力材料。石墨烯纳米片(GNS)由石墨的化学剥离获得,已被提出用于锂离子电池负极材料的应用中。本节介绍了关于锂离子电池 GNS 的相应研究。

1994 年,Sato 等人提出了 LiC_2 的共价分子模型,表明锂离子可以被杂质结构中的碳捕获。无定形碳中 LiC_2 的形成可产生高达 1116mAh/g 的可逆容量。然而,由不同前驱体合成的这些无定形碳基负极只能典型地提供 400 ~700mAh/g 范围内的可逆容量。根据 LiC_2 的共价分子模型,只要石墨烯层在(002)方向上的 d 间距超过 0.4nm,就可以达到最高的理论容量。Pan 等人[1]通过不同的还原过程制备石墨烯基负极材料,包括化学还原、热还原、电子束还原等,同时阐明石墨烯基负极材料的电化学性能。他们的结果表明,源自低温下的热剥离和电子束蚀刻的石墨烯基负极,其可逆容量更高,约为 600mAh/g。

为了研究石墨烯的结构特性与锂离子电池的反应机理之间的关系,Kostecki 等人[2]通过化学气相沉积(CVD)合成单层和少层石墨烯。如图 3.1 所示,通过原位拉曼技术表明，对于单层石墨烯和少层石墨烯，锂的反应机理非常相似。根据第一性原理计算，已发现其电荷转移的程度低于石墨，这可能是由于位于边缘位置的锂产生的强排斥力。

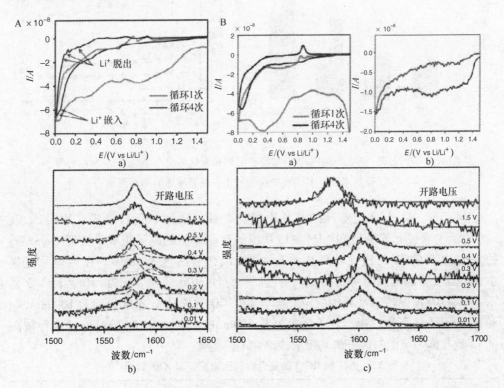

图 3.1　A：a)、b) 少层石墨烯在前两次循环中的 CV 曲线和少层石墨烯在充电过程中的原位拉曼光谱。B：a)~c) 单层石墨烯在第一次和第二次循环中的 CV 曲线以及单层石墨烯在充电过程中的原位拉曼光谱[2]

Barone 等人[3]用密度泛函理论研究了锂在石墨烯中的扩散机制。当石墨烯的尺寸减小到 1，由于石墨烯材料的边缘效应，整个反应性和扩散性都会受到影响。随着石墨烯宽度的减小，扩散阻挡层和扩散长度减小。能量差可以被降低到 0.15eV，而扩散系数增加到两个数量级。

除了 CVD 或化学剥离之外，最近还有许多其他方法已经被研究用于石墨烯的表征。Fahlman 等人[4]通过切割多层碳纳米管合成准一维石墨烯纳米带（GNR）。如图 3.2a 和 b 所示，合成了 4 种不同形态的碳基材料，即石墨、多层碳纳米管、GNR 和氧化 GNR，分别用于锂离子电池进行充/放电容量和寿命循环测试。电化学测试表明，还原 GNR 的可逆容量远高于纯多壁碳纳米管（MWCNT），即约 200~370mAh/g。此外，氧化 GNR 的充电和放电容量分别为 1400mAh/g 和 820mAh/g，库仑效率为 53%。氧化 GNR 的放电容量增加归因于表面官能团的贡献。

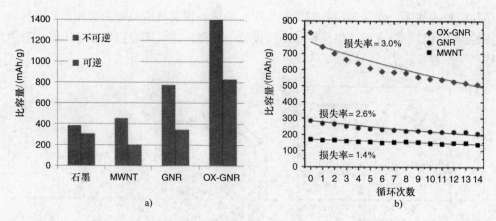

图 3.2　a）石墨、多层碳纳米管、多层石墨烯和氧化多层石墨烯的充/放电容量。
b）多层碳纳米管、多层石墨烯和氧化多层石墨烯的循环测试[4]

  Uthaisar 等人[5]通过不同的热还原过程合成了还原氧化石墨烯（RGO）。表3.1 显示了通过元素分析和 XPS 测试获得的这些样品的原子组成。按照 Hummers 的方法，GO 的碳/氧比（C/O 比）是 1.2。氧含量高达 33mol%。在热还原过程中，C/O 比可以增加到 4.2~11.6，并且氧含量可以降低到 7~17mol%。图 3.3 显示了 RGO 在不同还原过程中的电化学性质。GO 的充放电容量分别为 1000mAh/g 和 500mAh/g。还原过程后，可逆容量从 500mAh/g 增加到 1000mAh/g。这种较高的 Li 吸收能力可能归因于氧基团的缺陷和不同类型。

表 3.1　**EG 和 RGO 的复合物的元素分析和 XPS 数据**[5]

材料	元素分析						XPS		
	%C	%H	%O	%H+%O	C/O	C/(O+H)	%C	%H+%O	C/(O+H)
EG	100	—					95	5	19
GO	40	27	33	60	1.2	0.7	39	61	0.6
RGO（250℃，真空）	71	11	17	29	4.2	2.4	72	28	2.6
RGO（250℃，Ar）	73	11	16	27	4.6	2.7	68	32	2.1
RGO（250℃，Ar+H_2）	72	12	16	28	4.5	2.6	69	31	2.2
RGO（600℃，Ar+H_2）	74	15	11	26	6.7	2.9	74	26	2.8
RGO（900℃，Ar+H_2）	81	12	7	19	11.6	4.3	83	17	4.9

  Lee 等人通过将石墨氧化 1~3 次[6]，合成具有不同氧化度的氧化石墨。图 3.4 的照片显示氧化石墨的颜色从棕色变为黄色，这些样品的电荷容量随着氧化次数的增加而增加。GO-1、GO-2 和 GO-3 的循环测试如图 3.4 所示。结果表明它们都表现出良好的稳定性，而 GO-3 具有约 2000mAh/g 的最高容量。Chen 等人报道了一种简便的方法来获得具有扩展离子通道的全碳结构，并显示出优异的倍率性

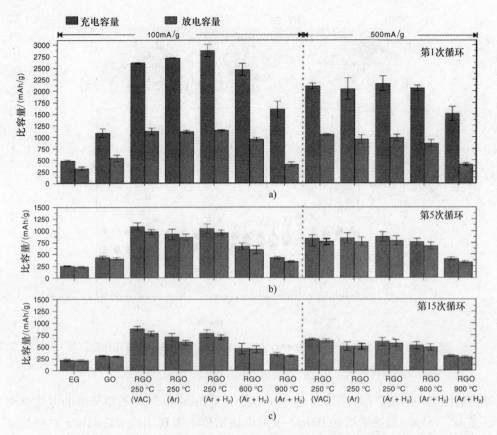

图3.3 a）乙二醇（EG）、GO和还原GO（不可逆和可逆）的第一个循环比容量，以及这些材料在温度效应和大气条件下的循环容量。b）、c）在每个图中都显示了不同电流密度（100mA/g和500mA/g）的两组实验[5]

能。图3.5为合成石墨烯基纳米结构的流程图。图3.6a~c显示了从松散堆积到紧密堆积的石墨烯纳米结构的不同形貌。电化学测试结果如图3.6d所示。结果表明，即使在非常高的放电速率下，松散堆叠的PGN（多孔石墨烯纳米片）也能够提供最高的Li^+存储容量，在500mA/g电流密度下，经过300次循环后，其容量接近480mAh/g，在2A/g的电流密度下进行100次循环后，容量为320mAh/g。Liu等人[7,8]也报道了通过可控热和化学还原过程制备的RGO。通过拉曼光谱、N_2吸附、控制温度解吸、傅里叶变换红外光谱、XPS和充/放电测量来研究RGO的结构、表面化学和电化学行为。RGO增强的可逆容量归因于其特定的功能，而不是由于特别大的比表面积或结构缺陷。在高于1.5V和0.8~5V的电位范围内贡献的容量分别归因于酚基团和环状醚基团。这些发现可能有利于高能量密度石墨烯基负极的材料设计。Hu等人[10]系统地研究了自支撑式石墨烯纸作为LIB负极的电化学性能。图3.7为通过对GNS分散体进行真空辅助过滤来制造石墨烯纸，以获得具有不同

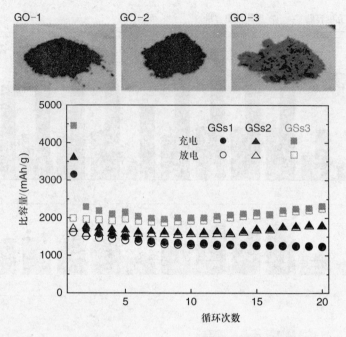

图 3.4　电流密度为 100mA/g 时 GSs1、GSs2 和 GSs3 的循环性能。
　　　上部插图：GO-1、GO-2 和 GO-3 样品的光学照片[6]

厚度的纸结构的示意图。图 3.8 显示了厚度为 1.5μm 和 3μm 石墨烯纸的电化学测试结果。1.5μm 石墨烯纸在 100mA/g 的电流密度下表现出约 200mAh/g 的初始可逆容量，而 3μm 石墨烯纸仅提供了约 140mAh/g。容量随着纸张厚度的增加而减小，这与 GNS 的密集堆积和纸张的较大纵横比相关。

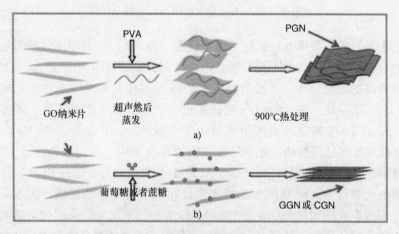

图 3.5　基于石墨烯的纳米结构的组装过程的示意图。a) 具有膨胀结构的 PGN，
　　　其中 GNS 松散地堆叠；b) GNS 紧密堆叠的 GGN 或 CGN 结构[9]

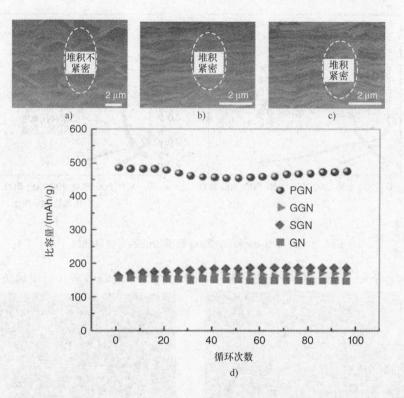

图 3.6 a) PGN、b) GGN 和 c) SGN 的 SEM 图像。d) GN、SGN、GGN 和 PGN 在 500mA/g 下的循环测试[9]

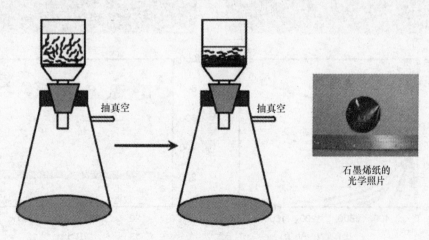

图 3.7 通过真空吸附过滤 GNS 分散体制备石墨烯纸的示意图和所制备的石墨烯的光学照片[10]

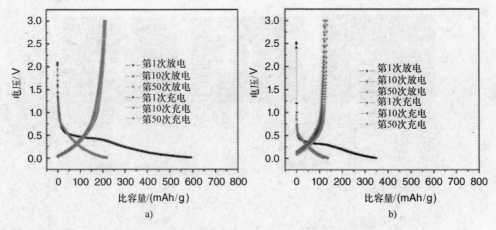

图 3.8 a) 1.5μm 和 b) 3μm 石墨烯纸的充放电曲线[10]

Fang 等人[11]通过 CVD，使用多孔 MgO 片作为模板制备多孔石墨烯负极材料。

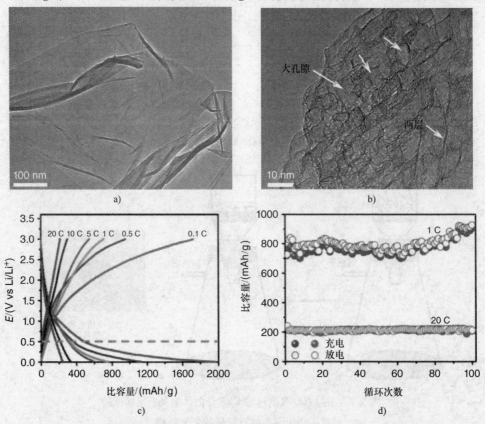

图 3.9 a) 典型石墨烯和 b) 多孔石墨烯的 TEM 图像。c) 多孔石墨烯电极在 0.1~20℃下的恒电流充/放电曲线。d) 多孔石墨烯电极在 1C 和 20C 下的循环性能[11]

图3.9a、b显示了合成的石墨烯和多孔石墨烯的TEM图像。图3.9c、d进一步展现了多孔石墨烯的倍率性能和循环测试结果。这些结果表明石墨烯的多孔性质使其表现出高的可逆容量（1723mAg/h）、优异的倍率性能和循环稳定性。

Yang等人[12]报道了一种涂有一层富含氮的碳薄层的石墨烯薄片，这种结构在各种电流速率下具有优异的倍率性能和循环性能。图3.10a为碳涂层石墨烯（GSNC）的合成过程。图3.10b为GSNC的SEM图像。图3.10c比较了复合负极和其他石墨烯基负极的倍率容量。这些结果表明，碳涂层不仅提供了氮原子，而且还减少了石墨烯片的聚集效应，这可以促进锂在负极结构内的存储和运输。

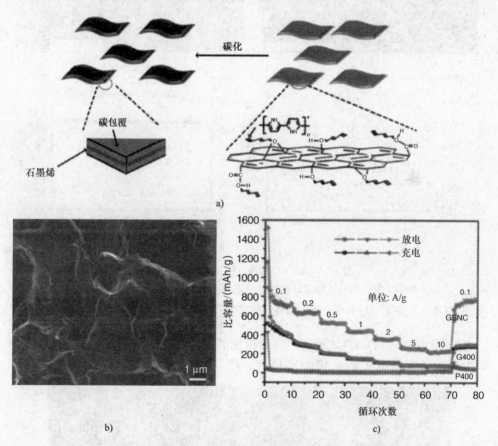

图3.10 a）GSNC合成过程的示意图。b）GSNC的SEM图像。
c）GSNC、G400和P400的倍率性能[12]

Jiang等人[13]通过水热法合成多孔石墨烯，然后用KOH和球磨进行刻蚀，称为多孔石墨烯（HG）。GO和HG的TEM图像分别如图3.11a、b所示。随机堆积的多孔石墨烯（RSHG）负极（见图3.11c、d）的倍率性能，以及循环测试结果表明材料表现出高倍率性能和优异的循环稳定性，这是由于KOH处理以及球磨之后产生的石墨烯的多孔海绵状结构。

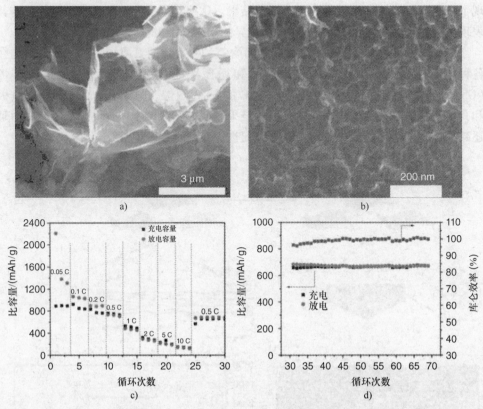

图 3.11　a) GO 和 b) HG 的 TEM 图像。
c) RSHG 的倍率性能和循环性能, 倍率范围为 0.05~10C。d) RSHG 在 0.5C 以及电压范围 3.0~0.01V 下的循环性能和库仑效率, 其电压是相对于 Li/Li$^+$ 而言[13]

除了化学剥离和 CVD 之外, 另一种可能的方法是电化学剥离[14-21]。Yang 等人[14]提出了石墨电极的负极剥离机理。图 3.12 显示了分别进行 0min、1min、

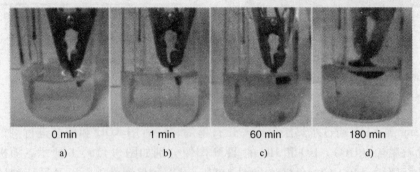

图 3.12　石墨电化学负极剥离的图像[14]

60min 和 180min 的负极剥离过程。此外，他们还尝试了不同的电解质体系，如溶于 PC 中的 LiPF$_6$，溶于 AN 中的 TBAPF$_6$，溶于 DMF（二甲基甲酰胺）中的 TBAPF$_6$，以及溶于 PC 中的 TBAPF$_6$ 等。表 3.2 总结了相应的观察结果。图 3.13c、d 显示了 GS 负极材料的循环性能和倍率性能。高可逆容量、良好的循环寿命和优异的性能表明石墨烯片（GS）可能成为用于锂离子电池的负极材料。

表 3.2 不同实验条件下石墨的负极剥离[14]

电解液	电压/V	电流密度/(mA/cm^2)	现象
1M LiPF$_6$（在 PC 中）	−5	0.3	4h 无剥离或偶尔剥离/无气泡
	−10	2.0	4h 无剥离或偶尔剥离/有气泡
	−30	10.4	4h 有少量剥离片/有大气泡
0.5M TBAPF$_6$（在 AN 中）	−5	1.9	4h 无剥离或偶尔剥离/无气泡
	−10	5.9	剥离/有气泡
	−30	26.6	大量剥离片沉淀/有气泡
0.5M TBAPF$_6$（在 DMF 中）	−5	1.0	4h 无剥离或偶尔剥离/无气泡
	−10	3.4	负极周围有剥离片/无气泡
	−30	14.1	大量剥离片/有气泡
	−5	0.2	4h 无剥离或偶尔剥离/无气泡
	−10	1.4	0.5h 有剥离/观察到气泡
	−30	5.9	大量剥离片/有气泡
10mL 0.5M TBAPF$_6$（在 AN 中）+0.5mL C$_2$H$_5$OH	−10	5.7	剥离/有大气泡
10mL 0.5M TBAPF$_6$（在 DMF 中）+0.5mL C$_2$H$_5$OH	−10	3.2	剥离速率变慢/有气泡
10mL 0.5M TBAPF$_6$（在 PC 中）+0.5mL C$_2$H$_5$OH	−10	1.2	0.5h 剥离/有气泡

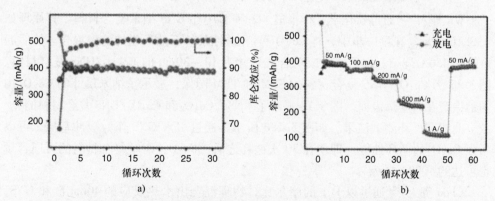

图 3.13 a) GS 电极的循环性能和库仑效率。b) GS 电极的倍率性能[14]

除了用于纯负极外，GNS 还可用于锂离子电池的复合负极中。从复合负极的角度来看，GNS 不仅可用作缓冲基体，以适应循环过程中基于合金化机理的负极材料的体积膨胀，而且还可用作提高材料倍率性能的导电网络。Zhou 等人[22]通过

Fe(OH)$_2$的原位化学还原过程合成了具有高比表面积的 GNS/Fe$_3$O$_4$ 纳米多孔复合负极。SEM、TEM 和能量色散 X 射线（EDX）的测试结果如图 3.14 所示，表明粒径为 100~200nm 的 Fe$_3$O$_4$ 纳米颗粒均匀分散在 GNS 表面。图 3.15 中的电化学测试显示了一个位于约 0.8V 的明显平台，这可能是由于典型的锂嵌入 Fe$_3$O$_4$ 所致（Fe$_3$O$_4$ + 8e$^-$ + 8Li$^+$ ⇌ 3Fe^0 + 4Li$_2$O），理论容量为 922mAh/g。图 3.15d 所示的倍率性能进一步证明了在 1750mA/g 时材料的可逆容量高达 600mAh/g。这些结果证明石墨烯可能是锂离子高速率充电和放电的有效路径。通过引入石墨烯作为这些用于锂离子电池的合金基负极材料的缓冲基质，Fe$_3$O$_4$ 的结构和循环稳定性也可以得到显著改善。

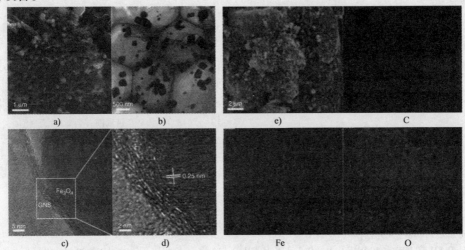

图 3.14　a）GNS/Fe$_3$O$_4$ 复合材料的 SEM 图像。b）~d）GNS/Fe$_3$O$_4$ 的 TEM 图像。e）复合材料中 C、Fe 和 O 的 EDX 元素分布图[22]

Wu 等人[23]通过软化学过程报道了一种 Co$_3$O$_4$/GNS 纳米复合材料。其原理如图 3.16 所示。在第一步中，将 Co(OH)$_2$ 和碱性条件下的石墨烯溶液混合。然后混合物在 450℃ 烧结。之后，可成功合成尺寸为 10~30nm 的 Co$_3$O$_4$/GNS 复合材料。图 3.17 为 Co$_3$O$_4$/GNS 复合材料的 SEM 和 TEM 图像，显示了纳米尺寸的 Co$_3$O$_4$ 均匀地涂覆在石墨烯表面。图 3.18 显示了 GNS、Co$_3$O$_4$ 和 Co$_3$O$_4$/GNS 复合材料的充/放电曲线和循环测试结果。如图 3.18d 所示，通过引入 GNS 作为缓冲基质，可以增强 Co$_3$O$_4$ 的循环性能。即使在 30 次循环之后，Co$_3$O$_4$/GNS 复合材料的可逆容量也可达约 1000mAh/g。

Chou 等人[24]通过以 1:1 的摩尔比，物理混合由水热反应的 40nm 硅和 GNS，并研究其表面形貌和电化学性质。图 3.19a、b 为 Si/GNS 复合材料的 SEM 图像。纳米硅颗粒均匀涂覆在石墨烯上。图 3.19c 显示了石墨烯、纳米硅和 Si/石墨烯复合材料的容量和循环性能，以及 Si 的理论计算值。Si/石墨烯复合材料表现出更好的循环性能。图 3.19d 比较了纯纳米硅和 Si/石墨烯复合材料的交流阻抗。结果表

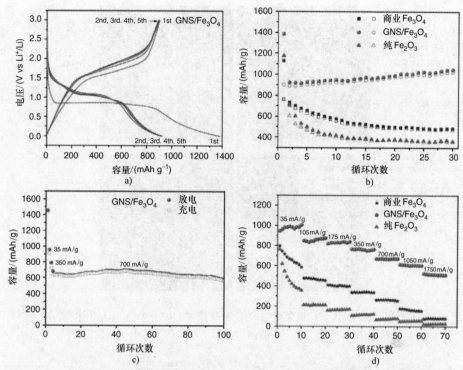

图 3.15 a) GNS/Fe$_3$O$_4$复合负极材料在前 5 次循环中的充/放电曲线。b) 商用 Fe$_3$O$_4$、GNS/Fe$_3$O$_4$复合材料和纯 Fe$_3$O$_4$的循环性能，测试电流密度为 35mA/g。c) GNS/Fe$_3$O$_4$复合负极在 35mA/g、350mA/g 和 700mA/g 电流密度下的循环测试。d) 商业 Fe$_3$O$_4$、GNS/Fe$_3$O$_4$复合材料和纯 Fe$_3$O$_4$的倍率性能[22]

图 3.16 Co$_3$O$_4$/GNS 复合材料的示意图。(a) 将 GNS 和 IPA/H$_2$O 以 1:1vol% 混合。(b) 在碱性条件下合成 Co(OH$_2$)/GNS 复合物。(c) 高温烧结[23]

明，通过添加石墨烯作为基体可以显著降低材料的阻抗。

西安大略大学的 Sun 等人[25]通过改进的 Hummers 方法制备石墨烯，并通过原子层沉积（ALD）工艺涂覆 SnO$_2$。纯石墨烯和 SnO$_2$/石墨烯复合材料的 SEM 和 TEM 图分别如图 3.20a~c 所示。石墨烯的柔性性质可以缓冲充电和放电过程中 Sn 的体积膨胀。图 3.21d 显示了这些材料的循环测试。对于纯石墨烯，首次充电和首次放电容量分别为 900mAh/g 和 420mAh/g。第一个循环的不可逆容量损失高达 50%，这可能是由于形成固体电解质界面（SEI）。经过 100 次循环后，纯石墨烯

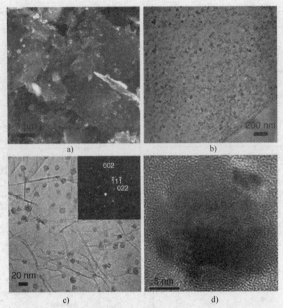

图 3.17 a) Co_3O_4/GNS 复合材料的 SEM 图像。b)~d) Co_3O_4/GNS 复合材料的 TEM 图像。图 c 中的插图显示了材料的选区电子衍射图[23]

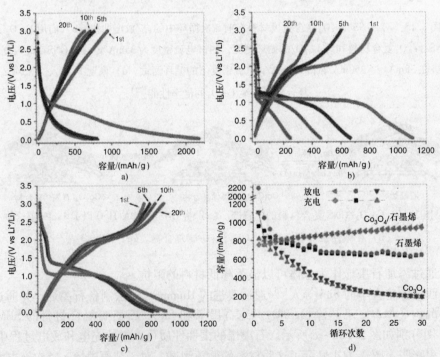

图 3.18 a) GNS、b) Co_3O_4 和 c) Co_3O_4/GNS 复合材料在 50mA/g 的电流密度下在第 1 次、第 5 次、第 10 次和第 20 次循环时的充放电曲线。d) GNS、Co_3O_4 和 Co_3O_4/GNS 复合物循环测试[24]

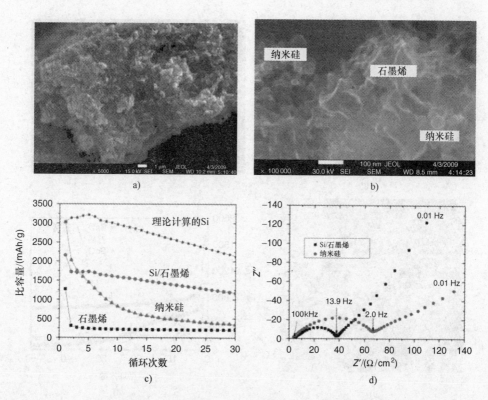

图 3.19 a)、b) Si/GNS 复合材料的 SEM 形貌图。c) 石墨烯、纳米硅、Si/石墨烯和理论计算的 Si 的循环性能。d) 纳米硅和 Si/石墨烯复合材料在 0.2V 的充电状态下的交流阻抗[24]

的容量降至约 280mAh/g。另一方面，对于 SnO_2/石墨烯复合材料，第一次充电和第一次放电容量分别为 1250mAh/g 和 800mAh/g。150 次循环后，容量仍为 400mAh/g。

Kung 等人[26] 报道了一种硅纳米颗粒高度分散在石墨烯片之间的复合材料，并且通过重构石墨烯堆积的区域而形成石墨的三维网络支撑，这种结构表现出高的锂离子存储容量和优异的循环稳定性。图 3.21a 显示了具有 0.25mg/mL、1.2mg/mL 和 2.5mg/mL 不同固体含量的 GO 溶液。图 3.21b 为 TEM 图像，显示了纳米尺寸硅颗粒在 GO 上的分布情况。图 3.21c 为通过真空辅助过滤方法制备的 Si/石墨烯复合纸的过程。Si/石墨烯复合纸的厚度约为 10μm。图 3.21d 为复合纸的循环测试结果。制备的电极在 50 次循环后存储容量大于 2200mAh/g，200 次循环后容量大于 1500mAh/g，每次循环减少小于 0.5%。Si/石墨烯复合纸的后退火处理非常重要。表 3.3 显示了复合纸在不同还原条件下的平面电阻、电阻率和电导率。没有退火处理的 Si/GO 的平面电阻高达 $2.9 \times 10^5 \Omega/\square$，在热还原 4% H_2/96% Ar 气氛下，在 550℃ 和 850℃ 处理后，材料的平面电阻可以降低到

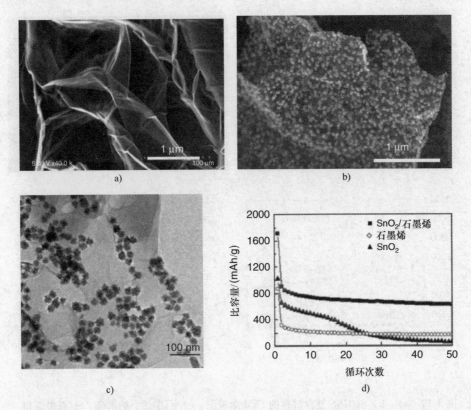

图 3.20 a) 纯石墨烯和 b) SnO_2/石墨烯复合物的 SEM 图像。c) SnO_2/石墨烯复合物的 TEM 图像。d) SnO_2、石墨烯和 SnO_2/石墨烯复合物的循环性能[25]

153Ω/□ 和 60Ω/□。

表 3.3 RGO 在不同还原温度下的平面电阻、电阻率和电导率[26]

	还原温度			未还原 SGO 样品
	550℃	700℃	850℃	
平面电阻/(Ω/□)	153	107	60	2.9×10^5
电阻率/Ω·cm	0.076	0.053	0.030	146
电导率/(S/cm)	13.1	18.7	33.1	0.0068

3.2.2 正极材料

为了提高正极材料的容量、倍率性能和循环寿命,石墨烯涂覆的正极材料已被广泛研究[27-33]。He 等人[27]通过喷雾干燥法合成石墨烯涂覆的 Li[$Li_{0.2}Mn_{0.54}Ni_{0.13}Co_{0.13}$]$O_2$。图 3.22 显示了石墨烯涂覆的 Li[$Li_{0.2}Mn_{0.54}$

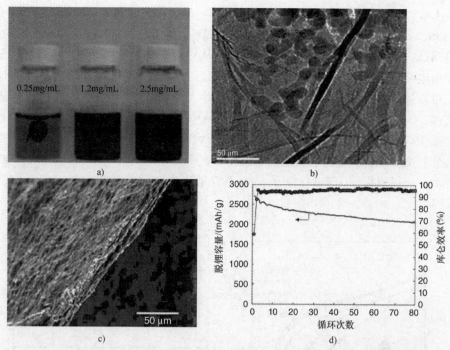

图 3.21 a) 具有不同含量的 GO 溶液的光学照片。b) Si/石墨烯复合物的 TEM 图像。c) Si/石墨烯电极横截面的 SEM 图像。d) Si/石墨烯复合负极的循环性能和库仑效率[26]

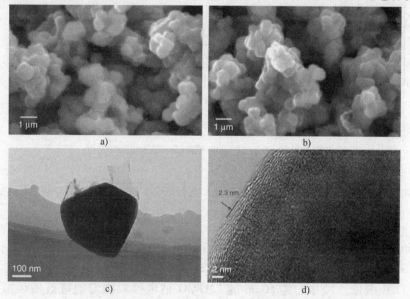

图 3.22 a) 原始 $Li[Li_{0.2}Mn_{0.54}Ni_{0.13}Co_{0.13}]O_2$ 颗粒和 b) 涂有石墨烯的 $Li[Li_{0.2}Mn_{0.54}Ni_{0.13}Co_{0.13}]O_2$ 的 SEM 图像。c) 石墨烯涂覆颗粒的 TEM 图像。d) 石墨烯涂覆颗粒的 HRTEM 图像[27]

$Ni_{0.13}Co_{0.13}]O_2$ 的 SEM 和 TEM 图像。$Li[Li_{0.2}Mn_{0.54}Ni_{0.13}Co_{0.13}]O_2$ 的一次粒子约为 $1\mu m$,石墨烯层的厚度约为 $2.3nm$。图 3.23 显示纯正极和石墨烯涂层正极的充/放电测试、倍率性能和交流阻抗测试结构。从交流阻抗来看,石墨烯涂层可以显著减小由电荷转移电阻引起的低频区半圆的直径。因此,如图 3.23b 所示,石墨烯涂层也可以提高材料的容量和倍率性能。Sun 等人[28]报道了一种由水热过程形成的自支撑 $VO_{2.07}$RGO 复合膜。图 3.24 显示了 $VO_{2.07}$RGO 复合膜的 SEM、TEM 和光学照片图像。图 3.25 为含有和不含有 RGO 的 $VO_{2.07}$ 的充/放电测试、循环性能、倍率性能和交流阻抗。电化学测试表明,在 $2.0 \sim 3.5V$ 之间的电压范围内进行 200 次循环后,正极膜提供 $160mAh/g$ 的高可逆容量和良好的循环稳定性,容量保持率为 83%。

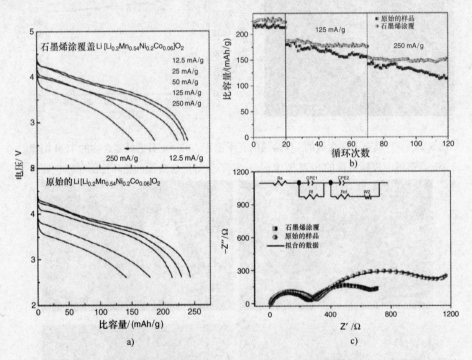

图 3.23 a) 各种倍率下的放电曲线。b) 几种倍率下的循环性能。c) 两个样品的交流阻抗测试。插图显示了曲线拟合的等效电路图[27]

Ding 等人[29]报道了用共沉淀法制备的纳米结构石墨烯支撑的 $LiMn_{1/3}Ni_{1/3}Co_{1/3}O_2$(LMNCO)。这个合成过程的示意图如图 3.26 所示。图 3.27a 为石墨烯支撑 LMNCO 的 TEM 图像。尺寸约为 $50nm$ 的 LMNCO 纳米颗粒均匀地被石墨烯覆盖。图 3.27b~d 是相应的电化学测试。这些结果表明,石墨烯支撑的 LMNCO 表现出高达 $175mAh/g$ 的初始放电容量,并且仅包含 1.6% 石墨烯的材料,在 50 次循环后具有高达 95.5% 的容量保持率。

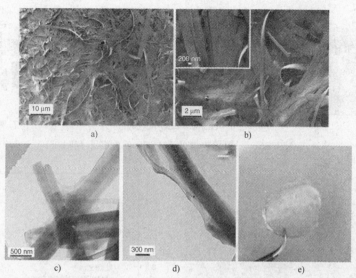

图 3.24 在不添加任何黏合剂的上述带的缠结网络上的 $V_2O_5 \cdot xH_2O$/RGO 膜的 a, b) SEM 和 c, d) TEM 图像[28]。e) $V_2O_5 \cdot xH_2O$/RGO 膜的表面照片

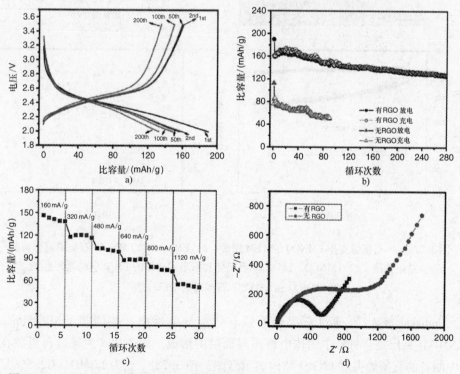

图 3.25 a) VO_x/RGO 膜在 70mA/g 电流密度下的电压。b) VO_x/RGO 膜和不含 RGO 的 VO_x 膜的循环性能。c) VO_x/RGO 的倍率性能。d) 在第 20 次完全放电状态下测量的这两种薄膜电极的电化学阻抗谱[28]

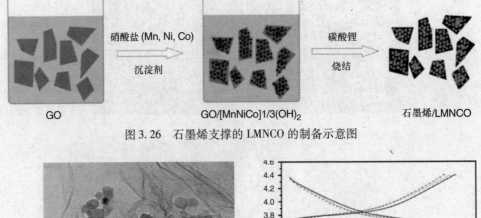

图 3.26 石墨烯支撑的 LMNCO 的制备示意图

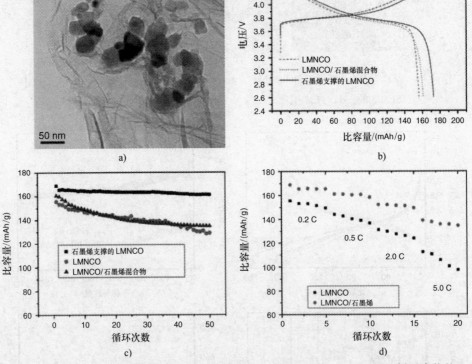

图 3.27 a) 石墨烯支撑 LMNCO 的 TEM 图像。b) LMNCO 和 LMNCO/石墨烯混合物的充/放电曲线。c) LMNCO、LMNCO/石墨烯和石墨烯支撑的 LMNCO 的循环性能。d) LMNCO 和 LMNCO/石墨烯的倍率性能[29]

Prabakar 等人[30]通过石墨烯形成有效的导电网络,并抑制 $LiNi_{0.5}Mn_{1.5}O_4$ (LNMO) 夹层复合材料中固体电解质界面层的形成。图 3.28a 为通过自组装在溶液中制备的石墨烯夹层 LNMO 结构的示意图。图 3.28b、c 为 LNMO – G2.5% 复合材料的 TEM 和 SEM 图像。图 3.28d 给出了一系列 LNMO 正极材料的倍率性能。具有三明治结构的 LNMO – G2.5% 复合材料表现出最佳的电化学性能。有效的导电网络和显著的电解质分解抑制作用,使其比纯 LNMO 具有更大的容量和更好的容量保持率。Wang 等人[31]报道了用 RGO 改性的碳包覆 LiFePO$_4$,采用超声辅助流变相法与碳热处理相结合。图 3.29 显示了复合正极的 TEM 显微照片和电化学性能。RGO 为 5wt% 的复合材料具有较高的比容量和优异的倍率性能,其放电容量在 0.2C 时为 160.4mAh/g,在 20C 时为 115.0mAh/g。样品还显示出优异的循环稳定性,在 10C 下循环 1000 次后,容量衰减仅为 10%。Ha 等人[32]报道了一种通过 KOH 化学活化的石墨烯(CA-G),以提高 LiFePO$_4$ 的电化学性能。图 3.30 为通过活化制备 CA-G 和通过退火制备 CA-G/LFP 的示意图。图 3.31a、b 显示了纯

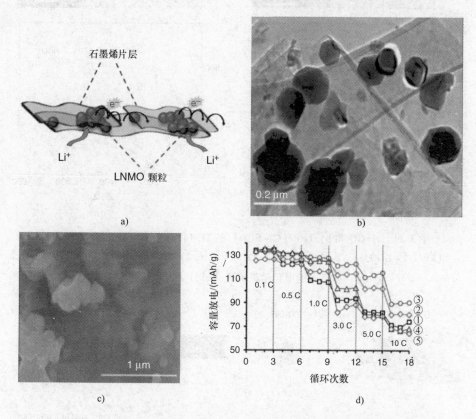

图 3.28　a)通过自组装在溶液中制备的石墨烯夹层 LNMO 结构的示意图。
b、c)LNMO-G2.5% 的 TEM 和 SEM 图像。d)倍率性能:①LNMO,②LNMO-G1%,
③LNMO-G2.5%,④LNMO-G5%,⑤由 2.5wt% 的
石墨烯与 LNMO 粉末混合物制备的复合材料[30]

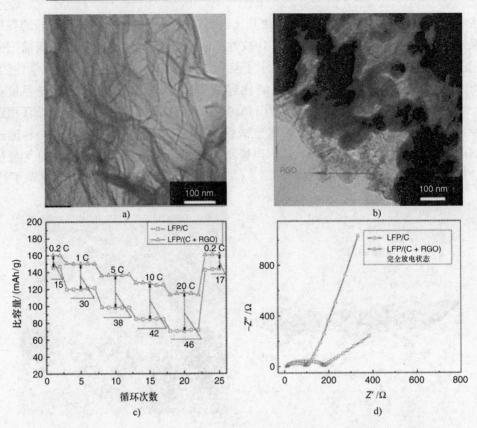

图3.29 a) GO 和 b) LFP/(C+RGO) 的 TEM 图像。c) LFP/C（□）和 LFP/(C+RGO)（Δ）的倍率性能。d) LFP/C 和 LFP/(C+RGO) 在完全放电状态下的电化学阻抗谱（EIS）曲线[31]

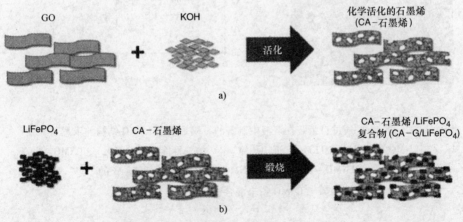

图3.30 a) 通过活化制备的 CA-石墨烯和 b) 通过退火制备 CA-G/LFP 的示意图[32]

GO 和多孔石墨烯涂覆的 LiFePO$_4$ 的 TEM 图像。图 3.32a 显示了在 100mA/g 时 LiFePO$_4$、G/LFP 和 CA-G/LFP 的循环性能。在循环测试中,纯 LiFePO$_4$ 和普通的石墨烯/LFP 表现出类似的循环性能。然而,对于多孔石墨烯/LFP,即 CA-G/LFP,这种复合材料具有更好的可循环性。图 3.33a、b 分别为通过 CA-G/LFP 提高 LiFePO$_4$ 倍率性能及其显著性能增强的机制。在 5000mA/g 的充电电流下,CA-

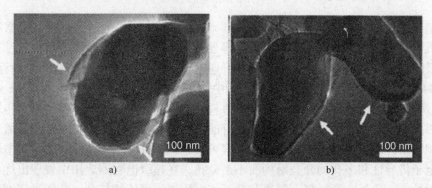

图 3.31　a) G/LFP 和 b) CA-G/LEP 的 TEM 图像

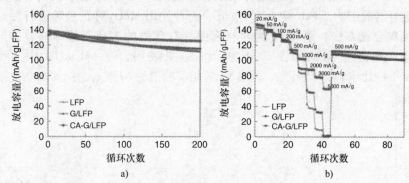

图 3.32　在 100mA/g 电流密度下,LiFePO$_4$、G/LFP 和
CAG/LFP 的 a) 循环性能和 b) 倍率性能[32]

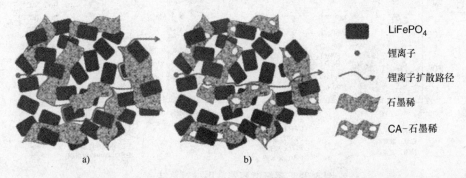

图 3.33　a) G/LFP 和 b) CA-G/LFP 中锂离子扩散路径的示意图[32]

G/LFP 的容量仍然保持在 65mAh/g，远远高于 LiFePO$_4$ 和 G/LFP。在 G/LFP 电极中，锂离子必须绕过电极材料，但在 CA – G/LFP 电极中，可以通过 CA – G 上的孔隙而走捷径。

3.3 石墨烯用于超级电容器

超级电容器是一种功率密度高，循环寿命超过 10 万次的储能装置。根据能量存储机制，超级电容器可分为双电层电容器（EDLC）和赝电容器。前者通过正负离子吸附在电极上进行工作；后者通过可逆氧化/还原反应的作用以提供电荷存储。图 3.34 和表 3.4 总结了超级电容器应用中常见材料的比电容[34]。由于 GNS 具有大的、开放、平面的片层结构，使电极材料表现出高比表面积和优异的电子传输特性，因此它被认为是用于超级电容器的有前途的电极材料[34-40]。即使石墨烯的比表面积与活性炭相比不高，石墨烯的电容可接近约 200F/g[34,35]。然而，石墨烯具有高电子传导性和多孔的介孔结构而不是微孔，在超级电容器应用中表现出优异的电化学性能。此外，通过将石墨烯和高工作电压离子液体相结合，其能量密度甚至超过 100Wh/kg，接近锂离子电池体系的能量密度[37]。这些结果表明石墨烯应用于超级电容器的潜力。Fan 等人[38] 报道了一种使用 MnO$_2$ 对石墨烯进行蚀刻形成 PGN 的简单合成方法。图 3.35 为片材表面具有孔隙的多孔石墨烯材料的形成过程。相应的电化学测试如图 3.36 所示。结果表明，在 6M KOH 中，PGN 在 500mV/s 下的比电容为 154F/g，而 GNS 的相应的值为 67F/g，并且 5000 次循环后

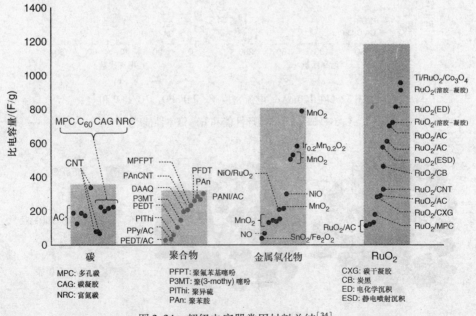

图 3.34 超级电容器常用材料总结[34]

表3.4 几种超级电容器用碳电极材料的比较[34]

碳	比表面积/(m^2·g)	密度/cm^{-3}	电导率/(S/cm)	成本	含水电解液 F/g	含水电解液 F/cm^3	有机电解液 F/g	有机电解液 F/cm^3
富勒烯	1100~1400	1.72	10^{-14}~10^{-8}	中	—	—	—	—
CNT	120~500	0.6	10^4~10^5	高	50~100	<60	<60	<30
石墨烯	2630	>1	10^6	高	100~205	>100~205	80~110	>80~110
石墨	10	2.26	10^4	低	—	—	—	—
AC	1000~3500	0.4~0.7	0.1~1	低	<200	<80	<100	<50
模板多孔炭	500~3000	0.5~1	0.3~10	高	120~350	<200	60~140	<100
能化多孔炭	300~2200	0.5~0.9	>300	中	150~300	<180	100~150	>90
活性炭纤维	1000~3000	0.3~0.8	5~10	中	120~370	<150	80~200	<120
炭干凝胶	400~1000	0.5~0.7	1~10	低	100~125	<80	<80	<40

电容损失为 12%。Krishnamoorthy 等人[39]设计了具有不同氧化程度的 GO，研究了不同氧化阶段各种含氧官能团的形成及其对材料化学和结构性质的影响。图 3.37 为这些 GO 样品的电化学测试结果。这些结果表明了 GO 的可调特性，可以为开发基于 GO 的器件应用提供新的有利观点。

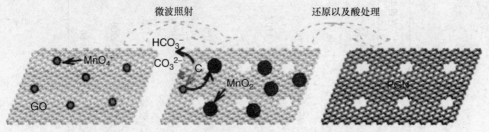

图 3.35 在片材表面形成孔隙的多孔石墨烯材料的示意图[38]

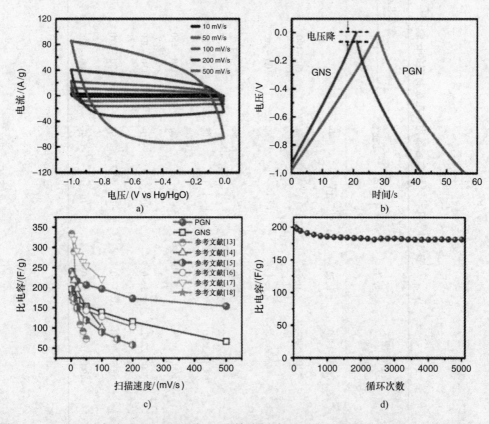

图 3.36 a）PGN 电极在 6mol/L KOH 中，不同扫描速率 10mV/s、50mV/s、100mV/s、200mV/s 和 500mV/s 下的 CV 曲线。b）PGN 和 GNS 在 50mA/cm^2 电流密度下的恒电流充/放电曲线。c）不同扫描速度下的 PGN、GNS、商业活性炭、热剥离石墨烯、活性炭和碳化物衍生炭的比电容。d）在 100mV/s 下，PGN 电极 5000 次充放电过程中的循环稳定性[38]

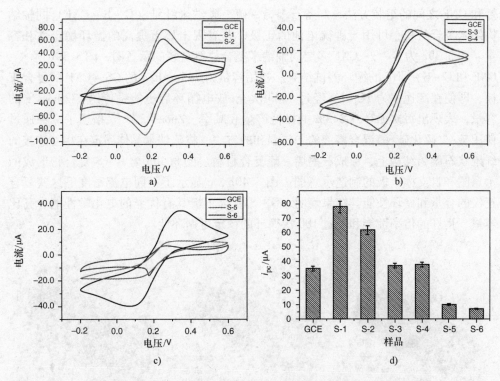

图 3.37 a)~c) 在含有 0.1mol/L KCl 的 5mol/L $K_3[Fe(CN)_6]$ 溶液中，玻璃碳电极（GCE）上改性的 GO 样品（S-1~S-6）的循环伏安曲线。d) 不同氧化水平的样品的 i_{pc} 比较图[39]

3.4 石墨烯用于锂硫电池

具有硫正极的可充电锂电池，被称为锂硫（Li-S）电池，预计可提供高达 2600Wh/kg 的理论能量密度[41-47]。然而，硫的绝缘性质和多硫化锂在液态电极中的高溶解度阻碍了锂硫电池的商业化应用[41]。稳定硫正极的策略之一是开发电子传导基体，不仅提高电导率，而且在充电/放电过程中抑制锂-硫的溶解。而碳的形式很多，可以是中孔炭、微孔炭、分级多孔炭、微孔炭球、空心炭球或碳纳米管[44]。GNS 作为一种独特的二维炭，由于其电子性质、大比表面积和优异的力学性能，也被用来改性锂硫电池的硫化合物结构[45]。

Zhou 等人[42]提出了一种石墨烯涂覆的中孔炭/硫（RGO/CMK-3/S）复合正极材料。图 3.38a 为 RGO/CMK-3/S 复合材料的示意图。图 3.38b 为该复合材料的 TEM 图像。图 3.38c 展示了 CMK-3/S 和 RGO/CMK-3/S 复合材料的循环测试。结果表明，硫含量为 53.14wt% 的 RGO/CMK-3/S 复合材料在 0.5C 下 100 次循环后的可逆放电容量为 734mAh/g。Lu 等人[43]报道了一种通过将硫夹在石墨烯和CNF之间的组装方法，制备石墨烯-硫-碳纳米纤维（G-S-CNF）同轴结构纳米复合材料，可用于锂硫电池的正极，并表现出显著提高的循环稳定性和容量。图3.39a为G-S-CNF多层同轴纳米复合材料组装的示意图，图3.39b为S-CNF和G-S-CNF的循环测试结果。初始容量为745mAh/g的GS-CNF的复合正极，即使在高速率为1C时，经过1500次充/放电循环后也能维持约273mAh/g的容量，表现出每次循环0.043%的极低容量衰减率。Zhou等人[44]报道了一种通过使用硫/二硫化碳/醇混合溶液的一步温和的方法，将硫纳米晶体固定在相互连接的纤维状石墨烯结构上，形成石墨烯-硫复合材料。图3.40a为G-S复合物形成的示意图和自支撑电极的制造示意图。图3.40b、c显示了不同电流密度下这些复合正极的容量和循环性能。结果表明，G-S复合正极具有优异的电化学性能、高比容量、良好的倍率性能和超过100次循环的稳定可循环性。

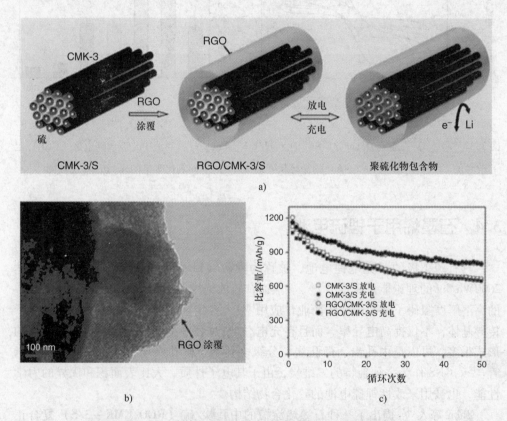

图3.38　a）用于改善RGO/CMK-3/S复合材料正极性能的示意图。b）RGO/CMK-3/S复合物的TEM图像。c）CMK-3/S和RGO/CMK-3/S复合材料的循环测试图[42]

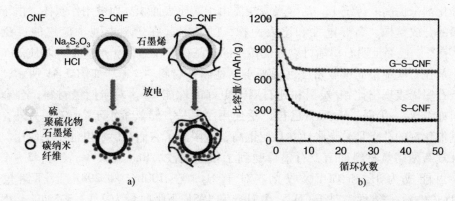

图 3.39 a) G-S-CNF 多层同轴纳米复合材料组装的示意图，用于改善正极性能。
b) S-CNF 和 G-S-CNF 的循环测试图[43]

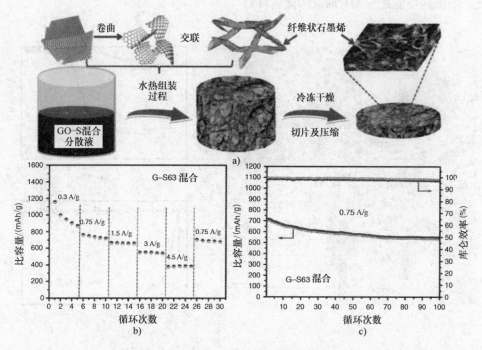

图 3.40 a) G-S 复合物的形成和自支撑电极制备的示意图。b) G-S63 正极在不同
电流密度下的容量。c) 在高电流密度测试后，G-S63 正极在 0.75A/g 下，
持续 100 个循环过程中的循环性能和库仑效率[44]

3.5 石墨烯用于燃料电池

燃料电池是将化学能反应转化为电能的绿色能量装置。反应涉及氢的氧化和氧的还原。通常，这些氧化还原反应的反应速率可以通过在多孔载体中添加纳米尺寸

的催化剂来提高。传统上,活性炭或炭黑由于其比表面积高而被用作载体。由于石墨烯的开放结构、高导电性和比表面积,已经引起在燃料电池中应用的广泛关注[48-54]。已经证明石墨烯可以取代传统的碳基材料作为催化剂的负载基质。Pt 等催化剂在石墨烯中的负载密度远远高于其他碳基材料[48-50]。如图 3.41 所示,氮掺杂石墨烯表现出比铂/炭黑和纯石墨烯更好的性能[48]。对于储氢材料,合金系材料如 $LaNi_5$、TiFe、MgNi 等已被广泛使用。但是,储氢量小于 2wt%。另外,合金基催化剂的缺点是易膨胀性并且比重高,这限制了它们在燃料电池中的应用。对于开发新型储氢材料而言,石墨烯受到了很多关注。Rao 等人[50]表明,3~4 层 GNS 可能成为 H_2 和 CO_2 吸收剂。对于 H_2,在 100bar 和 298K 下存储量为 3.11wt%。另一方面,对于 CO_2,在 1bar 和 195K 下吸收量为 2.1~3.5wt%。根据理论计算,其吸收量高达 7.7wt%,完全接近美国能源部(DoE)6wt% 的要求。因此,石墨烯可能是一种有前途的储氢材料。

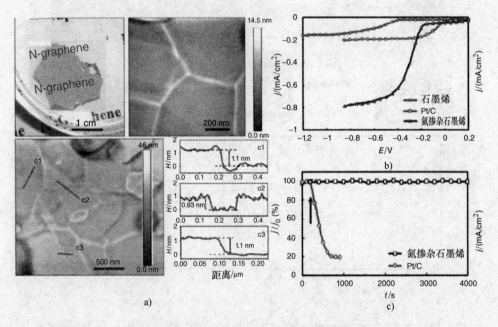

图 3.41 a)氮掺杂石墨烯的照片和 AFM 图像。b)石墨烯,Pt/C 和氮掺杂石墨烯的氧还原反应(ORR)曲线。c)氮掺杂石墨烯和 Pt/C 复合材料的循环性能[48]

3.6 石墨烯用于太阳电池

石墨烯也可以用于太阳电池。2008 年发布了单层石墨烯的吸收数据。石墨烯吸收 2.3% 的白光。在近红外范围内石墨烯的透明度比氧化铟锡(ITO)好得多。

这表明在近红外范围内的光线,能够穿透太阳电池的器件,并且可以提高太阳电池的效率。另外,石墨烯的功函数约为 4.2eV,与碳纳米管类似。因此,石墨烯也可以用作染料敏化太阳电池的电极。基于这些观点,人们已经做了很多工作来研究石墨烯在太阳电池中的应用[55-62]。

Mullen 等人[58]使用石墨烯作为染料敏化太阳电池应用的对电极,如图 3.42 所示。在 98.3mW/cm² 的太阳光模拟条件下,其短路光电流密度(I_{SC})、开路电压(OCV)和填充因子(FF)分别为 1.01mA/cm²、0.7V 和 0.36。效率约为 0.26%。Hong 等人[56]报道了石墨烯/聚乙烯二氧噻吩(PEDOT)-聚(苯乙烯磺酸)(PSS)复合电极作为厚度为 60nm 的对电极。材料的透明度大于 80%,效率高达 4.6%,优于纯 PEDOT-PSS 电极的 2.3%,性能接近铂。与 PEDOT-PSS 电极相比,由于具有较高比表面积和结构缺陷的特性,石墨烯表现出高催化活性。因此,通过添加少量石墨烯可以增强电流密度和 FF。

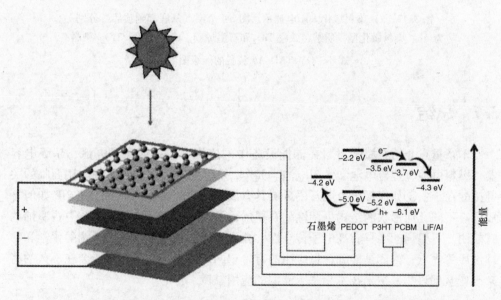

图 3.42 染料敏化太阳电池及其相应材料和它们对应作用机理的示意图[56]

Wang 等人[58]报道了透明、导电、超薄膜作为固态染料敏化太阳电池中普遍采用的金属氧化物窗口电极的替代品。图 3.43 为基于石墨烯电极的太阳电池和石墨烯/TiO₂/染料/螺环-OMeTAD/Au 器件的能级图。在光电子器件中,电极和 p/n 型材料之间的适当接触对电荷收集非常重要。计算出的石墨烯的功函数为 4.42eV。因此,它可以代替氟氧化锡(FTO)电极(功函数约为 4.4eV)。结果显示,在 1000~3000nm 范围内,材料具有 550S/cm 的高电导率和高于 70% 的透明度[58]。

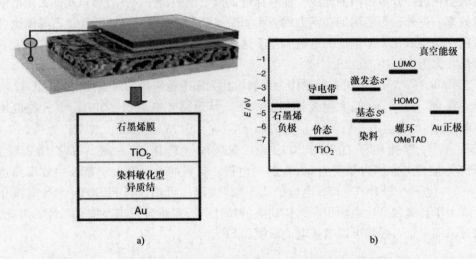

图 3.43 a）染料敏化太阳电池示意图。4 个层（从底部到顶部）分别为 Au、染料敏化型异质结、致密 TiO$_2$ 和石墨烯膜。b）石墨烯/TiO$_2$/染料/螺环 – OMeTAD/Au 装置的能级图[58]

3.7 总结

本章重点介绍石墨烯材料在储能设备中的应用，包括锂离子电池、超级电容器、燃料电池、锂硫电池和太阳电池。如今，石墨烯在能源材料上的应用面临的关键挑战在于：①如何提出合成石墨烯的具有成本效益和环境友好的工艺；②如何合成具有不同几何形状的结构可调性的石墨烯；③如何控制不同混合体系中石墨烯的官能团。石墨烯的确具有高电子传导性、高比表面积、重量轻以及可调的化学和物理性质等优点，因此是能源材料应用的有希望的候选者。石墨烯可能会在不久的将来改变基础科学、纳米技术和基于能源的应用领域。

参 考 文 献

1. Pan, D., Wang, S., Zhao, B., Wu, M.H., Zhang, H.J., Wang, Y., and Jiao, Z. (2009) Li storage properties of disordered graphene nanosheets. *Chem. Mater.*, **21**, 3136–3142.
2. Pollak, E., Geng, B., Jeon, K.-J., Lucas, I.T., Richardson, T.J., Wang, F., and Kostecki, R. (2010) The interaction of Li$^+$ with single-layer and few-layer graphene. *Nano Lett.*, **10**, 3386–3388.
3. Uthaisar, C. and Barone, V. (2010) Edge effects on the characteristics of Li diffusion in graphene. *Nano Lett.*, **10**, 2838–2842.
4. Bharwaj, T., Antic, A., Paven, B., Barone, V., and Fahlman, B.D. (2010) Enhanced electrochemical lithium storage by graphene nanoribbons. *J. Am. Chem. Soc.*, **132**, 12556–12558.

5. Uthaisar, C., Barone, V., and Fahlman, B.D. (2013) On the chemical nature of thermally reduced graphene oxide and its electrochemical Li intake capacity. *Carbon*, **61**, 558–567.
6. Lee, W., Suzuki, S., and Miyayama, M. (2013) Lithium storage properties of graphene sheets derived from graphite oxides with different oxidation degree. *Ceram. Int.*, **39**, S753–S756.
7. Kuo, S.-L., Liu, W.-R., and Wu, H.-C. (2012) Lithium storage behavior of graphene nanosheets-based materials. *J. Chin. Chem. Soc.*, **59** (10), 1220–1225.
8. Kuo, S.-L., Liu, W.-R., Kuo, C.-P., Wu, N.-L., and Wu, H.-C. (2013) Lithium storage in reduced graphene oxides. *J. Power Sources*, **244**, 552–556.
9. Chen, X.-C., Wei, W., Lv, W., Su, F.-Y., He, Y.-B., Li, B., Kang, F., and Yang, Q.-H. (2012) A graphene-based nanostructure with expanded ion transport channels for high rate Li-ion batteries. *Chem. Commun.*, **48**, 5904–5906.
10. Hu, Y., Li, X., Geng, D., Cai, M., Li, R., and Sun, X. (2013) Influence of paper thickness on the electrochemical performances of graphene papers as an anode for lithium ion batteries. *Electrochem. Acta*, **91**, 227–233.
11. Liu, Y., Fan, Q., Tang, N., Wan, X., Liu, L., Lv, L., and Du, Y. (2013) Study of electronic and magnetic properties of nitrogen doped graphene oxide. *Carbon*, **60**, 538–561.
12. Yang, Y.Q., Wu, K., Pang, R.Q., Zhou, X.J., Zhang, Y., Wu, X.C., Wu, C.G., Wu, H.X., and Guo, S.W. (2013) Graphene sheets coated with a thin layer of nitrogen-enriched carbon as a high-performance anode for lithium-ion batteries. *RSC Adv.*, **3**, 14016–14020.
13. Jiang, Z.Q., Pei, B., and Manthiram, A. (2013) Randomly stacked holey graphene anodes for lithium ion batteries with enhanced electrochemical performance. *J. Mater. Chem. A*, **1**, 7775–7781.
14. Yang, Y., Ji, X., Yang, X., Wang, C., Song, W., Chen, Q., and Banks, C.E. (2013) Electrochemically triggered graphene sheets through cathodic exfoliation for lithium ion batteries anodes. *RSC Adv.*, **3**, 16130–16135.
15. Liu, N., Luo, F., Wu, H., Liu, Y., Zhang, C., and Chen, J. (2008) One-step ionic-liquid-assisted electrochemical synthesis of ionic-liquid-functionalized graphene sheets directly from graphite. *Adv. Funct. Mater.*, **18**, 1518–1525.
16. Zhou, M., Tang, J., Cheng, Q., Xu, G., Cui, P., and Qin, L.C. (2013) Few-layer graphene obtained by electrochemical exfoliation of graphite cathode. *Chem. Phys. Lett.*, **572**, 61–65.
17. Su, C.Y., Lu, A.Y., Xu, Y.P., Chen, F.R., Khlobystov, A.N., and Li, L.J. (2011) High-quality thin graphene films from fast electrochemical exfoliation. *ACS Nano*, **5**, 2332–2339.
18. Geng, Y., Zheng, Q.B., and Kim, J.-K. (2011) Effects of stage, intercalant species and expansion technique on exfoliation of graphite intercalation compound into graphene sheets. *J. Nanosci. Nanotechnol.*, **11**, 1084–1091.
19. Wang, G.X., Wang, B., Park, J., Wang, Y., Sun, B., and Yao, J. (2009) Highly efficient and large-scale synthesis of graphene by electrolytic exfoliation. *Carbon*, **47**, 3242–3246.
20. Wang, J., Manga, K.K., Bao, Q., and Loh, K.P. (2011) High-yield synthesis of few-layer graphene flakes through electrochemical expansion of graphite in propylene carbonate electrolyte. *J. Am. Chem. Soc.*, **133**, 8888–8891.
21. Morales, G.M., Schifani, P., Ellis, G., Ballesteros, C., Martínez, G., Barbero, C., and Salavagione, H.J. (2011) High-quality few layer graphene produced by electrochemical intercalation and microwave-assisted expansion of graphite. *Carbon*, **49**, 2809–2816.
22. Zhou, G., Wang, D.-W., Li, F., Zhang, L., Li, N., Wu, Z.-S., Wen, L., Lu, G.Q., and Cheng, H.-M. (2010) Graphene-wrapped Fe_3O_4 anode material with improved reversible capacity and cyclic stability for lithium ion batteries. *Chem. Mater.*, **22**, 5306–5313.
23. Wu, Z.-S., Ren, W., Wen, L., Gao, L., Zhao, J., Chen, Z., Zhou, G., Li, F., and Cheng, H.-M. (2010) Graphene anchored with Co_3O_4 nanoparticles as anode of lithium ion batteries with enhanced reversible capacity and cyclic performance. *ACS Nano*, **4** (6), 3187–3194.

24. Chou, S.-L., Wang, J.-Z., Choucair, M., Liu, H.-K., Stride, J.A., and Dou, S.-X. (2010) Enhanced reversible lithium storage in a nanosize silicon/graphene composite. *Electrochem. Commun.*, **12**, 303–306.
25. Li, X., Geng, D., Meng, X., Wang, J., Liu, J., Li, Y., Wang, D., Yang, J., Li, R., and Sun, A.X. (2010) 15th International Meeting on Lithium Battery, 15th IMLB Meeting.
26. Lee, J.K., Smith, K.B., Hayner, C.M., and Kung, H.H. (2010) Silicon nanoparticles–graphene paper composites for Li ion battery anodes. *Chem. Commun.*, **46**, 2025–2027.
27. He, Z., Wang, Z., Guo, H., Li, X., Xianwen, W., Yue, P., and Wang, J. (2013) A simple method of preparing graphene-coated Li[$Li_{0.2}Mn_{0.54}Ni_{0.13}Co_{0.13}$]$O_2$ for lithium-ion batteries. *Mater. Lett.*, **91**, 261–264.
28. Sun, Y., Yang, S.-B., Lv, L.-P., Lieberwirth, I., Zhang, L.-C., Ding, C.-X., and Chen, C.-H. (2013) A composite film of reduced graphene oxide modified vanadium oxide nanoribbons as a free standing cathode material for rechargeable lithium batteries. *J. Power Sources*, **241**, 168–172.
29. Ding, Y.-H., Ren, H.-M., Huang, Y.-Y., Chang, F.-H., He, X., Fen, J.-Q., and Zhang, P. (2013) Co-precipitation synthesis and electrochemical properties of graphene supported $LiMn_{1/3}Ni_{1/3}Co_{1/3}O_2$ cathode materials for lithium-ion batteries. *Nanotechnology*, **24**, 375401–375408.
30. Prabakar, S.J.R., Hwang, Y.-H., Lee, B., Sohn, K.-S., and Pyo, M. (2013) Graphene-sandwiched $LiNi_{0.5}Mn_{1.5}O_4$ cathode composites for enhanced high voltage performance in Li ion batteries. *J. Electrochem. Soc.*, **160** (6), A832–A837.
31. Wang, B., Wang, D., Wang, Q., Liu, T., Guo, C., and Zhao, X. (2013) Improvement of the electrochemical performance of carbon-coated $LiFePO_4$ modified with reduced graphene oxide. *J. Mater. Chem. A*, **1**, 135–144.
32. Ha, J., Park, S.-K., Yu, S.-H., Jin, A., Jang, B., Bong, S., Kim, I., Sung, Y.-E., and Piao, Y. (2013) A chemically activated graphene-encapsulated $LiFePO_4$ composite for high-performance lithium ion batteries. *Nanoscale*, **5**, 8647–8655.
33. Song, B., Lai, M.O., Liu, Z., Liu, H., and Lu, L. (2013) Graphene-based surface modification on layered Li-rich cathode for high-performance Li-ion batteries. *J. Mater. Chem. A*, **1**, 9954–9965.
34. Zhang, L.L., Zhou, R., and Zhao, X.S. (2010) Graphene-based materials as supercapacitor electrodes. *J. Mater. Chem.*, **20**, 5983–5992.
35. Wang, H., Hao, Q., Yang, X., Lu, L., and Wang, X. (2009) Graphene oxide doped polyaniline for supercapacitors. *Electrochem. Commun.*, **11**, 1158–1161.
36. Lv, W., Tang, D.-M., He, Y.-B., You, C.-H., Shi, Z.-Q., Chen, X.-C., Chen, C.-M., Hou, P.-X., Liu, C., and Yang, Q.-H. (2009) Low-temperature exfoliated graphenes: vacuum-promoted exfoliation and electrochemical energy storage. *ACS Nano*, **3**, 3730–3736.
37. Liu, C., Yu, Z., Neff, D., Zhamu, A., and Jang, B.Z. (2010) Graphene-based supercapacitor with an ultrahigh energy density. *Nano Lett.*, **10**, 4863–4868.
38. Fan, Z.G., Zhao, Q.K., Li, T.Y., Yan, Y., Ren, Y.M., Feng, J., and Wei, T. (2012) Easy synthesis of porous graphene nanosheets and their use in supercapacitors. *Carbon*, **50**, 1699–1703.
39. Krishnamoorthy, K.K., Veerapandian, M., Yun, K.S., and Kim, S.-J. (2013) The chemical and structural analysis of graphene oxide with different degrees of oxidation. *Carbon*, **53**, 38–49.
40. Mhamane, D., Suryawanshi, A., Banerjee, A., Aravindan, V., Ogale, S., and Srinivasan, M. (2013) Non-aqueous energy storage devices using graphene nanosheets synthesized by green route. *AIP Adv.*, **3**, 042112.
41. Wang, X.F., Wang, Z.X., and Chen, L.Q. (2013) Reduced graphene oxide film as a shuttle-inhibiting interlayer in a lithium–sulfur battery. *J. Power. Sources*, **242**, 65–69.
42. Zhou, X.Y., Xie, J., Yang, J., Zou, Y.L., Tang, J.J., Wang, S.C., Ma, L., and Liao, Q.C. (2013) Improving the performance of lithium–sulfur batteries by graphene coating. *J. Power. Sources*, **243**, 993–1000.

43. Lu, S.T., Cheng, Y.W., Wu, X.H., and Liu, J. (2013) Significantly improved long-cycle stability in high-rate Li-S batteries enabled by coaxial graphene wrapping over sulfur-coated carbon nanofibers. *Nano Lett.*, **13**, 2485–2489.
44. Zhou, G.M., Yin, L.-C., Wang, D.-W., Li, L., Pei, S.F., Gentle, I.R., Li, F., and Cheng, H.-M. (2013) Fibrous hybrid of graphene and sulfur nanocrystals for high-performance lithium-sulfur batteries. *ACS Nano*, **7** (6), 5367–5375.
45. Ding, B., Yuan, C.Z., Shen, L.F., Xu, G.Y., Nie, P., Lai, Q.X., and Zhang, X.G. (2013) Porous nitrogen-doped carbon nanotubes derived from tubular polypyrrole for energy-storage applications. *J. Mater. Chem. A*, **1**, 1096–1101.
46. Xiao, M., Huang, M., Zeng, S.S., Han, D.M., Wang, S.J., Sun, L.Y., and Meng, Y.Z. (2013) Sulfur@graphene oxide core–shell particles as a rechargeable lithium–sulfur battery cathode material with high cycling stability and capacity. *RSC Adv.*, **3**, 4914–4916.
47. Lu, L.Q., Lu, L.J., and Wang, Y. (2013) Sulfur film-coated reduced graphene oxide composite for lithium–sulfur batteries. *J. Mater. Chem. A*, **1**, 9173–9181.
48. Seger, B. and Kamat, P.V. (2009) Electrocatalytically active graphene-platinum nanocomposites. Role of 2-D carbon support in PEM fuel cells. *J. Phys. Chem. C*, **113**, 7990–7995.
49. Si, Y. and Samulski, E.T. (2009) Exfoliated graphene separated by platinum nanoparticles. *Chem. Mater.*, **20**, 6792–6707.
50. Ghosh, A., Subrahmanyam, K.S., and Rao, C.N.R. (2008) Uptake of H_2 and CO_2 by graphene. *J. Phys. Chem. C*, **112**, 15704–15707.
51. Guo, Y.H., Lan, X.X., Cao, J.X., Xu, B., Xia, Y.D., Yin, J., and Liu, Z.G. (2013) A comparative study of the reversible hydrogen storage behavior in several metal decorated graphyne. *Int. J. Hydrogen Energy*, **38**, 3987–3993.
52. Lee, S.G., Lee, M.H., Choi, H.C., Yoo, D.S., and Chung, Y.-C. (2013) Effect of nitrogen induced defects in Li dispersed graphene on hydrogen storage. *Int. J. Hydrogen Energy*, **38**, 4611–4617.
53. Lee, S.G., Lee, M.H., and Chung, Y.-C. (2013) Enhanced hydrogen storage properties under external electric fields of N-doped graphene with Li decoration. *Phys. Chem. Chem. Phys.*, **15**, 3243–3248.
54. Li, F., Gao, J.F., Zhang, J., Xu, F., Zhao, J., and Sun, L.X. (2013) Graphene oxide and lithium amidoborane: a new way to bridge chemical and physical approaches for hydrogen storage. *J. Mater. Chem. A*, **1**, 8016–8022.
55. Fan, B.H., Mei, X.G., Sun, K., and Ouyang, J.Y. (2008) Conducting polymer/carbon nanotube composite as counter electrode of dye-sensitized solar cells. *Appl. Phys. Lett.*, **93**, 143103.
56. Hong, W.J., Xu, Y.X., Lu, G.W., Li, C., and Shi, G.Q. (2008) Transparent graphene/PEDOT–PSS composite films as counter electrodes of dye-sensitized solar cells. *Electrochem. Commun.*, **10**, 1555–1558.
57. Eda, G. and Chhowalla, M. (2009) Chemically derived graphene oxide: towards large–area thin–film electronics and optoelectronics. *Adv. Mater.*, **22** (22), 2392–2415.
58. Wang, X., Zhi, L., and Müllen, K. (2008) Transparent, conductive graphene electrodes for dye-sensitized solar cells. *Nano Lett.*, **8** (1), 323–327.
59. Park, H., Rowehl, J.A., Kim, K.K., Bulovic, V., and Kong, J. (2010) Doped graphene electrodes for organic solar cells. *Nanotechnology*, **21**, 505204.
60. Tsai, T.-H., Chiou, S.-C., and Chen, S.-M. (2011) Enhancement of dye-sensitized solar cells by using graphene-TiO_2 composites as photoelectrochemical working electrode. *Int. J. Electrochem. Sci.*, **6**, 3333–3343.
61. Miao, X.C., Tongay, S., Petterson, M.K., Berke, K., Rinzler, A.G., Appleton, B.R., and Hebard, A.F. (2012) High efficiency graphene solar cells by chemical doping. *Nano Lett.*, **12**, 2745–2750.
62. Li, X.M., Zhu, H.W., Wang, K.L., Cao, A., Wei, J.Q., Li, C.Y., Jia, Y., Li, Z., Li, X., and Wu, D. (2010) Graphene-on-silicon schottky junction solar cells. *Adv. Mater.*, **22**, 2743–2748.

第4章 基于石墨烯纳米复合材料的超级电容器

Xuanxuan Zhang, Tao Hu, Ming Xie

4.1 引言

超级电容器,作为有前景的电化学能量存储装置,因其循环寿命长、维护成本低和功率密度非常高而应用于各种军事以及商业领域[1,2]。同时,结合锂离子电池和超级电容器的混合体系也引起了研究人员的关注。超级电容器可以是用于加速和爬坡期间的动力辅助,以及用于恢复制动能量的主要储能装置。锂离子电池可以在巡航期间提供能量。而混合系统将超级电容器的高功率性能与锂离子电池更大的储能能力相结合。混合系统还可以延长其使用寿命,减小体积并降低电池成本。

目前,有两种类型的超级电容器(SC):双电层电容器(EDLC)和赝电容器。EDLC是非法拉第超级电容器,通过吸附阳离子和阴离子来储能[3,4]。目前,大多数最先进的EDLC设备都基于高比表面积碳材料[5-11],例如多孔活性炭(AC)。基于AC电极SC的主要问题是由于电极小的微孔尺寸(孔径小于2nm)以及疏水性的表面[12,13],电解质不能有效地接近整个电极表面区域。因此,碳基材料一般具有 $10 \sim 40 \mu F/cm$ 低的面积比电容[2,14]。如图4.1所示,基于AC和有机电解质的商业SC仅具有约为7Wh/kg的能量密度[15],虽然它的功率密度可高达10kW/kg。因此,开发具有大的可接近比表面积(SSA)和更好的电解液亲和力的新型电极材料是必要的,这有助于提高器件的能量密度。

与通过物理吸附储能的EDLC不同,赝电容材料通过法拉第过程储能[17],这涉及电解液和电极表面电活性材料之间的快速及可逆的氧化还原反应[18]。原则上,具有各种价态/氧化态的电活性物质具有赝电荷存储能力。最广泛研究的电活性材料包括过渡金属氧化物[10]、氢氧化物或氮化物[19];导电聚合物(CP)[20],如聚苯胺(PANI)、聚吡咯(PPy)和聚噻吩(PTh);具有含氧和氮的表面官能团的材料[9,11]。

石墨烯[21,22]是一种优良的电子导体[23,24],理论SSA高达 $2630m^2/g$ [25],并且化学稳定性高[21]、力学性能优异[26]。石墨烯的二维片状结构提供了优异的结构构建单元和理想的导电平台,可用于负载纳米级电化学活性材料。石墨烯灵活的介孔和大孔结构[27]允许纳米材料加载,以填充空隙空间,同时,为电子的输送提供导通通道。通过结合石墨烯和赝电容材料,研究人员成功地制备了具有高电容和长

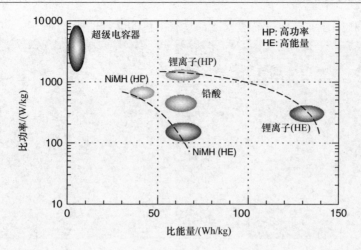

图 4.1　现代存储设备的比功率与比能量关系图[16]（经数据库 r2009 IEEE 许可转载）

稳定性的新型纳米复合材料。

在本章中，我们将回顾基于石墨烯纳米复合材料的超级电容器的进展。重点是基于石墨烯的 EDLC、导电聚合物和金属氧化物。我们将描述原子层沉积（ALD）作为合成技术的独特性。最后，我们将讨论未来存在的问题和应用前景。

4.2　基于石墨烯的超级电容器

通常，石墨烯基多孔材料通过由 Hummers 方法[28]制备的 GO 还原来合成。GO 可以通过热剥离或化学剥离的方法来还原。合成的详细方法可以在其他研究中找到[29]。简单地说，将石墨粉末加入到浓硫酸和硝酸钠的混合物中，并在冰浴中搅拌。然后小心地将 $KMnO_4$ 加入到溶液中，在 35℃ 下保持 30min，随后缓慢地加入去离子（DI）水。接着，向溶液中加入另外的含有 H_2O_2 的去离子水。通过离心得到沉淀物，然后用过量的去离子水、HCl 和乙醇洗涤。最后将黄棕色 GO 粉末真空干燥。石墨烯片是通过合成的 GO 粉末进行热剥离而产生的[30]。严格来说，该产物不应称为石墨烯，而是还原氧化石墨烯（RGO）。与 CVD（化学气相沉积）制备的石墨烯不同，RGO 具有更多的层以及在其表面上有许多官能团和缺陷。因此，RGO 的力学和电学性质与 CVD 制备的石墨烯的力学和电学性质显著不同。然而，这些官能团和缺陷通常易作为初始成核位点，通过水热法和气相沉积来生长其他纳米材料。在本章中，我们将使用缩写 RGO 来表示通过还原法制备的石墨烯。

4.2.1　EDLC

Ruoff 等人证明[25]，基于化学改性石墨烯（CMG）电极的超级电容器在 KOH 和有机电解液中分别显示出 135F/g 和 99F/g 的比电容，如图 4.2 所示。另外，高导电性使材料在各种电压扫描速率下都具有出色的电容性能。

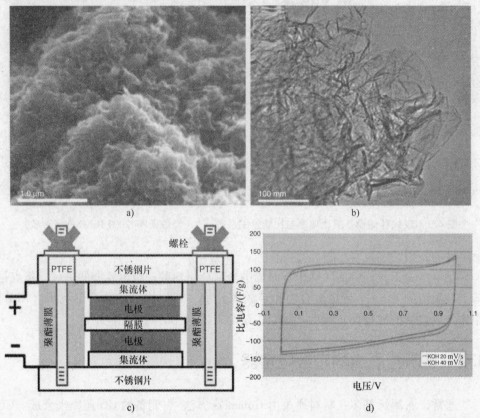

图 4.2　a）由团聚的 CMG 薄片组成的"颗粒"表面的 SEM 图像。b）TEM 图像，表现从由团聚的 CMG 薄片组成的颗粒延伸的各个 CMG 薄片。c）超级电容器测试结构组件的示意图。d）由 CMG 材料组成的电极在 KOH 电解液中的 CV 曲线
（经许可转载自参考文献［25］。版权所有（2008），美国化学学会）

为了进一步利用具有较大 SSA 石墨烯的吸附潜力，Ruoff 研究团队使用简单的化学活化法合成活化的微波剥离的 GO，材料具有非常大的比表面积（约为 3100m^2/g）[5]。如图 4.3 所示，具有低氧和氢含量的 sp^2 键合碳具有连续的三维网络，该网络由高度弯曲的原子厚的壁组成，形成 0.6~5nm 宽的孔。在电流密度分别为 1.4A/g、2.8A/g 和 5.7A/g 时，材料可以实现 165F/g、166F/g 和 166F/g 的高比电容，这表明它们具有出色的倍率性能。能量密度计算约为 70Wh/kg，功率密度约为 250kW/kg。此外，活化的 CMG 表现出非常令人印象深刻的循环稳定性，在电流密度为 2.5A/g 的 10000 次充电/放电循环后，材料还保留 97% 的初始容量。

除了增加 RGO 的孔隙和 SSA 外，掺杂杂原子（氮或硼）也可以有效地提高其电化学性能[11,31]。基于简单等离子体处理的氮掺杂 RGO 电极表现出较低的电阻率[11]。在高电流密度 1A/g 下，表现出 282F/g 的大比电容，这明显高于原始 RGO

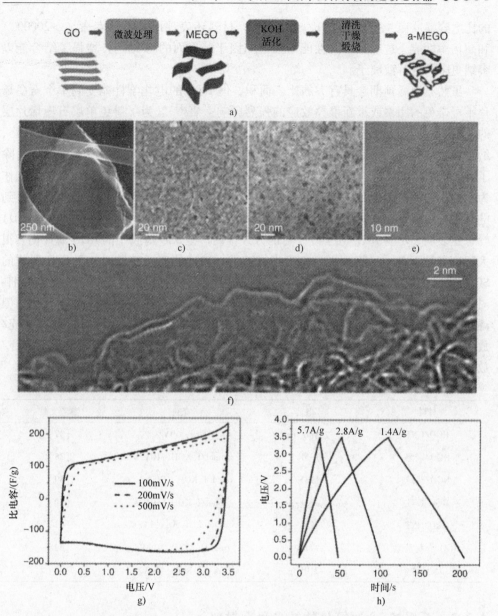

图4.3 a) 示意图显示 GO 的微波剥离/还原,以及随后用 KOH 化学活化微波剥离的氧化石墨烯(MEGO),使其在保持高电导率的同时产生孔隙。b) 三维活化的微波剥离氧化石墨烯(a-MEGO)片的低放大倍率 SEM 图像。c) 不同样品区域的多孔形态的高分辨 SEM 图像。d) 同时获得与图 c 相同区域的 ADF-STEM 图像。e) 采用 80kV,获得的 a-MEGO 块的薄边缘区域的高分辨率相衬度电子显微图。f) a-MEGO 边缘的退出波重建的 HRTEM 图像。g) 不同扫描速率下的 CV 曲线图。h) 基于 a-MEGO 的超级电容器在不同电流下的恒电流充/放电曲线

的比电容(文献中报道的69F/g)。此外,材料还表现出长循环寿命(>200000)和高倍率性能。这些显著的性能增强可归因于基平面的N结构,增强了结合能以容纳更多的电解液离子。

虽然石墨烯预期会具有大的比表面积,但RGO的电化学性能受到单个石墨烯片不可避免的团聚或重新堆叠效应的强烈影响[25,32,33]。为了避免单层石墨烯片层的团聚,人们已经开发了各种策略[34,35]。将"稳定剂"或"间隔物"如聚合物、纳米颗粒或碳纳米管嵌入石墨烯层间,被证明是一种简单而有效的方法[36-43]。除了表4.1所示的研究工作外,Li等人[44]证明水这种非常"软"的物质,也可以作为一种有效的"间隔物",以防止化学还原的GO片层的重新堆积。而制备所得到的自堆积、溶剂化的石墨烯(SSG)薄膜在22.7°处未检测到X射线衍射(XRD)峰,这表明,尽管RGO几乎以平行的方式排列,但SSG薄膜中的RGO薄片仍然很大程度上被水分开,使得SSG薄膜中能够进行快速的离子扩散。基于SSG薄膜的SC表现出优异的性能,而且作为电极应用时不需要任何其他黏合剂或导电添加剂。对于SSG薄膜,在水性电解液中可以达到215.0F/g的高比电容,其化学转化石墨烯(CCG)的质量负载为0.45mg/cm^2。更重要的是,即使在1080A/g的超快充/放电速率下,也可以表现出156.5F/g的电容,这意味着SC可以进行毫秒级的充/放电。

表4.1 RGO与"间隔物"的复合

材料	电容	条件	参考文献
RGO/CNT	2.8mF/cm^2	KCl, 50V/s	[37]
RGO/炭黑	135F/g	6mol/L KOH, 10V/s	[38]
RGO/炭球	198F/g	6mol/L KOH, 175mA/g	[39]
RGO/CNT	385F/g	6mol/L KOH, 10V/s	[40]
RGO/CNT	120F/g	1mol/L H_2SO_4, 1V/s	[41]
RGO/介孔炭球	171F/g	6mol/L KOH, 10mV/s	[42]
RGO/活性炭	210F/g	6mol/L KOH, 1mV/s	[43]

4.2.2 石墨烯/金属氧化物纳米复合材料

据Conway等人[45]报道,赝电容材料的电容可以比EDLC的电容高10~100倍。这是因为涉及法拉第电荷反应的赝电容的存在。图4.4总结了赝电容材料的一般电化学特征。在20世纪70年代,RuO_2首次被报道为赝电容材料[46]。在电解液中存储质子,从而进行法拉第电荷转移反应。

然而,RuO_2非常昂贵,这使它的应用仅限于某些军事领域。1999年,Goodenough在KCl水电解液中首次研究了MnO_2的赝电容[48]。然而,MnO_2不像RuO_2具

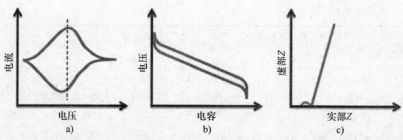

图 4.4 赝电容材料的一般电化学特征。a) 在循环伏安实验中,其曲线形状是矩形的,如果存在峰,则它们很宽并且表现出小的峰-峰电压分离。b) 在恒电流充/放电实验中,曲线形状倾斜,使得其电容值 dQ/dE 可以在每个点得到,并且电压滞后小。其中 Q 是容量,E 是电压窗口。c) 在交流阻抗实验中,Nyquist 图将包含一条相角为 90° 或更小的线。也可以存在与电荷转移电阻相关的高频半圆(经许可转载自参考文献 [47]。版权所有 (2011),美国科学促进会)

有很高导电性,MnO_2 的电导率在 $10^{-7} \sim 10^{-3}$ S/cm 范围内变化[49]。此外,离子扩散性也影响赝电容材料的性能。因此,与导电材料配合以及进行结构纳米化是提高材料电化学性能可能的解决方案。碳具有高导电性,并且可以有多种高比表面积的结构,例如多孔炭或 RGO 粉末。如果在这些高比表面积炭的表面涂覆赝电容材料薄膜,则即使赝电容材料是不良导电体,最终材料的电导率也将非常高。如果绝缘体厚度在 $10 \sim 50$ Å 的超薄范围内,则电子可以容易地穿过介电绝缘体。如表 4.2 所示,将 RGO 和赝电容金属氧化物结合被证明是一种有效提高材料电化学性能的方案。除了 MnO_2 之外,其他常见的赝电容材料,如 TiO_2、NiO、Co_3O_4、Fe_2O_3 和 ZnO 等也包含在表 4.2 中。然而,过渡金属氧化物的成本和资源的充足性尚未经过仔细研究是否适应于未来实际大规模的生产。表 4.3 根据金属元素的价格(美元/MT)和理论电容(F/g)估算了普通金属氧化物每法拉电容的价格(美元/F)。Co 和 Sn 的高成本限制了它们的潜在应用,因此更多的注意力应该集中在具有更低价格的金属氧化物上,例如 Fe、Mn 和 Ti。

表 4.2 G-金属氧化物纳米复合材料

电极性质	制备方法	活性材料质量负载 /(mg/cm²)	电解质	最大电容 /(F/g)	电容保持率	参考文献
G/MnO_2	水热	2	1mol/L Na_2SO_4	121	10000 次循环后 100%	[50]
G/Mn_3O_4	两步涂覆	0.1	0.5mol/L Na_2SO_4	380	3000 次循环后 95%	[51]
G/Mn_3O_4	微波辐射	1.9	1mol/L Na_2SO_4	310	15000 次循环后 95.4%	[52]
GO/MnO_2	软化学路径	5.6~15.2	1mol/L Na_2SO_4	216	1000 次循环后 84.1%	[53]
G/RuO_2	溶胶-凝胶	5	1mol/L H_2SO_4	570	1000 次循环后 97.9%	[54]
G/Ni(OH)$_2$	两步法	1	1mol/L KOH	1335	2000 次循环后没有衰退	[55]
G/Fe_3O_4	溶剂热	—	1mol/L KOH	480	10000 次循环后没有衰退	[56]
G/CeO_2	湿化学	0.4~0.6	3mol/L KOH	208	—	[34]

(续)

电极性质	制备方法	活性材料质量负载 /(mg/cm²)	电解质	最大电容 /(F/g)	电容保持率	参考文献
G/Co(OH)₂	软化学	5.6~8.4	6mol/L KOH	972.5	—	[57]
G/Co₃O₄	微波	—	6mol/L KOH	243.2	2000次循环后95.6%	[58]
G/ZnO	湿化学	1	0.1mol/L Na₂SO₄	308	1500次循环后93.5%	[59]
G/TiO₂	ALD	2~3	1mol/L KOH	84	1000次循环后87.5%	[60]
G/Al₂O₃/TiO₂	ALD	1~2	1mol/L KOH	97.5	1000次循环后没有衰退	[61]

表4.3 常见过渡金属氧化物的价格

金属	氧化物	3月平均①/(美元/kg)	理论电容②/(F/g)	价格/(美元/F)
Mn	MnO₂	3.84	1839	2
Ti	TiO₂	11.16	2000	6
Fe	Fe₃O₄	5.2	690	8
Ni	NiO	18.38	2133	9
Sn	SnO₂	24.93	1060	24
Co	Co₃O₄	26	664	39

① 从MetalPrices.com，Winter 2013获得的价格。
② 基于1个电子转移和0.6V窗口获得的理论容量。$C = nF/(VM)$，其中 n 是电荷转移数，F 是法拉第常数，M 是分子量。

4.2.3 石墨烯/导电聚合物复合材料

PANI、PPy、PTh及其相关结构变形体[62]是研究最广泛的导电聚合物（CP）。CP具有芳香环的结构特征。每个碳原子通过σ键与两个相邻的碳原子连接形成环。碳原子的2p轨道形成垂直于碳平面的离域π键。由于CP具有高电容、易于生产和低成本的特点，因此已作为超级电容器的电极材料被广泛研究。然而，它们的导电性较差以及力学柔性差，限制了它们被进一步应用于高性能超级电容器中，特别是应用于高性能、柔性的超级电容器中。RGO-CP结构已经被证明能够提高聚合物复合材料的导电性和力学强度[63]。

4.2.3.1 PANI-石墨烯纳米复合材料

由于RGO/PANI纳米复合材料成本低、电化学活性强、电化学稳定性良好，因此这种复合材料备受关注。通常，有两种方法可以制备RGO/PANI纳米复合材料。一种是通过PANI在石墨烯片上的原位生长或聚合，另一种是通过电化学合成在石墨烯片上生长或聚合PANI。

Xu等人[55]报道了一种在GO片上原位生长垂直PANI纳米线的方法，该结构具有可调的形态和分层结构（见图4.5a、b）。它在电流密度为0.2A/g时表现出

555F/g 的比电容，以及在电流密度为 2A/g 时表现出 227F/g 的比电容。Yanet 等人[64]报道了通过原位聚合方法合成的石墨烯/PANI 复合物。该结构在扫描速率为 1mV/s 时，表现出高达 1046F/g 的比电容，并获得的能量密度为 39Wh/kg。而通过在酸性条件下使用原位聚合方法，能够制备化学改性的石墨烯与 PANI 纳米纤维的复合材料（见图 4.5c）。将获得的 GO/PANI 复合物还原为石墨烯/PANI，然后再进行还原 PANI 的再氧化和再质子化处理。基于该石墨烯/PANI 复合材料表现出 480F/g 的比电容和良好的循环稳定性[65]。一种合成 PANI/石墨烯纳米复合材料的新方法是通过 PANI 在石墨烯表面上的原位聚合，然后经过热氢氧化钠的还原以及酸的再掺杂过程。得到的超级电容器的比电容为 1126F/g，并且在 1000 次循环后电容保持率为 84%[66]。Li 等人[67]采用原位聚合法在 1mol/L 硫酸盐溶液中，制备了石墨烯纳米片/PANI 纳米纤维复合材料，并研究其电化学性能，在 5mV/s 扫描速率下，复合材料表现出 1130F/g 的电容。

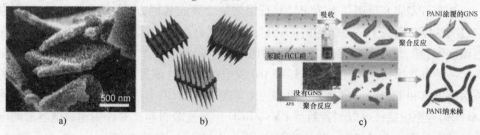

图 4.5　a)、b) 用于超级电容器的垂直 PANI 纳米线/石墨烯分层结构。c) 制备石墨烯/PANI 复合材料过程的示意图（经许可转载自参考文献 [64]）

采用电化学合成法，可以以 GO 和苯胺为原料，在氧化铟锡（ITO）表面制备石墨烯/聚苯胺纳米复合膜，这种复合膜表现出 640F/g 的比电容，以及在 1000 次充/放电循环后，电容保持率为 90%[59]。Jiang 等人提出通过简单的电化学技术一步制备电化学还原的氧化石墨烯（ERGO）/PANI 复合材料。据研究发现，所制备的 ERGO/PANI 膜表现出高的力学稳定性和柔性（见图 4.6b）。这种两电极体系（见图 4.6a、c）在经过充分的电压循环后，可以充当电化学电容器（EC），并且表现出相对较大的比电容（在扫描速率为 100mV/s，比电容为 195~243F/g）以及优异的循环寿命（在 20000 次充/放电循环后，保持 83% 的电容）[68]。据报道，使用化学沉淀技术合成的新型石墨烯/PANI 纳米复合材料可以作为超级电容器的电极。该石墨烯/PANI 纳米复合材料，在电流密度为 0.1A/g 时，比电容为 300~500F/g[70]。并且在 2000 次循环后电容保持率为 92%，这远高于纯 PANI 纳米线的电容保持率（74%），证实了纳米复合材料稳定性的显著提高。通过将蚀刻模板后的逐层（LBL）组装技术与原位化学氧化聚合相结合，能够制备石墨烯/PANI 混合中空微球结构，这种结构在 1.0mol/L 的 H_2SO_4 电解液中，表现出 633F/g 的比电容，适应于制备高性能超级电容器应用（见图 4.6d）[69]。

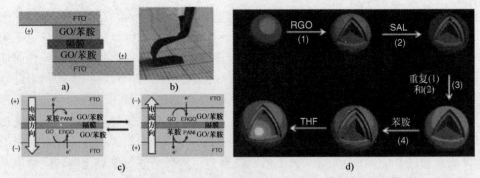

图4.6 a）将GO/苯胺膜电化学转化为ERGO/PANI复合物的双电极电池的示意图。b）ERGO/PANI 4:1复合薄膜弯曲的照片。c）基于ERGO/PANI复合材料的双电极电池的示意图。d）结合LBL组装技术制备石墨烯/PANI复合中空微球的示意图（图a~c经许可转载自参考文献[68]。图d经许可转载自参考文献[69]，版权所有（2014），Springer）

还有许多研究报道了合成PANI/石墨烯复合膜的其他方法。Wu等人[71]采用真空过滤法成功制备了夹层结构的PANI/石墨烯复合薄膜。基于所述复合膜的SC，在电流密度为0.3A/g时表现出210F/g的比电容。Wang等人[72]通过原位电解方法，制备了一种自支撑式、柔性的石墨烯/PANI复合纸结构，该复合材料表现出233F/g的质量比电容和135F/cm的体积比电容。由苯胺单体与GO作为原料，通过聚合和还原GO的边缘原位接枝可以制备新型PANI/RGO纳米复合材料，并作为超级电容器的电极，该电极表现出250F/g的比电容，以及8.66S/cm的电导率[73]。关于石墨烯/PANI复合材料的其他研究总结在表4.4中。

表4.4 石墨烯基/PANI复合材料的比电容

GO/CP复合材料	比电容/(F/g)	电解质	电压窗口/V	电流负载或扫描速率	参考文献
石墨烯/PANI	555	1.0mol/L H_2SO_4	-0.2~0.8 (vs AgCl|Ag)	0.2A/g	[55]
石墨烯/PANI	233（三电极）	1.0mol/L H_2SO_4	-0.2~0.8 (vs AgCl|Ag)	2mV/s	[72]
RGO/PANI	361（三电极）	1.0mol/L H_2SO_4	-0.1~0.7 (vs AgCl|Ag)	0.3A/g	[74]
石墨烯/PANI	480（三电极）	2.0mol/L H_2SO_4	-0.2~0.8 (vs AgCl|Ag)	0.1A/g	[65]
石墨烯/PANI	640（三电极）	1.0mol/L H_2SO_4	-0.6~1.2 (vs AgCl|Ag)	0.1A/g	[59]
GO/PANI	325（三电极）	1.0mol/L H_2SO_4	-0.2~0.8 (vs AgCl|Ag)	0.5A/g	[75]
石墨烯/PANI	1130（三电极）	1.0mol/L H_2SO_4	-0.2~0.8 (vs AgCl|Ag)	5mV/s	[67]
石墨烯/PANI	1126（三电极）	1.0mol/L H_2SO_4	-0.2~0.8 (vs AgCl|Ag)	1mV/s	[66]
石墨烯/PANI	1046（三电极）	1.0mol/L H_2SO_4	-0.2~0.8 (vs AgCl|Ag)	1mV/s	[64]
石墨烯/PANI	301（三电极）	1.0mol/L H_2SO_4	-0.2~0.8 (vs AgCl|Ag)	10mA/cm^2	[76]
石墨烯/PANI	210（三电极）	1.0mol/L H_2SO_4	-0.2~0.8 (vs AgCl|Ag)	0.3A/g	[71]
ERGO/PANI-4:1	243（两电极）	4.0mol/L H_2SO_4	-1.4~1.4	100mV/s	[68]
—	233（两电极）	2mol/L HCl	—	—	
—	196（两电极）	2.0mol/L $HClO_4$	—	—	
石墨烯/PANI	633（三电极）	1mol/L H_2SO_4	-0.2~0.8 (vs AgCl|Ag)	10mA/cm^2	[69]

4.2.3.2 PPy-石墨烯纳米复合材料

Mini 等人[77]通过电聚合法，制备一种基于石墨烯和 PPy 的高性能赝电容电极材料。所制备的材料在 10mV/s 扫描速率下，显示出高达 1510F/g 的比电容，以及 151mF/cm^2 的面积电容和 151F/cm^3 的体积电容。尽管该材料具有高比电容，但它显示出低的能量密度（5.7Wh/kg）。Das 等人[78]探索了一种使用生物聚合物海藻酸钠合成石墨烯/PPy 纳米纤维复合材料的简便途径。虽然在 1mol/L KCl 溶液中，在 10mV/s 扫描速率时表现出比电容为 466F/g，但复合材料表现出高的能量密度（165.7Wh/kg）。Tang 等人[79]通过原位插层化学聚合法制备结构均匀的石墨烯/PPy 纳米复合材料。这种均匀的纳米结构与观察到的高电导率（最高 1980S/m）共同作用，使石墨烯/PPy 复合材料表现出高比电容（650F/g）和良好的循环稳定性（见图 4.7a、b）。

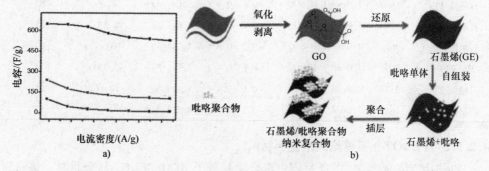

图 4.7 a）PG10:1 石墨烯（GE）和 PPy 在不同电流密度下的比电容曲线。b）GE/PPy 纳米复合材料的制备过程示意图（经许可转载自参考文献[79]，版权所有（2013），Elsevier）

Zhang 等人[80]在石墨烯上原位制备 PPy，得到的材料电容为 482F/g，并在 1000 次循环后，容量降低小于 5%。多层状导电 PPy/GO 三明治结构的比电容高于 500F/g，并具有良好的倍率性能和循环稳定性。多层 PPy 纳米线/石墨烯纳米复合材料也可以通过在毛细管驱动作用下进行自组装制备获得，这种复合材料用于无黏结剂的超级电容器电极中，其电容为 165F/g[65]。而基于 GO 和电化学制备的 PPy 复合膜在 1mol/L H$_2$SO$_4$ 中，在电流密度为 1A/g 时表现出 424F/g 的比电容[81]。Liu 等人[82]制造了一种新型的基于 PPy 纳米管和化学还原石墨烯片的复合结构，这种材料在电流密度为 0.3A/g 时，表现出 400F/g 的比电容。而通过原位化学氧化聚合法，可以制备一种新型分层石墨烯/PPy 纳米片复合材料，该材料在 2mV/s 扫描速率下，表现出 318.6F/g 的大比电容[83]。Bose 等人[84]报道了一种 PPy 和石墨烯的复合物，其在 100mV/s 扫描速率下，表现出 267F/g 的比电容。Davies 等人[85]提出了一种脉冲电聚合技术制备柔性、结构均匀的石墨烯/PPy 复合薄膜的简单方法，得到的复合材料的比电容为 237F/g。表 4.5 总结了关于石墨烯基/PPy 复合材料的更多研究结果。

表 4.5 石墨烯基/PPy 复合材料的比电容

GO/CP 复合材料	比电容 /(F/g)	电解质	电压窗口 /V	电流负载或扫描速率	参考文献
石墨烯/PPy	1510	1.0mol/L H_2SO_4	-0.2~0.8 (vs AgCl|Ag)	10mV/s	[77]
石墨烯/PPy	650	1.0mol/L H_2SO_4	-0.2~0.8 (vs AgCl|Ag)	0.45A/g	[79]
EG/RGO/PPy	420	1.0mol/L H_2SO_4	-0.3~0.7 (vs AgCl|Ag)	0.5A/g	[86]
石墨烯/PPy	466	1.0mol/L KCl	-0.8~0.8 (vs AgCl|Ag)	10mV/s	[78]
石墨烯/PPy	482	1.0mol/L H_2SO_4	-0.2~0.8 (vs AgCl|Ag)	0.5A/g	[80]
石墨烯/PPy	424	1.0mol/L H_2SO_4	-0.2~0.8 (vs AgCl|Ag)	1A/g	[81]
石墨烯/PPy	409	1.0mol/L KCl	-0.8~0.8 (vs AgCl|Ag)	10mV/s	[78]
石墨烯/PPy	400	1.0mol/L H_2SO_4	-0.6~0.4 (vs AgCl|Ag)	0.3A/g	[82]
石墨烯/PPy	318.6	1.0mol/L H_2SO_4	-0.6~0.4 (vs AgCl|Ag)	2mV/s	[83]
石墨烯/PPy	285	1.0mol/L H_2SO_4	-0.2~0.8 (vs AgCl|Ag)	0.5A/g	[87]
石墨烯/PPy	267	1.0mol/L H_2SO_4	-0.2~0.8 (vs AgCl|Ag)	100mV/s	[84]
RGO/PPy	249	1.0mol/L H_2SO_4	-0.6~0.4 (vs AgCl|Ag)	0.3A/g	[74]
石墨烯/PPy	237	1.0mol/L H_2SO_4	-0.6~0.4 (vs AgCl|Ag)	10mV/s	[85]
石墨烯/PPy	165	1.0mol/L H_2SO_4	-0.2~0.8 (vs AgCl|Ag)	1A/g	[65]

4.2.3.3 PEDOT – 石墨烯纳米复合材料

Zhao 和 Zhang 等人[74]通过原位聚合法制备了 RGO/PEDOT 复合材料,该材料在 1mol H_2SO_4 溶液中,电流密度为 0.3A/g 时,表现出 108F/g 的比电容。Dolui 等人[88]开发了一种通过液/液界面聚合制备聚噻吩/氧化石墨烯(PTh/GO)复合材料的新方法(见图 4.8),并在 50mV/s 的扫描速率下获得 99F/g 的比电容。石墨烯/PTh 复合材料的其他研究结果总结在表 4.6 中。

图 4.8 a) PTh/GO 复合材料的制造工艺。b) 在 50mV/s 的扫描速率下得到的循环伏安曲线
(经许可转载自参考文献[88],版权所有(2014),Society of Chemical Industry)

表 4.6 石墨烯基/PTh 复合材料的比电容

GO/CP 复合材料	比电容 /(F/g)	电解质	电压窗口 /V	电流负载或扫描速率	参考文献
G/PEDOT	370	2.0mol/L HCl	0~1 (vs AgCl｜Ag)	50mV/s	[89]
G/PTh	176	2.0mol/L HCl	0~1 (vs AgCl｜Ag)	50mV/s	[89]
RGO/PEDOT	108（三电极）	1.0mol/L H_2SO_4	-0.4~0.6 (vs AgCl｜Ag)	0.3A/g	[74]
PTh/GO	99（三电极）	0.1mol/L $LiClO_4$	1.8~3.0 (vs AgCl｜Ag)	50mV/s	[88]

4.2.4 原子层沉积技术制备石墨烯/金属氧化物纳米复合材料

目前,石墨烯/金属氧化物纳米复合材料最常见的合成技术涉及湿化学方法,包括溶胶-凝胶法、水热法和电沉积法[90-92]。而这些技术都不能充分利用石墨烯的高比表面积或控制在纳米范围内的金属氧化物的沉积。

ALD 已经成为一种重要的薄膜沉积技术,与脉冲激光沉积(PLD)、磁控溅射、热喷涂和 CVD 相比,它具有多种优势[93]。半导体加工一直是 ALD 近些年来发展的主要动机之一。然而,ALD 的独特之处在于它能够在高纵横比的基底[94,95]或纳米颗粒[96,97]上沉积共形薄膜,并控制薄膜厚度在埃尺度内,这为另一个 ALD 在储能中的新应用开辟了道路。此外,由 ALD 制备的石墨烯和金属氧化物复合物之间的化学键合,可以有效地增强金属氧化物在石墨烯上的稳定性,从而改善材料的循环性能。

Xie 等人[60]报道了通过 ALD 在 RGO 上生长锐钛矿型 TiO_2 量子点的共形涂层。作为潜在的 SC 电极材料,使用 50 和 100 个 ALD 循环生长的 TiO_2/石墨烯复合材料在 10mV/s 的扫描速率下,分别表现出 75F/g 和 84F/g 的比电容。与纯石墨烯相比,TiO_2/石墨烯复合材料有相同的 Nyquist 图,表明复合材料具有优异的电荷传输率和利于离子扩散的开放结构。此外,即使具有 3~4 倍的额外质量负载,复合材料在电化学性能方面也没有表现出明显的衰减。通过使用 ALD,同一研究组还报道了通过 ALD 将无定形 TiO_2 薄膜涂覆在 RGO 和 CNT 的表面上[61]。而亚纳米厚的 Al_2O_3 黏附层在这种沉积中起关键作用,这是其他常见沉积技术所无法实现的。即使在 2000 次循环后也未观察到容量损失。Boukhalfa 等人[98]报道了通过 ALD 技术,在碳纳米管纸上生长 V_2O_5。基于 V_2O_5 活性材料的质量,电极表现出高达 1550F/g 的比电容。若基于复合材料的质量,电极表现出高达 600F/g 的比电容。他们能够通过调整 V_2O_5 的厚度来精确地确定材料最佳厚度,这是 ALD 可以提供的技术支持。

4.3 问题和展望

尽管目前已在基于石墨烯的 SC 上取得了很大进展,但仍有一些问题需要解决。在绘制 Ragone 图时，人们应该只使用从双电极系统测试中获得的数据。三电极系统可以被用于表征材料的性能，但不能反映整个器件的性能[99]。此外，活性材料的质量负载量极大地影响测试结果。利用低活性材料质量负载量电极产生的高容量与商用设备相比较，会产生误导，商用设备的负载量一般具有约 $10mg/cm^2$ 的数量级。

此外，大多数文章仅基于电极而报道能量/功率密度，但不包括电解质、隔膜、填料和集流体的重量。商业设备将所有这些因素权重考虑在内。另一个重要但经常被忽略的参数是振实密度，特别是对于石墨烯基材料。由于其极低的密度（约 $0.3g/cm^3$），虽然基于石墨烯的 SC 可能具有高比电容（F/g），但它们表现出与基于活性炭的商业电容器（见图 4.9）几乎相同的体积能量密度（约 5Wh/L）[100]。这些问题在业界是众所周知的，但令人惊讶的是，尚未得到学术界的认可。

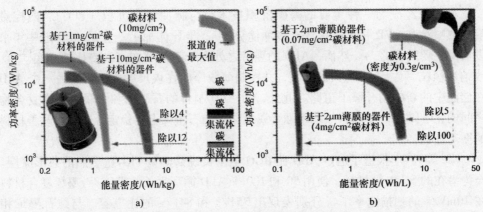

图 4.9 相同 EC 的功率密度与能量密度的两幅 Ragone 图，a）基于重量，b）基于体积。该图表明，如果使用薄膜和/或低密度电极，碳材料的优异性能将不会转化为中型和大型装置（经许可转载自参考文献［101］。版权所有（2011），美国科学促进会）

为了推动基于石墨烯的 SC 的发展，商业化是最大的问题。成本和生产一致性同等重要。到目前为止，没有一种合成技术显示出足够的商业化潜力。即使存在潜力，生产一致性也是一个主要问题。到目前为止，没有基于这些问题的解决方案在电池行业中得到很大程度的改进。其中一个重要问题是生产一致性。ALD 因其独特的反应机制而成为一种完美的解决方案，但其经济可行性必须得到证实。此外，SC 的能量密度的进一步改善将是具有挑战性的。目前，人们正在研究将双电层电容与具有快速且高度可逆的氧化还原反应的赝电容材料或电池材料结合在一起，形成混合电极材料。这个概念既可以结合不同材料的优点，又可以扩展器件的工作电压。然而，这个概念仍然处于初期阶段，还有很多工作需要做，例如电极材料设计、电极兼容性以及电解液和电极之间的界面问题。展望未来，SC（主要是 EDLC）将在能量获取和存储方面发挥更大作用，特别是在需要超快充/放电的领域。SC 不会取代电池，但在很多情况下它们可以与电池结合形成混合系统。SC 可以提高系统效率和寿命，降低电池的需求和成本。

参 考 文 献

1. Winter, M. and Brodd, R.J. (2004) What are batteries, fuel cells, and supercapacitors? *Chem. Rev.*, **104** (10), 4245–4269.
2. Burke, A. (2000) Ultracapacitors: why, how, and where is the technology. *J. Power Sources*, **91** (1), 37–50.
3. Ramachandran, R., Mani, V., Chen, S.M., Saraswathi, R., and Lou, B.S. (2013) Recent trends in graphene based electrode materials for energy storage devices and sensors applications. *Int. J. Electrochem. Sci.*, **8** (10), 11680–11694.
4. Zhu, Y.W., Murali, S., Cai, W.W., Li, X.S., Suk, J.W., Potts, J.R., and Ruoff, R.S. (2010) Graphene and graphene oxide: synthesis, properties, and applications. *Adv. Mater.*, **22**, 3906; **22** (46), 5226.
5. Zhu, Y.W., Murali, S., Stoller, M.D., Ganesh, K.J., Cai, W.W., Ferreira, P.J., Pirkle, A., Wallace, R.M., Cychosz, K.A., Thommes, M., Su, D., Stach, E.A., and Ruoff, R.S. (2011) Carbon-based supercapacitors produced by activation of graphene. *Science*, **332** (6037), 1537–1541.
6. Futaba, D.N., Hata, K., Yamada, T., Hiraoka, T., Hayamizu, Y., Kakudate, Y., Tanaike, O., Hatori, H., Yumura, M., and Iijima, S. (2006) Shape-engineerable and highly densely packed single-walled carbon nanotubes and their application as super-capacitor electrodes. *Nat. Mater.*, **5** (12), 987–994.
7. Bordjiba, T., Mohamedi, M., and Dao, L.H. (2008) New class of carbon-nanotube aerogel electrodes for electrochemical power sources. *Adv. Mater.*, **20** (4), 815–819.
8. Ania, C.O., Khomenko, V., Raymundo-Pinero, E., Parra, J.B., and Beguin, F. (2007) The large electrochemical capacitance of microporous doped carbon obtained by using a zeolite template. *Adv. Funct. Mater.*, **17** (11), 1828–1836.
9. Li, W.R., Chen, D.H., Li, Z., Shi, Y.F., Wan, Y., Wang, G., Jiang, Z.Y., and Zhao, D.Y. (2007) Nitrogen-containing carbon spheres with very large uniform mesopores: the superior electrode materials for EDLC in organic electrolyte. *Carbon*, **45** (9), 1757–1763.
10. Simon, P. and Gogotsi, Y. (2008) Materials for electrochemical capacitors. *Nat. Mater.*, **7** (11), 845–854.
11. Jeong, H.M., Lee, J.W., Shin, W.H., Choi, Y.J., Shin, H.J., Kang, J.K., and Choi, J.W. (2011) Nitrogen-doped graphene for high-performance ultracapacitors and the importance of nitrogen-doped sites at basal planes. *Nano Lett.*, **11** (6), 2472–2477.
12. Kinoshita, K., Electrochemical Society (1992) *Electrochemical Oxygen Technology*, John Wiley & Sons, Inc., New York, p. xiv, 431 p.
13. Hsieh, C.-T. and Teng, H. (2002) Influence of oxygen treatment on electric double-layer capacitance of activated carbon fabrics. *Carbon*, **40** (5), 667–674.
14. Qu, D.Y. and Shi, H. (1998) Studies of activated carbons used in double-layer capacitors. *J. Power Sources*, **74** (1), 99–107.
15. Long, J.W., Belanger, D., Brousse, T., Sugimoto, W., Sassin, M.B., and Crosnier, O. (2011) Asymmetric electrochemical capacitors-Stretching the limits of aqueous electrolytes. *MRS Bull.*, **36** (7), 513–522.
16. Thounthong, P., Chunkag, V., Sethakul, P., Davat, B., and Hinaje, M. (2009) Comparative study of fuel-cell vehicle hybridization with battery or supercapacitor storage device. *IEEE Trans. Veh. Technol.*, **58** (8), 3892–3904.
17. Jayalakshmi, M. and Balasubramanian, K. (2008) Simple capacitors to supercapacitors – An overview. *Int. J. Electrochem. Sci.*, **3** (11), 1196–1217.

18. Zhang, L.L. and Zhao, X.S. (2009) Carbon-based materials as supercapacitor electrodes. *Chem. Soc. Rev.*, **38** (9), 2520–2531.
19. Choi, D., Blomgren, G.E., and Kumta, P.N. (2006) Fast and reversible surface redox reaction in nanocrystalline vanadium nitride supercapacitors. *Adv. Mater.*, **18** (9), 1178–1182.
20. Rudge, A., Davey, J., Raistrick, I., Gottesfeld, S., and Ferraris, J.P. (1994) Conducting polymers as active materials in electrochemical capacitors. *J. Power Sources*, **47** (1-2), 89–107.
21. Geim, A.K. and Novoselov, K.S. (2007) The rise of graphene. *Nat. Mater.*, **6** (3), 183–191.
22. Novoselov, K.S., Geim, A.K., Morozov, S.V., Jiang, D., Zhang, Y., Dubonos, S.V., Grigorieva, I.V., and Firsov, A.A. (2004) Electric field effect in atomically thin carbon films. *Science*, **306** (5296), 666–669.
23. Stankovich, S., Dikin, D.A., Dommett, G.H.B., Kohlhaas, K.M., Zimney, E.J., Stach, E.A., Piner, R.D., Nguyen, S.T., and Ruoff, R.S. (2006) Graphene-based composite materials. *Nature*, **442** (7100), 282–286.
24. Miller, J.R., Outlaw, R.A., and Holloway, B.C. (2010) Graphene double-layer capacitor with ac line-filtering performance. *Science*, **329** (5999), 1637–1639.
25. Stoller, M.D., Park, S.J., Zhu, Y.W., An, J.H., and Ruoff, R.S. (2008) Graphene-based ultracapacitors. *Nano Lett.*, **8** (10), 3498–3502.
26. Geim, A.K. (2009) Graphene: status and prospects. *Science*, **324** (5934), 1530–1534.
27. Wu, Z.S., Ren, W.C., Wang, D.W., Li, F., Liu, B.L., and Cheng, H.M. (2010) High-energy MnO_2 nanowire/graphene and graphene asymmetric electrochemical capacitors. *ACS Nano*, **4** (10), 5835–5842.
28. Hummers, W.S. and Offeman, R.E. (1958) Preparation of graphitic oxide. *J. Am. Chem. Soc.*, **80** (6), 1339.
29. Tan, Y.B. and Lee, J.M. (2013) Graphene for supercapacitor applications. *J. Mater. Chem. A*, **1** (47), 14814–14843.
30. McAllister, M.J., Li, J.L., Adamson, D.H., Schniepp, H.C., Abdala, A.A., Liu, J., Herrera-Alonso, M., Milius, D.L., Car, R., Prud'homme, R.K., and Aksay, I.A. (2007) Single sheet functionalized graphene by oxidation and thermal expansion of graphite. *Chem. Mater.*, **19** (18), 4396–4404.
31. Hu, T., Sun, X., Sun, H.T., Xin, G.Q., Shao, D.L., Liu, C.S., and Lian, J. (2014) Rapid synthesis of nitrogen-doped graphene for a lithium ion battery anode with excellent rate performance and super-long cyclic stability. *Phys. Chem. Chem. Phys.*, **16** (3), 1060–1066.
32. Schniepp, H.C., Li, J.L., McAllister, M.J., Sai, H., Herrera-Alonso, M., Adamson, D.H., Prud'homme, R.K., Car, R., Saville, D.A., and Aksay, I.A. (2006) Functionalized single graphene sheets derived from splitting graphite oxide. *J. Phys. Chem. B*, **110** (17), 8535–8539.
33. Stankovich, S., Dikin, D.A., Piner, R.D., Kohlhaas, K.A., Kleinhammes, A., Jia, Y., Wu, Y., Nguyen, S.T., and Ruoff, R.S. (2007) Synthesis of graphene-based nanosheets via chemical reduction of exfoliated graphite oxide. *Carbon*, **45** (7), 1558–1565.
34. Wang, Y., Guo, C.X., Liu, J.H., Chen, T., Yang, H.B., and Li, C.M. (2011) CeO_2 nanoparticles/graphene nanocomposite-based high performance supercapacitor. *Dalton Trans.*, **40** (24), 6388–6391.
35. Liu, C.G., Yu, Z.N., Neff, D., Zhamu, A., and Jang, B.Z. (2010) Graphene-based supercapacitor with an ultrahigh energy density. *Nano Lett.*, **10** (12), 4863–4868.
36. Weng, Z., Su, Y., Wang, D.W., Li, F., Du, J.H., and Cheng, H.M. (2011) Graphene-cellulose paper flexible supercapacitors. *Adv. Energy Mater.*, **1** (5), 917–922.
37. Beidaghi, M. and Wang, C.L. (2012) Micro-supercapacitors based on interdigital electrodes of reduced graphene oxide and carbon nanotube composites with ultrahigh power handling performance. *Adv. Funct. Mater.*, **22** (21), 4501–4510.
38. Wang, G.K., Sun, X., Lu, F.Y., Sun, H.T., Yu, M.P., Jiang, W.L., Liu, C.S., and Lian, J. (2012) Flexible pillared graphene-paper electrodes for high-performance electrochemical supercapacitors. *Small*, **8** (3), 452–459.

39. Guo, C.X. and Li, C.M. (2011) A self-assembled hierarchical nanostructure comprising carbon spheres and graphene nanosheets for enhanced supercapacitor performance. *Energy Environ. Sci.*, **4** (11), 4504–4507.
40. Fan, Z.J., Yan, J., Zhi, L.J., Zhang, Q., Wei, T., Feng, J., Zhang, M.L., Qian, W.Z., and Wei, F. (2010) A three-dimensional carbon nanotube/graphene sandwich and its application as electrode in supercapacitors. *Adv. Mater.*, **22** (33), 3723–3728.
41. Yu, D.S. and Dai, L.M. (2010) Self-assembled graphene/carbon nanotube hybrid films for supercapacitors. *J. Phys. Chem. Lett.*, **1** (2), 467–470.
42. Lei, Z.B., Christov, N., and Zhao, X.S. (2011) Intercalation of mesoporous carbon spheres between reduced graphene oxide sheets for preparing high-rate supercapacitor electrodes. *Energy Environ. Sci.*, **4** (5), 1866–1873.
43. Zheng, C., Zhou, X.F., Cao, H.L., Wang, G.H., and Liu, Z.P. (2014) Synthesis of porous graphene/activated carbon composite with high packing density and large specific surface area for supercapacitor electrode material. *J. Power Sources*, **258**, 290–296.
44. Yang, X.W., Zhu, J.W., Qiu, L., and Li, D. (2011) Bioinspired effective prevention of restacking in multi-layered graphene films: towards the next generation of high-performance supercapacitors. *Adv. Mater.*, **23** (25), 2833–2838.
45. Conway, B.E., Birss, V., and Wojtowicz, J. (1997) The role and utilization of pseudocapacitance for energy storage by supercapacitors. *J. Power Sources*, **66** (1-2), 1–14.
46. Trasatti, S. and Buzzanca, G. (1971) Ruthenium dioxide – new interesting electrode material – Solid state structure and electrochemical behaviour. *J. Electroanal. Chem.*, **29** (2), A1–A5.
47. Augustyn, V., Simon, P., and Dunn, B. (2014) Pseudocapacitive oxide materials for high-rate electrochemical energy storage. *Energy Environ. Sci.*, **7** (5), 1597–1614.
48. Lee, H.Y. and Goodenough, J.B. (1999) Supercapacitor behavior with KCl electrolyte. *J. Solid State Chem.*, **144** (1), 220–223.
49. Ghodbane, O., Pascal, J.L., and Favier, F. (2009) Microstructural effects on charge-storage properties in MnO_2-based electrochemical supercapacitors. *ACS Appl. Mater. Interfaces*, **1** (5), 1130–1139.
50. Lee, J.W., Hall, A.S., Kim, J.D., and Mallouk, T.E. (2012) A facile and template-free hydrothermal synthesis of Mn_3O_4 nanorods on graphene sheets for supercapacitor electrodes with long cycle stability. *Chem. Mater.*, **24** (6), 1158–1164.
51. Yu, G.H., Hu, L.B., Liu, N.A., Wang, H.L., Vosgueritchian, M., Yang, Y., Cui, Y., and Bao, Z.A. (2011) Enhancing the supercapacitor performance of graphene/MnO_2 nanostructured electrodes by conductive wrapping. *Nano Lett.*, **11** (10), 4438–4442.
52. Yan, J., Fan, Z.J., Wei, T., Qian, W.Z., Zhang, M.L., and Wei, F. (2010) Fast and reversible surface redox reaction of graphene-MnO_2 composites as supercapacitor electrodes. *Carbon*, **48** (13), 3825–3833.
53. Chen, S., Zhu, J.W., Wu, X.D., Han, Q.F., and Wang, X. (2010) Graphene oxide-MnO_2 nanocomposites for supercapacitors. *ACS Nano*, **4** (5), 2822–2830.
54. Wu, Z.S., Wang, D.W., Ren, W., Zhao, J., Zhou, G., Li, F., and Cheng, H.M. (2010) Anchoring hydrous RuO_2 on graphene sheets for high-performance electrochemical capacitors. *Adv. Funct. Mater.*, **20** (20), 3595–3602.
55. Xu, J., Wang, K., Zu, S.-Z., Han, B.-H., and Wei, Z. (2010) Hierarchical nanocomposites of polyaniline nanowire arrays on graphene oxide sheets with synergistic effect for energy storage. *ACS Nano*, **4** (9), 5019–5026.
56. Shi, W.H., Zhu, J.X., Sim, D.H., Tay, Y.Y., Lu, Z.Y., Zhang, X.J., Sharma, Y., Srinivasan, M., Zhang, H., Hng, H.H., and Yan, Q.Y. (2011) Achieving high specific charge capacitances in Fe_3O_4/reduced graphene oxide

nanocomposites. *J. Mater. Chem.*, **21** (10), 3422–3427.

57. Chen, S., Zhu, J.W., and Wang, X. (2010) One-step synthesis of graphene-cobalt hydroxide nanocomposites and their electrochemical properties. *J. Phys. Chem. C*, **114** (27), 11829–11834.

58. Yan, J., Wei, T., Qiao, W.M., Shao, B., Zhao, Q.K., Zhang, L.J., and Fan, Z.J. (2010) Rapid microwave-assisted synthesis of graphene nanosheet/Co_3O_4 composite for supercapacitors. *Electrochim. Acta*, **55** (23), 6973–6978.

59. Feng, X.-M., Li, R.-M., Ma, Y.-W., Chen, R.-F., Shi, N.-E., Fan, Q.-L., and Huang, W. (2011) One-step electrochemical synthesis of graphene/polyaniline composite film and its applications. *Adv. Funct. Mater.*, **21** (15), 2989–2996.

60. Sun, X., Xie, M., Wang, G.K., Sun, H.T., Cavanagh, A.S., Travis, J.J., George, S.M., and Lian, J. (2012) Atomic layer deposition of TiO_2 on graphene for supercapacitors. *J. Electrochem. Soc.*, **159** (4), A364–A369.

61. Sun, X., Xie, M., Travis, J.J., Wang, G.K., Sun, H.T., Lian, J., and George, S.M. (2013) Pseudocapacitance of amorphous TiO_2 thin films anchored to graphene and carbon nanotubes using atomic layer deposition. *J. Phys. Chem. C*, **117** (44), 22497–22508.

62. Murugan, A.V., Muraliganth, T., and Manthiram, A. (2009) Rapid, facile microwave-solvothermal synthesis of graphene nanosheets and their polyaniline nanocomposites for energy strorage. *Chem. Mater.*, **21** (21), 5004–5006.

63. Ramanathan, T., Abdala, A.A., Stankovich, S., Dikin, D.A., Herrera Alonso, M., Piner, R.D., Adamson, D.H., Schniepp, H.C., Chen, X., Ruoff, R.S., Nguyen, S.T., Aksay, I.A., Prud'Homme, R.K., and Brinson, L.C. (2008) Functionalized graphene sheets for polymer nanocomposites. *Nat. Nanotechnol.*, **3** (6), 327–331.

64. Yan, J., Wei, T., Shao, B., Fan, Z., Qian, W., Zhang, M., and Wei, F. (2010) Preparation of a graphene nanosheet/polyaniline composite with high specific capacitance. *Carbon*, **48** (2), 487–493.

65. Zhang, K., Zhang, L.L., Zhao, X.S., and Wu, J. (2010) Graphene/polyaniline nanofiber composites as supercapacitor electrodes. *Chem. Mater.*, **22** (4), 1392–1401.

66. Wang, H., Hao, Q., Yang, X., Lu, L., and Wang, X. (2010) A nanostructured graphene/polyaniline hybrid material for supercapacitors. *Nanoscale*, **2** (10), 2164–2170.

67. Li, J., Xie, H., Li, Y., Liu, J., and Li, Z. (2011) Electrochemical properties of graphene nanosheets/polyaniline nanofibers composites as electrode for supercapacitors. *J. Power Sources*, **196** (24), 10775–10781.

68. Jiang, X., Setodoi, S., Fukumoto, S., Imae, I., Komaguchi, K., Yano, J., Mizota, H., and Harima, Y. (2014) An easy one-step electrosynthesis of graphene/polyaniline composites and electrochemical capacitor. *Carbon*, **67**, 662–672.

69. Mu, B., Zhang, W., and Wang, A. (2014) Template synthesis of graphene/polyaniline hybrid hollow microspheres as electrode materials for high-performance supercapacitor. *J. Nanopart. Res.*, **16**, 2432.

70. Gómez, H., Ram, M.K., Alvi, F., Villalba, P., Stefanakos, E., and Kumar, A. (2011) Graphene-conducting polymer nanocomposite as novel electrode for supercapacitors. *J. Power Sources*, **196** (8), 4102–4108.

71. Wu, Q., Xu, Y., Yao, Z., Liu, A., and Shi, G. (2010) Supercapacitors based on flexible graphene/polyaniline nanofiber composite films. *ACS Nano*, **4** (4), 1963–1970.

72. Wang, D.-W., Li, F., Zhao, J., Ren, W., Chen, Z.-G., Tan, J., Wu, Z.-S., Gentle, I., Lu, G.Q., and Cheng, H.-M. (2009) Fabrication of graphene/polyaniline composite paper via in situ anodic electropolymerization for high-performance flexible electrode. *ACS Nano*, **3** (7), 1745–1752.

73. Kumar, N.A., Choi, H.-J., Shin, Y.R., Chang, D.W., Dai, L., and Baek, J.-B. (2012) Polyaniline-grafted reduced graphene oxide for efficient electrochemical supercapacitors. *ACS Nano*, **6** (2), 1715–1723.

74. Zhang, J. and Zhao, X.S. (2012) Conducting polymers directly coated on reduced graphene oxide sheets as high-performance supercapacitor electrodes. *J. Phys. Chem. C*, **116** (9), 5420–5426.
75. Gedela, V.R. and Srikanth, V.V.S.S. (2014) Electrochemically active polyaniline nanofibers (PANi NFs) coated graphene nanosheets/PANi NFs composite coated on different flexible substrates. *Synth. Met.*, **193**, 71–76.
76. Liu, S., Liu, X., Li, Z., Yang, S., and Wang, J. (2011) Fabrication of free-standing graphene/polyaniline nanofibers composite paper via electrostatic adsorption for electrochemical supercapacitors. *New J. Chem.*, **35** (2), 369–374.
77. Mini, P.A., Balakrishnan, A., Nair, S.V., and Subramanian, K.R.V. (2011) Highly super capacitive electrodes made of graphene/poly(pyrrole). *Chem. Commun.*, **47** (20), 5753–5755.
78. Sahoo, S., Dhibar, S., Hatui, G., Bhattacharya, P., and Das, C.K. (2013) Graphene/polypyrrole nanofiber nanocomposite as electrode material for electrochemical supercapacitor. *Polymer*, **54** (3), 1033–1042.
79. Liu, Y., Wang, H., Zhou, J., Bian, L., Zhu, E., Hai, J., Tang, J., and Tang, W. (2013) Graphene/polypyrrole intercalating nanocomposites as supercapacitors electrode. *Electrochim. Acta*, **112**, 44–52.
80. Zhang, D., Zhang, X., Chen, Y., Yu, P., Wang, C., and Ma, Y. (2011) Enhanced capacitance and rate capability of graphene/polypyrrole composite as electrode material for supercapacitors. *J. Power Sources*, **196** (14), 5990–5996.
81. Chang, H.-H., Chang, C.-K., Tsai, Y.-C., and Liao, C.-S. (2012) Electrochemically synthesized graphene/polypyrrole composites and their use in supercapacitor. *Carbon*, **50** (6), 2331–2336.
82. Liu, J., An, J., Ma, Y., Li, M., and Ma, R. (2012) Synthesis of a graphene-polypyrrole nanotube composite and its application in supercapacitor electrode. *J. Electrochem. Soc.*, **159** (6), A828–A833.
83. Xu, C., Sun, J., and Gao, L. (2011) Synthesis of novel hierarchical graphene/polypyrrole nanosheet composites and their superior electrochemical performance. *J. Mater. Chem.*, **21** (30), 11253–11258.
84. Bose, S., Kim, N.H., Kuila, T., Lau, K., and Lee, J.H. (2011) Electrochemical performance of a graphene–polypyrrole nanocomposite as a supercapacitor electrode. *Nanotechnology*, **22** (29), 295202.
85. Davies, A., Audette, P., Farrow, B., Hassan, F., Chen, Z., Choi, J.-Y., and Yu, A. (2011) Graphene-based flexible supercapacitors: pulse-electropolymerization of polypyrrole on free-standing graphene films. *J. Phys. Chem. C*, **115** (35), 17612–17620.
86. Liu, Y., Zhang, Y., Ma, G., Wang, Z., Liu, K., and Liu, H. (2013) Ethylene glycol reduced graphene oxide/polypyrrole composite for supercapacitor. *Electrochim. Acta*, **88**, 519–525.
87. Si, P., Ding, S., Lou, X.-W., and Kim, D.-H. (2011) An electrochemically formed three-dimensional structure of polypyrrole/graphene nanoplatelets for high-performance supercapacitors. *RSC Adv.*, **1** (7), 1271–1278.
88. Bora, C., Pegu, R., Saikia, B.J., and Dolui, S.K. (2014) Synthesis of polythiophene/graphene oxide composites by interfacial polymerization and evaluation of their electrical and electrochemical properties. *Polym. Int.*, DOI 10.1002/pi.4739.
89. Alvi, F., Ram, M.K., Basnayaka, P., Stefanakos, E., Goswami, Y., Hoff, A., and Kumar, A. (2011) Electrochemical supercapacitors based on graphene-conducting polythiophenes nanocomposite. *ECS Trans.*, **35** (34), 167–174.
90. Liu, J.H., Chen, J.S., Wei, X.F., Lou, X.W., and Liu, X.W. (2011) Sandwich-like, stacked ultrathin titanate nanosheets for ultrafast lithium storage. *Adv. Mater.*, **23** (8), 998–1002.
91. Wang, D.H., Choi, D.W., Li, J., Yang, Z.G., Nie, Z.M., Kou, R., Hu, D.H., Wang, C.M., Saraf, L.V., Zhang, J.G., Aksay, I.A., and Liu, J. (2009) Self-assembled $TiO(2)$-graphene hybrid nanostructures for enhanced Li-ion insertion. *ACS Nano*, **3** (4), 907–914.

92. Li, N., Liu, G., Zhen, C., Li, F., Zhang, L.L., and Cheng, H.M. (2011) Battery performance and photocatalytic activity of mesoporous anatase TiO_2 nanospheres/graphene composites by template-free self-assembly. *Adv. Funct. Mater.*, **21** (9), 1717–1722.
93. George, S.M. (2010) Atomic layer deposition: an overview. *Chem. Rev.*, **110** (1), 111–131.
94. Elam, J.W., Routkevitch, D., Mardilovich, P.P., and George, S.M. (2003) Conformal coating on ultrahigh-aspect-ratio nanopores of anodic alumina by atomic layer deposition. *Chem. Mater.*, **15** (18), 3507–3517.
95. Gordon, R.G., Hausmann, D., Kim, E., and Shepard, J. (2003) A kinetic model for step coverage by atomic layer deposition in narrow holes or trenches. *Chem. Vap. Deposition*, **9** (2), 73–78.
96. McCormick, J.A., Rice, K.P., Paul, D.F., Weimer, A.W., and George, S.M. (2007) Analysis of Al_2O_3 atomic layer deposition on ZrO_2 nanoparticles in a rotary reactor. *Chem. Vap. Deposition*, **13** (9), 491–498.
97. Ferguson, J.D., Weimer, A.W., and George, S.M. (2000) Atomic layer deposition of ultrathin and conformal Al_2O_3 films on BN particles. *Thin Solid Films*, **371** (1-2), 95–104.
98. Boukhalfa, S., Evanoff, K., and Yushin, G. (2012) Atomic layer deposition of vanadium oxide on carbon nanotubes for high-power supercapacitor electrodes. *Energy Environ. Sci.*, **5** (5), 6872–6879.
99. Stoller, M.D. and Ruoff, R.S. (2010) Best practice methods for determining an electrode material's performance for ultracapacitors. *Energy Environ. Sci.*, **3** (9), 1294–1301.
100. Yu, G.H., Xie, X., Pan, L.J., Bao, Z.N., and Cui, Y. (2013) Hybrid nanostructured materials for high-performance electrochemical capacitors. *Nano Energy*, **2** (2), 213–234.
101. Gogotsi, Y. and Simon, P. (2011) True performance metrics in electrochemical energy storage. *Science*, **334** (6058), 917–918.

第 5 章　基于新型石墨烯复合材料的高性能超级电容器

Junwu Xiao, Yangyang Xu, Shihe Yang

5.1　引言

全球能源消耗正在以惊人的速度加速，并将很快耗尽所有化石燃料资源。开发可持续、可再生、环保的能源，以及其能量存储和转换技术是各类企业的重要责任与使命。电化学电容器，也称为超级电容器，是一种储能形式。鉴于其高的功率密度、快速的充电速率和更长的循环寿命，超级电容器在便携式电子设备和电动汽车中具有巨大的应用潜力[1]，因此，近年来吸引了越来越多的研究兴趣。总的来说，基于储能机制，可以将超级电容器主要分为两种类型：双电层电容器（EDLC）和赝电容器[2-4]。如图 5.1 所示，EDLC 通过电极/电解质界面附近的静电吸附，形成双电层电荷来储能。用于 EDLC 的电极材料通常是含碳材料，例如活性炭（AC）、中孔炭、碳纳米管和石墨烯。双电层（EDL）电容密切依赖于材料的表面积，可以用下面的公式计算[5]：

$$C = \frac{\varepsilon_r \varepsilon_0}{d} A \tag{5.1}$$

式中，ε_r 和 ε_0 分别是相对介电常数和真空介电常数，A 是电解质离子可接近电极的比表面积，d 是 EDL 的有效厚度。由于 EDLC 的储能机制，电荷不会在电极材料和电解质之间转移。因此，EDLC 具有良好的循环稳定性，但其能量密度较低，无法满足在电动汽车中对峰值功率辅助的不断增长的需求。

赝电容器工作原理类似于电化学电池的储能机制，但其储能的快速和可逆的法拉第反应主要发生在电解质-电极材料的界面或接近界面处，如图 5.1 所示。赝电容器的电极材料通常采用过渡金属化合物和导电聚合物。赝电容电极材料的理论电容值与氧化还原反应中转移的电子的平均数（n）、法拉第常数（F）、摩尔质量（M）和工作电压窗口（V）密切相关，计算公式如下[6]：

$$C = \frac{nF}{MV} \tag{5.2}$$

EDLC 具有良好的电化学循环稳定性，但其电容值通常很低。而赝电容器可以通过界面可逆的法拉第反应来储能，使其比电容和能量密度显著提高，但表现出相对较差的循环稳定性。研究已经证明，双电层电容和赝电容电极材料的综合利用是

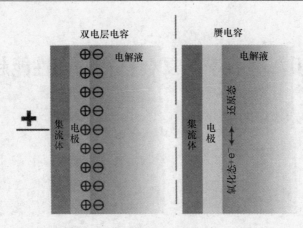

图 5.1 电化学双层电容和赝电容的电荷存储过程的示意图

获取电极高性能的有效方法。

电极的电容和释放的能量是评价超级电容器性能的指标。比电容（C）是与超级电容器性能有关的最重要的参数之一，其定义如下：

$$C = \frac{Q}{V} \tag{5.3}$$

式中，Q 是电极单位质量中存储的电荷，V 是工作电压窗口。在三电极装置中，当电极材料在工作电压窗口内以恒定电流充/放电时，可以通过以下公式根据放电曲线推导 C_s 的值：

$$C_s = \frac{i}{|(\mathrm{d}V/\mathrm{d}t)m|} \tag{5.4}$$

式中，$\mathrm{d}V/\mathrm{d}t$ 是放电曲线的斜率，i 是放电电流，m 是电极材料的质量。当放电曲线可以看作为线性时，$\mathrm{d}V/\mathrm{d}t$ 接近于 V/t，其中 t 是放电曲线整体电位下降所经历的时间。那么式（5.4）可以近似如下：

$$C_s = \frac{i\Delta t}{\Delta V m} = \frac{Q}{\Delta V m} \tag{5.5}$$

式中，Q 是放电过程中释放的全部电荷。而在双电极装置中，两个工作电极由隔膜分开。整个电容器被视为串联的两个子电容器。因此，总电容（C_{total}）可以根据以下公式计算：

$$\frac{1}{C_{\text{total}}} = \frac{1}{C_{s,1}} + \frac{1}{C_{s,2}} \tag{5.6}$$

式中，$C_{s,1}$ 和 $C_{s,2}$ 分别是负电极和正电极的比电容。

能量密度和功率密度同样也是与超级电容器性能有关的重要参数。能量密度是其储能的能力，它决定了超级电容器作为电源工作的时间，由式（5.7）表示：

$$E = \frac{1}{2}CV^2 \tag{5.7}$$

式中，C 代表电容，V 代表工作电压窗口。超级电容器的功率密度是单位体积、面积或质量的能量传递速率，它决定了器件的充放电速度。超级电容器可实现的最大功率由下式给出：

$$P = \frac{V^2}{4\text{ESR}} \tag{5.8}$$

式中，V 表示工作电压窗口，ESR 是等效串联电阻。

石墨烯是单层排列的六方 sp^2 碳原子，具有优异的电子迁移率、极高的比表面积和完美的力学性能。因此，石墨烯被普遍认为具有广泛的应用空间，特别是在能量存储和转换领域。然而，作为电化学电容器应用时，石墨烯材料有几个关键因素需要考虑。首先，石墨烯的双电层电容储能机制对其电化学性能有一定限制，因为这决定了它的性能主要取决于电解质离子可接近石墨烯的比表面积。其次，由于二维纳米片层的 π-π 相互作用，石墨烯具有很强的团聚倾向。这通常会让大多数石墨烯作为超级电容器应用时，不能稳定保持其单层特性，并且使石墨烯大部分的表面几乎不能被电解液中离子接近。第三，石墨烯的表面润湿性影响电解液离子的物理吸附（EDLC）和界面氧化还原反应（赝电容器）。一般而言，完美的石墨烯是化学惰性的，这使得水溶液和有机电解液难以润湿石墨烯表面[7]。含氧官能团等缺陷的引入有利于石墨烯的润湿过程，但会降低其电导率[8]。石墨烯的极大比表面积和优异的电学以及力学性能，可以与赝电容材料复合时得到最有效的利用，而这些赝电容材料一般具有高电容但是低电导率和差的力学强度。事实上，在石墨烯片上沉积赝电容材料（例如，金属氧化物和/或氢氧化物和导电聚合物），不仅可以防止石墨烯纳米片的自聚集，而且可以改善赝电容材料的导电性，从而提供优化电化学电容器性能的途径。已有许多优秀的综述报道关于石墨烯/聚合物、石墨烯/金属氧化物和用于能量存储和转换应用的三维碳基材料的研究[9-17]。本综述的重点集中在最近石墨烯基材料作为超级电容器电极的应用方面的研究。着重评估和衡量关于如何将碳材料、金属氧化物和导电聚合物固定到原子级石墨烯薄层上以提高电化学电容器性能的研究进展。

5.2 石墨烯的制备方法

自石墨烯被发现以来，已经被证明具有优异的电学、力学和热学性能，也有许多关于其合成途径的相关报道。这些制备方法通常分为"自上而下"和"自下而上"两类。在"自上而下"的方法中，石墨烯是通过天然或合成石墨的剥离获得的，例如使用机械剥离、化学剥离[18,19]、液相剥离[20]、电化学剥离[18]等。而"自下而上"的方法的特点是直接通过有机分子如甲烷和其他碳氢化合物合成石墨烯[21]，例如外延生长[22]和化学气相沉积（CVD）[23]。在本节中，我们将回顾一些石墨烯的合成方法。

5.2.1 "自上而下"的制备方法

1990年，Kurz和同事首先报道了使用胶带机械剥离石墨以制备石墨烯[24]，随后在2004年，这种方法由Geim和同事进一步发展[25]。由于这种制备石墨烯的方法步骤少，所以此方法适用于实验室研究所需的高质量石墨烯的制备，并且能够重复制备厚度约为$10\mu m$的少层石墨烯。然而，由于该过程的缓慢和劳动密集性质，它不适合大规模生产。与机械剥离类似，可以通过液相剥离石墨以制备石墨烯，在这个过程中，超声波振动可以为石墨在水或含有表面活性剂的有机溶剂中剥离成石墨烯提供能量[12]。液相剥离法可产生大而优质的无缺陷以及含氧基团的石墨烯。但是，难以获得高浓度的石墨烯悬浮液并将溶剂回收。另外，在悬浮液中，大都是少层石墨烯，而非单层石墨烯。

石墨烯的大规模开发与生产是其广泛应用的先决条件[26]。化学剥离法被认为是大规模和低成本合成石墨烯的有效途径[18]。在化学剥离过程中，堆积良好的石墨首先被氧化成石墨氧化物[27]。由于氧化过程可以增加石墨的层间距并削弱相邻石墨烯片层之间的相互作用，石墨氧化物随后分层为氧化石墨烯（GO）。为了获取高的电导率，GO随后被还原成还原氧化石墨烯（RGO）[28]。同时，石墨氧化物也可以热剥离成石墨烯[29-32]。GO的化学结构如图5.2所示[33]。由图可以发现，在GO结构中存在大量的活性含氧基团（边缘处的羧酸基团，基底平面上的环氧基和羟基），这种基团在石墨烯基纳米复合材料的制备中起重要作用。纳米结构前驱体的成核和生长，可以通过前驱体与GO表面基团之间的共价键结合来引发。如图5.2所示，因为官能团主要分布在GO基底和边缘缺陷处，前驱体会优先在基底和边缘缺陷处成核，并生长成所需的纳米结构。而关于将GO还原成RGO的方法，目前已经有许多相关文献进行报道，主要包括化学还原和电化学还原。

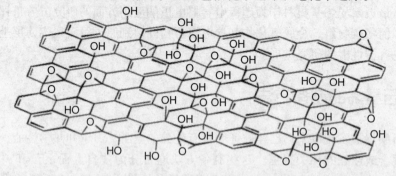

图5.2　石墨烯的结构模型（Lerf–Klinowski模型）
（经许可转载自参考文献[33]。版权所有（1998），Elsevier）

对于化学还原方法，常用的还原剂包括N_2H_4[28]、KOH[34]、$NaBH_4$[35]和HI[36]。然而，形成的RGO容易自凝聚并且在水中分散不均匀。另外，一些还原剂是有毒和不稳定的,使工艺变得困难。此外,由于氧化过程中 sp^2 骨架结构的破坏,简单地还原 GO 不能消除所有的形态缺陷,最终使 RGO 成为不理想的电子导体[28,37-39]。电化学还原法可在不使用毒性还原剂的情况下将 GO 还原成 RGO,但难以大规模地制备 RGO。因此,与机械和液相剥离相比,化学剥离法具有大规模性以及低成本的优点,尽管在剥离过程中产生缺陷而难以获得单层高质量石墨烯。

5.2.2 "自下而上"的制备方法

尽管石墨烯可以通过如上所述的"自上而下"的方法由天然石墨或合成石墨剥离而成,但这些方法不适用于生产大面积、高质量的石墨烯薄膜。因此,最近研究者们付出了许多努力,开发出一种在自由表面生长大面积、高质量石墨烯薄膜的"自下而上"的方法。生长石墨烯常见的"自下而上"的方法是通过 CVD,高温下碳氢化合物在金属催化剂表面热解而成[40]。根据碳在金属催化剂中的不同溶解度,其生长机制可分为两种类型,如图 5.3 所示:碳分离和/或沉淀机制,以及表面生长机制[41]。前者依赖于碳在 Ni 等金属催化剂中的高溶解度(见图 5.3a)。具体而言,碳氢化合物在高温下分解形成碳物质,这种碳物质会溶解在金属催化剂中。在接下来的冷却过程中,溶解在金属中的碳物质从金属表面沉淀析出,随后成核、生长,最终形成石墨烯。因此,石墨烯层数强烈依赖于冷却速率。而在表面生长机理中,碳前驱体首先吸附在 Cu 等催化剂表面上,并非扩散到体内,然后成核

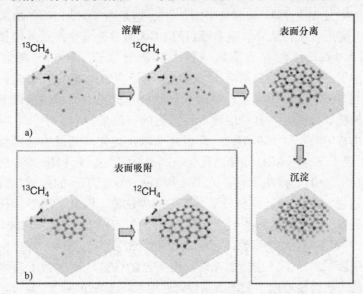

图 5.3 通过化学气相沉积(CVD)工艺制备石墨烯的可能生长机制的示意图。
a)碳分离/沉淀机制。b)表面生长机制(经许可转载自参考文献[41]。
版权所有(2009),美国化学学会)

并生长形成石墨烯"岛",最后通过连续生长形成石墨烯(见图5.3b)。高质量的大面积石墨烯薄膜已通过"自下而上"的方法成功合成。然而,制造过程难以精确控制,同时这增加了制造成本。另外,形成的石墨烯薄膜不容易后续加工。

5.3 基于石墨烯的超级电容器电极

5.3.1 石墨烯

石墨烯具有高的理论比表面积($2630m^2/g$),在其平面内具有非常高的本征电导率、良好的化学稳定性以及高力学强度,因此非常适合作为EDLC的电极材料。第一个也可以说最重要的因素是石墨烯的有效比表面积,根据式(5.1),它决定了电容以及超级电容器的性能。有效比表面积决定了电极/电解质界面的大小。尽管石墨烯具有较大的理论比表面积,但如果离子不能有效地接近该区域,则该区域不会导致高EDLC。因此,应该指出的是,电容在很大程度上取决于石墨烯的分层和堆叠配置,并且已经进行了许多研究以制备大的离子可接近表面区域的石墨烯结构。另外,孔隙率以及孔体积和孔径分布也在电极的电容中起重要作用。

由GO还原形成的RGO电极的比表面积为$705m^2/g$,远小于石墨烯的理论比表面积,因此导致其电化学电容性能差。基于RGO的超级电容器的比电容在水溶液和有机电解液中分别为135F/g和99F/g[42,43],这是由于片层RGO纳米片之间的范德华力相互作用,使得从分散液中得到的RGO通常会发生严重的团聚以及重新堆积(见图5.4a)。虽然在石墨烯结构中掺杂杂原子,例如N掺杂石墨烯片(NGS),增加了由N掺杂辅助网络还原引起的电导率的恢复[46,47],从而提高了材料的电化学性能[48],但N掺杂石墨烯片仍然具有低比表面积,就像RGO一样。因此,当前的挑战是制备具有单层或少层结构的石墨烯材料,使其不容易发生团聚,并表现出特定的孔径分布结构、高电导率以及优化的超级电容器性能。Ruoff和同事[49]报道了一种用KOH简单活化微波剥离氧化石墨烯(MEGO)的方法。由KOH活化的MEGO片,产生了直径范围从约1nm至约10nm的连续三维网络。而其比表面积达到$3100m^2/g$,甚至高于石墨烯的理论值。因此,基于这种电极材料的超级电容器器件在有机电解质中,在5.7A/g的电流密度下表现出166F/g的比电容,并且在约75kW/kg的功率密度下表现出能量密度约为70Wh/kg。但是,这种电极的制备引入了黏合剂,这会影响超级电容器的性能。因此为了避免引入黏合剂,真空过滤方法被报道用于制造石墨烯薄膜电极(见图5.4b),通过这种方法形成了一类高力学强度、高导电性和各向异性的新型薄膜[44]。然而,所形成的石墨烯薄膜也具有低的离子可接近比表面积和高的离子传输阻力,这显著限制了超级电容器器件的性能。Li和同事报道了一种通过毛细管压缩制备的石墨烯薄膜电极,这种结构具有连续的离子传输网络,使非挥发性电解液能够渗透到该网络中。基于这种石墨烯薄膜的电化学电容器可以获得60Wh/L的体积能量密度[50]。除了二维石墨烯薄膜外,用水热还原法制备的三维石墨烯水凝胶也被用作超级电容器的电极材料[45]。石墨烯水凝胶具有高度互连的三维网络结构(见图5.4c)。基于这种结构的柔性超级电容器表现出高达186F/g的质量比电容,以及前所未有的高面积比电容($372mF/cm^2$)、低漏电流($10.6\mu A$)、优异的循环稳定性以及优异的力学柔性。

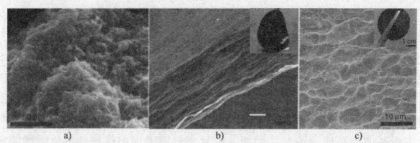

图5.4 SEM图像:a)RGO粉末,b)石墨烯膜,c)三维石墨烯的水凝胶(插图:相应的光学照片)(经许可转载自参考文献[42,44,45]。版权所有(2008),美国化学学会,版权所有(2011),Wiley-VCH Verlag,版权所有(2013),美国化学学会)

5.3.2 石墨烯基复合材料

石墨烯纳米片在干燥过程中的团聚和重新堆积减少了电解质-离子可接近的比表面积,并因此限制了电化学性能。为了充分发挥石墨烯在超级电容器应用中的作用,将碳材料、金属氧化物/氢氧化物和导电聚合物分散到石墨烯片层上以形成石墨烯基复合材料,这种方法被认为是有效并且实用的。而采用的这些材料不仅可以防止石墨烯的团聚以及在干燥过程中的重新堆叠组装,也有助于提高复合材料的比容量,从而改善整个超级电容器的性能。

5.3.2.1 石墨烯-碳材料复合材料

据文献报道,碳材料诸如AC、炭黑(CB)、碳纳米管(CNT)和中孔碳球(MCS)等被引入到石墨烯中,能够有效地提高其电化学性能。Yan和同事[51]利用超声波和原位还原法制备了石墨烯/炭黑复合材料。炭黑作为间隔物与石墨烯复合,不仅可以增加石墨烯片层之间的距离,改善电解质与电极材料之间的可接近性,而且还能提供快速扩散路径,使得石墨烯边缘平面更好地参与双电层电容的贡献。最终,制备的石墨烯/炭黑复合电极可以实现175F/g的比电容,高于石墨烯的比电容(122.6F/g)。然而,由于比表面积的限制,炭黑本身几乎没有贡献比容量。

最近有研究用碳纳米管取代炭黑与石墨烯结合,并报道其对电极的超级电容器性能的影响。碳纳米管具有优异的导电性、高比表面积和优异的力学性能,因此可以作为理想的间隔物和黏合剂,将石墨烯片层固定在一起。Huang等人[52]报道了一种RGO/CNT复合膜,通过简单地在Ti基底上浇铸GO水溶液和CNT分散液而形成。但这样的制备过程不能防止原子级别的石墨烯薄片的聚集，这导致电化学有效比表面积减小。为了解决这个问题，通过采用聚（乙烯亚胺）改性的石墨烯纳米片和酸处理的 CNT，在水系溶液中进行有序自组装来形成复合石墨烯/CNT 膜[53]。该结构通过使用 CNT 层作为间隔物来充分利用石墨烯纳米片的最大活性比表面积，以增强电解质离子在结构内的渗透并减少石墨烯纳米片沿垂直方向的聚集。最终，石墨烯和 CNT 的多层结构相比原始石墨烯以及 CNT 电极，表现出更好的电化学电能。然而，酸处理过程会损害 CNT 的结构，并且聚乙烯亚胺被引入到石墨烯/CNT 膜中，从而导致复合结构的导电性变差。除了这种石墨烯与 CNT 的物理混合的方法之外，还可以在石墨烯上原位生长 CNT 以形成三维复合结构。Fan 等人[54]已经开发出三维碳纳米管/石墨烯夹层结构，其中碳纳米管柱通过 CVD 在石墨烯层间生长（见图 5.5）。这种方法可以避免 CNT 结构的破坏，并且在不使用毒性还原剂的情况下恢复 GO 的电导率。这种特殊的结构能够允许电解质离子和电子在整个电极基体中高速传输，从而使这种复合材料表现出优异的电化学性能。基于此结构的超级电容器器件在 6mol/L KOH 溶液中，以 10mV/s 的扫描速度下表现出 385F/g 的比电容。为了进一步降低在制备过程中对石墨烯结构的损伤程度，垂直排列的 CNT 不嵌入 GO 中以形成三维柱形，而是直接嵌入热膨胀高度有序的热解石墨（HOPG）中，形成垂直排列的 CNT/石墨烯结构[55]。与使用碳纳米管与石墨烯结合不同，MCS 也可以作为间隔物来抑制石墨烯片层的聚集，并且在水性和有

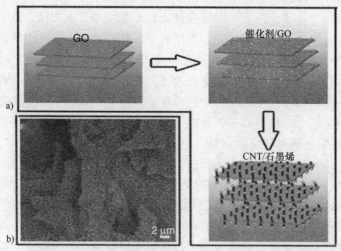

图 5.5　a) CNT/石墨烯复合材料的形成过程的示意图，其中 CNT 通过化学沉积方法在石墨烯纳米片之间生长。b) CNT/石墨烯复合物的 SEM 图像（经许可转载自参考文献 [54]。版权所有 (2010)，Wiley – VCH Verlag）

机电解质中均表现出良好的超级电容器的性能[56]。例如，在四氟硼酸四乙基铵（TEABF$_4$）电解质中，在 0.16kW/kg 的功率密度下，其能量密度为 62.8Wh/kg，

比电容达到180F/g。这种良好的电容性能可归因于石墨烯/MCS的复合结构，其表现出高的有效比表面积和短的扩散路径，由此使电极表现出低的扩散电阻和更好的电容性能。

5.3.2.2 石墨烯/金属氧化物复合材料

就像碳材料一样，金属氧化物也可以充当隔离物来抑制石墨烯片层的聚集和重新堆积。更重要的是，金属氧化物可以通过电极材料和电解质界面处的氧化还原反应使得电极表现出高的比电容。然而，这些赝电容电极材料的应用在很大程度上受以下两个因素的限制：第一，金属氧化物低的导电性；另一个因素是电化学反应经常发生在电极表面，导致活性材料不能被充分利用。在石墨烯/金属氧化物复合材料中，石墨烯可以提供导电路径来改善金属氧化物的导电性。已有文献报道在石墨烯片层上，加载金属氧化物以增强其有效比表面积并引入额外的赝电容。许多类似的方法也已经被广泛报道，其中金属氧化物如钌、锰、钴、镍、铜、铁和钒已被采用与石墨烯复合，并且其电化学性质已被深入研究。

RuO_2，特别是含水和无定形的RuO_2，是超级电容器最有前途的电极材料之一，因为它具有高比电容，在很宽的电位窗口内具有高度可逆的氧化还原反应，并且循环寿命长。通过溶胶-凝胶工艺和随后的低温退火法制备含水RuO_2/RGO复合材料（RuO_2/RGO）[57]。石墨烯片层（GS）被RuO_2纳米颗粒充分分离，同时，RuO_2纳米颗粒被RGO中富含氧的官能团固定。通过结合RGO和RuO_2在复合材料中各自的优势，RuO_2/RGO复合材料在1mV/s的扫描速率下表现出约570F/g的比电容、改善的倍率性能和优异的电化学稳定性（1000次循环后电容保留约97.9%）。通过结合水热过程和低温退火，RuO_2也可以成功地沉积在RGO片层上[58,59]。与表现出差的电化学性能的纯RuO_2不同，该复合材料具有优异的电容性能。例如，与RGO和RuO_2相比，含有40wt% Ru的RuO_2/RGO复合电极表现出更高的比电容（1A/g时为551F/g），以及更优异的倍率性能和循环性能。另外，增加RuO_2纳米颗粒的电活性面积可以进一步提高其电化学性能。Soin等人[60]报道了一种使用低基压射频磁控溅射和随后酸性介质中电化学循环的组合方法，在少层的石墨烯薄片结构上形成直径小于2nm、良好分散的RuO_2纳米颗粒。最终，形成的复合电极实现了650F/g的比电容，显著高于上述的RuO_2/RGO复合材料的比电容。为了避免在GO还原至RGO的过程中引入额外的毒性还原剂，研究开发了一种用于合成RuO_2/RGO纳米复合材料的微波水热法[61]。在制备过程中，同时实现GO至RGO的还原以及Ru^{3+}离子至RuO_2的氧化。形成的RuO_2/RGO纳米复合材料电极在0.5A/g的电流密度下，比电容为497F/g，并且当放电电流密度从0.5A/g增加到16A/g时，电容保持率为88%。

RuO_2虽然是一种很好的电极材料，但既昂贵又有毒。最近，研究已经转移到更便宜的金属氧化物作为其替代物，如镍、钴和锰的氧化物。锰氧化物如MnO_2和Mn_3O_4由于其成本低、环境友好以及理论比电容高，而被证实是有前景的电极材料。根据 MnO_2 几百纳米的沉积厚度，它们可以提供从 700F/g 到 1380F/g 的比电容。然而，由于有限的电活性面积和较差的导电性，商业 MnO_2 的比电容仅为约 200F/g。为了提高 MnO_2 的电化学性能，一种很有前景的策略是将 MnO_2 纳米材料直接沉积在碳纳米管和石墨烯等大表面材料上。GO 具有丰富的官能团能将 MnO_2 固定在表面上，已经被广泛研究作为 MnO_2 负载的合适载体。迄今为止，各种形貌的 MnO_2 纳米材料，如纳米棒[62-66]、针状 MnO_2[67-69]、纳米线[70]、纳米片[66,71]、花状 MnO_2[67,72]、包裹的蜂窝状 MnO_2 纳米球[73]、海胆状 MnO_2[74]、空心球[75]和纳米带[76]等结构均已被改性在石墨烯片上以形成 MnO_2/石墨烯纳米复合材料。除了 MnO_2 的形态外，GO 载体的电导率也影响 MnO_2/RGO 纳米复合材料的电化学性能。与商用石墨粉相比，由商用膨胀石墨制备的 GO 具有更多的官能团和更大的晶面间隙用于加载 MnO_2 纳米材料，并因此提供更大的比电容（在 0.1A/g 电流密度时，比电容为 307.7F/g）和更好的电化学活性[77]。Kim 等人[78]发现在 GO 到 RGO 的还原过程中添加的还原剂类型与最终 MnO_2/RGO 纳米复合材料的电化学性能密切相关。用水合肼还原的 H-RGO/MnO_2 复合物比用硼氢化钠还原的 S-RGO/MnO_2 显示出更高的电导率，因为前者具有较低的含氧官能团浓度。因此，形成的 H-RGO/MnO_2 电极在 10mV/s 扫描速率下，其比电容为 327.5F/g，高于 S-RGO/MnO_2 电极（278.6F/g）。然而，在制备电极期间引入黏合剂会影响材料的电导率，导致电化学性能的恶化。Ge 和同事[79]已经开发出低成本的"浸渍和干燥"工艺来制造层状的 MnO_2/RGO 纳米结构海绵，使其直接作为电极而不使用黏合剂。图 5.6a 呈现了 MnO_2/RGO 海绵的形成过程。在商业海绵的光滑表面上（见图 5.6b、e），将 RGO 纳米片均匀沉积以形成三维互连的宏观网络状的 RGO 海绵（见图 5.6c、f）。然后，将 MnO_2 纳米材料加载在 RGO 海绵上以形成基于 MnO_2/RGO 海绵的超级电容器（图 5.6d、g）。除了 MnO_2 之外，固定在石墨烯片上的 Mn_3O_4 纳米材料也被广泛研究用于超级电容器[80,81]。

人们还研究了钴和镍氧化物与石墨烯结合应用于超级电容器中。基本的组合模式是将钴和镍氧化物附着到石墨烯表面上或插入大片石墨烯基材料的夹层中[82-87]。与 RGO 片表面生长的钴和镍氧化物不同，RGO 小薄片可以掺入 Co_3O_4 卷轴中，这已被 Zhou 和他的同事所证明[88]。这种组装方式使得几乎每一个 Co_3O_4 卷轴都可以与 RGO 薄片连接，从而产生优异的电化学性能。另外，Yang 等人[89]已经开发了一种制备金属氧化物/RGO 纳米复合材料的新策略，其中金属氧化物纳米颗粒被石墨烯片包裹，这个过程由带负电荷的 GO 和带正电荷的金属氧化物纳米颗粒之间的相互静电作用所驱动，其形成过程如图 5.7 所示。与单金属钴和镍氧化物相比，$NiCo_2O_4$ 具有至少两个数量级的更高的电导率和丰富的氧化还原反应，因此更适用于电极材料[90]。$NiCo_2O_4$ 在 1A/g 电流密度下的比电容为 658F/g，高于钴氧化物（60F/g）和镍氧化物（194F/g）的比电容。为了进一步提高 $NiCo_2O_4$ 的电

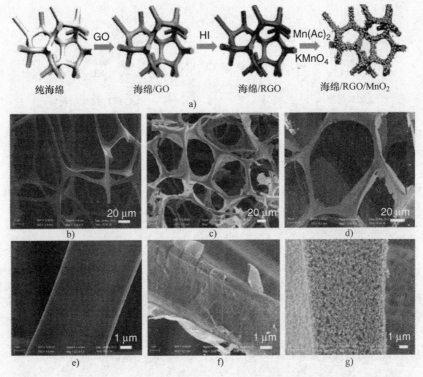

图 5.6　a) 整个浸涂工艺的示意图。b)~d) 纯海绵、海绵/RGO 和海绵/RGO/MnO_2 的 SEM 图像。e)~g) 纯海绵、海绵/RGO 和海绵/RGO/MnO_2 的高倍放大的 SEM 图像（经许可转载自参考文献 [79]。版权所有（2013），Elsevier）

导率，Wang 和同事[91]使用电荷承载纳米片作为载体来构建 $NiCo_2O_4$/RGO 复合材料。由对氨基苯甲酸酯（PABA）离子和 GO 插入的 Co/Ni 氢氧化物作为正电荷和负电荷的构件通过静电相互作用组装形成异质结构的纳米杂化物。随后的热处理导致形成 $NiCo_2O_4$ 和 RGO。所得到的 $NiCo_2O_4$/RGO 复合材料在 1A/g 的比电流下的初始比电容为 835F/g，远高于原始 $NiCo_2O_4$。$NiCo_2O_4$ 是化学计量比固定在 Co/Ni 摩尔比 2:1 的结构，因此这项研究中并未报道其他摩尔比组合的 Co/Ni 氧化物。Yang 和 Xiao[82]选择了一种无序状态下的无定形前体，并且溶解度很高，这使得 Co^{2+} 和 Ni^{2+} 以任何摩尔比共存。然后可以使非晶态前驱体结晶，并热分解成单相的 $Co_xNi_{1-x}O$ 结构固定在 RGO 片表面，这种结构具有不同的 Co/Ni 摩尔比。电化学结果表明，当 Co/Ni 摩尔比接近 1 时，$Co_xNi_{1-x}O$/RGO 纳米复合电极可以实现峰值比电容。

除了锰氧化物、钴氧化物和镍氧化物外，其他金属氧化物也在石墨烯片上生长，并被报道用于超级电容器中。例如，已经有研究报道了具有各种形态的钒氧化物纳米材料通过一步电化学沉积法[92]和水热法[93-95]固定在 RGO 片上。与纯 V_2O_5

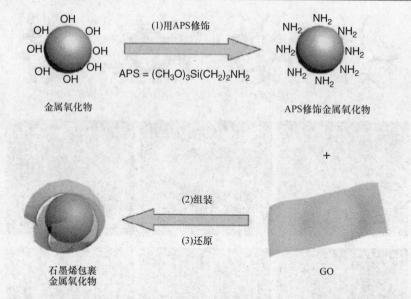

图 5.7 石墨烯包裹金属氧化物（GE-MO）的制备过程，包括（1）通过接枝氨基丙基三甲氧基硅烷（APS）使氧化物表面带正电荷来改性金属氧化物，（2）带正电荷的氧化物纳米颗粒和带负电荷 GO 之间通过静电相互作用的混合组装和（3）化学还原
（经许可转载自参考文献 [89]。版权所有（2010），Wiley-VCH Verlag）

微球相比，棒状 V_2O_5/RGO 纳米复合材料在 1A/g 的电流密度下，表现出更高的比电容 537F/g，并且在充电/放电循环 1000 次后，其稳定性也更好[93]。另外据报道 Fe_3O_4[96-99]、SnO_2[100,101]、ZnO[102,103]、TiO_2[104,105] 和 CuO[106,107] 也都被改性在 RGO 结构上，以改善材料的电化学性能。

5.3.2.3 石墨烯与导电聚合物的复合材料

由于存在离域 π-电子共轭体系，导电聚合物可以提供电容性行为，并实现快速和可逆的氧化还原反应。当氧化还原过程发生时，电解质离子传输到聚合物骨架上并从聚合物骨架释放[9]。此外，导电聚合物还具有成本效益、环境友好性、掺杂状态下的高导电性以及通过化学改性可调节氧化还原活性的优点。因此，导电聚合物被认为是超级电容器的良好电极材料。然而，使用导电聚合物单独作为超级电容器的电极时，其限制在于它们会由于膨胀和收缩而迅速降解，导致电极较差的循环稳定性。而将导电聚合物引入石墨烯中，不仅可以防止石墨烯在干燥过程中团聚和重新堆积，提高石墨烯的双电层电容，还可以提高聚合物的力学和电化学循环稳定性。因此，石墨烯和导电聚合物的复合对于改善电极的电化学性能是有效的。在导电聚合物/石墨烯复合材料中，石墨烯和导电聚合物之间的相互作用是决定电容的重要因素，而并不是石墨烯的比表面积。研究已报道了在石墨烯片上生长的各种聚合物用于电极材料，例如聚吡咯（PPy）、聚苯胺（PANI）、聚（3,4-亚乙基二氧噻吩）（PEDOT）和聚噻吩（PT）。

为了发挥导电聚合物/石墨烯纳米复合材料应用于超级电容器的潜力,研究者们已经开发了多种方法,包括溶液混合、逐层自组装、原位聚合、电化学聚合、氧化聚合和液/液界面聚合。溶液混合需要石墨烯和导电聚合物稳定地分散在一些溶剂中。GO 前驱体在水或极性的有机溶剂中具有良好的分散性,而导电聚合物通常不溶于极性溶剂。因此,迄今为止,通过溶液混合法仅制备了少数导电聚合物/石墨烯纳米复合材料。Shi 等人[108]已经开发出一种简便的方法,通过 PANI 纳米纤维和石墨烯片的混合分散液体的真空过滤,来合成 PANI 纳米纤维/石墨烯复合膜(见图 5.8)。在这种情况下,带负电的石墨烯片和带正电的 PANI 纳米纤维通过静电相互作用,自组装成过滤均匀的复合膜。基于这种 PANI/石墨烯复合膜的超级电容器装置,在 0.3A/g 下显示出 210F/g 大的比电容,并且电化学稳定性和倍率性能大大提高。然而,这种技术不能用于制备结构均匀的复合材料,因为 GO 与聚合物强烈相互作用导致石墨烯和聚合物发生团聚。此外,石墨烯和导电聚合物的混合物如果其浓度足够高,往往倾向于形成凝胶[109]。受相反电荷的 GO 和 PANI 自组装的启发,研究者们采用逐层自组装方法制备 PANI/RGO 多层膜[110]。电化学结果表明,由 15 个 PANI/RGO 基电极构成的多层电极在 30A/cm^3 的电流密度下表现出 584F/cm^3 的体积电容,而电极甚至在 100A/cm^3 的电流密度下,表现出 170F/cm^3 的高体积电容。除了石墨烯和 PANI 之间的范德华力作用,胺基团连接的 PANI/石墨烯复合材料可以使石墨烯和 PANI 之间的相互作用更加紧密[111]。通过形成胺基将 PANI 纳米纤维接枝到 RGO 上,这降低了界面电阻并因此改善了材料的电化学性能。基于这些胺基团连接的 PANI/石墨烯复合材料的超级电容器,其电化学性能得到了进一步改善,在 0.3A/g 和 1A/g 的电流密度下,分别表现出 579.8F/g 和 361.9F/g 的比电容。

除了溶液混合和逐层自组装之外,单体可以直接聚合在石墨烯片上以形成导电聚合物/石墨烯纳米复合材料。这个过程被称为原位聚合。许多导电聚合物/石墨烯纳米复合材料可以用这种方法制备。导电聚合物倾向于在石墨烯片表面而不是在溶液中生长,这可能是因为单体分子通过静电、π-π 堆叠和氢键相互作用,优先被吸附在石墨烯片上[16]。Wang 等人[112]报道了通过原位聚合法在 GO 片上聚合苯胺单体。虽然 GO 由于剥离过程中的氧化而具有较差的导电性,但 GO 掺杂的 PANI 仍具有 10S/cm 的电导率,这比原始 PANI (2S/cm) 的电导率高。因此,基于 PANI/GO 纳米复合材料的超级电容器在相同条件下测得的比电容(531F/g)高于基于 PANI 的超级电容器 (216F/g)。为了提高 GO 的电导率,通过原位聚合法,将 GO 直接还原成 RGO,同时 PANI 沉积在 RGO 上。在 PANI/RGO 复合材料中,RGO 片材倾向于聚集在一起,因此限制了所制备的复合电极的性能[113-117]。为了防止石墨烯片的团聚,Wang 等人[118]开发了一种原位聚合-还原/去掺杂-再掺杂工艺来制备 PANI/石墨烯复合材料,从而提高了材料的电化学电容器的性能。在制备过程中,NaOH 作为 PANI 的还原剂和去掺杂剂。此外,苯胺在酸性溶液中充分分散

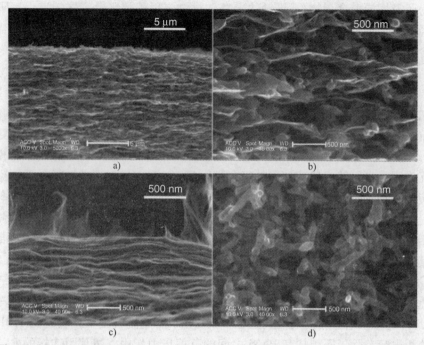

图 5.8 a)、b) PANI/石墨烯,c) 纯石墨烯和 d) 通过真空过滤的 PANI 纳米纤维膜的横截面 SEM 图像(经许可转载自参考文献 [108]。版权所有 (2010),美国化学学会)

的 GO 存在的条件下进行原位聚合,接着用肼将 GO 还原,再通过氧化剂使 PANI 再氧化,最终使 PANI 纳米纤维在 RGO 上均匀生长,以抑制石墨烯片的团聚[119]。这个形成过程如图 5.9 所示。基于这种 PANI/RGO 纳米复合材料的超级电容器,在 0.1A/g 的电流密度下表现出 480F/g 的比电容。然而,在还原和再氧化过程中,PANI 的化学和电子结构不可避免地被破坏,导致电容器性能下降。Mao 等人[120]报道了一种温和的条件来制备聚苯胺纳米纤维/石墨烯复合材料。在酸性条件下,并在表面活性剂如四丁基氢氧化铵和十二烷基苯磺酸钠稳定的石墨烯的存在下,原位聚合苯胺。由于通过表面活性剂稳定的石墨烯在水相中的良好分散性,实现了单个石墨烯片在聚合物基质内的均匀分散。复合电极在 0.2A/g 的电流密度下达到 526F/g 的高比电容,并具有良好的循环稳定性。典型地,人们使用氧化剂如 $(NH_4)_2S_2O_8$ 或 $FeCl_3$ 进行石墨烯表面的苯胺聚合,导致石墨烯片上 PANI 的分布不均匀性。Sathish 和同事[121]已经开发了一种方法,在石墨烯片上生长的 MnO_2 充当氧化剂以引发 PANI 的聚合,随后在石墨烯片上形成均匀的 PANI 膜。这种通过苯胺的氧化聚合获得的 PANI/石墨烯纳米复合材料的超级电容器显示比先前报道的电容值增加约 15%~40% 的比电容。

导电聚合物重复氧化还原过程中不可逆的力学变形导致电极的循环稳定性差,但可以通过引入石墨烯片改变导电聚合物的形貌来改善这一现象。基于这样的背

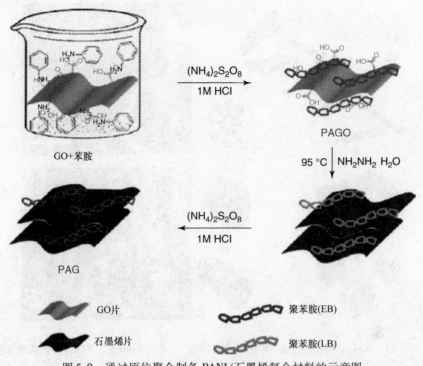

图 5.9 通过原位聚合制备 PANI/石墨烯复合材料的示意图
(经许可转载自参考文献 [119]。版权所有(2010),美国化学学会)

景,Xu 等人[122]能够通过调整聚合条件并研究其对材料电化学性能的影响来控制石墨烯/聚合物复合材料中 PANI 的形貌。在苯胺浓度小于 0.05mol/L 时,通过非均相成核(见图 5.10a 中的途径 i),在聚合过程开始的初期,会在 GO 纳米片表面产生大量的活性成核位点,最终在 GO 片上形成 PANI 纳米线阵列(见图 5.10b)。而当苯胺浓度增加到超过 0.06mol/L 时,在固体表面初始成核之后发生均相成核(见图 5.10a 中的途径 ii),从而在 GO 片上形成随机连接的 PANI 纳米线(见图 5.10c)。电化学结果表明,与 RGO 薄片上的无序 PANI 纳米线相比,RGO 薄片上的 PANI 纳米线阵列表现出更好的循环稳定性,这可能是因为垂直纳米线阵列有利于缓解应变,从而使材料降低在对离子掺杂/去掺杂过程的结构破坏效应[123,124]。

与原位聚合方法相比,电化学聚合可以产生力学稳定的复合膜,可以直接用作储能装置的电极,并且是一种简便且环境友好的通用方式,在合成和聚合过程中对材料进行掺杂,无需激烈的搅动。此外,电化学聚合过程受电化学反应控制,因此可以通过施加电势和电流密度来调节此过程。Wang 等人[125]已经开发了一种原位负极电聚合方法在自支撑式石墨烯纸上制备 PANI。基于这种 PANI/石墨烯纸的超级电容器表现出 233F/g 的比电容。由于自支撑式石墨烯纸的凝聚层状结构,其对电化学电容几乎没有贡献,因此电容主要由 PANI 的赝电容所贡献。为了抑制石墨

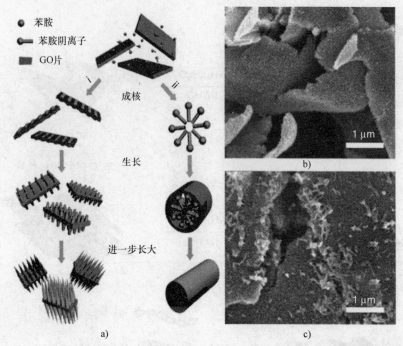

图5.10 a) PANI 在 GO 板上通过异相成核（路线 i）和均匀成核（路线 ii）的成核和生长机制的示意图。在 b) 0.05mol/L 和 c) 0.06mol/L 苯胺下形成的 PANI/GO 纳米复合材料的 SEM 图像（经许可转载自参考文献［122］。版权所有（2010），美国化学学会）

烯的团聚，Feng 等人[126]使用 GO 悬浮液和苯胺作为电化学沉积的起始材料制备了 PANI/石墨烯复合材料。由此获得的复合电极具有 640F/g 的比电容，并在 1000 次充/放电循环后，其电容保持率为 90%。为了充分研究 RGO 的双电层电容，并解决电化学聚合过程中苯胺单体在极性溶剂中分散不良的问题，Gao 和合作者们[127]将逐层自组装与电化学聚合技术相结合，以制备 PANI/RGO 复合材料。与纯 PANI 电极相比，PANI/RGO 多层复合电极显示出改进的电容性能（5.16F/cm^2）、良好的倍率性能和改进的循环性能，在 1000 次充电/放电循环后，容量保持率约为 93%。与石墨烯相比，由于 PANI 掺杂度的提高，复合材料中的 GO 具有较高的电导率[119]。因为附着在 GO 上含氧官能团在其基面上的附加赝电容效应，GO 也表现出较高的比电容、优异的倍率性能和良好的循环稳定性[128]。基于这个背景，Zhang 等人[129]研究了 GO 对通过一步电化学共沉积法制备的 PANI/GO 复合材料的电化学性能的影响。GO 浓度为 10mg/L 时，PANI/GO 复合材料在扫描速率为 1mV/s 时，最大比电容为 1136.4F/g，几乎比 PANI（484.5F/g）比电容的两倍还高，并在 1000 次循环后保持其初始电容的 89% 以上。

5.3.2.4 石墨烯/金属氧化物 – 导电聚合物复合材料

为了开发具有高能量密度的超级电容器的电极材料，已经研究了具有高质量负载活性物质的金属氧化物/石墨烯复合材料。然而，由于金属氧化物的高密度填充，金属氧化物的高质量负载通常会增加电极的电阻,并且还会减小有效比表面积从而降低赝电容。Cui 和同事[130]提出了一种三维导电层包裹的方法来设计基于石墨烯/MnO_2/碳纳米管或石墨烯/MnO_2/导电聚合物的三元系统以提高电极的电导率(见图5.11a),从而提高其电化学性能。引入导电中间层可将材料的比电容增加多

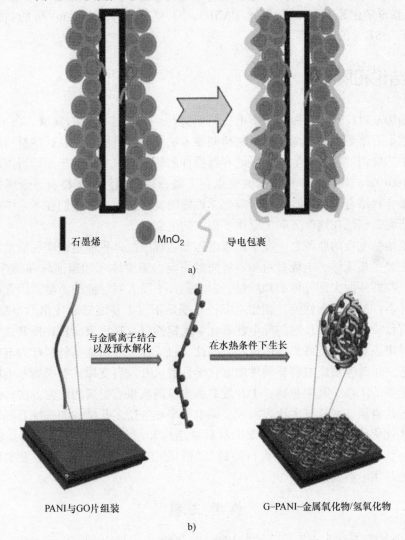

图 5.11 a) 石墨烯/MnO_2(GM)的导电包裹以引入另外的电子传输路径的示意图(经许可转载自参考文献 [130]。版权所有 (2011),美国化学学会)。

b) 石墨烯 (G) – PANI – 金属氧化物/氢氧化物复合材料的合成方法(经许可转载自参考文献 [131]。版权所有 (2013),Wiley – VCH Verlag)

达45%,最大的电容值为380F/g。然而,他们只是将导电层沉积在最外面的金属氧化物的表面上,但不能完全探索其电化学性能的潜力。Li 等人[131]已经开发出一

种有效的方法，通过使用 PANI 作为耦合黏合剂，来构建独特的二维纳米复合体，从而可控生长金属氧化物和石墨烯薄片的复合体（见图 5.11b）。这些纳米复合材料具有良好二维形貌，并将金属氧化物固定于 PANI 纳米结构中，同时使材料表现出可控制的粒径和高比表面积。这种独特的结构特征使其具有出色的电化学性能。GO 与苯胺重量比为 1∶10 的石墨烯/PANI/Co_3O_4 复合材料，在 10mV/s 的扫描速率下实现了 938F/g 的比电容。

5.4 结论和展望

石墨烯基材料作为超级电容器电极的研究是一个迅速发展的领域。在本章中，我们总结了石墨烯和石墨烯基复合材料制备方法的研究进展，以及这些材料在超级电容器中的应用。在石墨烯基超级电容器器件的研究领域中，由于原始石墨烯只能达到约 100F/g 的比电容，因此研究重点在于将石墨烯如何与碳材料、金属氧化物和导电聚合物结合以制备具有优异电化学性能的复合物。正如我们在本章中总结的那样，研究者们已在这个方向上取得了很大的进展。

石墨烯基电极的瓶颈之一在于超级电容器装置的低体积能量密度和质量能量密度，这主要受集流体、电极材料和电解质的影响。集流体（如镍泡沫和碳纤维纸）占据了这些器件的大部分体积和质量，但它们几乎没有对储能的贡献，因此严重限制了整体器件的电化学性能。相比之下，石墨烯不仅本身能够表现出双电层电容，而且具有低质量密度、良好的导电性和化学稳定性以及高比表面积，使其成为用于加载额外电极材料的良好集流体材料。因此，自支撑式石墨烯基材料作为电极的开发可以进一步改善超级电容器器件的电化学性能。开发自支撑式石墨烯基电极材料需要做更多的工作，其中包括：①开发制备大量高质量石墨烯的简便方法；②将石墨烯纳米片自组装成具有大比表面积、高电导率和分层多孔结构的三维石墨烯支架结构；③优化待加载到石墨烯支架上材料的结构和组分，以获得最大可能的比电容；④寻找合适的电解质以扩大石墨烯基材料的工作电压窗口；⑤开发柔性、固态、智能超级电容器器件。

参 考 文 献

1. Huang, Y., Liang, J.J., and Chen, Y.S. (2012) *Small*, **8**, 1805–1834.
2. Simon, P. and Gogotsi, Y. (2008) *Nat. Mater.*, **7**, 845–854.
3. Choi, H.J., Jung, S.M., Seo, J.M., Chang, D.W., Dai, L.M., and Baek, J.B. (2012) *Nano Energy*, **1**, 534–551.
4. Long, J.W., Belanger, D., Brousse, T., Sugimoto, W., Sassin, M.B., and Crosnier, O. (2011) *MRS Bull.*, **36**, 513–522.
5. Zhang, L.L., Zhou, R., and Zhao, X.S. (2010) *J. Mater. Chem.*, **20**, 5983–5992.
6. Conway, B.E. (1999) *Electrochemical*

Supercapacitors: Scientific Fundamentals and Technological Applications, Plenum Publisher, New York.

7. Fang, M., Tang, Z.Y., Lu, H.B., and Nutt, S. (2012) *J. Mater. Chem.*, **22**, 109–114.
8. Sreeprasad, T.S. and Berry, V. (2013) *Small*, **9**, 341–350.
9. Wang, G., Zhang, L., and Zhang, J. (2012) *Chem. Soc. Rev.*, **41**, 797–828.
10. Xu, C., Xu, B., Gu, Y., Xiong, Z., Sun, J., and Zhao, X.S. (2013) *Energy Environ. Sci.*, **6**, 1388–1414.
11. Zhi, M., Xiang, C., Li, J., Li, M., and Wu, N. (2013) *Nanoscale*, **5**, 72–88.
12. Hou, J., Shao, Y., Ellis, M.W., Moore, R.B., and Yi, B. (2011) *Phys. Chem. Chem. Phys.*, **13**, 15384–15402.
13. Zhu, J., Chen, M., He, Q., Shao, L., Wei, S., and Guo, Z. (2013) *RSC Adv.*, **3**, 22790–22824.
14. Chang, H. and Wu, H. (2013) *Energy Environ. Sci.*, **6**, 3483–3507.
15. Tan, Y.B. and Lee, J.-M. (2013) *J. Mater. Chem. A*, **1**, 14814–14843.
16. Kim, H., Abdala, A.A., and Macosko, C.W. (2010) *Macromolecules*, **43**, 6515–6530.
17. Zhai, Y., Dou, Y., Zhao, D., Fulvio, P.F., Mayes, R.T., and Dai, S. (2011) *Adv. Mater.*, **23**, 4828–4850.
18. Park, S. and Ruoff, R.S. (2009) *Nat. Nanotechnol.*, **4**, 217–224.
19. Dikin, D.A., Stankovich, S., Zimney, E.J., Piner, R.D., Dommett, G.H.B., Evmenenko, G., Nguyen, S.T., and Ruoff, R.S. (2007) *Nature*, **448**, 457–460.
20. Hernandez, Y., Nicolosi, V., Lotya, M., Blighe, F.M., Sun, Z.Y., De, S., McGovern, I.T., Holland, B., Byrne, M., Gun'ko, Y.K., Boland, J.J., Niraj, P., Duesberg, G., Krishnamurthy, S., Goodhue, R., Hutchison, J., Scardaci, V., Ferrari, A.C., and Coleman, J.N. (2008) *Nat. Nanotechnol.*, **3**, 563–568.
21. Allen, M.J., Tung, V.C., and Kaner, R.B. (2010) *Chem. Rev.*, **110**, 132–145.
22. Berger, C., Song, Z.M., Li, X.B., Wu, X.S., Brown, N., Naud, C., Mayou, D., Li, T.B., Hass, J., Marchenkov, A.N., Conrad, E.H., First, P.N., and de Heer, W.A. (2006) *Science*, **312**, 1191–1196.
23. Kim, K.S., Zhao, Y., Jang, H., Lee, S.Y., Kim, J.M., Kim, K.S., Ahn, J.H., Kim, P., Choi, J.Y., and Hong, B.H. (2009) *Nature*, **457**, 706–710.
24. Seibert, K., Cho, G.C., Kütt, W., Kurz, H., Reitze, D.H., Dadap, J.I., Ahn, H., Downer, M.C., and Malvezzi, A.M. (1990) *Phys. Rev. B*, **42**, 2842–2851.
25. Novoselov, K.S., Geim, A.K., Morozov, S.V., Jiang, D., Zhang, Y., Dubonos, S.V., Grigorieva, I.V., and Firsov, A.A. (2004) *Science*, **306**, 666–669.
26. Li, D., Muller, M.B., Gilje, S., Kaner, R.B., and Wallace, G.G. (2008) *Nat. Nanotechnol.*, **3**, 101–105.
27. Hummers, W.S. and Offeman, R.E. (1958) *J. Am. Chem. Soc.*, **80**, 1339.
28. Stankovich, S., Dikin, D.A., Piner, R.D., Kohlhaas, K.A., Kleinhammes, A., Jia, Y., Wu, Y., Nguyen, S.T., and Ruoff, R.S. (2007) *Carbon*, **45**, 1558–1565.
29. Schniepp, H.C., Li, J.L., McAllister, M.J., Sai, H., Herrera-Alonso, M., Adamson, D.H., Prud'homme, R.K., Car, R., Saville, D.A., and Aksay, I.A. (2006) *J. Phys. Chem. B*, **110**, 8535–8539.
30. McAllister, M.J., Li, J.L., Adamson, D.H., Schniepp, H.C., Abdala, A.A., Liu, J., Herrera-Alonso, M., Milius, D.L., Car, R., Prud'homme, R.K., and Aksay, I.A. (2007) *Chem. Mater.*, **19**, 4396–4404.
31. Wu, Z.S., Ren, W.C., Gao, L.B., Liu, B.L., Jiang, C.B., and Cheng, H.M. (2009) *Carbon*, **47**, 493–499.
32. Wu, Z.S., Ren, W.C., Gao, L.B., Zhao, J.P., Chen, Z.P., Liu, B.L., Tang, D.M., Yu, B., Jiang, C.B., and Cheng, H.M. (2009) *ACS Nano*, **3**, 411–417.
33. He, H., Klinowski, J., Forster, M., and Lerf, A. (1998) *Chem. Phys. Lett.*, **287**, 53–56.
34. Fan, X.B., Peng, W.C., Li, Y., Li, X.Y., Wang, S.L., Zhang, G.L., and Zhang, F.B. (2008) *Adv. Mater.*, **20**, 4490–4493.
35. Shin, H.J., Kim, K.K., Benayad, A., Yoon, S.M., Park, H.K., Jung, I.S., Jin, M.H., Jeong, H.K., Kim, J.M., Choi, J.Y., and Lee, Y.H. (2009) *Adv. Funct. Mater.*, **19**, 1987–1992.
36. Pei, S.F., Zhao, J.P., Du, J.H., Ren, W.C., and Cheng, H.M. (2010) *Carbon*, **48**, 4466–4474.
37. Eda, G., Fanchini, G., and Chhowalla, M. (2008) *Nat. Nanotechnol.*, **3**, 270–274.
38. Gomez-Navarro, C., Weitz, R.T., Bittner, A.M., Scolari, M., Mews, A., Burghard, M., and Kern, K. (2007) *Nano Lett.*, **7**,

39. Kang, H., Kulkarni, A., Stankovich, S., Ruoff, R.S., and Baik, S. (2009) *Carbon*, **47**, 1520–1525.
40. Li, X.S., Cai, W.W., An, J.H., Kim, S., Nah, J., Yang, D.X., Piner, R., Velamakanni, A., Jung, I., Tutuc, E., Banerjee, S.K., Colombo, L., and Ruoff, R.S. (2009) *Science*, **324**, 1312–1314.
41. Li, X.S., Cai, W.W., Colombo, L., and Ruoff, R.S. (2009) *Nano Lett.*, **9**, 4268–4272.
42. Stoller, M.D., Park, S., Zhu, Y., An, J., and Ruoff, R.S. (2008) *Nano Lett.*, **8**, 3498–3502.
43. Wang, Y., Shi, Z., Huang, Y., Ma, Y., Wang, C., Chen, M., and Chen, Y. (2009) *J. Phys. Chem. C*, **113**, 13103–13107.
44. Yang, X., Qiu, L., Cheng, C., Wu, Y., Ma, Z.-F., and Li, D. (2011) *Angew. Chem. Int. Ed.*, **50**, 7325–7328.
45. Xu, Y., Lin, Z., Huang, X., Liu, Y., Huang, Y., and Duan, X. (2013) *ACS Nano*, **7**, 4042–4049.
46. Li, X., Wang, H., Robinson, J.T., Sanchez, H., Diankov, G., and Dai, H. (2009) *J. Am. Chem. Soc.*, **131**, 15939–15944.
47. Wang, X., Li, X., Zhang, L., Yoon, Y., Weber, P.K., Wang, H., Guo, J., and Dai, H. (2009) *Science*, **324**, 768–771.
48. Qiu, Y.C., Zhang, X.F., and Yang, S.H. (2011) *Phys. Chem. Chem. Phys.*, **13**, 12554–12558.
49. Zhu, Y.W., Murali, S., Stoller, M.D., Ganesh, K.J., Cai, W.W., Ferreira, P.J., Pirkle, A., Wallace, R.M., Cychosz, K.A., Thommes, M., Su, D., Stach, E.A., and Ruoff, R.S. (2011) *Science*, **332**, 1537–1541.
50. Yang, X., Cheng, C., Wang, Y., Qiu, L., and Li, D. (2013) *Science*, **341**, 534–537.
51. Yan, J., Wei, T., Shao, B., Ma, F., Fan, Z., Zhang, M., Zheng, C., Shang, Y., Qian, W., and Wei, F. (2010) *Carbon*, **48**, 1731–1737.
52. Huang, Z.-D., Zhang, B., Oh, S.-W., Zheng, Q.-B., Lin, X.-Y., Yousefi, N., and Kim, J.-K. (2012) *J. Mater. Chem.*, **22**, 3591–3599.
53. Yu, D. and Dai, L. (2009) *J. Phys. Chem. Lett.*, **1**, 467–470.
54. Fan, Z., Yan, J., Zhi, L., Zhang, Q., Wei, T., Feng, J., Zhang, M., Qian, W., and Wei, F. (2010) *Adv. Mater.*, **22**, 3723–3728.
55. Du, F., Yu, D., Dai, L., Ganguli, S., Varshney, V., and Roy, A.K. (2011) *Chem. Mater.*, **23**, 4810–4816.
56. Lei, Z., Christov, N., and Zhao, X.S. (2011) *Energy Environ. Sci.*, **4**, 1866–1873.
57. Wu, Z.-S., Wang, D.-W., Ren, W., Zhao, J., Zhou, G., Li, F., and Cheng, H.-M. (2010) *Adv. Funct. Mater.*, **20**, 3595–3602.
58. Chen, Y., Zhang, X., Zhang, D., and Ma, Y. (2012) *J. Alloys Compd.*, **511**, 251–256.
59. Lin, N., Tian, J., Shan, Z., Chen, K., and Liao, W. (2013) *Electrochim. Acta*, **99**, 219–224.
60. Soin, N., Roy, S.S., Mitra, S.K., Thundat, T., and McLaughlin, J.A. (2012) *J. Mater. Chem.*, **22**, 14944–14950.
61. Kim, J.-Y., Kim, K.-H., Yoon, S.-B., Kim, H.-K., Park, S.-H., and Kim, K.-B. (2013) *Nanoscale*, **5**, 6804–6811.
62. Lee, M.-T., Fan, C.-Y., Wang, Y.-C., Li, H.-Y., Chang, J.-K., and Tseng, C.-M. (2013) *J. Mater. Chem. A*, **1**, 3395–3405.
63. Yu, Y., Zhang, B., He, Y.-B., Huang, Z.-D., Oh, S.-W., and Kim, J.-K. (2013) *J. Mater. Chem. A*, **1**, 1163–1170.
64. Chen, C., Fu, W., and Yu, C. (2012) *Mater. Lett.*, **82**, 133–136.
65. Kalubarme, R.S., Ahn, C.-H., and Park, C.-J. (2013) *Scr. Mater.*, **68**, 619–622.
66. Feng, X., Yan, Z., Chen, N., Zhang, Y., Ma, Y., Liu, X., Fan, Q., Wang, L., and Huang, W. (2013) *J. Mater. Chem. A*, **1**, 12818–12825.
67. Mao, L., Zhang, K., Chan, H.S.O., and Wu, J. (2012) *J. Mater. Chem.*, **22**, 1845–1851.
68. Wu, Z.-S., Ren, W., Wang, D.-W., Li, F., Liu, B., and Cheng, H.-M. (2010) *ACS Nano*, **4**, 5835–5842.
69. Li, Y., Zhao, N., Shi, C., Liu, E., and He, C. (2012) *J. Phys. Chem. C*, **116**, 25226–25232.
70. Chen, S., Zhu, J., Wu, X., Han, Q., and Wang, X. (2010) *ACS Nano*, **4**, 2822–2830.
71. Peng, L., Peng, X., Liu, B., Wu, C., Xie, Y., and Yu, G. (2013) *Nano Lett.*, **13**, 2151–2157.
72. Zhang, J. and Zhao, X.S. (2013) *Carbon*, **52**, 1–9.

73. Zhu, J. and He, J. (2012) *ACS Appl. Mater. Interfaces*, **4**, 1770–1776.
74. Yang, W., Gao, Z., Wang, J., Wang, B., Liu, Q., Li, Z., Mann, T., Yang, P., Zhang, M., and Liu, L. (2012) *Electrochim. Acta*, **69**, 112–119.
75. Chen, H., Zhou, S., Chen, M., and Wu, L. (2012) *J. Mater. Chem.*, **22**, 25207–25216.
76. Zhu, C., Guo, S., Fang, Y., Han, L., Wang, E., and Dong, S. (2011) *Nano Res.*, **4**, 648–657.
77. Yang, H., Jiang, J., Zhou, W., Lai, L., Xi, L., Lam, Y.M., Shen, Z., Khezri, B., and Yu, T. (2011) *Nanoscale Res. Lett.*, **6**, 531.
78. Kim, M., Hwang, Y., and Kim, J. (2013) *J. Power Sources*, **239**, 225–233.
79. Ge, J., Yao, H.-B., Hu, W., Yu, X.-F., Yan, Y.-X., Mao, L.-B., Li, H.-H., Li, S.-S., and Yu, S.-H. (2013) *Nano Energy*, **2**, 505–513.
80. Wu, Y., Liu, S., Wang, H., Wang, X., Zhang, X., and Jin, G. (2013) *Electrochim. Acta*, **90**, 210–218.
81. Wang, B., Park, J., Wang, C., Ahn, H., and Wang, G. (2010) *Electrochim. Acta*, **55**, 6812–6817.
82. Xiao, J. and Yang, S. (2012) *J. Mater. Chem.*, **22**, 12253–12262.
83. Chen, S., Zhu, J., and Wang, X. (2010) *J. Phys. Chem. C*, **114**, 11829–11834.
84. Yan, J., Wei, T., Qiao, W., Shao, B., Zhao, Q., Zhang, L., and Fan, Z. (2010) *Electrochim. Acta*, **55**, 6973–6978.
85. Wang, L., Wang, X., Xiao, X., Xu, F., Sun, Y., and Li, Z. (2013) *Electrochim. Acta*, **111**, 937–945.
86. Xiao, J. and Yang, S. (2012) *ChemPlusChem*, **77**, 807–816.
87. Wang, H.L., Casalongue, H.S., Liang, Y.Y., and Dai, H.J. (2010) *J. Am. Chem. Soc.*, **132**, 7472–7477.
88. Zhou, W., Liu, J., Chen, T., Tan, K.S., Jia, X., Luo, Z., Cong, C., Yang, H., Li, C.M., and Yu, T. (2011) *Phys. Chem. Chem. Phys.*, **13**, 14462–14465.
89. Yang, S., Feng, X., Ivanovici, S., and Muellen, K. (2010) *Angew. Chem. Int. Ed.*, **49**, 8408–8411.
90. Xiao, J. and Yang, S. (2011) *RSC Adv.*, **1**, 588–595.
91. Wang, H.-W., Hu, Z.-A., Chang, Y.-Q., Chen, Y.-L., Wu, H.-Y., Zhang, Z.-Y., and Yang, Y.-Y. (2011) *J. Mater. Chem.*, **21**, 10504–10511.
92. Zhang, W., Zeng, Y., Xiao, N., Hng, H.H., and Yan, Q. (2012) *J. Mater. Chem.*, **22**, 8455–8461.
93. Li, M., Sun, G., Yin, P., Ruan, C., and Ai, K. (2013) *ACS Appl. Mater. Interfaces*, **5**, 11462–11470.
94. Wang, H., Yi, H., Chen, X., and Wang, X. (2014) *J. Mater. Chem. A*, **2**, 1165–1173.
95. Yang, S., Gong, Y., Liu, Z., Zhan, L., Hashim, D.P., Ma, L., Vajtai, R., and Ajayan, P.M. (2013) *Nano Lett.*, **13**, 1596–1601.
96. Wang, Q., Jiao, L., Du, H., Wang, Y., and Yuan, H. (2014) *J. Power Sources*, **245**, 101–106.
97. Xu, H., Hu, Z., Lu, A., Hu, Y., Li, L., Yang, Y., Zhang, Z., and Wu, H. (2013) *Mater. Chem. Phys.*, **141**, 310–317.
98. Wang, D., Li, Y., Wang, Q., and Wang, T. (2012) *J. Solid State Electrochem.*, **16**, 2095–2102.
99. Shou, Q., Cheng, J., Zhang, L., Nelson, B.J., and Zhang, X. (2012) *J. Solid State Chem.*, **185**, 191–197.
100. Wang, B., Guan, D., Gao, Z., Wang, J., Li, Z., Yang, W., and Liu, L. (2013) *Mater. Chem. Phys.*, **141**, 1–8.
101. Lim, S.P., Huang, N.M., and Lim, H.N. (2013) *Ceram. Int.*, **39**, 6647–6655.
102. Zhang, Y., Li, H., Pan, L., Lu, T., and Sun, Z. (2009) *J. Electroanal. Chem.*, **634**, 68–71.
103. Lu, T., Zhang, Y., Li, H., Pan, L., Li, Y., and Sun, Z. (2010) *Electrochim. Acta*, **55**, 4170–4173.
104. Ramadoss, A. and Kim, S.J. (2013) *Carbon*, **63**, 434–445.
105. Qiu, Y., Yan, K., Yang, S., Jin, L., Deng, H., and Li, W. (2010) *ACS Nano*, **4**, 6515–6526.
106. Pendashteh, A., Mousavi, M.F., and Rahmanifar, M.S. (2013) *Electrochim. Acta*, **88**, 347–357.
107. Liu, Y., Ying, Y., Mao, Y., Gu, L., Wang, Y., and Peng, X. (2013) *Nanoscale*, **5**, 9134–9140.
108. Wu, Q., Xu, Y., Yao, Z., Liu, A., and Shi, G. (2010) *ACS Nano*, **4**, 1963–1970.
109. Bai, H., Li, C., Wang, X., and Shi, G. (2010) *Chem. Commun.*, **46**, 2376–2378.

110. Sarker, A.K. and Hong, J.-D. (2012) *Langmuir*, **28**, 12637–12646.
111. Liu, J., An, J., Zhou, Y., Ma, Y., Li, M., Yu, M., and Li, S. (2012) *ACS Appl. Mater. Interfaces*, **4**, 2870–2876.
112. Wang, H., Hao, Q., Yang, X., Lu, L., and Wang, X. (2009) *Electrochem. Commun.*, **11**, 1158–1161.
113. Yan, J., Wei, T., Shao, B., Fan, Z., Qian, W., Zhang, M., and Wei, F. (2010) *Carbon*, **48**, 487–493.
114. Murugan, A.V., Muraliganth, T., and Manthiram, A. (2009) *Chem. Mater.*, **21**, 5004–5006.
115. Wang, H., Hao, Q., Yang, X., Lu, L., and Wang, X. (2010) *ACS Appl. Mater. Interfaces*, **2**, 821–828.
116. Yan, J., Wei, T., Fan, Z., Qian, W., Zhang, M., Shen, X., and Wei, F. (2010) *J. Power Sources*, **195**, 3041–3045.
117. Zhang, L.L., Zhao, S., Tian, X.N., and Zhao, X.S. (2010) *Langmuir*, **26**, 17624–17628.
118. Wang, H., Hao, Q., Yang, X., Lu, L., and Wang, X. (2010) *Nanoscale*, **2**, 2164–2170.
119. Zhang, K., Zhang, L.L., Zhao, X.S., and Wu, J. (2010) *Chem. Mater.*, **22**, 1392–1401.
120. Mao, L., Zhang, K., Chan, H.S.O., and Wu, J. (2012) *J. Mater. Chem.*, **22**, 80–85.
121. Sathish, M., Mitani, S., Tomai, T., and Honma, I. (2011) *J. Mater. Chem.*, **21**, 16216–16222.
122. Xu, J., Wang, K., Zu, S.-Z., Han, B.-H., and Wei, Z. (2010) *ACS Nano*, **4**, 5019–5026.
123. Wang, K., Huang, J., and Wei, Z. (2010) *J. Phys. Chem. C*, **114**, 8062–8067.
124. Huang, J., Wang, K., and Wei, Z. (2010) *J. Mater. Chem.*, **20**, 1117–1121.
125. Wang, D.-W., Li, F., Zhao, J., Ren, W., Chen, Z.-G., Tan, J., Wu, Z.-S., Gentle, I., Lu, G.Q., and Cheng, H.-M. (2009) *ACS Nano*, **3**, 1745–1752.
126. Feng, X.-M., Li, R.-M., Ma, Y.-W., Chen, R.-F., Shi, N.-E., Fan, Q.-L., and Huang, W. (2011) *Adv. Funct. Mater.*, **21**, 2989–2996.
127. Gao, Z., Yang, W., Wang, J., Yan, H., Yao, Y., Ma, J., Wang, B., Zhang, M., and Liu, L. (2013) *Electrochim. Acta*, **91**, 185–194.
128. Xu, B., Yue, S., Sui, Z., Zhang, X., Hou, S., Cao, G., and Yang, Y. (2011) *Energy Environ. Sci.*, **4**, 2826–2830.
129. Zhang, Q., Li, Y., Feng, Y., and Feng, W. (2013) *Electrochim. Acta*, **90**, 95–100.
130. Yu, G., Hu, L., Liu, N., Wang, H., Vosgueritchian, M., Yang, Y., Cui, Y., and Bao, Z. (2011) *Nano Lett.*, **11**, 4438–4442.
131. Li, S., Wu, D., Cheng, C., Wang, J., Zhang, F., Su, Y., and Feng, X. (2013) *Angew. Chem. Int. Ed.*, **52**, 12105–12109.

第6章 石墨烯应用于超级电容器

Richa Agrawal, Chunhui Chen, Yong Hao, Yin Song, Chunlei Wang

6.1 引言

近些年来,包括物理、化学和生物科学在内的许多领域,研究者们对碳及其衍生物的研究兴趣急剧增加。石墨烯是 sp^2 杂化碳原子以六角排列的单原子片层结构(2D),原则上是包括石墨(3D)、碳纳米管(CNT)(1D)以及富勒烯(0D)在内的所有其他维度的一些最重要的石墨化碳材料的构建结构单元。图6.1说明了石墨烯是如何成为所有石墨化碳材料的结构母体[1]。由于其独特的结构和出色的性

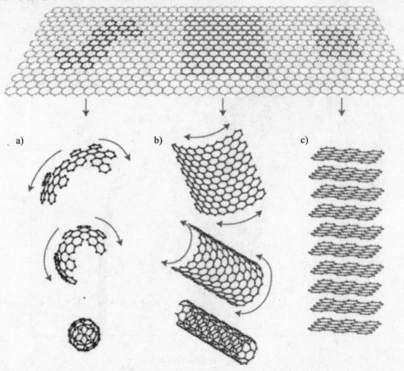

图6.1 石墨烯是所有石墨化结构的母体。这种2D碳片可以包裹成a) 0D巴基球,b) 卷成1D碳纳米管,或c) 堆叠成3D石墨[1]

能，石墨烯自发现以来一直在科学界享有盛誉。石墨烯具有优异的导电性和导热性、非常高的力学强度[2,3]和大的理论比表面积（SSA）（>2600m²/g）。石墨烯的这些优异性能使其在许多应用中表现出巨大的前景，包括储能[4-6]、电子[7]、复合材料[8]、生物技术[9]等。高导电性、优异的力学强度和高理论比表面积使得该材料无论是其自身还是与其他材料相结合，都特别适合作为功能电极材料应用于储能领域。

6.1.1 电化学电容器

电化学电容器（EC），通常称为超级电容器，是一类储能设备，它弥补了传统电解电容器和电池之间的差距。在本章中，电化学电容器和超级电容器这两个词将互换使用。超级电容器具有高能量密度、长循环寿命和高功率密度的特点。这些器件具有比电池更高的功率密度，并且比传统电容器更高的能量密度。图6.2描绘了超级电容器功率密度与能量密度关系图，也称为Ragone图。

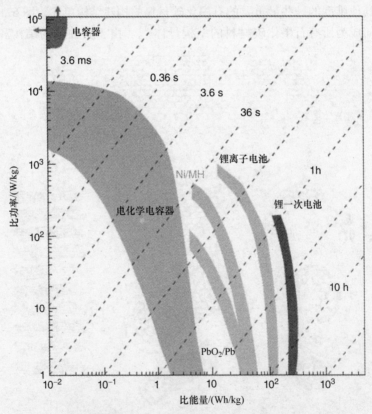

图6.2 不同能量设备的Ragone图。可以看出，电化学电容器弥补了传统电容器和电池之间的差距，具有中间时间特点[10]

6.1.1.1 电容器的基本原理

典型的电容器是通过静电作用储能的无源元件。与作为有源元件并以化学形式提供能量的电池不同,电容器在静电场中储能。平行板电容器包括由电介质隔开的两个平行电极。在施加外部电压时,电极周围聚集与其电性相反的电荷,从而产生电场,利于在电容器中储能。电容器的电容(C)可以表示为每个电极上的电荷(Q)与它们之间的电位差(V)之比:

$$C = Q/V \tag{6.1}$$

$$C = \varepsilon_0 \varepsilon_r A/D \tag{6.2}$$

式中,ε_0 是自由空间的介电常数,ε_r 是相对介电常数,A 是电极的面积,D 是电极之间的距离。从公式中可以明显看出,电容取决于电介质的性质、板的面积以及电极之间的距离。

任何储能装置的主要电化学特性是其能量密度和功率密度,两者都可以表示为每单位质量(每千克)、每单位面积或每单位体积。电容器的能量可以由以下公式表示:

$$E = 0.5CV^2 \tag{6.3}$$

式中,符号代表其常用的含义。

通常,功率是能量输送速率的度量,即每单位时间的能量。但是,电容器输出的最大功率受系统内阻的限制,也称为等效串联电阻(ESR)。

$$P_{max} = V^2/(4ESR) \tag{6.4}$$

从式(6.4)可以看出,功率是系统电阻的反函数,即电阻越低,系统输出的功率越大。ESR 可以通过测量在系统的充/放电曲线的放电部分中引入电压降而得到,因此在放电期间降低电容器的最大电压,从而限制系统的最大功率。然而,这是最大功率,通常实际系统中的峰值功率低于 P_{max}。

6.1.1.2 电化学电容器的分类

电化学电容器通过在高比表面积材料的电极与电解质界面处存储电荷的形式储能。根据其电荷存储机制,电化学电容器被细分为电化学双电层电容器(EDLC)和赝电容器。第三类,即所谓的"混合电化学电容器",基本上结合了 EDLC 和赝电容器的特征。与传统电容器一样,EDLC 可通过静电作用存储电荷。电荷存储在电极/电解质界面处,电容由双层的厚度控制,也称为亥姆霍兹双层。在施加电压时,电荷聚集在电极表面。该电荷的聚集吸引相反的电荷通过隔膜进行扩散,使每个电极上形成电荷双层。这种双层的存在,电极的高比表面积以及电极之间的较小距离,使得 EDLC 具有比传统电容器更高的能量密度。由于这些电容器由非法拉第过程控制,因此 EDLC 中的电荷存储具有高度可逆性,使其能够实现几乎无限的循环寿命。然而,由于循环寿命是各种其他因素的共同作用结果,例如电极的稳定性、活性材料与基板的黏附性等,即使这些电容器寿命不是无限的,也可以达到非常高的循环次数(约 10^6),远高于基于氧化还原过程作用机理的传统电池。常见的 EDLC 材料如活性炭（AC）、碳气凝胶、碳纳米结构，包括许多形态如 CNT、洋葱型碳（OLC）、碳纳米线（CNW）、碳纳米棒、富勒烯和石墨烯。

与传统电容器和 EDLC 相比，赝电容器以法拉第方式存储电荷；或者换句话说，这种电容器中的电容来自电极和电解质之间的电荷转移。这种电荷转移是高度可逆以及快速的，因此这些器件的充电和放电曲线看起来像典型的电容器。后者被称为赝电容器，因为它是基于可逆的法拉第型充电和放电过程。由于法拉第电荷存储机制，这些电容器通常比 EDLC 具有更高的比能量和比电容。详细的机制和解释已经在其他工作中详细阐述[11,12]。最广泛使用的赝电容材料包括金属氧化物（MO）（主要是氧化钌、氧化锰和氢氧化镍）、导电聚合物（CP），包括聚苯胺（PANI）、聚吡咯（PPy）、聚噻吩（PTH）及其衍生物。

6.1.2 石墨烯作为超级电容器材料

虽然赝电容材料比双电层电容材料具有更高的容量及比电容，但它们本身差的电导率限制了电子的传输过程，从而降低其功率密度。此外，氧化还原反应导致循环性能差，并且由这些材料制成的电极结构的稳健性差，所有这些缺点限制了赝电容材料以其最原始的形式作为电化学电容器电极的应用。由于高的导电性，碳基材料的添加使得赝电容材料能够进行快速电子传输，另外碳纳米结构优异的力学性质也会改善这些赝电容材料的力学稳定性。石墨烯以其出色的电学和力学性能而闻名，是制备复合赝电容器电极的理想添加剂。因此，石墨烯不仅是一种优良的双电层电容材料，而且还是赝电容器中作为导电添加剂的极佳替代品。关于使用石墨烯作为超级电容器材料，已经有许多很好的综述文章[13-16]。图 6.3 显示了近年来越来越多使用石墨烯作为超级电容器电极材料的趋势。

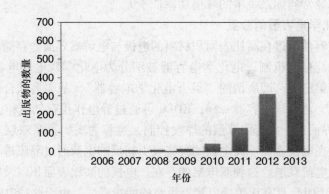

图 6.3　基于石墨烯的超级电容器在多年来的发展趋势
（2006～2013 年，来源于 Science 网站）

对于超级电容器的应用，石墨烯可以通过几种方式合成：①石墨的机械剥离。

例如，Geim 的小组[17]使用普通的透明胶带从高度取向的热解石墨（HOPG）中提取薄层石墨结构；②在 SiC 晶片上外延生长[18]；③通过化学气相沉积（CVD）在催化金属基底如 Ni[19]或 Cu[20]上进行气相合成；④基于溶液的氧化石墨烯（GO）剥离[21]，在这种方法中，石墨粉末通常通过一种 Hummers 方法氧化形成氧化石墨。然后将该氧化石墨在水中剥离。最后将所得溶液化学或热还原。因为存在残余的含氧官能团，最终产物通常称为还原氧化石墨烯（RGO）。由于易于生产和成本效益，这可能是最广泛使用的石墨烯合成方法。另外，由于含氧官能团的存在，通过该方法合成的石墨烯对于超级电容器应用是更理想的。这些基团不仅为石墨烯提供很小的赝电容，而且因为这些基团充当缺陷位点，使得石墨烯更容易进行化学改性。

6.2 用于石墨烯基电容器的电极材料

6.2.1 基于双层电容的石墨烯电极材料

本节讨论石墨烯基材料在 EDLC 中的应用。产生的电容主要是双层电容。

6.2.1.1 基于石墨烯还原氧化石墨烯合成的电极

合成 RGO 的方法之一是 GO 的化学还原。这可以通过使用还原剂如水合肼、氢溴酸、谷胱甘肽（GSH）等来完成。使用 RGO 代替石墨烯的一个好处是残余的氧和羟基不仅诱导赝电容效应，而且还改善石墨烯的亲水性（石墨烯本身为疏水性）。Stankovich 等人[22]提出用水合肼对悬浮在水中的 GO 片进行化学还原。这种还原导致片层结构的聚集和一种新碳材料的形成，他们称之为化学改性石墨烯（CMG），从那时起，水合肼已成为最广泛使用的 GO 还原剂之一。后来 Stoller 等人[23]研究了 CMG 作为超级电容器电极材料。得到的 CMG 分别在水和有机电解液中产生 135F/g 和 99F/g 的比电容。Chen 等人[24]使用氢溴酸（HBr）作为还原剂制备了基于 RGO 的超级电容器，并在液体离子电解质的双电极系统中进行测试，这种离子电解质即为 1-丁基-3-甲基咪唑六氟磷酸盐（BMIPF$_6$）和 1-丁基-3-甲基咪唑四氟硼酸盐（BMIMBF$_4$）。在 BMIMBF$_4$ 中，电极在 10mV/s 时显示出更高的比电容 74F/g，但在 BMIPF$_6$ 中电极显示出 45F/g 的更低比电容。然而，由于其较宽的电压窗口，后者的能量密度明显更高。HBr 是一种温和的还原剂，导致还原后的石墨烯存在含氧官能团。这些氧基为石墨烯片提供了赝电容元素，这增加了材料的比电容。Zhang 等人[25]使用还原形式的 GSH 作为 GO 悬浮液在水中的还原剂，并在 1mol/L H$_2$SO$_4$ 电解液中，以及 0.1A/g 和 5A/g 电流密度下达到 238F/g 的比电容。此外，1000 次循环后实现了 97% 的电容保持率。表 6.1 总结了一些已报道的化学还原氧化石墨烯作为超级电容器电极材料的研究工作。

表 6.1　通过还原氧化石墨烯制备的基于石墨烯的 EDLC

还原剂	电解质	比电容/性能	循环性	参考文献
水合肼	5.5KOH（水溶液）	135F/g 对于 10mA 放电（水溶液）	—	Stoller et al.[23]
	TEABF$_4$/AC	99F/g 对于 10mA 放电（有机）		
HBr	BMIPF$_6$	45F/g 在 10mV/s 下	3000 次循环以后 141%	Chen et al.[24]
	BMIBF$_4$	74F/g 在 10mV/s 下		
GSH	1mol/L H$_2$SO$_4$	238F/g 在 0.1A/g 下 140F/g 在 5A/g 下	1000 次循环以后 97%	Zhang et al.[25]
HBr	1mol/L H$_2$SO$_4$	348F/g 在 0.2A/g 下	3000 次循环以后 120%	Chen et al.[26]
水合肼（气相还原）	30wt% KOH（水溶液）	205F/g 在 1V 下 功率密度 10kW/kg 在能量密度 28.5Wh/kg 下	1200 次循环以后 90%	Wang et al.[27]

6.2.1.2　活化石墨烯基电极

由于电容与电极的比面积成正比，因此增加电极的比表面积对于改善超级电容器的性能非常关键。增加电解质离子的可接近比表面积的途径之一是通过在电极材料中产生多孔位点。对材料进行活化处理已经被广泛进行应用，以产生可接近的孔，并因此获得高比表面积的多孔电极结构。碳基材料最常见的活化途径之一是电化学活化。在此过程中，会使具有较小比表面积的初始碳材料形成孔隙，从而实现更大的比表面积。比表面积的增大进一步实现双层电容的增加。

Hantel 等人[28]通过电化学活化制备部分还原的氧化石墨烯（GOpr）。GOpr 的 Brunauer – Emmett – Teller（BET）比表面积在活化时从 5m^2/g 增加到 2687m^2/g。后一个值的计算是基于没有赝电容贡献，其结果是针对石墨的基平面。由于这种高的比表面积，该材料在 1mol/L Et$_4$NBF$_4$ 的乙腈电解液中，在 1mV/s 的扫描速率下表现出 220F/g 的高比电容。

除了电化学活化的方法之外，用 KOH 对石墨烯进行化学处理是另一种活化石墨烯或石墨烯基复合材料的常用方法。Chen 及其研究团队制备了一种化学活化的石墨烯 – 活性炭（GAC）复合材料。活化后，获得了 798m^2/g 的比表面积。该复合材料在 KOH 电解液中，在 0.1A/g 的电流密度下表现出 122F/g 的比电容[29]。值得注意的是，Zhu 等人用 KOH 活化处理微波剥离氧化石墨烯（MEGO）和热剥离氧化石墨烯（TEGO），并获得了高达 3100m^2/g 的比表面积[30]。通过将微波照射到 GO 上，然后用 KOH 进行化学处理来制备 MEGO 材料。将其溶液过滤并干燥，接着在 800℃ 和 400Torr 的氩气环境中热处理 1h。结果表明，化学活化刻蚀了 MEGO 表面，形成了约为 1~10nm 范围内的微孔，这些微孔相互连接，形成一种连续的三维网络。在双电极体系测试中，以 BMIMBF$_4$/AN 为电解液，其 CV 测试显示出典型的矩形曲线,并且基于其充/放电曲线,电极分别在 1.4A/g、2.8A/g 和 5.7A/g 的电流密度下,表现出 165F/g、166F/g 和 166F/g 的比电容。此外,其充/放电曲线中低的电压降表明体系低的内阻。在 BMIMBF$_4$/AN 电解液中,电流密度为 5.7A/g 时,其能量密度和功率密度通过计算,分别约为 70Wh/kg 和 250kW/kg。此外,在 2.5A/g 电流密度下进行 10000 次循环后,其电容保持率高达 97%。因此,这项开创性的工作证明,可以在短时间内通过简单的 KOH 活化,大规模制备活性石墨烯基材料。表 6.2 总结了一些已报道的基于活化石墨烯材料作为 EDLC 材料超级电容器电极的研究。

表 6.2 基于活化石墨烯的 EDLC 材料

活化方法	电解质	比电容/性能	循环性	参考文献
电化学活化	1mol/L Et$_4$NB$_4$ 在乙腈中	220F/g 在 1mV/s 下	—	Hantel et al. [28]
使用 KOH 化学活化	KOH	122F/g 在 0.1A/g 下 在 KOH 电解质中	3000 次循环以后 90% 对于 KOH	Chen et al. [29]
使用 KOH 微波剥离的氧化石墨烯化学活化	BMIMBF$_4$/AN	165F/g、166F/g、166F/g,分别在 1.4A/g、2.8A/g、5.7A/g 下	10000 次循环以后 97%	Zhu et al. [30]

6.2.1.3 石墨烯与其他碳纳米结构复合电极

石墨烯虽然具有优异的性能,但却容易团聚堆叠,而这种重新堆叠,使得二维石墨烯单层的优势几乎不可能被充分利用。为了防止石墨烯片层结构的重新堆叠,一种途径是将"间隔物"结合到石墨烯片层中,这既可以防止石墨烯片堆叠,又有助于增加可利用的比表面积。碳纳米结构或衍生物,例如 CNT、中孔碳球等,都已用作石墨烯片层的间隔物。应该注意的是,"间隔物"不限于碳纳米结构:例如其他材料,如铂纳米颗粒[31]、各种表面活性剂[32]、二甘醇[33]、氧化锌颗粒[34]等,也可以实现这个目的。

一些研究报道了石墨烯与 CNT 的复合材料在超级电容器电极中的应用。虽然石墨烯和 CNT 都具有优异的性质,但这两种材料在应用过程中都有一定的团聚倾向。因此,必须彻底分散这些材料,以充分利用每种材料的优势。Cheng 等人[35]通过"共混"工艺合成了石墨烯/单壁碳纳米管(SWCNT)复合薄膜结构,并报道了其在水溶液和有机电解液中分别表现出 290.4F/g 和 201F/g 的比电容。与原始石墨烯电极相比,在添加 CNT 之后,其能量密度增加 23%,功率密度增加 31%。此外,当在离子液体电解液中测试时,在 1000 次循环后,其比电容在添加 CNT 后,观察到 29% 的增强。Jung 等人[36]通过酰胺键合作用合成石墨烯/CNT 复合材料,用于超级电容器。可以看出,复合材料中的 CNT 附着在石墨烯的边缘和表面上,这有两个目的:首先,CNT 抑制了石墨烯的重新堆叠;另外,CNT 也增加了整体电容。这种复合电极表现出 165F/cm³ 的惊人体积电容。这种高体积电容归因于扩大的层间距（高达 0.55nm）。在另一项研究中，Wang 等人[37]通过在大气压力下的一步化学气相沉积技术，在镍泡沫上制备三维薄层石墨烯和多壁碳纳米管（MWCNT）复合材料。复合结构具有 743m²/g 的高比表面积，其比电容、能量密度和功率密度分别为 283F/g、39.72Wh/kg 和 154.67kW/kg。非常值得注意的是，这种复合材料在 85000 次循环后，其电容保持率高达 99.34%，证明了电极的高度稳定性。在另一项工作中，Yu 等人[38]通过在阳离子聚乙烯亚胺（PEI）的存在下，原位还原剥离氧化石墨来制备聚合物改性的石墨烯片层结构。然后将这些聚合物处理的石墨烯片层与酸氧化的 MWCNT 自组装，形成一种复合膜。这种复合膜显示出碳结构的互连网络，并且在 1V/s 的高扫描速率下，表现出 120F/g 的比电容。

其他碳衍生物如炭黑（CB）也已用作间隔物以防止石墨烯发生团聚。Yan 等人[39]通过超声处理和还原 GO 制备石墨烯和炭黑的复合材料。炭黑颗粒充当间隔物，防止石墨烯片层的重新堆叠，从而增强电解液中的离子对单层石墨烯片层的可接近性。在研究工作中，炭黑颗粒大部分成功黏附在石墨烯片的边缘上，因此增强了复合体系的电容。在 10mV/s 的扫描速率下，复合材料的比电容为 175F/g，即使在 6000 次循环后，仍保持 90.9% 的初始电容。这种高的电容保持率归因于其电容主要来自双电层效应以及微弱的赝电容效应。Ma 等人[40]通过超声波和煅烧的方法，合成一种糖衍生炭/石墨烯复合材料。其中，糖衍生的碳纳米颗粒充当间隔物以防止石墨烯的重新堆积。在 6mol/L KOH 电解液中，复合材料在 0.5A/g 的电流密度下，产生高达 273F/g 的比电容。此外，相比于一般的石墨烯纳米片层结构，表现出更优异的循环性能。表 6.3 总结了一些与使用石墨烯和其他碳衍生物复合物作为超级电容器电极材料有关的文献。图 6.4 展示了一些基于石墨烯的 EDLC 材料的形貌和电化学性能[24-26,37,40]。

6.2.1.4 氮掺杂石墨烯基电极

对于某些应用而言，石墨烯晶格中其他杂原子的存在，会使器件的性能得到改善。这种杂原子的改性作用，能够调节石墨烯的化学以及电学性质。例如，氧基团的添加，增加了本身只具备双层电容的石墨烯的赝电容效应，因此增强电极的电容。类似地，向石墨烯中添加氮，能够改善生物传感中碳器件的生物相容性，以及提高基于石墨烯的超级电容器的性能。

已经对作为超级电容器电极的富含氮的石墨烯材料的制备和应用进行了许多研究。Nolan 等人[44]通过氨等离子体处理 GO，合成氮掺杂的还原氧化石墨烯（N-RGO）。他们不添加任何黏合剂或导电增强剂，将 N-RGO 作为活性材料喷涂到氧化铟锡（ITO）/玻璃基板上。通过在三电极体系中进行一系列测试研究，他们得出结论，添加氮，能够赋予材料赝电容。Jiang 等人[45]通过氨辅助水热法制备氮掺杂石墨烯，其中 GO 的还原和氮掺杂同时发生，研究报道的最大氮掺杂水平为 7.2%。

表6.3 用于超级电容器的石墨烯和其他碳基材料复合材料

复合材料	电解质	性能	电容保持率	参考文献
石墨烯/SWCNT	1mol/L KCl（水溶液）, 1mol/L TEABF$_4$/PC（有机）	290.4F/g（水溶液中） 201F/g（有机溶液中）	在离子溶液中1000次循环后电容增加29%	Cheng et al. [35]
RGO/CNT	1mol/L TEABF$_4$ 碳酸丙烯酯（PC）中	十分高的体积电容 165F/cm^3 400W/kg 下高的能量密度 34.3Wh/kg	N/A	Jung et al. [36]
少层石墨烯/MWCNT	6mol/L KOH	高比电容 286F/g 能量密度 39.72Wh/kg 功率密度 154.67kW/kg	85000 次循环后为 99.34%	Wang et al. [37]
石墨烯/炭黑	6mol/L KOH	175F/g 在 10mV/s 下 118F/g 在 500mV/s 下	6000 次循环后为 90.9%	Yan et al. [39]
碳糖/石墨烯	6mol/L KOH	273F/g 在 0.5A/g 下 209F/g 在 10A/g 下	在400次循环后电容降低5%, 2000次循环后电容稳定,略有轻微增加	Ma et al. [40]
GO/CNT	1mol/L H$_2$SO$_4$	在 1mV/s 下 74~119F/g 依赖于 GO 和 CNT 浓度	对于 GO：CNT 为 1:1 浓度, 在400次循环后容量从111F/g降低到98F/g	Li et al. [41]
RGO/CNT	1mol/L H$_2$SO$_4$	90F/g 在 100A/g 下	N/A	Qiu et al. [42]
石墨烯/MWCNT	6mol/L KOH	265F/g 在 0.1A/g 下	2000 次循环后为 97%	Lu et al. [43]

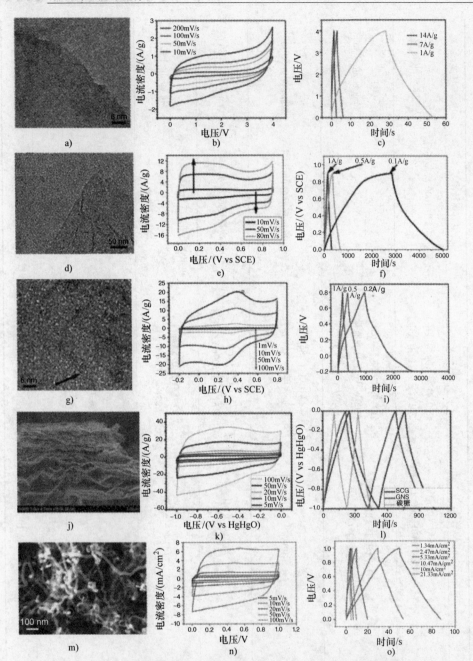

图6.4 a)~c) BMIPF$_6$中 RGO 电极 SEM 图像、CV 曲线和恒电流充电/放电图[24]。d)~f) GG（石墨烯纳米片）的 TEM 图像、CV 和 GG 在 1mol/L H$_2$SO$_4$ 中的恒电流充电/放电曲线[25]。g)~i) RGO 的 HRTEM 图像、所述的 RGO 在不同的扫描速率下的 CV 和在不同的电流密度下的充/放电曲线[26]。j)~l) 碳糖/石墨烯（SCG）的形态，SCG 电极在不同扫描速率下的 CV 曲线，以及 SCG、石墨烯（GNS）和碳糖复合物的充/放电曲线的比较图[40]。m~o) 三维少层石墨烯/MWCNT/NF 结构的形态，其在不同扫描速率的 CV 曲线，以及在不同电流密度下的充/放电曲线[37]

研究表明,在 GO 中,氮掺杂石墨烯的氧含量从 34.8% 降至 8.5%。据报道,这种材料的最大比电容为 144.6F/g,具有出色的长期循环稳定性。虽然大多数研究使用氨作为氮掺杂的前驱体,但 Sun 等人[46]报道了通过 GO 和尿素之间的一步水热反应,来制备富氮石墨烯材料。得到的氮掺杂石墨烯纳米片(NGS)的氮含量高达 10.13at.%。NGS 表现出优异的电化学性能,在电流密度为 0.2A/g 时,其比电容高达 326F/g,并且在 2000 次循环后具有 99.58% 的出色的电容保持率。

6.2.2 石墨烯/赝电容复合电极材料

如前所述,赝电容器具有相当高的电容,但由于这些器件主要依赖于氧化还原过程,因此它们的循环寿命比双电层电容器低;然而,复合电极可结合赝电容器的高电容和双层电容器的长循环寿命。目前,研究最多的赝电容材料是 PANI、PPy 和聚噻吩(PTP)及其衍生物。

6.2.2.1 石墨烯/导电聚合物复合电极

导电聚合物因其优异的导电能力而得名。诸如 PANI、PPy、聚噻吩(PTH)及其衍生物的导电聚合物是一些研究最多的赝电容材料。在氧化时,电解质离子被转移到聚合物链中,而在还原时,离子从链分离并释放到电解质中,如式(6.5)所示。这种离子转移发生在整个电极中,从而产生的比电容非常高。

$$[PPy^+ X^-] + e^- \leftrightarrow [PPy] + X^- \tag{6.5}$$

然而,这种嵌入/脱出会使电极的体积发生变化,而由于体积的膨胀,收缩会使其性能衰退,导致电极导电性和力学稳定性变差。因此,导电聚合物可以通过与具有高力学强度和弹性的碳基材料结合以提高性能。这些碳结构可以起到缓冲作用,减轻导电聚合物体积变化而带来的压力。此外,添加碳可以增加电极的导电性并且还可以增强器件的功率容量[47,48]。碳纤维、碳纳米管和活性炭均已经广泛使用,而石墨烯是加入此领域的碳材料系列的最新成员。表 6.4 总结了一些具有代表性的工作。

1. 石墨烯/聚苯胺(PANI)复合材料

PANI 是研究最广泛的导电聚合物之一,因为它易于制备、具有良好的电子传导性、高比电容和环境友好性。Tong 等人[49]通过在酸性环境下在石墨烯分散体中原位聚合苯胺单体,然后进行电泳沉积,制备石墨烯/PANI 复合材料。可以看出,由于静电、π-π 堆积以及氢键效应,苯胺分子会在石墨烯片上形成,从而使 PANI 优先生长于石墨烯片层表面。该复合材料在 0.5A/g 电流密度下,其比电容为 384F/g,并且在 1000 次循环后,电容保持率为 84%。Wu 和同事[50]通过在酸性的条件下,在 GO 中原位聚合苯胺,随后 GO 被肼还原以制备石墨烯/PANI 复合材料。得到的 CMG 和 PANI 复合材料在 0.1A/g 电流密度下表现出高达 480F/g 的比电容。此外,Wu 的研究团队[51]通过在表面活性剂(四丁基氢氧化铵和十二烷基苯磺酸钠)存在下进行苯胺的原位聚合,以制备石墨烯/PANI 纳米纤维复合材料。

表6.4 用于超级电容器的石墨烯/导电聚合物复合材料

复合材料	形貌	电解质	性能	电容保持率	参考文献
石墨烯/PANI 纳米棒	具有准确孔结构分布的纤维形貌	1mol/L HClO$_4$	878.57F/g 在1A/g下	1000次循环后低的电容衰退	[54]
石墨烯/PANI 纸	层状结构	1mol/L H$_2$SO$_4$	233F/g	N/A	[55]
石墨烯/PANI	没有PANI和石墨烯聚团现象的均匀结构	1mol/L H$_2$SO$_4$	640F/g	1000次循环后90%	[56]
石墨烯纳米片/PANI	纳米纤维结构	1mol/L H$_2$SO$_4$	1130F/g 在5mV/s下	1000次循环后87%	[75]
GO/PANI	多层级结构	1mol/L H$_2$SO$_4$	555F/g	2000次循环后92%	[76]
GO/PANI/CO$_2$	PANI纳米颗粒均匀地沉积在GO上	1mol/L H$_2$SO$_4$ 溶液	425F/g 在0.2A/g下 在放电电流密度0.2A/g下	500次循环后83%	[77]
RGO/PANI	纤维状结构	1mol/L H$_2$SO$_4$	250F/g	N/A	[78]
石墨烯纳米片/PPy	PPy均匀地被GNS包裹	1mol/L H$_2$SO$_4$	482F/g 在0.5A/g下	1000次循环后95%	[79]
石墨烯纳米片/PPy	分散的网格–PPy纳米线黏附在GNS平面上	1mol/L NaCl	165F/g 在1A/g下	1000次循环后92%	[80]
氧化石墨烯/PPy	PPy纳米线分布在GO表面上	1mol/L KCl水溶液	633F/g 在1A/g下	1000次循环后94%	[81]
纳米线	PPy纳米线分布在GO片两侧	1mol/L H$_2$SO$_4$	376F/g 在25mV/s扫描速率下	1000次循环后84%	[82]
RGO/PPy	GO/PPy复合材料均匀地电聚合在金电极表面	1mol/L H$_2$SO$_4$	424F/g 在1A/g下	N/A	[83]
RGO/PPy	RGO/PPy复合材料表现出孔状结构	3mol/L KCl	224F/g 在240A/g下	5000次循环后83%	[84]

可以看出，表面活性剂的存在改善了石墨烯在聚合物基质中的分散性，并且在 0.2A/g 的电流密度下获得了 526F/g 的高比电容以及良好的循环性。Wang 等人[52]报道了一种基于掺杂 GO 的"纤维状"PANI 的高性能电极材料。在 GO 片结构上生长的 PANI 表现出纤维状形态，而不是原始的颗粒结构。该复合材料表现出更高的导电性，在电流密度为 0.2A/g，电位范围为 0~0.45V，实现 531F/g 的高比电容。此外，Wang 的研究小组[53]合成了一种磺化石墨烯/PANI 纳米复合材料，其比电容为 763F/g，在 100 次循环后电容保持率为 96%。Hu 等人[54]通过在反胶束电解质中，在 ITO 基板上进行原位电化学聚合来合成石墨烯/PANI 复合膜。在复合膜中，PANI 和石墨烯片之间显示出良好的导电网络，并且复合膜在电荷负载为 0.5℃，电流密度为 1A/g 时表现出非常高的比电容（878.57F/g）。Wang 等人[55]通过在石墨烯纸上原位阳极电聚合 PANI 薄膜，制备了自支撑、柔韧的石墨烯/PANI 复合纸结构，其表现出 233F/g 的高比电容，此外还表现出良好的力学强度。然而，由于通过过滤制备石墨烯纸，因此石墨烯的比表面积不能被充分利用。Feng 等人[56]报道了使用 GO 和 PANI 作为原料，电化学合成石墨烯/PANI 复合薄膜的一步法。他们构建了基于复合薄膜的生物传感器和超级电容器。超级电容器表现出 640F/g 的比电容，并且在 1000 次充/放电循环后，电容保持率为 90%。

2. 石墨烯/PPy 复合材料

PPy 是另一种被广泛研究的导电聚合物，因为它具有高导电性、高稳定性，并且制备材料所需的吡咯单体具有良好的水溶性，其合成过程简单并具有低的成本。与 PANI 不同，它在非质子水溶液和非水系溶液中显示出良好的电活性；然而，通常 PPy 表现出比 PANI 更低的比电容。如前所述，当与碳材料结合时，PPy 也表现出与 EDLC 材料之间的协同作用。

为了改善基于 PPy 的超级电容器的性能，Sahoo 及其同事[57]通过原位氧化聚合方法制备了具有不同石墨烯重量比的石墨烯/PPy 纳米复合材料，其电极表现出高达 409F/g 的比电容。Oliveira 等人[58]采用界面氧化聚合方法制备功能化石墨烯片与 PPy 的复合材料，并应用于超级电容器中。测得这些复合电极的比电容为 277.8F/g。这主要是由于在带负电荷的羧酸盐功能化的石墨烯片表面，生长了 p 型 PPy。功能化的石墨烯和 PPy 之间的这种协同作用使得复合电极表现出比纯石墨烯或纯聚合物膜更高的储能容量。制造石墨烯/PPy 复合材料的另一种可行方法是基于 GO，而不是石墨烯片。GO 是高度水溶性的，因此可以更好地分散在水性可聚合单体溶液中，随后可以还原以获得 RGO/PPy 复合材料。采用一步、原位化学氧化聚合的方法能够制备一种柔韧、自支撑式 PPy/GO 纳米复合材料纸结构[59]。在该体系中，纳米复合材料的结构特征表明 PPy 和 GO 之间存在 π-π 电子堆叠的相互作用。该纸在 100mV/s 的扫描速率下，表现出约为 330F/g 的比电容，并且在 700 次循环后具有 91% 的电容保持率。Liu 等人[60]报道通过在 GO 水溶液中，吡咯单体原位氧化聚合，随后使用乙二醇（EG）进行化学还原以制备石墨烯/PPy 复合材料。EG-RGO/PPy 复合材料在电流密度为 0.5A/g 时表现出超过 420F/g 的高比电容，在 200 次循环后具有 93% 的电容保持率。而原始的 PPy 在相同的测试条件下，仅表现出 200F/g 的比电容。

Davies 等人[61]使用脉冲电聚合法制造柔性、均匀的石墨烯/PPy 复合薄膜，并报道这种复合薄膜具有 237F/g 的高比电容。Si 等人[62]报道了一种环境友好、简便的电化学方法，通过电解聚合然后电化学还原制备 PPy/石墨烯纳米复合材料。该复合材料表现出约为 136.5m^2/g 的高比表面积。另外，电化学制备的复合材料在 0.5A/g 的放电电流密度下，显示出 285F/g 的高比电容，以及优异的循环稳定性。

3. 石墨烯/聚亚乙基二氧噻吩（PEDOT）复合材料

PEDOT 是一种普遍的聚噻吩衍生物，具有高导电性、宽电位窗（1.2~1.5V）、良好的热稳定性和化学稳定性，并据报道能够进行快速氧化还原反应。PEDOT 已被用作超级电容器应用的电极材料，并应用于各种电解液中[63-65]。然而，与 PANI 和 PPy 相比，PEDOT 与石墨烯材料复合作为超级电容器电极的研究较少。Alvia 等人[66]使用化学氧化聚合法合成石墨烯/PEDOT 纳米复合材料，这种材料表现出 374F/g 的比电容。Zhang 和 Zhao 在他们的工作中[67]分别比较了石墨烯与 PANI、PPy 和 PEDOT 复合的复合材料的电化学性能。发现 RGO/PANI、RGO/PPy 和 RGO/PEDOT 复合材料在 0.3A/g 的电流密度下分别表现出 361F/g、248F/g 和 108F/g 的比电容。

6.2.2.2 石墨烯/过渡金属氧化物复合电极

过渡金属氧化物如 RuO_2、NiO_x、锰氧化物（MnO_2、Mn_3O_4）、Fe_3O_4 和 PbO_2 能够在其表面发生快速、可逆的氧化还原反应，这使它们具有赝电容特性。由于赝电容器通常具有比 EDLC 更高的比电容，因此 MO 具有更高的比能量，从而大量研究集中在设计 MO 以满足能量需求。然而，由于赝电容是法拉第过程的结果，因此与 EDLC 相比，EDLC 表现出较差的循环性能和相对较短的循环寿命。为了提高 MO 的循环性能的方法之一是添加 EDLC 材料。这些 MO/EDLC 复合材料可以根据能量需求，在对称器件或不对称器件中使用。

GO 和 MO 之间的协同作用可归纳如下：

1）MO 具有差的导电性，因此可借助于石墨烯优异的导电性以提高自身性能。

2）石墨烯虽然具有非常大的理论比表面积，但具有高团聚和重新堆积的趋势；另一方面，MO 可以通过充当石墨烯片之间的"间隔物"，来抑制这种片层的重新堆叠。

3）石墨烯是 EDLC 材料，并且原则上在循环方面具有非常高的寿命，因此可以有助于改善 MO 的循环性能。

1. 石墨烯/锰氧化物复合物

在过渡金属氧化物中，锰氧化物可能是研究最多的赝电容材料，因为它具有成本低、环境友好和资源丰富的特点。根据式（6.6），MnO_2 主要通过水系电解液中的质子化和去质子化来存储电荷：

$$MnO_2 + H^+ + e^- \leftrightarrow MnOOH \tag{6.6}$$

根据电解质中的离子，式（6.6）可以推广为式（6.7）：

$$MnO_2 + X^+ + e^- \leftrightarrow MnOOX \tag{6.7}$$

这些快速且可逆的氧化还原反应使 MnO_2 具有赝电容特性。然而，传统共沉淀法制备的 MnO_2 由于其低比表面积，表现出低比电容[68]。由于电解质离子的表面吸附产生赝电容，因此大比表面积和合适的孔径分布是完全实现赝电容材料潜力的关键因素。虽然使用纳米结构的 MnO_2 可以增加比表面积，但是所得到的结构通常在电化学循环期间是短暂的，这种结构的不稳定会导致材料循环寿命短。鉴于石墨烯优异的力学和电化学稳定性，因此可以将锰氧化物与石墨烯结合，充分利用两者材料的优势。

Zhao 等人[69]制备了 MnO_2/石墨烯/镍泡沫（MnO_2/EPD-G/NF）复合材料，其中先在镍泡沫基底上电泳沉积石墨烯，然后在 EPD-G/NF 上电沉积 MnO_2。该复合材料在 $0.5mol/L\ Na_2SO_4$ 中，分别在 1A/g 和 10A/g 的电流密度下产生 476F/g 和 216F/g 的高比电容。相比之下，MnO_2/NF 电极分别在 1A/g 和 10A/g 电流密度下产生的比电容仅为 357F/g 和 114F/g，这表明复合电极更优异的性能是 MnO_2 和石墨烯之间协同作用的结果。石墨烯有助于降低 MnO_2/NF 电极的内阻。Wang 等人[70]制备了石墨烯/MWCNT/MnO_2 纳米线复合材料，它们称为 GMM 复合物。他们通过 CVD 在镍泡沫基底上沉积 GM（石墨烯/MWCNT）结构。该 GM 泡沫具有 $497m^2/g$ 的高 BET 比表面积。在合成该 GM 泡沫后，将通过水热合成的 α-MnO_2 纳米线（BET 比表面积为 $22.28m^2/g$）涂覆到 GM 泡沫上。可以看出，在石墨烯/MWCNT/MnO_2（GMM）复合材料中，MnO_2 纳米线均匀分布并且很好地附着在 GM 泡沫上。在 $2mol/L\ Li_2SO_4$ 的水系电解液中，该复合材料产生 1108.79F/g 的高比电容和 799.84kW/kg 的高功率密度。此外，该复合材料表现出非常高的能量密度 391.7Wh/kg，这对于超级电容器是非常罕见的。此外，即使在 13000 次循环后，该复合材料仍表现出高达 97.94% 的电容保持率。在另一项工作中，Ge 等人[71]开发出一种低成本的"浸渍和干燥"工艺，使用商业海绵制造分层石墨烯/MnO_2 纳米结构海绵。首先，用水和乙醇清洗商用的大孔海绵，并切成 1mm 厚，尺寸为 $1cm \times 2cm$ 的片结构。然后将这些碎片浸入到 GO 溶液（2.6mg/mL）中，随后离心，再浸入氢碘酸中，并干燥。将这些海绵（称为海绵/RGO）浸入 6.9mmol/L $Mn(CH_3COO)_2 \cdot 4H_2O$（含水乙酸锰）中，并适度搅拌，然后浸入 4.7mmol/L $KMnO_4$ 溶液中，最后洗涤并干燥。所得复合物，称为海绵/RGO/MnO_2，表现出优异的循环性，扫描速率为 10mV/s 时，循环 10000 次后，电容降低仅约 10%。并且最大能量密度和功率密度分别为 8.34Wh/kg 和 47kW/kg，而海绵/RGO 最大能量密度和功率密度分别为 2.08Wh/kg 和 94kW/kg。

功能化石墨烯也被探索作为石墨烯的替代物进行应用。Yang 等人[72]在 120℃

下,采用一步水热法制备了氮掺杂石墨烯和超薄 MnO_2 片的复合材料（NGMC）。可以看出，MnO_2 片很好地分散并黏附到氮掺杂的石墨烯骨架上。在 1mol/L Na_2SO_4 电解液中，电流密度分别为 0.2A/g、0.5A/g、1A/g 和 2A/g 时，实现了 257.1F/g、224.4F/g、205.6F/g 和 192.5F/g 的比电容。此外，即使在 2000 次循环后，观察到电容保持率也高达 94.2%。

除 MnO_2/石墨烯复合材料外，还有许多研究报道了 Mn_3O_4 和石墨烯复合材料作为超级电容器电极。Wang 等[73]通过将 EG 中的石墨烯与 MnO_2 有机溶胶混合，然后进行超声波处理和热处理，合成了 Mn_3O_4/石墨烯纳米复合材料。显微照片分析显示，Mn_3O_4 纳米颗粒在 GNS 上均匀分布。并且复合材料在 1mol/L Na_2SO_4 和 6mol/L KOH 的电解液中，分别表现出 175F/g 和 256F/g 的高比电容。较高的电容值归因于 Mn_3O_4 和石墨烯之间的协同促进作用。

2. 其他金属氧化物/石墨烯复合材料

尽管 RuO_2 成本较高，但由于其高的理论赝电容（>1300F/g）、长循环寿命和高的电化学可逆性，RuO_2 一直是超级电容器中研究最广泛的过渡金属氧化物之一。RuO_2 在水系电解液中的电荷存储通过电化学质子化进行，如式（6.8）所示：

$$RuO_2 + \delta H^+ + \delta e^- \leftrightarrow RuO_2^{-\delta} + (OH)_\delta \quad 其中 0 \leq \delta \leq 2 \quad (6.8)$$

电位窗口约为 1.2V[10]。

然而，为了充分利用 RuO_2 的优点，必须将其与一些碳基材料复合，以克服 MO 作为独立电极材料使用时的固有缺点。使用碳材料作为 RuO_2 添加剂的另一个优点是防止 RuO_2 团聚物的形成，这种团聚物会阻碍 RuO_2 的充分反应。此外，团聚物会由于表面积减小而严重影响电容。因此，石墨烯作为 RuO_2 的 EDLC 添加剂具有很大的应用前景，并且由于石墨烯本身很容易重新堆积和团聚，与 RuO_2 可以结合来防止这种现象的发生，反之亦然。

虽然在 RuO_2 与其他碳衍生物复合的研究领域已投入了大量精力，但对于 RuO_2/石墨烯复合材料的研究相对较新。Wu 等人[74]使用 GNS 制备含水 RuO_2/GNS 复合材料，他们称之为具有不同百分比 Ru 的 RuO_2/GNS 复合材料（ROGSC）。他们发现 RuO_2 颗粒均匀分布在 GNS 上，并起到隔离物的作用，以防止石墨烯片层的重新堆积。而具有 38.3wt% Ru 的复合材料在 1mV/s 的扫描速率下具有 570F/g 的比电容，能量密度和功率密度分别为 20.1Wh/kg 和 10000W/kg。在 1A/g 的电流密度下，1000 次循环后观察到电容保持率为 97.9%，这远高于纯 RuO_2 电极的电容保持率（约 42%）。文章的结论是，通过降低颗粒电阻并促进电荷存储过程中的离子运动，"颗粒-片"结构有助于实现石墨烯和 RuO_2 的最佳性能。

还有许多研究报道了其他的金属氧化物如 Cu_xO、ZnO 和 Fe_3O_4 均与石墨烯复合，作为电极材料应用。表 6.5 总结了一些有代表性的工作。图 6.5 展示了一些研究工作中石墨烯和赝电容复合材料的形貌及电化学性能[52,69,71,72]。

表 6.5 用于超级电容器的石墨烯/金属氧化物复合电极

复合材料	形貌	电解质	性能	电容保持率	参考文献
MnO_2/石墨烯/镍泡沫(NF)	纳米针状 MnO_2 均匀地生长在多孔 G/NF 片上	0.5mol/L Na_2SO_4	在 1A/g 下电容为 476F/g	N/A	Zhao et al. [69]
石墨烯/MWCNT/MnO_2	石墨烯/MWCNT 泡沫上的纳米线	2mol/L Li_2SO_4	在 10A/g 下电容为 216F/g，在 1.89A/g 下电容为 1108.9F/g	13000 次循环后 97.94%	Wang et al. [70]
RGO/MnO_2	花状纳米颗粒	1mol/L Na_2SO_4	在 2mV/s 下电容为 450F/g	10000 次循环后 90%	Ge et al. [71]
氮掺杂石墨烯/MnO_2	片状形貌	1mol/L Na_2SO_4	能量密度 8.34Wh/kg，功率密度 47kW/kg，257.1F/g，224.4F/g，205.6F/g 和 192.5F/g 分别对应于 0.2A/g，0.5A/g，1A/g 和 2A/g	1000 次循环后 97.9%	Yang et al. [72]
石墨烯/Mn_3O_4	纳米颗粒	1mol/L Na_2SO_4 6mol/L KOH	175F/g 和 256F/g 分别对应 1mol/L Na_2SO_4 和 6mol/L KOH	N/A	Wang et al. [73]
RuO_2/石墨烯	5~10nm RuO_2 纳米颗粒很好地固定在石墨烯骨架上	1mol/L Na_2SO_4	对于 Ru 含量为 38.3wt% 在 1mV/s 下，电容为 570F/g，能量密度 20.1Wh/g，功率密度 10000W/kg	1000 次循环后 97.9%	Wu et al. [74]
Fe_3O_4/RGO	纳米颗粒	1mol/L KOH	在 0.5A/g 下电容为 220.1F/g	在前 800 次循环电容从 180.6F/g 增加到 220.1F/g，并且在 3000 次循环之前维持稳定	Wang et al. [85]
RGO/Co(OH)$_2$	纳米颗粒	2mol/L KOH	在 1A/g 下电容为 476F/g	1000 次循环后 90%	Li et al. [86]
石墨烯/Co_3O_4	Co_3O_4 颗粒均匀分布的多层形貌	6mol/L KOH	在 10A/g 下电容为 330F/g，在 5A/g 下电容为 331F/g	5000 次循环后 122%	Li et al. [87]
石墨烯/ZnO	颗粒	1mol/L KOH	最高的电容 62.2F/g 以及功率密度 8.1kW/kg	200 次循环后仅有 5.1% 降低	Wang et al. [34]

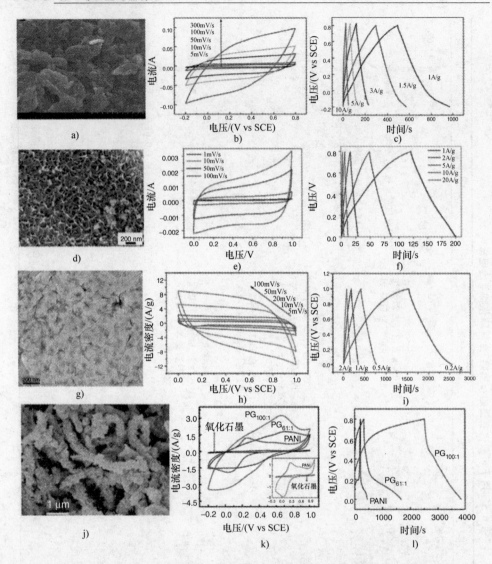

图6.5 a)~c) $MnO_2/EPD-G/NF$ 复合材料的形貌,在不同扫描速率下的CV曲线,以及 $MnO_2/EPD-G/NF$ 复合材料的恒电流充/放电曲线[69]。d)~f) 海绵/RGO/MnO_2 分别浸涂三次的形貌图,浸渍三次的海绵/RGO/MnO_2 在不同的扫描速率 (1~100mV/s)下的CV曲线,并在不同电流密度下的充/放电曲线[71]。g)~i) NGMC的HRTEM图像,不同扫描速率下的CV曲线,以及NGMC的充/放电曲线[72]。j)~l) $PG_{100:1}$ (苯胺:氧化石墨 = 100:1)的SEM图像,PANI、氧化石墨和包含不同苯胺和氧化石墨组分的PG复合材料的CV曲线,其扫描速率为10mV/s,以及PANI、$PG_{100:1}$、$PG_{61:1}$ 在电流密度为200mA/g时的恒电流充/放电曲线[52]

6.3 基于石墨烯的不对称超级电容器

尽管超级电容器表现出优异的功率密度（10kW/kg），但是典型的超级电容器具有低能量密度，然而另一方面，二次电池具有非常高的能量密度。为了将超级电容器的应用范围扩展到电动汽车（EV）、混合动力电动汽车（HEV）、移动电子设备和军事设备[88-91]等同时需要高能量密度和高功率密度的领域，发展高能量密度的超级电容器是必需的。为了解决超级电容器相对较低的能量密度，一种方案是使用不对称超级电容器。这种电容器从本质上来说，结合了一个法拉第电极和一个电容电极，其中前者用作能量源，而后者用作功率源。图6.6显示了不对称超级电容器的示意图[89]。根据公式 $E = 0.5CV^2$，通过最大化比电容（C）和/或电池电压（V）可以获得能量（E）的提高。而包含单独电容 C_1 和 C_2 的两个电极的总电池电容（C）由式（6.9）给出：

$$1/C = 1/C_1 + 1/C_2 \tag{6.9}$$

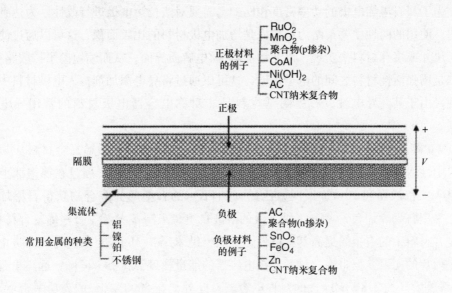

图6.6 不对称超级电容器的示意图[89]

由于在不对称电容器中使用两个不同的电极，因此这些电极具有不同的电容。通常，法拉第电极具有比EDLC电极大得多的电容，因此器件所呈现的总电容为 $C \sim C_-$，其原则上是负电极的电容。因此，如果使用相同的负电极，则非对称装置中的电容器的电容是对称电容器中的电容的两倍。由于这种更高的电容,非对称电池的能量密度要高得多。选择非对称混合电容器材料时,考虑的关键因素如下:

1)匹配活性材料的容量:由于赝电容电极具有比 EDLC 电极高得多的比电容,如果为每个电极加载相同质量的活性材料,则电容不匹配。为了弥补这种不匹配,应该使用更大量的 EDLC 材料;换句话说,非法拉第电极应该比法拉第电极保持更多的质量。

2)最大化电池的工作电压:应选择两个电极,使其电位处于工作电压的高端或低端。由于能量随着电势的二次方而增加,因此电压窗口越宽,能量提高越多。

6.3.1 基于石墨烯和赝电容材料的非对称电容器

鉴于石墨烯的显著特性,它是非对称超级电容器研究最多的 EDLC 材料之一。作为非对称电容器中石墨烯的对电极,迄今为止的大部分研究都集中在赝电容材料上,主要是过渡金属氧化物和氢氧化物。典型的过渡金属氧化物/氢氧化物包括 RuO_2、V_2O_5、MnO_2、$Ni(OH)_2$、Co_3O_4、$Co(OH)_2$ 和 Fe_3O_4 以及它们的二元体系。为了与石墨烯电极的功率密度相匹配,需要对法拉第电极进行改性。为达到此目的,使用的两种主要策略为:首先是增加电极材料的比表面积,这可以通过使用纳米尺寸或多孔材料来实现,以此增加电极/电解质界面,从而缩短离子扩散路径。第二是增强活性材料之间的电子传输,这可以通过将导电添加剂掺入电极材料中来实现。由于其高导电性,石墨烯基材料是非对称电容器电极材料的常用导电添加剂。

Wu 等人[92]开发了一种基于石墨烯作为负极,MnO_2/石墨烯复合材料作为正极,中性 Na_2SO_4 水溶液为电解液的高电压非对称超级电容器。通过在镍泡沫上浇铸 10wt% 乙炔黑和 10wt% 聚四氟乙烯(PTFE)的石墨烯片混合物获得石墨烯电极。采用石墨烯片和 $\alpha-MnO_2$ 纳米线的溶液自组装来制备 MnO_2/石墨烯复合材料。而复合材料中的石墨烯提高其导电性,此外,纳米结构 MnO_2 的存在有效地防止了石墨烯片的团聚。据报道,这种超级电容器的能量密度为 30.4Wh/kg,远高于石墨烯/石墨烯(约 2.8Wh/kg)的对称电容器。此外,在 5000W/kg 的高功率密度下,仍保持 7.0Wh/kg 的高能量密度,并且在 1000 次循环后,其电容保持率为 79%。在另一项工作中,Cheng 等人[93]成功地制备了无黏结剂的超级电容器,其中电活化石墨烯纸作为负极,涂覆纳米花结构 MnO_2 的石墨烯薄膜作为正极。首先测试电活化石墨烯薄膜和 MnO_2 涂覆的石墨烯薄膜作为对称超级电容器电极,其电极分别表现出 245F/g 和 328F/g 的高比电容。对于包含这两个电极的非对称超级电容器,其功率密度达到25.8kW/kg，能量密度达到11.4Wh/kg。

除石墨烯外，活化石墨烯也被研究应用于非对称超级电容器中。在Huang[94]最近的工作中，通过使用聚碳酸酯膜作为模板的一步水热法，制备多孔MnO_2纳米管，再将其与活化石墨烯匹配形成非对称超级电容器。这种器件的能量密度为22.5Wh/kg，最大功率密度为146.2kW/kg，这种优越的性能归因于多孔MnO_2纳米管和活化石墨烯的多层结构。Sumboja等人[95]报道了一种无模板、简单的合成方法，用于制备柔性RGO/MnO_2纸电极。这种自支撑电极不仅结合了RGO的高电导率和MnO_2的大比电容，而且还使诸如集流体、黏合剂和其他添加剂之类的组件的附加重量最小化，这些组件会降低器件的总比电容。RGO/MnO_2纸的面积电容高达897mF/cm^2，质量为3.7mg/cm^2，明显高于其他柔性碳基电极。在弯曲条件下测试基于RGO和RGO/MnO_2电极的非对称超级电容器，这种器件能够产生0.34F的电容，这证实了器件的高力学强度，因为在弯曲和平坦状态下没有明显的电化学性能差异。

石墨烯还与导电聚合物匹配，来制造非对称超级电容器。Hung等人[96]通过快速混合的化学方法合成PANI纳米纤维，并发现PANI纳米纤维的直径和纵横比可通过改变苯胺与氧化剂浓度比来调控。循环伏安（CV）和电化学阻抗谱（EIS）分析用于研究PANI纳米纤维在浓酸性介质中介于0.2~0.7V之间（相对于Ag/AgCl）的电容特性。而包含PANI纳米纤维正极和石墨烯负极的水系非对称电容器分别表现出4.86Wh/kg和8.75kW/kg的能量密度及功率密度。

除了作为非对称超级电容器的电极之外，石墨烯基材料已广泛用作电容器的其他活性电极材料中的添加剂。Yu等[97]展示了一种基于石墨烯/MnO_2纺织品的独特结构，其中将溶液剥离的GNS均匀地涂覆在多孔纺织纤维上，作为导电三维框架，用于随后的MnO_2纳米材料的可控电沉积。多孔网络不仅能够大量加载活性电极材料，而且还使得电解液中的离子易于接近电极材料。得到的基于石墨烯/MnO_2复合材料的织物在2mV/s的扫描速率下表现出高达315F/g的比电容。这种优异的性能主要源于GNS的均匀涂层，电解液离子对电极的易接近性，MnO_2和石墨烯之间优异的界面接触，以及电沉积MnO_2的纳米花结构具有大的电化学活性比表面积。将该石墨烯/MnO_2织物作为正极，SWCNT织物作为负极，在0.5mol/L Na_2SO_4电解液中组装成混合超级电容器。其工作电压为1.5V，并且非对称超级电容器的最大能量密度为12.5Wh/kg，最大功率密度为110kW/kg。此外，该非对称超级电容器的循环测试显示，在2.2A/g的高电流密度下，超过5000次循环后，其电容保持率约为95%。表6.6总结了基于石墨烯电极材料的非对称超级电容器的研究工作。

表6.6 不对称超级电容器中石墨烯电极的性能总结

正极	负极	电解质	电流密度/扫描速率	比电容/性能	电容保持率	参考文献
MnO_2 纳米线/石墨烯	石墨烯	1mol/L Na_2SO_4	0.5A/g	比电容 24.5F/g 能量密度 7Wh/kg 功率密度 5kW/kg	1000 次循环后 97.3%	[92]
MnO_2 镀层石墨烯	石墨烯	1mol/L KCl	4mA	比电容 328F/g 能量密度 11.4Wh/kg 功率密度 28.5kW/kg	1300 次循环后 99%	[93]
MnO_2 纳米管	活性石墨烯	1mol/L Na_2SO_4	0.25A/g	比电容 365F/g 能量密度 22.5Wh/kg 功率密度 146.2kW/kg	3000 次循环后 90.4%	[94]
RGO/MnO_2	RGO	1mol/L Na_2SO_4	10mA/g	比电容 113mF/cm^2 能量密度 11.5μWh/cm^2 功率密度 3.8mW/cm^2	3600 次循环后 93%	[95]
PANI	石墨烯	1mol/L HCl	—	能量密度 4.86Wh/kg 功率密度 8.75kW/kg	—	[96]
石墨烯/MnO_2 织物	SWCNT 织物	0.5mol/L Na_2SO_4	—	能量密度 12.5Wh/kg 功率密度 110kW/kg	5000 次循环后 95%	[97]
石墨烯/MnO_2	活性炭纳米纤维（ACN）	1mol/L Na_2SO_4	200mV/s	比电容 113.5F/g 能量密度 51.1Wh/kg 功率密度 198kW/kg	1000 次循环后 97.3%	[98]

材料	电解液	电流	性能	循环	参考文献
Ni(OH)$_2$/石墨烯	1mol/L KOH	20A/g	比电容 97F/g 能量密度 14Wh/kg 功率密度 21kW/kg	5000 次循环后 92%	[99]
石墨烯/MoO$_3$ 复合材料	Na$_2$SO$_4$	200mA/g	比电容 307F/g 能量密度 42.6Wh/kg 功率密度 0.276kW/kg	1000 次循环	[100]
垂直分布的 MnO$_2$ 纳米片	1mol/L Na$_2$SO$_4$	1A	比电容 41.7F/g 能量密度 23.2Wh/kg 功率密度 1kW/kg	5000 次循环后 83.4%	[101]
石墨烯片上的离子纳米片	6mol/L KOH	—	能量密度 140Wh/kg	2000 次循环后 78%	[102]
Ni(OH)$_2$/CNT RGO	1mol/L KOH	—	能量密度 186Wh/kg 功率密度 0.778kW/kg	3000 次循环后 76%	[103]
MnO$_2$/GO 复合材料 GO	1mol/L HCl	0.5A/g	比电容 280F/g 能量密度 35Wh/kg 功率密度 7.5kW/kg	1000 次循环后 70%	[104]
(2D) MnO$_2$ 石墨烯纳米片	Ca(NO$_3$)$_2$–SiO$_2$ 复合凝胶	0.1A/g	比电容 774F/g 能量密度 97.2Wh/kg	10000 次循环后 97%	[105]

6.3.2 石墨烯基锂离子电容器

本节讨论的是有关锂离子电池（LIB）和 EC 混合的超级电容器系统。LIB 以其出色的能量密度（150～200Wh/kg）而闻名，因此如果将 LIB 电极与 EC 电极结合，则所得器件能够同时表现出 LIB 的高能量密度和超级电容器的高功率密度。对于这种混合电容器，电容材料作正极，锂嵌入材料作负极，在锂离子电解液中使用。通过电容正极的可逆吸附/解吸，在正极的表面存储电荷。而在负极，电荷通过锂离子的可逆嵌入/脱出机制存储，如图 6.7 所示[88]。这种组合效应提供了高能量密度和功率密度，同时仍保持与传统超级电容器相当的长循环寿命。这种混合超级电容器的概念由 Amatucci 等人开创。Amatucci 等人[106]分别基于活性炭和 $Li_4Ti_5O_{12}$ 作为超级电容器电极和 Li 嵌入电极。虽然理论上很吸引人，但是这种装置实施起来却带来了若干的设计挑战，必须解决这些挑战才能充分利用电池和电容器电极的优势。例如，锂离子嵌入是一种法拉第过程，比离子的非法拉第吸附和解吸更加缓慢，这种动力学不匹配导致正负电极的功率特性不匹配，是必须解决的问题。为了实现两个电极的优势，还有其他问题例如电荷平衡、循环寿命平衡等，这些也必须加以研究。

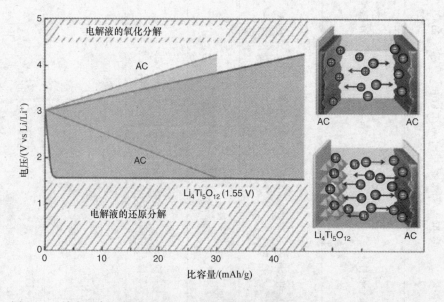

图 6.7 "纳米混合电容器"（NHC）的装置图。该器件由 $Li_4Ti_5O_{12}$（LTO）负极和活性炭（AC）正极组成。这是一种由法拉第锂插层 LTO 电极和阴离子吸附/解吸过程的非法拉第 AC 电极组成的混合系统[88]

传统基于锂离子的混合系统，也称为锂离子电容器（LIC），通常使用石墨作为锂嵌入负极材料，活性炭作为电容正极材料，并在锂离子电解液中工作。$Li_4Ti_5O_{12}$是LIC的另一种常见的负极材料，因为它具有高的库仑效率（在1C时大于95%），在1.55V下相对于Li/Li^+具有平坦的放电曲线，并且表现出长循环寿命和低成本。由于LIC的正极部分基本上是电容性的，因此大多数碳材料适合作为LIC的正极材料。在本章中，我们将仅关注涉及石墨烯和/或石墨烯衍生物的LIC正极材料。Stoller等人[107]合成了一种化学活化的石墨烯，即"活化微波膨胀氧化石墨（a-MEGO）"，取代活性炭作为正极材料。结果表明，活化的石墨烯材料在锂离子电解液的对称电池装置中工作良好，并且能够提供高达182F/g的比电容。在完整的a-MEGO/石墨混合电池中，在4V的工作电位下，表现出高达266F/g的比电容，并且封装电池的能量密度为53.2Wh/kg。在Aravindan等人[108]最近的一项工作中，GNS是通过一种生态友好的三醇还原GO制备而成，其用作LIC的正极与商业LTO粉末匹配。这项工作综合研究了电极最优的活性物质负载量，使其在不牺牲功率密度的情况下，实现更高的能量密度。该混合电池具有出色的循环特性，在约5000次循环后，最大可输送能量密度约为45Wh/kg。

基于石墨烯的材料也已用作其他材料的添加剂，应用于电池-电容器混合体系中。例如，Kim等人[109]报道了一种具有高能量密度和功率密度的混合超级电容器。它由锐钛矿TiO_2/RGO复合材料负极、活性炭正极以及非水系电解液组成。在1.0~3.0V的电压窗口下，在800W/kg下实现42Wh/kg的能量密度。即使在非常高的充/放电速率（4s）下，仍保持8.9Wh/kg的能量密度。由于TiO_2独特的纳米结构，混合超级电容器能够表现出更宽的电位窗口和增强的电化学动力学，从而提供高的能量密度和功率密度。Perera等人[110]还报道通过将石墨烯与V_2O_5纳米线（VNW）复合，形成一种无黏合剂、柔性的纸电极。使用碱性脱氧工艺制备石墨烯片（hGO），并使用hGO-VNW纸电极作为负极，一种碳纤维布作为正极来组装混合电池。研究还报道了不同含量的VNW对hGO的电化学影响。所得的混合电池在455W/kg的功率密度下，表现出38.8Wh/kg的能量密度。在5.5A/g的恒定放电电流密度下，实现3.0kW/kg的最大功率密度。这一研究团队[111]将V_2O_5/RGO复合材料与MnO_2/RGO复合材料相结合，制备出一种混合电池。使用简便的水热合成法，在RGO表面上生长MnO_2。混合超级电容器能够提供约为115Wh/kg的能量密度，比电容为36.9F/g。表6.7总结了最近基于石墨烯的电极应用于LIC的一些研究工作。

表6.7 锂离子电容器中石墨烯基电极的性能总结

负极	正极	电解质	电压窗口/V	比电容/性能	参考文献
活性石墨烯	石墨	1mol/L LiPF$_6$ 在 EC/DEC 1:1（体积）中	2~4	266F/g 能量密度147.8Wh/kg	[107]
三甘醇-RGO	LTO	1mol/L LiPF$_6$ 在 EC/DEC 1:1（体积）中	1~3	163F/g 在0.5A/g下 能量密度45Wh/kg 功率密度3.3kW/kg	[108]
活性炭	TiO$_2$/RGO	1mol/L LiPF$_6$ 在 EC/DEC 1:1（体积）中	1~3	能量密度42Wh/kg 功率密度0.8kW/kg	[109]
RGO上的MnO纳米棒	RGo上的V$_2$O$_5$纳米线	1mol/L LiTFSI 在干乙腈中	0~2	能量密度15Wh/kg 功率密度0.4365kW/kg 电容80F/g	[110]
功能化石墨烯碳纤维布	V$_2$O$_5$纳米线石墨烯复合材料	1mol/L LiTFSI 在干乙腈中	0~2	能量密度38.8Wh/kg 功能密度0.455kW/kg	[111]
功能化石墨烯	改性石墨	1mol/L LiPF$_6$ 有3%碳酸亚乙烯酯（VC）在EC/DEC 1:1（体积）中	2~4	能量密度61Wh/kg 功率密度1.452kW/kg	[113]

6.4 石墨烯基微型超级电容器

微型超级电容器，也称为微型电容器，近年来备受关注。这些器件可用于植入式生物医学设备、环境传感器、微机电系统（MEMS），以及一些需要微瓦功率的小型个人电子设备[112]。与宏观的电容器类似，微型电容器可以串联或并联，以满足电压、电流和容量要求，具体取决于应用的需求。通常对于微型超级电容器，器件的总面积在平方毫米或平方厘米范围内。微型电容器由厚度小于10μm的薄膜电极或微米级微电极阵列组成，微米级尺寸可以是二维或三维。对于"宏观"状态下的超级电容器，电化学性能通常以比电容、能量密度和功率密度衡量，所有这些都以重量计量，即每单位质量。由于重量方面的任何物理量都是质量的直接量度，而微型电容器的电极材料质量几乎可以忽略不计，因此重量参数几乎不适合衡量微型超级电容器的性能[114]。因此，准确衡量微型电容器性能的关键在于电极阵列的面积、面积能量以及面积功率[115]。

第一代微型超级电容器遵循传统超级电容器的平面二维架构，由浸泡在电解液中的两个电极和中间的间隔组成。而且迄今为止，对于具有成本效益的大规模生产，二维设计优于其他设计。然而，由于微型超级电容器的面积小，二维设计的面积能量密度非常低。增加电极面积的方法之一是构造具有"交叉"方式排布的电极。这种设计提供了优于传统二维设计的许多优点[116-119]：例如，使电极处于同一平面不仅易于制造，而且有助于实现电极之间的较小距离，从而改善电子传输和动力学。虽然石墨烯已经被广泛研究用于传统的超级电容器，但它在微型电容器中的潜在应用还尚未被深入挖掘[120-122]。特别是石墨烯基材料和RGO，由于其大规模性、低成本，以及存在化学活性缺陷位点而被广泛研究[123-125]。本节将总结石墨烯基微型电容器的优点、缺点和性能。

使用石墨烯的材料时考虑的关键因素是在电极制备过程中单层石墨烯的重新堆叠，这阻碍了电解液离子接近电极。在传统的二维设计中，电解液中的离子并不总能接近完整的石墨烯活性表面。然而，Yoo等人[126]改善了这一点。他们在平面的结构中并排设计石墨烯电极，通过在电极之间产生扩散通道而增加离子对石墨烯片层整个表面的可接近性。他们所提出的微型电容器基于对立排列的石墨烯薄膜的平面结构。该结构包含沿着薄片边缘连接的石墨烯片，能够提供足够的孔隙率以最大化电极表面的覆盖范围。石墨烯的边缘效应使得这种少层石墨烯电极表现出$80mF/cm^2$的比电容，同时多层RGO电极也获得了很高的比电容（$0.394mF/cm^2$），这比其堆叠层结构的电容（$0.14mF/cm^2$）几乎高三倍。因此得出结论，平面几何构造通过最小化电解液离子的扩散阻挡，能够提供优异的电荷迁移率以及有效利用的电化学表面积。为了进一步增加石墨烯片对电解液离子的可接近性并防止其片层的重新堆叠，CNT也可用作石墨烯的间隔物。Beidaghi和Wang等人[127]通过将光刻剥离法与静电喷涂沉积法相结合，制造了基于RGO/CNT复合材料的微型电容器。如图6.8所示，GO的还原和电极的制造都是通过将GO或GO/CNT溶液沉积在加热的基底表面。电化学测试结果表明，这种层状的RGO/CNT复合结构表现出高的离子可接近性以及快速的离子传输性。由含有90% RGO和10% CNT的复合电极组成的微型电容器，在$0.01V/s$的扫描速率下表现出$6.1mF/cm^2$的电容。即使在$50V/s$的非常高的扫描速率下，该RGO/CNT微型电容器也表现出$2.8mF/cm^2$的面积电容。另外，基于石墨烯叉指式电极微型电容器的另一个实例是，Lin等人报道的基于石墨烯/CNT/Ni电极的地毯式微型超级电容器[128]。该微型超级电容器在120Hz的频率下表现出$-81.58°$的阻抗相位角，类似于商用铝电解电容器。所述的微型超级电容器在离子电解液中能够输送$2.42mWh/cm^3$的能量密度，以及在$400V/s$的扫描速率下，在水系电解液中输出$115W/cm^3$的最大功率密度。这种微型超级电容器的优异性能归功于不同碳的同素异形体CNT与石墨烯界面处的无缝结合。

影响微型超级电容器性能的另一个重要因素是电极的厚度。通常，随着电极厚度的增加，电极材料的质量负载会增加，从而增加电极电阻，导致器件的重量比电容减小。尽管薄电极由于小的活性物质负载量会显示出较小的面积电容，但是它们

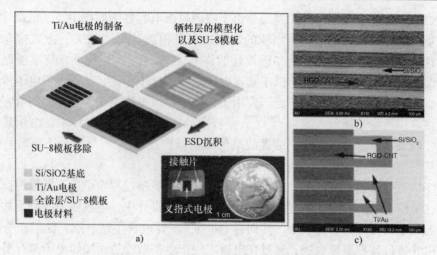

图6.8 a）微型超级电容器制备过程的示意图。插图：制作器件的数码照片。b）、c）基于RGO/CNT的叉指式微电极阵列的SEM顶视图[127]

非常高的倍率能力以及对频率快速响应的特点能够弥补其相对低的比电容。Liu等人[129]展示了一种基于非常薄的石墨烯量子点（GQD）薄膜的微型超级电容器。通过在Au微电极模板上电泳沉积365nm厚的石墨烯量子点薄膜，制备微型超级电容器。即使在高的CV扫描速率下，该器件也表现出良好的电容行为以及极小的RC时间常数（在水溶液中为103.6μs，在离子电解液中为53.8μs）。这种优异的性能归因于电极的很薄的结构，以及石墨烯量子点良好的导电性和丰富边缘缺陷的存在。然而，这种高速率性能是以牺牲比电容和能量密度为代价的，这种微型电容器在水系电解液的电容为534.7μF/cm^2，这低于许多其他报道的微型电容器。

基于石墨烯的微型超级电容器也已经通过非传统方法能够制备得到，以用于低成本和大规模的工业生产。最近，在大气环境下，通过激光照射氧化石墨膜直接制备RGO微电极图案。Gao等人[130]使用激光还原技术，在自支撑式水合GO薄膜上直接勾画RGO微电极图案以用于微型超级电容器中。在该装置中，勾画的RGO部分用作电极，而电极之间的水合GO用作隔膜和电解液。同心圆形图案的最大比电容为0.51mF/cm^2，体积电容为3.1F/cm^3。能量密度计算为4.3×10^{-4} Wh/cm^3，功率密度为1.7W/cm^3。这种"三明治"及同心圆形装置表现出相当好的循环稳定性，在10000次循环后电容损失小于35%。另一方面，El-Kady等人[131]证明了使用一种商用光刻DVD刻录机，通过激光照射法制备薄膜石墨烯电极。随后，他们改进了微型超级电容器的制造工艺设计[132]（见图6.9）。GO的图案化和还原是一步完成的，在不到30min的时间内制造了100多个微型超级电容器，而宽度和间距较小的电极表现出更好的电化学性能。对于具有16个叉指式电极的器件，在电流密度为16.8mA/cm^3时，表现出3.05F/cm的总电容（面积电容为2.32mF/cm^2），并且当器件以18.4A/cm^3的超高电流密度工作时，该电容值仍保留60%（1.35mF/cm^2）。

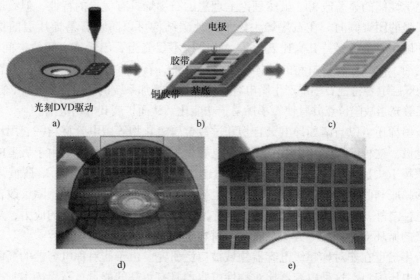

图6.9　a)~c) 通过激光划刻的方法制备微型超级电容器的工艺示意图。
d)、e) 具有高面积密度的柔性微型超级电容器[132]

该微型超级电容器表现出 200W/cm³ 的功率密度、RC 时间常数为 19ms 的频率响应以及低漏电流（12h 后小于 150nA）。另一项新发表的研究将 RGO 和 PANI 结合起来作为微电极的活性材料，这是通过在 RGO 微电极图案表面原位电沉积 PANI 纳米棒制备而成[133]。该方法能够实现在大面积范围内，图案化 RGO 薄膜上导电 PANI 纳米棒阵列均匀和可控的原位电化学生长。所制备的微型超级电容器在 2.5A/g 的放电电流密度下表现出 970F/g 的比电容，以及良好的稳定性，在 1700 次连续循环后保持 90% 的初始电容。

6.5　总结和展望

鉴于石墨烯优异的导电性、非常高的理论比表面积以及高力学强度，它作为活性电极材料对于储能领域非常具有吸引力。储能的核心是电化学电容器或"超级电容器"，它弥补了传统电池和电解电容器之间的差距。这些器件能够提供高功率密度，同时仍保持适度的能量密度。

上述内容描述了石墨烯如何通过它本身或用作其他碳结构的添加剂以用作 EDLC 材料。讨论了使用石墨烯作为 EDLC 材料的几种途径，包括 GO 的化学还原、石墨烯的活化、碳纳米结构的添加和杂原子的引入。GO 的化学还原使 RGO 成为最终产物，并且这种石墨烯具有含氧官能团。这些氧基团的存在为石墨烯提供了少量的赝电容，因此提高了总电容。另一方面，进行活化过程以通过产生多孔位点来增强电极对电解质离子的可接近表面。已经有许多研究成果表明石墨烯的活化如何导致电化学性能的显著改善。虽然理论上理想的石墨烯具有优异的特性，但石墨烯表现出很强的团聚倾向。在石墨烯中添加其他碳结构可以防止石墨烯片层的重新堆积，并确保石墨烯保持其高比表面积。碳结构不仅充当石墨烯片之间的"间隔物"或稳定剂，而且还增强材料的整体导电性。另外，石墨烯晶格中杂原子的存在可以诱导纯双层电容特性石墨烯产生赝电容效应，从而增加系统的总电容。此外，这些杂原子能够充当缺陷位点并且使石墨烯易于功能化，从而扩展其应用范围。

石墨烯还可以与诸如导电聚合物和过渡金属氧化物等赝电容材料一起用作复合材料电极。这种电极受益于石墨烯和赝电容材料之间的协同作用。由于后者的电荷存储依赖于法拉第过程，因此电解液离子在长时间循环过程中的插入/脱嵌可导致电极的膨胀和收缩，从而使电极材料的电导率和力学稳定性的降低。除了改善电极的导电性之外，石墨烯可以充当缓冲剂并减轻由这些体积变化引起的应力，从而改善电极的循环寿命。另一方面，赝电容材料能够提高整个系统的电容。

石墨烯也在非对称超级电容器领域被广泛研究。由于非对称电容器的高电容和更宽的电压窗口，这种电容器比对称性电容器具有更高的能量。石墨烯本身已经被研究作为这种电容器的电极之一，并且还被用作不对称电容器电极活性材料的导电添加剂。综述中描述了一类特殊的非对称电容器，即所谓的锂离子电容器，以及石墨烯在这种装置中的使用情况。另外，石墨烯也被研究作为微型超级电容器的电极材料。如研究所述，基于石墨烯的电极显著改善了微型超级电容器的性能。为了进一步增加基于石墨烯的微型超级电容器的电容而不牺牲离子扩散路径和功率，可以通过增加电极的厚度来构造三维叉指状微电极结构。在进一步小型化供能系统的同时，具有小的占位面积和短的传输路径的三维电极的优势将变得更加明显。

总之，石墨烯的材料作为超级电容器电极具有很大的应用前景。其实质是充分利用其高比表面积、优异的导电性、丰富的表面悬空键以及高的力学强度，这些性质在实践中是很需要的。然而，高质量石墨烯的合成仍然是昂贵的，因此大规模、成本低的石墨烯制备仍是需要解决的问题。

致谢

RA 感谢来自佛罗里达国际大学研究生院的总统奖学金的支持。作者感谢 NSF NERC 先进集成传感器和技术自供电系统（ASSIST）提供的资金支持。

参 考 文 献

1. Geim, A.K. and Novoselov, K.S. (2007) The rise of graphene. *Nat. Mater.*, **6**, 183–191. doi: 10.1038/nmat1849
2. Lee, J.U., Yoon, D., and Cheong, H. (2012) Estimation of Young's modulus of graphene by Raman spectroscopy. *Nano Lett.*, **12**, 4444–4448. doi: 10.1021/nl301073q
3. Booth, T.J., Blake, P., Nair, R.R. *et al.* (2008) Macroscopic graphene membranes and their extraordinary

stiffness. *Nano Lett.*, **8**, 2442–2446. doi: 10.1021/nl801412y

4. Dhanabalan, A., Li, X., Agrawal, R. et al. (2013) Fabrication and characterization of SnO2/graphene composites as high capacity anodes for Li-ion batteries. *Nanomaterials*, **3**, 606–614. doi: 10.3390/nano3040606

5. Liu, F., Wee Lee, C., and Im, J.S. (2013) Graphene-based carbon materials for electrochemical energy storage. *J. Nanomater.*, **2013**, Article ID 642915, 11 p.. doi: 10.1155/2013/642915

6. Beidaghi, M., Wang, Z., and Gu, L. (2012) Electrostatic spray deposition of graphene nanoplatelets for high-power thin-film supercapacitor electrodes. *J. Solid State Electrochem.*, **16**, 3341–3348. doi: 10.1007/s10008-012-1777-5

7. Schwierz, F. (2010) Graphene transistors. *Nat. Nanotech.*, **5**, 487–496. doi: 10.1038/nnano.2010.89

8. Stankovich, S., Dikin, D.A., and Dommett, H.B. (2006) Graphene-based composite materials. *Nature*, **442**, 282–286. doi: 10.1038/nature04969

9. Zhou, X. and Liang, F. (2014) Application of graphene/graphene oxide in biomedicine and biotechnology. *Curr. Med. Chem.*, **21**, 855–869.

10. Simon, P. and Gogotsi, Y. (2008) Materials for electrochemical capacitors. *Nat. Mater.*, **7**, 845–854. doi: 10.1038/nmat2297

11. Conway, B.E. (1999) *Electrochemical Supercapacitors: Scientific Fundamentals and Technological Applications*, Kluwer Academic/Plenum Publishes, New York.

12. Beguin, F. and Frackowiak, E. (eds) (2013) *Supercapacitors: Materials, Systems, and Applications*, Wiley-VCH Verlag GmbH & Co, Weinheim.

13. Huang, Y., Liang, J.J., and Chen, Y.S. (2012) An overview of the applications of graphene-based materials in supercapacitors. *Small*, **8**, 1805–1834. doi: 10.1002/smll.201102635

14. Pumera, M. (2011) Graphene-based nanomaterials for energy storage. *Energy Environ. Sci.*, **4**, 668–674. doi: 10.1039/C0EE00295J

15. Huang, X., Zeng, Z., Fan, Z. et al. (2012) Graphene-based electrodes. *Adv. Mater.*, **24**, 5979–6004. doi: 10.1002/adma.201201587

16. Dai, L., Chang, D.W., Baek, J.B. et al. (2012) Carbon nanomaterials for advanced energy conversion and storage. *Small*, **8**, 1130–1166. doi: 10.1002/smll.201101594

17. Novoselov, K.S., Geim, A.K., Morozov, S.V. et al. (2004) Electric field effect in atomically thin carbon films. *Science*, **306**, 666–669.

18. Riedl, C., Coletti, C., and Starke, U. (2010) Structural and electronic properties of epitaxial graphene on SiC(0 0 0 1): a review of growth, characterization, transfer doping and hydrogen intercalation. *J. Phys. D Appl. Phys.*, **43**, 374009. doi: 10.1088/0022-3727/43/37/374009

19. Kim, K.S., Zhao, Y., Jang, H. et al. (2009) Large-scale pattern growth of graphene films for stretchable transparent electrodes. *Nature*, **457**, 706–710.

20. Li, X., Cai, X.S., An, J. et al. (2009) Large-area synthesis of high-quality and uniform graphene films on copper foils. *Science*, **324**, 1312–1314.

21. Loryuenyong, V., Totepvimarn, K., Eimburanapravat, P. et al. (2013) Preparation and characterization of reduced graphene oxide sheets via water-based exfoliation and reduction methods. *Adv. Mater. Sci. Eng.*, **2013**, Article ID 923403, 5 pp. 1–5.

22. Stankovich, S., Dikin, D.A., Piner, R.D. et al. (2007) Synthesis of graphene-based nanosheets via chemical reduction of exfoliated graphite oxide. *Carbon*, **45**, 1558–1565. doi: 10.1016/j.carbon.2007.02.034

23. Stoller, M.D., Park, S., Zhu, Y. et al. (2008) Graphene based ultracapacitors. *Nano Lett.*, **8**, 3498–3502.

24. Chen, Y., Zhang, X., Zhang, D. et al. (2012) High power density of graphene-based supercapacitors in ionic liquid electrolytes. *Mater. Lett.*, **68**, 475–477. doi: 10.1016/j.matlet.2011.11.008

25. Zhang, D., Zhang, X., Chen, Y. et al. (2012) An environment-friendly route to synthesize reduced graphene oxide

as a supercapacitor electrode material. *Electrochim. Acta*, **69**, 364–370. doi: 10.1016/j.electacta.2012.03.024

26. Chen, Y., Zhang, X., Zhang, D. *et al.* (2011) High performance supercapacitors based on reduced graphene oxide in aqueous and ionic liquid electrolytes. *Carbon*, **49**, 573–580. doi: 10.1016/j.carbon.2010.09.060

27. Wang, Y., Shi, Z., Huang, Y. *et al.* (2009) Supercapacitor devices based on graphene materials. *J. Phys. Chem. C*, **113**, 13103–13107. doi: 10.1021/jp902214f

28. Hantel, M.M., Kaspar, T., Nesper, R. *et al.* (2011) Partially reduced graphite oxide for supercapacitor electrodes: effect of graphene layer spacing and huge specific capacitance. *Electrochem. Commun.*, **13**, 90–92.

29. Chen, Y., Zhang, X., and Zhang, H. (2012) High-performance supercapacitors based on a graphene–activated carbon composite prepared by chemical activation. *RSC Adv.*, **2012**, 7747–7753.

30. Zhu, Y., Murali, S., and Stoller, M.D. (2011) Carbon-based supercapacitors produced by activation of graphene. *Science*, **332**, 1537–1541.

31. Si, Y. and Samulski, E.T. (2008) Exfoliated graphene separated by platinum nanoparticles. *Chem. Mater.*, **2008** (20), 6792–6797.

32. Zhang, K., Mao, L., Zhang, L.L. *et al.* (2011) Surfactant-intercalated, chemically reduced graphene oxide for high performance supercapacitor electrodes. *J. Mater. Chem.*, **21**, 7302–7307. doi: 10.1039/c1jm00007a

33. Yu, Y., Sun, Y., Cao, C. *et al.* (2014) Graphene-based composite supercapacitor electrodes with diethylene glycol as inter-layer spacer. *J. Mater. Chem. A*, **2014**, 7706–7710. doi: 10.1039/C4TA00905C

34. Wang, J., Gao, Z., Li, Z. *et al.* (2011) Green synthesis of graphene nanosheets/ZnO composites and electrochemical properties. *J. Solid State Chem.*, **184**, 1421–1427. doi: 10.1016/j.jssc.2011.03.006

35. Cheng, Q., Tang, J., and Ma, J. (2011) Graphene and carbon nanotube composite electrodes for supercapacitors with ultra-high energy density. *Phys. Chem. Chem. Phys.*, **2011** (13), 17615–17624. doi: 10.1039/C1CP21910C

36. Jung, N., Kwon, S., and Lee, D. (2013) Synthesis of chemically bonded graphene/carbon nanotube composites and their application in large volumetric capacitance supercapacitors. *Adv. Mater.*, **25**, 6854–6858. doi: 10.1002/adma.201302788

37. Wang, W., Guo, S., Penchev, M. *et al.* (2013) Three dimensional few layer graphene and carbon nanotube foam architectures for high fidelity supercapacitors. *Nano Energy*, **2**, 294–303. doi: 10.1016/j.nanoen.2012.10.001

38. Yu, D. and Dai, L. (2010) Self-assembled graphene/carbon nanotube hybrid films for supercapacitors. *J. Phys. Chem. Lett.*, **1** (2), 467–470. doi: 10.1021/jz9003137

39. Yan, J., Wei, T., Shao, B. *et al.* (2010) Electrochemical properties of graphene nanosheet/carbon black composites as electrodes for supercapacitors. *Carbon*, **48**, 1731–1737. doi: 10.1016/j.carbon.2010.01.014

40. Ma, J., Xue, T., and Qin, X. (2014) Sugar-derived carbon/graphene composite materials as electrodes for supercapacitors. *Electrochim. Acta*, **115**, 566–572. doi: 10.1016/j.electacta.2013.11.028

41. Li, J.J., Ma, Y.W., Jiang, X. *et al.* (2012) Graphene/carbon nanotube films prepared by solution casting for electrochemical energy storage. *IEEE Trans. Nanotechnol.*, **11**, 3–7. doi: 10.1109/TNANO.2011.2158236

42. Qiu, L., Yang, X., Gou, X. *et al.* (2010) Dispersing carbon nanotubes with graphene oxide in water and synergistic effects between graphene derivatives. *Chem. Eur. J.*, **16**, 10653–10658. doi: 10.1002/chem.20100177

43. Lu, X., Dou, H., Gao, B. *et al.* (2011) A flexible graphene/multiwalled carbon nanotube film as a high performance electrode material for supercapacitors.

Electrochim. Acta, **56**, 5115–5121. doi: 10.1016/j.electacta.2011.03.066

44. Nolan, H., Mendoza-Sanchez, B., Kumar, N.A. et al. (2014) Nitrogen-doped reduced graphene oxide electrodes for electrochemical supercapacitors. *Phys. Chem. Chem. Phys.*, **16**, 2280–2284. doi: 10.1039/c3cp54877e

45. Jiang, B., Tian, C., and Wang, L. (2012) Highly concentrated, stable nitrogen-doped graphene for supercapacitors: simultaneous doping and reduction. *Appl. Surf. Sci.*, **258**, 3438–3443. doi: 10.1016/j.apsusc.2011.11.091

46. Sun, L., Wang, L., Tian, C. et al. (2012) Nitrogen-doped graphene with high nitrogen level via a one-step hydrothermal reaction of graphene oxide with urea for superior capacitive energy storage. *RSC Adv.*, **2012**, 4498–4506. doi: 10.1039/c2ra01367c

47. Du, J.H. and Cheng, H.M. (2012) The fabrication, properties, and uses of graphene/polymer composites. *Macromol. Chem. Phys.*, **213**, 1060–1077. doi: 10.1016/j.electacta.2011.08.054

48. Beidaghi, M. and Wang, C.L. (2011) Micro-supercapacitors based on three dimensional interdigital polypyrrole/C-MEMS electrodes. *Electrochim. Acta*, **56**, 9508–9514. doi: 10.1002/macp.201200029

49. Tong, Z.Q., Yang, Y.N., Wang, J.Y. et al. (2014) Layered polyaniline/graphene film from sandwich-structured polyaniline/graphene/polyaniline nanosheets for high-performance pseudosupercapacitors. *J. Mater. Chem. A*, **2**, 4642–4651. doi: 10.1039/c3ta14671e

50. Zhang, K., Zhang, L.L., Zhao, X.S., and Wu, J.S. (2010) Graphene/polyaniline nanofiber composites as supercapacitor electrodes. *Chem. Mater.*, **22**, 1392–1401. doi: 10.1021/cm902876u

51. Mao, L., Zhang, K., Chan, H.S.O., and Wu, J.S. (2012) Surfactant-stabilized graphene/polyaniline nanofiber composites for high performance supercapacitor electrode. *J. Mater. Chem.*, **22**, 80–85. doi: 10.1039/c1jm12869h

52. Wang, H.L., Hao, Q.L., Yang, X.J. et al. (2009) Graphene oxide doped polyaniline for supercapacitors. *Electrochem. Commun.*, **11**, 1158–1161. doi: 10.1016/j.elecom.2009.03.036

53. Hao, Q.L., Wang, H.L., Yang, X.J. et al. (2011) Morphology-controlled fabrication of sulfonated graphene/polyaniline nanocomposites by liquid/liquid interfacial polymerization and investigation of their electrochemical properties. *Nano Res.*, **4** (4), 323–333. doi: 10.1007/s12274-010-0087-4

54. Hu, L.W., Tu, J.G., Jiao, S.Q. et al. (2012) In situ electrochemical polymerization of a nanorod-PANI–Graphenecomposite in a reverse micelle electrolyte and its application in a supercapacitor. *Phys. Chem. Chem. Phys.*, **14**, 15652–15656. doi: 10.1039/c2cp42192e

55. Wang, D.W., Li, F., Zhao, J.P. et al. (2009) Fabrication of graphene/polyaniline composite paper via in situ anodic electropolymerization for high-performance flexible electrode. *ACS Nano*, **3**, 1745–1752. doi: 10.1021/nn900297m

56. Feng, X.M., Li, R.M., Ma, Y.W. et al. (2011) One-step electrochemical synthesis of graphene/polyaniline composite film and its applications. *Adv. Funct. Mater.*, **21**, 2989–2996. doi: 10.1002/adfm.201100038

57. Sahoo, S., Karthikeyan, G., Nayak, G.C., and Das, C.K. (2011) Electrochemical characterization of in situ polypyrrole coated graphene nanocomposites. *Synth. Met.*, **161**, 1713–1719. doi: 10.1016/j.synthmet.2011.06.011

58. Oliveira, H.P.D., Sydlik, S.A., and Swager, T.M. (2013) Supercapacitors from free-standing polypyrrole/graphene nanocomposites. *J. Phys. Chem. C*, **117**, 10270–10276. doi: 10.1021/jp400344u

59. Li, L.Y., Xia, K.Q., Li, L. et al. (2012) Fabrication and characterization of free-standing polypyrrole/graphene oxide nanocomposite paper. *J. Nanopart. Res.*, **14**, 908. doi: 10.1007/s11051-012-0908-3

60. Liu, Y., Zhang, Y., Ma, G.H. et al. (2013) Ethylene glycol reduced

graphene oxide/polypyrrole composite for supercapacitor. *Electrochim. Acta*, **88**, 519–525. doi: 10.1016/j.electacta.2012.10.082

61. Davies, A., Audette, P., Farrow, B. et al. (2011) Graphene-based flexible supercapacitors: pulse-electropolymerization of polypyrrole on free-standing graphene films. *J. Phys. Chem. C*, **115**, 17612–17620. doi: 10.1021/jp205568v

62. Si, P., Ding, S.J., Lou, X.W. et al. (2011) A electrochemically formed three-dimensional structure of polypyrrole/graphene nanoplatelets for high performance supercapacitors. *RSC Adv.*, **1**, 1271–1278. doi: 10.1039/C1RA00519G

63. Carlberg, J.C. and Inganäs, O. (1997) Poly(3,4-ethylenedioxythiophene) as electrode material in electrochemical capacitors. *J. Electrochem. Soc.*, **144** (4), L61–L64.

64. Ryu, K.S., Lee, Y.G., Hong, Y.S. et al. (2004) Poly(ethylenedioxythiophene) (PEDOT) as polymer electrode in redox supercapacitor. *Electrochim. Acta*, **50**, 843–847. doi: 10.1016/j.electacta.2004.02.055

65. Patra, S. and Munichandraiah, N. (2007) Supercapacitor studies of electrochemically deposited PEDOT on stainless steel substrate. *J. Appl. Polym. Sci.*, **106**, 1160–1171. doi: 10.1002/app.26675

66. Alvia, F., Ramc, M.K., Basnayakab, P.A. et al. (2011) Graphene–polyethylenedioxythiophene conducting polymer nanocomposite based supercapacitor. *Electrochim. Acta*, **56**, 9406–9412. doi: 10.1016/j.electacta.2011.08.024

67. Zhang, J.T. and Zhao, X.S. (2012) Conducting polymers directly coated on reduced graphene oxide sheets as high-performance supercapacitor electrodes. *J. Phys. Chem. C*, **116**, 5420–5426. doi: 10.1021/jp211474e

68. Devaraj, S. and Munichandraiah, N. (2008) Effect of crystallographic structure of MnO_2 on its electrochemical capacitance properties. *J. Phys. Chem. C*, **112**, 4406–4417.

69. Zhao, Y.Q., Zhao, D.D., Tang, P.Y. et al. (2012) MnO_2/graphene/nickel foam composite as high performance supercapacitor electrode via a facile electrochemical deposition strategy. *Mater. Lett.*, **76**, 127–130.

70. Wang, W., Guo, S., Bozhilov, K.N. et al. (2013) Intertwined nanocarbon and manganese oxide hybrid foam for high-energy supercapacitors. *Small*, **9**, 3714–3721. doi: 10.1002/smll.201300326

71. Ge, J., Yao, H.B., Hu, W. et al. (2013) Facile dip coating processed graphene/MnO_2 nanostructured sponges as high performance supercapacitor electrodes. *Nano Energy*, **2**, 505–513.

72. Yang, S., Song, X., Zhang, P. et al. (2013) Facile synthesis of nitrogen-doped graphene–ultrathin MnO_2 sheet composites and their electrochemical performances. *ACS Appl. Mater. Interfaces*, **5**, 3317–3322.

73. Wang, B., Park, J., Wang, C. et al. (2010) Mn_3O_4 nanoparticles embedded into graphene nanosheets: preparation, characterization, and electrochemical properties for supercapacitors. *Electrochim. Acta*, **55**, 6812–6817.

74. Wu, Z.S., Wang, D.W., Ren, W. et al. (2010) Anchoring hydrous RuO_2 on graphene sheets for high-performance electrochemical capacitors. *Adv. Funct. Mater.*, **20**, 3595–3602. doi: 10.1002/adfm.201001054

75. Li, J., Xie, H.Q., Li, Y. et al. (2011) Electrochemical properties of graphene nanosheets/polyaniline nanofibers composites as electrode for supercapacitors. *J. Power Sources*, **196**, 10775–10781. doi: 10.1016/j.jpowsour.2011.08.105

76. Xu, J.J., Wang, K., Zu, S.Z. et al. (2010) Hierarchical nanocomposites of polyaniline nanowire arrays on graphene oxide sheets with synergistic effect for energy storage. *ACS Nano*, **4** (9), 5019–5026. doi: 10.1021/nn1006539

77. Xu, G.H., Wang, N., Wei, J.Y. et al. (2012) Preparation of graphene oxide/polyaniline nanocomposite with assistance of supercritical carbon dioxide for supercapacitor electrodes. *Ind. Eng. Chem. Res.*, **51**, 14390–14398. doi: 10.1021/ie301734f

78. Kumar, N.A., Choi, H.J., Shin, Y.R. et al. (2012) Polyaniline-grafted reduced graphene oxide for efficient electrochemical supercapacitors. *ACS Nano*, **6** (2), 1715–1723. doi: 10.1021/nn204688c
79. Zhang, D.C., Zhang, X., Chen, Y. et al. (2011) Enhanced capacitance and rate capability of graphene/polypyrrole composite as electrode material for supercapacitors. *J. Power Sources*, **196**, 5990–5996. doi: 10.1016/j.jpowsour.2011.02.090
80. Biswas, S. and Drzal, L.T. (2010) Multilayered nanoarchitecture of graphene nanosheets and polypyrrole nanowires for high performance supercapacitor electrodes. *Chem. Mater.*, **22**, 5667–5671. doi: 10.1021/cm101132g
81. Li, J. and Xie, H.Q. (2012) Synthesis of graphene oxide/polypyrrole nanowire composites for supercapacitors. *Mater. Lett.*, **78**, 106–109. doi: 10.1016/j.matlet.2012.03.013
82. Pham, H.D., Pham, V.H., Oh, E.S. et al. (2012) Synthesis of polypyrrole-reduced graphene oxide composites by in-situ photopolymerization and its application as a supercapacitor electrode. *Korean J. Chem. Eng.*, **29** (1), 125–129. doi: 10.1007/s11814-011-0145-y
83. Chang, H.H., Chang, C.K., Tsai, Y.C., and Liao, C.S. (2012) Electrochemically synthesized graphene/polypyrrole composites and their use in supercapacitor. *Carbon*, **50**, 2331–2336. doi: 10.1016/j.carbon.2012.01.056
84. Wang, J.P., Xua, Y.L., Zhu, J.B., and Ren, P.G. (2012) Electrochemical in situ polymerization of reduced graphene oxide/polypyrrole composite with high power density. *J. Power Sources*, **208**, 138–143. doi: 10.1016/j.jpowsour.2012.02.018
85. Wang, Q., Jiao, L., Du Hongmei, D. et al. (2014) Fe_3O_4 nanoparticles grown on graphene as advanced electrode materials for supercapacitors. *J. Power Sources*, **245**, 101–106. doi: 10.1016/j.jpowsour.2013.06.035
86. Li, Z., Wang, J., Niu, L. et al. (2014) Rapid synthesis of graphene/cobalt hydroxide composite with enhanced electrochemical performance for supercapacitors. *J. Power Sources*, **245**, 224–231. doi: 10.1016/j.jpowsour.2013.06.121
87. Li, Q., Hu, X., Yang, Q. et al. (2014) Electrocapacitive performance of graphene/Co_3O_4 hybrid material prepared by a nanosheet assembly route. *Electrochim. Acta*, **119**, 184–191. doi: 10.1016/j.electacta.2013.12.066
88. Naoi, K., Naoi, W., Aoyagi, S. et al. (2012) New generation "nanohybrid supercapacitor". *Acc. Chem. Res.*, **46** (5), 1075–1083. doi: 10.1021/ar200308h
89. Chae, J.H., Ng, K.C., and Chen, G.Z. (2010) Nanostructured materials for the construction of asymmetrical supercapacitors. *Proc. IMechE' Part A: J. Power Energy*, **224**, 479. doi: 10.1243/09576509JPE861
90. Yu, G., Xie, X., and Pan, L. (2013) Hybrid nanostructured materials for high-performance electrochemical capacitors. *Nano Energy*, **2**, 213–234. doi: 10.1016/j.nanoen.2012.10.006
91. Naoi, K. (2010) "Nanohybrid capacitor": the next generation electrochemical capacitors. *Fuel Cells*, **10** (5), 825–833. doi: 10.1002/fuce.201000041
92. Wu, Z.S., Ren, W., Wang, D.W. et al. (2010) High-energy MnO_2 nanowire/graphene and graphene asymmetric electrochemical capacitors. *ACS Nano*, **4** (10), 5835–5842. doi: 10.1021/nn101754k
93. Cheng, Q., Tang, J., Ma, J. et al. (2011) Graphene and nanostructured MnO_2 composite electrodes for supercapacitors. *Carbon*, **49**, 2917–2925. doi: 10.1016/j.carbon.2011.02.068
94. Huang, M., Zhang, Y., Li, F. et al. (2014) Self-assembly of mesoporous nanotubes assembled from interwoven ultrathin birnessite-type MnO_2 nanosheets for asymmetric supercapacitors. *Sci. Rep.*, **4**, 3878. doi: 10.1038/srep03878
95. Sumboja, A., Foo, C.Y., Wang, X. et al. (2013) Large areal mass, flexible and free-standing reduced graphene oxide/manganese dioxide paper for asymmetric supercapacitor device. *Adv. Mater.*, **25**, 2809–2815. doi: 10.1002/adma.201205064

96. Hung, P.J., Chang, K.H., Lee, Y.F. et al. (2010) Ideal asymmetric supercapacitors consisting of polyaniline nanofibers and graphene nanosheets with proper complementary potential windows. *Electrochim. Acta*, **55**, 6015–6021. doi: 10.1016/j.electacta.2010.05.058
97. Yu, G., Hu, L., Vosgueritchian, M. et al. (2011) Solution-processed graphene/MnO_2 nanostructured textiles for high-performance electrochemical capacitors. *Nano Lett.*, **11**, 2905–2911. doi: 10.1021/nl2013828
98. Fan, Z., Yan, J., Wei, T. et al. (2011) Asymmetric supercapacitors based on graphene/MnO_2 and activated carbon nanofiber electrodes with high power and energy density. *Adv. Funct. Mater.*, **21**, 2366–2375. doi: 10.1002/adfm.201100058
99. Wang, H., Liang, Y., Mirfakhrai, T. et al. (2011) Advanced asymmetrical supercapacitors based on graphene hybrid materials. *Nano Res.*, **4** (8), 729–736. doi: 10.1007/s12274-011-0129-6
100. Chang, J., Jin, M., Yao, F. et al. (2013) Asymmetric supercapacitors based on graphene/MnO_2 nanospheres and graphene/MoO_3 nanosheets with high energy density. *Adv. Funct. Mater.*, **23**, 5074–5083. doi: 10.1002/adfm201301851
101. Gao, H., Xiao, F., Ching, C.B. et al. (2012) High-performance asymmetric supercapacitor based on graphene hydrogel and nanostructured MnO_2. *ACS Appl. Mater. Interfaces*, **4**, 2801–2810. doi: 10.1021/am300455d
102. Long, C., Wei, T., Yan, J. et al. (2013) Supercapacitors based on graphene-supported iron nanosheets as negative electrode materials. *ACS Nano*, **7** (12), 11325–11332. doi: 10.1021/nn405192s
103. Chen, H., Hu, L., Yan, Y. et al. (2013) One-step fabrication of ultrathin porous nickel hydroxide-manganese dioxide hybrid nanosheets for supercapacitor electrodes with excellent capacitive performance. *Adv. Energy Mater.*, **3**, 1636–1646. doi: 10.1002/aenm.201300580
104. Jafta, C.J., Nkosi, F., Roux, L.L. et al. (2013) Manganese oxide/graphene oxide composites for high-energy aqueous asymmetric electrochemical capacitors. *Electrochim. Acta*, **110**, 228–233. doi: 10.1016/j.electacta.2013.06.096
105. Shi, S., Xu, C., Yang, C. et al. (2013) Flexible asymmetric supercapacitors based on ultrathin two-dimensional nanosheets with outstanding electrochemical performance and aesthetic property. *Sci. Rep.*, **3**, 2598. doi: 10.1038/srep02598
106. Amatucci, G.G., Badway, F. et al. (2001) An asymmetric hybrid nonaqueous energy storage cell. *J. Electrochem. Soc.*, **148** (8), A930–A939. doi: 10.1149/1.1383553
107. Stoller, M.D., Murali, S., Quarles, N. et al. (2012) Activated graphene as a cathode material for Li-ion hybrid supercapacitors. *Phys. Chem. Chem. Phys.*, **14**, 3388–3391. doi: 10.1039/c2cp00017b
108. Aravindan, V., Mhamane, D., Ling, W.C. et al. (2013) Nonaqueous lithium-ion capacitors with high energy densities using trigol-reduced graphene oxide nanosheets as cathode-active material. *ChemSusChem*, **6**, 2240–2244. doi: 10.1002/cssc.201300465
109. Kim, H., Cho, M.Y., Kim, M.H. et al. (2013) A novel high-energy hybrid supercapacitor with an anatase TiO_2-reduced graphene oxide anode and an activated carbon cathode. *Adv. Energy Mater.*, **3**, 1500–1506. doi: 10.1002/aenm.201300467
110. Perera, S.D., Rudolph, M., Mariano, R.G. et al. (2013) Manganese oxide nanorod–graphene/vanadium oxide nanowire–graphene binder-freepaper electrodes for metal oxide hybrid supercapacitors. *Nano Energy*, **2**, 966–975. doi: 10.1016/j.nanoen.2013.03.018
111. Perera, S.D., Liyanage, A.D., Nijem, N. et al. (2013) Vanadium oxide nanowire e graphene binder free nanocomposites paper electrodes for supercapacitors: a facile green approach. *J. Power Sources*, **230**, 130–137. doi: 10.1016/j.jpowsour.2012.11.118
112. Wang, Z.L. and Wu, W. (2012) Nanotechnology-enabled energy

113. Lee, J.H., Shin, W.H., Lim, S.Y. et al. (2013) Modified graphite and graphene electrodes for high-performance lithium ion hybrid capacitors. *Mater. Renewable Sustainable*, **2**, 22. doi: 10.1007/s40243-014-0022-9

114. Gogotsi, Y. and Simon, P. (2011) True performance metrics in electrochemical energy storage. *Science*, **334**, 917–918. doi: 10.1126/science.1213003

115. Arthur, T.S., Bates, D.J., and Dunn, B. (2011) Three-dimensional electrodes and battery architectures. *MRS Bull.*, **36**, 523–531. doi: 10.1557/mrs.2011.156

116. Sun, W. and Chen, X.Y. (2009) Fabrication and tests of a novel three dimensional microsupercapacitor. *Microelectron. Eng.*, **86**, 1307–1310. doi: 10.1016/j.mee.2008.12.010

117. Sun, W., Zheng, R.L., and Chen, X.Y. (2010) Symmetric redox supercapacitor based on micro-fabrication with three-dimensional polypyrrole electrodes. *J. Power Sources*, **195**, 7120–7125. doi: 10.1016/j.jpowsour.2010.05.012

118. Sung, J.H., Kim, S., and Lee, K.H. (2004) Fabrication of all-solid-state electrochemical microcapacitors. *J. Power Sources*, **133**, 312–319. doi: 10.1016/j.jpowsour.2004.02.003

119. Chmiola, J., Largeot, C., Taberna, P.L. et al. (2010) Monolithic carbide-derived carbon films for micro-supercapacitors. *Science*, **328**, 480–483. doi: 10.1126/science.1184126

120. Pandolfo, A.G. and Hollenkamp, A.F. (2006) Carbon properties and their role in supercapacitors. *J. Power Sources*, **157**, 11–27. doi: 10.1016/j.jpowsour.2006.02.065

121. Zhang, L.L., Zhou, R., and Zhao, X.S. (2010) Graphene-based materials as supercapacitor electrodes. *J. Mater. Chem.*, **20**, 5983–5992. doi: 10.1039/C000417K

122. Huang, X., Qi, Y., Boey, F. et al. (2012) Graphene-based composites. *Chem. Soc. Rev.*, **41**, 666–686. doi: 10.1039/C1CS15078B

123. Byon, H.R., Lee, S.W., Chen, S. et al. (2011) Thin films of carbon nanotubes and chemically reduced graphenes for electrochemical microcapacitors. *Carbon*, **49**, 457–467. doi: 10.1016/j.carbon.2010.09.042

124. Yan, J., Fan, Z.J., Wei, T. et al. (2010) Fast and reversible surface redox reaction of graphene-MnO_2 composites as supercapacitor electrodes. *Carbon*, **48**, 3825–3833. doi: 10.1016/j.carbon.2010.06.047

125. Liu, C.G., Yu, Z.N., Neff, D. et al. (2010) Graphene-based supercapacitor with an ultrahigh energy density. *Nano Lett.*, **10**, 4863–4868. doi: 10.1021/nl102661q

126. Yoo, J.J., Balakrishnan, K., Huang, J.S. et al. (2011) Ultrathin planar graphene supercapacitors. *Nano Lett.*, **11**, 1423–1427. doi: 10.1021/nl200225j

127. Beidaghi, M. and Wang, C.L. (2012) Micro-supercapacitors based on interdigital electrodes of reduced graphene oxide and carbon nanotube composites with ultrahigh power handling performance. *Adv. Funct. Mater.*, **22**, 4501–4510. doi: 10.1002/adfm.201201292

128. Lin, J., Zhang, C., Yan, Z. et al. (2013) 3-dimensional graphene carbon nanotube carpet-based microsupercapacitors with high electrochemical performance. *Nano Lett.*, **13**, 72–78. doi: 10.1021/nl3034976

129. Liu, W.W., Feng, Y.Q., Yan, X.B. et al. (2013) Superior micro-supercapacitors based on graphene quantum dots. *Adv. Funct. Mater.*, **23**, 4111–4122. doi: 10.1002/adfm.201203771

130. Gao, W., Singh, N., Song, L. et al. (2011) Direct laser writing of microsupercapacitors on hydrated graphite oxide films. *Nat. Nanotechnol.*, **6**, 496–500. doi: 10.1038/nnano.2011.110

131. El-Kady, M.F., Strong, V., Dubin, S. et al. (2012) Laser scribing of high-performance and flexible graphene-based electrochemical capacitors.

Science, **1326**, 1326–1330. doi: 10.1126/science.1216744
132. El-Kady, M.F. and Kaner, R.B. (2013) Scalable fabrication of high-power graphene micro-supercapacitors for flexible and on-chip energy storage. *Nat. Commun.*, **4**, 1475–1483. doi: 10.1038/ncomms2446
133. Xue, M.Q., Li, F.W., Zhu, J. *et al.* (2012) Structure-based enhanced capacitance: in situ growth of highly ordered polyaniline nanorods on reduced graphene oxide patterns. *Adv. Funct. Mater.*, **22**, 1284–1290. doi: 10.1002/adfm.201101989

第7章 基于石墨烯的太阳能驱动水分解装置

Jian Ru Gong

7.1 引言

人类正在经历经济和技术快速增长的高潮时期,但巨大的化石燃料消耗和严重的环境恶化限制了人类社会的可持续发展。充分利用清洁和可再生能源被认为是解决上述问题的最终解决方案,近几十年来引起了全世界的关注[1]。

实际上,到达地球的1h的太阳光能量超过人类一年所消耗的全部能量。因此,如果地球上最丰富的可再生能源太阳能被有效利用,那么可以肯定能够实现能源可负担的未来[2]。然而,由于太阳光的日常和季节性变化,非常需要能够捕获、转换和存储太阳能的低成本的方式。最广泛认可的具有成本效益的大规模储能方法是化学能的形式。因此,人们非常关注太阳能转化为化学燃料的高效技术的发展[3,4]。

利用太阳光将水分解成氢气和氧气是一种很有前景的太阳能存储方法[1,4]。在各种技术中,由Fujishima和Honda[5]1972年证明的一种在半导体中将水直接光解的方法,被看作实现这一目标的最佳路径,因为它很方便且成本较低,并且具有进一步发展的巨大潜力。因此,在过去的40年里,人们已经做出了巨大的努力来接近这个目标,即太阳能驱动的水分解[6-10]。

为了实现太阳能驱动的水分解,至少需要一种光吸收剂、燃料形成催化剂和电解质[11,12]。其中,光吸收剂和所述催化剂是直接决定最终的太阳能转换效率的两个关键因素。因此,大多数在太阳能驱动水分解领域的研究工作都集中在光吸收剂和催化剂的开发上,使其具有高效率、长久耐用性和优异的可大规模生产性。有几篇综述全面总结了这一新兴领域的成就,并描述了改善催化剂性能的通用方法[6-10]。然而,仍然面临许多问题,例如入射光的低吸收、光生电荷载体的快速重组、氢或氧析出反应的缓慢动力学、氢和氧之间严重的副反应、光吸收剂和催化剂稳定性差以及贵金属的过度滥用[11,12]。

最近,石墨烯因其独特的性质,例如极大的表面积、惊人的高电子迁移率和导电性以及高光学透明度,激发了全球研究人员的热情[13]。重大的研究成果揭示了石墨烯各种令人印象深刻的应用前景,如生物医药、电子、储能和传感器[14-18]。鉴于这些令人鼓舞的成就,研究人员也非常关注石墨烯在太阳能驱动的水分解领域的潜在应用,并且最近已在这一新兴的领域中取得了相当大的进展[16,19-22]。在本章中，将全面回顾该领域的最新进展，以促进石墨烯基太阳能驱动水分解装置的进一步发展。

7.2 太阳能驱动水分解装置的基本结构

迄今已报道了大量太阳能驱动的水分解装置[23]。大多数装置的设计，根据其技术成熟度和预计的制造成本，可分为三种一般类型，即光电化学（PEC）体系、混合胶体光催化系统和光伏（PV）/电解器串联器件（方案7.1）[11]。

PEC装置始终表现出优异的制氢性能，特别是那些由Ⅲ-Ⅴ族半导体组成的太阳能-氢装置（STH），其效率高达12.4%和18.3%[24-29]。但是这种装置的耐用性差、制造成本高，严重限制了它们的大规模产业化应用。混合胶体光催化系统可以被认为是PEC装置中的限制性情况，其中胶体颗粒可以被认为是短路的PEC电池体系[30]。与PEC电池相比，这些胶体系统的构造和使用更简单且更便宜，但迄今为止报道的太阳能转换效率仍远远不能令人满意。此外，人们需要在氢气和氧气形成时立即消耗额外的能量来分离这种爆炸性混合物，从而会进一步降低整体器件的效率[6,8]。与此同时，目前的技术可以将太阳电池与传统的水电解装置配对以产生氢气，这已被提出作为一种成熟的技术，通过使用PV/电解槽串联装置以实现太阳能驱动水分解[31,32]。然而，水电解所需的分解电压大，只有使用串联太阳电池才能实现（约为1.9eV），并且以高法拉第效率运行的电解槽总是需要使用贵金属作为电催化剂。以非常高的效率操作这种类型的设备将是非常昂贵的。也就是说，这些报道的太阳能驱动的水分解装置，仍然不能同时实现实际应用的关键要求，即效率、稳定性和可大规模应用性。

方案7.1 可用于太阳能驱动水分解的三种器件架构的示意图

7.3 石墨烯在太阳能驱动水分解装置中的前景

石墨烯是六方结构的sp^2杂化碳原子的二维（2D）网络层状结构，是材料科学领域中迅速崛起的一颗新星[33,34]。其能带结构是关于 Dirac 点及其 π^* 状态导带（CB）和 π 状态价带（VB）在 Dirac 点相互接触的对称状态,使石墨烯表现出惊人的高电导率和电子传输特性[35,36]。同时,石墨烯具有高功函数（4.42eV）,并且可以接受来自大多数半导体 CB 的光生电子[37]。因此,类似于金属和半导体之间的接触,当半导体与石墨烯接触时,肯定会在半导体表面附近形成空间电荷区（见方案 7.2 示意图）。而且,石墨烯具有极高比表面积和异常高的力学柔性,因此它可以很好地分散在半导体的表面。因此,石墨烯/半导体界面几乎接近无限,使得空间电荷区均匀地分布在半导体表面,从而显著地促进光生载流子的分离。相反,金属颗粒总是嵌入半导体中,导致空间电荷区域的分布有限[38-40]。此外,石墨烯/石墨烯的还原电位（-0.08eV 与 NHE,pH 值 = 0）比 H^+/H_2 的还原电位更负,这意味着石墨烯也是氢析出反应（HER）的潜在催化剂[41]。因此,可以得出结论,石墨烯不仅可以作为电子吸收和转运的载体,还可以促进电荷分离以及催化 HER。

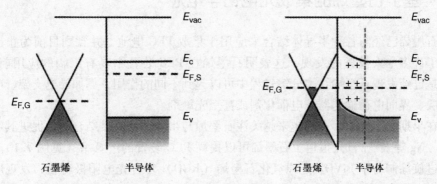

方案 7.2　石墨烯和 n 型半导体接触前后的能带图。E_{vac},真空能量；E_c,导带能量最小值；E_v,价带最大能量值；$E_{F,G}$,石墨烯的费米能级；$E_{F,S}$,半导体的费米能级

更重要的是,石墨烯的能带结构可以通过物理方法来调控,例如杂原子掺杂,通过从 Dirac 点去除费米能级,通常可以使石墨烯成为具有小带隙的 n 型或 p 型半导体[42,43]。并且,通过控制氧化石墨烯（GO）的还原程度,也可以实现从绝缘体到导电体的可调带隙。例如,通过改变 GO 的氧化区域的还原水平和位置,已经获得了从十分之几到 4eV 的带隙（见方案 7.3 示意图）[44,45]。因此,功能化的石墨烯和石墨烯衍生物也是可以在阳光照射下驱动水分解反应的潜在候选材料。总的来说,石墨烯优异的特性使它成为太阳能水分解装置中非常具有吸引力的材料。

将在后续内容中回顾最近在石墨烯基太阳能驱动水分解装置设计方面所做的巨大努力,并总结不同类型的基于石墨烯的太阳能驱动水分解装置的相关成果,包括集成的 PEC 电池、混合胶体系统以及 PV/电解装置。最后,将展现这一新兴领域的发展前景。

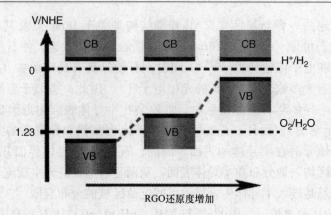

方案 7.3 与水氧化还原电势相比，具有不同还原度的 RGO 的能级图
（经许可转载自参考文献 [19]。版权所有 (2013)，John Wiley&Sons）

7.4 基于石墨烯的集成光电化学电池

石墨烯已经与各种半导体结合来应用于集成 PEC 电池，并且到目前为止已经获得了许多令人鼓舞的发现，这表明石墨烯在 PEC 装置中具有广阔的应用前景。特别是已经发现石墨烯在水分解过程中可以起到不同的作用，例如导电支架、电子收集层、界面电荷输送器、电催化剂或甚至光敏剂。

在早期的工作中，人们越来越关注石墨烯与半导体的直接结合，以促进其 PEC 性能。Ng 等人[46]首先报道了石墨烯可以提高 PEC 装置的产氢率（见图 7.1）。他们通过旋涂制备了 $BiVO_4$/还原氧化石墨烯（RGO）复合光电阳极材料，发现所获得的光电极在可见光照射下表现出稳定的 H_2 演变，并且与单独的 $BiVO_4$（0.3%）相比，具有更高的入射光子-电流转换效率（IPCE），在 400nm 时转换效率为 4.2%。$BiVO_4$/RGO 光电负极的这种优异性能归因于 RGO 的存在，因为它通过有效地接受来自 $BiVO_4$ 的光生电子，并快速将它们传输到集流体，从而充当优异的导电支架。类似地，据报道，与原始 WO_3 相比，WO_3/RGO 光电负极表现出显著增强的光响应效应[47]。但作者提出，RGO 不仅可以在增强电子-空穴分离方面发挥有利作用，而且还可以为电子-空穴复合提供有效位点，通过 RGO 快速收集和传输电子的方式，更有利于产生偏差以促进有效的电子-空穴分离。此外，石墨烯还可以提高硫化物半导体的光电化学活性。Zhang 等人通过在纳米多孔 $Zn_{0.5}Cd_{0.5}S$ 类单晶纳米片上原位光还原存在的 GO，制备了一种 $Zn_{0.5}Cd_{0.5}S$/还原氧化石墨烯（$Zn_{0.5}Cd_{0.5}S$/RGO）光电极材料[48]。$Zn_{0.5}Cd_{0.5}S$/RGO 光电极表现出更高的光电流密度、更低的零电流电位以及比纯 $Zn_{0.5}Cd_{0.5}S$ 光电极更高的 PEC 响应。这种高光电化学活性归因于 RGO 的存在，RGO 用作收集电子的导电支架，因此有效地延长了激发 $Zn_{0.5}Cd_{0.5}S$ 纳米片光诱导电子的寿命。此外，存储在 RGO 中的电子可以根据需要，通过施加对电极的正偏压，进行放电或消除，使得 $Zn_{0.5}Cd_{0.5}S$/RGO 光电极具有对 HER 的高度稳定性。

最近，Liu 等人通过顺序逐层（LbL）自组装带正电聚烯丙胺盐酸盐（PAH）改性的石墨烯纳米片和带负电的 CdS 量子点，制备了一种石墨烯纳米片（GN）/CdS 量子点（QD）复合薄膜材料（见图 7.2）[49]。已发现的是，相比于纯的 CdS QD 和 GN 薄膜，可调节的 GN/CdS QD 多层薄膜呈现出在可见光照射下显著增强的 PEC 活性。这种增强效应归因于 CdS QD 与 GNS 独特的交替结合方式，使得石墨烯的二维结构优势在 GN/CdS QD 复合薄膜中最大化。通过这种方式，CdS 量子点中的光激发电子在可见光照射下，容易且有效地从 CdS 的 CB 转移到相邻的 GN 支架，其中 GN 用作有效的电子收集器和传输体，从而抑制光生电子-空穴对的重组。

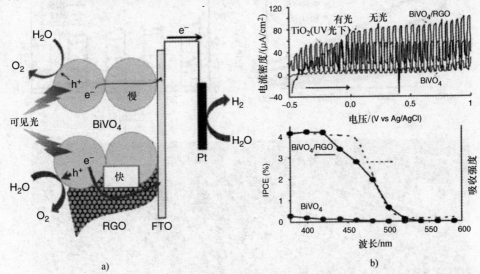

图 7.1 a）还原氧化石墨烯（RGO）促进电子从 $BiVO_4$ 迁移到掺杂的氧化锡（FTO）玻璃的过程的示意图。b）$BiVO_4$、$BiVO_4$/RGO 和 TiO_2（UV 光照射下）的可见光电压-光电流函数，以及 $BiVO_4$ 和 $BiVO_4$/RGO 的 IPCE 和漫反射光谱（经许可转载自参考文献 [46]。版权所有（2010），美国化学学会）

然而，石墨烯和所述半导体纳米颗粒之间的接触面积是有限的，因为该平面支架可以仅与纳米颗粒的底部部分接触。因此，Kim 等人[50]通过使用石墨烯/碳纳米管（CNT）复合导电支架来改善氧化铁光电极的性能。与单纯 Fe_2O_3 相比，该复合光电极显示出增强的光电流，并且其光电流也高于 Fe_2O_3/CNT 以及 Fe_2O_3/石墨烯光电极。这是由于更加开放和高度暴露的三维结构的形成，其中 CNT 和石墨烯成为彼此结构的间隔物，不仅扩大了导电支架和 Fe_2O_3 颗粒之间的接触面积，而且还促进了内部石墨烯和 CNT 的导电能力的恢复。Hou 等人报道在 PEC 装置中。

石墨烯作为两种半导体之间的界面电荷转移剂。他们合成了一种新型 α-Fe_2O_3/RGO/$BiV_{1-x}Mo_xO_4$ 异质结核壳纳米棒阵列，其中以 RGO 为中间层（见图 7.3）[51]。

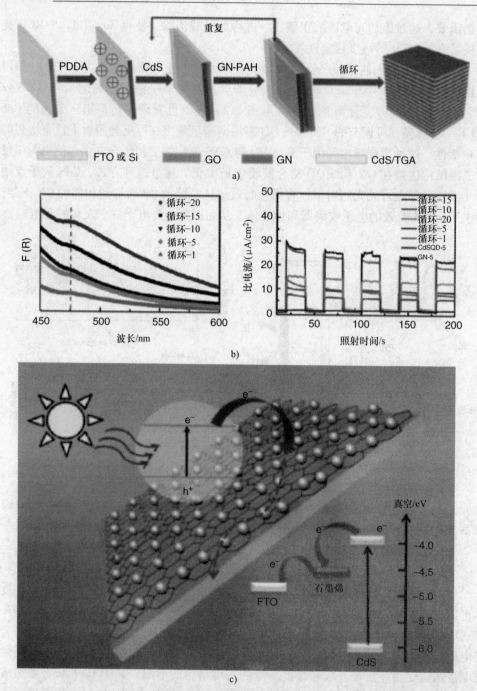

图 7.2 a) GN/CdS QD 多层薄膜的逐层自组装示意图。b) 具有不同沉积循环次数 n 的 (GN/CdS QD)$_n$ 多层薄膜的 UV-vis 吸收光谱和瞬态响应光电流（n = 1、5、10、15、20 时）。c) GN/CdS QD 多层薄膜的 PEC 作用机理的示意图（经许可转载自参考文献 [49]。版权所有（2014），美国化学学会）

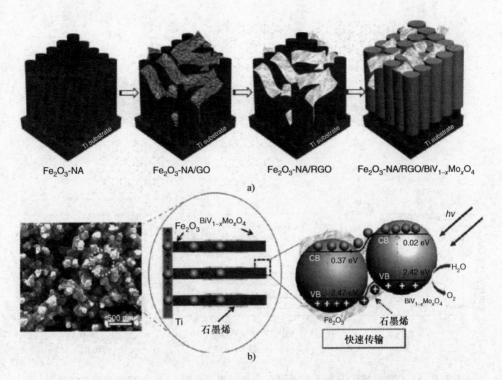

图 7.3 a) Fe_2O_3 – $NA/RGO/BiV_{1-x}Mo_xO_4$ 异质结的合成路线。b) Fe_2O_3 – $NA/RGO/BiV_{1-x}Mo_xO_4$ 异质结能带结构的示意图和提出的 PEC 水分解机理（经许可转载自参考文献 [51]。版权所有（2012），美国化学学会）

由于能带的排列以及电位差，RGO 片作为优良的电子导体，为电子从 $BiV_{1-x}Mo_xO_4$ 壳的 CB 转移到 Fe_2O_3 核的 CB 提供了快速传输通道。同时，空穴从 Fe_2O_3 的 VB 通过 RGO 夹层迁移到 $BiV_{1-x}Mo_xO_4$ 的 VB，然后被氧化水消耗形成 O_2。因此，光诱导电荷被有效分离，从而使 PEC 活性增强。最近，研究者们报道了一种由 CdS 敏化剂、RGO 电荷传输体和 TiO_2 受体组成的复合光电极[52]。RGO 被证明在减轻异质结中捕获电子方面起着至关重要的作用，并且作为在 CdS 和 TiO_2 之间传输电子的平台。这些工作为设计和制造用于 PEC 水分解的新型石墨烯基核－壳异质结构开辟了一条很有前景的途径。

此外，Chen 等人[53]提出了一种新型二维的三组元纳米结构，由多孔石墨C_3N_4 纳米片、氮掺杂石墨烯和层状 MoS_2 组成（见图 7.4）。相比于零维纳米颗粒只存在点接触，所构建的二维/二维层状结构显著地增加了接触面积以用于界面处有效的电荷转移，从而表现出显著提高 PEC 活性。将石墨烯与层状半导体结合以形成二维异质结，提供了用于提高光转换效率的有效方法。

Wang 等人用简单的旋涂法[54]在 RGO 上涂覆硅纳米线（SiNW）阵列表面。得

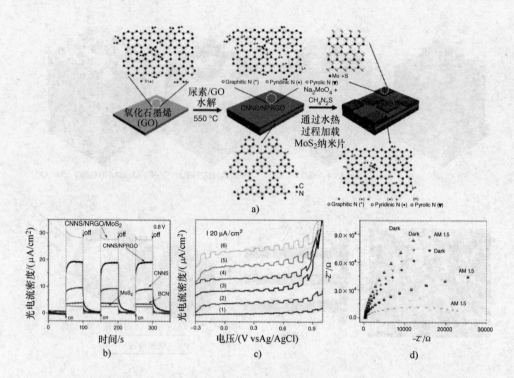

图7.4 a) CNNS/NRGO/MoS$_2$纳米结的合成过程示意图。b) 在模拟太阳光照射下，0.01mol/L Na$_2$SO$_4$电解液中不同样品的瞬态光电流密度与时间的关系。c) 用减弱的模拟太阳光照射下 BCN (1)、CNNS (2)、CNNS/NPRGO (3)、CNNS/NRGO 和 MoS$_2$ (4)、CNNS/MoS$_2$ (5) 和 CNNS/NRGO/MoS$_2$ 纳米结 (6) 的电流-电位图。d) 在偏压为0.3V、黑暗和模拟太阳光照射下，CNNS (△, ▽)、CNNS/NPRGO (□, △) 和 CNNS/NRGO/MoS$_2$ 纳米结 (★, ○) 的 EIS Nyquist 图

(经许可转载自参考文献 [53]。版权所有 (2013), John Wiley&Sons)

到的 SiNW/RGO 复合材料具有增强的 PEC 性能，短路光电流密度比原始 SiNW 高4倍以上，比平面 Si/RGO 复合材料高600倍以上。同时，电化学阻抗谱测试的结果表明，光生载流子捕获和重组的减少，以及 PEC 性质的显著增强可归因于 SiNW/RGO 界面和 RGO/电解质界面处的低电荷传输电阻。上述成果证明石墨烯还可以促进半导体/液体界面的电荷转移，并且提供了一种方便及可应用的方式，以促进高活性光电极的进一步发展。

有趣的是，Kim 等人[55]在逆乳白色赤铁矿 (α-Fe$_2$O$_3$) 薄膜构建之前，在透明导电电极之间引入了石墨烯中间层 (见图7.5)。石墨烯中间层可以有效地将电子聚集在 α-Fe$_2$O$_3$ 中并且将它们快速地传递到透明导电电极，从而起到良好的电子收集层的作用，类似于太阳电池中的电子收集层。此外，石墨烯层还起到优异的

电解质阻挡屏障的作用,由此显著降低了基底/电解质界面处的电荷重组。因此,电极的光电流密度和 IPCE 都显著提高,比纯反相乳白色赤铁矿光电阳极高几倍。

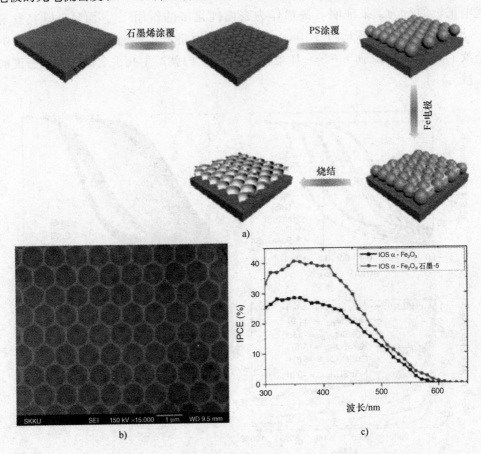

图 7.5 a)在石墨烯/FTO 基板上生长的反蛋白石结构 $\alpha-Fe_2O_3$ 组成的光电阳极的制造工艺示意图。b)石墨烯表面 $\alpha-Fe_2O_3$ 薄膜的 FE-SEM 顶视图。c)$\alpha-Fe_2O_3$ 和 $\alpha-Fe_2O_3$/石墨烯光电阳极在 0.5V 时,在 1mol/L NaOH 水溶液中的 IPCE
(经许可转载自参考文献 [55]。版权所有(2013),英国皇家化学学会)

Sim 等人[56]通过将化学气相沉积(CVD)制备的单层石墨烯转移到 p 型 Si 晶片,研究了石墨烯作为太阳能驱动的 HER 催化剂在该 Si 光电极上的作用(见图 7.6)。它们通过在氮气氛中进行等离子体处理来提高石墨烯的催化活性,因为这种处理可以产生大量缺陷,并将氮原子结合到石墨烯结构中,充当石墨烯中的催化位点。这种含有氮掺杂的单层石墨烯在交换电流密度方面表现出显著的增强效应,并且导致了始于 Si 光电阴极的光电流显著的阳极转移。另外,单层石墨烯显示出抑制 Si 表面氧化的钝化效应,因此 Si 光电正极能够在中性水溶液中工作。该研究表明，石墨烯本身可以作为具有高活性和化学稳定性的催化剂以应用于 PEC 系统。同时，也通过比较石墨烯涂覆的 n 型 Si（111）光电正极与 H 终端的 n 型 Si（111）光电正极的行为，来证明石墨烯作为表面钝化层的作用[57]。而且，研究发现 n-Si/石墨烯电极表现出超过 10mA/cm² 稳定的短路光电流密度，在水性电解液中连续工作 > 1000s，而 n-Si-H 电极在约 100s 内就产生几乎全部的电流密度的衰减。

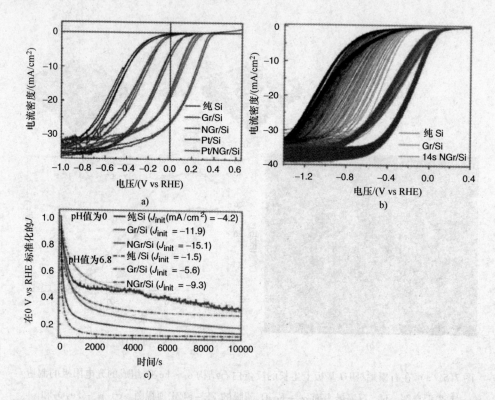

图 7.6　a）沉积有 Gr 和 NGr 的轻微硼掺杂的 p-Si 电极的光电流密度-电位（J-E）曲线。b）纯 Si、Gr/Si 和 NGr/Si 光电阴极的稳定性测试。c）光电阴极的计时电流法测试曲线
（经许可转载自参考文献 [56]。版权所有（2013），英国皇家化学学会）

此外，石墨烯表现出在从红外到可见紫外区域的各种波长范围内的均匀吸收光效应，因为它基本上是没有带隙的芳香族大分子。Lin 等人[58]构建了 RGO/ZnO 异质结构，并研究了其 PEC 特性（见图 7.7）。他们发现高光活性的 RGO 作为光敏剂可以使 H_2 的析出更容易，并提高 ZnO 在可见光照射下的光转换能力。RGO/ZnO 光电阳极在单色波长为 400nm 的 IPCE 可高达 24%。

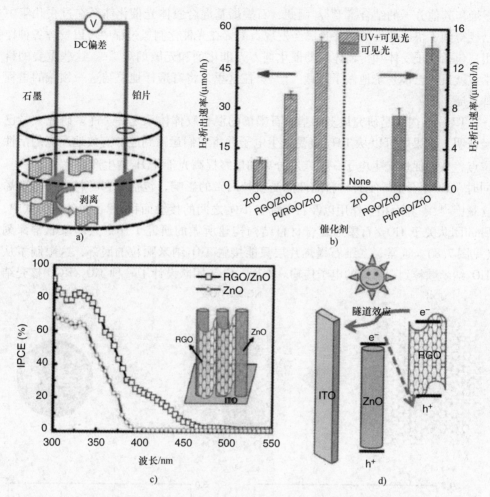

图7.7 a) EC剥离石墨的示意图。b) 在UV-可见光（$\lambda > 300nm$）和可见光（$\lambda > 400nm$）照射下，纯ZnO、RGO/ZnO和Pt/RGO/ZnO光电极上的光催化性能的比较图。c) 原始ZnO纳米棒和RGO/ZnO纳米复合物在双电极系统中，在0.4V（相对于Pt电位）电压下在300～550nm区域内测得的IPCE光谱（插图：1D ZnO纳米棒/2D RGO纳米片复合物的示意图）。d) RGO光敏化ZnO纳米电极的光激发电子-空穴的可能传输过程的示意图（经许可转载自参考文献 [58]。版权所有（2012），英国皇家化学学会）

7.5 基于石墨烯的混合胶体光催化体系

基于溶液的石墨烯合成方法，即RGO，通过还原GO（原始石墨的高度氧化和剥离产物）制备，为石墨烯基混合胶体光催化系统的开发提供了极大的便利。因为RGO上的残留官能团不仅可以作为固定纳米颗粒的成核位点，而且还有助于石墨烯与其他分子的结合[59,60]。因此，石墨烯基混合胶体光催化体系在过去几年中已经得到了快速的发展，并且已经发现石墨烯在光催化制氢过程中可以发挥各种作用，包括电子受体和传输体、助催化剂、光催化剂和光敏剂等[19]。这些重要的科学成就最近已被系统地做了回顾[19,61]。在这里，将有选择地总结这一领域的里程碑进展。

TiO_2/石墨烯是研究最多的基于石墨烯的混合胶体体系之一。许多研究人员已经证明，石墨烯可以从 TiO_2 接受光生电子并将它们运输到能够有效地反应的活性位点，从而促进光生电子—空穴对分离和最终提高光催化 H_2 的生产效率[37,62-64]。同时，TiO_2/石墨烯复合材料的性能受多种因素的影响，包括复合材料中的石墨烯含量[65,66]、界面相互作用以及石墨烯与 TiO_2 之间的接触面积[67]。在各种尝试中，Choi 团队关于 TiO_2/石墨烯复合材料结构构建所做的研究工作令人印象非常深刻（见图 7.8）。通常，二维石墨烯片层只能接触 TiO_2 纳米颗粒的底部，这限制了从 TiO_2 纳米颗粒到石墨烯的电子传输。然而，Choi 团队设计了一种 TiO_2/RGO 核壳结

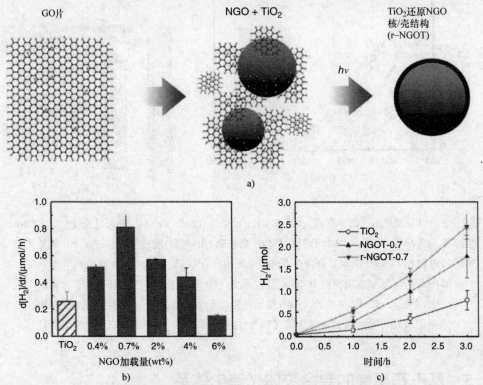

图 7.8 a) r-NGOT 制备过程的示意图。b) H_2 产率与 r-NGOT 中 NGO 含量的函数关系图。c) 不同光催化剂 H_2 产率随时间的变化曲线图

（经许可转载自参考文献 [68]。版权所有 (2012)，美国化学学会）

构的光催化剂，其中 TiO_2 纳米颗粒与 RGO 壳完全接触，从而更容易将光生电子从 TiO_2 转移到 RGO[68]。因此，H_2 产率高于负载 TiO_2 的 RGO 片层结构。最近，同一研究组[69]也提出了另一种通过将石墨烯嵌入 TiO_2 基质中来改善界面相互作用的有效方法。发现石墨烯片与 TiO_2 基体之间的电子耦合强于石墨烯片与 TiO_2 表面耦合的情况。因此，Zhang 等人[70]通过二维界面工程策略开发了一种 TiO_2/石墨烯纳米片复合材料。特殊的二维 TiO_2 纳米片/二维石墨烯片结构的光催化剂也有效地提高了电荷分离效率，从而促进了光降解反应的进行。

CdS 被认为是在可见光范围内一种很有前景的光催化剂，因为与 TiO_2 相比，它具有更窄的带隙（2.4eV）和相对高的导带位置[71]。因此，人们对石墨烯和 CdS 结合的复合材料给予了很多关注。Li 等人[72]使用二甲基亚砜（DMSO）作为溶剂合成了一系列 RGO/CdS 纳米复合材料，并研究其光催化 H_2 生成的性质（见图 7.9a、b）。他们发现含有 1.0wt% RGO 和 0.5wt% Pt 的纳米复合材料在乳酸溶液中，在可见光照射下表现出最高的 H_2 产率，并且在 420nm 处达到 22.5% 的表观量子效率（AQE），这个数值远高于纯 CdS/Pt 材料。这种优异的性能归因于 RGO 作为电子受体和传输体，在 CdS 半导体中分离光生电子—空穴对。Dong 等人通过第一性原理计算，进一步研究了石墨烯支撑的 CdS 纳米材料的界面电子—空穴分离机制[73]。与 Li 的假设一致，即 CdS 量子点中的激发电子将注入石墨烯中，并沿石墨烯层 π^* 轨道传输，从而实现有效的界面电子—空穴分离。此外，Kamat 等人通过实验，应用瞬态技术研究了类似于 CdS/石墨烯体系中的电子和能量转移的动力学，即 CdSe 胶体 QDs/GO 复合物（见图 7.9c、d）[74]。他们发现，随着 CdSe/GO 复合材料长时间被照射，光致发光寿命的增加与 GO 中的不同充电状态有关。原因是 CdSe/GO 复合物上的初始照射导致电子从 CdSe CB 转移到 GO。而持续照射，由于 GO 的还原和 GO 中电子的最终存储使电子传输率降低。也就是说，GO 的还原程度将影响电荷传输过程。从而，Fu 的研究团队通过光还原或肼还原过程，持续调节 $RGO/ZnIn_2S_4$ 纳米复合材料中 RGO 的还原程度，并系统研究还原程度对材料的光催化性能的影响[75,76]。研究已经发现，高度还原的 $RGO/ZnIn_2S_4$ 纳米复合材料显示出在可见光照射下，对 H_2 生产显著增强的光催化活性，因为该高度还原的 RGO 充当良好的电子受体/媒介体，以提高 $ZnIn_2S_4$ 对分解水的光催化活性。

同样，其他几个研究小组发现了石墨烯在染料敏化体系中的良好应用前景，其中石墨烯作为电子受体和传输体，由于不同组分之间的能量同级效应可以有效地促进光敏剂和催化剂之间的电子传输[77-79]。特别是，Lu 研究团队在这方面做了很多令人印象深刻的工作。在早期的工作中，他们报道了对曙红-Y（EY）敏感的 RGO 材料，其中 Pt 纳米颗粒作为可见光下光催化 H_2 的助催化剂，在三乙醇胺（TEOA）溶液中 520nm 处获得 9.3% 的 AQE（见图 7.10）[80]。证明 RGO 有效地将电子从 EY 光敏剂转移到 Pt 催化剂，从而增强光催化 H_2 产生。不幸的是，在 24h

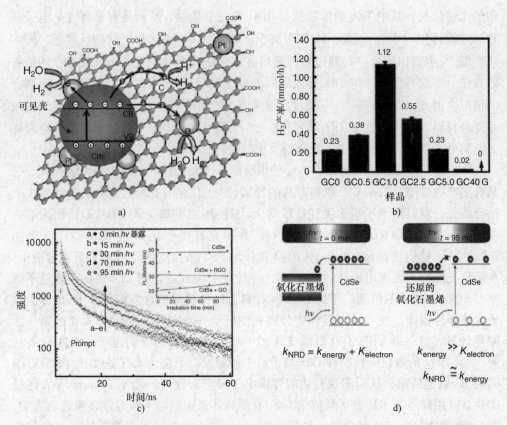

图7.9 a) RGO/CdS 系统在可见光下的电荷分离和传输的示意图。b) 使用体积分数为10%的乳酸水溶液作为牺牲介质，0.5wt% Pt 作为助催化剂，比较用于 H_2 制备的 GC0、GC0.5、GC1.0、GC2.5、GC5.0、GC40 及 RGO 在可见光范围内的光催化活性（经许可转载自参考文献 [72]。版权所有（2011），美国化学学会）。c) CdSe/GO 复合材料在可见光照射（>420nm）时，显示出增加的光致发光寿命。d) 由光激发的 CdSe 胶体量子点到 GO 和 RGO 的能量传输和电子转移机制（经许可转载自参考文献 [74]。版权所有（2012），美国化学学会）

试验中，光催化活性迅速下降。因此，他们提出了对 EY 和 Rose Bengal（RB）共同敏感的 RGO/Pt 光催化剂，发现辐照40h后光催化活性略微有所下降[81]。最近，他们还系统研究了氧杂蒽染料、H_2 析出催化剂以及供体对染料敏化 RGO 系统 H_2 产率的影响。使用 TEOA 作为电子供体，Pt 助催化剂改性的 RB 敏化 RGO 材料对产生 H_2 具有最高活性[82]。考虑到 Pt 的高成本和稀缺性，他们还开发了 EY 敏化的钴/石墨烯和 $CoSn_xO_y$/石墨烯复合物，用于在可见光照射下有效地光催化制氢[83,84]。

此外，研究人员还尝试将石墨烯作为导电介体应用于异质结构光催化剂中，以提高电子传输效率。Hou 等人[85]合成了一种与 RGO 纳米片偶联的 CdS/TaON 核 –

第 7 章 基于石墨烯的太阳能驱动水分解装置

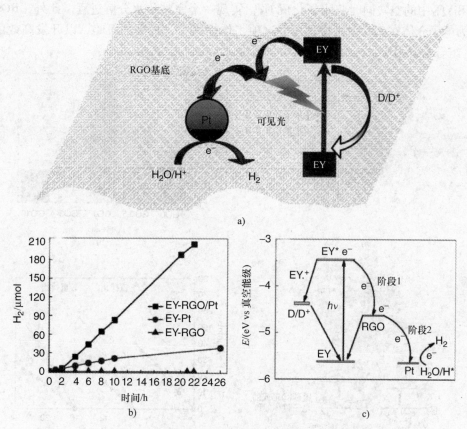

图 7.10　a) 在可见光照射下,在 EY – RGO/Pt 光催化剂上析氢的光催化机理。
b) 在 EY – Pt、EY – RGO 和 EY – RGO/Pt 光催化剂上析氢随时间变化的过程。
c) EY – RGO/Pt 光催化剂上析氢的能级图 (经许可转载自参考文献 [80]。版权所有 (2011),美国化学学会)

壳异质结构 (见图 7.11a、b)。该光催化剂表现出在可见光照射下,高效及稳定的 H_2 产率: $633\mu mol/h$,这比原始 TAON 材料的产率高约 141 倍。他们将这种高的光催化活性归因于,首先,CdS/TaON 异质结构的存在减少了光生电子 – 空穴的重组,其次是 RGO 的参与,RGO 作为电子受体和传输体,有效地延长了光生电荷载体从 CdS/TaON 异质结构到 RGO 的寿命。同样,在其他系统中也证明了类似的现象,如 $CdS/RGO/ZnIn_2S_4$ 异质结构[86]、Ru (dcbpy)$_3$/TiO_2/RGO 复合材料[87] 和 $CdS/RGO/MoS_2$ 复合材料[88]。这些研究成果鼓励科学家去研究石墨烯作为固体电子介体的潜在应用,以替代 Z – 组合系统中的常见氧化还原电子对。Amal 研究小组构建了由 $RGO/BiVO_4$ 和 $Ru/SrTiO_3:Rh$ 组成的 Z – 组合体系,并证明 RGO 可以作为电子介体将电子从 $BiVO_4$ 的 CB 传输到 $Ru/SrTiO_3:Rh$ 的杂质能级 (见图 7.11c、d)[89]。然后 $Ru/SrTiO_3:Rh$ 中的电子在 Ru 助催化剂的作用下,将水还原为 H_2,

而 $BiVO_4$ 中的空穴同时将水氧化成 O_2，实现一个完整的水分解过程。此外，RGO 作为电子介体在 24h 内性能稳定。这项工作提供了一种新的策略，以开发高效的 Z – 组合系统用于水分解。

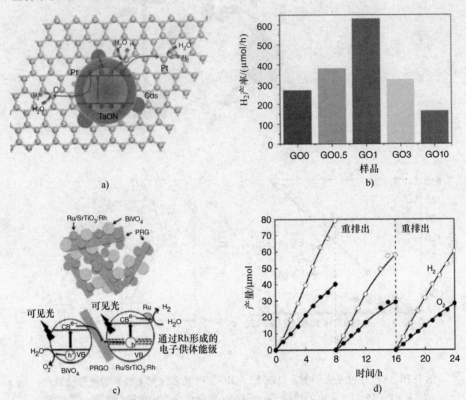

图 7.11　a）石墨烯/CdS/TaON 系统在可见光下的电荷分离和转移的示意图。
b）比较具有不同含量 GO（0、0.5%、1%、3%）的 CdS/TaON 复合材料样品的可见光光催化活性（经许可转载自参考文献［85］。版权所有（2012），英国皇家化学学会）。
c）在可见光照射下，由 $Ru/SrTiO_3$:Rh 和 $RGO/BiVO_4$ 组成的 Z – 型光催化体系中水分解的机理示意图。d）$Ru/SrTiO_3$:Rh/RGO/BiV_4 体系在可见光照射下的总体水分解曲线图（经许可转载自参考文献［89］。版权所有（2011），美国化学学会）

　　石墨烯也是一种具有成本效益的助催化剂，成为有希望替代贵金属的候选材料。Zhang 等人使用水热反应合成了一系列 $RGO/Zn_xCd_{1-x}S$ 光催化剂[41]，并发现 $RGO/Zn_{0.8}Cd_{0.2}S$ 光催化剂在 Na_2S/Na_2SO_3 溶液中，表现出 $1824\mu mol/(h·g)$ 的 H_2 产率，以及在 420nm 处其 AQE 为 23.4%，甚至高于 $Pt/Zn_{0.8}Cd_{0.2}S$ 的催化效应（见图 7.12）。这表明，除了作为电子受体和传输体，RGO 也是一种优良的助催化剂，可以在该体系中将 H^+ 还原为 H_2 分子。在许多其他系统中也报道了石墨烯的这种作用，例如 RGO/TiO_2[90]、$RGO/ZnIn_2S_4$[91]、CdS/RGO[92] 和 CdS/ZnO/

RGO[93]。此外,石墨烯基复合材料也被证明是光催化生成 H_2 的良好助催化剂。Xiang 等人[94]通过两步水热法制备 $TiO_2/MoS_2/RGO$ 光催化剂。这种复合光催化剂表现出在 UV 光照射下,165.3 μmol/h 的 H_2 产率。他们提出 MoS_2 和 RGO 片之间的协同促进效应可以抑制电荷的重组,改善界面电荷传输,并提供大量的活性吸附位点和光催化反应中心。同样地,石墨烯/MoS_2 的复合也适用作为用于光催化剂 ZnS 的助催化剂,从而在水分解过程中,H_2 的光催化活性和稳定性得到了显著提高[95]。Min 和 Lu 等人[96]进一步证明了 MoS_2/RGO 复合物作为染料敏化光催化体系中高活性助催化剂的可行性,其中在 THY 敏化的 MoS_2/RGO 光催化剂体系中,材料在 460nm 表现出 24.0% 的高 AQE,证明了 MoS_2/RGO 复合物作为各种光催化体系助催化剂的适用性。此外,如 Lu 等人所报道,RGO 与 Cu 复合也是一种良好的助催化剂[97]。铜/RGO – P25 光催化剂的 H_2 产率约为 RGO – P25 光催化剂的 5 倍更高。

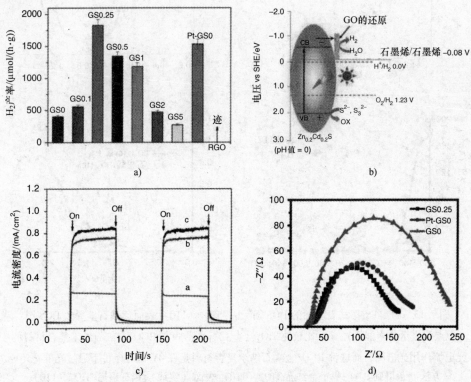

图 7.12　a) 模拟太阳光辐射下不同样品的光催化制备 H_2 活性的比较。b) 在模拟太阳光辐射下光催化 H_2 产生的机制。c) 瞬态光电流响应的 Nyquist 图。d) $Zn_{0.8}Cd_{0.2}S$,1wt% $Pt-Zn_{0.8}Cd_{0.2}S$ 和 $RGO/Zn_{0.8}Cd_{0.2}S$ 样品的 Nyquist 图

(经许可转载自参考文献 [41]。版权所有 (2012),美国化学学会)

作为类似有机染料的大分子，功能化石墨烯最近被报道在光催化体系中作为"光敏剂"应用[98-100]。Amal 等人[101]通过计算模拟了石墨烯/TiO_2 复合材料中的界面电荷传输过程，并发现了一种有趣的现象，即在可见光照射下，电子可以从石墨烯的上部 VB 激发到 TiO_2 的 CB，预测了石墨烯在光催化过程中的潜在敏化作用（见图 7.13）。最近，这种现象已被 Zeng 等人通过实验证明[102]。因为他们发现，通过水热方法制备的 RGO/TiO_2 复合材料在可见光照射下，表现出 380μmol/h 的 H_2 产率，其在 420nm 下的 AQE 约为 8.2%。同样，Xu 等人[103]证明在 ZnS/RGO 纳米复合材料中，RGO 充当"光敏剂"而不是 ZnS 的电子存储库。

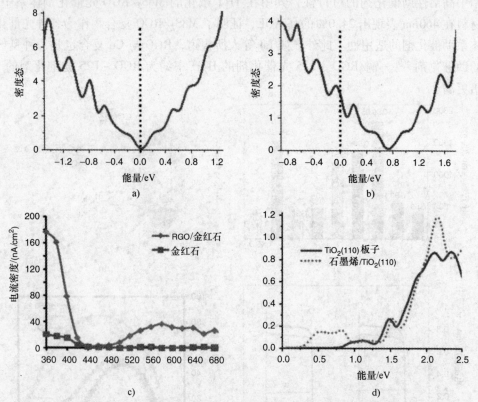

图 7.13 a) 自支撑式石墨烯的 DOS 图。b) TiO_2（110）表面负载石墨烯的 DOS 图（短点线表示费米能级）。c) 比较纯 TiO_2（金红石）薄膜与 RGO/金红石纳米复合材料的光电流作用光谱图，而这种 RGO/金红石纳米复合材料是在 0V 偏压条件下通过光催化还原方法制备得到。d) 基于金红石 TiO_2（110）表面（实线）和石墨烯/TiO_2（110）纳米复合材料（点线）垂直于其表面的偏振矢量计算出的电介质的虚部
（经许可转载自参考文献 [101]。版权所有（2011），美国化学学会）

此外，最近石墨烯的开放带隙结构用于水分解的潜在应用引起了很多关注。Teng 研究团队[104]首先证明，具有 2.4~4.3eV 带隙的 RGO 在甲醇水溶液或纯水中显示出稳定的 H_2 析出效应，即使在没有 Pt 助催化剂以及汞灯的照射下也是如此。

他们还研究了 RGO 在不同氧化程度下的光催化活性，发现光催化活性与 RGO 片上含氧基团的量之间存在反比关系[105]。然而，一个意想不到的现象是尽管 RGO 的 H_2 析出速率随时间变化稳定，但 O_2 析出却呈现下降趋势。原因是具有足够氧化度的 RGO 的电子结构使其适合于水的还原和氧化，但是在光催化反应过程中 RGO 片层之间的相互还原使它们的带隙变窄，从而导致 VB 边缘的向上移动，并导致 O_2 析出速率的降低。最近，氮掺杂氧化石墨烯量子点（NGO-QD）结构被证明能够将纯水分解成 H_2 和 O_2（见图 7.14）[106]。作者发现，制备的 NGO-QD 表现出 p 型和 n 型导电性，并形成了新型二极管结构，这会引起在 QD 界面处的内部 Z-组合的电荷传输机制，最终实现在可见光下的水分解。该工作表明石墨烯结构是用于合成无金属、成本有效且环境友好的催化剂的有前途的材料，以用于太阳光照射下的水分解。

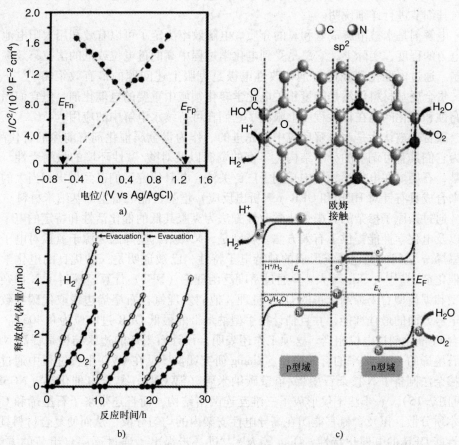

图 7.14 a) NGO-QD 电极在 2mol/L H_2SO_4 中的 Mott-Schottky 关系中，电容与施加电位的变化曲线图。b) 在可见光（420nm $< \lambda <$ 800nm）照射下，悬浮在 200mL 纯水中的光催化剂上产生气体的量随时间变化过程。c) NGO-QD 光化学二极管的装置和能级图（经许可转载自参考文献 [106]。版权所有 (2014)，John Wiley&Sons）

7.6 基于石墨烯的光伏/电解器件

PV/电解装置中的太阳电池将太阳光转换成电能并为电解水提供必要的电压。也就是说，它决定了 PV/电解器装置的 STH 效率的上限。寻求提高太阳电池效率的有效方法对于提高 PV/电解槽装置中的 STH 效率是非常重要的。石墨烯由于其独特的性质，即高的光学透明性、高的导电性和力学柔性，使其以及其衍生物从第一次被发现以来，就已经广泛地被研究应用于太阳电池领域。如今，石墨烯不仅可以用作电极（即透明负极、不透明负极、透明正极和催化对电极），还可以用作串联结构中的活性层（即光捕获材料、电子传输层、空穴传输层以及界面层）。Zhang 等人对这些令人印象深刻的研究结果进行了很好的评述[107]，因此不会在这里对其细节进行详细说明。

电解剂是水被电解成氢和氧的介质。电解效率决定了可以有效利用太阳电池产生电力的程度。实际上，它总是受到电化学过程中高的过电位或低的法拉第效率的限制。通过电催化剂在电解剂中改性电极是克服上述问题的最有效策略[108]。然而，贵金属基材料仍然是能量相关电化学转化领域中重要的电催化剂，但它们固有的腐蚀和氧化问题在很大程度上限制了它们在可持续水电解中的应用[109]。

碳材料被认为是水电解反应中最先进的、作为贵金属催化剂有前途的替代品，因为它们具有可调节的分子结构、丰富的资源以及对酸/碱性环境的强耐受性。特别是，石墨烯在电化学领域中受到了广泛关注，并且研究者们已经做出相当大的努力来合成具有针对 HER 和 OER（氧析出反应）增强性能的石墨烯基纳米材料。

通过杂原子掺杂的石墨烯化学改性方法为克服其低的催化活性和特定的电子结构以及电化学性能提供了有效方法。特别是，N 掺杂石墨烯因为源于氮孤对电子和石墨烯 π 之间的共轭系统形成的独特电子特性，已被证明是一种优良的电化学反应催化剂[110,111]。Xia 等人[112]通过密度泛函理论（DFT）计算，探讨了 N 掺杂扶手型和锯齿型石墨烯纳米带的 OER 机理。他们发现氮在石墨烯边缘取代碳导致了超电势方面的最佳性能，并且估计扶手型纳米带的最低 OER 过电位为 0.405V，这与含 Pt 催化剂过电位相当。这项工作还表明，设计石墨烯的边缘结构是提高 N 掺杂石墨烯的 OER 效率的有效途径。Zhang 研究团队[113]在 CVD 生长过程中通过原位掺杂法制备了 N 掺杂石墨烯/单壁碳纳米管（SWCNT）复合电催化剂（NGSH）（见图 7.15）。一步法不仅形成了三维互连网络结构，而且还带来了石墨烯和 CNT 的本质分散，以及含氮官能团在高导电性支架内的均匀分散，从而使复合材料具有高性能 OER 的电催化特性。Qiao 等人[114]进一步提出了通过逐层自组装的方法，制备 N、O 双掺杂石墨烯 - 碳纳米管（表示为 NG - CNT）水凝胶复合电催化剂。这种自支撑材料表现出奇高的 OER 活性，甚至优于贵金属（IrO_2）和一些过渡金属催化剂。此外，NG - CNT 催化剂在碱性和强酸性溶液中都具有良好的稳定性。作者将这种高的 OER 活性归因于源自化学转化的石墨烯和 CNT 之间协同作用的双活性位点机制。最近,他们设计并合成了另一种 N、P 双掺杂石墨烯作为电催化剂,以实现可持续和高效的 HER[115]。研究已经证明,N 和 P 掺杂原子可以通过影响结构价轨道能级来共激活石墨烯基质中的相邻 C 原子,以产生对 HER 的协同增强效应。这种双杂化的石墨烯表现出比单一元素掺杂石墨烯更优异的 HER 电催化活性,并且这种催化活性与一些传统的金属催化剂的活性相当。

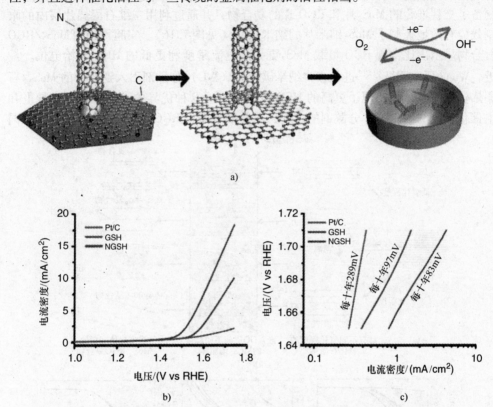

图 7.15 a) 用于氧还原和析氧反应的氮掺杂石墨烯 - 碳纳米管复合物的一步生长法。
b) Pt/C、GSH 和 NGSH 电极在 0.1mol/L KOH 溶液中,在扫描速率为 5mV/s 下的 OER 电流。
c) 在 1mV/s、0.1 mol/L KOH 中商业 Pt/C、GSH 和 NGSH 催化剂的 Tafel 图
(经许可转载自参考文献 [113]。版权所有 (2014),John Wiley&Sons)

另外,石墨烯本身不仅可以被作为高性能无金属的电催化剂,也可以作为一种新颖的 HER 和 OER 催化剂的载体,因为石墨烯大的表面积可以促进催化剂纳米颗粒的分散并且抑制其团聚现象,同时其优良的导电性也可以促进电极中的电子传输。

MoS_2/石墨烯复合材料是迄今为止研究领域中最受欢迎的 HER 电催化剂材料。Dai 等人[116]开发了一种 MoS_2/石墨烯复合材料,其具有纳米级的少层 MoS_2 结构,并且这种结构在石墨烯上存在大量暴露的边缘。相对于其他 MoS_2 催化剂,这种复合材料在 HER 中表现出优异的电催化活性,Tafel 斜率为 41mV/十年。他们将这种优异的催化活性归因于 MoS_2 纳米颗粒上丰富的催化边缘位点,以及与基底石墨烯

网络的优异电耦合效应。Liu 等人[117]进一步提出了通过在三维 MGF 上原位形成 MoS_2 纳米颗粒以制备 MoS_2/中孔石墨烯泡沫（MGF）电催化剂。MoS_2/MGF 复合物显示出比 MoS_2/石墨烯更好的催化活性，因为它具有丰富的催化位点、大的可接触表面积、MGF 载体与活性催化剂之间独特的协同作用，以及 MGF 为离子和电子的有效扩散提供的多种途径。更有趣的是，Yang 等人[118]通过溶剂蒸发辅助插层法制备了交替堆叠的 MoS_2 片和 RGO 片的复合物，并通过利用二维石墨烯片层内的限制效应有效地控制了 MoS_2 纳米片的纳米尺寸（见图 7.16）。实验得到的 MoS_2/RGO 复合物显示出比常规 RGO 负载 MoS_2 更高的电流密度和更低的 HER 起始电位。最近，Wang 研究团队[119]进一步将纳米碳化钨（WC）分散剂引入到经典的 MoS_2/石墨烯体系中，从而实现了更高的 HER 电流密度。这种优异的性能归因于高导电和电催化活性的纳米 WC 分散剂的存在，以及纳米 WC/RGO 和层状 MoS_2 之间的协同

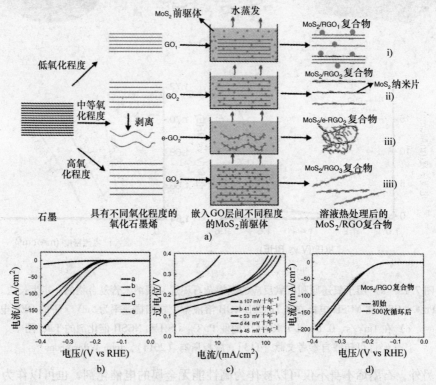

图 7.16 a) 基于石墨的氧化过程、氧化诱导的层间膨胀/剥离、蒸发辅助插层，以及空间 - 限域生长方法的各种 MoS_2/RGO 复合材料的合成示意图。b) 极化曲线。c) Tafel 图 [i) MoS_2 ii) MoS_2/RGO_2 iii) MoS_2/e - RGO_2 iiii) MoS_2/RGO1 和 v) MoS_2/RGO_3 复合材料改性电极]。d) MoS_2/RGO_2 复合物改性电极在 0.5mol/L H_2SO_4 溶液中的稳定性能：初始极化曲线（深色曲线）和在 500 次循环后的性能（浅色曲线）。（经许可转载自参考文献 [118]。版权所有（2014），美国化学学会）

注：图 a 中并无 v。——译者注

促进效应。

同时，通过将石墨烯与许多过渡金属化合物复合，尤其是与钴化合物复合，已经制备得到了各种用于 OER 的有效电催化剂。Qiao 研究团队[120]报道了由 N 掺杂石墨烯和 $NiCo_2O_4$ 复合形成的用于水分解的三维 OER 催化剂，这种结构表现出与 IrO_2 相当的优异的 OER 催化活性。开发良好的平面内和平面外孔隙，三维导电网络因为 N 掺杂被认为是这种复合结构优异性能的原因。同样，他们提出了在 N 掺杂石墨烯水凝胶上形成 NiCo 二元氢氧化物，以制备三维结构的水合催化剂[121]。这种高亲水性的复合催化剂（表示为 NG-NiCo）具有良好的电极动力学、良好的持久性和优异的活性。NG-NiCo 的催化电流甚至高于 IrO_2 催化剂。Chen 等人通过将三维褶皱石墨烯（CG）与氧化钴复合，获得了高性能的电催化剂[122]。他们得出结论，独特的三维和空心石墨烯结构为 CoO 纳米晶体提供了大的表面积和稳定的锚定位点，这可以使石墨烯片层的团聚/重新堆叠效应最小化，从而可以充分利用催化剂表面积。最终，氮掺杂的 CG/CoO 复合物表现出优异的催化活性和持久性，使其成为用于 OER 的高性能非贵金属基电催化剂。最近，Zhao 等人提出通过

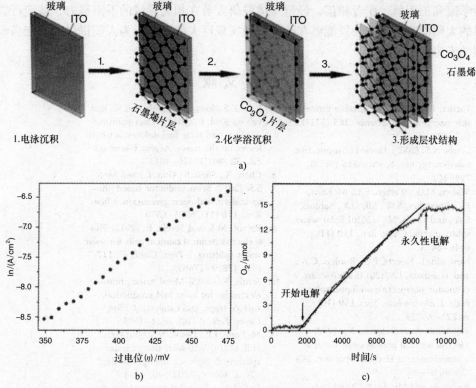

图 7.17　a）双层 [Co_3O_4/GR] 复合物的制备示意图。b）使用 [Co_3O_4/GR]$_{9L}$ 在 0.1mol/L KOH，pH 值 = 13.0 的溶液中，通过水氧化产生的 Tafel 图。c）在 2h 电解期间用 [Co_3O_4/GR]$_{9L}$ 红线）产生的 O_2 气体的量。实线表示在法拉第效率为 100% 时由电解过程中消耗的总电荷量计算的理论 O_2 量（经许可转载自参考文献 [123]。版权所有（2013），英国皇家化学学会）

逐层自组装的方法，在氧化铟锡（ITO）玻璃上制备非晶Co_3O_4/石墨烯复合物（Co_3O_4/GR），并将其作为有效的OER电催化剂用于水分解中[123]（见图7.17）。通过调整双层结构中的层数，可以成功调控Co_3O_4/GR复合材料的催化活性。该复合材料在0.1mol/L KOH中对OER具有优异的催化活性、高的法拉第效率（95%）和优异的长效稳定性。

7.7 结论和观点

目前，已经对石墨烯在太阳能驱动的水分解装置中的应用进行了深入研究。近年来已经取得了相当大的进展，这表明石墨烯在太阳能驱动的水分解领域具有广阔的应用前景。这些骄人的成绩进一步激发和强化了研究人员继续在这一领域进行更多的研究工作。然而，许多科学问题和技术瓶颈仍未得到解决，并且基于石墨烯的太阳能驱动的水分解装置的效率仍是差强人意，这使得这项研究工作非常具有挑战性。实现最终目标需要不同领域研究者的密切合作，包括化学家、物理学家、材料科学家和工程师。作者相信，经过全体科研人员在相关领域的不懈努力，基于石墨烯的太阳能驱动水解装置能够在产氢领域实现巨大的突破，为人们提供一个充满希望的未来。

参考文献

1. Turner, J.A. (1999) A realizable renewable energy future. *Science*, **285** (5428), 687–689.
2. Lewis, N.S. (2007) Toward cost-effective solar energy use. *Science*, **315** (5813), 798–801.
3. Walter, M.G., Warren, E.L., McKone, J.R., Boettcher, S.W., Mi, Q.X., Santori, E.A., and Lewis, N.S. (2010) Solar water splitting cells. *Chem. Rev.*, **110** (11), 6446–6473.
4. Newman, J., Hoertz, P.G., Bonino, C.A., and Trainham, J.A. (2012) Review: an economic perspective on liquid solar fuels. *J. Electrochem. Soc.*, **159** (10), A1722–A1729.
5. Fujishima, A. and Honda, K. (1972) Electrochemical photolysis of water at a semiconductor electrode. *Nature*, **238** (5358), 37–38.
6. Kudo, A. and Miseki, Y. (2009) Heterogeneous photocatalyst materials for water splitting. *Chem. Soc. Rev.*, **38** (1), 253–278.
7. Joya, K.S., Joya, Y.F., Ocakoglu, K., and van de Krol, R. (2013) Water-splitting catalysis and solar fuel devices: artificial leaves on the move. *Angew. Chem. Int. Ed.*, **52** (40), 10426–10437.
8. Chen, X., Shen, S., Guo, L., and Mao, S.S. (2010) Semiconductor-based photocatalytic hydrogen generation. *Chem. Rev.*, **110** (11), 6503–6570.
9. Prévot, M.S. and Sivula, K. (2013) Photoelectrochemical tandem cells for solar water splitting. *J. Phys. Chem. C*, **117** (35), 17879–17893.
10. Sivula, K. (2013) Metal oxide photoelectrodes for solar fuel production, surface traps, and catalysis. *J. Phys. Chem. Lett.*, **4** (10), 1624–1633.
11. McKone, J.R., Lewis, N.S., and Gray, H.B. (2014) Will solar-driven water-splitting devices see the light of day? *Chem. Mater.*, **26** (1), 407–414.
12. Osterloh, F.E. (2013) Inorganic nanostructures for photoelectrochemical and photocatalytic water splitting. *Chem. Soc. Rev.*, **42** (6), 2294–2320.

13. Novoselov, K. (2007) Mind the gap. *Nat. Mater.*, **6** (10), 720–721.
14. Guo, S. and Dong, S. (2011) Graphene nanosheet: synthesis, molecular engineering, thin film, hybrids, and energy and analytical applications. *Chem. Soc. Rev.*, **40** (5), 2644–2672.
15. Bonaccorso, F., Sun, Z., Hasan, T., and Ferrari, A.C. (2010) Graphene photonics and optoelectronics. *Nat. Photonics*, **4** (9), 611–622.
16. Chen, D., Zhang, H., Liu, Y., and Li, J. (2013) Graphene and its derivatives for the development of solar cells, photoelectrochemical, and photocatalytic applications. *Energy Environ. Sci.*, **6** (5), 1362–1387.
17. Feng, L. and Liu, Z. (2011) Graphene in biomedicine: opportunities and challenges. *Nanomedicine*, **6** (2), 317–324.
18. Kamat, P.V. (2011) Graphene-based nanoassemblies for energy conversion. *J. Phys. Chem. Lett.*, **2** (3), 242–251.
19. Xie, G., Zhang, K., Guo, B., Liu, Q., Fang, L., and Gong, J.R. (2013) Graphene-based materials for hydrogen generation from light-driven water splitting. *Adv. Mater.*, **25** (28), 3820–3839.
20. Han, L., Wang, P., and Dong, S. (2012) Progress in graphene-based photoactive nanocomposites as a promising class of photocatalyst. *Nanoscale*, **4** (19), 5814–5825.
21. Zhang, N., Zhang, Y., and Xu, Y.-J. (2012) Recent progress on graphene-based photocatalysts: current status and future perspectives. *Nanoscale*, **4** (19), 5792–5813.
22. Xiang, Q.J. and Yu, J.G. (2013) Graphene-based photocatalysts for hydrogen generation. *J. Phys. Chem. Lett.*, **4** (5), 753–759.
23. Grimes, C., Varghese, O., and Ranjan, S. (2008) in *Light, Water, Hydrogen* (eds C. Grimes, O. Varghese, and S. Ranjan), Springer, pp. 115–190.
24. Licht, S. (2001) Multiple band gap semiconductor/electrolyte solar energy conversion. *J. Phys. Chem. B*, **105** (27), 6281–6294.
25. Licht, S., Wang, B., Mukerji, S., Soga, T., Umeno, M., and Tributsch, H. (2000) Efficient solar water splitting, exemplified by RuO_2-catalyzed AlGaAs/Si photoelectrolysis. *J. Phys. Chem. B*, **104** (38), 8920–8924.
26. Licht, S., Wang, B., Mukerji, S., Soga, T., Umeno, M., and Tributsch, H. (2001) Over 18% solar energy conversion to generation of hydrogen fuel; theory and experiment for efficient solar water splitting. *Int. J. Hydrogen Energy*, **26** (7), 653–659.
27. Licht, S., Ghosh, S., Tributsch, H., and Fiechter, S. (2002) High efficiency solar energy water splitting to generate hydrogen fuel: probing RuS_2 enhancement of multiple band electrolysis. *Sol. Energy Mater. Sol. Cells*, **70** (4), 471–480.
28. Licht, S. (2003) Solar water splitting to generate hydrogen fuel: photothermal electrochemical analysis. *J. Phys. Chem. B*, **107** (18), 4253–4260.
29. Licht, S. (2005) Solar water splitting to generate hydrogen fuel - a photothermal electrochemical analysis. *Int. J. Hydrogen Energy*, **30** (5), 459–470.
30. Bard, A.J. (1979) Photoelectrochemistry and heterogeneous photocatalysis at semiconductors. *J. Photochem.*, **10** (1), 59–75.
31. Ganguly, A., Misra, D., and Ghosh, S. (2010) Modeling and analysis of solar photovoltaic-electrolyzer-fuel cell hybrid power system integrated with a floriculture greenhouse. *Energy Buildings*, **42** (11), 2036–2043.
32. Bilgen, E. (2001) Solar hydrogen from photovoltaic-electrolyzer systems. *Energy Convers. Manage.*, **42** (9), 1047–1057.
33. Novoselov, K.S., Geim, aK., Morozov, S.V., Jiang, D., Zhang, Y., Dubonos, S.V., Grigorieva, I.V., and Firsov, A.A. (2004) Electric field effect in atomically thin carbon films. *Science*, **306**, 666–669.
34. Geim, A.K. and Novoselov, K.S. (2007) The rise of graphene. *Nat. Mater.*, **6** (3), 183–191.
35. Avouris, P. (2010) Graphene: electronic and photonic properties and devices. *Nano Lett.*, **10** (11), 4285–4294.
36. Castro Neto, A.H., Guinea, F., Peres, N.M.R., Novoselov, K.S., and Geim, A.K. (2009) The electronic properties

of graphene. *Rev. Mod. Phys.*, **81** (1), 109–162.
37. Wang, X., Zhi, L., and Müllen, K. (2007) Transparent, conductive graphene electrodes for dye-sensitized solar cells. *Nano Lett.*, **8** (1), 323–327.
38. Ioannides, T. and Verykios, X.E. (1996) Charge transfer in metal catalysts supported on doped TiO_2: a theoretical approach based on metal–semiconductor contact theory. *J. Catal.*, **161** (2), 560–569.
39. Donolato, C. (2004) Approximate analytical solution to the space charge problem in nanosized Schottky diodes. *J. Appl. Phys.*, **95** (4), 2184–2186.
40. Zhang, Z. and Yates, J.T. (2012) Band bending in semiconductors: chemical and physical consequences at surfaces and interfaces. *Chem. Rev.*, **112** (10), 5520–5551.
41. Zhang, J., Yu, J.G., Jaroniec, M., and Gong, J.R. (2012) Noble metal-free reduced graphene Oxide-$Zn_xCd_{1-x}S$ nanocomposite with enhanced solar photocatalytic H_2 production performance. *Nano Lett.*, **12**, 4584–4589.
42. Guo, B., Liu, Q., Chen, E., Zhu, H., Fang, L., and Gong, J.R. (2010) Controllable N-doping of graphene. *Nano Lett.*, **10** (12), 4975–4980.
43. Guo, B., Fang, L., Zhang, B., and Gong, J.R. (2011) Doping effect on shift of threshold voltage of graphene-based field-effect transistors. *Electron Lett.*, **47** (11), 663–664.
44. Yan, J.-A., Xian, L., and Chou, M.Y. (2009) Structural and electronic properties of oxidized graphene. *Phys. Rev. Lett.*, **103** (8), 086802.
45. Mathkar, A., Tozier, D., Cox, P., Ong, P., Galande, C., Balakrishnan, K., Leela Mohana Reddy, A., and Ajayan, P.M. (2012) Controlled, stepwise reduction and band gap manipulation of graphene oxide. *J. Phys. Chem. Lett.*, **3** (8), 986–991.
46. Ng, Y.H., Iwase, A., Kudo, A., and Amal, R. (2010) Reducing graphene oxide on a visible-light $BiVO_4$ photocatalyst for an enhanced photoelectrochemical water splitting. *J. Phys. Chem. Lett.*, **1** (17), 2607–2612.
47. Lin, J.D., Hu, P., Zhang, Y., Fan, M.T., He, Z.M., Ngaw, C.K., Loo, J.S.C., Liao, D.W., and Tan, T.T.Y. (2013) Understanding the photoelectrochemical properties of a reduced graphene oxide-WO_3 heterojunction photoanode for efficient solar-light-driven overall water splitting. *RSC Adv.*, **3** (24), 9330–9336.
48. Zhang, J., Zhao, W.T., Xu, Y., Xu, H.L., and Zhang, B. (2014) In-situ photoreducing graphene oxide to create $Zn_{0.5}Cd_{0.5}S$ porous nanosheets/RGO composites as highly stable and efficient photoelectrocatalysts for visible-light-driven water splitting. *Int. J. Hydrogen Energy*, **39** (2), 702–710.
49. Xiao, F.-X., Miao, J., and Liu, B. (2014) Layer-by-layer self-assembly of CdS quantum dots/graphene nanosheets hybrid films for photoelectrochemical and photocatalytic applications. *J. Am. Chem. Soc.*, **136** (4), 1559–1569.
50. Young Kim, J., Jang, J.-W., Hyun Youn, D., Yul Kim, J., Sun Kim, E., and Sung Lee, J. (2012) Graphene-carbon nanotube composite as an effective conducting scaffold to enhance the photoelectrochemical water oxidation activity of a hematite film. *RSC Adv.*, **2** (25), 9415–9422.
51. Hou, Y., Zuo, F., Dagg, A., and Feng, P. (2012) Visible light-driven α-Fe_2O_3 nanorod/graphene/$BiV_{1-x}Mo_xO_4$ core/shell heterojunction array for efficient photoelectrochemical water splitting. *Nano Lett.*, **12** (12), 6464–6473.
52. Yang, H., Kershaw, S.V., Wang, Y., Gong, X., Kalytchuk, S., Rogach, A.L., and Teoh, W.Y. (2013) Shuttling photoelectrochemical electron transport in tricomponent CdS/rGO/TiO_2 nanocomposites. *J. Phys. Chem. C*, **117** (40), 20406–20414.
53. Hou, Y., Wen, Z.H., Cui, S.M., Guo, X.R., and Chen, J.H. (2013) Constructing 2D porous graphitic C_3N_4 nanosheets/nitrogen-doped graphene/layered MoS_2 ternary nanojunction with enhanced photoelectrochemical activity. *Adv. Mater.*, **25** (43), 6291–6297.
54. Huang, Z., Zhong, P., Wang, C., Zhang, X., and Zhang, C. (2013) Silicon

nanowires/reduced graphene oxide composites for enhanced photoelectrochemical properties. *ACS Appl. Mater. Interfaces*, **5** (6), 1961–1966.

55. Zhang, K., Shi, X., Kim, J.K., Lee, J.S., and Park, J.H. (2013) Inverse opal structured α-Fe_2O_3 on graphene thin films: enhanced photo-assisted water splitting. *Nanoscale*, **5** (5), 1939–1944.

56. Sim, U., Yang, T.Y., Moon, J., An, J., Hwang, J., Seo, J.H., Lee, J., Kim, K.Y., Lee, J., Han, S., Hong, B.H., and Nam, K.T. (2013) N-doped monolayer graphene catalyst on silicon photocathode for hydrogen production. *Energy Environ. Sci.*, **6** (12), 3658–3664.

57. Nielander, A.C., Bierman, M.J., Petrone, N., Strandwitz, N.C., Ardo, S., Yang, F., Hone, J., and Lewis, N.S. (2013) Photoelectrochemical behavior of n-type Si(111) electrodes coated with a single layer of graphene. *J. Am. Chem. Soc.*, **135** (46), 17246–17249.

58. Lin, Y.-G., Lin, C.-K., Miller, J.T., Hsu, Y.-K., Chen, Y.-C., Chen, L.-C., and Chen, K.-H. (2012) Photochemically active reduced graphene oxide with controllable oxidation level. *RSC Adv.*, **2** (30), 11258–11262.

59. Singh, V., Joung, D., Zhai, L., Das, S., Khondaker, S.I., and Seal, S. (2011) Graphene based materials: past, present and future. *Prog. Mater. Sci.*, **56** (8), 1178–1271.

60. Huang, X., Yin, Z., Wu, S., Qi, X., He, Q., Zhang, Q., Yan, Q., Boey, F., and Zhang, H. (2011) Graphene-based materials: synthesis, characterization, properties, and applications. *Small*, **7** (14), 1876–1902.

61. Yeh, T.-F., Cihlář, J., Chang, C.-Y., Cheng, C., and Teng, H. (2013) Roles of graphene oxide in photocatalytic water splitting. *Mater. Today*, **16** (3), 78–84. doi: 10.1016/j.mattod.2013.03.006

62. Williams, G., Seger, B., and Kamat, P.V. (2008) TiO_2-graphene nanocomposites. UV-assisted photocatalytic reduction of graphene oxide. *ACS Nano*, **2** (7), 1487–1491.

63. Lightcap, I.V., Kosel, T.H., and Kamat, P.V. (2010) Anchoring semiconductor and metal nanoparticles on a two-dimensional catalyst mat. Storing and shuttling electrons with reduced graphene oxide. *Nano Lett.*, **10** (2), 577–583.

64. Li, N., Liu, G., Zhen, C., Li, F., Zhang, L., and Cheng, H.-M. (2011) Battery performance and photocatalytic activity of mesoporous anatase TiO_2 nanospheres/graphene composites by template-free self-assembly. *Adv. Funct. Mater.*, **21** (9), 1717–1722.

65. Zhang, X.-Y., Li, H.-P., Cui, X.-L., and Lin, Y. (2010) Graphene/TiO_2 nanocomposites: synthesis, characterization and application in hydrogen evolution from water photocatalytic splitting. *J. Mater. Chem.*, **20** (14), 2801–2806.

66. Zhang, X., Sun, Y., Cui, X., and Jiang, Z. (2012) A green and facile synthesis of TiO_2/graphene nanocomposites and their photocatalytic activity for hydrogen evolution. *Int. J. Hydrogen Energy*, **37** (1), 811–815.

67. Fan, W., Lai, Q., Zhang, Q., and Wang, Y. (2011) Nanocomposites of TiO_2 and reduced graphene oxide as efficient photocatalysts for hydrogen evolution. *J. Phys. Chem. C*, **115** (21), 10694–10701.

68. H-i, K., G-h, M., Monllor-Satoca, D., Park, Y., and Choi, W. (2011) Solar photoconversion using graphene/TiO_2 composites: nanographene shell on TiO_2 Core versus TiO_2 nanoparticles on graphene sheet. *J. Phys. Chem. C*, **116** (1), 1535–1543.

69. H-i, K., Kim, S., Kang, J.-K., and Choi, W. (2014) Graphene oxide embedded into TiO_2 nanofiber: effective hybrid photocatalyst for solar conversion. *J. Catal.*, **309**, 49–57.

70. Sun, J., Zhang, H., Guo, L.-H., and Zhao, L. (2013) Two-dimensional interface engineering of a titania–graphene nanosheet composite for improved photocatalytic activity. *ACS Appl. Mater. Interfaces*, **5** (24), 13035–13041.

71. Zhang, K. and Guo, L.J. (2013) Metal sulphide semiconductors for photocatalytic hydrogen production. *Catal. Sci. Technol.*, **3** (7), 1672–1690.

72. Li, Q., Guo, B., Yu, J., Ran, J., Zhang, B., Yan, H., and Gong, J.R. (2011) Highly efficient visible-light-driven

photocatalytic hydrogen production of CdS-cluster-decorated graphene nanosheets. *J. Am. Chem. Soc.*, **133** (28), 10878–10884.

73. Dong, C., Li, X., Jin, P., Zhao, W., Chu, J., and Qi, J. (2012) Intersubunit Electron Transfer (IET) in quantum dots/graphene complex: what features does IET endow the complex with? *J. Phys. Chem. C*, **116** (29), 15833–15838.

74. Lightcap, I.V. and Kamat, P.V. (2012) Fortification of CdSe quantum dots with graphene oxide excited state interactions and light energy conversion. *J. Am. Chem. Soc.*, **134** (16), 7109–7116.

75. Chen, Y., Ge, H., Wei, L., Li, Z., Yuan, R., Liu, P., and Fu, X. (2013) Reduction degree of reduced graphene oxide (RGO) dependence of photocatalytic hydrogen evolution performance over RGO/$ZnIn_2S_4$ nanocomposites. *Catal. Sci. Technol.*, **3** (7), 1712–1717.

76. Ye, L., Fu, J., Xu, Z., Yuan, R., and Li, Z. (2014) Facile one-pot solvothermal method to synthesize sheet-on-sheet reduced graphene oxide (RGO)/$ZnIn_2S_4$ nanocomposites with superior photocatalytic performance. *ACS Appl. Mater. Interfaces*, **6** (5), 3483–3490.

77. Zhu, M., Dong, Y., Xiao, B., Du, Y., Yang, P., and Wang, X. (2012) Enhanced photocatalytic hydrogen evolution performance based on Ru-trisdicarboxybipyridine-reduced graphene oxide hybrid. *J. Mater. Chem.*, **22** (45), 23773–23779.

78. Zhu, M., Li, Z., Xiao, B., Lu, Y., Du, Y., Yang, P., and Wang, X. (2013) Surfactant assistance in improvement of photocatalytic hydrogen production with the porphyrin noncovalently functionalized graphene nanocomposite. *ACS Appl. Mater. Interfaces*, **5** (5), 1732–1740.

79. Xiao, B., Wang, X., Huang, H., Zhu, M., Yang, P., Wang, Y., and Du, Y. (2013) Improved superiority by covalently binding dye to graphene for hydrogen evolution from water under visible-light irradiation. *J. Phys. Chem. C*, **117** (41), 21303–21311.

80. Min, S. and Lu, G. (2011) Dye-sensitized reduced graphene oxide photocatalysts for highly efficient visible-light-driven water reduction. *J. Phys. Chem. C*, **115** (28), 13938–13945.

81. Min, S. and Lu, G. (2012) Dye-cosensitized graphene/Pt photocatalyst for high efficient visible light hydrogen evolution. *Int. J. Hydrogen Energy*, **37** (14), 10564–10574.

82. Min, S. and Lu, G. (2013) Promoted photoinduced charge separation and directional electron transfer over dispersible xanthene dyes sensitized graphene sheets for efficient solar H_2 evolution. *Int. J. Hydrogen Energy*, **38** (5), 2106–2116.

83. Kong, C., Min, S., and Lu, G. (2014) A novel amorphous $CoSn_xO_y$ decorated graphene nanohybrid photocatalyst for highly efficient photocatalytic hydrogen evolution. *Chem. Commun.*, **50** (39), 5037–5039.

84. Kong, C., Min, S., and Lu, G. (2014) Dye-sensitized cobalt catalysts for high efficient visible light hydrogen evolution. *Int. J. Hydrogen Energy*, **39** (10), 4836–4844.

85. Hou, J., Wang, Z., Kan, W., Jiao, S., Zhu, H., and Kumar, R.V. (2012) Efficient visible-light-driven photocatalytic hydrogen production using CdS@TaON core-shell composites coupled with graphene oxide nanosheets. *J. Mater. Chem.*, **22** (15), 7291–7299.

86. Hou, J., Yang, C., Cheng, H., Wang, Z., Jiao, S., and Zhu, H. (2013) Ternary 3D architectures of CdS QDs/graphene/$ZnIn_2S_4$ heterostructures for efficient photocatalytic H_2 production. *Phys. Chem. Chem. Phys.*, **15** (37), 15660–15668.

87. Chen, Y., Mou, Z., Yin, S., Huang, H., Yang, P., Wang, X., and Du, Y. (2013) Graphene enhanced photocatalytic hydrogen evolution performance of dye-sensitized TiO_2 under visible light irradiation. *Mater. Lett.*, **107**, 31–34.

88. Jia, T., Kolpin, A., Ma, C., Chan, R.C.-T., Kwok, W.-M., and Tsang, S.C.E. (2014) A graphene dispersed CdS-MoS_2 nanocrystal ensemble for cooperative photocatalytic hydrogen production

from water. *Chem. Commun.*, **50** (10), 1185–1188.

89. Iwase, A., Ng, Y.H., Ishiguro, Y., Kudo, A., and Amal, R. (2011) Reduced graphene oxide as a solid-state electron mediator in Z-scheme photocatalytic water splitting under visible light. *J. Am. Chem. Soc.*, **133** (29), 11054–11057.

90. Xiang, Q., Yu, J., and Jaroniec, M. (2011) Enhanced photocatalytic H_2-production activity of graphene-modified titania nanosheets. *Nanoscale*, **3** (9), 3670–3678.

91. Zhou, J., Tian, G., Chen, Y., Meng, X., Shi, Y., Cao, X., Pan, K., and Fu, H. (2013) In situ controlled growth of $ZnIn_2S_4$ nanosheets on reduced graphene oxide for enhanced photocatalytic hydrogen production performance. *Chem. Commun.*, **49** (22), 2237–2239.

92. Lv, X.-J., Fu, W.-F., Chang, H.-X., Zhang, H., Cheng, J.-S., Zhang, G.-J., Song, Y., Hu, C.-Y., and Li, J.-H. (2012) Hydrogen evolution from water using semiconductor nanoparticle/graphene composite photocatalysts without noble metals. *J. Mater. Chem.*, **22** (4), 1539–1546.

93. Khan, Z., Chetia, T.R., Vardhaman, A.K., Barpuzary, D., Sastri, C.V., and Qureshi, M. (2012) Visible light assisted photocatalytic hydrogen generation and organic dye degradation by CdS-metal oxide hybrids in presence of graphene oxide. *RSC Adv.*, **2** (32), 12122–12128.

94. Xiang, Q., Yu, J., and Jaroniec, M. (2012) Synergetic effect of MoS_2 and graphene as cocatalysts for enhanced photocatalytic H_2 production activity of TiO_2 nanoparticles. *J. Am. Chem. Soc.*, **134** (15), 6575–6578.

95. Zhu, B., Lin, B., Zhou, Y., Sun, P., Yao, Q., Chen, Y., and Gao, B. (2014) Enhanced photocatalytic H_2 evolution on ZnS loaded with graphene and MoS_2 nanosheets as cocatalysts. *J. Mater. Chem. A*, **2** (11), 3819–3827.

96. Min, S. and Lu, G. (2012) Sites for high efficient photocatalytic hydrogen evolution on a limited-layered MoS_2 cocatalyst confined on graphene sheets–the role of graphene. *J. Phys. Chem. C*, **116** (48), 25415–25424.

97. Lv, X.-J., Zhou, S.-X., Zhang, C., Chang, H.-X., Chen, Y., and Fu, W.-F. (2012) Synergetic effect of Cu and graphene as cocatalyst on TiO_2 for enhanced photocatalytic hydrogen evolution from solar water splitting. *J. Mater. Chem.*, **22** (35), 18542–18549.

98. Kim, C.H., Kim, B.-H., and Yang, K.S. (2012) TiO_2 nanoparticles loaded on graphene/carbon composite nanofibers by electrospinning for increased photocatalysis. *Carbon*, **50** (7), 2472–2481.

99. Bai, X., Wang, L., and Zhu, Y. (2012) Visible photocatalytic activity enhancement of $ZnWO_4$ by graphene hybridization. *ACS Catal.*, **2** (12), 2769–2778.

100. Du, A., Sanvito, S., Li, Z., Wang, D., Jiao, Y., Liao, T., Sun, Q., Ng, Y.H., Zhu, Z., Amal, R., and Smith, S.C. (2012) Hybrid graphene and graphitic carbon nitride nanocomposite: gap opening, electron–hole puddle, interfacial charge transfer, and enhanced visible light response. *J. Am. Chem. Soc.*, **134** (9), 4393–4397.

101. Du, A., Ng, Y.H., Bell, N.J., Zhu, Z., Amal, R., and Smith, S.C. (2011) Hybrid graphene/titania nanocomposite: interface charge transfer, hole doping, and sensitization for visible light response. *J. Phys. Chem. Lett.*, **2** (8), 894–899.

102. Zeng, P., Zhang, Q., Zhang, X., and Peng, T. (2012) Graphite oxide–TiO_2 nanocomposite and its efficient visible-light-driven photocatalytic hydrogen production. *J. Alloys Compd.*, **516**, 85–90.

103. Zhang, Y., Zhang, N., Tang, Z.-R., and Xu, Y.-J. (2012) Graphene transforms wide band gap ZnS to a visible light photocatalyst. The new role of graphene as a macromolecular photosensitizer. *ACS Nano*, **6** (11), 9777–9789.

104. Yeh, T.-F., Syu, J.-M., Cheng, C., Chang, T.-H., and Teng, H. (2010) Graphite oxide as a photocatalyst for hydrogen production from water. *Adv. Funct. Mater.*, **20** (14), 2255–2262.

105. Yeh, T.F., Chan, F.F., Hsieh, C.T., and Teng, H. (2011) Graphite oxide with different oxygenated levels for hydrogen and oxygen production from water under illumination: the band positions of graphite oxide. *J. Phys. Chem. C*, **115** (45), 22587–22597.
106. Yeh, T.-F., Teng, C.-Y., Chen, S.-J., and Teng, H. (2014) Nitrogen-doped graphene oxide quantum dots as photocatalysts for overall water-splitting under visible light illumination. *Adv. Mater.*, **26** (20), 3297–3303.
107. Yin, Z., Zhu, J., He, Q., Cao, X., Tan, C., Chen, H., Yan, Q., and Zhang, H. (2014) Graphene-based materials for solar cell applications. *Adv. Energy Mater.*, **4** (1). doi: 10.1002/aenm.201300574
108. Liang, Y., Li, Y., Wang, H., and Dai, H. (2013) Strongly coupled inorganic/nanocarbon hybrid materials for advanced electrocatalysis. *J. Am. Chem. Soc.*, **135** (6), 2013–2036.
109. Chen, J., Lim, B., Lee, E.P., and Xia, Y. (2009) Shape-controlled synthesis of platinum nanocrystals for catalytic and electrocatalytic applications. *Nano Today*, **4** (1), 81–95.
110. Lin, Z., Waller, G.H., Liu, Y., Liu, M., and Wong, C.-P. (2013) Simple preparation of nanoporous few-layer nitrogen-doped graphene for use as an efficient electrocatalyst for oxygen reduction and oxygen evolution reactions. *Carbon*, **53**, 130–136.
111. Wang, Y., Shao, Y., Matson, D.W., Li, J., and Lin, Y. (2010) Nitrogen-doped graphene and its application in electrochemical biosensing. *ACS Nano*, **4** (4), 1790–1798.
112. Li, M., Zhang, L., Xu, Q., Niu, J., and Xia, Z. (2014) N-doped graphene as catalysts for oxygen reduction and oxygen evolution reactions: theoretical considerations. *J. Catal.*, **314**, 66–72.
113. Tian, G.L., Zhao, M.Q., Yu, D., Kong, X.Y., Huang, J.Q., Zhang, Q., and Wei, F. (2014) Nitrogen-doped graphene/carbon nanotube hybrids: in situ formation on bifunctional catalysts and their superior electrocatalytic activity for oxygen evolution/reduction reaction. *Small*, **10** (11), 2251–2259.
114. Chen, S., Duan, J., Jaroniec, M., and Qiao, S.Z. (2014) Nitrogen and oxygen dual-doped carbon hydrogel film as a substrate-free electrode for highly efficient oxygen evolution reaction. *Adv. Mater.*, **26** (18), 2925–2930.
115. Zheng, Y., Jiao, Y., Li, L.H., Xing, T., Chen, Y., Jaroniec, M., and Qiao, S.Z. (2014) Toward design of synergistically active carbon-based catalysts for electrocatalytic hydrogen evolution. *ACS Nano*, **8** (5), 5290–5296.
116. Li, Y., Wang, H., Xie, L., Liang, Y., Hong, G., and Dai, H. (2011) MoS_2 nanoparticles grown on graphene: an advanced catalyst for the hydrogen evolution reaction. *J. Am. Chem. Soc.*, **133** (19), 7296–7299.
117. Liao, L., Zhu, J., Bian, X., Zhu, L., Scanlon, M.D., Girault, H.H., and Liu, B. (2013) MoS_2 formed on mesoporous graphene as a highly active catalyst for hydrogen evolution. *Adv. Funct. Mater.*, **23** (42), 5326–5333.
118. Zheng, X., Xu, J., Yan, K., Wang, H., Wang, Z., and Yang, S. (2014) Space-confined growth of MoS_2 nanosheets within graphite: the layered hybrid of mos_2 and graphene as an active catalyst for hydrogen evolution reaction. *Chem. Mater.*, **26** (7), 2344–2353.
119. Yan, Y., Xia, B., Qi, X., Wang, H., Xu, R., Wang, J.Y., Zhang, H., and Wang, X. (2013) Nano-tungsten carbide decorated graphene as co-catalysts for enhanced hydrogen evolution on molybdenum disulfide. *Chem. Commun.*, **49** (43), 4884–4886.
120. Chen, S. and Qiao, S.Z. (2013) Hierarchically porous nitrogen-doped graphene-$NiCo_2O_4$ hybrid paper as an advanced electrocatalytic water-splitting material. *ACS Nano*, **7** (11), 10190–10196.
121. Chen, S., Duan, J., Jaroniec, M., and Qiao, S.Z. (2013) Three-dimensional N-doped graphene hydrogel/NiCo double hydroxide electrocatalysts for highly efficient oxygen evolution. *Angew. Chem.*, **52** (51), 13567–13570.
122. Mao, S., Wen, Z., Huang, T., Hou, Y., and Chen, J. (2014) High-performance bi-functional electrocatalysts of 3D crumpled graphene–cobalt oxide

nanohybrids for oxygen reduction and evolution reactions. *Energy Environ. Sci.*, 7 (2), 609.

123. Suryanto, B.H.R., Lu, X., and Zhao, C. (2013) Layer-by-layer assembly of transparent amorphous Co_3O_4 nanoparticles/graphene composite electrodes for sustained oxygen evolution reaction. *J. Mater. Chem. A*, **1** (41), 12726.

第8章 石墨烯衍生物在光催化中的应用

Luisa M. Pastrana‑Martínez, Sergio Morales‑Torres, José L. Figueiredo, Joaquim L. Faria, Adrián M. T. Silva

8.1 引言

如今,能源生产下的环境恶化以及可持续发展背景可能是人类社会最关注的问题之一。由于在太阳能转换和环境修复中的广泛应用,有效的半导体光催化剂的开发已成为材料科学中最重要的目标之一。一些研究最充分的传统半导体材料是 TiO_2、ZnO、CdS、ZnS、Fe_2O_3、WO_3 和 Bi_2WO_4 [1,2]。当用能量 hv 等于或高于半导体带隙 E_G 的光子照射半导体时($hv \geq E_G$),这些光子被吸收并产生高能电子-空穴对,它们在导带中解离成自由光电子,在价带中解离成光空穴[3]。在没有重组的情况下,迁移到半导体表面的光生电子和空穴可以分别还原和氧化吸附在半导体表面上的反应物。因此,在使这些过程具有良好的经济效益之前,抑制光生电荷载流子的重组,以及可见光的有效利用是半导体光催化过程中的一些主要挑战[4,5]。为了克服这些缺点,研究者们已经开发了各种策略来改善半导体材料的光催化性能,例如添加电子供体[6,7]、负载贵金属材料[8,9]、金属离子或阴离子掺杂[10,11]、染料敏化[12]以及制备复合半导体[13,14]。

开发纳米复合光催化剂的一种非常有吸引力的方法依赖于半导体与含碳材料的复合,这些碳材料包括中孔炭和碳纳米管(CNT)[15-17],以及最近出现的石墨烯及其衍生物[2,18]。

石墨烯是 sp^2 杂化碳原子的二维单层结构,以致密的蜂窝状晶体结构组成,其在电子学上表现为零间隙半导体。自2004年被剥离发现[19]以来,石墨烯已经引发了相当广泛的科学热潮,并且由于其卓越的性质,现在已经建立了广泛的全球研究范围。特别是,这种材料具有高导热性(约为 $5000W/(m\cdot K)$)、优异的电荷载体迁移率($200000\ cm^2/(V\cdot s)$)、大的理论比表面积(约为 $2630m^2/g$)以及良好的力学稳定性[20,21]。氧化石墨烯(GO)作为制备石墨烯有价值的前驱体引起了极大的研究兴趣,因为GO表面上附着的氧官能团可以被部分去除,从而使碳的 sp^2 杂化部分恢复[22]。氧化石墨的剥离,随后还原过程以产生还原的氧化石墨烯(RGO)的方法提供了许多优点,即通过成本低的方法获得用氧官能团改性的石墨烯，从而获得可调控亲水表面的材料。这些表面基团可用于促进半导体和金属纳米颗粒在石墨烯表面的固定，或甚至与光催化剂[23-25]和其他功能化材料开发相关的宏观结构的组装，以满足许多不同的应用，例如作为传感器[26]、超级电容器[27]、电池[28]和太阳电池[29,30]。

除了表面化学，GO 还展现出一种高度多相的电子结构，这种电子结构是由 sp^3 基质的大能隙（σ-状态）内的 sp^2 碳原子构成的导电 π 电子状态相互作用所决定的[31]。更重要的是，当石墨烯衍生物与半导体结合时，经常观察到光催化活性的显著增强，这是由于它们之间的相互协同作用，包括两个组成相之间的界面电子传输和吸附能力的增强[2]。

本章重点介绍 GO 和 RGO 的制备和性质，以及目前用于生产 GO/TiO_2 和 RGO/TiO_2 光催化复合材料的制备方法。本章也将讨论和总结关于最近在石墨烯材料用于不同应用方面的令人兴奋的进展，包括有机污染料的光降解、H_2O 的光催化分解、光催化还原 CO_2 以及染料敏化太阳电池（DSSC）。此外，将概述石墨烯基材料在这些领域的前景和进一步预期的发展。

8.2 氧化石墨烯和还原氧化石墨烯

8.2.1 制备

石墨的氧化物由使基底面功能化并增加层间距的氧化过程得到的块体氧化石墨组成（见图 8.1）。

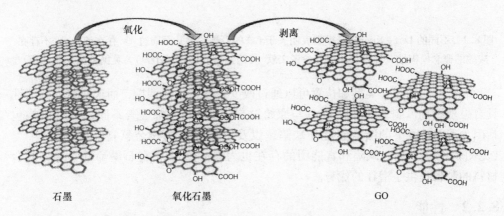

图 8.1 GO 的合成（改编自参考文献 [32]。版权所有（2012），英国皇家化学学会）

石墨氧化物可以在水或其他合适的有机溶剂中剥离以形成 GO[33-35]。最近有综述总结了氧化石墨的合成方法[32,36,37]。制备氧化石墨有三种主要方法，即 Brodie[38]方法、Staudenmaier[39]方法和 Hummers[40]方法。简言之,这些方法在所用酸性介质和氧化剂的类型方面都不同。石墨氧化程度取决于合成技术和反应程度。Staudenmaier 方法通常产生氧化程度最高的氧化石墨,尽管整个合成过程可能需要数天。然而,Staudenmaier 方法和 Brodie 方法都产生 ClO_2 气体,由于其高毒性和在空气中剧烈分解的趋势,实验过程中必须小心处理。

目前,最广泛用于制备氧化石墨的方法是 Hummers 法,其中石墨氧化成氧化石墨是用浓硫酸、硝酸钠和高锰酸钾的水混合溶液处理来完成的。虽然研究者们在这个方法的基础上又提出了一些修改[41,42],但主要策略是相似的。通常通过离心纯化得到氧化石墨产物,并洗涤以除去一些残留的聚集体和无机杂质。

近些年来已经提出了关于 GO 化学结构的几种模型[37,43],Lerf 和 Klinowski 等人(见图 8.2)提出的结构模型是最被人们所接受的。虽然关于 GO 的化学成分仍然存在争议,但最新的研究似乎证实它包含在片层的基平面上的环氧基和羟基,和位于边缘处的羧基。目前,已经提出了几种关于还原 GO(制备 RGO 和部分恢复 sp^2 - 杂化网络)的方法,包括化学[44]、热[42]、电化学[45]、光催化[46]、光热[47]、声化学和微波还原的方法。

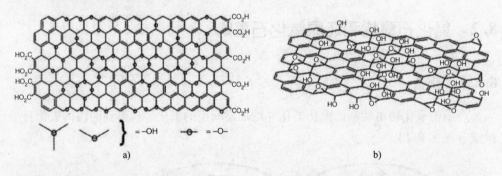

图 8.2 不同的 Lerf – Klinowski 模型表明关于 GO 的石墨片的基面周边 a)存在或 b)不存在羧酸的概念模糊性(经许可转载自参考文献 [37]。版权所有(2009),英国皇家化学学会)

氧官能团的量、类型和位置可以通过改变合成条件而调控,而这对材料的活性具有强烈影响。制备获得的 RGO 与原始没有缺陷的石墨烯显著不同,RGO 结构包括因为 GO 保留下的结构紊乱和缺陷,以及不可忽略的残余氧官能团[22,44,48-52](见图 8.3)。然而,缺陷和官能团的存在也为 GO 和 RGO 在石墨烯基半导体复合材料的制备提供了潜在的优势。

8.2.2 性能

由于其特定的二维结构和各种氧官能团的存在,GO 表现出一些优异的性质,如前所述,这些包括电子、光学、热学、力学、电化学性质以及化学反应活性[53]。

电子特性,例如 GO 片层的电导率,很大程度上取决于它们的化学和原子结

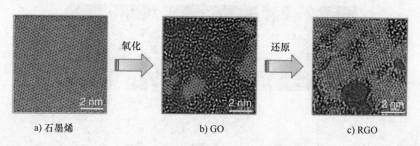

图 8.3 颜色编码的高分辨 TEM 图像，显示 a) 石墨烯、b) GO 和 c) RGO 的原子结构。绿色、紫色和蓝色区域分别描绘了有序的石墨 sp^2 域、无序和高度氧化的 sp^3 域以及片材上的孔区域（改编自参考文献 [52]。版权所有（2010），Wiley – VCH）

构。事实上，它们取决于 sp^3 杂化的碳中存在的结构紊乱程度[54]。一般情况下，GO 膜通常是绝缘的，具有电子密度状态[54,55]的能隙，并且它们显示出约 $10^{12} \Omega/\square$ 的平面电阻（R_s）或更高[56]。GO 的固有绝缘性质与 sp^3 C – O 键合的量密切相关[53]。然而，GO 的还原促进了载流子的传输[57,58]并导致 R_s 降低了几个数量级，因此将材料转变为半导体和/或类似石墨烯的半金属结构[54,59-63]，在某些情况下，RGO 电导率约达到 1000S/m[60,64]。此外，研究还发现 GO 的局部密度接近带隙，在几电子伏的范围内变化，并取决于氧化程度[65]。这一研究结果表明，通过使用受控还原过程，在调整 GO 中的能隙方面具有很大的潜力[53]。

预期 GO 还具有独特的光学性质，其光致发光（PL）特征证明了这一点[31]。人们发现 GO 这种效应发生在从近紫外光到蓝光，再从可见光到近红外光（NIR）波长范围内，并且它源于电子—空穴（e–h）对的重组，其中这些电子—空穴位于嵌入 sp^3 碳结构中的小 sp^2 碳簇内。PL 强度随还原处理而变化，并且可以与小尺寸的 sp^2 簇的结构演变相关联（见图 8.4）[66]。

氧表面基团的存在可以改变原始石墨烯的性质、影响分子的吸附和解吸以及化学活性[37]。另一方面，可以采用不同的有机分子进行衍生化，从而调整石墨烯的溶解度以适应复合物结合[34]所需的不同溶剂。官能团可以扩展石墨烯衍生物的性质，从而提供电导率以及光学和光伏特性的可调性[67]。

总之，石墨烯具有大的表面积以及优异的力学和光学性能。光电和化学性质是石墨烯与 GO 之间的主要差异。石墨烯具有优异的导电性和透明性，而 GO 是一种绝缘体。然而，GO 可以通过化学官能化或还原以产生 RGO。利用这些材料，可以以低复合率实现可调谐带隙的高光电流响应，为半导体颗粒提供优异的基底材料。

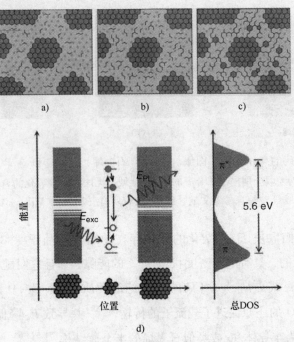

图 8.4 GO 在不同还原阶段的结构模型。对于 a) 合成后的 GO, PL 强度相对较弱, 但是由于 b) 氧随还原的演变而在较大的团簇之间形成另外的小 sp^2 域, 从而使 PL 强度随着还原过程而增强。而在强烈还原之后, 较小的 sp^2 结构域在较大的簇之间产生 c) 渗透途径。d) GO 中的代表性带结构。由于限制, 能量水平被量化为包含大的能量的小碎片。并描绘了光生 e – h 对以辐射方式进行重组

(经许可转载自参考文献 [66]。版权所有 (2010), Wiley Online Library)

8.3 石墨烯基半导体光催化剂的合成

TiO_2 已经被广泛研究并被证明是最有趣的光催化剂之一, 从 Fujishima 和 Honda 于 1972 年开创性工作中的第一次发现, 其贡献集中在异质光催化过程中[68]。这些作者使用单一的 TiO_2 (金红石) 晶体 (n 型) 作为光电负极, Pt 作为对电极 (CE), 研究了水的电化学光解过程。在 Frank 和 Bard[69] 研究了使用 TiO_2 分解水中氰化物的可能性之后, 1977 年研究者们对 TiO_2 在环境应用的光催化过程中的兴趣开始增长。从那以后, 光催化反应引起了越来越多的关注。研究充分验证了 TiO_2 在紫外光照射下产生高活性化学物质 (如羟基自由基) 的有效性, 该半导体具有环境友好特性 (即相对低毒性、光稳定性) 和相对便宜的特性, 是许多不同水/废水处理应用、能源转换领域和空气净化中去除有害有机污染物的关键材料[4,18,70]。然而, TiO_2 的实际应用受到两个固有限制的严重影响, 即低量子产率, 这主要受光

生电荷载体重组的影响，而另一个因素是较差的光捕获能力，这受到在紫外线 A（UVA）光谱范围内，TiO_2 宽带隙的限制。

根据相关文献，可以通过不同方法制备 TiO_2 或其他无机氧化物与石墨烯基纳米片相复合。例如，石墨烯衍生物已被研究作为光催化材料的基底，包括 ZnO[71-74]、Cu_2O[75,76]、Ag_3PO_4[77]、$BiVO_4$[78]、CdS[79,80]、Fe_2O_3[81]、C_3N_4[82,83]、Ag/AgX（X = Br、Cl）[84] 和 TiO_2[18,24,85-93]。广泛使用的制备方法是简单的混合和/或超声处理、溶胶-凝胶法以及水热法和溶剂热法。

8.3.1 混合法

制备石墨烯衍生物/TiO_2 复合材料的最简单途径包括混合和超声处理步骤，因为当加入水溶液或有机溶液时，GO 会发生剥离。例如，Bell 等人[94]报道了 RGO/TiO_2 复合材料的合成，其中 TiO_2 颗粒和 GO 胶体超声混合，然后通过 UV 辅助光催化还原 GO。在另一项工作中，Zhang 和 Pan 等人[95]通过混合和超声处理后，在惰性气氛下进行热处理，将碳原子掺杂到 TiO_2 结构中，提高了材料在可见光范围内的光催化活性。Morales-Torres 等人[93]使用 GO 和基准 TiO_2 光催化剂（P25），通过简单的混合和超声处理方法制备不同的复合材料，并在氮气下改变 GO 含量和热处理温度。材料性能的提高归因于热处理过程中 GO 的还原以及 TiO_2 与碳相之间的良好接触。Sun 等人[83]通过组合混合方法和化学还原方法合成 RGO/C_3N_4 复合聚合物光催化剂。通过聚合吸附在 RGO 上的三聚氰胺分子，将 C_3N_4 沉积到 RGO 片的表面上以形成层状复合物。其他复合光催化剂通过混合 ZnO[96] 或 SnO_2 纳米颗粒[97]、Ag/AgX（X = Br、Cl）[84] 或 WO_3 和 $BiVO_4$[98] 等手段制备。

8.3.2 溶胶-凝胶工艺

溶胶—凝胶技术是获得 GO 和 TiO_2 之间紧密混合和化学相互作用的最广泛应用的方法之一。由于 GO 的水溶性和氢键，GO 片的表面通常可与钛醇盐前驱体结合，因为 GO 的羟基表面基团可与金属中心建立氧桥或羟基桥连接。Lambert 等人[99]报道了合成 TiO_2/GO 以及 TiO_2/RGO 复合材料，通过在 60 ℃下水解 TiF_4 24h 以制备 GO 水分散体。结果表明，在较高的 GO 负载量，并且没有搅拌反应介质的情况下，由于自组装，发生了长程有序的 TiO_2/GO 片组装过程。

Zhu 等人[100]报道了使用 $TiCl_3$ 作为还原剂和前驱体的水相法合成高质量石墨烯/TiO_2 复合纳米片的新颖且简便的方法。使用改进的合成方法，Chen 等人[101]制备了一种包裹在锐钛矿型 TiO_2 中空颗粒（GS/TiO_2）周围的石墨烯片的复合材料，如图 8.5 所示[102]。采用氨基丙基三乙氧基硅烷将这些 TiO_2 中空颗粒官能化以使其表面带正电荷。通过简单的静电相互作用，将带负电的 GO 片与这些官能化的 TiO_2 中空颗粒球连接。最后通过在惰性气氛下的热处理将 GO 还原为 GS（石墨烯片）。

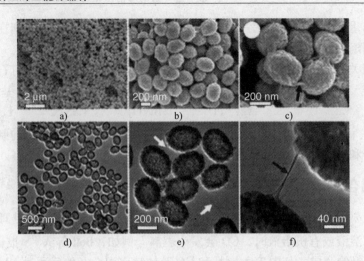

图8.5　a)~c) 所制备的 GS/TiO_2 复合物的场发射扫描电子显微镜（FESEM）图像和 d)~f) 透射电子显微镜（TEM）图像（图 e 中的白色箭头表示 GS 的边缘区域，而图 c、f 中的黑色箭头表示 TiO_2 中空颗粒与 GS 连接之间的折叠）

（经许可转载自参考文献［101］。版权所有（2011），英国皇家化学学会）

最近，有研究者通过两步法成功制备了 TiO_2/GO 复合材料，包括在 GO 基底上原位生长均匀的 TiC 层，随后将 TiC 氧化成锐钛矿 TiO_2[103]。结果表明，TiO_2/GO 保持与原始 GO 片相似的形态，并且纳米级锐钛矿 TiO_2 颗粒均匀且致密地分布在 GO 片的表面上。TiO_2 颗粒通过 Ti-O-C 键与 GO 紧密连接。

8.3.3　水热和溶剂热法

水热/溶剂热法也是一种有效制备半导体复合材料的方法，其过程涉及在受控温度和/或压力下的反应。在这些方法中，将半导体纳米颗粒或其前驱体加载到 GO 片上，将其还原为 RGO。另外，反应通常观察到 TiO_2 的结晶相的变化。

Zhang 等人[86]通过在乙醇—水溶剂中水热处理 GO 和 Degussa P25 以制备 GO/P25 复合材料。该复合材料保持晶体结构和表面积与 P25 相同，并且 GO 在水热处理的作用下还原。另一方面，Ding 等人[104]通过简单的溶剂热法（G/TiO_2 NS）在石墨烯表面合成了具有暴露（001）高能面的超薄锐钛矿 TiO_2 纳米片。在此过程中，锐钛矿 TiO_2 纳米片通过反应直接在 GO 载体表面生长，然后在 N_2/H_2 气氛下，通过热处理将 GO 还原为 RGO，从而形成石墨烯/TiO_2 复合材料的独特结构（见图 8.6）。

Shen 等人[105]发现了一种环境友好方法以制备石墨烯/TiO_2 纳米复合材料，采用一步水热法，使用葡萄糖作为还原剂。他们声称这个过程简单，可大规模生产且实际可行，因为它仅使用水和葡萄糖，尽管用葡萄糖处理不会导致材料在水热条件下完全还原。

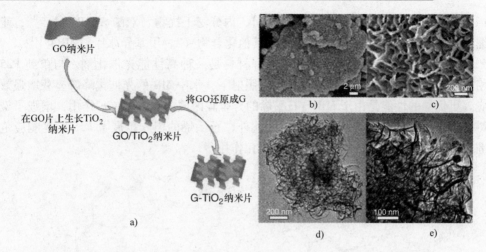

图 8.6 a)石墨烯支撑 TiO_2 纳米片（G/TiO_2 NS）形成的示意图。所制备的 G/TiO_2 NS 的 b)、c) 扫描电子显微镜（SEM）图像和 d)、e) TEM 图像（经许可转载自参考文献 [104]。版权所有（2011），英国皇家化学学会）

Fan 等人[85]证明水热法比 UV 辅助光催化方法或甚至基于肼的方法更适合还原 GO，因为使用水热法获得的 GO 和 TiO_2 材料之间的相互作用最强。最近，Liang 等人[106]开发了一种简便有效的一步水热法，合成化学键合的 TiO_2/RGO 纳米复合材料，其中 Ti(SO_4)$_2$ 和 GO 作为前驱体，乙醇—水混合溶液作为还原剂。TiO_2/RGO 纳米复合材料的形貌表征表明，该方法可以有效地分散 TiO_2 纳米晶体在 RGO 片层结构表面，并使 TiO_2 与 RGO 之间的面间接触紧密。

8.4 光催化应用

当 GO 与 TiO_2 结合时，经常观察到光催化活性的显著增强，这是由于它们的协同促进作用，包括两组分相之间的界面电子传输。石墨烯基半导体光催化剂已广泛用于降解污染物、光催化制氢和光催化还原 CO_2。在本节中，简要概述了 GO/TiO_2 和 RGO/TiO_2 半导体光催化剂的主要应用。

8.4.1 有机污染物的光降解

RGO/TiO_2 和 GO/TiO_2 复合材料的一些最重要的应用是水和废水的解毒和消毒。这些复合材料具有高吸附容量、延长的光吸收范围以及增强的电荷分离和输送性能。在相关文献中，大多数焦油污染物是染料[86,88,107]（如亚甲基蓝、MB、甲基橙、MO、酸橙 7、AO7 和罗丹明 B、RB），尽管最近有一些包括药物的例外（苯海拉明、DP 和卡马西平、CBZ）[24,108]、杀虫剂/除草剂［2,4-二氯苯氧基乙酸2,

4-D[109]和多溴联苯醚（PBDE）] [92]、内分泌干扰物（双酚A，BPA)[110]、蓝细菌（microcystin-LR，MC-LR）和其他化合物（2-甲基异冰片，MIB)[111]。

Zhang等人[86]报道了GO/P25复合材料是一种高性能光催化剂。与单纯P25相比，该复合材料显示在UV和可见光照射下，水中MB的光催化降解显著增强效应。更优异的性能是由于MB与石墨烯的芳香碳区域之间的π-π作用，增强了染料在催化剂表面的吸附（见图8.7）。此外，石墨烯的引入扩展了P25的光响应范围，促进了更有效的可见光驱动的光催化作用。

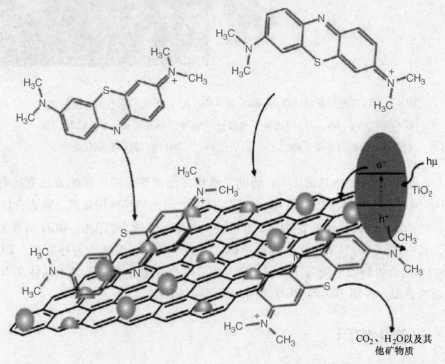

图8.7　P25/石墨烯复合材料的结构示意图，说明了亚甲蓝在石墨烯片上的吸附过程以及石墨烯在亚甲蓝的光催化降解过程中的作用（经许可转载自参考文献[86]。版权所有（2010），美国化学学会）

另一方面，GO/TiO_2纳米棒复合材料在紫外光照射下，对MB[88]和AO7光催化降解，以及在模拟太阳光下大肠杆菌的降解方面性能都有很大的提高[112]。同样，这个优异的性能主要是由于GO和TiO_2纳米棒之间更好的接触，以及TiO_2纳米棒和GO片层结构之间更有效的电荷传输。研究还报道了GO/TiO_2纳米棒复合材料在紫外光照射下光催化降解MB的反向电荷重组机理（见图8.8）[88]。作者发现，GO片层中的电子可以与吸附的O_2反应形成羟基（HO·）活性分子。因此，有效电荷传输可以减少电荷的重组并提高TiO_2纳米棒的光催化活性。

而且，Ng等人[109]报道了关于RGO/TiO_2薄膜对2,4-D的光降解，与纯

TiO_2 薄膜相比，复合薄膜的降解速率提高了四倍。这种增强效应归因于石墨烯的加入，确保电子的快速传输以及抑制电子对重组，同时源于石墨烯和污染物之间的相互作用，可以将有机物浓缩在催化剂表面附近并加速光降解过程。

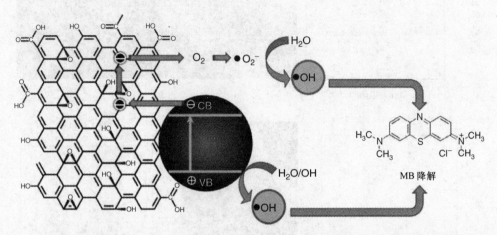

图 8.8　TiO_2 纳米棒/GO 复合材料在紫外光照射下降解 MB 的高光催化活性示意图
（经许可转载自参考文献 [88]。版权所有 (2010)，Wiley – VCH）

近年来关于 GO 和 RGO 延长 TiO_2 在可见光照射下的光催化活性作用的研究，已经取得了重要进展。作者的研究团队[24,91,113]报道了 GO/TiO_2 复合材料在近紫外/可见光和可见光照射下降解药物 DP 和染料 MO 的光催化活性。活性最高的 GO/TiO_2-4 复合物（复合物包含 4.0wt% 的 GO，在 200℃进行处理，见图 8.9b），其对 DP 以及 MO 污染物的催化降解活性超过了基准 P25 光催化剂，特别是在可见光下（见图 8.9a）。这表明 GO 可以有效地增强 TiO_2 在可见光范围内的光催化活性，同时不会破坏材料在紫外光照射下的性能。复合材料的高催化效率归因于 GO 片和 TiO_2 纳米颗粒之间的最佳组合和界面耦合。这些结果与可见光和近红外激光激发下 GO 的 PL 明显猝灭现象相结合（见图 8.9c），表明 GO 分别在紫外光和可见光下作为 TiO_2 的电子受体或电子供体（敏化剂）[114]。

该活性光催化剂也可固定在藻酸盐多孔中空纤维（APHF）基质中，所得材料如下面标记为 GO – TiO_2 – 4/APHF（见图 8.9d），正如其他研究所报道[91,115]，这种材料在连续光暗循环下，对 DP 降解在近紫外/可见光下具有相当高的活性以及稳定性（见图 8.9e），这与未来的高新技术应用有关。同样的复合材料也能够稳定在超滤单通道整料的孔隙中，在混合光催化/超滤过程中进行了相关测试[116]。研究报道了 GO 对污染物吸附和 TiO_2 的光催化降解能力之间的协同促进作用，并且还阐明了整体基质的孔径对沉积形态的影响。此外，在污染物去除效率和能耗方面，将新型混合工艺的性能与标准纳滤技术的性能进行了比较，为前者的经济可行性和效率提供了坚实的证据。

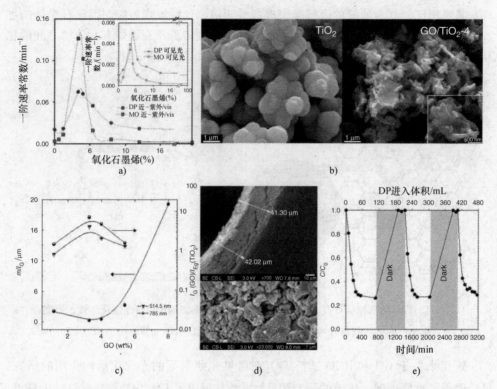

图8.9 a) 用于DP和MO降解的近紫外/vis和可见光照射下的伪一级反应速率常数 (k)。b) 纯TiO_2和GO/TiO_2-4的SEM图像。c) 依赖于相应GO的PL背底斜率 (m) 与G峰值强度I_G的比值（左轴），以及G峰I_G与锐钛矿的低频E_g模式强度面积的比值I_G (GO) /I_{Eg} (TiO_2)（右轴）。d) 固定在藻酸盐多孔中空纤维中的GO/TiO_2-4复合材料的壁厚和外表面的SEM图像。e) 在近紫外/可见光照射下，GO/TiO_2-4/APHF上光催化降解DP的连续模式 [a) ~ c) 经许可转载自参考文献 [24]。版权所有 (2012), Elsevier；d)、e) 经许可转载自参考文献 [91]。版权所有 (2013), Elsevier]

在另一项研究工作中，Chen等人[117]报道了具有p/n异质结的GO/TiO_2复合材料在MO降解过程中的可见光驱动的光催化性能。在上述研究中，通过GO在GO/TiO_2复合物中形成p型半导体。因此，在该复合物中观察到p/n异质结。有趣的是，这种p型半导体可以被波长大于510nm的可见光激发，并且作为复合物中的敏化剂和电子载体，使材料具有可见光响应的光催化活性。

在可见光照射下设计高性能光催化剂的另一种替代方案是在材料表面加载可见光反应性物质。例如，Wen等人[118]报道了将Ag掺入TiO_2/石墨烯复合材料中，其可见光区域吸收增加源于TiO_2纳米颗粒与石墨烯之间的强相互作用，以及Ag纳米颗粒的表面等离子体共振效应（见图8.10）。高效的光催化活性与石墨烯对芳香族染料分子的强吸附能力有关，并且由于TiO_2与Ag纳米颗粒之间形成Schottky结，从而产生快速光生电荷分离,以及石墨烯片的高电子迁移率和在可见光区域的广泛吸收,最终使材料表现出高效光催化活性。

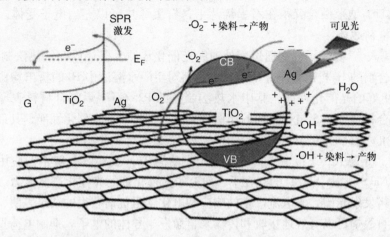

图 8.10　在可见光照射下,在 Ag/TiO_2/G 纳米复合材料上光催化降解有机染料的机制

(经许可转载自参考文献 [118]。版权所有 (2011),英国皇家化学学会)

另一方面,研究者们已经制备由上转换(UC)材料(YF_3: Yb^{3+}, Tm^{3+})、TiO_2(P25)和石墨烯(GR)组成的新型纳米复合材料,并显示出这是一种先进的日光激活光催化剂[119]。在简便的水热法中,同时实现了 GO 的还原和 YF_3: Yb^{3+}、Tm^{3+} 和 P25 结构的负载,并且实现各部分的功能集成在一起。所制备的三组元 UC/P25/GR 纳米复合光催化剂表现出大的染料吸附性、显著延长的光吸收范围、有效的电荷分离性能和优异的持久性。实际上,与 P25/GR 纳米复合材料和纯 P25 相比,这种新型三元纳米复合材料在阳光下的光催化活性得到了改善。

总的来说,这项研究工作为许多其他光催化剂也与 GO 或 RGO 结合,包括 ZnO[120]、Fe_3O_4[121]、ZnSe[122]、Bi_2WO_6[123]、等离子体材料(如 Ag/AgBr[124])和氮化碳(g-C_3N_4)[125]等,据报道它们是用于分解水中污染物的有效光催化剂。正如基于 TiO_2 的材料所述,石墨烯与这些其他材料的复合还可以增强有机污染物的吸附,延长光响应范围,并促进有效的电荷分离,从而改善材料的光催化活性。

8.4.2　光催化分解 H_2O

清洁氢燃料的制备被认为是解决日益增长的能源需求和相关环境问题的最有希望的解决方案之一[126]。GO 基半导体另一种令人感兴趣的应用是用于半导体光催化剂中,通过光催化水分解成氢和氧,因为 GO 光吸收可扩展到可见光区域以促进太阳能驱动技术的发展,并且 GO 能够抑制电子—空穴对的重组,这些特性也是实现光催化水分解这个过程的关键因素。

Zhang 等人[127,128]研究了石墨烯/TiO_2 复合材料在 Xe 灯照射下,以不同负载量

的石墨烯和 Na_2S 和 Na_2SO_3 作为牺牲剂的水分解性能。发现材料中最佳石墨烯含量为 5.0wt%，其产氢量超过 P25 材料中观察到的两倍以上。增强的光催化 H_2 生产活性是由于 TiO_2 纳米颗粒沉积在石墨烯片上，石墨烯片可以充当电子受体以有效地分离光生电荷载体。

Fan 等人[85]研究了分别通过紫外辅助光催化还原、肼还原和水热法制备 P25/石墨烯复合物的 H_2 析出效率。所有复合材料对甲醇水溶液中 H_2 的析出均比单独的 P25 具有更好的光催化性能，其中水热法制备的 P25/石墨烯复合材料表现出最佳性能。复合材料中 P25 与石墨烯的比例也显著影响材料的光催化性能，其最佳质量比为 5.0wt%，此时复合材料的光催化活性超过纯 P25 的 10 倍。

最近，Lv 等人[129]报道了石墨烯在光驱动的 TiO_2 或 CdS 分解水的应用。在牺牲试剂（Na_2S 或 Na_2SO_3）的存在下，研究了光催化剂的光催化产氢能力。通过测量时间分辨发射光谱、光电流产生的响应和电化学阻抗谱获得的结果表明，半导体表面上的石墨烯可以有效地接收和传输来自激发半导体的电子、抑制电荷重组并改善界面电荷传输过程。半导体纳米颗粒/石墨烯光催化剂对光催化析氢具有更高的活性，其性能可以与含有众所周知的 Pt 助催化剂体系的产氢效率进行比较。因此，廉价且环境友好的石墨烯可用作替代助催化剂，用于 H_2O 的光催化分解来高效地析氢。

除了 TiO_2/石墨烯和 CdS/石墨烯光催化剂，研究还报道了与石墨烯结合的无金属聚合物光催化剂，即石墨碳氮化物（$g-C_3N_4$）或 $BiVO_4$，用于从水分解中有效地析出 H_2。Xiang 等人[82]通过组合浸渍-化学还原方法制备石墨烯/$g-C_3N_4$ 复合光催化剂。在可见光照射下，所得复合材料的 H_2 析出速率比纯 $g-C_3N_4$ 高 3 倍，这是由于光催化剂上有效的载流子分离（见图 8.11）。

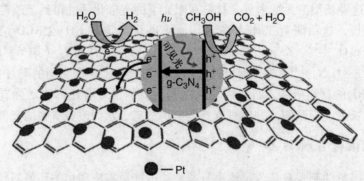

图 8.11　石墨烯/$g-C_3N_4$ 复合材料中增强的电子转移机制

（经许可转载自参考文献[82]。版权所有（2011），美国化学学会）

同样，Ng 等人[130]报道了 $BiVO_4$ 与 RGO 的结合，以改善可见光下的光响应。与可见光照射下的纯 $BiVO_4$ 相比，$BiVO_4$/RGO 复合材料在光电化学水分解反应中观察到 10 倍增强的催化效应。这种性能的改善可归因于较长激发态 $BiVO_4$ 电子的寿命，因为电子在生成时立即注入 RGO，使电荷重组效应最小化。研究还观察到 GO 本身具有适当的氧化水平和能带结构，可以在 H_2 和 O_2 的结构演变中起到光催化剂的作用。Yeh 等人[131]报道了一种 GO 半导体光催化剂，其表观带隙为 $2.4 \sim 4.3eV$。即使不存在 Pt 助催化剂，在可见光照射下也可以从甲醇水溶液或纯水中稳定地产生 H_2。通常，GO 的带隙能量取决于氧化位点的数量，并且可以通过功能化或将它们切割成纳米带进行调节。当 GO 的导带边缘具有比产生 H_2 所需的更高的能级时，其导带边缘主要是反键合的 π^* 轨道，它可以导致电子传输到溶液相中以产生 H_2。

在另一项研究工作中，Yeh 等人[132]研究了不同表面氧基团含量的 GO 在甲醇和 $AgNO_3$ 溶液中对 H_2 和 O_2 析出的光催化活性。随着时间的推移，H_2 的析出是强烈和稳定的，而 O_2 的析出是可以忽略不计的，因为 GO 的相互光催化还原作用，使得材料在光照下价带边缘向上移动。而 GO 的导带边缘仅显示出可忽略不计的光照变化。当 $NaIO_3$ 用作牺牲试剂以抑制光照下的相互还原作用时，在 GO 样品上观察到强烈的 O_2 析出，证明化学改性可以容易地改变 GO 的电子性质，使其用于特定的光合作用应用中。

8.4.3 光催化还原 CO_2

在过去几十年里，碳氢化合物燃料产生的二氧化碳（CO_2），使大气中的 CO_2 水平显著上升。将 CO_2 再循环到易于运输的碳氢燃料（即太阳能燃料）中的太阳能技术将有助于降低大气中的 CO_2 含量水平，并部分满足目前基于碳氢化合物的燃料基础设施的能源需求[133,134]。基于石墨烯的材料也已用作光催化 CO_2 转化的催化剂。Liang 等人[30]研究了石墨烯结构缺陷对光催化还原 CO_2 的影响。用于制备这种石墨烯的两种主要的基于溶液的方法，即氧化还原和溶剂剥离法，方法不同导致材料表现出不同的缺陷密度。研究已经证明，相比氧化还原方法获得的材料，基于溶剂剥离的石墨烯（SEG）的 TiO_2/石墨烯催化剂表现出更高的催化活性。这是由于前者缺陷更少，并且载流子迁移率更强。与纯 TiO_2 相比，优化的 TiO_2/石墨烯纳米复合材料在 CO_2 的光还原方面产生了近七倍的性能提高。

Tu 等人[135]报道了由 TiO_2 纳米片和石墨烯纳米片（$G-Ti_{0.91}O_2$）通过逐层沉积方法，交替复合成的坚固空心球，并用作高效光催化 CO_2 的转化。与将 TiO_2 纳米颗粒分散在石墨烯片表面上所制备的 TiO_2/石墨烯纳米复合材料相比，基于 $G-Ti_{0.91}O_2$ 的空心球在 CO_2 的光还原中表现出 9 倍的性能增强。这种性能增强可归因于三个因素：①$Ti_{0.91}O_2$ 纳米片的超薄性质，允许电荷载体快速传输到其表面；②超薄 $Ti_{0.91}O_2$ 纳米片与石墨烯纳米片的紧密堆叠，使光生电子从 $Ti_{0.91}O_2$ 纳米片快速传输到石墨烯，从而提高电荷载体的寿命；③中空的结构作为潜在的良好光子捕获器，允许入射光的多重散射，从而增强光的吸收。

在二元乙二胺（En）/H_2O 溶剂[136]中制备了 TiO_2/石墨烯二维"三明治"夹层纳米片复合结构。在复合物的 TiO_2 表面检测到了丰富的 Ti^{3+} 离子，并且 CO_2 的光还原在复合物表面产生了甲烷和乙烷。随着石墨烯含量的增加，总的产率增加。来自 TiO_2 的光诱导电子可以沿着石墨烯网络自由传输，以还原 CO_2，从而提高光催化 CO_2 的转化率。最近，Tan 等人[137]通过一种新颖、简单的溶剂热合成路线制备 RGO/TiO_2 复合纳米晶体。将平均直径为 12nm 的锐钛矿 TiO_2 纳米颗粒均匀地分散在 RGO 片层上。与原始氧化石墨和纯锐钛矿相比，制备的 RGO/TiO_2 纳米复合材料在还原 CO_2 方面表现出优异的光催化活性。研究提出 TiO_2 与 RGO 之间的紧密接触是为了加速光生电子从 TiO_2 向 RGO 的传输，从而产生有效的电荷反重组作用，最终提高材料的光催化活性。此外，发现光催化剂即使在低功率节能灯泡的照射下也是有效的，这使得整个过程在经济上和实际应用上都是可行的。

人们还研究了 GO 作为无金属光催化剂应用于光催化 CO_2 转化为甲醇中[138]。图 8.12a 显示了 GO - 1（Hummers 方法）、GO - 2（用 5mL H_3PO_4 改性）、GO - 3（用 10mL H_3PO_4 改性）和 TiO_2 的光催化 CO_2 为甲醇的形成。各种材料光催化 CO_2 转化形成甲醇的催化活性遵循以下顺序：GO - 3 > GO - 1 > GO - 2 > TiO_2（P - 25）。改性 GO - 3 的光催化 CO_2 - 甲醇转化率比 P25 高 6 倍。作者提出，在光催化还原过程中，光生电子（e^-）以及空穴（h^+）将迁移到 GO 表面并分别用作氧化和还原位点，与吸附的物质进行反应。这表明经辐照的 GO 中的光生电子和空穴可以与吸附的 CO_2 和 H_2O 反应，通过六电子反应产生 CH_3OH（见图 8.12b）。

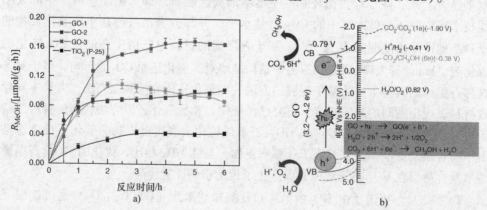

图 8.12　a）使用模拟的太阳光源在不同的 GO 样品（GO - 1、GO - 2、GO - 3）和 TiO_2 上光催化形成甲醇（R_{MeOH}）。b）GO 上光催化还原 CO_2 机理的示意图（经许可转载自参考文献 [138]）

8.4.4　其他应用：染料敏化太阳电池

染料敏化太阳电池（DSSC）也被称为 Grätzel 电池，相对传统的硅基材料而言，由于其具有高的太阳光转化为电能的转化率、简单的制作工艺、价格适中的成本，使其被认为是有前景的下一代可再生能源材料[139,140]。通常，DSSC 由染料敏化纳米晶 TiO_2 膜上的透明导电电极 [氧化铟锡（ITO）或掺杂氟的氧化锡（FTO）]、一个 CE 以及通常 I^-/I_3^- 的氧化还原对的电解质构成。在光照射后，染料（也称为敏化剂）被激发，然后将超快电子注入到半导体膜的导带中。随后通过 I^- 再生染料分子，而 I^- 被氧化成 I_3^- 存储在 CE/电解质界面处。DSSC 尽管实现了高功率转换效率，但在开发上仍然存在许多挑战性的问题，包括抑制电荷重组和基于 Pt 的 CE 的高成本[141]。

人们已经探索了基于石墨烯的材料作为 DSSC 的不同组分，包括透明电极、CE 材料和电子传输器/受体，并显示其优异性能以制备具有高效成本效益 DSSC 的巨大潜力。例如，Wang 等人[142]揭示了使用石墨烯作为 DSSC 中透明电极的可能性。在他们的研究工作中，所获得的石墨烯薄膜显示出 550S/cm 的高电导率以及在 1000 ~3000nm 70% 以上的透明率。

最近，Yeh 等人[143]报道了通过绿色光热还原过程制备 RGO（P - RGO）材料，并用作 DSSC 上的 CE。与基于 GO 材料的 CE（η = 0.03%）电池相比，基于 P - RGO 的 CE 电池显示出更高的电池效率（η = 7.62%）。DSSC 的光电负极通常使用 TiO_2 纳米颗粒的厚膜构建，为染料分子提供锚定位点。然而，穿过无序 TiO_2 纳米颗粒的电子传输效率低，并且会发生光生电子的重组效应，降低了 DSSC 的效率。Tang 等人[144]报道了以 G/TiO_2 复合材料作为 DSSC 制造中的光电负极材料。石墨烯的加入使材料的电导率提高了 2 倍以上，与单独的 TiO_2 相比，其功率转换效率增加了 5 倍以上。G/TiO_2 复合材料的优异性能也归因于 G/TiO_2 薄膜上的染料负载效果比 TiO_2 薄膜上更好。

8.5　结论和展望

由于石墨烯衍生物的独特结构和优异性质，GO 和 RGO 与半导体材料的复合提供了设计和制造新型石墨烯基材料的可能性。由于①两个组成相之间的界面电子传输；②延长的光吸收范围；③显著增强的污染物吸附能力，使得这些光催化剂复合材料在环境和能源应用中受到广泛关注。

人们已经开发了不同的合成方法用于制备石墨烯基半导体光催化剂，例如简单混合和/或超声处理、溶胶 - 凝胶法以及水热和溶剂热法。而这些复合材料已被用于各种光催化应用中，包括光催化分解有机污染物、光催化分解 H_2O、光催化转化 CO_2 为燃料以及 DSSC 制备。

尽管目前取得了显著的进展，但该领域的研究仍处于初期阶段，需要进一步发展。例如，必须开发更多可控方法以制备具有高纯度、明确结构和较低缺陷的石墨烯及其衍生物。还应特别注意石墨烯基材料的光催化增强机理。为此，需要建立关于实验工艺、材料结构及性能方面的更好理解和调控。

然而，由于对石墨烯基材料的持续深入研究，这些基于石墨烯的复合光催化剂材料有望被开发为环境和能源应用领域有竞争力的材料。

致谢

通过方案 COMPETE（FCOMP-01-0124-FEDER-019503），为这项工作提供了资金支持的项目 PTDC/AACAMB/122312/2010，由 FCT 和 FEDER（欧洲区域发展基金）共同出资。它的工作还部分由 FCT 和 FEDER 通过 PEst-C/EQB/LA0020/2013（COMPETE）和 QREN，ON2（葡萄牙北部区域业务方案）和 FEDER 通过国家战略参考框架中的 NORTE-07-0162-FEDER-000050、NORTE-07-0162-FEDER-000015 和 NORTE-07-0202-FEDER-038900 等项目共同出资。LMPM 和 SMT 感谢来自 FCT 财政援助基金 SFRH/BPD/88964/2012 和 SFRH/BPD/74239/2010 提供的财政支持。AMTS 感谢 FCT Investigator 2013 方案（IF/01501/2013），该方案由欧洲社会基金和人的潜在业务方案提供资金。

参考文献

1. Gupta, S. and Tripathi, M. (2012) An overview of commonly used semiconductor nanoparticles in photocatalysis. *High Energy Chem.*, **46** (1), 1–9.
2. Xiang, Q., Yu, J., and Jaroniec, M. (2012) Graphene-based semiconductor photocatalysts. *Chem. Soc. Rev.*, **41** (2), 782–796.
3. Herrmann, J.M. (2005) Heterogeneous photocatalysis: state of the art and present applications. *Top. Catal.*, **34** (1-4), 49–65.
4. Fujishima, A., Zhang, X., and Tryk, D.A. (2008) TiO_2 photocatalysis and related surface phenomena. *Surf. Sci. Rep.*, **63** (12), 515–582.
5. Kubacka, A., Fernández-García, M., and Colón, G. (2011) Advanced nanoarchitectures for solar photocatalytic applications. *Chem. Rev.*, **112** (3), 1555–1614.
6. Li, Y., Lu, G., and Li, S. (2003) Photocatalytic production of hydrogen in single component and mixture systems of electron donors and monitoring adsorption of donors by in situ infrared spectroscopy. *Chemosphere*, **52** (5), 843–850.
7. Maeda, K., Higashi, M., Lu, D., Abe, R., and Domen, K. (2010) Efficient nonsacrificial water splitting through two-step photoexcitation by visible light using a modified oxynitride as a hydrogen evolution photocatalyst. *J. Am. Chem. Soc.*, **132** (16), 5858–5868.
8. Murdoch, M., Waterhouse, G.I.N., Nadeem, M.A., Metson, J.B., Keane, M.A., Howe, R.F., Llorca, J., and Idriss, H. (2011) The effect of gold loading and particle size on photocatalytic hydrogen production from ethanol over Au/TiO_2 nanoparticles. *Nat. Chem.*, **3** (6), 489–492.
9. Yu, J., Qi, L., and Jaroniec, M. (2010) Hydrogen production by photocatalytic water splitting over Pt/TiO_2 nanosheets with exposed (001) facets. *J. Phys. Chem. C*, **114** (30), 13118–13125.
10. Weber, A.S., Grady, A.M., and Koodali, R.T. (2012) Lanthanide modified semiconductor photocatalysts. *Catal. Sci. Technol.*, **2** (4), 683–693.
11. Liu, G., Niu, P., Sun, C., Smith, S.C., Chen, Z., Lu, G.Q., and Cheng, H.-M. (2010) Unique electronic structure induced high photoreactivity of sulfur-doped graphitic C_3N_4. *J. Am. Chem. Soc.*, **132** (33), 11642–11648.
12. Kim, W., Tachikawa, T., Majima, T., and Choi, W. (2009) Photocatalysis of dye-sensitized TiO_2 nanoparticles with thin overcoat of Al_2O_3: enhanced activity

for H_2 production and dechlorination of CCl_4. *J. Phys. Chem. C*, **113** (24), 10603–10609.

13. Yin, Z., Wang, Z., Du, Y., Qi, X., Huang, Y., Xue, C., and Zhang, H. (2012) Full solution-processed synthesis of all metal oxide-based tree-like heterostructures on fluorine-doped tin oxide for water splitting. *Adv. Mater.*, **24** (39), 5374–5378.

14. Zhou, W., Yin, Z., Du, Y., Huang, X., Zeng, Z., Fan, Z., Liu, H., Wang, J., and Zhang, H. (2013) Synthesis of few-layer MoS_2 nanosheet-coated TiO_2 nanobelt heterostructures for enhanced photocatalytic activities. *Small*, **9** (1), 140–147.

15. Zhang, L.-W., Fu, H.-B., and Zhu, Y.-F. (2008) Efficient TiO_2 photocatalysts from surface hybridization of TiO_2 particles with graphite-like carbon. *Adv. Funct. Mater.*, **18** (15), 2180–2189.

16. Chen, C., Long, M., Zeng, H., Cai, W., Zhou, B., Zhang, J., Wu, Y., Ding, D., and Wu, D. (2009) Preparation, characterization and visible-light activity of carbon modified TiO_2 with two kinds of carbonaceous species. *J. Mol. Catal. A: Chem.*, **314** (1-2), 35–41.

17. Silva, C.G. and Faria, J.L. (2010) Photocatalytic oxidation of benzene derivatives in aqueous suspensions: synergic effect induced by the introduction of carbon nanotubes in a TiO_2 matrix. *Appl. Catal. Environ.*, **101** (1-2), 81–89.

18. Morales-Torres, S., Pastrana-Martínez, L.M., Figueiredo, J.L., Faria, J.L., and Silva, A.M.T. (2012) Design of graphene-based TiO_2 photocatalysts – a review. *Environ. Sci. Pollut. Res.*, **19**, 3676–3687.

19. Novoselov, K.S., Geim, A.K., Morozov, S.V., Jiang, D., Zhang, Y., Dubonos, S.V., Grigorieva, I.V., and Firsov, A.A. (2004) Electric field effect in atomically thin carbon films. *Science*, **306** (5696), 666–669.

20. Geim, A.K. and Novoselov, K.S. (2007) The rise of graphene. *Nat. Mater.*, **6** (3), 183–191.

21. Geim, A.K. (2009) Graphene: status and prospects. *Science*, **324** (5934), 1530–1534.

22. Pei, S. and Cheng, H.-M. (2012) The reduction of graphene oxide. *Carbon*, **50** (9), 3210–3228.

23. Du, J., Lai, X., Yang, N., Zhai, J., Kisailus, D., Su, F., Wang, D., and Jiang, L. (2010) Hierarchically ordered macro–mesoporous TiO_2–graphene composite films: improved mass transfer, reduced charge recombination, and their enhanced photocatalytic activities. *ACS Nano*, **5** (1), 590–596.

24. Pastrana-Martínez, L.M., Morales-Torres, S., Likodimos, V., Figueiredo, J.L., Faria, J.L., Falaras, P., and Silva, A.M.T. (2012) Advanced nanostructured photocatalysts based on reduced graphene oxide–TiO_2 composites for degradation of diphenhydramine pharmaceutical and methyl orange dye. *Appl. Catal. Environ.*, **123–124**, 241–256.

25. Kamat, P.V. (2009) Graphene-based nanoarchitectures. Anchoring semiconductor and metal nanoparticles on a two-dimensional carbon support. *J. Phys. Chem. Lett.*, **1** (2), 520–527.

26. Yavari, F. and Koratkar, N. (2012) Graphene-based chemical sensors. *J. Phys. Chem. Lett.*, **3** (13), 1746–1753.

27. Jiang, G., Lin, Z., Chen, C., Zhu, L., Chang, Q., Wang, N., Wei, W., and Tang, H. (2011) TiO_2 nanoparticles assembled on graphene oxide nanosheets with high photocatalytic activity for removal of pollutants. *Carbon*, **49** (8), 2693–2701.

28. Kim, I.T., Magasinski, A., Jacob, K., Yushin, G., and Tannenbaum, R. (2013) Synthesis and electrochemical performance of reduced graphene oxide/maghemite composite anode for lithium ion batteries. *Carbon*, **52**, 56–64.

29. Song, J., Yin, Z., Yang, Z., Amaladass, P., Wu, S., Ye, J., Zhao, Y., Deng, W.-Q., Zhang, H., and Liu, X.-W. (2011) Enhancement of photogenerated electron transport in dye-sensitized solar cells with introduction of a reduced graphene oxide–TiO_2 junction. *Chem. Eur. J.*, **17** (39), 10832–10837.

30. Liang, Y.T., Vijayan, B.K., Gray, K.A., and Hersam, M.C. (2011) Minimizing graphene defects enhances titania

nanocomposite-based photocatalytic reduction of CO$_2$ for improved solar fuel production. *Nano Lett.*, **11** (7), 2865–2870.

31. Loh, K.P., Bao, Q., Eda, G., and Chhowalla, M. (2010) Graphene oxide as a chemically tunable platform for optical applications. *Nat. Chem.*, **2** (12), 1015–1024.

32. Poh, H.L., Sanek, F., Ambrosi, A., Zhao, G., Sofer, Z., and Pumera, M. (2012) Graphenes prepared by Staudenmaier, Hofmann and Hummers methods with consequent thermal exfoliation exhibit very different electrochemical properties. *Nanoscale*, **4** (11), 3515–3522.

33. Ruoff, R. (2008) Graphene: calling all chemists. *Nat. Nano*, **3** (1), 10–11.

34. Paredes, J.I., Villar-Rodil, S., Martínez-Alonso, A., and Tascón, J.M.D. (2008) Graphene oxide dispersions in organic solvents. *Langmuir*, **24** (19), 10560–10564.

35. Bianco, A., Cheng, H.-M., Enoki, T., Gogotsi, Y., Hurt, R.H., Koratkar, N., Kyotani, T., Monthioux, M., Park, C.R., Tascon, J.M.D., and Zhang, J. (2013) All in the graphene family – a recommended nomenclature for two-dimensional carbon materials. *Carbon*, **65**, 1–6.

36. Compton, O.C. and Nguyen, S.T. (2010) Graphene oxide, highly reduced graphene oxide, and graphene: versatile building blocks for carbon-based materials. *Small*, **6** (6), 711–723.

37. Dreyer, D.R., Park, S., Bielawski, C.W., and Ruoff, R.S. (2010) The chemistry of graphene oxide. *Chem. Soc. Rev.*, **39** (1), 228–240.

38. Brodie, B.C. (1859) On the atomic weight of graphite. *Philos. Trans. R. Soc. London*, **149**, 249–259.

39. Staudenmaier, L. (1898) Verfahren zur Darstellung der Graphitsäure. *Ber. Dtsch. Chem. Ges.*, **31** (2), 1481–1487.

40. Hummers, W.S. and Offeman, R.E. (1958) Preparation of graphitic oxide. *J. Am. Chem. Soc.*, **80** (6), 1339–1339.

41. Marcano, D.C., Kosynkin, D.V., Berlin, J.M., Sinitskii, A., Sun, Z., Slesarev, A., Alemany, L.B., Lu, W., and Tour, J.M. (2010) Improved synthesis of graphene oxide. *ACS Nano*, **4** (8), 4806–4814.

42. Botas, C., Álvarez, P., Blanco, C., Santamaría, R., Granda, M., Gutiérrez, M.D., Rodríguez-Reinoso, F., and Menéndez, R. (2013) Critical temperatures in the synthesis of graphene-like materials by thermal exfoliation–reduction of graphite oxide. *Carbon*, **52**, 476–485.

43. Lerf, A., He, H., Forster, M., and Klinowski, J. (1998) Structure of graphite oxide revisited. *J. Phys. Chem. B*, **102** (23), 4477–4482.

44. Stankovich, S., Dikin, D.A., Piner, R.D., Kohlhaas, K.A., Kleinhammes, A., Jia, Y., Wu, Y., Nguyen, S.T., and Ruoff, R.S. (2007) Synthesis of graphene-based nanosheets via chemical reduction of exfoliated graphite oxide. *Carbon*, **45** (7), 1558–1565.

45. Shao, Y., Wang, J., Engelhard, M., Wang, C., and Lin, Y. (2010) Facile and controllable electrochemical reduction of graphene oxide and its applications. *J. Mater. Chem.*, **20** (4), 743–748.

46. Williams, G., Seger, B., and Kamat, P.V. (2008) TiO$_2$-graphene nanocomposites. UV-assisted photocatalytic reduction of graphene oxide. *ACS Nano*, **2** (7), 1487–1491.

47. Huang, L., Liu, Y., Ji, L.-C., Xie, Y.-Q., Wang, T., and Shi, W.-Z. (2011) Pulsed laser assisted reduction of graphene oxide. *Carbon*, **49** (7), 2431–2436.

48. Gao, X., Jang, J., and Nagase, S. (2009) Hydrazine and thermal reduction of graphene oxide: reaction mechanisms, product structures, and reaction design. *J. Phys. Chem. C*, **114** (2), 832–842.

49. Bagri, A., Mattevi, C., Acik, M., Chabal, Y.J., Chhowalla, M., and Shenoy, V.B. (2010) Structural evolution during the reduction of chemically derived graphene oxide. *Nat. Chem.*, **2** (7), 581–587.

50. Gómez-Navarro, C., Meyer, J.C., Sundaram, R.S., Chuvilin, A., Kurasch, S., Burghard, M., Kern, K., and Kaiser, U. (2010) Atomic structure of reduced graphene oxide. *Nano Lett.*, **10** (4), 1144–1148.

51. Krishnan, D., Kim, F., Luo, J., Cruz-Silva, R., Cote, L.J., Jang, H.D., and Huang, J. (2012) Energetic

graphene oxide: challenges and opportunities. *Nano Today*, **7** (2), 137–152.

52. Erickson, K., Erni, R., Lee, Z., Alem, N., Gannett, W., and Zettl, A. (2010) Determination of the local chemical structure of graphene oxide and reduced graphene oxide. *Adv. Mater.*, **22** (40), 4467–4472.

53. Chen, D., Feng, H., and Li, J. (2012) Graphene oxide: preparation, functionalization, and electrochemical applications. *Chem. Rev.*, **112** (11), 6027–6053.

54. Mattevi, C., Eda, G., Agnoli, S., Miller, S., Mkhoyan, K.A., Celik, O., Mastrogiovanni, D., Granozzi, G., Garfunkel, E., and Chhowalla, M. (2009) Evolution of electrical, chemical, and structural properties of transparent and conducting chemically derived graphene thin films. *Adv. Funct. Mater.*, **19** (16), 2577–2583.

55. Boukhvalov, D.W. and Katsnelson, M.I. (2008) Modeling of graphite oxide. *J. Am. Chem. Soc.*, **130** (32), 10697–10701.

56. Becerril, H.A., Mao, J., Liu, Z., Stoltenberg, R.M., Bao, Z., and Chen, Y. (2008) Evaluation of solution-processed reduced graphene oxide films as transparent conductors. *ACS Nano*, **2** (3), 463–470.

57. Eda, G., Fanchini, G., and Chhowalla, M. (2008) Large-area ultrathin films of reduced graphene oxide as a transparent and flexible electronic material. *Nat. Nano*, **3** (5), 270–274.

58. Wang, S., Chia, P.-J., Chua, L.-L., Zhao, L.-H., Png, R.-Q., Sivaramakrishnan, S., Zhou, M., Goh, R.G.S., Friend, R.H., Wee, A.T.S., and Ho, P.K.H. (2008) Band-like transport in surface-functionalized highly solution-processable graphene nanosheets. *Adv. Mater.*, **20** (18), 3440–3446.

59. Eda, G., Mattevi, C., Yamaguchi, H., Kim, H., and Chhowalla, M. (2009) Insulator to semimetal transition in graphene oxide. *J. Phys. Chem. C*, **113** (35), 15768–15771.

60. Si, Y. and Samulski, E.T. (2008) Synthesis of water soluble graphene. *Nano Lett.*, **8** (6), 1679–1682.

61. Luo, D., Zhang, G., Liu, J., and Sun, X. (2011) Evaluation criteria for reduced graphene oxide. *J. Phys. Chem. C*, **115** (23), 11327–11335.

62. Lee, G., Kim, K.S., and Cho, K. (2011) Theoretical study of the electron transport in graphene with vacancy and residual oxygen defects after high-temperature reduction. *J. Phys. Chem. C*, **115** (19), 9719–9725.

63. Wei, Z., Wang, D., Kim, S., Kim, S.-Y., Hu, Y., Yakes, M.K., Laracuente, A.R., Dai, Z., Marder, S.R., Berger, C., King, W.P., de Heer, W.A., Sheehan, P.E., and Riedo, E. (2010) Nanoscale tunable reduction of graphene oxide for graphene electronics. *Science*, **328** (5984), 1373–1376.

64. Li, D., Muller, M.B., Gilje, S., Kaner, R.B., and Wallace, G.G. (2008) Processable aqueous dispersions of graphene nanosheets. *Nat. Nano*, **3** (2), 101–105.

65. Yan, J.-A., Xian, L., and Chou, M.Y. (2009) Structural and electronic properties of oxidized graphene. *Phys. Rev. Lett.*, **103** (8), 086802.

66. Eda, G., Lin, Y.-Y., Mattevi, C., Yamaguchi, H., Chen, H.-A., Chen, I.S., Chen, C.-W., and Chhowalla, M. (2010) Blue photoluminescence from chemically derived graphene oxide. *Adv. Mater.*, **22** (4), 505–509.

67. Loh, K.P., Bao, Q., Ang, P.K., and Yang, J. (2010) The chemistry of graphene. *J. Mater. Chem.*, **20** (12), 2277–2289.

68. Fujishima, A. and Honda, K., (1972) Electrochemical Photolysis of Water at a Semiconductor Electrode. *Nature*, **238** (5358), 37–38.

69. Frank, S.N. and Bard, A.J. (1977) Heterogeneous photocatalytic oxidation of cyanide ion in aqueous solutions at titanium dioxide powder. *J. Am. Chem. Soc.*, **99** (1), 303–304.

70. Likodimos, V., Dionysiou, D., and Falaras, P. (2010) CLEAN WATER: water detoxification using innovative photocatalysts. *Rev. Environ. Sci. Biotechnol.*, **9** (2), 87–94.

71. Liu, X., Pan, L., Zhao, Q., Lv, T., Zhu, G., Chen, T., Lu, T., Sun, Z., and Sun, C. (2012) UV-assisted photocatalytic synthesis of ZnO–reduced graphene

oxide composites with enhanced photocatalytic activity in reduction of Cr(VI). *Chem. Eng. J.*, **183**, 238–243.

72. Xu, T., Zhang, L., Cheng, H., and Zhu, Y. (2011) Significantly enhanced photocatalytic performance of ZnO via graphene hybridization and the mechanism study. *Appl. Catal. Environ.*, **101** (3-4), 382–387.

73. Akhavan, O. (2011) Photocatalytic reduction of graphene oxides hybridized by ZnO nanoparticles in ethanol. *Carbon*, **49** (1), 11–18.

74. Zhang, C., Zhang, J., Su, Y., Xu, M., Yang, Z., and Zhang, Y. (2014) ZnO nanowire/reduced graphene oxide nanocomposites for significantly enhanced photocatalytic degradation of Rhodamine 6G. *Physica E*, **56**, 251–255.

75. Abulizi, A., Yang, G.-H., and Zhu, J.-J. (2014) One-step simple sonochemical fabrication and photocatalytic properties of Cu_2O–rGO composites. *Ultrason. Sonochem.*, **21** (1), 129–135.

76. Zeng, B., Chen, X., Ning, X., Chen, C., Deng, W., Huang, Q., and Zhong, W. (2013) Electrostatic-assembly three-dimensional CNTs/rGO implanted Cu_2O composite spheres and its photocatalytic properties. *Appl. Surf. Sci.*, **276**, 482–486.

77. Chen, G., Sun, M., Wei, Q., Zhang, Y., and Du, B. (2013) Ag_3PO_4/graphene-oxide composite with remarkably enhanced visible-light-driven photocatalytic activity toward dyes in water. *Journal of Hazardous Material*, **244-245** (0), 86–93.

78. Fu, Y., Sun, X., and Wang, X. (2011) $BiVO_4$–graphene catalyst and its high photocatalytic performance under visible light irradiation. *Mater. Chem. Phys.*, **131** (1-2), 325–330.

79. Pawar, R.C. and Lee, C.S. (2013) Sensitization of CdS nanoparticles onto reduced graphene oxide (RGO) fabricated by chemical bath deposition method for effective removal of Cr(VI). *Mater. Chem. Phys.*, **141** (2-3), 686–693.

80. Weng, B., Liu, S., Zhang, N., Tang, Z.-R., and Xu, Y.-J. (2014) A simple yet efficient visible-light-driven CdS nanowires-carbon nanotube 1D–1D nanocomposite photocatalyst. *J. Catal.*, **309**, 146–155.

81. Guo, S., Zhang, G., Guo, Y., and Yu, J.C. (2013) Graphene oxide–Fe_2O_3 hybrid material as highly efficient heterogeneous catalyst for degradation of organic contaminants. *Carbon*, **60**, 437–444.

82. Xiang, Q., Yu, J., and Jaroniec, M. (2011) Preparation and enhanced visible-light photocatalytic H_2-production activity of graphene/C_3N_4 composites. *J. Phys. Chem. C*, **115** (15), 7355–7363.

83. Sun, Y., Li, C., Xu, Y., Bai, H., Yao, Z., and Shi, G. (2010) Chemically converted graphene as substrate for immobilizing and enhancing the activity of a polymeric catalyst. *Chem. Commun.*, **46** (26), 4740–4742.

84. Zhu, M., Chen, P., and Liu, M. (2011) Graphene oxide enwrapped Ag/AgX (X = Br, Cl) nanocomposite as a highly efficient visible-light plasmonic photocatalyst. *ACS Nano*, **5** (6), 4529–4536.

85. Fan, W., Lai, Q., Zhang, Q., and Wang, Y. (2011) Nanocomposites of TiO_2 and reduced graphene oxide as efficient photocatalysts for hydrogen evolution. *J. Phys. Chem. C*, **115** (21), 10694–10701.

86. Zhang, H., Lv, X., Li, Y., Wang, Y., and Li, J. (2010) P25-graphene composite as a high performance photocatalyst. *ACS Nano*, **4** (1), 380–386.

87. Wang, F. and Zhang, K. (2011) Reduced graphene oxide–TiO_2 nanocomposite with high photocatalystic activity for the degradation of rhodamine B. *J. Mol. Catal. A: Chem.*, **345** (1-2), 101–107.

88. Liu, J., Bai, H., Wang, Y., Liu, Z., Zhang, X., and Sun, D.D. (2010) Self-assembling TiO_2 nanorods on large graphene oxide sheets at a two-phase interface and their anti-recombination in photocatalytic applications. *Adv. Funct. Mater.*, **20** (23), 4175–4181.

89. Akhavan, O., Abdolahad, M., Esfandiar, A., and Mohatashamifar, M. (2010) Photodegradation of graphene oxide sheets by TiO_2 nanoparticles after a photocatalytic reduction. *J. Phys. Chem. C*, **114** (30), 12955–12959.

90. Akhavan, O. and Ghaderi, E. (2009) Photocatalytic reduction of graphene oxide nanosheets on TiO_2 thin film for photoinactivation of bacteria in solar light irradiation. *J. Phys. Chem. C*, **113** (47), 20214–20220.
91. Pastrana-Martínez, L.M., Morales-Torres, S., Papageorgiou, S.K., Katsaros, F.K., Romanos, G.E., Figueiredo, J.L., Faria, J.L., Falaras, P., and Silva, A.M.T. (2013) Photocatalytic behaviour of nanocarbon–TiO_2 composites and immobilization into hollow fibres. *Appl. Catal. Environ.*, **142–143**, 101–111.
92. Lei, M., Wang, N., Zhu, L., Xie, C., and Tang, H. (2014) A peculiar mechanism for the photocatalytic reduction of decabromodiphenyl ether over reduced graphene oxide–TiO_2 photocatalyst. *Chem. Eng. J.*, **241**, 207–215.
93. Morales-Torres, S., Pastrana-Martínez, L.M., Figueiredo, J.L., Faria, J.L., and Silva, A.M.T. (2013) Graphene oxide-P25 photocatalysts for degradation of diphenhydramine pharmaceutical and methyl orange dye. *Appl. Surf. Sci.*, **275**, 361–368.
94. Bell, N.J., Ng, Y.H., Du, A., Coster, H., Smith, S.C., and Amal, R. (2011) Understanding the enhancement in photoelectrochemical properties of photocatalytically prepared TiO_2-reduced graphene oxide composite. *J. Phys. Chem. C*, **115** (13), 6004–6009.
95. Zhang, Y. and Pan, C. (2011) TiO_2/graphene composite from thermal reaction of graphene oxide and its photocatalytic activity in visible light. *J. Mater. Sci.*, **46** (8), 2622–2626.
96. Williams, G. and Kamat, P.V. (2009) Graphene–semiconductor nanocomposites: excited-state interactions between ZnO nanoparticles and graphene oxide†. *Langmuir*, **25** (24), 13869–13873.
97. Paek, S.-M., Yoo, E., and Honma, I. (2008) Enhanced cyclic performance and lithium storage capacity of SnO_2/graphene nanoporous electrodes with three-dimensionally delaminated flexible structure. *Nano Lett.*, **9** (1), 72–75.
98. Ng, Y.H., Iwase, A., Bell, N.J., Kudo, A., and Amal, R. (2011) Semiconductor/reduced graphene oxide nanocomposites derived from photocatalytic reactions. *Catal. Today*, **164** (1), 353–357.
99. Lambert, T.N., Chavez, C.A., Hernandez-Sanchez, B., Lu, P., Bell, N.S., Ambrosini, A., Friedman, T., Boyle, T.J., Wheeler, D.R., and Huber, D.L. (2009) Synthesis and characterization of titania–graphene nanocomposites. *J. Phys. Chem. C*, **113** (46), 19812–19823.
100. Zhu, C., Guo, S., Wang, P., Xing, L., Fang, Y., Zhai, Y., and Dong, S. (2010) One-pot, water-phase approach to high-quality graphene/TiO_2 composite nanosheets. *Chem. Commun.*, **46** (38), 7148–7150.
101. Chen, J.S., Wang, Z., Dong, X.C., Chen, P., and Lou, X.W. (2011) Graphene-wrapped TiO_2 hollow structures with enhanced lithium storage capabilities. *Nanoscale*, **3** (5), 2158–2161.
102. Lou, X.W. and Archer, L.A. (2008) A general route to nonspherical anatase TiO_2 hollow colloids and magnetic multifunctional particles. *Adv. Mater.*, **20** (10), 1853–1858.
103. Cong, Y., Long, M., Cui, Z., Li, X., Dong, Z., Yuan, G., and Zhang, J. (2013) Anchoring a uniform TiO_2 layer on graphene oxide sheets as an efficient visible light photocatalyst. *Appl. Surf. Sci.*, **282**, 400–407.
104. Ding, S., Chen, J.S., Luan, D., Boey, F.Y.C., Madhavi, S., and Lou, X.W. (2011) Graphene-supported anatase TiO_2 nanosheets for fast lithium storage. *Chem. Commun.*, **47** (20), 5780–5782.
105. Shen, J., Yan, B., Shi, M., Ma, H., Li, N., and Ye, M. (2011) One step hydrothermal synthesis of TiO_2-reduced graphene oxide sheets. *J. Mater. Chem.*, **21** (10), 3415–3421.
106. Liang, D., Cui, C., Hu, H., Wang, Y., Xu, S., Ying, B., Li, P., Lu, B., and Shen, H. (2014) One-step hydrothermal synthesis of anatase TiO_2/reduced graphene oxide nanocomposites with enhanced photocatalytic activity. *J. Alloys Compd.*, **582**, 236–240.

107. Nguyen-Phan, T.D., Pham, V.H., Shin, E.W., Pham, H.D., Kim, S., Chung, J.S., Kim, E.J., and Hur, S.H. (2011) The role of graphene oxide content on the adsorption-enhanced photocatalysis of titanium dioxide/graphene oxide composites. *Chem. Eng. J.*, **170** (1), 226–232.
108. Amalraj Appavoo, I., Hu, J., Huang, Y., Li, S.F.Y., and Ong, S.L. (2014) Response surface modeling of Carbamazepine (CBZ) removal by Graphene-P25 nanocomposites/UVA process using central composite design. *Water Res.*, **57**, 270–279.
109. Ng, Y.H., Lightcap, I.V., Goodwin, K., Matsumura, M., and Kamat, P.V. (2010) To what extent do graphene scaffolds improve the photovoltaic and photocatalytic response of TiO_2 nanostructured films? *J. Phys. Chem. Lett.*, **1** (15), 2222–2227.
110. Maroga Mboula, V., Héquet, V., Andrès, Y., Pastrana-Martínez, L.M., Doña-Rodríguez, J.M., Silva, A.M.T., and Falaras, P. (2013) Photocatalytic degradation of endocrine disruptor compounds under simulated solar light. *Water Res.*, **47** (12), 3997–4005.
111. Fotiou, T., Triantis, T.M., Kaloudis, T., Pastrana-Martínez, L.M., Likodimos, V., Falaras, P., Silva, A.M.T., and Hiskia, A. (2013) Photocatalytic degradation of microcystin-LR and Off-odor compounds in water under UV-A and solar light with a nanostructured photocatalyst based on reduced graphene oxide–TiO_2 composite. Identification of intermediate products. *Ind. Eng. Chem. Res.*, **52** (39), 13991–14000.
112. Liu, G., Liu, L., Bai, H., Wang, Y., and Sun, D.D. (2011) Gram-scale production of graphene oxide-TiO_2 nanorod composites: towards high-activity photocatalytic materials. *Appl. Catal. Environ.*, **106** (1–2), 76–82.
113. Pastrana-Martínez, L.M., Morales-Torres, S., Kontos, A.G., Moustakas, N.G., Faria, J.L., Doña-Rodríguez, J.M., Falaras, P., and Silva, A.M.T. (2013) TiO_2, surface modified TiO_2 and graphene oxide-TiO_2 photocatalysts for degradation of water pollutants under near-UV/Vis and visible light. *Chem. Eng. J.*, **224**, 17–23.
114. Chatterjee, D. and Dasgupta, S. (2005) Visible light induced photocatalytic degradation of organic pollutants. *J. Photochem. Photobiol., C*, **6** (2-3), 186–205.
115. Papageorgiou, S.K., Katsaros, F.K., Favvas, E.P., Romanos, G.E., Athanasekou, C.P., Beltsios, K.G., Tzialla, O.I., and Falaras, P. (2012) Alginate fibers as photocatalyst immobilizing agents applied in hybrid photocatalytic/ultrafiltration water treatment processes. *Water Res.*, **46** (6), 1858–1872.
116. Athanasekou, C.P., Morales-Torres, S., Likodimos, V., Romanos, G.E., Pastrana-Martinez, L.M., Falaras, P., Dionysiou, D.D., Faria, J.L., Figueiredo, J.L., and Silva, A.M.T. (2014) Prototype composite membranes of partially reduced graphene oxide/TiO_2 for photocatalytic ultrafiltration water treatment under visible light. *Appl. Catal. Environ.*, **158–159**, 361–372.
117. Chen, C., Cai, W., Long, M., Zhou, B., Wu, Y., Wu, D., and Feng, Y. (2010) Synthesis of visible-light responsive graphene oxide/TiO_2 composites with p/n heterojunction. *ACS Nano*, **4** (11), 6425–6432.
118. Wen, Y., Ding, H., and Shan, Y. (2011) Preparation and visible light photocatalytic activity of Ag/TiO_2/graphene nanocomposite. *Nanoscale*, **3** (10), 4411–4417.
119. Ren, L., Qi, X., Liu, Y., Huang, Z., Wei, X., Li, J., Yang, L., and Zhong, J. (2012) Upconversion-P25-graphene composite as an advanced sunlight driven photocatalytic hybrid material. *J. Mater. Chem.*, **22** (23), 11765–11771.
120. Yoo, D.-H., Cuong, T.V., Luan, V.H., Khoa, N.T., Kim, E.J., Hur, S.H., and Hahn, S.H. (2012) Photocatalytic performance of a Ag/ZnO/CCG multi-dimensional heterostructure prepared by a solution-based method. *J. Phys. Chem. C*, **116** (12), 7180–7184.
121. Sun, H., Cao, L., and Lu, L. (2011) Magnetite/reduced graphene oxide nanocomposites: one step solvothermal synthesis and use as a novel platform

for removal of dye pollutants. *Nano Res.*, **4** (6), 550–562.

122. Chen, P., Xiao, T.-Y., Li, H.-H., Yang, J.-J., Wang, Z., Yao, H.-B., and Yu, S.-H. (2011) Nitrogen-doped graphene/ZnSe nanocomposites: hydrothermal synthesis and their enhanced electrochemical and photocatalytic activities. *ACS Nano*, **6** (1), 712–719.

123. Gao, E., Wang, W., Shang, M., and Xu, J. (2011) Synthesis and enhanced photocatalytic performance of graphene-Bi_2WO_6 composite. *Phys. Chem. Chem. Phys.*, **13** (7), 2887–2893.

124. Zhu, M., Chen, P., and Liu, M. (2012) Ag/AgBr/graphene oxide nanocomposite synthesized via oil/water and water/oil microemulsions: a comparison of sunlight energized plasmonic photocatalytic activity. *Langmuir*, **28** (7), 3385–3390.

125. Liao, G., Chen, S., Quan, X., Yu, H., and Zhao, H. (2012) Graphene oxide modified g-C_3N_4 hybrid with enhanced photocatalytic capability under visible light irradiation. *J. Mater. Chem.*, **22** (6), 2721–2726.

126. Maeda, K. and Domen, K. (2010) Photocatalytic water splitting: recent progress and future challenges. *J. Phys. Chem. Lett.*, **1** (18), 2655–2661.

127. Zhang, X.-Y., Li, H.-P., Cui, X.-L., and Lin, Y. (2010) Graphene/TiO_2 nanocomposites: synthesis, characterization and application in hydrogen evolution from water photocatalytic splitting. *J. Mater. Chem.*, **20** (14), 2801–2806.

128. Zhang, X., Sun, Y., Cui, X., and Jiang, Z. (2012) A green and facile synthesis of TiO_2/graphene nanocomposites and their photocatalytic activity for hydrogen evolution. *Int. J. Hydrogen Energy*, **37** (1), 811–815.

129. Lv, X.J., Fu, W.F., Chang, H.X., Zhang, H., Cheng, J.S., Zhang, G.J., Song, Y., Hu, C.Y., and Li, J.H. (2012) Hydrogen evolution from water using semiconductor nanoparticle/graphene composite photocatalysts without noble metals. *J. Mater. Chem.*, **22** (4), 1539–1546.

130. Ng, Y.H., Iwase, A., Kudo, A., and Amal, R. (2010) Reducing graphene oxide on a visible-light $BiVO_4$ photocatalyst for an enhanced photoelectrochemical water splitting. *J. Phys. Chem. Lett.*, **1** (17), 2607–2612.

131. Yeh, T.-F., Syu, J.-M., Cheng, C., Chang, T.-H., and Teng, H. (2010) Graphite oxide as a photocatalyst for hydrogen production from water. *Adv. Funct. Mater.*, **20** (14), 2255–2262.

132. Yeh, T.-F., Chan, F.-F., Hsieh, C.-T., and Teng, H. (2011) Graphite oxide with different oxygenated levels for hydrogen and oxygen production from water under illumination: the band positions of graphite oxide. *J. Phys. Chem. C*, **115** (45), 22587–22597.

133. Dhakshinamoorthy, A., Navalon, S., Corma, A., and Garcia, H. (2012) Photocatalytic CO_2 reduction by TiO_2 and related titanium containing solids. *Energy Environ. Sci.*, **5** (11), 9217–9233.

134. Izumi, Y. (2013) Recent advances in the photocatalytic conversion of carbon dioxide to fuels with water and/or hydrogen using solar energy and beyond. *Coord. Chem. Rev.*, **257** (1), 171–186.

135. Tu, W., Zhou, Y., Liu, Q., Tian, Z., Gao, J., Chen, X., Zhang, H., Liu, J., and Zou, Z. (2012) Robust hollow spheres consisting of alternating titania nanosheets and graphene nanosheets with high photocatalytic activity for CO_2 conversion into renewable fuels. *Adv. Funct. Mater.*, **22** (6), 1215–1221.

136. Tu, W., Zhou, Y., Liu, Q., Yan, S., Bao, S., Wang, X., Xiao, M., and Zou, Z. (2013) An in situ simultaneous reduction-hydrolysis technique for fabrication of TiO_2-graphene 2D sandwich-like hybrid nanosheets: graphene-promoted selectivity of photocatalytic-driven hydrogenation and coupling of CO_2 into methane and ethane. *Adv. Funct. Mater.*, **23** (14), 1743–1749.

137. Tan, L.-L., Ong, W.-J., Chai, S.-P., and Mohamed, A. (2013) Reduced graphene oxide-TiO_2 nanocomposite as a promising visible-light-active photocatalyst for the conversion of carbon dioxide. *Nanoscale Res. Lett.*, **8** (1), 465.

138. Hsu, H.-C., Shown, I., Wei, H.-Y., Chang, Y.-C., Du, H.-Y., Lin, Y.-G.,

Tseng, C.-A., Wang, C.-H., Chen, L.-C., Lin, Y.-C., and Chen, K.-H. (2013) Graphene oxide as a promising photocatalyst for CO_2 to methanol conversion. *Nanoscale*, **5** (1), 262–268.

139. O'Regan, B. and Gratzel, M. (1991) A low-cost, high-efficiency solar cell based on dye-sensitized colloidal TiO_2 films. *Nature*, **353** (6346), 737–740.

140. Chen, D., Zhang, H., Liu, Y., and Li, J. (2013) Graphene and its derivatives for the development of solar cells, photoelectrochemical, and photocatalytic applications. *Energy Environ. Sci.*, **6** (5), 1362–1387.

141. Yella, A., Lee, H.-W., Tsao, H.N., Yi, C., Chandiran, A.K., Nazeeruddin, M.K., Diau, E.W.-G., Yeh, C.-Y., Zakeeruddin, S.M., and Grätzel, M. (2011) Porphyrin-sensitized solar cells with cobalt (II/III)–based redox electrolyte exceed 12 percent efficiency. *Science*, **334** (6056), 629–634.

142. Wang, X., Zhi, L., and Müllen, K. (2007) Transparent, conductive graphene electrodes for dye-sensitized solar cells. *Nano Lett.*, **8** (1), 323–327.

143. Yeh, M.-H., Lin, L.-Y., Chang, L.-Y., Leu, Y.-A., Cheng, W.-Y., Lin, J.-J., and Ho, K.-C. (2014) Dye-sensitized solar cells with reduced graphene oxide as the counter electrode prepared by a green photothermal reduction process. *ChemPhysChem*, **15** (6), 1175–1181.

144. Tang, Y.B., Lee, C.S., Xu, J., Liu, Z.T., Chen, Z.H., He, Z., Cao, Y.L., Yuan, G., Song, H., Chen, L., Luo, L., Cheng, H.M., Zhang, W.J., Bello, I., and Lee, S.T. (2010) Incorporation of graphenes in nanostructured TiO_2 films via molecular grafting for dye-sensitized solar cell application. *ACS Nano*, **4** (6), 3482–3488.

第 9 章 石墨烯基光催化剂在能源领域的应用：进展和未来前景

Wanjun Wang, Donald K. L. Chan, Jimmy C. Yu

9.1 引言

石墨烯作为一种具有单原子厚度的 sp^2 杂化碳的二维薄片，已经成为材料科学领域迅速崛起的新星[1-5]。由于其平面结构，通过引入五边形，石墨烯可以包裹成零维球形富勒烯，沿给定方向卷成一维碳纳米管（CNT），或者放入三维石墨中[6]。因此，石墨烯被认为是所有维度碳材料的基本组成部分。它具有超高的理论表面积 $2630m^2/g$，在约为 $1012cm^{-2}$ 的载流子密度下具有 $200000cm^2/(V\cdot s)$ 的迁移率，以及室温下的最高电导率（$10^6 S/cm$）[7-9]。石墨烯具有较强的力学性能，其杨氏模量约为 1TPa，断裂强度为 42N/m，优良的导热系数（3000～5000W/(m·K)）也有利于各种应用[10,11]。测量的悬挂单层石墨烯的白光吸收率为 2.3%，其反射率可忽略不计（<0.1%），表明优异的光学透明度[12]。由于这些独特的性质，石墨烯已经广泛地用于各种领域，包括纳米电子学和光电子学[13-17]、储能[18,19]、超级电容器[20-22]、生物传感器[23-28]、催化[29-32]和药物输送[33]。

自从 1972 年 Fujishima 和 Honda[34] 在 TiO_2 电极上光催化分解水以来，光催化在过去的几十年里受到了强烈的关注，因为它具有环境净化和能源应用的潜力。该绿色技术基于半导体独特的电子结构，它由满的价带（VB）和空的导带（CB）组成。当半导体以等于或高于带隙能量（E_g）的能量吸收光子时，电子将从 VB 激发至 CB，在 VB 中留下空穴。分离后的光生空穴和电子将移动到光催化剂表面，分别通过分离的空穴或电子触发化学氧化或还原过程[35-38]。整个过程被视为太阳能转化为化学能的能量转换过程，可用于驱动各种化学反应，来实现光催化氢气（H_2）释放、CO_2 还原和污染物降解等多种应用。因此，在过去的几十年里，寻找各种半导体作为光催化剂一直是一个深受追捧的话题。迄今为止，已经开发出数百种光催化剂，通常为 TiO_2、ZnO、CdS、Bi_2WO_4、$Pb_2Sn_2O_6$ 和 $NaTaO_3$[39-46]。然而，这种技术的实际应用仍然受到整个太阳光谱无效利用、量子效率不足或光催化剂可能发生光腐蚀的限制[47]。人们已经开发了多种策略来改善半导体光催化性能，例如添加电子-空穴供体[48-50]、贵金属负载[51]、金属/非金属离子掺杂[52-55]、染料敏化[56,57]和复合光催化剂[58-62]。

石墨烯的发现为改进半导体光催化剂提供了另一种选择性的策略。由于其独特的原子级厚度的二维结、优异的透明度、高比表面积、局部共轭芳族体系、优异的电子迁移率以及高化学稳定性和电化学稳定性，石墨烯是光催化剂载体或促进剂的理想选择。例如，Kamat 及其同事[63,64]通过在乙醇中超声处理 TiO_2 纳米颗粒和氧化石墨烯（GO）合成 GO/TiO_2 纳米晶复合材料，并证明在石墨烯/TiO_2 复合光催化剂中使用石墨烯作为电子转移介质的可行性。这个开拓性的工作激发了对石墨烯基半导体光催化剂的制备、改性和应用的广泛研究。基于化学家的观点，有很多描述石墨烯基光催化剂的设计和制备的优秀综述[65-67]。毫无疑问，石墨烯的发现将为光催化太阳能转化带来巨大的机遇。

本章就石墨烯基纳米复合材料在光催化应用于能源方面的现状，给出系统且最新的总结，包括光催化 H_2 释放、CO_2 还原和光催化污染物降解。本章内容主要由两大部分组成：首先是对石墨烯基光催化剂的几种重要制备策略进行简要回顾，以帮助对这种新型功能材料领域感兴趣的合成化学家；第二部分是关于石墨烯基光催化剂的能源应用，它分为上述提到的三部分。最后，在这个正在等待进一步探索的新兴领域中提出一些关键问题。也希望本章可以作为教程综述，来帮助在石墨烯基光催化剂应用领域探索的材料科学家。

9.1.1　石墨烯基光催化剂的合成

石墨烯已被引入到各种半导体中以构建石墨烯基光催化剂。其中光催化剂主要包括金属氧化物（TiO_2、ZnO、WO_3、SnO_2、Cu_2O、Fe_2O_3、NiO、MnO_2 和 ZrO_2 等）、硫化物（ZnS、CuS、SnS_2 和 CdS 等）、氧酸盐（Bi_2WO_6、$BiVO_4$、$Sr_2Ta_2O_7$、$ZnFe_2O_4$、$LaMnO_3$、$InNbO_4$ 和 Bi_2MoO_6 等）、银/卤化银（Ag/AgCl 和 Ag/AgBr）以及无金属光催化剂（$g-C_3N_4$ 和 $\alpha-S_8$）。合成方法可分为两大类：异位杂化策略和原位生长策略。

9.1.2　异位杂化策略

这种策略是指石墨烯纳米片与预先合成或商购的纳米晶体在溶液中物理混合。为了实现石墨烯和纳米晶体之间的亲密相互作用，纳米晶体或石墨烯纳米片通常被预改性具有富集的官能团。例如，3nm 大小的苄硫醇（BM）封端的 CdS 量子点被预先合成，然后有效地附着在还原的氧化石墨烯（RGO）上[68]。在这个过程中，苯环不仅与 CdS 锚定，而且还通过 π-π 堆积与 RGO 相互作用，作为 RGO 和 CdS 点之间的交联剂。类似地，GO/RGO 片也可以用黏合剂聚合物预先改性以用于锚定纳米颗粒。Liu 等人[69]采用双亲的生物聚合物，如牛血清白蛋白（BSA），通过 π-π 相互作用改性 RGO 表面。这种功能化的 RGO 可用作通用黏合层来吸收各种金属纳米颗粒，包括 Au、Ag、Pt 和 Pd。

9.1.3 原位生长策略

异位杂化策略通常导致 GO/RGO 与光催化剂之间的不均匀性、颗粒聚集和弱相互作用。这将明显地限制石墨烯和光催化剂之间的电荷传输，导致活性差。因此，原位生长是制造石墨烯基光催化剂最流行的合成策略。它不仅可以通过控制 GO/RGO 上的成核位置产生均匀的纳米晶体表面覆盖物，而且还有助于纳米晶体在石墨烯上的锚定，从而实现光催化剂与石墨烯之间的紧密相互作用。

9.1.3.1 水热法

水热合成是用于合成无机纳米晶体的强大且多功能的工具。这对于石墨烯/光催化剂复合材料的合成尤为重要，因为在水热条件下，GO 可以原位还原为 RGO。结合光催化剂的前驱体，使用 GO 作为石墨烯源，可以简单地通过一锅反应实现石墨烯/光催化剂复合物的制造。在水热合成的同时，光催化剂纳米晶体原位生长在 GO 同步脱氧产生的 RGO 上。

通常，简单地通过使用 GO 和 TiO_2 作为起始材料，一步合成 RGO/TiO_2（P25）复合材料[70]。GO 通过改进的 Hummers 方法从天然石墨粉获得[71]。RGO/TiO_2 可以在 150℃ 下 5h 水热条件下合成，而不添加任何表面活性剂或模板。如图 9.1 所示，可悬浮 TiO_2/RGO 纳米复合材料的一步成型过程，是基于初始形成的强耦合 TiO_2/GO 纳米复合材料，以及随后在水热处理过程中 GO 原位还原成 RGO。水热形成的超临界水具有独特的性质，如强电解溶剂能力、高扩散系数和离子分子，在水热反应过程中可以表现出强大的还原能力，导致各种异质键的裂解反应[72]，最终导致 GO 的脱氧和 TiO_2 颗粒原位固定在 RGO 上。

GO 和 $Cd(CH_3COO)_2$ 在二甲基亚砜（DMSO）中单步法合成了单层 RGO/CdS 量子点纳米复合材料，避免了单层石墨烯片材的低产量和聚集[73]。DMSO 作为溶剂和硫源。作者的团队也使用 GO 和 Na_2WO_4 作为起始材料合成了 WO_3 纳米棒/石墨烯复合材料[74]。因此，制备了均匀的 WO_3 纳米棒/石墨烯复合材料。石墨烯在复合材料中的存在促进了电子转移、光吸收和导电性。因此，WO_3 纳米棒的可见光光催化性能和气敏性能分别提高了 2.2 倍和 25 倍。

除了使用纯水作为溶剂，还开发了半胱氨酸辅助水热法制备 In_2S_3 纳米片/石墨烯复合材料[75]。如图 9.2 所示，半胱氨酸充当硫化源和接枝分子，促进 In_2S_3 纳米片与 GO 载体的原位结合。在热液过程中，S–C 键的断裂导致 In_2S_3 核的形成和 H_2S 的释放[76]。由于 H_2S 具有额外的还原能力，所以 GO 向 RGO 的还原加速。这导致了 RGO 和 In_2S_3 纳米片之间紧密的联系[77]。RGO 片材的部分重叠或聚结还将导致三维交联结构形成。这些研究表明，原位水热法以简单的方式合成光催化剂/石墨烯复合材料是有效的，可以用于商业生产。

9.1.3.2 电化学和电泳沉积

电化学和电泳沉积是制备石墨烯纳米复合材料的其他常用方法。它们对于薄膜

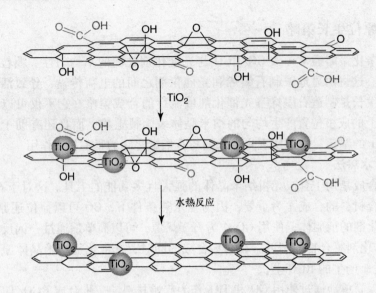

图9.1 通过水热法合成 TiO_2/RGO 纳米复合材料的图解说明
(经参考文献 [70] 许可转载。版权所有 (2013), Elsevier)

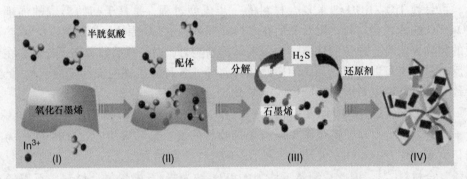

图9.2 In_2S_3 纳米片/石墨烯复合材料的合成路线示意图
(经参考文献 [75] 许可转载。版权所有 (2013), Elsevier)

基材料合成而言是特别有吸引力的方法,而不需要复合材料的合成后转移。例如,$ZnO^{[78]}$、$Cu_2O^{[79]}$、$MnO_2^{[80]}$ 和 $ZrO_2^{[81]}$ 的纳米结构已成功沉积在 RGO 薄膜上。通常,首先将恒定电流施加到 RGO 上种植的纳米颗粒上(例如 ZnO),然后在恒定电势模式下生长纳米颗粒。在此合成过程中,RGO 的电导率对确定样品形态起着重要作用。高质量的六角形 ZnO 纳米棒只有在 RGO 具有高电导率时才能生长[78]。此外,有序纳米结构也可以通过使用多孔、硬模板来制备,如介孔 SiO_2 薄膜[82]。CdSe 纳米晶体通过预涂覆的 SiO_2 薄膜的孔电化学沉积在石墨烯表面上。因此,通过 HF 蚀刻除去 SiO_2 模板后,制备了有序的 CdSe/石墨烯薄膜。

9.1.3.3 化学气相沉积

化学气相沉积（CVD）是在石墨烯衬底上均匀生长半导体金属氧化物的另一种有用的方法。Kim 等人[83]使用气相外延法在石墨烯上生长 ZnO 纳米针。他们发现，在石墨烯表面上的台阶边缘和扭结处增强的 ZnO 纳米针成核，可导致比在 SiO_2/Si 上生长的 ZnO 更好的垂直取向。在另一项研究中，ZnO 纳米棒/石墨烯非均相纳米结构是通过调整 CVD 生长温度来制造的，在石墨烯的波纹边界处形成更致密的纳米棒阵列[84]。

除了金属氧化物，Zhang 等人[85]使用 CVD 方法将化学剥离的 RGO 与 CNT 柱撑在一起。如图 9.3 所示，将硝酸镍溶液添加到水中化学剥离的 GO 或 RGO 片中。在 60℃干燥后，获得含 Ni 的 GO 或 RGO 片，随后将其作为 CVD 方法以乙腈为碳源生长 CNT 的催化剂。这种由 CNT 支撑 RGO 层的复合材料，形成具有高达 352 $m^2\,g^{-1}$ 特定表面积的稳健三维多孔结构。一维 CNT 的生长可以通过改变催化剂负载量和 CVD 时间来控制。CNT 柱 RGO 复合材料在降解罗丹明 B 方面，表现出优异的可见光驱动光催化性能。高吸附能力、高效光敏电子注入和延迟电子-自由基复合，使该复合材料成为优异的光催化剂。这项工作也展示了 CNT/RGO 复合材料作为一种新型无金属光催化剂的可能性。

图 9.3　用 CNT 柱撑 GO 和 RGO 片的实验步骤

（经参考文献［85］许可转载。版权所有（2010），美国化学学会）

9.1.3.4 光化学反应

光化学反应是另一种合成光催化剂/石墨烯复合材料的重要方法。据报道，通过光照射 GO 溶液，GO 可以还原为 RGO。当用 Xe 灯照射时，在密封反应器中 80min 内可完成 GO 至 RGO 的完全还原[86,87]。因此，当与光催化剂结合时，GO 可以原位还原并涂覆在光催化剂上，因为光生电子甚至可以加速这种还原过程。例如，TiO_2/石墨烯纳米复合材料是通过紫外线诱导的光化学反应，将 GO 和 TiO_2 纳米颗粒混合在乙醇中制备的[64]。另外，WO_3/RGO 和 $BiVO_4$/RGO 也是在可见光照射下用相同的方法制备的[88]。

光化学还原也适用于构建石墨烯包裹的核-壳结构。作者的团队已经制备了 RGO 和 g-C3N4（CN）纳米片，将 α-S8 作为一种新型无金属光催化剂共同包裹起来[89]。两个独特的结构是通过以不同的顺序包裹 RGO 和 CN 片来制造的。如图 9.4 所示，硫颗粒首先被一层 GO 薄片包裹，然后被 CN 薄片包裹，而另一方面，硫颗粒首先被 CN 薄片包裹，然后被 GO 薄片包裹。在这个过程中，TritonX - 100[用聚（乙二醇的表面活性剂）（PEG）链]作为封端剂，实现为硫颗粒在表面上引入亲水性基团，以及将硫颗粒的尺寸限制在亚微米地区。通过光化学技术将 GO 片最终还原为 RGO 片。据了解，由于缺乏官能团，难以直接在半导体上包覆 RGO。因此，这种方法对于制备分层的 RGO 包裹结构是特别重要的，因为 GO 可以通过简单的光照，在最后的合成步骤中原位简便地还原为 RGO。

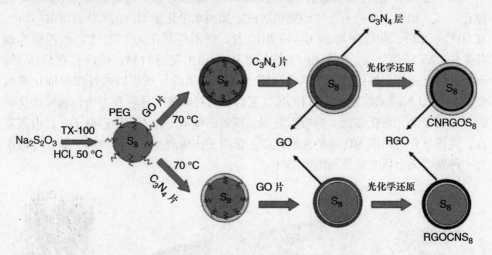

图 9.4 通过光化学反应制备与石墨烯和 C_3N_4 片共包裹的 α - 硫的两种不同合成途径的示意图（经参考文献［89］许可转载。版权所有（2013），美国化学学会）

9.2 能源应用

9.2.1 光催化氢气的释放

氢气（H_2）被认为是清洁能源的良好来源。在各种工艺中，由于利用太阳能，光催化水分解产生 H_2 是有前景的，而电解和蒸气转化法等传统方法严重依赖化石燃料。在水分解过程中，CB 中的电子还原水分子形成 H_2，而 VB 中的空穴还原水分子形成 O_2。在过去的几十年中，研究集中在先进材料的制备上，以应对典型的光催化剂（如 TiO_2）的局限性，这些光催化剂主要是电子 - 空穴复合和光吸收限制在紫外区[90-93]。

由于其优异的电性能，石墨烯已经与光催化剂结合以改善其导电性，并因此提高了 H_2 析出的活性。例如，通过在 450℃ 煅烧前驱体制备 TiO_2 和石墨烯片（GS）

的复合光催化剂[94]。该研究发现，在5wt% C/Ti 比率下，TiO_2/GS 复合材料表现出最高的 H_2 产率。为了进一步提高光催化活性，GS 在与 TiO_2 结合之前进行了初步处理。Gao 和 Sun[95]通过 SG 片和 TiO_2 球的超声混合，合成了磺化石墨烯氧化物（SG）/TiO_2 复合物。在中性 pH 值（pH 值 =7）下，最佳用量 2%SG 的 SG/TiO_2 - 2 复合材料的析氢速率最高（约为 260μmol/h），比纯 TiO_2 和 P25 高出 11 倍以上。他们还发现，如图 9.5 所示，SG/TiO_2 复合材料在很宽的 pH 值范围内（pH 值 3~11）表现出很高的 H_2 产率。相反，在碱性条件下，GO/TiO_2 的活性迅速下降。SG 片与 TiO_2 球体之间的紧密配合可以防止 SG/TiO_2 复合物在碱性溶液中的损伤。SG/TiO_2 的这一特性对于实际应用非常重要，因为光催化剂需要在不同的 pH 值条件下有效。

除了 TiO_2 基光催化剂，石墨烯也被用于提高金属硫化物的活性。CdS 是一种被广泛研究的半导体光催化剂，因为其窄带隙（2.4eV）。然而，CdS 的使用受其光稳定性差的限制[97]。在光照射下，CdS 将被光生空穴氧化以释放有毒的 Cd_{2+}。Jia 等人[98]制作了一系列用于水分解的 N 掺杂石墨烯/CdS 纳米复合材料。N 掺杂的石墨烯充当电荷收集器，以促进光生载流子的分离和转移。比较研究表明，活性顺序为 N 掺杂石墨烯/CdS > 石墨烯/CdS > GO/CdS > CdS。N 掺杂石墨烯/CdS 的光稳定性也优于传统的 Pt/CdS 体系。

在另一项研究中，Tang 等人采用水热法合成了 CuInZnS 和石墨烯的复合材料[99]。在最佳石墨烯含量为 2% 时，在可见光下 H_2 产率达到 3.8mmol/(h·g)，比纯 CuInZnS 高出 1.84 倍。这种增强归因于电荷重组的抑制和界面电荷转移的改善。

据报道，GO 单独作为环境友好型光催化剂用于 H_2 的释放[100]。由于 GO 的高度亲水性，不需要助催化剂。该研究还表明 GO 的活性与其氧化水平有关。

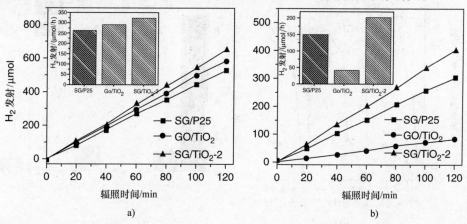

图 9.5 a) pH 值 =3 和 b) pH 值 =11 下 SG/TiO_2 -2、GO/TiO_2（GO 的 2wt%）和 SG／P25（2wt%SG）的产氢活性（插图：平均值析氢速率）（经参考文献［95］许可转载。版权所有（2014），Elsevier Ltd）

9.2.2 光催化还原二氧化碳

半导体媒介的光催化还原二氧化碳（CO_2）成为燃料是有前景的，因为它可以解决全球变暖和能源短缺问题。然而，这一过程受到低转换率的限制，使其远远不适合实际应用。作为光催化不同方面的一种有前途的材料，石墨烯也被用于 CO_2 转化的研究[101,102]。

Liang 等人[103]通过两种主要基于溶液的途径制备具有不同缺陷密度的石墨烯纳米片，即氧化还原和溶剂剥离。所制备的石墨烯纳米片与 P25（TiO_2）结合，形成用于光还原 CO_2 的纳米复合材料。该研究表明，较少缺陷的石墨烯在 P25 的光催化活性方面表现出显著的增强，特别是在可见光下。Tan 等人的后续研究[104]也表明，RGO 改性锐钛矿 TiO_2 比纯锐钛矿具有更高的活性，在可见光下产生甲烷的比率为 $0.135\mu mol/(g\cdot h)$。

由分子级交替 $Ti_{0.91}O_2$ 纳米片和石墨烯纳米片组成的强健的空心球是通过层-层组装技术[96]制造的。二维 $Ti_{0.91}O_2$ 纳米片和石墨烯纳米片在分子尺度上接触组装成空心球形态。人们研究了在水蒸气存在下的光催化 CO_2 转化，发现 CO 是主要产物，并且在石墨烯/$Ti_{0.91}O_2$ 空心球上分别获得了相对少量的 CH_4，其速率分别为 $8.91\mu mol/(g\cdot h)$ 和 $1.14\mu mol/(g\cdot h)$（见图 9.6）。石墨烯/$Ti_{0.91}O_2$ 空心球的 CO_2 总转化率比 $Ti_{0.91}O_2$ 空心球高 5 倍，表明石墨烯在提高 $Ti_{0.91}O_2$ 的光催化活性方面有效。这种增强主要归因于超薄 $Ti_{0.91}O_2$ 纳米片与石墨烯纳米片的紧密堆叠，允许电子从 $Ti_{0.91}O_2$ 到石墨烯的快速转移，从而提高电荷载体的寿命。

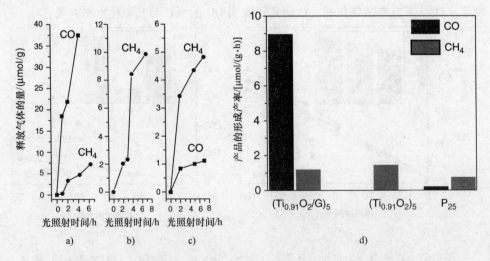

图 9.6　a) G/($Ti_{0.91}O_2$)$_5$ 球体、b)($Ti_{0.91}O_2$)$_5$ 球体、c) P25 的光催化 CH_4 和 CO 释放量。d) 比较平均产品产率（经参考文献 [96] 许可转载。版权所有（2012），Wiley – VCH）

人们也报道了简单地通过 GO 将 CO_2 光催化转化为甲醇的研究[105]。GO 样品使用改进的 Hummers 方法制备。可见光下转化率为 0.172μmol/(g·h)，比纯 TiO_2 高 6 倍。使用 $^{13}CO_2$ 进行同位素示踪分析，确认了甲醇起源于 CO_2，而不是来自 GO 的光解。X 射线光电子能谱（XPS）研究还表明，大部分含氧官能团在光催化反应后仍保持化学稳定性。

9.2.3 环境修复

人们已经广泛研究了用于降解各种水污染物的纳米结构光催化剂。光催化剂表面处的光激发电子和空穴能够与吸附在表面上的其他物质反应。例如，电子可以与 O_2 和 H_2O 反应产生 $·O_2^-$ 和 $·HO_2$，而空穴可以与 H_2O 或 OH^- 反应产生 $·OH$[106]。这些高活性物质能够攻击光催化剂表面周围的分子，导致分子降解。在这里，举出一些高效石墨烯基复合光催化剂用于降解水污染物的例子。

9.2.3.1 有机染料的光降解

石墨烯与 P25 结合在紫外光和可见光下产生高性能光催化剂[107]。该复合材料在光降解亚甲基蓝方面比纯 P25 和 P25/CNT 复合材料具有更高的活性。石墨烯的添加导致吸附的增强、光吸收范围的延长和电荷的有效分离。

作者的团队报道了一种水热方法来合成可见光驱动的 In_2S_3 纳米片/石墨烯复合材料[75]。在甲基橙（一种高度稳定的偶氮染料）的降解中，含有 1% 石墨烯的复合材料的表观速率比纯 In_2S_3 的高 5 倍以上。增强的光催化活性可归因于两种组分之间的完美界面接触和有效的电荷分离。在另一项研究中，合成了 WO_3 纳米棒/石墨烯用于高效率可见光驱动的光催化[74]。发现石墨烯在复合材料中的存在促进了电子转移、光吸收和导电性。因此，可见光光催化降解罗丹明 B 6G 和 WO_3 纳米棒的气敏性能分别提高了 2.2 倍和 25 倍。

9.2.3.2 水消毒

传统的水消毒光催化剂主要是银基材料，这不可避免地导致潜在的 Ag^+ 污染。在这种情况下，石墨烯包裹对于保护光催化剂免受光腐蚀是特别重要的。Sun 的团队已经展示了各种复合光催化剂的制备，包括 GO/CdS[108]、GO/TiO_2/Ag[109] 和磺化 GO/ZnO/Ag[110]。在可见光下，与没有添加 GO 的参照物相比，两种复合物都显示出在大肠杆菌失活时增强的效率和光稳定性。无金属光催化剂是避免金属二次污染的另一种解决方案，因为光催化剂中不存在金属离子。例如，作者的团队已经构建了石墨烯和 g-C_3N_4 共包裹硫黄颗粒作为无金属光催化剂，用于可见光下的水消毒[90]。

Bi 基光催化剂也广泛用于与石墨烯结合用于水消毒。结果表明，Bi_2MoO_6/RGO 纳米复合材料在灭活大肠杆菌 K-12 方面比纯 Bi_2MoO_6 具有明显更高的效率[111]。该研究还表明，RGO 对大肠杆菌 K-12 表现出一定的毒性，但不如光催化抗菌效果强。这种改善归因于高度有序的 Bi_2MoO_6 在石墨烯上的生长和石墨烯的电子接受能力。

9.3 结论和展望

石墨烯基光催化剂具有很大的潜力,是用作解决能源问题的强健材料。在本章中,总结了石墨烯基光催化剂的合成和能源应用的现状。石墨烯在各种半导体光催化剂中的引入可以有效提高光催化性能,这是由于石墨烯的光吸收范围扩大、吸附容量大、比表面积大、电子传导率高。尽管进展非常迅速,但仍然存在一些挑战。例如,需要加强半导体和石墨烯之间的界面接触以充分利用石墨烯的特殊性质。大多数基于石墨烯的光催化剂的合成路线仍然是通过"硬"集成在石墨烯纳米片表面上,这不利于石墨烯二维结构的优势[112]。因此,开发更高效的合成方法,将石墨烯和光催化剂集成在分子甚至原子水平上是非常值得期待的。为了增加界面连接,可以开发一些界面介质(可能是过渡金属离子或金属纳米颗粒),来优化石墨烯基光催化剂界面处的电荷转移。

大多数报道的石墨烯基光催化剂都集中在二元组分上,其中石墨烯仅与单一光催化剂偶联。三元或多元石墨烯基混合纳米结构的开发可为构建具有增强的光催化活性的新型三维纳米结构提供新的见解。该领域由 Hayashi 和他的同事们率先推出,他们在卟啉、ZnO 纳米颗粒和 RGO 的三元复合物中观察到了非常高的光电流产生,作为分级电子转移级联系统[113]。在这方面,应该致力于构建多组分石墨烯基光催化剂。最后,石墨烯基光催化剂的能源应用仍处于初级阶段。这个领域的进一步发展需要化学、物理和材料科学多学科交叉的努力。

参 考 文 献

1. Geim, A.K. (2009) Graphene: status and prospects. *Science*, **324**, 530–1534.
2. Allen, M.J., Tung, V.C., and Kaner, R.B. (2009) Honeycomb carbon: a review of graphene. *Chem. Rev.*, **110**, 132–145.
3. Rao, C.N.R., Sood, A.K., Subrahmanyam, K.S. *et al.* (2009) Graphene: the new two-dimensional nanomaterial. *Angew. Chem. Int. Ed.*, **48**, 7752–7777.
4. Chang, H.X. and Wu, H.K. (2013) Graphene-based nanomaterials: synthesis, properties, and optical and optoelectronic applications. *Adv. Funct. Mater.*, **23**, 1984–1997.
5. Yang, K., Feng, L., Shi, X. *et al.* (2013) Nano-graphene in biomedicine: theranostic applications. *Chem. Soc. Rev.*, **42**, 530–547.
6. Geim, A.K. and Novoselov, K.S. (2007) The rise of graphene. *Nat. Mater.*, **6**, 183–191.
7. Zhu, Y., Murali, S., Cai, W. *et al.* (2010) Graphene and graphene oxide: synthesis, properties, and applications. *Adv. Mater.*, **22**, 3906–3924.
8. Du, X., Skachko, I., Barker, A. *et al.* (2008) Approaching ballistic transport in suspended graphene. *Nat. Nanotechnol.*, **3**, 491–495.
9. Huang, X., Yin, Z.Y., Wu, S.X. *et al.* (2011) Graphene-based materials: synthesis, characterization, properties, and applications. *Small*, **7**, 1876–1902.

10. Lee, C., Wei, X.D., Kysar, J.W. *et al.* (2008) Measurement of the elastic properties and intrinsic strength of monolayer graphene. *Science*, **321**, 385–388.

11. Balandin, A.A., Ghosh, S., Bao, W. *et al.* (2008) Superior thermal conductivity of single-layer graphene. *Nano Lett.*, **8**, 902–907.

12. Nair, R.R., Blake, P., Grigorenko, A.N. *et al.* (2008) Fine structure constant defines visual transparency of graphene. *Science*, **320**, 1308–1308.

13. Wang, Q.H., Kalantar-Zadeh, K., Kis, A. *et al.* (2012) Electronics and optoelectronics of two-dimensional transition metal dichalcogenides. *Nat. Nanotechnol.*, **7**, 699–712.

14. Osada, M. and Sasaki, T. (2012) Two-dimensional dielectric nanosheets: novel nanoelectronics from nanocrystal building blocks. *Adv. Mater.*, **24**, 210–228.

15. Hirsch, A., Englert, J.M., and Hauke, F. (2013) Wet chemical functionalization of graphene. *Acc. Chem. Res.*, **46**, 87–96.

16. Dubois, S.M.M., Zanolli, Z., Declerck, X. *et al.* (2009) Electronic properties and quantum transport in graphene-based nanostructures. *Eur. Phys. J. B*, **72**, 1–24.

17. Dragoman, M. and Dragoman, D. (2009) Graphene-based quantum electronics. *Prog. Quantum Electron.*, **33**, 165–214.

18. Sun, Y.Q., Wu, Q., and Shi, G.Q. (2011) Graphene based new energy materials. *Energy Environ. Sci.*, **4**, 1113–1132.

19. Cao, X.H., Shi, Y.M., Shi, W.H. *et al.* (2011) Preparation of novel 3D graphene networks for supercapacitor applications. *Small*, **7**, 3163–3168.

20. Huang, Y., Liang, J.J., and Chen, Y.S. (2012) An overview of the applications of graphene-based materials in supercapacitors. *Small*, **8**, 1805–1834.

21. Jiang, H., Lee, P.S., and Li, C.Z. (2013) 3D carbon based nanostructures for advanced supercapacitors. *Energy Environ. Sci.*, **6**, 41–53.

22. Dong, L., Chen, Z.X., Yang, D. *et al.* (2013) Hierarchically structured graphene-based supercapacitor electrodes. *RSC Adv.*, **3**, 21183–21191.

23. Wang, Z.J., Zhou, X.Z., Zhang, J. *et al.* (2009) Direct electrochemical reduction of single-Layer graphene oxide and subsequent functionalization with glucose oxidase. *J. Phys. Chem. C*, **113**, 14071–14075.

24. He, Q.Y., Sudibya, H.G., Yin, Z.Y. *et al.* (2010) Centimeter-long and large-scale micropatterns of reduced graphene oxide films: fabrication and sensing applications. *ACS Nano*, **4**, 3201–3208.

25. Pumera, M. (2011) Graphene in biosensing. *Mater. Today*, **14**, 308–315.

26. He, Q.Y., Wu, S.X., Gao, S. *et al.* (2011) Transparent, flexible, all-reduced graphene oxide thin film transistors. *ACS Nano*, **5**, 5038–5044.

27. Wang, Z.J., Zhang, J., Chen, P. *et al.* (2011) Staphylococcus aureus DNA with reduced graphene oxide-modified electrodes. *Biosens. Bioelectron.*, **26**, 3881–3886.

28. Cao, X.H., He, Q.Y., Shi, W.H. *et al.* (2011) Graphene oxide as a carbon source for controlled growth of carbon nanowires. *Small*, **7**, 1199–1202.

29. Lightcap, I.V. and Kamat, P.V. (2013) Graphitic design: prospects of graphene-based nanocomposites for solar energy conversion, storage, and sensing. *Acc. Chem. Res.*, **46**, 2235–2243.

30. Zhu, J., Holmen, A., and Chen, D. (2013) Carbon nanomaterials in catalysis: proton affinity, chemical and electronic properties, and their catalytic consequences. *ChemCatChem*, **5**, 378–401.

31. Machado, B.F. and Serp, P. (2012) Graphene-based materials for catalysis. *Catal. Sci. Technol.*, **2**, 54–75.

32. Wu, S.X., He, Q.Y., Zhou, C.M. *et al.* (2012) Synthesis of Fe_3O_4 and Pt nanoparticles on reduced graphene oxide and their use as a recyclable catalyst. *Nanoscale*, **4**, 2478–2483.

33. Zhang, Y., Nayak, T.R., Hong, H. *et al.* (2012) Graphene: a versatile nanoplatform for biomedical applications. *Nanoscale*, **4**, 3833–3842.

34. Fujishima, A. and Honda, K. (1972) Electrochemical photolysis of water at a

semiconductor electrode. *Nature*, **238**, 37–38.

35. Kudo, A. and Miseki, Y. (2009) Heterogeneous photocatalyst materials for water splitting. *Chem. Soc. Rev.*, **38**, 253–278.

36. Chen, X.B., Shen, S.H., Guo, L.J. et al. (2010) Semiconductor-based photocatalytic hydrogen generation. *Chem. Rev.*, **110**, 6503–6570.

37. Wheeler, D.A., Wang, G.M., Ling, Y.C. et al. (2012) Nanostructured hematite: synthesis, characterization, charge carrier dynamics, and photoelectrochemical properties. *Energy Environ. Sci.*, **5**, 6682–6702.

38. Hoffmann, M.R., Martin, S.T., Choi, W. et al. (1995) Environmental applications of semiconductor photocatalysis. *Chem. Rev.*, **95**, 69–96.

39. Asahi, R., Morikawa, T., Ohwaki, T. et al. (2001) Visible-light photocatalysis in nitrogen-doped titanium oxides. *Science*, **293**, 269–271.

40. Yu, S., Yun, H.J., Kim, Y.H. et al. (2014) Carbon-doped TiO_2 nanoparticles wrapped with nanographene as a high performance photocatalyst for phenol degradation under visible light irradiation. *Appl. Catal., B*, **144**, 893–899.

41. Wang, W.J., Zhang, L.S., An, T.C. et al. (2011) Comparative study of visible-light-driven photocatalytic mechanisms of dye decolorization and bacterial disinfection by B–Ni-codoped TiO_2 microspheres: the role of different reactive species. *Appl. Catal., B*, **108-109**, 108–116.

42. Chen, D.M., Wang, K.W., Xiang, D.G. et al. (2014) Significantly enhancement of photocatalytic performances via core–shell structure of ZnO@mpg-C_3N_4. *Appl. Catal., B*, **147**, 554–561.

43. Long, L.Z., Yu, X., Wu, L.P. et al. (2014) Nano-CdS confined within titanate nanotubes for efficient photocatalytic hydrogen production under visible light illumination. *Nanotechnology*, **25**, 035603.

44. Zhang, Y.H. and Xu, Y.J. (2014) Bi_2WO_6: a highly chemoselective visible light photocatalyst toward aerobic oxidation of benzylic alcohols in water. *RSC Adv.*, **4**, 2904–2910.

45. Wang, W.J., Bi, J.H., Wu, L. et al. (2008) Hydrothermal synthesis and performance of a novel nanocrystalline $Pb_2Sn_2O_6$ photocatalyst. *Nanotechnology*, **19**, 505705.

46. Liu, D.R., Wei, C.D., Xue, B. et al. (2010) Synthesis and photocatalytic activity of N-doped $NaTaO_3$ compounds calcined at low temperature. *J. Hazard. Mater.*, **182**, 50–54.

47. Zhang, N., Zhang, Y.H., and Xu, Y.J. (2012) Recent progress on graphene-based photocatalysts: current status and future perspectives. *Nanoscale*, **4**, 5792–5813.

48. Park, H. and Choi, W. (2003) Photoelectrochemical investigation on electron transfer mediating behaviors of polyoxometalate in UV-illuminated suspensions of TiO_2 and Pt/TiO_2. *J. Phys. Chem. B*, **107**, 3885–3890.

49. Li, Y.X., Lu, G.X., and Li, S.B. (2003) Photocatalytic production of hydrogen in single component and mixture systems of electron donors and monitoring adsorption of donors by in situ infrared spectroscopy. *Chemosphere*, **52**, 843–850.

50. Maeda, K., Higashi, M., Lu, D.L. et al. (2010) Efficient nonsacrificial water splitting through two-step photoexcitation by visible light using a modified oxynitride as a hydrogen evolution photocatalyst. *J. Am. Chem. Soc.*, **132**, 5858–5868.

51. Murdoch, M., Waterhouse, G.I.N., Nadeem, M.A. et al. (2011) The effect of gold loading and particle size on photocatalytic hydrogen production from ethanol over Au/TiO_2 nanoparticles. *Nat. Chem.*, **3**, 489–492.

52. Weber, A.S., Grady, A.M., and Koodali, R.T. (2012) Lanthanide modified semiconductor photocatalysts. *Catal. Sci. Technol.*, **2**, 683–693.

53. Gurunathan, K. (2004) Photocatalytic hydrogen production using transition metal ions-doped γ-Bi_2O_3 semiconductor particles. *Int. J. Hydrogen Energy*, **29**, 933–940.

54. Hou, Y.D., Wang, X.C., Wu, L. et al. (2008) N-Doped SiO_2/TiO_2 mesoporous nanoparticles with enhanced

photocatalytic activity under visible-light irradiation. *Chemosphere*, **72**, 414–421.

55. Liu, G., Niu, P., Sun, C.H. *et al.* (2010) Unique electronic structure induced high photoreactivity of sulfur-doped graphitic C_3N_4. *J. Am. Chem. Soc.*, **132**, 11642–11648.

56. Youngblood, W.J., Lee, S.H.A., Maeda, K. *et al.* (2009) Visible light water splitting using dye-sensitized oxide semiconductors. *Acc. Chem. Res.*, **42**, 1966–1973.

57. Kim, W., Tachikawa, T., Majima, T. *et al.* (2009) Photocatalysis of dye-sensitized TiO_2 nanoparticles with thin overcoat of Al_2O_3: enhanced activity for H_2 production and dechlorination of CCl_4. *J. Phys. Chem. C*, **113**, 10603–10609.

58. Chen, D., Zhang, H., Hu, S. *et al.* (2008) Preparation and enhanced photoelectrochemical performance of coupled bicomponent ZnO–TiO_2 nanocomposites. *J. Phys. Chem. C*, **112**, 117–122.

59. Chen, X.F., Wang, X.C., and Fu, X.Z. (2009) Hierarchical macro/mesoporous TiO_2/SiO_2 and TiO_2/ZrO_2 nanocomposites for environmental photocatalysis. *Energy Environ. Sci.*, **2**, 872–877.

60. Zhang, L.L., Zhang, H.C., Huang, H. *et al.* (2012) Ag_3PO_4/SnO_2 semiconductor nanocomposites with enhanced photocatalytic activity and stability. *New J. Chem.*, **36**, 1541–1544.

61. Yin, Z.Y., Wang, Z., Du, Y.P. *et al.* (2012) Full solution-processed synthesis of all metal oxide-based tree-like heterostructures on fluorine-doped tin oxide for water splitting. *Adv. Mater.*, **24**, 5374–5378.

62. Zhou, W.J., Yin, Z.Y., Du, Y.P. *et al.* (2013) Synthesis of few-layer MoS_2 nanosheet-coated TiO_2 nanobelt heterostructures for enhanced photocatalytic activities. *Small*, **9**, 140–147.

63. Lightcap, I.V., Kosel, T.H., and Kamat, P.V. (2010) Anchoring semiconductor and metal nanoparticles on a two-dimensional catalyst mat. storing and shuttling electrons with reduced graphene oxide. *Nano Lett.*, **10**, 577–583.

64. Williams, G., Seger, B., and Kamat, P.V. (2008) TiO_2-graphene nanocomposites. UV-assisted photocatalytic reduction of graphene oxide. *ACS Nano*, **2**, 1487–1491.

65. An, X.Q. and Yu, J.C. (2011) Graphene-based photocatalytic composites. *RSC Adv.*, **1**, 1426–1434.

66. Xiang, Q.J., Yu, J.G., and Jaroniec, M. (2012) Graphene-based semiconductor photocatalysts. *Chem. Soc. Rev.*, **41**, 782–796.

67. Huang, X., Qi, X.Y., Boey, F. *et al.* (2012) Graphene-based composites. *Chem. Soc. Rev.*, **41**, 666–686.

68. Feng, M., Sun, R.Q., Zhan, H.B. *et al.* (2010) Lossless synthesis of graphene nanosheets decorated with tiny cadmium sulfide quantum dots with excellent nonlinear optical properties. *Nanotechnology*, **21**, 075601.

69. Liu, J., Fu, S., Yuan, B. *et al.* (2010) Toward a universal "adhesive nanosheet" for the assembly of multiple nanoparticles based on a protein-induced reduction/decoration of graphene oxide. *J. Am. Chem. Soc.*, **132**, 7279–7281.

70. Wang, P., Wang, J., Wang, X.F. *et al.* (2013) One-step synthesis of easy-recycling TiO_2-rGO nanocomposite photocatalysts with enhanced photocatalytic activity. *Appl. Catal., B*, **132–133**, 452–459.

71. Xu, Y., Bai, H., Lu, G. *et al.* (2008) Flexible graphene films via the filtration of water-soluble noncovalent functionalized graphene sheets. *J. Am. Chem. Soc.*, **130**, 5856–5857.

72. Zhou, Y., Bao, Q., Tang, L.A.L. *et al.* (2009) Hydrothermal dehydration for the "green" reduction of exfoliated graphene oxide to graphene and demonstration of tunable optical limiting properties. *Chem. Mater.*, **21**, 2950–2956.

73. Cao, A., Liu, Z., Chu, S. *et al.* (2010) A facile one-step method to produce graphene–CdS quantum dot nanocomposites as promising optoelectronic materials. *Adv. Mater.*, **22**, 103–106.

74. An, X.Q., Yu, J.C., Wang, Y. *et al.* (2012) WO_3 nanorods/graphene nanocomposites for high-efficiency

visible-light-driven photocatalysis and NO$_2$ gas sensing. *J. Mater. Chem.*, **22**, 8525–8531.

75. An, X.Q., Yu, J.C., Wang, F. *et al.* (2013) One-pot synthesis of In$_2$S$_3$ nanosheets/graphene composites with enhanced visible-light photocatalytic activity. *Appl. Catal., B*, **129**, 80–88.

76. Zhao, P., Huang, T., and Huang, K. (2007) Fabrication of indium sulfide hollow spheres and their conversion to indium oxide hollow spheres consisting of multipore nanoflakes. *J. Phys. Chem. C*, **111**, 12890–12897.

77. Chang, K. and Chen, W. (2011) l-Cysteine-assisted synthesis of layered MoS$_2$/Graphene composites with excellent electrochemical performances for lithium ion batteries. *ACS Nano*, **5**, 4720–4728.

78. Yin, Z., Wu, S., Zhou, X. *et al.* (2010) Electrochemical deposition of ZnO nanorods on transparent reduced graphene oxide electrodes for hybrid solar cells. *Small*, **6**, 307–312.

79. Wu, S., Yin, Z., He, Q. *et al.* (2010) Electrochemical deposition of semiconductor oxides on reduced graphene oxide-based flexible, transparent, and conductive electrodes. *J. Phys. Chem. C*, **114**, 11816–11821.

80. Yu, G.H., Hu, L.B., Vosgueritchian, M. *et al.* (2011) Solution-processed graphene/MnO$_2$ nanostructured textiles for high-performance electrochemical capacitors. *Nano Lett.*, **11**, 2905–2911.

81. Du, D., Liu, J., Zhang, X.Y. *et al.* (2011) One-step electrochemical deposition of a graphene-ZrO$_2$ nanocomposite: preparation, characterization and application for detection of organophosphorus agents. *J. Mater. Chem.*, **21**, 8032–8037.

82. Kim, Y.T., Han, J.H., Hong, B.H. *et al.* (2010) Electrochemical synthesis of CdSe quantum dot array on graphene basal plane using mesoporous silica thin film templates. *Adv. Mater.*, **22**, 515–518.

83. Kim, Y.J., Lee, J.H., and Yi, G.C. (2009) Vertically aligned ZnO nanostructures grown on graphene layers. *Appl. Phys. Lett.*, **95**, 213101.

84. Lin, J., Penchev, M., Wang, G. *et al.* (2010) Heterogeneous graphene nanostructures: ZnO nanostructures grown on large-area graphene layers. *Small*, **6**, 2448–2452.

85. Zhang, L.L., Xiong, Z.G., and Zhao, X.S. (2010) Pillaring chemically exfoliated graphene oxide with carbon nanotubes for photocatalytic degradation of dyes under visible light irradiation. *ACS Nano*, **4**, 7030–7036.

86. Li, X.H., Chen, J.S., Wang, X.C. *et al.* (2012) A green chemistry of graphene: photochemical reduction towards monolayer graphene sheets and the role of water adlayers. *ChemSusChem*, **5**, 642–646.

87. Li, X.H., Chen, J.S., Wang, X.C. *et al.* (2011) Metal-free activation of dioxygen by graphene/g-C$_3$N$_4$ nanocomposites: functional dyads for selective oxidation of saturated hydrocarbons. *J. Am. Chem. Soc.*, **133**, 8074–8077.

88. Ng, Y.H., Iwase, A., Bell, N.J. *et al.* (2011) Semiconductor/reduced graphene oxide nanocomposites derived from photocatalytic reactions. *Catal. Today*, **164**, 353–357.

89. Wang, W.J., Yu, J.C., Xia, D.H. *et al.* (2013) Graphene and g-C$_3$N$_4$ nanosheets cowrapped elemental α-Sulfur as a novel metal-free heterojunction photocatalyst for bacterial inactivation under visible-light. *Environ. Sci. Technol.*, **47**, 8724–8732.

90. Chen, X. and Mao, S.S. (2007) Titanium dioxide nanomaterials: synthesis, properties, modifications, and applications. *Chem. Rev.*, **107**, 2891–2959.

91. Xie, G.C., Zhang, K., Guo, B.D. *et al.* (2013) Graphene-based materials for hydrogen generation from light-driven water splitting. *Adv. Mater.*, **25**, 3820–3839.

92. Chang, H.X. and Wu, H.K. (2013) Graphene-based nanocomposites: preparation, functionalization, and energy and environmental applications. *Energy Environ. Sci.*, **6**, 3483–3507.

93. Chen, D., Zhang, H., Liu, Y. *et al.* (2013) Graphene and its derivatives for the development of solar cells, photoelectrochemical, and photocatalytic

applications. *Energy Environ. Sci.*, **6**, 1362–1387.

94. Zhang, X.Y., Li, H.P., Cui, X.L. *et al.* (2010) Graphene/TiO$_2$ nanocomposites: synthesis, characterization and application in hydrogen evolution from water photocatalytic splitting. *J. Mater. Chem.*, **20**, 2801–2806.

95. Gao, P. and Sun, D.D. (2014) Hierarchical sulfonated graphene oxide–TiO$_2$ composites for highly efficient hydrogen production with a wide pH range. *Appl. Catal., B*, **147**, 888–896.

96. Tu, W.G., Zhou, Y., Liu, Q. *et al.* (2012) Robust hollow spheres consisting of alternating titania nanosheets and graphene nanosheets with high photocatalytic activity for CO_2 conversion into renewable fuels. *Adv. Funct. Mater.*, **22**, 1215–1221.

97. Yu, J.C., Wu, L., Lin, J. *et al.* (2003) Microemulsion-mediated solvothermal synthesis of nanosized CdS-sensitized TiO$_2$ crystalline photocatalyst. *Chem. Commun.*, 1552–1553.

98. Jia, L., Wang, D., Huang, Y. *et al.* (2011) Highly durable N-doped graphene/CdS nanocomposites with enhanced photocatalytic hydrogen evolution from water under visible light irradiation. *J. Phys. Chem. C*, **115**, 11466–11473.

99. Tang, X., Tay, Q., Chen, Z. *et al.* (2013) CuInZnS-decorated graphene nanosheets for highly efficient visible-light-driven photocatalytic hydrogen production. *J. Mater. Chem. A*, **1**, 6359–6365.

100. Yeh, T., Syu, J., Cheng, C. *et al.* (2010) Graphite oxide as a photocatalyst for hydrogen production from water. *Adv. Funct. Mater.*, **20**, 2255–2262.

101. Tran, P.D., Wong, L.H., Barber, J. *et al.* (2012) Recent advances in hybrid photocatalysts for solar fuel production. *Energy Environ. Sci.*, **5**, 5902–5918.

102. Roy, S.C., Varghese, O.K., Paulose, M. *et al.* (2010) Toward solar fuels: photocatalytic conversion of carbon dioxide to hydrocarbons. *ACS Nano*, **4**, 1259–1278.

103. Liang, Y., Vijayan, B.K., Gray, K.A. *et al.* (2011) Minimizing graphene defects enhances titania nanocomposite-based photocatalytic reduction of CO_2 for improved solar fuel production. *Nano Lett.*, **11**, 2865–2870.

104. Tan, L., Ong, W., Chai, S. *et al.* (2013) Reduced graphene oxide-TiO$_2$ nanocomposite as a promising visible-light-active photocatalyst for the conversion of carbon dioxide. *Nanoscale Res. Lett.*, **8**, 465.

105. Hsu, H., Shown, I., Wei, H. *et al.* (2013) Graphene oxide as a promising photocatalyst for CO_2 to methanol conversion. *Nanoscale*, **5**, 262–268.

106. Hu, X., Li, G., and Yu, J.C. (2010) Design, fabrication, and modification of nanostructured semiconductor materials for environmental and energy applications. *Langmuir*, **26**, 3031–3039.

107. Zhang, H., Lv, X., Li, Y. *et al.* (2010) P25-graphene composite as a high performance photocatalyst. *ACS Nano*, **4**, 380–386.

108. Gao, P., Liu, J., Sun, D.D. *et al.* (2013) Graphene oxide–CdS composite with high photocatalytic degradation and disinfection activities under visible light irradiation. *J. Hazard. Mater.*, **250–251**, 412–420.

109. Liu, L., Bai, H., Liu, J. *et al.* (2013) Multifunctional graphene oxide-TiO$_2$-Ag nanocomposites for high performance water disinfection and decontamination. *J. Hazard. Mater.*, **261**, 214–223.

110. Gao, P., Ng, K., and Sun, D.D. (2013) Sulfonated graphene oxide–ZnO–Ag photocatalyst for fast photodegradation and disinfection under visible light. *J. Hazard. Mater.*, **262**, 826–835.

111. Zhang, Y., Zhu, Y., Yu, J. *et al.* (2013) Enhanced photocatalytic water disinfection properties of Bi$_2$MoO$_6$–RGO nanocomposites under visible light irradiation. *Nanoscale*, **5**, 6307–6310.

112. Zhang, Y., Tang, Z.R., Fu, X. *et al.* (2011) Engineering the unique 2D mat of graphene to achieve graphene-TiO$_2$ nanocomposite for photocatalytic selective transformation: what advantage

does graphene have over its forebear carbon nanotube? *ACS Nano*, **5**, 7426–7435.

113. Hayashi, H., Lightcap, I.V., Tsujimoto, M. *et al.* (2011) Electron transfer cascade by organic/inorganic ternary composites of porphyrin, zinc oxide nanoparticles, and reduced graphene oxide on a tin oxide electrode that exhibits efficient photocurrent generation. *J. Am. Chem. Soc.*, **133**, 7684–7687.

第 10 章 石墨烯基储氢装置

Hou Wang, Xingzhong Yuan

10.1 引言

在 21 世纪，由于与化石燃料消耗和全球变暖相关的能源问题加剧，迫切需要可再生、环境友好和可持续替代能源[1,2]。在这些候选能源中，H_2 因其环境相容性、易于生产和无污染的特性被认为是最终的清洁燃料之一[3]。然而，氢的存储已被确定为最困难的挑战。对于实际应用，储氢需要高重量和体积密度、快速反应动力学、低 H_2 吸收温度、良好的可逆性和低成本。因此，如何开发能够满足上述条件的储氢系统已成为研究的热点。目前的储氢技术，如低温液体存储、高压气体电池、低温吸附剂、金属氢化物和化学存储等都未能满足所有工业要求[4]。为了实现经济可行性，急需开发具有高重量和体积密度的储氢材料 – 由美国能源部指定的质量比达到 6.0wt%，到 2010 年达到 45kg/m³ 的体积目标[5]。

毫无疑问，储氢技术的发展在很大程度上取决于材料科学的成就[2]。为了实现这样的目标，关键是设计新材料和开发合成工艺，以便精确控制材料的结构和化学特性，并寻求更环保和成本有效的材料合成工艺，以便这类设备广泛应用[6,7]。在过去的十年中，人们一直非常关注使用碳纳米管（CNT）来制造储氢装置。除了重量轻，CNT 还具有许多优点，包括大表面积（高达 1315m²/g）和批量生产能力。然而，许多缺点限制了其广泛的应用，例如存在非常难以去除的有毒残余金属杂质以及高制造成本[8]。最近的研究表明，石墨烯基材料可能成为最有前途的候选材料，因为它们的重量轻、化学惰性、价格低以及在移动应用中日常使用的安全性[9]。

石墨烯是所有其他维度的石墨材料的基本组成部分，它可以被包裹成零维富勒烯、卷成一维纳米管或堆积成三维石墨（见图 10.1）[10]。它是一个平面单层 sp^2 杂化碳原子排列的二维蜂窝晶格，碳 – 碳键长度为 0.142nm[11]。这种独特的结构赋予石墨烯各种优异的性能，包括优异的导热性（5300W/(m·K)）和载流子迁移率、电性（~2000S/cm）和力学（杨氏模量，约为 1100GPa）性能、特定磁性和大表面积（约为 2630m²/g）[1]。近年来，这些性能吸引了各个领域的大量科学家的关注，如场效应晶体管、太阳电池、传感器、超级电容器和透明电极等。由于其优异的化学性质、大表面积和几何形状，石墨烯在储氢装置中具有巨大的应用潜力。到目前为止，基于石墨烯材料的储氢已经被采用了两种主要的方法，即分子储氢或基于氢溢流的原子储氢。

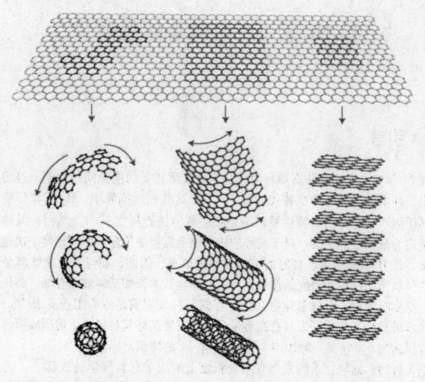

图10.1 石墨烯，所有石墨形式的母体。石墨烯的晶格和倒易晶格（摘自参考文献［10］）

10.2 分子氢的存储

在存储过程中，最稳定的构架是H_2在石墨烯六边形中心上方物理吸附[12]。非极性H_2分子与石墨烯系统中物理吸附基底的相互作用主要是伦敦色散（瞬时偶极-偶极诱导力）[13]。吸附在石墨烯上的分子氢的空间分布是离域的，并且存在基本上自由的横向运动（见图10.2）。少量石墨烯可通过 Birch 还原实现约为 5wt% 的氢气化学存储[14]。含有 sp^3 C-H 键的氢化样品在室温下是稳定的，并且氢可以通过加热或用光照射逐渐去除。这个有趣的现象可以用形成 C-H 键的能量增益与 C-C 晶格面内扩展相关的能量消耗之间的竞争来解释。此外，层状石墨烯片的波纹和其曲率的受控反转导致快速存储，重量容量为 8wt%，并通过外部控制局部曲率在室内条件下释放氢[15]。H 结合能大的变化有利于凸起位的化学吸附过程，同时 H 有利于在石墨烯的凹位点释放。石墨烯也可以通过缺陷设计开发有效的储氢介质[16]。虽然没有发现任何缺陷对氢的锚定是有害的，但只有单个空位在理想范围内显示出有希望的氢键结合。使用空位构建的两个高缺陷密度结构，以及结合的 Stone-Wales 缺陷和空位分别产生重量密度分别为 5.81% 和 7.02% 的范德华（van der Waals）函数。

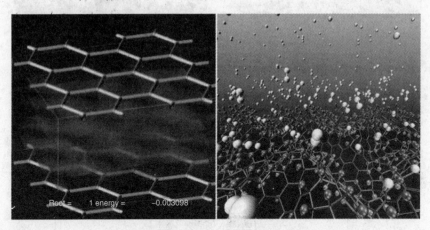

图 10.2　石墨烯用于储氢（摘自参考文献 [13，15]）

此外，基于理论预测和实验结果，确定具有三维网络纳米结构的石墨烯框架具有高的储氢容量[17]。三维石墨烯相对较大的比表面积和高纵横比，与多晶格层状石墨结构一起，对于储氢非常有用[18]。例如，Kim 等人使用两种不同的构建块[氧化石墨烯（GO）和金属大环]构建了分层的微孔和中孔金属大环-石墨烯框架（MGF）[19]。所得材料在 77K 和 1bar[⊖] 下表现出 1.54wt% 的 H_2 吸附容量，并伴随着 MGF 的柔性柱状结构产生大的滞后作用。3 个因素协同作用于改善 MGF 的储氢能力：①由于 GO 层显著减少，所以作为 H_2 吸收位点的更多 sp^2 C 物质被暴露；②在孔处出现高价态 Ni（Ⅲ）开放金属中心作为强 Lewis 酸性位点；③MGF 的微孔性质可能特别适合于 H_2 吸收。Wu 和他的团队[20]使用分子动力学模拟，研究了在不同环境下三维柱状石墨烯结构（CNT 和石墨烯片组合）对分子氢的吸附（见图 10.3）。在这种结构中储氢的效率取决于：①柱状石墨烯与氢相互作用的结合能和结合力；②从石墨烯片边缘进入内部结构（空间）的氢流。作者声称低温、高压和石墨烯片之间的大间隙最大化了储氢容量。获得更高氢容量的关键是利用一维间隔物来增强间隔物和石墨烯片之间的协同效应。Aboutalebi 等人[21]通过使用 GO 层和一维 CNT 独特的三维平台作为构建块，在室温下获得了高氢容量（高达 2.6wt%）。与 GO 相比，多壁碳纳米管（MWCNT）和 RGO/MWCNT、GO/MWCNT 复合材料在不同的氢气压力下具有最高的氢吸附值（见图 10.4a）。这种混合物中的氢气吸收量要高得多，这是由于可使用和有效开放表面的增加。交织在分离的 GO 片之间的单独和完全分离的 CNT 导致 MWCNT 没有束缚（见图 10.4b）。

⊖　1bar＝100kPa。——译者注

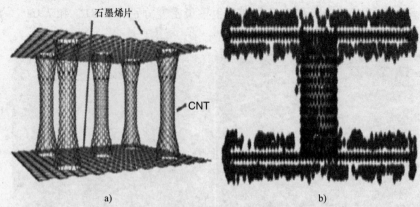

图10.3 a）三维柱状石墨烯阵列的示意图。b）在柱状石墨烯上吸附氢的快照（摘自参考文献［20］）

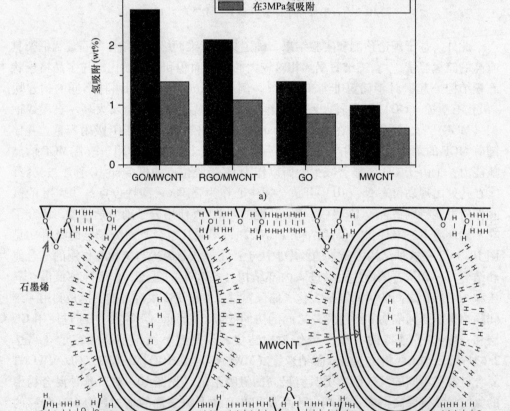

图10.4 a）GO、MWCNT、GO/MWCNT和RGO/MWCNT复合材料在不同氢气压力下的吸附比较 b）GO/MWCNT上储氢的示意图（经参考文献［21］许可转载）

10.2.1 石墨烯基金属/金属氧化物

GO 或石墨烯基金属/金属氧化物纳米颗粒也可用于储氢[22]。在层间距离为 6.5Å⊖时，通过热退火调控的多层 GO 可以在 77K 和 9.0MPa 的压力下达到 4.8wt% 的最大存储容量[23]。H_2 分子通过石墨 sp^2 碳存储，并且在整个区域主要以物理吸附，尤其是在 GO 的边缘。GO 片上 O 和 OH 官能团的存在起到撑开碳层间隔物的作用。此外，具有不同官能团的 GO，可用作构造单元来制造用于储氢的各种石墨烯基金属/金属氧化物纳米颗粒。通常，锚定/改性的颗粒是碱金属（Li、Na、K、Ca）和过渡金属原子/金属氧化物（Ti、Pt、Sc、Pd、TiO_2、V_2O_5）[22,24-34]。

过渡金属或碱金属与氢分子之间的库伦和 Kubas 相互作用足够强大，以提供显著的 H_2 结合能力[24]。例如，用 Ca-Ca 距离为 10Å 的 Ca 原子改性的石墨烯，在没有 Ca 原子聚集的情况下可以达到约 5wt% 氢的重量容量，因为 6 个 H_2 分子与结合能约为 $0.2eV/H_2$ 的 Ca 原子结合[28]。范德华相互作用在 H_2 分子与钙改性石墨烯的结合中发挥了重要作用[29]。石墨烯可以通过从吸附的 Li 原子向其 π^* 键吸收电荷来金属化，这样每个带正电荷的 Li 原子可以通过极化它们来吸收 4 个 H_2 分子[31]。通过调整两侧 Li 原子的覆盖率，可以将储氢能力提高到 16wt%。发现由于吸附金属原子和石墨烯之间的强键合，吸附金属原子之间的排斥库仑相互作用阻碍了 Ti 吸附原子的聚集。由于 Ti 可以在硼取代石墨烯的两侧结合 8 个 H_2 分子，所以这种具有硼取代的金属/石墨烯杂化物的理论储氢容量可以达到 7.9wt%[26]。同样，钇改性的石墨烯也可以作为高密度储氢的潜在载体[35]。由于每个钇可以连接 6 个 H_2 分子，每个 H_2 分子的平均吸附能为 -0.568eV，该材料的储氢能力为 5.78wt%。而且，Hong 等人[34]通过脱水反应和氢键制备氧化石墨烯包裹的过渡金属氧化物复合材料（见图 10.5a）。与原始过渡金属氧化物相比，这些材料表现出对于 V_2O_5 的 0.16 wt%（对于 TiO_2 为 0.58wt%）至 GO/V_2O_5 的 1.36wt%（对于 GO/TiO_2 为 1.26wt%，见图 10.5b）。

10.2.2 掺杂石墨烯

另一种可能性是使用掺杂的石墨烯，尤其是硼[36-38]、铝[39]、硅[40]或氮[41]，以显著地增强 H_2 的结合能力。硼的存在改变了能量分布的对称性，因为硼的尺寸较大（相对于碳）以及与氢分子较强的相互作用[36]。例如，Li 等人[37]表明，Be/B 掺杂石墨烯对双面吸附的储氢量可达 15.1 wt%。H_2 分子与 Be 和 B 改性的石墨烯体系之间发生强电子相互作用。Ao 等人[39]发现 N 掺杂石墨烯层中的氢吸收过程，容易在垂直施加的电场下发生。N 掺杂石墨烯是一种很有前途的储氢材料，其储氢容量高达 6.73 wt%，这归因于氢解离吸附和低能垒 N 掺杂石墨烯的扩散。掺杂原子（Ti、Zn、Zr、Al 和 N）对石墨烯片和氢分子之间的相互作用有很大影响[42]。掺杂的金属原子可以极大地改变石墨烯片的局部电子结构，而掺杂的 N 原子则不

⊖ 1Å = 0.1nm。——译者注

能。因此，掺杂的 Al、Zn、Zr 和 Ti 原子增加了石墨烯片的 H_2 存储能力，而掺杂的 N 原子则不影响石墨烯片的 H_2 存储能力。

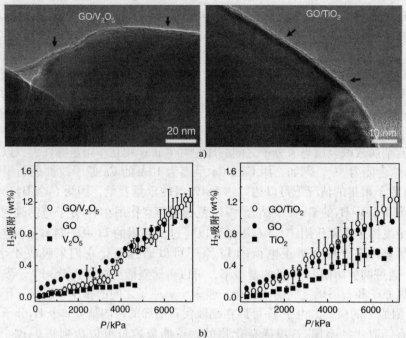

图 10.5 a）GO/V_2O_5 和 GO/TiO_2 的透射电子显微镜（TEM）图像。b）V_2O_5、GO、GO/V_2O_5、TiO_2、GO 和 GO/TiO_2 的高压 H_2 吸附（摘自参考文献 [34]）

10.3 基于氢溢流的原子氢存储

随着催化剂与石墨烯表面之间的"桥梁"作用增强，氢溢流预计将成为增加石墨烯基储氢材料容量的有前景的现象[43,44]。石墨烯基材料掺杂金属催化剂，将氢分子分解为氢原子，然后氢原子从金属迁移到石墨烯，并进一步在支撑的片上扩散[45]（见图 10.6）。石墨烯基材料中的常见催化

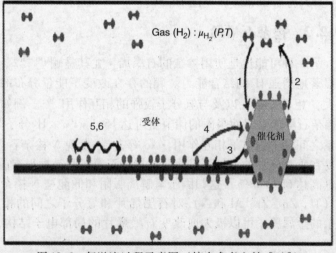

图 10.6 氢溢流过程示意图（摘自参考文献 [45]）

剂颗粒通常是 Pt、Pd 或 Ni（或其他过渡金属）[45-49]。与未掺杂的石墨烯相比，通过实验观察到石墨烯/Pt 和石墨烯/Pd 样品的储氢容量，由于溢出效应而增加了 2.23 倍和 2.32 倍[50]。此外，石墨烯上改性的金属颗粒量和金属颗粒尺寸对氢溢出效应影响很大。虽然溢出效应已经被实验观察到，但是为什么分子氢在催化剂上解离成原子形式，并进一步溢出到石墨烯片尚不明确。

Chen 等人[44]利用密度泛函理论，阐述了氢从 Pt 颗粒溢流到石墨基面上的简便途径。他们的结果表明，具有化学吸附态的 H 原子在石墨材料中扩散非常困难，因为它需要 C–H 键断裂，并且可能通过 H 原子的物理吸附发生氢溢出

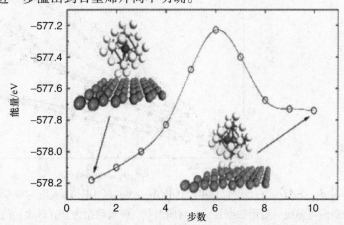

图 10.7　氢从 Pt_6（上插图）溢出到石墨烯片（下插图）（摘自参考文献 [44]）

（见图 10.7）。但他们的工作并没有直接说明支撑和过渡材料的作用。通过在石墨烯上溢出来储氢也可以作为相成核过程[47]。可能的成核中心可以是金属颗粒，其作为催化剂降低反应（H_2 解离）转变状态，并降低成核势垒。氢溢流的纳米热力学表明，氢的溢出可能从金属团簇到氢化石墨烯发生，并且通过溢出的氢吸收可能随着温度和基底的还原而增加[48]。同时，这个过程并不要求在溢出之前金属簇完全饱和。最近，Han 等人[49]发现氢原子椅式全配对配置的特定几何形状阻止了沿石墨烯似的碳表面的氢迁移。然而，如果引入一些移动催化剂，则石墨烯表面会发生氢溢流。Wang 和合作者报道了 Ni–B 纳米合金掺杂三维石墨烯材料中的储氢[51]。掺杂 Ni（0.83wt%）和 B（1.09wt%）的石墨烯在 77K 和 106kPa 下表现出最佳的 4.4 wt% 的储氢容量，其优于原始石墨烯和所有碳基材料（见图 10.8）。不同于石墨烯上主要的物理吸附，掺杂适当含量的 Ni–B 合金可以导致溢出的氢分子的解离化学吸附。氢分子首先附着在 Ni–B 纳米合金上，分解成氢原子，然后扩散到石墨烯的点位形成 C–H 键。然而，基于三维石墨烯材料的氢溢流储氢机制部分尚不清楚，需要进一步探索。

总之，作为新型独特的二维碳纳米材料，石墨烯基材料已被应用于构建不同和有前途的储氢装置。作为高性能储能材料，单个石墨烯层获得精细合理的纳米构造设计和适当的间距非常关键。此外，为了提高存储性能，人们必须看到如何将石墨烯与这些功能材料（包括金属或金属氧化物、聚合物、金属有机骨架等）相结合以利用其协同作用。在许多潜在的掺杂剂中，必须选择最合适和高效的掺杂剂，并且必须研究用于改善石墨烯材料存储行为的方法。因此，石墨烯基储氢器件的研究可能是具有挑战性并且非常有前景的研究话题。

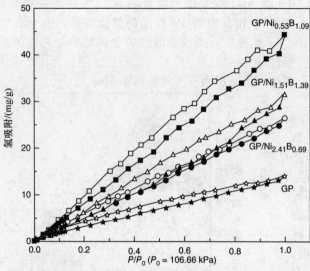

图 10.8 在 77K 下石墨烯（GP）、GP/Ni$_{2.41}$B$_{0.69}$、GP/Ni$_{1.51}$B$_{1.39}$ 和 GP/Ni$_{0.83}$B$_{1.09}$ 的氢吸附和脱附等温线（吸附数据显示为封闭形状，解吸数据为开放形状）（摘自参考文献 [51]）

参 考 文 献

1. Yan, L., Zheng, Y.B., Zhao, F. *et al.* (2012) Chemistry and physics of a single atomic layer: strategies and challenges for functionalization of graphene and graphene-based materials. *Chem. Soc. Rev.*, **41**, 97–114.
2. Sun, Y.Q., Wu, Q., and Shi, G.Q. (2011) Graphene based new energy materials. *Energy Environ. Sci.*, **4**, 1113–1132.
3. Lian, G., Zhang, X., Zhang, S. *et al.* (2012) Controlled fabrication of ultrathin-shell BN hollow spheres with excellent performance in hydrogen storage and wastewater treatment. *Energy Environ. Sci.*, **5**, 7072–7080.
4. Wang, Y.S., Yuan, P.F., Li, M. *et al.* (2012) Metal decorated monolayer BC$_2$N for hydrogen storage. *Comput. Mater. Sci.*, **60**, 181–185.
5. Department of Energy (1999) A Multiyear Plan for the Hydrogen R&D Program.
6. Wang, H., Yuan, X., Wu, Y. *et al.* (2013) Graphene-based materials: fabrication, characterization and application for the decontamination of wastewater and wastegas and hydrogen storage/generation. *Adv. Colloid Interface Sci.*, **195–196**, 19–40.
7. Sevilla, M. and Mokaya, R. (2014) Energy storage applications of activated carbons: supercapacitors and hydrogen storage. *Energy Environ. Sci.*, **7**, 1250–1280.
8. Singh, V., Joung, D., Zhai, L. *et al.* (2011) Graphene based materials: past, present and future. *Prog. Mater. Sci.*, **56**, 1178–1271.
9. Pumera, M. (2011) Graphene-based nanomaterials for energy storage. *Energy Environ. Sci.*, **4**, 668–674.
10. Geim, A.K. and Novoselov, K.S. (2007) The rise of graphene. *Nat. Mater.*, **6**, 183.
11. Slonczewski, J.C. and Weiss, P.R. (1958) Band structure of graphite. *Phys. Rev.*, **109**, 272.
12. Arellano, J.S., Molina, L.M., Rubio, A. *et al.* (2000) Density functional study of adsorption of molecular hydrogen on graphene layers. *J. Chem. Phys.*, **112**, 8114.
13. Patchkovskii, S., Tse, J.S., Yurchenko, S.N. *et al.* (2005) Graphene nanostructures as tunable storage media for molecular hydrogen. *Proc. Natl. Acad. Sci. U.S.A.*, **102**, 10439–10444.
14. Subrahmanyam, K.S., Kumar, P., Maitra, U. *et al.* (2011) Chemical storage of hydrogen in few-layer graphene. *Proc. Natl. Acad. Sci. U.S.A.*, **108**, 2674–2677.
15. Tozzini, V. and Pellegrini, V. (2011) Reversible hydrogen storage by

16. Yadav, S., Zhu, Z., and Singh, C.V. (2014) Defect engineering of graphene for effective hydrogen storage. *Int. J. Hydrogen Energy*, **39**, 4981–4995.
17. Burress, J.W., Gadipelli, S., Ford, J. et al. (2010) Graphene oxide framework materials: theoretical predictions and experimental results. *Angew. Chem. Int. Ed.*, **49**, 8902–8904.
18. Wang, Y., Wang, K., Guan, C. et al. (2011) Surface functionalization-enhanced spillover effect on hydrogen storage of Ni–B nanoalloy-doped activated carbon. *Int. J. Hydrogen Energy*, **36**, 13663–13668.
19. Kim, T.K., Cheon, J.Y., Yoo, K. et al. (2013) Three-dimensional pillared metallomacrocycle–graphene frameworks with tunable micro- and mesoporosity. *J. Mater. Chem. A*, **1**, 8432–8437.
20. Wu, C.D., Fang, T.H., and Lo, J.Y. (2012) Effects of pressure, temperature, and geometric structure of pillared graphene on hydrogen storage capacity. *Int. J. Hydrogen Energy*, **37**, 14211–14216.
21. Aboutalebi, S.H., Aminorroaya-Yamini, S., Nevirkovets, I. et al. (2012) Enhanced hydrogen storage in graphene oxide-MWCNTs composite at room temperature. *Adv. Energy Mater.*, **2**, 1439–1446.
22. Parambhath, V.B., Nagar, R., and Ramaprabhu, S. (2012) Effect of nitrogen doping on hydrogen storage capacity of palladium decorated graphene. *Langmuir*, **28**, 7826–7833.
23. Kim, B.H., Hong, W.G., Yu, H.Y. et al. (2012) Thermally modulated multilayered graphene oxide for hydrogen storage. *Phys. Chem. Chem. Phys.*, **14**, 1480–1484.
24. Kim, G., Jhi, S., Lim, S. et al. (2009) Crossover between multipole Coulomb and Kubas interactions in hydrogen adsorption on metal-graphene complexes. *Phys. Rev. B*, **79**, 155437.
25. Chu, S., Hu, L., Hu, X. et al. (2011) Titanium-embedded graphene as high-capacity hydrogen-storage media. *Int. J. Hydrogen Energy*, **36**, 12324–12328.
26. Park, H. and Chung, Y. (2010) Hydrogen storage in Al and Ti dispersed on graphene with boron substitution: first-principles calculations. *Comput. Mater. Sci.*, **49**, S297–S301.
27. Wang, L., Lee, K., Sun, Y. et al. (2009) Graphene oxide as an ideal substrate for hydrogen storage. *ACS Nano*, **3**, 2995–3000.
28. Lee, H., Ihm, J., Cohen, M.L. et al. (2010) Calcium-decorated graphene-based nanostructures for hydrogen storage. *Nano Lett.*, **10**, 793–798.
29. Wang, V., Mizuseki, H., He, H.P. et al. (2012) Calcium-decorated graphene for hydrogen storage: a van der Waals density functional study. *Comput. Mater. Sci*, **55**, 180–185.
30. Wu, M., Gao, Y., Zhang, Z. et al. (2012) Edge-decorated graphene nanoribbons by scandium as hydrogen storage media. *Nanoscale*, **4**, 915–920.
31. Zhou, W., Zhou, J., Shen, J. et al. (2012) First-principles study of high-capacity hydrogen storage on graphene with Li atoms. *J. Phys. Chem. Solids*, **73**, 245–251.
32. Zhou, M., Lu, Y., Zhang, C. et al. (2010) Strain effects on hydrogen storage capability of metal-decorated graphene: a first-principles study. *Appl. Phys. Lett.*, **97**, 103109.
33. Reunchanl, P. and Jhi, S. (2011) Metal-dispersed porous graphene for hydrogen storage. *Appl. Phys. Lett.*, **98**, 093103.
34. Hong, W.G., Kim, B.H., Lee, S.M. et al. (2012) Agent-free synthesis of graphene oxide/transition metal oxide composites and its application for hydrogen storage. *Int. J. Hydrogen Energy*, **37**, 7594–7599.
35. Liu, W., Liu, Y., and Wang, R. (2014) Prediction of hydrogen storage on Y-decorated graphene: a density functional theory study. *Appl. Surf. Sci.*, **296**, 204–208.
36. Firlej, L., Kuchta, B., Wexler, C. et al. (2009) Boron substituted graphene: energy landscape for hydrogen adsorption. *Adsorption*, **15**, 312–317.
37. Li, D., Ouyang, Y., Li, J. et al. (2012) Hydrogen storage of beryllium adsorbed on graphene doping with boron: first-principles calculations. *Solid State Commun.*, **152**, 422–425.
38. Beheshti, E., Nojeh, A., and Servati, P. (2011) A first-principles study of

38. calcium-decorated, boron-doped graphene for high capacity hydrogen storage. *Carbon*, **49**, 1561–1567.
39. Ao, Z.M., Jiang, Q., Zhang, R.Q. et al. (2009) Al doped graphene: a promising material for hydrogen storage at room temperature. *J. Appl. Phys.*, **105**, 074307.
40. Cho, J.H., Yang, S.J., Lee, K. et al. (2011) Si-doping effect on the enhanced hydrogen storage of single walled carbon nanotubes and graphene. *Int. J. Hydrogen Energy*, **36**, 12286–12295.
41. Ao, Z.M., Hernández-Nieves, A.D., Peeters, F.M. et al. (2012) The electric field as a novel switch for uptake/release of hydrogen for storage in nitrogen doped graphene. *Phys. Chem. Chem. Phys.*, **14**, 1463–1467.
42. Zhang, H., Luo, X., Lin, X. et al. (2013) Density functional theory calculations of hydrogen adsorption on Ti-, Zn-, Zr-, Al-, and N-doped and intrinsic graphene sheets. *Int. J. Hydrogen Energy*, **38**, 14269–14275.
43. Psofogiannakis, G.M., Steriotis, T.A., Bourlinos, A.B. et al. (2011) Enhanced hydrogen storage by spillover on metal-doped carbon foam: an experimental and computational study. *Nanoscale*, **3**, 933–936.
44. Chen, L., Cooper, A.C., Pez, G.P. et al. (2007) Mechanistic study on hydrogen spillover onto graphitic carbon materials. *J. Phys. Chem. C*, **111**, 18995–19000.
45. Wu, H., Fan, X., Kuo, J. et al. (2011) DFT Study of hydrogen storage by spillover on graphene with boron substitution. *J. Phys. Chem. C*, **115**, 9241–9249.
46. Wang, L. and Yang, R.T. (2008) New sorbents for hydrogen storage by hydrogen spillover–a review. *Energy Environ. Sci.*, **1**, 268–279.
47. Lin, Y., Ding, F., and Yakobson, B.I. (2008) Hydrogen storage by spillover on graphene as a phase nucleation process. *Phys. Rev. B*, **78**, 041402.
48. Singh, A.K., Ribas, M.A., and Yakobson, B.I. (2009) H-spillover through the catalyst saturation: an ab Initio thermodynamics study. *ACS Nano*, **3**, 1657–1662.
49. Han, S.S., Jung, H., Jung, D.H. et al. (2012) Stability of hydrogenation states of graphene and conditions for hydrogen spillover. *Phys. Rev. B*, **85**, 155408.
50. Huang, C.C., Pu, N.W., Wang, C.A. et al. (2011) Hydrogen storage in graphene decorated with Pd and Pt nano-particles using an electroless deposition technique. *Sep. Purif. Technol.*, **82**, 210–215.
51. Wang, Y., Guo, C.X., Wang, X. et al. (2011) Hydrogen storage in a Ni–B nanoalloy-doped three-dimensional graphene material. *Energy Environ. Sci.*, **4**, 195–200.

第 11 章 可控尺寸和形状石墨烯支撑的金属纳米结构用于燃料电池的先进电催化剂

Minmin Liu,Wei Chen

11.1 引言

由于能源消耗急剧增加、矿物燃料枯竭、这些自然资源供应有限以及世界各地的环境污染[1,2],许多研究人员正在积极努力寻找清洁、环保、可再生和可持续储能系统,包括电池、柴油机/发电机组、超级电容器和燃料电池(FC)等[3,4]。在这些能源装置中,由于具有丰富且无毒的小型有机分子燃料、高能量密度和高转换效率以及清洁和环保产品的优势,燃料电池有望成为潜在的能源装置。燃料电池是一种电能转换装置,其通过化学燃料(氢气、甲醇、甲酸或乙醇)在阳极处的氧化,以及在电催化剂和电解质界面阴极处氧气的反应,从化学能量产生电能[5]。电催化剂在确定燃料电池性能方面起着至关重要的作用。同时,电催化剂的性能强烈依赖于其尺寸、形状和组成。因此,电催化剂的设计和制造是燃料电池组件中的首要任务。无机金属或金属氧化物的结构控制合成和表面功能化是提高电催化剂稳定性和性能的有效途径。

石墨烯是一种六角形晶格结构的原子层二维碳薄片,自从 Geim 等人[6]发现它以来,在科学研究和技术发展方面引起了越来越多的研究兴趣。近年来,合成了不同形式的石墨烯材料,如二维石墨烯纳米片(GNS)、一维石墨烯纳米带(GNR)和零维石墨烯量子点(GQD)[7]。石墨烯具有高表面积(约为$2600m^2/g$)、化学和热稳定性、独特的长程 π 共轭和石墨化基面结构、宽的电位窗口以及优异的导电性($10^5 \sim 10^6 S/m$)和力学性能[8-11]。凭借这些神奇的性能,石墨烯和石墨烯基纳米材料已被作为许多应用领域中的新型二维辅助材料,如电池、生物传感器、燃料电池、光伏器件和超级电容器[5,12]。金属纳米材料与石墨烯之间相互作用的研究已经揭示,根据石墨烯-金属间距以及金属和石墨烯之间的费米能级差异,石墨烯和金属之间的界面发生电荷转移[13]。作为一种优秀的支撑材料,GNS 不仅可以提供大表面积用于负载纳米颗粒,还可以通过防止纳米颗粒(NP)聚集而提高纳米材料的稳定性。由于高电子传导性,通过与石墨烯的杂化,基于金属或金属氧化物 NP 的电催化剂的电子电导率也可以有效地提高[14]。在上述讨论的基础上,具有优化形态的石墨烯支撑的纳米结构,是一类可用于燃料电池的有前途的电催化剂。近年来,已经广泛研究了各种石墨烯基纳米催化剂,包括贵金属和非贵金属、非金属和金属氧化物等。在本章中，强调了燃料电池应用中，具有可控尺寸和形状的石墨烯支撑金属和金属氧化物纳米催化剂的最新进展。

11.2 燃料电池

作为一种有前途的清洁能源，燃料电池在过去几十年中备受关注。氢动力燃料电池的理论电池电压为 1.23V，基于氢的低热值[15]。根据所使用的电解质，燃料电池可分为五类：碱性燃料电池（AFC）、磷酸燃料电池（PAFC）、质子交换膜燃料电池（PEMFC）、熔融碳酸盐燃料电池（MCFC）和固体氧化物燃料电池（SOFC）。详细地说，PEMFC 包括直接甲醇燃料电池（DMFC）、直接甲酸燃料电池（DFAFC）和直接乙醇燃料电池（DEFC）[15]。各类燃料电池根据其工作温度可分为高温和低温单元。高温燃料电池包括 MCFC 和 SOFC，而低温燃料电池包含 AFC、PEMFC 和 PAFC。另一方面，基于处理模式，燃料电池也可以分为直接、间接或再生。此外，根据其发展的时间顺序，可以将燃料电池分类为第一代（PAFC）、第二代（MCFC）和第三代（SOFC、PEMFC）。此外，生物燃料电池，例如微生物燃料电池（MFC）[16]和酶促生物燃料电池（EBFC）[17]近年来也获得了很大的发展。

在所有这些类型的燃料电池中，与高温燃料电池（MCFC、SOFC）相比，PEMFC 是一种为便携式电子设备、交通车辆和固定电网提供动力的前瞻性技术，因为它具有较高的能量密度、较低的操作温度和较低的环境影响[3]。此外，PEMFC 虽然具有较低的电效率和复杂的气体处理过程等缺点，但具有出色的启动/关闭特性和卓越的负载跟踪特性[15]。

目前，在更高温度（<90℃）下运行的下一代 PEMFC 正在开发中，其燃料电池反应动力学增强，尤其是用于阴极的氧还原反应（ORR）、污染耐受性的增强、排热能力的改进和水处理[18]。这里主要介绍 PEMFC。

11.2.1 PEMFC 的配置和设计

图 11.1 显示了 PEMFC 的典型结构，显示了 H_2 中存储的化学能转化为电能。在氢动力燃料电池中，H_2 在阳极被氧化，而 O_2 在阴极被还原。在阳极，H_2 气体燃料可以被小的有机分子燃料，如甲酸、甲醇、乙醇等取代。在阴极处，通常选择 O_2 来收集由于高电负性从燃料释放的电子。一方面，质子从阳极流向阴极，穿过燃料电池内部的质子交换膜。另一方面，电子从燃料电池外部的燃料氧化反应（在阳极处）流向 ORR（在阴极处）。质子迁移到燃料电池和电子流出电池形成一个完整的电流回路[3]。电极是阳极和阴极反应的能量转换反应位点。阳极燃料氧化和阴极氧还原的产物是 CO_2 和 H_2O，它们是清洁和环保的气体。因此，环境污染物的超低排放或零排放是 PEMFC 相比热机最大的优势之一。尽管如此，阳极和阴

极上的电催化剂在降低电化学超电势和实现高电压输出方面发挥着重要作用[3]。

尽管近期取得了相当大的进展，但现有的燃料电池技术仍存在缺陷。基于铂（Pt）的材料已被接受为用于燃料氧化和 ORR 的最高活性的电催化剂。然而，除了 Pt 的高成本和稀缺性，Pt 基电催化剂的另一个主要缺点是，它们倾向于通过结块或 CO（一氧化碳）中毒而失活。Pt 电催化剂的不稳定性和耐久性差可能严重影响 FC 的整体性能。到目前为止，为了解决这些问题，碳材料如活性炭、碳纳米管（CNT）、石墨烯、碳点（CD）和 GQD 作为电催化剂辅助材料已被广泛研究[15]。纳米碳的作用是支撑金属催化剂并促进阳极或阴极反应，这是因为它们重量轻和表面积大。最近的一项工作表明，在电动汽车停止和移动期间，PEMFC 中 Pt 表面积随着时间的推移会大量损失，这种耗尽超过了将其保持在延长的时间跨度恒定电位下观察到的 Pt 溶解速率[19]。因此，如何提高电催化剂的耐用性和可靠性，仍然是燃料电池在实际操作中的主要挑战[18]。下面介绍几种典型的 PEMFC。

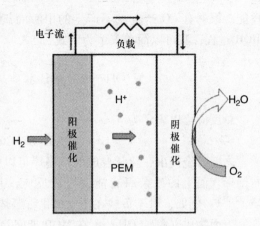

图 11.1　氢动力 PEMFC 示意图

11.2.2　DMFC

作为 PEMFC 的一个子类别，DMFC 具有工作温度低、能量效率高、耗尽率低、燃料快速启动的优点，并且可以用于各种应用，如车辆推进、固定式低功率发电和替代照相机和笔记本电脑等电子设备中的电池[15]。

甲醇-氧燃料电池的理论开路电压（OCV）为 1.18V [20]。甲醇氧化反应（MOR）过程涉及甲醇吸附，随后解离成吸附的过渡体及其氧化物。评估催化剂对 MOR 的催化性能有几个重要参数，如电化学表面积（ECSA）、氧化电流密度和 MOR 的起始电位。ECSA 确定用于电化学反应的可用催化活性位点编号，并考虑可用于将电子传送至电极表面和从电极表面传导的可用导电路径。同时，另一个参数 I_f/I_b 的比率是定性描述催化剂对有毒过渡体容忍度的关键。这里，I_f 表示与新鲜化学吸附物质的氧化有关的正向氧化峰值电流，I_b 主要是来源于在正向扫描中移除未完全氧化的碳质物质的反向氧化峰值电流。较大的 I_f/I_b 比通常表明催化剂对催化剂表面中毒物质的耐受性更高[21]。正向扫描时具有大 I_f 和更多负起始电位的更高 I_f/I_b 比，反映了 MOR 高得多的催化效率，以及高效去除催化剂表面上过量未完全氧化的物质，如 CO 和其他含碳残余物。CO 被广泛接受为催化剂表面吸附的主要有毒中间体物质，特别是 Pt 基催化剂，这可能大大降低催化剂和整个燃料电池的

性能。根据有 CO 产生或不产生的甲醇的氧化情况,提出了双重途径机制来解释 MOR 过程,其可以简单表示为下式:

$$CH_3OH \rightarrow CH_2OH_{ad} \begin{smallmatrix} \nearrow 活性中间体 \\ \searrow 有毒中间体 \end{smallmatrix} \rightarrow CO_2 \quad (11.1)$$

总反应可以表示为

$$CH_3OH + H_2O \rightarrow CO_2 + 6H^+ + 6e^- \quad (11.2)$$

之前已经提出,化学合成的石墨烯可以提高 MOR 对 CO 毒性的耐受性,因为石墨烯表面上的残余氧官能团可以反应,并去除在电极反应期间产生的含碳物质[22,23]。例如,对于负载在还原氧化石墨烯(RGO)上的 Pt NP,RGO 表面上的含氧表面物质(例如 OH)可在 MOR 期间除去催化剂表面上吸附的 CO(CO_{ad}):

$$RGO + H_2O \rightarrow RGO-(OH)_{ads} + H^+ + e^- \quad (11.3)$$

$$Pt-CO_{ads} + RGO(OH)_{ads} \rightarrow CO_2 + H^+ + Pt + RGO + e^- \quad (11.4)$$

因此,以石墨烯为载体,可以提高催化剂的电催化性能。另一方面,电化学反应涉及电极/电解质界面的电荷转移。电极反应的驱动力不仅受到浓度、压力、温度等参数的控制,还受到电力,即电极电位的控制。电力可以影响电极/电解质界面的电荷转移,并且可以在电化学电池中通过施加外部电压来改变。石墨烯的高电子迁移率可以增强 MOR 期间的电子转移过程,特别是对于低导电性的催化剂材料。

相关的阴极反应通常是指 ORR,它在确定燃料电池性能方面起着至关重要的作用。然而,ORR 的电子转移动力缓慢,这大大限制了燃料电池的应用。ORR 过程很复杂,通常被认为是通过有效的 $4e^-$ 将 O_2 还原成 H_2O(在酸中)或 OH^-(在碱中)[式 11.5],或者一个不太有效的两步 $2e^-$ 还原途径,形成 H_2O_2(在酸中)或 HO_2^-(在碱中)作为中间体,并分别进一步氧化成 H_2O 和 OH^-[式(11.6)][3]:

$$O_2 + 4H^+ + 4e^- \rightarrow 2H_2O \text{ 或}$$
$$O_2 + 2H_2O + 4e^- \rightarrow 4OH^- \quad (11.5)$$

$$O_2 + 4H^+ + 2e^- \rightarrow H_2O_2 + 2H^+ \rightarrow 2H_2O \text{ 或}$$
$$O_2 + H_2O + 2e^- \rightarrow HO_2^- + OH^-$$
$$HO_2^- + H_2O + 2e^- \rightarrow 3OH^- \quad (11.6)$$

旋转圆盘电极(RDE)技术被广泛用于研究 ORR 动力学信息。动能电流密度可以从下式得出:

$$\frac{1}{J} = \frac{1}{J_K} + \frac{1}{J_L} = \frac{1}{J_K} + \frac{1}{B\omega^{\frac{1}{2}}} \quad (11.7)$$

$$B = 0.62nFAD_0^{\frac{2}{3}}\omega^{\frac{1}{2}}\nu^{\frac{1}{6}}C_{O_2} \quad (11.8)$$

$$i_k = nFAkC_{O_2} \tag{11.9}$$

式中，J 是测量的电流密度；J_K 和 J_L 分别是动力和扩散极限电流密度；ω 是电极的旋转速率；n 是电子转移数；F 是法拉第常数；C_O 是溶解在电解质中 O_2 的体积浓度；D_O 是 O_2 的扩散系数；ν 是电解质的运动黏度；k 是电子转移速率常数。

此外，旋转环盘电极（RRDE）可以用辅助环电极来估计催化剂的 ORR 性能。电子转移数（n）可以从环和磁盘电流信息中获得，如下式所示：

$$n = \frac{4I_D}{I_D + I_R/N} \tag{11.10}$$

式中，I_D 和 I_R 分别是磁盘电流和环电流；N 是 RRDE 收集效率。

根据下式可以计算盘电极产生的环电极上收集的 H_2O_2 的百分比：

$$\% H_2O_2 = \frac{2I_R/N}{I_D + I_R/N} \times 100\% \tag{11.11}$$

根据该理论，具有更正的半波电位、更陡的极化曲线和更高的电流密度的线性扫描伏安法（LSV）曲线表明更好的催化效率。

DMFC 的主要优点包括：成本低廉、甲醇丰富、液态甲醇容易存储和运输，以及清洁产物 CO_2 和 H_2O。同时，DMFC 还具有高能量密度、低工作压力和温度的优势[15]。然而，DMFC 的一个明显的缺点是甲醇很容易通过聚合物膜从阳极跨越到阴极侧，这会由于阴极催化剂上的 MOR，而降低阴极电势并降低燃料效率[24]。为了克服甲醇交叉效应，开发了耐甲醇的 Pt 基和无铂的阴极电催化剂，已经取得了巨大的成功[10]。

11.2.3 DFAFC

在阳极使用甲酸作为燃料的燃料电池被称为直接甲酸燃料电池（DFAFC），其中甲酸在阳极被氧化并且在阴极被还原。稀甲酸水溶液在室温下被认为是安全的液体燃料，与氢气相比，它还具有易于处理、运输和存储的优点。同时，DFAFC 的理论 OCV（约为 1.48V 或 1.45V）高于甲醇 - 氧气（1.18V）和氢 - 氧（1.23V）燃料电池的理论 OCV。更重要的是，与甲醇相比，甲酸在 DMFC 中的交叉效应要低得多[25]，这将通过使用更薄的膜，并通过增加甲酸浓度来提高整个燃料电池的性能来降低成本。此外，甲酸氧化反应机制（FAOR）显示了一条双重途径，即直接脱氢途径，直接脱氢途径去除两个氢原子并直接产生 CO_2 [式（11.12）]，以及间接脱水 [式（11.13）] 途径，去除 H_2O 分子并产生有毒的中间 CO_{ads} 物质，进一步将其氧化成 CO_2[26]：

$$HCOOH \rightarrow CO_2 + 2H^+ + 2e^- \tag{11.12}$$

$$HCOOH \rightarrow CO_{ads} + H_2O \rightarrow CO_2 + 2H^+ + 2e^- \tag{11.13}$$

在电化学研究中，正向扫描中的电流峰值通常归因于通过脱氢途径氧化甲酸 [式（11.12）] 和通过脱水形成 CO 的氧化 [式（11.13）]。反向扫描中的电流峰值可归因于甲酸的直接氧化和去除在正向扫描期间聚集在催化剂表面上的不完全氧化的碳质物质,例如 CO、$HCOO^-$ 和 HCO^-。与 MOR 相似,向前和向后峰值电流的比率 I_f/I_b 也可用于定性估计催化剂的 CO 耐受性。通过改变材料的形态和组成,与石墨烯支撑的催化剂相比,商业 Pd/C、Pt/C 或其他碳材料负载的催化剂具有更高的甲酸氧化电催化活性[12, 20, 25, 27-31]。

11.2.4 DAFC 和生物燃料电池

直接醇燃料电池(DAFC)由于更高的理论能量密度和乙醇的毒性低于甲醇,因此也引起越来越多的关注。Pt 基电催化剂乙醇氧化的反应机理是复杂的。根据提出的机理,乙醛、乙酸或二氧化碳可以通过不同的反应途径形成。已经发现 Pd 基电催化剂对醇氧化反应(AOR)的催化活性仅在碱性介质中显著。碱性介质中 Pd 上乙醇氧化的反应机理如下[32]:

$$Pd + CH_3CH_2OH + 3OH^- \rightarrow Pd-CH_3CO_{ads} + 3H_2O + 3e^- \quad (11.14)$$

$$Pd + OH^- \leftrightarrow Pd-OH_{ads} + e^- \quad (11.15)$$

$$Pd-CH_3CO_{ads} + Pd-OH_{ads} \rightarrow Pd-CH_3COOH + Pd \quad (11.16)$$

有人认为式(11.16)是决定速率的步骤。迄今为止,各种石墨烯负载金属材料均已成功设计为 DAFC 的电催化剂[33-36]。

近年来,生物化学燃料电池作为一种新型的清洁能源而备受关注。在生物化学燃料电池中,生物催化剂用于将化学能转化为电能以满足能源需求。化学能源可以来自于大自然的溶液,甚至是活的有机体(例如来自血流的葡萄糖)。丰富的有机原料(如甲醇、有机酸或葡萄糖)可作为氧化过程的燃料,分子氧或过氧化氢可作为氧化剂被还原[15]。

目前,作为便携式家庭应用,具有较低输出功率(<10kW)的 PEMFC 系统主要用于住宅建筑中的电力、供暖和温水。具有较大输出功率水平(50~250kW)的 PEMFC 被用作后备电源(安全能量供应)以及低温加热和优质电源[15]。然而,尽管燃料电池已取得实质性进展,但这些电池的广泛商业化和性能仍受限于 Pt 基催化剂的高成本和低催化活性,特别是 ORR 的缓慢电子转移动力。应该指出,碳载体通常用于最先进的商业催化剂。然而,纳米催化剂的降解和碳载体在实际燃料电池中的严重腐蚀会导致催化剂的性能快速降低。作为碳材料的新成员,石墨烯具有独特的物理和化学特性,如大比表面积、超高电导率、优异的力学性能和高稳定性[37]。这些非凡的性能使石墨烯成为一种有前途的催化剂支撑体。在过去的十年中,已经设计和研究了各种石墨烯基材料用于燃料电池的电催化剂。在此,总结了基于石墨烯支撑金属纳米结构的可控尺寸和形状的燃料电池催化剂。

11.3 石墨烯基金属纳米结构作为燃料电池的电催化剂

通常认为燃料电池中的电催化剂决定了电池的成本和整体性能[38]。如上所述,虽然 Pt 基纳米材料是用于燃料电池中阳极和阴极反应过程最活泼的电催化剂,但纯 Pt 催化剂的应用其成本高、性质有限、耐久性差以及在电极反应中由于产生的 CO 中间体易于自我中毒。为了解决这些问题,一种有效的方法是将贵金属与非贵金属合金化,来降低成本并提高对 CO 物质的耐受性。以前的研究表明,合金金属纳米复合材料显示出比单金属纳米材料高得多的电催化活性。另一种方法是制备具有可控大小和形状的催化剂,以降低成本并优化催化活性[39]。另一方面,也承认催化剂的电催化性能强烈依赖于表面形态和化学组成以及纳米材料的形状和大小[38,40]。金属纳米晶体与石墨烯的结合可以产生具有不同形态的混合纳米催化剂,导致电导率和稳定性的提高[14,41]。

与 CNT 基载体相比,石墨烯显示出以下优点。首先,两侧暴露于溶液的石墨烯片的二维结构导致比一维管结构更大的活性表面积[42]。其次,金属纳米颗粒可以均匀分布在石墨烯基载体上,而 CNT 上的纳米颗粒有时会由于 CNT 壁的大曲率而趋于聚集。此外,与 CNT 相比,化学转化的石墨烯或 RGO 对 MOR 中的 CO 中毒具有更好的耐受性,因为石墨烯表面上剩余的含氧基团可以反应并除去含碳物质[22]。

迄今为止,基于石墨烯具有不同形态的纳米结构,例如金属纳米簇、金属纳米颗粒、核壳、中空、类荧光和纳米枝晶纳米结构,已成功制备并研究了作为燃料电池电催化剂。制备方法主要包括化学还原、原位生长、自组装、电沉积、微波辅助处理、浸渍/热处理等。

11.3.1 石墨烯支撑的金属纳米团簇

块状造币金属如 Au、Ag、Cu 具有化学惰性,这是由于它们填满的导带。与其他具有部分填充导带的过渡金属相比,它们的惰性导致更高的活化势垒。然而,当材料的尺寸减小到纳米团簇的尺寸时(纳米晶,<2nm),其导带向更靠近费米能级移动的 Au 催化剂显示出与体相 Au 和 Au 纳米颗粒明显不同的性质(2nm < NP < 100nm)。此外,具有小尺寸以及窄导带和尺寸分布的 Au 纳米团簇有利于 O_2 吸附,这对于燃料电池中的 ORR 是有利的[43,44]。

一般来说,为了减小核心尺寸和提高稳定性,必须通过保护配体来包裹微小的纳米团簇,这可能阻碍表面活性位点以及质量和电子转移,导致低电催化活性。同时,由于小尺寸颗粒具有极高的表面能或 Gibbs 自由能,在电催化过程中,无表面活性剂的金属纳米团簇易于溶解、聚集和烧结。将金属纳米团簇和纳米颗粒引入 GNS 和其他碳载体的表面是克服这些缺点,并改善电化学稳定性的有效方法[45-48]。金属团簇与石墨烯缺陷位置 sp^2 悬空键的杂化能明显提高复合材料的稳定性[49]。实际上,发现石墨烯上最简单的单碳空位缺陷在催化 CO 氧化和增加金属簇与石墨烯片之间的相互作用方面发挥了重要作用[50]。密度泛函理论(DFT)计算的结果表明,负载在具有碳空位的石墨烯上的金属纳米团簇比没有缺陷的石墨烯更稳定[51]。此外，理论计算预测，在石墨烯上改性的金属纳米团簇的混合纳米结构，通过增强的簇与石墨烯之间的电荷转移提高了催化活性。事实上，大量的实验研究表明 RGO/金属纳米团簇复合材料显示出优异的电催化性能。

制备石墨烯支撑的金属簇的典型程序是同时在一个步骤中还原金属前驱体和 GO（氧化石墨烯）的混合物。通过这种方法，在不使用任何保护剂或还原剂的情况下，Tang 和合作者[44]成功合成了具有清洁表面的 Au NC/RGO 杂化体。在合成中，通过超声处理 $HAuCl_4$ 和 RGO 溶液的混合物 10min，获得了具有 1.8nm Au 纳米团簇的 Au NC/RGO 杂化物。如扫描电子显微镜（SEM）和透射电子显微镜（TEM）图像（见图 11.2）所示，单分散 Au 纳米团簇均匀分散在 RGO 片的表面。在所提出的合成机理中，具有电子给体性质（电子给体）的 RGO 可强力锚定正的 Au（III）离子（电子受体），因此金离子可原位还原成 RGO 纳米片表面上的簇。在以下电化学研究中，所获得的 Au NC/RGO 复合材料对 ORR 显示出优异的电催化性能，其起始电位与商用 Pt/C 催化剂相当[44]。

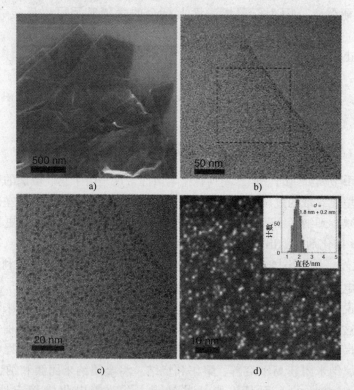

图 11.2　在还原 GO 上改性的合成的 Au 纳米团簇的 a) SEM、b)、c) TEM 和 d) HAADF 图像。图 d 中的插图显示了平均尺寸为 1.8nm±0.2nm 的 Au 纳米团簇的尺寸直方图
（经参考文献［44］许可转载。版权所有（2012），美国化学学会）

以 GNS 为载体，无表面活性剂的 Ir_xV 二元合金纳米团簇也已在乙二醇

(EG）存在下，于120℃用3h成功制备[52]。Ir_xV 簇的平均核心直径约为2nm。Ir_xV/RGO 纳米结构显示出对 ORR 的组成依赖的催化活性，Ir_2V/RGO 杂化物在所研究过的 Ir_xV/RGO 杂化物中，具有最佳的碱性电解质催化性能，其中 Ir 和 V 的比例不同。

从这些研究中可以看出，将金属纳米团簇引入到石墨烯片上可显著增强其稳定性和电催化活性。石墨烯表面上的缺陷位置和氧官能团可为金属簇催化剂的成核和生长提供反应位点，并促进石墨烯支撑的纳米晶体的原位生长。

11.3.2　石墨烯支撑的单金属和合金金属纳米颗粒

除金属纳米团簇，在石墨烯支撑的单金属（Au[53]、Pt[54-58] 和 Pd[27,59]）或金属合金（PtPd[33,36,60,61]、PtRu[62-64]、PtAu[12,28,35,65]、PdAg[66,67]、PtFe[68,69]、PtCo[14,70,71]、PtNi[72-75]、PtPdAu[76,77]）NP 的合成及其对燃料电池的电催化活性方面已经做了很多工作[42]。在合金纳米结构中，PtRu 纳米颗粒由于其作为阳极和阴极催化剂的高催化性能而受到特别关注。例如，使用 EG 还原方法，Dong 等人[62]成功制备了在石墨烯（PtRu/GN，<10nm）上改性的 PtRu NP。图 11.3a、b 显示了负载在不同碳载体上的 PtRu NP 对甲醇和乙醇氧化的催化活性。显然，相比负载于石墨和 Vulcan XC-72R 炭黑（CB）上的 PtRu 催化剂，PtRu/GN 具有改进的电催化性能。在另一项工作中，Singh 和 Awasthi[64] 用微波辅助多元醇还原法制备了 PtRu/GNs 复合材料，并研究了它们对甲醇电氧化的催化活性。从图 11.3c 可以看出，负载在石墨烯上的 Pd 与负载在多壁碳纳米管（MWCNT）上的 Pd 相比，对于甲醇氧化显示更负的起始电位和更高的电流密度。而且，PdRu/GN 比 Pd/GN 和 P/MWCNT 表现出高得多的中毒容忍度。

已经发现石墨烯支撑的 Pd 和 Pd 基合金 NP，在燃料电池阴极 ORR 过程中具有优异的催化活性和耐受性，特别是对于 CO 和甲醇[78]。例如，通过在油胺和1-十八碳烯的混合溶液中，用吗啉甲硼烷液相还原 Pd(acac)$_2$ 乙酰丙酮（acac）（见图11.4a），合成石墨烯支撑的单分散 Pd NP（4.5nm）[27]。Pd 纳米颗粒均匀地组装在石墨烯片上，Pd/GN 对甲酸电氧化的催化活性增强，如图 11.4b 所示。这些研究表明，石墨烯作为支架提高金属纳米颗粒的稳定性和催化活性具有很大的应用潜力。

Zhang 等人[12]使用阳离子聚电解质聚（二烯丙基二甲基氯化铵）（PDDA）作为稳定剂（见图11.5a~d），通过一个简单的合成方法在 GNS 上制备改性 PtAu 合金 NP（PtAu/GN，3.2nm）。与 CB 和商业 Etek-Pt/C 催化剂上负载的 PtAu 合金 NP 相比，PtAu/GN 对甲酸氧化表现出改进的催化效率。根据图 11.5e 所示的循环伏安曲线（CV），甲酸氧化在 PtAu/GN 和 PtAu/CB 上的起始电位比在 Etek-Pt/C 上的低得多。此外，在 PtAu/GN（2.310A/mg_{Pt}）和 PtAu/CB（1.682A/mg_{Pt}）上获得的

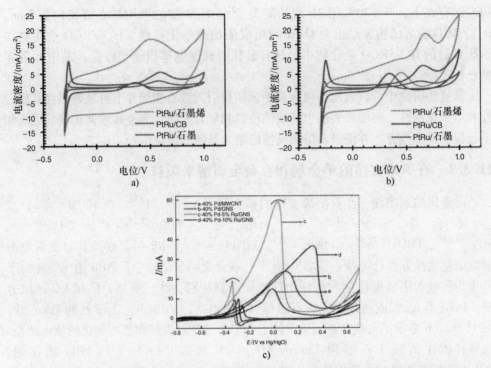

图 11.3 负载在石墨烯、石墨和 Vulcan XC-72R 炭黑上的 PtRu NP 的电催化活性对甲醇 a) 和乙醇 b) 在 0.5mol/L H_2SO_4 + 1mol/L CH_3OH 溶液 a) 和 0.5mol/L H_2SO_4 + 1mol/L CH_3CH_2OH 溶液 b),电位扫描速率为 50mV/s (经参考文献 [62] 许可转载,版权所有 (2010),Elsevier)。c) 40% Pd/MWCNT、40% Pd/GN、40% Pd-MWCNT 的 CV 曲线在 1mol/L KOH + 1mol/L 甲醇中的 5% Ru/GN 和 40% Pd-10% Ru/GN 催化剂,电位扫描速率为 50mV/s (经参考文献 [64] 的许可转载。版权所有 (2013),Elsevier)

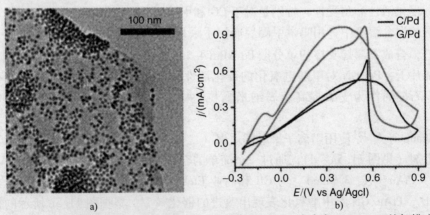

图 11.4 a) 在 N_2 饱和的 0.1mol/L $HClO_4$ + 0.1mol/L HCOOH 溶液中以 50mV/s 的扫描速率在 G/Pd NP 改性电极上催化的 FAOR 对 G/Pd NP 的 TEM 图像。b) FAOR 的循环伏安图 (CV) (经参考文献 [27] 许可转载。版权所有 (2013),英国皇家化学学会)

第11章 可控尺寸和形状石墨烯支撑的金属纳米结构用于燃料电池的先进电催化剂

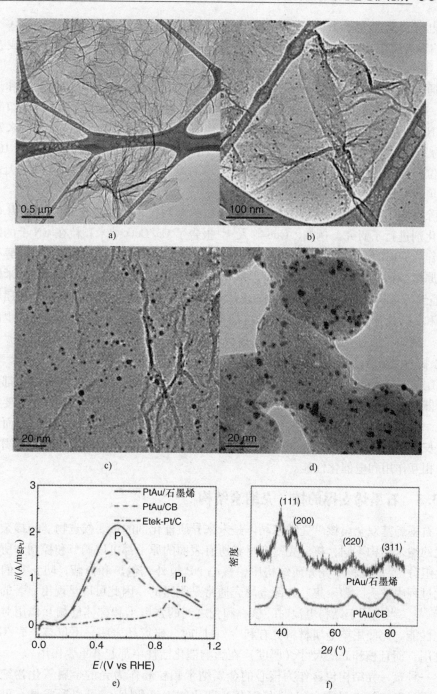

图11.5 a) 石墨烯纳米片，b)、c) PtAu/GN，d) PtAu/CB 的 TEM 图像。e) 在 N_2 饱和的 0.5mol/L H_2SO_4 + 0.5mol/L HCOOH 溶液中，在 PtAu/GN、PtAu/CB 和商业 Etek - Pt/C 上甲酸氧化的 CV 曲线。f) PtAu/GN 和 PtAu/CB 的 XRD 图谱
（经参考文献 [12] 许可转载。版权所有 (2011)，美国化学学会）

峰值电流密度远大于 Etek-Pt/C（0.182A/mg_{Pt}）的峰值电流密度。PtAu/GN 和 PtAu/CB（见图 11.5f）的 X 射线衍射（XRD）图表明在 GN 和 CB 上形成合金 PdAu 纳米晶体。

通过原位生长法在 GNS 上沉积的金属纳米颗粒，通常缺乏所需的尺寸和形态控制，这将阻碍其在催化中的潜在应用。自组装过程提供了可以在 GNS 上组装均匀的 NP 的方法。例如，在最近的一项工作[68]中，首先合成 FePt 合金纳米颗粒（约为 7nm），然后通过自组装方法将其组装到石墨烯表面（FePt/GN）。在 10000 次电位扫描后，FePt/GN 的 ORR 活性几乎没有变化，这表明石墨烯可以极大地提高其负载金属 NP 的稳定性和耐久性。

除贵金属，石墨烯上负载的金属氧化物纳米颗粒也已成功制备，并作为 ORR 电催化剂进行了研究。例如，Guo 等人[13]报告了 Co/CoO 纳米颗粒在 GN 上的组装及其作为 ORR 催化剂用于燃料电池的应用。在另一份报告中，通过在二甘醇存在下还原醋酸铜，用简便的方法制备分散在 RGO（Cu_2O/RGO）上的 Cu_2O 纳米颗粒（直径约为 4nm）[79]。Cu_2O/RGO 杂化体对 ORR 具有高催化活性，在碱性介质中对甲醇和 CO 具有优异的耐受性。其他石墨烯支撑具有新结构的纳米复合材料也已被合成。例如，通过典型的 EG 合成路线成功合成了石墨烯支撑的贵金属和过渡金属氧化物杂化物，如 PdNP/MnO_2 纳米薄层（Pd/MNL/GN） MnO_2 纳米薄层（MNL）[29]。所获得的 Pd/MNL/GN 被认为对于燃料电池中的 MOR 和 FAOR 都是有效的催化剂，这为制备具有高催化性能的电催化剂开辟了新的设计思路。需要指出的是，目前 NP 是最容易获得和利用的最常见的形态。纳米颗粒在石墨烯表面的原位生长可以使它们之间的接触最大化，从而增强了它们在燃料电池中阳极和阴极反应的相互作用和电催化性能。

11.3.3　石墨烯支撑的核-壳纳米结构

石墨烯基双金属核-壳纳米晶体是未来异质催化剂的重要候选物。与掺杂或合金化的纳米结构不同，核-壳复合材料所有表面的原子都可以调节和控制到所需的活性组分[80]。在核-壳异质结构中，核心 NP 被外壳包裹和掩蔽，防止它们在电催化过程中被去除和聚集。外部金属壳通常是张紧的，因此可以呈现出显著的催化性能[81]。当应用于燃料电池时，核心和壳之间的强电子和配体的相互作用对于电催化性能，比使用单金属材料更有利[82]。同时，研究还表明，不仅核-壳/GN 相互作用，而且核和壳的尺寸（厚度）在影响催化活性中都起着重要作用。

一种核-壳结构包含作为核心的金属纳米颗粒和作为壳的金属氧化物纳米颗粒。通过在空气中暴露自组装的 Co/GN 杂化物来氧化[13]，可以形成具有可调的 Co 尺寸和 CoO 厚度的一系列 Co/CoO/GN 纳米结构。所合成的 Co/CoO/GN 复合材料表现出与商用 Pt/C 催化剂相当的活性，并且具有好得多的稳定性，表明其可用于 ORR。一般来说，核-壳纳米结构可以通过在核心纳米晶外部生长结晶覆盖层来获得[83]。此外，核-壳结构也可以通过化学浸出或催化剂中碱金属的电化学合成[84]以及通过 Adzic 和 Kokkinidis 提出的冲击电流替代法[85]来实现。

以前的研究表明，以过渡金属为核心和碱贵金属为壳的核-壳纳米材料具有许多优点。外部贵金属的电子特性可以通过调节核心的碱金属含量来调节。Zhang 等人[85]通过结合微波合成和电流替代程序的两步法，制备了石墨烯支撑 Ni/Pd 核-壳结构（Ni/Pd/GN，4nm），如图 11.6a 所示。在合成中，将 EG 溶液中的氧化石墨和硝酸镍的混合物在微波炉中进行微波（MW）加热。然后分离获得的 Ni/石墨烯化合物并在搅拌下加入到 H_2PdCl_4 溶液中 14h，从而在石墨烯上形成分散良好的 Ni/Pd 核-壳 NP。从 TEM 表征（见图 11.6b），发现形成的核-壳结构均匀分散在

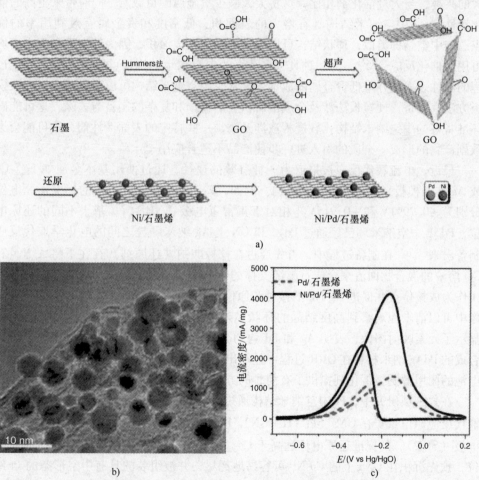

图 11.6 a）石墨烯支撑 Ni/Pd 核-壳结构（Ni/Pd/GN）的制备过程示意图。b）Ni/Pd/GN 的 TEM 图像。c）在 1.0mol/L KOH + 1.0mol/L 乙醇溶液中 Ni/Pd/GN 和 Pd/GN 上乙醇氧化的 CV 曲线，扫描速率为 50mV/s（经参考文献 [85] 许可转载。版权所有（2012），英国皇家化学学会）

GNS 上。电化学测量（见图 11.6c）显示，在相同的 Pd 负载量下，获得的 Ni/Pd/GN 上的乙醇氧化的峰电流密度是 Pd/GN 电催化剂的 3 倍。

具有薄或多孔壳的核-壳纳米晶体被期待用于催化。多孔壳促进电解催化过程，并提供化学物质和电解质从外部到核心表面[86]的自由访问。因此，通过优化壳结构可以提高石墨烯支撑核-壳纳米结构的电催化活性。

11.3.4 石墨烯支撑的中空纳米结构

由于电催化过程发生在催化剂的表面原子上，物质内部的大量原子实际上不参与催化反应。因此，具有中空结构的贵金属材料作为燃料电池的电催化剂引起了极大的兴趣，与大量催化剂相比，这将大大减少贵金属的负载量，同时带来更高的催化活性[38]。中空纳米结构具有增大的表面积、低密度和贵金属有效利用率的优点。与中空结构类似，环状结构可以大大增加活性表面积，因为外表面和内表面均可用于催化反应[38,87]。另一种具有多孔壳的中空纳米结构也可以大大增加催化过程的活性表面积并降低贵金属的成本。通常，中空纳米结构可以通过硬模板和软模板方法来制备。硬模板法涉及合成前后模板的繁琐和复杂的制备与去除，这可能破坏准备好的中空纳米结构。软模板法涉及添加一些特定的表面活性剂，这可能会导致副产物的形成。杂质的引入进一步使产品不适合应用[88]。

最近，电流替代反应被报道为一种有效的途径，通过使用基本金属如 Fe、Co 或 Ag 作为模板来制备中空纳米结构。例如，Ag^+/Ag 和 Pd_2^+/Pd 的标准还原电位分别为 +0.7991V 和 +0.915V［相对于正常氢电极（NHE）］。基于不同的还原电位，PdAg 中空纳米环已经通过 Pd_2^+ 和 GN 上 Ag 纳米颗粒之间的电化学取代反应制备出来[38]。在制备过程中，首先通过在柠檬酸钠（还原剂）存在下将 $AgNO_3$ 和 GO 溶液的混合物回流来合成石墨烯支撑的 Ag NP（Ag/GN）。GO 表面上的氧官能团作为成核位点并促进 Ag NP 的接种和原位生长。在高分辨率 TEM（HRTEM）图像中可以清晰地观察到高度结晶的环状纳米晶体（见图 11.7a、b）。图 11.7c ~ e 显示了元素映射图像，表明 Ag 和 Pd 均匀分布在纳米环的壳中。在石墨烯上负载合成的 PdAg 纳米材料在 ORR 过程中显示出优异的甲醇耐受性，这为制备用于燃料电池的耐甲醇阴极催化剂提供了有前景的方式。

在另一项研究中，Pt 中空纳米结构通过 $PtCl_6^{2-}$ 和 Co/GN 杂化物之间的电化学取代反应原位生长在 GNS（Pt-H-GN）上。由于 $PtCl_6^{2-}/Pt$［0.735 V vs 标准氢电极（SHE）］的标准还原电位远高于 Co_2^+/Co（0.277 V vs SHE）的标准还原电位，预先沉积在 GNS 上的 Co NP 可容易地耗尽，并被组装的具有中空形态的 Pt 纳米颗粒取代。Pt 中空结构和石墨烯载体之间的协同效应，可以增强阳极甲醇氧化的电催化活性[89]。Hu 等人通过一种新的双重溶剂热渠道，开发了在多孔三维 GN 骨架上负载的中空三元 Pt/Pd/Cu 纳米盒子（PtPdCu/3DGF）[34]。类似地，通过 EG 在 160℃ 下的溶剂热处理，3DGF 支持的 PdCu 纳米立方体（PdCu/3DGF）首先制

第11章 可控尺寸和形状石墨烯支撑的金属纳米结构用于燃料电池的先进电催化剂

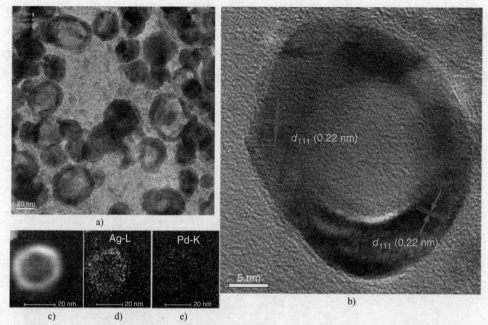

图11.7 制备的PdAg的高分辨率TEM显微照片：a)、b) 在GN上支持不同放大倍数的纳米环，c) 高角度环形暗场，d)、e) Ag和Pd的相应元素映射

（经参考文献 [38] 许可转载。版权所有 (2013)，Wiley - VCH）

备为核心。然后，通过在160℃下在EG中进一步加热PdCu/3DGF和H_2PtCl_6溶液的混合物3h获得三元Pt/PdCu/3DGF结构。所制备的三维多孔杂化材料被认为是有效的乙醇氧化电催化剂[34]。

电流替代方法提供了一种快速、简单、有效、高质量和可重复的合成空心结构且不需要后处理的方法[65,88]。通过这种方法获得的石墨烯支撑中空类金属电催化剂，可以有效地利用材料的表面，从而大大减少了贵金属的使用，这对贵金属在燃料电池催化剂中的应用是有益的。

11.3.5 石墨烯支撑的立方纳米结构

由于金属材料的电催化活性、选择性和稳定性强烈依赖于它们的形态（尺寸、形状、组成等），合成具有可控形态的石墨烯支撑的金属纳米催化剂是重要的。最近，Lu等人[90]用聚乙烯吡咯烷酮（PVP）作为保护剂，通过一锅合成合成负载在还原氧化石墨烯上的PtPd合金纳米立方体（PtPd/RGO）。在合成中，使用N，N-二甲基甲酰胺（DMF）作为双功能溶剂来溶解和还原金属前驱体。图11.8a显示了合成的示意图，包括两个步骤：①在第一步中，GO被还原并充当成核位点，通过它们之间的强接触来固定金属纳米晶体；②第二步中，在PVP的存在下发生核形成和立方体形成。图11.8b～h显示了TEM和元素映射图像，揭示了82%的平均尺寸为8.5nm的PtPd纳米立方体均匀分散在RGO表面上。与未加负载的PtPd合金纳米立方体和商用 Pt/C 相比,所得的 PtPd/RGO 复合物显示出对 MOR 增强的电催化性能,包括改进的 ECSA、更大的电流密度和更负的起始电位。此外,PtPd/RGO 在甲醇氧化过程中表现出极大的稳定性和耐久性,表明石墨烯片可以作为优异的催化剂载体,用于提高电催化剂的电催化性能和耐久性。

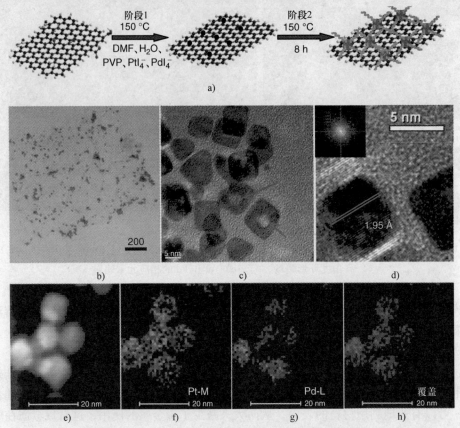

图 11.8 a) RGO 负载的 PtPd 合金纳米立方体(PtPd/RGO)的一锅水热合成示意图,b) 在不同放大倍数下的 PtPd/RGO 的 TEM,c)、d) HRTEM 图像,图 d 中的插图显示单个 PtPd 纳米晶体的快速傅里叶变换(FFT)图,e) PtPd/RGO 的高角度环形暗场扫描透射电子显微镜(HAADF-STEM)图像,f) Pt 的相应元素映射,g) Pd 的相应元素映射,h) 覆盖层的相应元素映射(经参考文献 [90] 许可转载。版权所有(2013),美国化学学会)

此外,立方体纳米材料也可以通过其他方法制备。例如,立方 PtPd/RGO 纳米结构通过另一种一锅法但不含表面活性剂的方法合成,使用 DMF 作为溶剂和还原剂以还原 GO 和金属前体[61]。已经通过电沉积制备了在石墨烯纸(Cu-GP)上良好分散的 Cu 纳米立方体,其中 $CuCl_2$ 在 -0.4V [相对于饱和甘汞电极(SCE)] 沉积在 GNS 上[91]。

据报道,具有暴露的高指数面的金属纳米材料具有增强的催化性能[92]。因此,通过将具有高指数面的金属纳米晶体耦合到 GNS,它们的电催化性能可以增强。Lu 等人[93]通过简单的一锅水热合成策略,证明石墨烯支撑的 PtPd 合金凹纳米立方体(C-PtPd/RGO)的形成。为了制备 C-PtPd/RGO,将 K_2PtCl_4 和 Na_2PdCl_4 以 1:1 的摩尔比混合的混合物、PVP、NaI 和 GO 在 DMF 溶液中放入特氟龙内衬的不锈钢高压釜中,并在 130℃下反应 5h。如图 11.9 所示,平均尺寸为 13.8nm 的 PtPd 合金凹形纳米立方体,可以在 GO 存在下通过水热过程容易地调整。这里,不仅作为载体,而且由于其表面上的各种官能团作为形态学引导剂,GO 在形成 C-PtPd/RGO 中发挥重要作用。与之形成鲜明对比的是,在没有 GO 的情况下仅获得 PtPd 合金纳米立方体。HRTEM 图像(见图 11.9d)清楚地表明存在 {730} 高指数面。获得的 C-PtPd/RGO 材料表现出增强的电催化活性和对 MOR 的高耐久性。例如,来自 MOR 的峰值电流密度高达 381mA/mg,这比商用 Pt/C 催化剂高出近四倍。此外,在 1000VA 循环后,C-PtPd/RGO 的 ECSA 仅显示 9.96% 的损失,并且 MOR 的峰值电流密度没有损失。改进的电催化性能可能是由于表面暴露的高指数面以及石墨烯载体和催化剂之间的强相互作用[93]造成的。

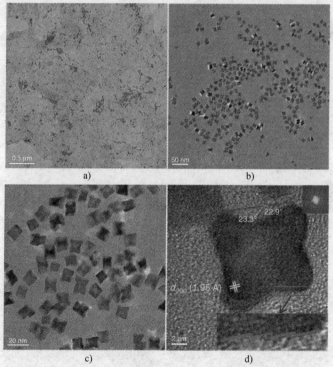

图 11.9 a)、b) 在不同放大倍数下合成的 C-PtPd/RGO 的 TEM 图像,c)、d) C-PtPd/RGO 在不同倍率下的 HRTEM 图像。图 d 右上方的插图是凹纳米立方体的 FFT 图案,底部的插图显示了图 d 中用红色矩形标记的选定区域的放大图像(经参考文献 [93] 许可转载。版权所有(2014),英国皇家化学学会)

11.3.6 石墨烯支撑的纳米线和纳米棒

二维（2D）纳米线（NW）和纳米棒材料作为电催化剂在燃料电池方面获得了持续的关注，例如 PtPd[94]、FePt[95]、FePtPd[96]、Pd/FePt[97]、CoPt[95]、AuPtPd[77]和 PdAg[98]对于 ORR[95]、乙醇氧化反应（EOR）[77]和 FAOR[98]的过程。使用 HCOOH 作为还原剂而不添加任何表面活性剂[30]，通过简单的一步湿化学还原方法，证明了负载在 RGO 上的支化铂纳米线（BPtNW/RGO）的成功合成。如图 11.10 所示，形成的铂纳米线的直径为 3~4nm，长度为 5~20nm，这可以通过添加不同的铂前驱物来实现。BPtNW/RGO 复合材料比用于甲醇氧化的商业 Pt/C 具有更高的质量和比活性。Hu 等人[99]还制备了负载在三维石墨烯上的三元 Pd_2/PtFe NW（Pd_2/PtFe/3DGF），用于酸性电解质中的 FAOR。Pd_2/PtFe/3DGF 通过双重溶剂热法制备，包括两步。首先，在石墨烯片上制造长度为几十纳米和直径为

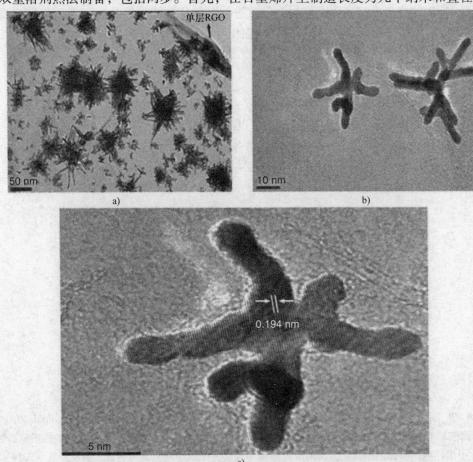

图 11.10 a）、b）在不同放大倍数下 BPtNW/RGO 杂交体的 TEM 和
c）HRTEM 图像（经参考文献 [30] 许可转载。版权所有（2012），英国皇家化学学会）

2~5nm 的 PtFe NW。然后将 Pd 沉积到 PtFe/3DGF 复合材料上。在 Pd_2/PtFe/3DGF 催化剂上甲酸氧化的电催化测量中,正向和反向两个方向观察到两个电流峰,这可归因于 PtFe 和 Pd 的 FAOR 特性。这样的结果表明 PtFe 和 Pd 之间有良好的协同作用。此外,在所研究的所有催化剂中,Pd_2/PtFe/3DGF 显示出最低的起始电位、最大的氧化电流和用于甲酸氧化的最高稳定性。

石墨烯支撑的金属氧化物纳米结构也已经制造出来,并作为 ORR 的催化剂进行了研究[100]。Wu 等人[101]制备了石墨烯支撑的具有不同晶体结构和形貌的锰氧化物(MnO_2/G)。还研究了 MnO_2 结构对 ORR 催化活性的影响。发现 MnO_2/G 杂化材料对 ORR 的电催化性能在序列 $\alpha-MnO_2$ 纳米线 > 非晶态 MnO_x 纳米颗粒 > $\beta-MnO_2$ 微棱柱中有所下降。在这些材料中,$\alpha-MnO_2$ 纳米线对于通过四电子途径的 O_2 还原反应具有最高的催化性质,并且在碱性溶液中具有最高的耐久性。

此外,人们发现在 MnO_2 催化剂中,Cu 或 Ni 的掺杂可降低活化能并提高其 ORR 性能[102]。RRDE 结果显示,Ni/$\alpha-MnO_2$、Cu/$\alpha-MnO_2$ 和 $\alpha-MnO_2$ 纳米线上的 ORR 分别为 3.5、3.4 和 3.1。所有电化学结果表明,ORR 的电催化活性按 Ni/$\alpha-MnO_2$ > Cu/$\alpha-MnO_2$ > $\alpha-MnO_2$ 的顺序降低。Ni 掺杂的 $\alpha-MnO_2$ 杂化材料对 ORR 显示出最高的催化活性,其半波电位与商用 20% Pt/C 催化剂相当,但具有比 Pt/C 高得多的稳定性。

除了石墨烯支撑的纳米线结构,人们还制造了负载在石墨烯上的金属纳米棒,并且已经研究了它们对阳极和阴极反应的催化活性。例如,利用带正电荷的 Au 和 Au/PtAg 纳米棒的优点,金属纳米棒可以在带负电的石墨烯片上自组装形成 Au/PtAg 纳米棒/石墨烯杂化物[103]。作为一种阳极催化剂,Au/PtAg/GN 杂化材料比纯 Au/Pt 和 Au/AgPt 合金纳米棒具有更高的催化活性和对 MOR 的电化学稳定性。在另一项工作中,通过简单的水热过程制备了负载在还原的氧化石墨烯(Co_3O_4/RGO)上的高度均匀的 Co_3O_4 纳米棒。作为一类阴极电催化剂,Co_3O_4/RGO 杂化材料对 ORR 显示出了出色的催化性能[104]。

基于石墨烯的二维纳米线和纳米棒,特别是二元或三元合金的组成可以减少贵金属的使用并提高电催化剂的稳定性。值得注意的是,负载在石墨烯上具有优异电催化活性的过渡金属氧化物纳米线或纳米棒,由于其低成本和高耐久性,作为燃料电池催化剂具有应用前景。

11.3.7 石墨烯支撑的花状纳米结构

类似于荧光粉和纳米结构的高度粗糙的外表面可以提供高表面积,并且可以显著提高其作为燃料电池催化剂的电催化性能[31,105]。Hoefelmeyer 等人[106]提出了一个"种子生长"机制,用于形成类似荧光蛋白的纳米颗粒。通过使用一锅法化学还原法,Chen 及其合作者[107]合成了一种支持三维氧化石墨烯(PtNF/GO)的 Pt 纳米花纳米结构,具有高产量和良好的尺寸单分散性。作者提出了类似 PtNF/GO 纳米结构的形成过程和机理。在合成中,GO 作为稳定剂以避免 PtNF 的聚集,乙醇用作还原剂和分散剂。有人提出,在早期形成的 Pt 纳米晶体上 $PtCl_4^{2-}$ 的还原导致 Pt 纳米花的形成。与铂黑催化剂相比,所制备的 PtNF/GO 杂化体对于 MOR 具有更大的 ECSA、较低的起始电位、较高的 I_f/I_b 比和较大的甲醇氧化电流，表现出改进的电催化活性。最近，Wang 等人[108]报道了一种简单而有效的方法，通过冰浴中的温和搅拌过程在石墨烯（FSPd/GN，20~30nm）上制备花状的 Pd 纳米颗粒，而不添加任何还原剂。在温和搅拌下，FSPd NP 在成核位点形成而不是单个颗粒。人们还研究了石墨烯在 FSPd/GN 合成过程中所起的作用。据发现，随着 GO 浓度的降低，Pt 纳米颗粒的尺寸增大，甚至导致聚集体的出现。此外，没有 GO 的存在，在合成中不会形成 Pd NP 或纳米发光体。FSPd/GN 复合材料对 ORR 和葡萄糖氧化反应显示出显著的电催化性能。

还原氧化石墨烯（Au NP/RGO）上的花状 Au 纳米颗粒也通过简单的一锅法绿色方法制备，使用再生丝网印制（RSF），GO 和 $AuCl_4^-$ 作为还原剂和黏合剂用于将 Au 纳米颗粒固定在 RGO 片材的表面上[109]。图 11.11 显示了 Au NP/RGO 杂化物在 5min 反应时间下的 SEM（a、b）、TEM（c、d）和 HRTEM（e）图像。可以看出，RGO 支撑的类金 Au 纳米颗粒的尺寸为 200~300nm，表面粗糙，由 10nm 纳米颗粒组成（见图 11.11e）。Au 纳米花的大小取决于反应时间和温度。电化学实验表明，Au NP/RGO 杂化物对 ORR 具有优异的催化性能。

在石墨烯改性的玻璃碳电极（GCE）上同时电沉积 Pt 和 Au 前体，成功制备了负载在石墨烯上的双金属类 PtAu 纳米颗粒（PtAu/GN）纳米结构[110]。PtAu/GN 纳米结构的形貌、组成和电催化活性可以通过改变 Pt 和 Au 前体之间的摩尔比较容易地

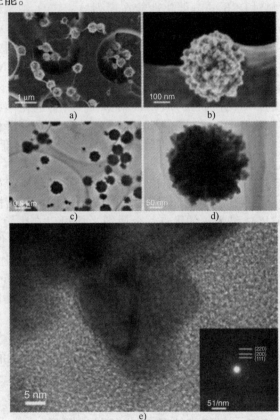

图 11.11　5min 反应时间在 RGO 片上形成的花状金纳米颗粒 a)、b) SEM 图像、c)、d) TEM 图像以及 e) HRTEM 图像。从金的（111）面可以得到 2.30Å 的晶格间距。图 e 的插图表示花状金纳米颗粒的选区衍射图案（经参考文献［109］许可转载。版权所有（2013），美国化学学会）

调整。由于 Au 和 Pt 的协同作用，Pt/Au 比率为 2:1 的 PtAu/GN 杂化物对 ORR 和 MOR 表现出最高的催化活性。同时，石墨烯在提高催化剂的电催化性能和长期耐用性方面发挥了重要作用。

使用 EG/水作为还原剂和不含表面活性剂的溶剂，通过溶剂热技术合成了均匀分散在平均粒径为 4nm 的 RGO（FePt/RGO）上的低成本双金属类 FePt 类纳米团簇[111]。通过简单地控制 GO 浓度可以调节 FePt/RGO 纳米结构的形态。在较低的 GO 浓度下，可以形成具有类似花形的 FePt/RGO 杂化体。但是，只有在较高的 GO 浓度下获得了 NP。显然，FePt 纳米颗粒或纳米团簇均匀分散在 RGO 薄片上，没有观察到聚集。这些结果揭示了石墨烯在合成中的重要作用。与 RGO 和 60% 商业 Pt/C 催化剂上负载的 FePt NP 相比，合成的类似于花状的 FePt/RGO 杂化物显示出明显更高的电催化性能和增强的 ORR 耐久性。

从以上可以看出，与商用 Pt/C 催化剂相比，具有三维纳米结构优势的石墨烯上的类似花状的纳米结构显示出作为具有较低成本、更大表面积和较高电催化活性的电催化剂的实质性前景。

11.3.8 石墨烯支撑的纳米枝晶

目前已报道了一些树枝状纳米结构及其性质，例如具有拉曼增强效应的 Au/GN 和具有高催化性质的 PtAu 双金属树枝状纳米颗粒[112,113]。三维 Pt-on-Pd 双金属纳米枝晶通过湿化学方法成功制备，平均尺寸为 15nm，由 PVP 官能化 GNS（TP-BNGN）支撑。如图 11.12 所示，在此研究中，负载在多孔 Pd 纳米晶上的小单晶 Pt 纳米枝直接生长在 GNS 的表面上。通过简单地调整合成参数，例如石墨烯和 Pt 前体的浓度，就可以容易地控制 TP-BNGN 的纳米枝的数量以及电催化的性质，发现 Pd 种子在形成树枝状纳米结构中起重要作用。Pt 枝的生长可能是由于 Pd（111）晶面引起 Pt 的高还原率和（111）面外延生长。最重要的是，电化学结果（图 11.12i、j）表明，与市售的 E-TEK Pt/C 和 Pt 黑色催化剂相比，所制备的 TP-BNGN 杂化物对 MOR 具有优异的电催化活性。纳米枝晶催化剂的高折射率小平面也可能有助于其高电催化活性。

由于沿着特定晶面的两种不同金属的不同生长速率可以形成具有良好定义的金属纳米枝形态的石墨烯基纳米枝晶。树枝状形态的设计可以有效地提高石墨烯基催化剂的电催化活性。

11.3.9 其他石墨烯支撑的二维或三维纳米结构

近年来，二维和三维纳米结构材料已被用于许多领域，如储能和能量转换以及化学传感器。最近，通过自组装方法和水热处理工艺大规模地制备了一种新型可弯曲 N 掺杂石墨烯/CNT/Co_3O_4 纸[114]。N 掺杂的石墨烯/CNT/Co_3O_4 纸作为有希望的氧还原电催化剂，具有长期耐久性和对甲醇中毒的优异耐受性。优异的电催化活性可能是由于三种组分的协同作用。在混合体系中，GNS 之间存在的 CNT 可以有效地防止石墨烯重新堆积并增加基底间距以及导电性。

目前，具有丰富大孔的三维多孔石墨烯骨架（3DGF）由于其独特的结构和性质而引起了人们巨大的兴趣[34,115-117]。催化剂在多孔 3DGF 和多维电子/质量传递途径中的有效分散由于 3DGF 网络的丰富大孔隙可以提高阳极和阴极反应的催化活

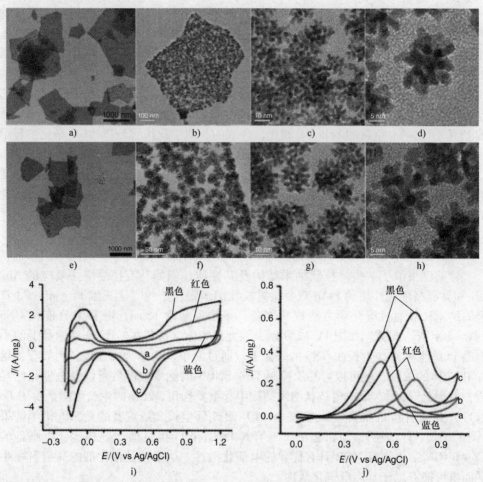

图 11.12 在不同放大倍数下 TP-BNGN 具有 a~d) 较低和 e~h) 较高浓度的 K_2PtCl_4 的 TEM 图像。i) 在 N_2 饱和的 $0.5mol/L\ H_2SO_4$ 溶液中,在扫描速率为 20mV/s 的情况下,铂黑 (PB) (蓝色)、E-TEK 催化剂 (红色) 和 TP-BNGN (黑色) 改性的 GC 电极 (GCE)。j) 在 $0.5mol/L\ H_2SO_4 + 1mol/L\ CH_3OH$ 中,PB (蓝色)、E-TEK 催化剂 (红色) 和 TP-BNGN (黑色) 改性的 GCE 在 50mV/s 的扫描速率下的 CV (经参考文献 [21] 许可转载。版权所有 (2010),美国化学学会)

性[59,115]。Wang 等人[59]研究了负载在三维还原氧化石墨烯 (Pd/TRGO) 上的 Pd NP 对甲酸电氧化的催化活性。与 CB 负载的 Pd NP 相比,Pd/TRGO 复合材料具有更高的催化活性,并具有更高的 FAOR 电流密度。

在另一项工作中,Wu 和同事[115]通过水热装配以及热处理成功合成了三维石墨烯气凝胶搭载 Fe_3O_4 纳米颗粒杂化物 ($Fe_3O_4/N-GA$),如图 11.13a 所示。相比在 N 掺杂的 CB 和 N 掺杂的石墨烯片上负载的 Fe_3O_4 NP,$Fe_3O_4/N-GA$ 在碱性介质中显示出更好的起始电位以及更高的阴极电流密度和 ORR 的电子转移数 (见图 11.13b、c)。

第11章 可控尺寸和形状石墨烯支撑的金属纳米结构用于燃料电池的先进电催化剂

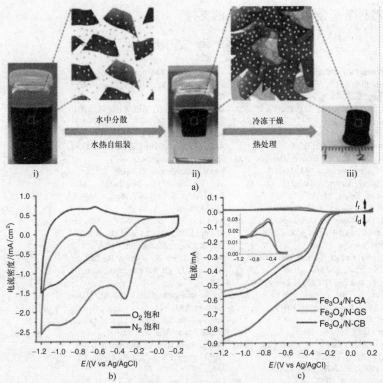

图 11.13 a) 三维 $Fe_3O_4/N-GAs$ 催化剂制造过程示意图。b) 在 100mV/s 的扫描速率下在 N_2 和 O_2 饱和的 0.1mol/L KOH 溶液中的 $Fe_3O_4/N-GA$ 的 CV。c) 在 1600r/min 的旋转速率下，在 O_2 饱和的 0.1mol/L KOH 电解质中的 $Fe_3O_4/N-GA$、$Fe_3O_4/N-GS$ 和 $Fe_3O_4/N-CB$ 上的 ORR 的 RRDE 测试。插图显示环电流为一个电极电位的功能（经参考文献 [115] 许可转载。版权所有（2012），美国化学学会）

11.4 结论

在本章中，总结了石墨烯支撑的纳米结构作为燃料电池的电催化剂。这些混合电催化剂的性质可以通过控制纳米材料的尺寸、形状和组成来调整。石墨烯搭载的金属材料对于燃料电池中的阳极氧化或阴极还原反应表现出优异的电催化性能。优异的催化性能通常归因于石墨烯和电催化剂之间强烈的相互作用和协同作用。将纳米材料引入 GNS 表面可降低许多电化学氧化还原反应的超电势。此外，石墨烯作为理想的载体材料，不仅可以提高电催化性能，而且可以大大提高电催化剂的稳定性和耐久性。为了实现石墨烯基纳米结构在燃料电池中的实际应用，需要进一步研究和优化石墨烯上电催化剂的尺寸和形貌。

致谢

这项工作得到了中国国家自然科学基金（批准号：21275136，21043013）和吉林省自然科学基金（201215090）的支持。

参 考 文 献

1. Liu, M., Zhang, R., and Chen, W. (2014) *Chem. Rev.*, **114**, 5117.
2. Liu, H., Song, C., Zhang, L., Zhang, J., Wang, H., and Wilkinson, D.P. (2006) *J. Power Sources*, **155**, 95.
3. Guo, S., Zhang, S., and Sun, S. (2013) *Angew. Chem. Int. Ed.*, **52**, 8526.
4. Huang, X., Qi, X., Boey, F., and Zhang, H. (2012) *Chem. Soc. Rev.*, **41**, 666.
5. Tan, C., Huang, X., and Zhang, H. (2013) *Mater. Today*, **16**, 29.
6. Novoselov, K.S., Geim, A.K., Morozov, S.V., Jiang, D., Zhang, Y., Dubonos, S.V., Grigorieva, I.V., and Firsov, A.A. (2004) *Science*, **306**, 666.
7. Wang, H., Maiyalagan, T., and Wang, X. (2012) *ACS Catal.*, **2**, 781.
8. Wang, D.-W. and Su, D. (2014) *Energy Environ. Sci.*, **7**, 576.
9. Chen, D., Tang, L., and Li, J. (2010) *Chem. Soc. Rev.*, **39**, 3157.
10. Tan, Y., Xu, C., Chen, G., Zheng, N., and Xie, Q. (2012) *Energy Environ. Sci.*, **5**, 6923.
11. Tang, Q., Zhou, Z., and Chen, Z.F. (2013) *Nanoscale*, **5**, 4541.
12. Zhang, S., Shao, Y., Liao, H.-G., Liu, J., Aksay, I.A., Yin, G., and Lin, Y. (2011) *Chem. Mater.*, **23**, 1079.
13. Guo, S.J., Zhang, S., Wu, L.H., and Sun, S.H. (2012) *Angew. Chem. Int. Ed.*, **51**, 11770.
14. Wang, Y., Yuan, R., Chai, Y., Yuan, Y., Bai, L., and Liao, Y. (2011) *Biosens. Bioelectron.*, **30**, 61.
15. Vielstich, W., Lamm, A., and Gasteiger, H.A. (2003) *Handbook of Fuel Cells: Fundamentals, Technology, and Applications*, John Wiley & Sons, Ltd, Chichester, Hoboken, NJ, p. 4v.
16. Logan, B.E., Hamelers, B., Rozendal, R., Schröder, U., Keller, J., Freguia, S., Aelterman, P., Verstraete, W., and Rabaey, K. (2006) *Environ. Sci. Technol.*, **40**, 5181.
17. Liu, C., Alwarappan, S., Chen, Z., Kong, X., and Li, C.-Z. (2010) *Biosens. Bioelectron.*, **25**, 1829.
18. Wang, Y.-J., Wilkinson, D.P., and Zhang, J. (2011) *Chem. Rev.*, **111**, 7625.
19. Zhang, J., Sasaki, K., Sutter, E., and Adzic, R.R. (2007) *Science*, **315**, 220.
20. Venkateswara Rao, C., Cabrera, C.R., and Ishikawa, Y. (2011) *J. Phys. Chem. C*, **115**, 21963.
21. Guo, S., Dong, S., and Wang, E. (2010) *ACS Nano*, **4**, 547.
22. Li, Y., Gao, W., Ci, L., Wang, C., and Ajayan, P.M. (2010) *Carbon*, **48**, 1124.
23. Sharma, S., Ganguly, A., Papakonstantinou, P., Miao, X., Li, M., Hutchison, J.L., Delichatsios, M., and Ukleja, S. (2010) *J. Phys. Chem. C*, **114**, 19459.
24. Jeon, I.-Y., Yu, D., Bae, S.-Y., Choi, H.-J., Chang, D.W., Dai, L., and Baek, J.-B. (2011) *Chem. Mater.*, **23**, 3987.
25. Bong, S., Uhm, S., Kim, Y.-R., Lee, J., and Kim, H. (2010) *Electrocatalysis*, **1**, 139.
26. Yu, X. and Pickup, P.G. (2008) *J. Power Sources*, **182**, 124.
27. Jin, T., Guo, S.J., Zuo, J.L., and Sun, S.H. (2013) *Nanoscale*, **5**, 160.
28. Wang, S., Wang, X., and Jiang, S.P. (2011) *Phys. Chem. Chem. Phys.*, **13**, 6883.
29. Huang, H. and Wang, X. (2013) *Phys. Chem. Chem. Phys.*, **15**, 10367.
30. Luo, Z., Yuwen, L., Bao, B., Tian, J., Zhu, X., Weng, L., and Wang, L. (2012) *J. Mater. Chem.*, **22**, 7791.
31. Chai, J., Li, F., Hu, Y., Zhang, Q., Han, D., and Niu, L. (2011) *J. Mater. Chem.*, **21**, 17922.
32. Fang, X., Wang, L., Shen, P.K., Cui, G., and Bianchini, C. (2010) *J. Power Sources*, **195**, 1375.
33. Yang, X., Yang, Q., Xu, J., and Lee, C.-S. (2012) *J. Mater. Chem.*, **22**, 8057.
34. Hu, C., Cheng, H., Zhao, Y., Hu, Y., Liu, Y., Dai, L., and Qu, L. (2012) *Adv. Mater.*, **24**, 5493.
35. Huang, Z., Zhou, H., Li, C., Zeng, F., Fu, C., and Kuang, Y. (2012) *J. Mater. Chem.*, **22**, 1781.
36. Chen, X., Cai, Z., Chen, X., and Oyama, M. (2014) *J. Mater. Chem. A*, **2**, 315.
37. Pumera, M. and Wong, C.H.A. (2013) *Chem. Soc. Rev.*, **42**, 5987.
38. Liu, M., Lu, Y., and Chen, W. (2013) *Adv. Funct. Mater.*, **23**, 1289.
39. Liang, Y., Li, Y., Wang, H., and Dai, H. (2013) *J. Am. Chem. Soc.*, **135**, 2013.

40. Varghese, B., Teo, C.H., Zhu, Y., Reddy, M.V., Chowdari, B.V.R., Wee, A.T.S., Tan, V.B.C., Lim, C.T., and Sow, C.H. (2007) *Adv. Funct. Mater.*, **17**, 1932.
41. Vasquez, Y., Sra, A.K., and Schaak, R.E. (2005) *J. Am. Chem. Soc.*, **127**, 12504.
42. Xu, C., Wang, X., and Zhu, J. (2008) *J. Phys. Chem. C*, **112**, 19841.
43. Lu, Y. and Chen, W. (2012) *Chem. Soc. Rev.*, **41**, 3594.
44. Yin, H., Tang, H., Wang, D., Gao, Y., and Tang, Z. (2012) *ACS Nano*, **6**, 8288.
45. Liu, M.M. and Chen, W. (2013) *Nanoscale*, **5**, 12558.
46. Liu, M.M., Liu, R., and Chen, W. (2013) *Biosens. Bioelectron.*, **45**, 206.
47. Wei, W.T. and Chen, W. (2012) *J. Power Sources*, **204**, 85.
48. Liu, M.M., Wei, W.T., Lu, Y.Z., Wu, H.B., and Chen, W. (2012) *Chin. J. Anal. Chem.*, **40**, 1477.
49. Yoo, E., Okada, T., Akita, T., Kohyama, M., Honma, I., and Nakamura, J. (2011) *J. Power Sources*, **196**, 110.
50. Zhou, M., Zhang, A., Dai, Z., Zhang, C., and Feng, Y.P. (2010) *J. Chem. Phys.*, **132**, 194704.
51. Yoo, E., Okata, T., Akita, T., Kohyama, M., Nakamura, J., and Honma, I. (2009) *Nano Lett.*, **9**, 2255.
52. Zhang, R.Z. and Chen, W. (2013) *J. Mater. Chem. A*, **1**, 11457.
53. Wang, F.-B., Wang, J., Shao, L., Zhao, Y., and Xia, X.-H. (2014) *Electrochem. Commun.*, **38**, 82.
54. Xu, X., Zhou, Y., Yuan, T., and Li, Y. (2013) *Electrochim. Acta*, **112**, 587.
55. Qian, Y., Wang, C., and Le, Z.-G. (2011) *Appl. Surf. Sci.*, **257**, 10758.
56. Zhou, Y.-G., Chen, J.-J., Wang, F.-B., Sheng, Z.-H., and Xia, X.-H. (2010) *Chem. Commun.*, **46**, 5951.
57. Zhu, C., Guo, S., Zhai, Y., and Dong, S. (2010) *Langmuir*, **26**, 7614.
58. Huang, H., Chen, H., Sun, D., and Wang, X. (2012) *J. Power Sources*, **204**, 46.
59. Wang, Y., Liu, H., Wang, L., Wang, H., Du, X., Wang, F., Qi, T., Lee, J.-M., and Wang, X. (2013) *J. Mater. Chem. A*, **1**, 6839.
60. Li, S.-S., Lv, J.-J., Hu, Y.-Y., Zheng, J.-N., Chen, J.-R., Wang, A.-J., and Feng, J.-J. (2014) *J. Power Sources*, **247**, 213.
61. Chen, X., Cai, Z., Chen, X., and Oyama, M. (2014) *Carbon*, **66**, 387.
62. Dong, L., Gari, R.R.S., Li, Z., Craig, M.M., and Hou, S. (2010) *Carbon*, **48**, 781.
63. Xu, X., Zhou, Y., Lu, J., Tian, X., Zhu, H., and Liu, J. (2014) *Electrochim. Acta*, **120**, 439.
64. Awasthi, R. and Singh, R.N. (2013) *Carbon*, **51**, 282.
65. Guo, S., Dong, S., and Wang, E. (2009) *J. Phys. Chem. C*, **113**, 5485.
66. Liu, J., Zhou, H., Wang, Q., Zeng, F., and Kuang, Y. (2012) *J. Mater. Sci.*, **47**, 2188.
67. Feng, L., Gao, G., Huang, P., Wang, X., Zhang, C., Zhang, J., Guo, S., and Cui, D. (2011) *Nanoscale Res. Lett.*, **6**, 1.
68. Guo, S. and Sun, S. (2012) *J. Am. Chem. Soc.*, **134**, 2492.
69. Ji, Z., Zhu, G., Shen, X., Zhou, H., Wu, C., and Wang, M. (2012) *New J. Chem.*, **36**, 1774.
70. Yan, Z., Wang, M., Huang, B., Liu, R., and Zhao, J. (2013) *Int. J. Electrochem. Sci.*, **8**, 149.
71. Yue, Q., Zhang, K., Chen, X., Wang, L., Zhao, J., Liu, J., and Jia, J. (2010) *Chem. Commun.*, **46**, 3369.
72. Wang, C., Chi, M., Wang, G., van der Vliet, D., Li, D., More, K., Wang, H.-H., Schlueter, J.A., Markovic, N.M., and Stamenkovic, V.R. (2011) *Adv. Funct. Mater.*, **21**, 147.
73. Cui, C., Gan, L., Li, H.-H., Yu, S.-H., Heggen, M., and Strasser, P. (2012) *Nano Lett.*, **12**, 5885.
74. Luo, B., Xu, S., Yan, X., and Xue, Q. (2013) *J. Electrochem. Soc.*, **160**, F262.
75. Zhang, K., Yue, Q., Chen, G., Zhai, Y., Wang, L., Wang, H., Zhao, J., Liu, J., Jia, J., and Li, H. (2011) *J. Phys. Chem. C*, **115**, 379.
76. Zhang, Y., Gu, Y.-E., Lin, S., Wei, J., Wang, Z., Wang, C., Du, Y., and Ye, W. (2011) *Electrochim. Acta*, **56**, 8746.
77. Zhu, C., Guo, S., and Dong, S. (2012) *J. Mater. Chem.*, **22**, 14851.
78. Yin, H., Liu, S., Zhang, C., Bao, J., Zheng, Y., Han, M., and Dai, Z. (2014) *ACS Appl. Mater. Interfaces*, **6**, 2086.
79. Yan, X.-Y., Tong, X.-L., Zhang, Y.-F., Han, X.-D., Wang, Y.-Y., Jin, G.-Q.,

79. Qin, Y., and Guo, X.-Y. (2012) *Chem. Commun.*, **48**, 1892.
80. Henning, A.M., Watt, J., Miedziak, P.J., Cheong, S., Santonastaso, M., Song, M., Takeda, Y., Kirkland, A.I., Taylor, S.H., and Tilley, R.D. (2013) *Angew. Chem. Int. Ed.*, **52**, 1477.
81. Ferrer, D., Torres-Castro, A., Gao, X., Sepúlveda-Guzmán, S., Ortiz-Méndez, U., and José-Yacamán, M. (2007) *Nano Lett.*, **7**, 1701.
82. Chen, H., Li, Y., Zhang, F., Zhang, G., and Fan, X. (2011) *J. Mater. Chem.*, **21**, 17658.
83. Lauhon, L.J., Gudiksen, M.S., Wang, D., and Lieber, C.M. (2002) *Nature*, **420**, 57.
84. Mani, P., Srivastava, R., and Strasser, P. (2008) *J. Phys. Chem. C*, **112**, 2770.
85. Zhang, M., Yan, Z., Sun, Q., Xie, J., and Jing, J. (2012) *New J. Chem.*, **36**, 2533.
86. Zhang, Q., Lee, I., Joo, J.B., Zaera, F., and Yin, Y. (2012) *Acc. Chem. Res.*, **46**, 1816.
87. Luo, B., Xu, S., Yan, X., and Xue, Q. (2012) *J. Power Sources*, **205**, 239.
88. Guo, S., Dong, S., and Wang, E. (2008) *Chem. Eur. J.*, **14**, 4689.
89. Xiao, Y.-P., Wan, S., Zhang, X., Hu, J.-S., Wei, Z.-D., and Wan, L.-J. (2012) *Chem. Commun.*, **48**, 10331.
90. Lu, Y., Jiang, Y., Wu, H., and Chen, W. (2013) *J. Phys. Chem. C*, **117**, 2926.
91. Gao, H., Wang, Y., Xiao, F., Ching, C.B., and Duan, H. (2012) *J. Phys. Chem. C*, **116**, 7719.
92. Tian, N., Zhou, Z.Y., Sun, S.G., Ding, Y., and Wang, Z.L. (2007) *Science*, **316**, 732.
93. Lu, Y., Jiang, Y., and Chen, W. (2014) *Nanoscale*, **6**, 3309.
94. Guo, S., Dong, S., and Wang, E. (2010) *Chem. Commun.*, **46**, 1869.
95. Guo, S., Li, D., Zhu, H., Zhang, S., Markovic, N.M., Stamenkovic, V.R., and Sun, S. (2013) *Angew. Chem. Int. Ed.*, **125**, 3549.
96. Guo, S., Zhang, S., Sun, X., and Sun, S. (2011) *J. Am. Chem. Soc.*, **133**, 15354.
97. Mazumder, V., Chi, M., More, K.L., and Sun, S. (2010) *J. Am. Chem. Soc.*, **132**, 7848.
98. Lu, Y. and Chen, W. (2011) *ACS Catal.*, **2**, 84.
99. Hu, C., Zhao, Y., Cheng, H., Hu, Y., Shi, G., Dai, L., and Qu, L. (2012) *Chem. Commun.*, **48**, 11865.
100. Zhang, J., Guo, C., Zhang, L., and Li, C.M. (2013) *Chem. Commun.*, **49**, 6334.
101. Wu, J., Zhang, D., Wang, Y., and Wan, Y. (2012) *Electrochim. Acta*, **75**, 305.
102. Lambert, T.N., Davis, D.J., Lu, W., Limmer, S.J., Kotula, P.G., Thuli, A., Hungate, M., Ruan, G., Jin, Z., and Tour, J.M. (2012) *Chem. Commun.*, **48**, 7931.
103. Feng, L.L., Gao, G., Huang, P., Wang, X.S., Zhang, C.L., Zhang, J.L., Guo, S.W., and Cui, D.X. (2011) *Nanoscale Res. Lett.*, **6**, 551.
104. Wang, M., Huang, J., Wang, M., Zhang, D., Zhang, W., Li, W., and Chen, J. (2013) *Electrochem. Commun.*, **34**, 299.
105. Liang, H., Li, Z., Wang, W., Wu, Y., and Xu, H. (2009) *Adv. Mater.*, **21**, 4614.
106. Hoefelmeyer, J.D., Niesz, K., Somorjai, G.A., and Tilley, T.D. (2005) *Nano Lett.*, **5**, 435.
107. Chen, X., Su, B., Wu, G., Yang, C.J., Zhuang, Z., Wang, X., and Chen, X. (2012) *J. Mater. Chem.*, **22**, 11284.
108. Wang, Q., Cui, X., Guan, W., Zheng, W., Chen, J., Zheng, X., Zhang, X., Liu, C., Xue, T., Wang, H., Jin, Z., and Teng, H. (2013) *J. Phys. Chem. Solids*, **74**, 1470.
109. Xu, S.J., Yong, L., and Wu, P.Y. (2013) *ACS Appl. Mater. Interfaces*, **5**, 654.
110. Hu, Y., Zhang, H., Wu, P., Zhang, H., Zhou, B., and Cai, C. (2011) *Phys. Chem. Chem. Phys.*, **13**, 4083.
111. Chen, D., Zhao, X., Chen, S., Li, H., Fu, X., Wu, Q., Li, S., Li, Y., Su, B.-L., and Ruoff, R.S. (2014) *Carbon*, **68**, 755.
112. Jasuja, K. and Berry, V. (2009) *ACS Nano*, **3**, 2358.
113. Guo, S., Li, J., Dong, S., and Wang, E. (2010) *J. Phys. Chem. C*, **114**, 15337.
114. Li, S.-S., Cong, H.-P., Wang, P., and Yu, S.-H. (2014) *Nanoscale*, **6**, 7534.
115. Wu, Z.-S., Yang, S., Sun, Y., Parvez, K., Feng, X., and Müllen, K. (2012) *J. Am. Chem. Soc.*, **134**, 9082.

116. Dong, X., Wang, X., Wang, L., Song, H., Zhang, H., Huang, W., and Chen, P. (2012) *ACS Appl. Mater. Interfaces*, **4**, 3129.

117. Qiu, H.J., Dong, X.C., Sana, B., Peng, T., Paramelle, D., Chen, P., and Lim, S. (2013) *ACS Appl. Mater. Interfaces*, **5**, 782.

第 12 章　石墨烯微生物燃料电池

Yezhen Zhang, Jian Shan Ye

12.1　引言

能源（也被称为能量源，包括煤炭、石油、天然气、水、风能、阳光等）是人类生存的基本要素，作为社会发展的动力在人类社会中起着非常重要的作用。能源利用方式的大发展已经在人类社会发生了巨大变化。火的使用是人类文明史上的重要里程碑，它提高了人类征服自然的能力。随着蒸汽机的发明，蒸汽动力的新时代应运而生，古代人尚不可能使用。在过去的一个世纪里，工业化和经济增长得到了化石燃料的支持。如今，人类历史上最快速的发展正发生在工业、农业、高科技产业等领域。经济的发展和人口的增加使得能源需求迅速增长，但不可再生的化石能源储备变得越来越稀缺。很显然，它们可能会很快用完。由于资源严重短缺、开发利用效率低下以及严重的污染导致严重的环境问题，如温室效应、臭氧层破坏、酸雨、水污染等，导致能源危机不断加深。不断增加的能源消耗和环境污染问题是 21 世纪最大的挑战之一。

目前，生物质能的大部分能量都是直接浪费的。在美国，处理有机废水需要 15GW 的电力，占总输出功率的 3%[1]。但是废水中含有约 1.5×10^3 GW 的潜在能量[2]。人们迫切需要开发清洁和绿色的可再生能源。

目前，世界主要国家正在积极发展太阳能、水电、风能、生物质能、核能、地热能等各种新能源。其中，生物质能源由于其丰富而吸引了强烈的科学兴趣。除了城市污水、工业废水和动物粪便，它可以来源于植物和动物，包括作物废物、木材、水生植物等。生物质能是世界第四大资源，仅次于煤炭、石油和天然气。它的总量非常高，可以回收利用，被认为是无污染的能源。因此，生物质能的有效利用对于解决环境污染和能源短缺问题具有重要意义。

目前，生物质能源主要通过直接燃烧、生物化学转化和热化学转化三种途径获得。直接燃烧是直接燃烧生物质。其效率低，产生大量粉尘和颗粒物，严重污染环境，同时，还有潜在的火灾危险。生物化学转化使用生物质在厌氧环境下通过微生物发酵产生甲烷气体。热化学转化是一种通过汽化、碳化、热解或液化将生物质转化为气态或液态燃料的技术，但目前电力是最便捷的能源利用方式。可以将生物质直接转换成电力吗？微生物燃料电池（MFC）可能使其成为现实。

12.2 MFC

12.2.1 MFC 的工作原理

MFC 是一种新型的电化学装置,可以利用电化学技术将化学能直接转化为电能[3],最常见的类型是双室 MFC。其工作原理如下:在厌氧环境下,阳极室内的微生物作为生物催化剂,可分解底物中的有机物,释放出含有电子、质子等的代谢物。电子可以通过适当的电子媒介传递到阳极,然后通过外部电路传递到阴极。质子通过交换膜到达阴极。在阴极室中,电子、质子和电子受体(通常使用氧)被结合,至此 MFC 的整个电子转移过程完成。图 12.1 显示了 MFC 的工作原理。例如,以葡萄糖作为阳极燃料和氧气作为阴极电子受体,方程式如下:

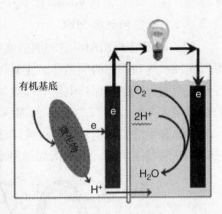

图 12.1 MFC 工作原理示意图

阳极反应:
$$C_6H_{12}O_6 + 6H_2O \rightarrow 6CO_2 + 24H^+ + 24e^- \tag{12.1}$$

阴极反应:
$$6O_2 + 24H^+ + 24e^- \rightarrow 12H_2O \tag{12.2}$$

整个反应:
$$C_6H_{12}O_6 + 6O_2 \rightarrow 6CO_2 + 12H_2O$$

12.2.2 MFC 的优势

MFC 作为一种新能源技术,可以利用工业废水和生活污水作为燃料直接发电[4-13]。与其他能源相比,它具有以下优点:①提供高能量转换效率。它可以直接将存储在基底中的化学能转变为电能,所以理论上它具有很高的能量转换效率。②成本低。有各种有机和无机物质,如农作物秸秆、木材、树叶、污水、工业废水,甚至动物废物,可用作阳极燃料,通常是免费的。如果使用氧气作为阴极中的电子受体,由于其在大气中的可用性并且不需要任何能量输入,它也可以显著地降低成本[14]。③只需要温和的操作条件。它在大气压力下工作,这与现有的热转换过程不同,因此使得电池的维护便宜且安全。④它对环境无害。MFC 释放的主要气体是二氧化碳,可被植物吸收。⑤长时间运行。理论上讲,如果环境适合细菌,它可以实现自我更新和重复使用,而不用担心能量损耗。作为一种新型绿色能源技术，MFC 可以大大降低污水处理成本，解决能源危机。

12.2.3 MFC 的分类

到目前为止，虽然许多科学工作者都在从事 MFC 研究，但尚未建立 MFC 的国际分类方法。MFC 根据不同的分类方法可以分为不同的类型。

12.2.3.1 双室和单室 MFC

双室 MFC 主要由阳极室和阴极室组成，由质子交换膜分隔[15,16]。质子交换膜可以实现氧气和细菌的隔离，防止氧气渗入阳极室并影响细菌。同时，质子可以穿过质子膜到阴极室，保持电荷和酸度的平衡。细菌、培养基和电极材料对电力生产效率有很大影响。图 12.2 所示的 MFC 由作者的团队[17]设计，并使用两个圆形聚甲基丙烯酸甲酯模板构建。阳极或阴极隔室是每个模板中的内筒。两个隔室被拧在一起，并通过两个聚（甲基丙烯酸甲酯）橡胶垫圈与 112 膜上的氟化钠分离。

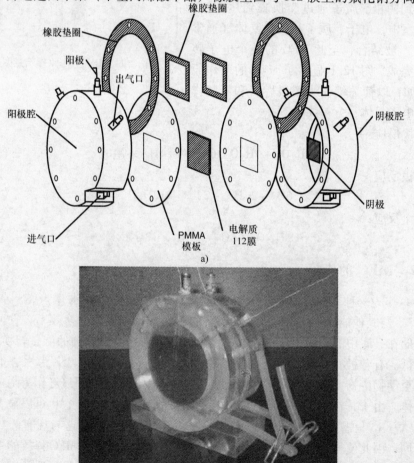

图 12.2 双室 MFC 的 a) 示意图和 b) 实物图

由于结构简单、操作简单，双室 MFC 是目前实验室最常见的配置之一，但质子交换膜的存在导致内阻高、功率输出密度低，从而降低了其潜力应用。

单室 MFC 如图 12.3 所示。阴极室被省略。阴极和质子膜被压在一起，因此阳极和阴极之间的距离减小，并且转移电阻远小于双室 MFC 的转移电阻。这种 MFC 直接使用氧气作为电子受体，无需曝气，可以降低运行成本。但它仍然有以下缺点：①由于阳极和阴极之间的距离很短，所以氧气很容易通过阴极，这将增加阳极室中溶解氧的水平，并且影响阳极厌氧微生物的活性。

图 12.3　单室 MFC 的配置

同时，氧气可以作为微生物电生成的电子受体，从而减少电子和能量的回收，影响 MFC 的库仑效率和功率输出[18-20]。②目前，铂被广泛用作 MFC 中氧还原反应的有效阴极催化剂。铂非常昂贵，因此会增加 MFC 的成本。③质子交换膜被省略，因此催化剂直接与电解质接触，容易引起废水中存在的基质成分引起催化剂中毒，导致功率输出下降，甚至导致系统瘫痪。④到目前为止，阴极的制备过程仍然复杂，所以很难实现整个系统的扩大。

简言之，作为新兴 MFC 类型的成员，并且由于其独特的配置设计，单室 MFC 正在被越来越多的研究人员关注，以提高其适应性和性能。

12.2.3.2　直接和间接 MFC

根据电子转移的类型，MFC 可以分为直接 MFC[21-24]和间接 MFC[25]。直接 MFC 可以将电子直接转移到电极上而无需中介。这些细菌主要包括泥土杆菌、酪酸梭状芽孢杆菌、粪产碱菌、铁还原红育菌、绿脓假单胞菌和腐败希瓦氏菌[26-28]。在间接 MFC 中，直接实现电子转移是非常困难的，它需要在阳极室中添加介体以实现电子转移。直接 MFC 由于其实用性而成为大多数研究的主题。通过与基因工程相结合，可以设计出有效的微生物来大幅提高功率输出。

12.2.3.3　异养型、光合自养型和沉积型 MFC

在营养类型的基础上，MFC 可以分为异养型、光合自养型和沉积型 MFC[29-32]。异养型 MFC 通常使用厌氧细菌作为生物催化剂，并且是 MFC 的最常见类型之一。光合自养型 MFC 是指蓝藻或光敏微生物并将光转化为电。沉积型 MFC 利用沉积物和液相之间的潜在差异来产生电力。包含在沉积物中的化合物，如糖和有机酸，可被沉积物中的微生物分解。海面有很多溶解氧，可以将阳极放置在海洋沉积物中，并将阴极放置在地表水中。然后这两部分通过电线连接。沉积物中的有机物被细菌分解，释放出电子，这些电子可以通过电线传递到阴极。阴极区域的质子和电子合并成水（见图12.4）。因此，沉积型MFC可以通过使用海水来获得电力。由于底质丰富，无需维护和不间断发电，沉积物MFC有望成为远程水域能源装置的候选对象。

12.2.3.4 间歇式和连续式MFC

根据它们的操作，MFC可以分为间歇式和连续式MFC。间歇式MFC需要定期更换培养皿。这种类型的MFC可以提高实验的灵活性，这在测试阳极材料、质子交换膜、催化剂等的性能方面具有几个优点。但将其用于工业用途是非常困难的，因为这很耗时。

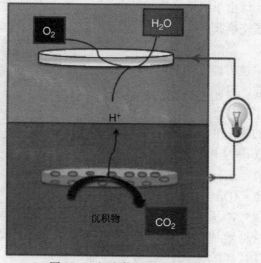

图12.4　沉积物MFC的示意图

连续式MFC采用蠕动泵实现循环，适用于大型污水处理。

12.2.3.5 纯细菌和混合细菌MFC

根据微生物的种类，MFC可分为纯细菌MFC和混合细菌MFC。纯细菌具有电子转移效率高和生长速度快的优点，并且可以实现快速启动，但即使在净化操作过程中它们也容易受到污染，因为它很难将细菌与世界其他地区完全分离。因此，它们通常用于实验室研究。混合细菌通常从污水处理厂的海底沉积物或活性污泥的底部获得。与纯细菌相比，混合细菌不需要严格的无菌环境，操作条件简单，所以大部分研究都集中在这个方向。

12.3　MFC的发展历史

在18世纪，意大利生物学家GaCvani发现青蛙的腿对当前的刺激做出了反应，这导致人们认识到生物学和电学之间存在一定的关系。1911年，由细菌产生的电流首次被Potter[33]观察到。他成功地创造了世界上第一个MFC，但在随后的几十年中，在这个领域取得了很少的实际进展。1931年，Cohen发现加入铁氰化钾后功率密度增加[34]，但仍然偏低。直到20世纪中叶，美国才想要开发一种生物燃料电池，以利用宇航员的废物，从而使MFC在一定程度上得到发展。20世纪80年代以后，随着电子介体的广泛应用，MFC的研究急剧增加，20世纪90年代出现了重大突破。以混合细菌为生物催化剂，以生活污水和工业废水为底物，增加了污水处理实际操作的可能性。MFC在环境和化学领域取得了长足的进步。

12.4　MFC的应用前景

由于资源短缺和环境污染，对生物质能利用的研究变得越来越重要。MFC以其独特的发电方式成为绿色能源领域的焦点，具有广阔的应用前景。

12.4.1 微型电池嵌入身体

随着人们越来越多地使用需要低能耗的人造器官设备，如心脏起搏器，就有必要为这些电子器件找到稳定、可靠和持久的电源。如果人体血液中存在的葡萄糖和溶解氧可以用作燃料，那么可以建立一个 MFC 来为人造器官装置供电。从理论上说，葡萄糖会被完全氧化成二氧化碳和水，对人体无毒害，可以用于生命。

12.4.2 移动电源

氧气和有机物广泛存在于自然界。MFC 可用于向机器人供电，使其自行支持。当功率较低时，智能机器人可以随时从大自然获取原材料，因此它具有独立生存的能力。

12.4.3 光合作用产生电力

植物可以通过光合作用产生糖，而茎可以将糖输送到植物的所有部分。如果糖可以直接输送到固定的 MFC，作为细菌营养素，可以实现光合作用发电的目标。如果这种方法能够实现，森林将成为可持续的绿色能源资源，不断将光转化为电力。

12.4.4 生物传感器

如果细菌受到有害物质的影响，其活性将下降，并且通过电极的电子数量将减少，最终导致电压变化。这是生物传感器的工作原理。生物传感器可用于在线监测湖泊或河流，安装在污水处理厂的入口处以检测污染物排放，或用于确定污染发生的位置[35,36]。如果 MFC 中产生的电信号与生化需氧量（BOD）之间的关系在一定范围内呈线性关系，则可实现在线监测废水的 BOD。Kim[37]报道了一种 BOD 传感器，该传感器在没有任何维修的情况下以稳定的方式运行超过 5 年，这比以前报告的任何维修时间都长。

12.4.5 偏远地区或公海的电力供应

一些偏远地区可能远离电网，因此建立高压输电线路很困难，从而给这些地区的用户带来不便。同时，农作物秸秆中含有大量有机物，其燃烧会造成严重的空气污染。如果 MFC 可以使用秸秆或其他农业垃圾，可以减少环境污染，并且可以满足偏远农村地区的电力需求。同样，沉积物 MFC 可以用于在公海上供电。

12.4.6 有机废水处理

废水处理具有显著的社会和环境效益，但其巨大的能源消耗和高运营成本使经济效益不佳。MFC 可以使用废水中的有机物作为燃料并同时发电。与传统的废水处理工艺相比，它具有三个明显的优势：①能源利用率高。传统的厌氧处理工艺将废水中的有机物转化为甲烷或氢气，然后用作燃料发电。这种间接方式大大降低了发电的效率。②污泥排放减少。传统的废水处理会产生大量的污泥，需要花费大量的资金来处理污泥。然而，MFC 具有污泥排放量少的优点。③MFC 是环保的。通常，在常规的厌氧处理过程中会产生硫化氢气体，如果不进行处理，会污染环境。在 MFC 中，由于电子直接转化为电流，因此很难产生有害气体。

12.5　MFC 中存在的问题

MFC 涉及许多领域，如生物学、化学和材料科学。迄今为止，研究人员对它们进行了大量有意义的研究，但仍处于实验阶段，尚未实现工业化。在目前的水平上，这有一些原因：①首先是低输出功率密度。它比传统电池低几个数量级，这远远不能用于工业应用。②MFC 的成本很高。为了提高电子转移效率，往往需要增加一个中介器来提高产量，这会增加运营成本，同时带来污染问题。铂或其他贵金属通常用作催化剂，这增加了电池运行成本。③该模式难以扩大规模。由于其结构和操作特性，所报道的 MFC 不适用于大规模废水处理工艺。因此，需要开发用于实际应用的新型反应堆。

总之，MFC 作为一门新兴技术已经显示出无与伦比的优越性。一旦工业化，它将产生不可估量的社会效益和环境效益。

12.6　基于石墨烯的 MFC

12.6.1　阳极

MFC 的低功率密度是其实际应用的主要障碍之一[38,39]。影响 MFC 性能的因素有很多，其中包括细胞设计、接种物、质子交换材料等[24,40-45]，材料通过确定锚定细菌的真实表面积在影响功率输出方面起着重要作用，同时影响电极电阻。因此，高性能阳极材料对于改善 MFC 的功率输出具有最重要的意义。

传统上，碳材料（如碳布和碳纸）由于其高导电性、良好的稳定性和生物相容性而常常用作 MFC 中的阳极材料。然而，这些材料的孔隙可能会被细菌堵塞，导致细胞死亡并显著减少功率输出[46]。CNT 也被用来改善 MFC 的性能[47]。但 CNT 对细菌有毒，因为重金属催化剂残留物可能导致增殖抑制和细胞死亡[48,49]。

最近，石墨烯作为一种有趣的材料，由于其在电池和超级电容器等各种领域的巨大应用潜力而引起了科学界的兴趣[50-52]。它具有独特的纳米结构和非凡的性能，如高比表面积、优异的导电性、出色的力学强度和非凡的电催化活性等[53-55]。石墨烯可以通过石墨的化学氧化还原处理来合成[56,57]，其中不使用重金属催化剂，这使得它具有良好的生物相容性。这是在 MFC 中应用的理想属性。

人们对石墨烯阳极进行了大量研究。He 等人[58]使用生物相容性壳聚糖和真空剥离的石墨烯作为有效的生物阳极，并且在无介质 MFC 中提供了显著的最大功率密度 $1530mW/m^2$，远远高于碳布阳极获得的最大功率密度。Hou 等人[59]通过电化学还原氧化石墨烯并在碳布表面涂布聚苯胺纳米纤维后制作出新型阳极。当用作阳极时，其最大功率密度为 $1390mW/m^2$。极大的改进归功于石墨烯的高导电性和大比表面积。Xiao 等人[60]使用褶皱状石墨烯改性 MFC 中的阳极和阴极。由于较高的电导率，较大的表面积和被弄皱的石墨烯的催化活性，实现了更高的发电量。它产生的最大功率密度为 3.6W/m³，是使用活性炭时的两倍。Liu 等人[61]采用电化学方法将石墨烯沉积在碳布上制成 MFC 阳极。它将功率密度和能量转换效率分别提高了 2.7 倍和 3 倍。这归因于石墨烯的高生物相容性，其可促进电极表面上的细菌生长并加速电子转移。Wang 等人[62]开发了三维还原氧化石墨烯/镍泡沫作为 MFC 的阳极。它为微生物定殖提供了大面积的可接触表面区域，并且为培养基的有效质量分散提供了一个统一的大孔隙区域。MFC 产生了 661W/m³ 的体积功率密度，并且可以以批处理模式有效运行至少一周。Xie 等人[63]使用石墨烯/海绵复合材料和不锈钢集流体作为阳极。它似乎对大规模应用很有前景。Yuan 等人[64]使用一锅法来制备微生物还原的石墨烯，其表现出可比较的电导率和物理特性。MFC 的最大功率密度为 1905mW/m²，库仑效率为 54%。他们的工作表明，细菌/石墨烯网络的构建是改善 MFC 性能的有效选择。Zhao 等人[65]合成带正电荷的离子液体官能化石墨烯纳米片，用作 MFC 中的阳极，证明对于高生物电流产生和功率输出是有效的。

简言之，通过改进电极表面积、细菌附着力和电子转移效率，石墨烯或其化合物作为阳极可以大大提高功率输出。它为开发大型 MFC 提供了重要的前景。

12.6.2 膜

对于双室 MFC，质子需要以足够的速度通过阴极室，因为大量质子积聚在阳极室中会降低 pH 值并损害阳极上的微生物。到目前为止，最常用的质子膜是由杜邦公司生产的 Nafion 膜。Nafion 膜具有良好的选择性并且具有较小的电阻。但是这是昂贵的，因此对质子交换膜的研究致力于进一步研究。

Khilari 等人[66]开发了由氧化石墨烯、聚乙烯醇和硅钨酸组成的质子交换聚合物膜。实现的功率比在 117 膜上使用 Nafion 时高。在装有膜的 MFC 中处理醋酸盐废水时，获得最大功率密度为 1.9W/m³。因此，它可以用作 MFC 的有效和廉价的分离器。

尽管目前对质子膜制备的研究还没有深入，但作者认为，随着科学的发展，可以制备出低价格、质量好的质子膜。

12.6.3 阴极

由于氧化电位高、在环境中的可用性、低成本（它是免费的）和清洁的性质，氧气是 MFC 阴极中理想的电子受体。然而，由于氧还原反应的动力学差，大多数阴极材料不能有效地将氧作为最终的电子受体直接使用。所以它需要一个有效的催化剂来加速反应。目前，由于其优异的催化活性，铂被广泛用作有效的催化剂。但由于成本高，供应有限，高度优先开发催化活性高、成本低的替代催化剂。

最近，石墨烯作为碳同素异形体的家族成员已被广泛用作氧还原的催化剂。Qin 等人[67]使用氮掺杂石墨烯纳米片催化氧还原。石墨烯显示出高活性、改进的动力学和用于氧还原反应优异的长期稳定性。氮掺杂石墨烯纳米片作为阴极催化剂的 MFC 甚至比使用商业 Pt/C（Pt 10%）催化剂时表现得更好。Feng 等人[68]使用一种易于操作的低温方法合成克量级的氮掺杂石墨烯。他们使用氮掺杂石墨烯作为阴极催化剂，并获得了与常规铂催化剂相当的最大功率密度。后来，他们[69]通过用介孔石墨氮化碳植入氮活性位点来提高催化活性。它表现出超级电催化活性和耐久性。当用作 MFC 中的阴极催化剂时，功率密度大大增加，从而产生新的、高性能的和更便宜的阴极材料。Gnana Kumar 等人[70]使用 MnO_2 纳米管/氧化石墨烯纳米复合材料改性电极，其最大功率密度为 $3359mW/m^2$，比未改性电极高 7.8 倍，与 Pt/C 比较改性电极。Li 等人[71]合成的铁和氮官能化石墨烯作为非贵金属催化剂。它表现出对氧还原反应的高电催化活性，并获得最高的功率密度：$1149.8mW/m^2$。

总之，随着研究的深入，石墨烯在 MFC 中的应用越来越广泛。

参 考 文 献

1. McCarty, P.L., Bae, J., and Kim, J. (2011) Domestic wastewater treatment as a net energy producer-can this be achieved? *Environ. Sci. Technol.*, **45** (17), 7100–7106.
2. Logan, B.E. (2004) Extracting hydrogen electricity from renewable resources. *Environ. Sci. Technol.*, **38** (9), 160a–167a.
3. Logan, B.E., Hamelers, B., Rozendal, R.A. *et al.* (2006) Microbial fuel cells: methodology and technology. *Environ. Sci. Technol.*, **40** (17), 5181–5192.
4. Logan, B.E. (2005) Simultaneous wastewater treatment and biological electricity generation. *Water Sci. Technol.*, **52** (1-2), 31–37.
5. Rozendal, R.A., Hamelers, H.V.M., Rabaey, K. *et al.* (2008) Towards practical implementation of bioelectrochemical wastewater treatment. *Trends Biotechnol.*, **26** (8), 450–459.
6. Song, Y.C., Yoo, K.S., and Lee, S.K. (2010) Surface floating, air cathode, microbial fuel cell with horizontal flow for continuous power production from wastewater. *J. Power Sources*, **195** (19), 6478–6482.
7. Sun, J., Hu, Y.Y., Bi, Z. *et al.* (2009) Improved performance of air-cathode single-chamber microbial fuel cell for wastewater treatment using microfiltration membranes and multiple sludge inoculation. *J. Power Sources*, **187** (2), 471–479.
8. Lefebvre, O., Tan, Z., Shen, Y.J. *et al.* (2013) Optimization of a microbial fuel cell for wastewater treatment using recycled scrap metals as a cost-effective cathode material. *Bioresour. Technol.*, **127**, 158–164.
9. Gong, D. and Qin, G. (2012) Treatment of oilfield wastewater using a microbial fuel cell integrated with an up-flow anaerobic sludge blanket reactor. *Desalin. Water Treat.*, **49** (1-3), 272–280.
10. Zhang, L.J., Tao, H.C., Wei, X.Y. *et al.* (2012) Bioelectrochemical recovery of ammonia-copper(II) complexes from wastewater using a dual chamber microbial fuel cell. *Chemosphere*, **89** (10), 1177–1182.
11. Zhuang, L., Yuan, Y., Wang, Y.Q. *et al.* (2012) Long-term evaluation of a 10-liter serpentine-type microbial fuel cell stack treating brewery wastewater. *Bioresour. Technol.*, **123**, 406–412.
12. Wang, Y.P., Liu, X.W., Li, W.W. *et al.* (2012) A microbial fuel cell-membrane bioreactor integrated system for cost-effective wastewater treatment. *Appl. Energy*, **98**, 230–235.
13. Mardanpour, M.M., Esfahany, M.N., Behzad, T. *et al.* (2012) Single chamber microbial fuel cell with spiral anode for dairy wastewater treatment. *Biosens. Bioelectron.*, **38** (1), 264–269.
14. Liu, H., Ramnarayanan, R., and Logan, B.E. (2004) Production of electricity during wastewater treatment using a single chamber microbial fuel cell. *Environ. Sci. Technol.*, **38** (7), 2281–2285.
15. Liu, X.Y., Du, X.Y., Wang, X. *et al.* (2013) Improved microbial fuel cell performance by encapsulating microbial cells with a nickel-coated sponge. *Biosens. Bioelectron.*, **41**, 848–851.
16. Wang, Y.Q., Li, B., Zeng, L.Z. *et al.* (2013) Polyaniline/mesoporous tungsten

trioxide composite as anode electrocatalyst for high-performance microbial fuel cells. *Biosens. Bioelectron.*, **41**, 582–588.

17. Zhang, Y., Mo, G., Li, X., et al. (2011) A graphene modified anode to improve the performance of microbial fuel cells. *J. Power Sources*, **196**, 5402–5407.

18. Liu, H. and Logan, B.E. (2004) Electricity generation using an air-cathode single chamber microbial fuel cell in the presence and absence of a proton exchange membrane. *Environ. Sci. Technol.*, **38** (14), 4040–4046.

19. Liu, H., Cheng, S.A., and Logan, B.E. (2005) Power generation in fed-batch microbial fuel cells as a function of ionic strength, temperature, and reactor configuration. *Environ. Sci. Technol.*, **39** (14), 5488–5493.

20. Cheng, S., Liu, H., and Logan, B.E. (2006) Increased power generation in a continuous flow MFC with advective flow through the porous anode and reduced electrode spacing. *Environ. Sci. Technol.*, **40** (7), 2426–2432.

21. Bond, D.R., Holmes, D.E., Tender, L.M. et al. (2002) Electrode-reducing microorganisms that harvest energy from marine sediments. *Science*, **295** (5554), 483–485.

22. Kim, B.H., Ikeda, T., Park, H.S. et al. (1999) Electrochemical activity of an Fe(III)-reducing bacterium, Shewanella putrefaciens IR-1, in the presence of alternative electron acceptors. *Biotechnol. Tech.*, **13** (7), 475–478.

23. Kim, H.J., Park, H.S., Hyun, M.S. et al. (2002) A mediator-less microbial fuel cell using a metal reducing bacterium, Shewanella putrefaciense. *Enzyme Microb. Technol.*, **30** (2), 145–152.

24. Park, H.S., Kim, B.H., Kim, H.S. et al. (2001) A novel electrochemically active and Fe(III)-reducing bacterium phylogenetically related to Clostridium butyricum isolated from a microbial fuel cell. *Anaerobe*, **7** (6), 297–306.

25. Park, D.H., Laivenieks, M., Guettler, M.V. et al. (1999) Microbial utilization of electrically reduced neutral red as the sole electron donor for growth and metabolite production. *Appl. Environ. Microbiol.*, **65** (7), 2912–2917.

26. Rabaey, K., Boon, N., Siciliano, S.D. et al. (2004) Biofuel cells select for microbial consortia that self-mediate electron transfer. *Appl. Environ. Microbiol.*, **70** (9), 5373–5382.

27. Reimers, C.E., Tender, L.M., Fertig, S. et al. (2001) Harvesting energy from the marine sediment-water interface. *Environ. Sci. Technol.*, **35** (1), 192–195.

28. Bond, D.R. and Lovley, D.R. (2003) Electricity production by Geobacter sulfurreducens attached to electrodes. *Appl. Environ. Microbiol.*, **69** (3), 1548–1555.

29. Lowy, D.A. and Tender, L.M. (2008) Harvesting energy from the marine sediment-water interface III. Kinetic activity of quinone- and antimony-based anode materials. *J. Power Sources*, **185** (1), 70–75.

30. Lowy, D.A., Tender, L.M., Zeikus, J.G. et al. (2006) Harvesting energy from the marine sediment-water interface II – Kinetic activity of anode materials. *Biosens. Bioelectron.*, **21** (11), 2058–2063.

31. Wilcock, W.S.D. and Kauffman, P.C. (1997) Development of a seawater battery for deep-water applications. *J. Power Sources*, **66** (1-2), 71–75.

32. Tender, L.M., Reimers, C.E., Stecher, H.A. et al. (2002) Harnessing microbially generated power on the seafloor. *Nat. Biotechnol.*, **20** (8), 821–825.

33. Potter, M.C. (1911) Electrical effects accompanying the decomposition of organic compounds. *Proc. R. Soc. London, Ser. B*, **84** (571), 260–276.

34. Cohen, B. (1931) The bacterial culture as an electrical half-cell. *J. Bacteriol.*, **21**, 18–19.

35. Chang, I.S., Jang, J.K., Gil, G.C. et al. (2004) Continuous determination of biochemical oxygen demand using microbial fuel cell type biosensor. *Biosens. Bioelectron.*, **19** (6), 607–613.

36. Chang, I.S., Moon, H., Jang, J.K. et al. (2005) Improvement of a microbial fuel cell performance as a BOD sensor using respiratory inhibitors. *Biosens. Bioelectron.*, **20** (9), 1856–1859.

37. Kim, B.H., Chang, I.S., Gil, G.C. et al. (2003) Novel BOD (biological oxygen demand) sensor using mediator-less microbial fuel cell. *Biotechnol. Lett.*, **25** (7), 541–545.

38. Holzman, D.C. (2005) Microbe Power!. *Environ. Health Perspect.*, **113**, A754–A757.
39. Bullen, R.A., Arnot, T.C., Lakeman, J.B., et al. (2006) Biofuel cells and their development. *Biosens. Bioelectron.*, **21**, 2015–2045.
40. Gil, G.C., Chang, I.S., Kim, B.H. et al. (2003) Operational parameters affecting the performance of a mediator-less microbial fuel cell. *Biosens. Bioelectron.*, **18**, 327–334.
41. Oh, S.E. and Logan, B.E. (2006) Proton exchange membrane and electrode surface areas as factors that affect power generation in microbial fuel cells. *Appl. Microbiol. Biotechnol.*, **70**, 162–169.
42. Thygesen, A., Poulsen, F.W., Min, B. et al. (2009) The effect of different substrates and humic acid on power generation in microbial fuel cell operation. *Bioresour. Technol.*, **100**, 1186–1191.
43. Mohan, Y. and Das, D. (2009) Effect of ionic strength, cation exchanger and inoculum age on the performance of microbial fuel cells. *Int. J. Hydrogen Energy*, **34**, 7542–7546.
44. Butler, C.S. and Nerenberg, R. (2010) Performance and microbial ecology of air-cathode microbial fuel cells with layered electrode assemblies. *Appl. Microbiol. Biotechnol.*, **86**, 1399–1408.
45. Joo-Youn, N., Hyun-Woo, K., and Hang-Sik, S. (2010) Ammonia inhibition of electricity generation in single-chambered microbial fuel cells. *J. Power Sources*, **195**, 6428–6433.
46. Rabaey, K. and Verstraete, W. (2005) Microbial fuel cells: novel biotechnology for energy generation. *Trends Biotechnol.*, **23**, 291–298.
47. Tsai, H.Y., Wu, C.C., Lee, C.Y. et al. (2009) Microbial fuel cell performance of multiwall carbon nanotubes on carbon cloth as electrodes. *J. Power Sources*, **194**, 199–205.
48. Flahaut, E., Durrieu, M.C., Remy-Zolghadri, M. et al. (2006) Study of the cytotoxicity of CCVD carbon nanotubes. *J. Mater. Sci.*, **41**, 2411–2416.
49. Magrez, A., Kasas, S., Salicio, V. et al. (2006) Cellular toxicity of carbon-based nanomaterials. *Nano Lett.*, **6**, 1121–1125.
50. Yoo, E., Kim, J., Hosono, E. et al. (2008) Large reversible Li storage of graphene nanosheet families for use in rechargeable lithium ion batteries. *Nano Lett.*, **8**, 2277–2282.
51. Wang, X., Zhi, L., and Mullen, K. (2007) Transparent, conductive graphene electrodes for dye-sensitized solar cells. *Nano Lett.*, **8**, 323–327.
52. Vivekchand, S.R.C., Rout, C.S., Subrahmanyam, K.S. et al. (2008) Graphene-based electrochemical supercapacitors. *J. Chem. Sci.*, **120**, 9–13.
53. McAllister, M.J., Li, J.L., Adamson, D.H. et al. (2007) Single sheet functionalized graphene by oxidation and thermal expansion of graphite. *Chem. Mater.*, **19**, 4396–4404.
54. Geim, A.K., Novoselov, K.S. et al. (2007) Detection of individual gas molecules adsorbed on grapheme. *Nat. Mater.*, **6**, 183–191.
55. Lee, C., Wei, X.D., and Kysar, J.W. (2008) Intrinsic response of graphene vapor sensors. *Science*, **321**, 385–388.
56. Stankovich, S., Dikin, D.A., Piner, R.D. et al. (2007) Synthesis of graphene-based nanosheets via chemical reduction of exfoliated graphite oxide. *Carbon*, **45**, 1558–1565.
57. Stankovich, S., Piner, R.D., Chen, X.Q. et al. (2006) Stable aqueous dispersions of graphitic nanoplatelets via the reduction of exfoliated graphite oxide in the presence of poly(sodium 4-styrenesulfonate). *J. Mater. Chem.*, **16**, 155–158.
58. He, Z., Liu, J., Qiao, Y. et al. (2012) Architecture engineering of hierarchically porous chitosan/vacuum-stripped graphene scaffold as bioanode for high performance microbial fuel cell. *Nano Lett.*, **12**, 4738–4741.
59. Hou, J., Liu, Z., and Zhang, P. (2013) A new method for fabrication of graphene/polyaniline nanocomplex modified microbial fuel cell anodes. *J. Power Sources*, **224**, 139–144.
60. Xiao, L., Damien, J., Luo, J. et al. (2012) Crumpled graphene particles for microbial fuel cell electrodes. *J. Power Sources*, **208**, 187–192.

61. Liu, J., Qiao, Y., Guo, C.X. *et al.* (2012) Graphene/carbon cloth anode for high-performance mediatorless microbial fuel cells. *Bioresour. Technol.*, **114**, 275–280.
62. Wang, H., Wang, G., Ling, Y. *et al.* (2013) High power density microbial fuel cell with flexible 3D graphene-nickel foam as anode. *Nanoscale*, **5**, 10283–10290.
63. Xie, X., Yu, G., Liu, N. *et al.* (2012) Graphene-sponges as high-performance low-cost anodes for microbial fuel cells. *Energy Environ. Sci.*, **5**, 6862–6866.
64. Yuan, Y., Zhou, S., Zhao, B. *et al.* (2012) Microbially-reduced graphene scaffolds to facilitate extracellular electron transfer in microbial fuel cells. *Bioresour. Technol.*, **116**, 453–458.
65. Zhao, C., Wang, Y., Shi, F. *et al.* (2013) High biocurrent generation in Shewanella-inoculated microbial fuel cells using ionic liquid functionalized graphene nanosheets as an anode. *Chem. Commun.*, **49**, 6668–6670.
66. Khilari, S., Pandit, S., Ghangrekar, M.M. *et al.* (2013) Graphene oxide-impregnated PVA-STA composite polymer electrolyte membrane separator for power generation in a single-chambered microbial fuel cell. *Ind. Eng. Chem. Res.*, **52**, 11597–11606.
67. Ci, S., Wu, Y., Zou, J. *et al.* (2012) Nitrogen-doped graphene nanosheets as high efficient catalysts for oxygen reduction reaction. *Chin. Sci. Bull.*, **57**, 3065–3070.
68. Feng, L., Chen, Y., and Chen, L. (2011) Easy-to-operate and low-temperature synthesis of gram-scale nitrogen-doped graphene and its application as cathode catalyst in microbial fuel cells. *ACS Nano*, **5**, 9611–9618.
69. Feng, L., Yang, L., Huang, Z. *et al.* (2013) Enhancing electrocatalytic oxygen reduction on nitrogen-doped graphene by active sites implantation. *Sci. Rep.*, **3**, 3306–3306.
70. Gnana Kumar, G., Awan, Z., Suk Nahm, K. *et al.* (2014) Nanotubular MnO_2/graphene oxide composites for the application of open air-breathing cathode microbial fuel cells. *Biosens. Bioelectron.*, **53**, 528–534.
71. Li, S., Hu, Y., Xu, Q. *et al.* (2012) Iron- and nitrogen-functionalized graphene as a non-precious metal catalyst for enhanced oxygen reduction in an air-cathode microbial fuel cell. *J. Power Sources*, **213**, 265–269.

第13章 石墨烯基材料在改善微生物燃料电池电极性能中的应用

Li Xiao, Zhen He

13.1 引言

微生物燃料电池（MFC）是一种生物电化学装置，它利用微生物代谢来催化有机化合物的氧化并将存储在化学键中的能量转化为电能[1]。一个典型的MFC由两个由离子交换膜隔开的隔室组成（见图13.1）。在阳极室中，产电细菌氧化有机物并释放电子到阳极［反应式(13.1)］。这些电子通过外部电路行进到阴极以还原电子受体［例如O_2，反应式(13.2)］。电子运动是由阳极和阴极反应之间的氧化还原电位差造成的。MFC开发的一个重

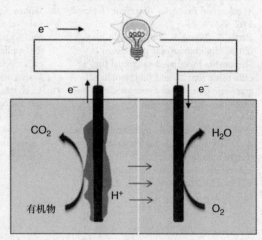

图13.1 MFC示意图

要任务是提高功率输出，通过优化反应器配置和操作条件，理解微生物活动以及探索新的电极和膜材料来研究功率输出。特别地，电极材料和催化剂（包括它们的改性材料）引起了人们极大的兴趣，这是因为它们在决定MFC内阻，以及通过材料等快速发展方面具有重要的作用[2,3]。

$$阳极：有机物 \rightarrow CO_2 + H^+ + e^- \qquad (13.1)$$

$$阴极：O_2 + H^+ + e^- \rightarrow H_2O \qquad (13.2)$$

MFC的理想电极材料和催化剂具有高比表面积、高电导率、稳定性好、生物相容性好、成本低等特点[1]。通过涂覆附加材料可以改进电极性能。随着纳米技术的发展，纳米结构材料已被广泛研究，以改善MFC中阳极和阴极电极的性能。例如，碳纳米管（CNT）/聚苯胺（PANI）复合材料和相关的纳米结构PANI/介孔TiO_2复合材料可以通过改进阳极电极来提高发电量[4,5]。阴极需要涂上合适的催化剂，以还原末端电子受体并提高阴极反应速率[6,7]。最常用的阴极催化剂是铂（Pt），它是一种昂贵的贵金属。人们已经研究了几种可供选择的催化剂，如氧化

锰、金属四甲氧基苯肾上腺素（CoTMPP 和 FeCoTMPP）和金属酞菁（FePc、CoPc 和 FeCuPc）[8]。有关 MFC 电极材料的更多信息可以从最近的综述[3]中获得。

在新材料中，石墨烯是 MFC 中电极应用的新兴候选者[9]。石墨烯作为一种电极材料具有独特和理想的特性：高导电性、大表面积、明显的电催化活性、良好的化学和微生物稳定性以及低生产成本[10-12]。石墨烯可以被加工成不同的形式［例如，石墨烯片、石墨烯颗粒和氧化石墨烯（GO）］，并且也可以被化学官能化［例如氮掺杂石墨烯（NG）、PANI 石墨烯和一些金属支撑石墨烯］。基于石墨烯的材料已经在许多电化学应用中被广泛研究，如太阳电池、超级电容器和锂基可再充电电池[13-15]。人们已经在 MFC 中研究石墨烯作为阳极或阴极材料，用于改善发电。石墨烯材料的承诺和局限都为 MFC 应用创造了机遇，也带来了挑战。以下部分总结了石墨烯基材料在 MFC 中的应用，介绍了其发展现状，并讨论了使用它们改善 MFC 性能的进展和挑战。

13.2 MFC 中阳极电极的石墨烯材料

MFC 阳极电极理想材料的特点包括高导电性、耐腐蚀性强、高比表面积和高孔隙率、良好的生物相容性、低成本和制造方便。石墨烯基材料具有上述某些特征，例如比许多通常使用的碳材料具有更高的电导率，这些碳材料允许电子由于其特殊结构[11]在离域轨道上自由移动穿过平面，对于细菌生长具有良好的生物相容性，在液体中具有优异的耐腐蚀性。表 13.1 总结了在 MFC 研究中报道的石墨烯阳极电极。以下部分介绍几种主要石墨烯基材料，这些材料已经作为 MFC 的阳极电极进行了研究。

13.2.1 石墨烯纳米片

石墨烯纳米片（GNS）作为单层碳原子层密堆为二维（2D）蜂窝晶格，这是石墨烯相关材料的基本形式。有几种不同的方法可将 GNS 应用于 MFC 的阳极表面。最直接的方法是用一些黏合剂将 GNS 物理涂覆在现有的阳极电极材料上。例如，通过将石墨的化学氧化还原处理获得的 GNS 与 PTFE（聚四氟乙烯）混合，然后将混合物使用在作为 MFC 阳极的 SSM（普通不锈钢网）表面上（G/SSM 阳极）[16]。该 MFC 产生的最大功率密度为 $2.67W/m^2$，比使用裸露 SSM 阳极的 MFC 获得的功率密度高 18 倍，表明 GNS 可通过改善细菌黏附性和电子转移效率提高 MFC 中的发电量（见图 13.2）[16]。代替物理涂覆方法，Liu 和同事[18]采用电化学方法，GO 在 $0.3mA/cm^2$ 阳极电流下电泳转移到双电极电池中的碳布（CC）电极表面，然后在 $0.6mA/cm^2$ 阴极电流下还原为 GNS。通过这种方式，他们确定了最佳的沉积时间，使 MFC 具有最佳的性能。在他们的系统中，观察到大量的细菌细胞黏附到 GNS/CC（G/CC）表面，形成厚的生物膜，而只有少数细胞附着在不含

GNS 的 CC 电极的表面上。这些结果表明，GNS 改性可以提高电极的生物相容性[18]。Mink 等人通过在大气压下使用化学气相沉积法在薄镍膜上生长 GNS 层，并且将该膜作为阳极应用在微型 MFC 中，其从废水产生约 1nW 的功率，表明了 GNS 在芯片实验室设备中的潜在应用[26]。

作为典型的平面状材料，由于在涂覆过程中片材之间的强范德华吸引力，应用于阳极电极的 GNS 倾向于堆叠，由此损害其可获得的高表面积。人们发现 GO 可以通过异养的金属还原菌还原为 GNS[31]。这一发现开启了 MFC 操作初期就地生产 GNS 的可能性，从而避免了额外的涂布步骤，从而缓解了 GNS 的堆叠问题[20]。这在 MFC 中被证明，其中 GO 被阳极生物膜微生物降解为 GNS，同时在生物膜上自动组装 GNS 以形成细菌/石墨烯网络[20]。被微生物还原的 GNS 表现出与化学还原产物相当的电导率和物理特性。

表 13.1 石墨烯和改性石墨烯用于阳极电极

阳极材料	阳极基底	阴极材料	电子受体	反应器构造	最大功率密度/(W/m²)	参考文献
石墨烯/不锈钢丝网	葡萄糖	碳纸	Fe(III)	双室	2.67	[16]
氧化石墨烯纳米带/碳纸	醋酸盐	碳纸	Fe(III)	双室	0.03	[17]
石墨烯/碳布	葡萄糖	碳纸	Fe(III)	双室	0.05	[18]
褶皱状石墨烯颗粒/碳布	醋酸盐	碳刷	Fe(III)	双室	0.48	[19]
微生物还原石墨烯/碳布	醋酸盐	Pt+碳布	O_2	单室	1.91	[20]
石墨烯海绵	葡萄糖	Pt+碳布	—	双室	1.57	[21]
壳聚糖/真空剥离石墨烯	葡萄糖	碳布	Fe(III)	双室	1.53	[22]
聚苯胺-电化学还原碳布表面的氧化石墨烯	醋酸盐	碳毡	Fe(III)	双室	1.39	[23]
石墨烯/聚苯胺泡沫	乳酸盐	碳布	Fe(III)	双室	0.77	[24]
石墨烯/聚(3,4-亚乙基二氧噻吩)	葡萄糖	碳布	Fe(III)	双室	0.87	[25]
石墨烯/Ni/Ti	醋酸盐	Pt+碳布	O_2	单室	0.001	[26]
离子液体(1-(3-氨基丙基)-3-甲基咪唑鎓溴化物)	乳酸盐	碳纸	Fe(III)	双室	0.60	[27]
RGO-Ni 泡沫	乳酸盐	GS	Fe(III)	双室	27.00 (W/m³)	[28]
聚吡咯-GO/GF	乳酸盐	碳毡	Fe(III)	双室	1.33	[29]
GNR/PANI/CP	乳酸盐	碳纸	Fe(III)	双室	0.86	[30]

除堆垛问题，还有一个问题阻碍了 GNS 表面进一步形成生物膜。大多数电化

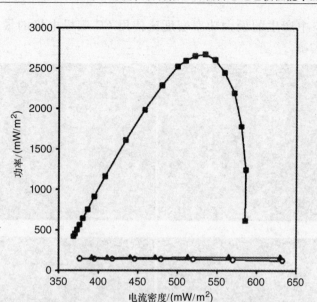

图 13.2 使用普通 SSM（圆形）、聚四氟乙烯改性 SSM（三角形）和石墨烯改性 SSM（正方形）操作的 MFC 的功率密度曲线（经参考文献 [16] 许可转载）

学活性细菌带负电荷，因此，细菌和 GNS（带负电的 π 电子云）之间存在经典的静电排斥，这减慢了细菌负载并降低了 GNS 表面上的细菌总量。为了解决这个问题，使用导电和带正电荷的聚合物来改性石墨烯阳极，由此改善带正电荷的聚合物和带负电荷的细菌细胞之间的静电引力并导致 MFC 的性能提高。例如，GNS 的表面通过恒电聚合法用聚（3,4-亚乙基二氧噻吩）（PEDOT）装饰，以在 H 型 MFC 中制造 G/PEDOT 阳极，其 G/PEDOT 阳极的最大功率密度约为没有聚合物改性的 GNS 的 2.5 倍[25]。它还表明，MFC 的性能可以通过用正电荷离子液体如（1-（3-氨基丙基）-3-甲基咪唑溴化物）官能化 GNS 来提高[27]。

13.2.2 三维石墨烯

石墨烯从二维（2D）片转变为三维颗粒也可以解决石墨烯片的堆叠问题。通过气溶胶辅助毛细管压缩过程在脊处利用强 π-π 堆积产生三维褶皱状石墨烯颗粒[32]。由于前者独特的三维开放结构，被弄皱的石墨烯颗粒比常规石墨烯片具有更高的表面积，这可以为阳极上的生物膜形成提供更多空间（见图 13.3）[19,32]。因此，具有改性石墨烯颗粒阳极电极的双室 MFC 与平铺的 MFC 石墨烯片改性阳极（2.7W/m³）相比，可产生更高的最大功率密度（3.6W/m³）[19]。冰隔离诱导自组装（ISISA）是生产大孔三维材料的一种有效方法[33]。采用该方法制备了具有层状多孔结构的生物相容性壳聚糖（CHI）/真空剥离石墨烯（VSG）复合材料，该层状多孔结构由层状分支结构形成的大孔和多孔 VSG 的微孔构成；使用 CHI/VSG 阳极电极的 MFC 中产生的最大功率密度比使用 CC 阳极电极的最大功率密度高 78 倍[22]。

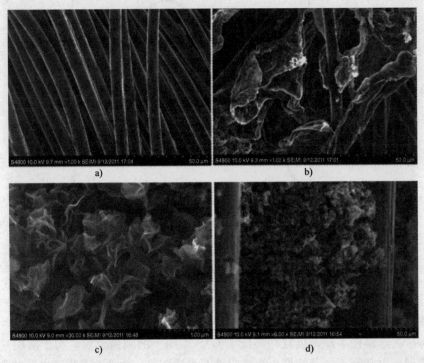

图 13.3　扫描电子显微镜照片：a) 未经改性的碳布电极，b) 石墨烯片改性的碳布电极，c) 褶皱状石墨烯颗粒，d) 褶皱状石墨烯颗粒改性的碳布电极（经许可转载自参考文献 [19]）

三维石墨烯电极也可以通过用二维 GNS 涂覆一些具有开放多孔结构的特殊材料来制造。例如，用石墨烯 [GS（石墨烯海绵）] 涂覆海绵，采用简单的可规模化的浸渍 - 干燥工艺，可以形成开放的多孔结构，以促进电解质的运输和高表面积以有益于有机物的氧化、电子转移[21]。G－S 的一个问题是其电导率低，可以通过使用 SSM 作为 G－S 电极的集流体（G－S/SSM）来解决[21]。使用 GS/SSM 阳极（$1.57W/m^2$）的 MFC 产生的最大功率密度是使用 GS 阳极（$0.11W/m^2$）的约 14 倍，表明 SSM 有效地改善了 GS 电极的电导率[21]。其他具有高导电性的多孔材料，例如泡沫镍，也被研究用于制造三维石墨烯。据报道，高性能的 MFC 阳极是通过使用泡沫镍作为三维支架并涂覆石墨烯片获得的[28]。镍泡沫具有与海绵材料类似的开孔结构，但具有更高的导电性[21,28]。

13.2.3　GO

GO 显示了与石墨烯相似的力学性能，但导电性较差，因此，它不被认为是合适的电极材料。但是，适当的改性可能会补偿 GO 的不良导电性。例如，多壁碳纳米管（MWCNT）被用作制造氧化石墨烯纳米带（GONR）的前体，其具有高的长径比并且可以充当纳米线。GONR 的边缘结构为化学改性提供了充足的空间，可以提高其电催化能力。通过电泳沉积法将 GONR 网络涂覆在碳纸（CP）上，与原始 CP 阳极电极相比，GONR/CP 阳极电极可以成功改善 MFC 的发电性能[17]。据报道，含有聚吡咯（PPy）/GO 改性石墨毡的 MFC 表现出比仅用石墨烯改性石墨毡更好的性能，这表明一些导电聚合物如 PPy 也可以提高 GO 的导电性[29]。

13.3　用于 MFC 中阴极电极的石墨烯材料

阴极反应是限制 MFC 性能的关键因素，由于氧化物具有较高的可获取性和较高的还原电位，因此它是阴极常用的电子受体[1]。在水溶液中存在两种 ORR（氧还原反应）途径：从 O_2 直接到 H_2O 的四电子还原途径，以及从 O_2 到 H_2O_2 然后到 H_2O 的间接双电子还原途径。基本上，ORR 通过铂族催化剂上的四电子还原途径有利地进行，而双电子 ORR 途径发生在诸如活性炭和炭黑的碳基材料上[34]。然而，过氧化氢在 MFC 中是不希望的，因为它会损坏膜或电极材料。此外，当使用碳基材料作为阴极时，双电子 ORR 的缓慢动力学限制了 MFC 的能量性能。由于铂材料的高成本，非常希望有一种替代阴极材料/催化剂，其也可以促进四电子 ORR 但是较便宜。人们发现石墨烯对 H_2O_2 歧化具有良好的催化活性，促进了中性介质中低电位的四电子 ORR[35]。该发现为将石墨烯用作阴极材料/催化剂代替 MFC 的铂族材料提供了理论基础。表 13.2 总结了在 MFC 中用作阴极的石墨烯基材料。

表 13.2　用于阴极的石墨烯和改性石墨烯

阴极材料	电子受体	阳极材料	阳极基底	反应器构造	最大功率密度 /（W/m²）	参考文献
皱缩的石墨烯颗粒/碳布	O_2	碳布	醋酸盐	双室	0.44	[19]
Fe–N–石墨烯/碳纸	O_2	碳毡	醋酸盐	单室	1.15	[36]
FeTsPc–石墨烯/碳纸	O_2	碳纸	葡萄糖/酵母	双室	0.82	[37]
MnO_2–石墨烯/碳纸	O_2	碳毡	醋酸盐	单室	2.08	[38]
石墨烯/碳布	O_2	碳布	醋酸盐	双室	0.32	[39]
氮掺杂石墨烯/碳布	O_2	碳刷	醋酸盐	单室	1.35	[40]
氮掺杂石墨烯纳米片/碳布	O_2	碳布	醋酸盐	双室	0.54	[41]
Co_3O_4/氮掺杂石墨烯/GC	O_2	碳粒	乳酸盐	双室	1.34	[42]
PANI–GNS/GF	O_2	GF	醋酸盐	单室	0.10	[43]
1–氮掺杂石墨烯/碳布	O_2	碳毡	醋酸盐	单室	1.62	[44]
MnO_2–NTs/石墨烯	O_2	碳布	醋酸盐	单室	4.68（W/m³）	[45]
Pt–Co/石墨烯/碳布	O_2	碳布	葡萄糖	单室	1.38	[46]
氮掺杂石墨烯–碳纸	O_2	碳布	醋酸盐	双室	0.78	[34]
MnO_2/GO/碳布	O_2	碳布	葡萄糖	单室	3.36	[47]
多孔氮掺杂碳纳米片/石墨烯/碳纸	O_2	碳刷	醋酸盐	单室	1.16	[48]

13.3.1 裸石墨烯

当 GNS 直接涂布在双室 MFC 中的 CC 阴极电极上时，所得到的最大功率密度是未经改性的 CC 的 8 倍以上，这表明石墨烯可极大地改善阴极性能并因此在 MFC 中发电[19]。类似于阳极电极的情况，也可以通过还原 GO 在阴极表面上原位形成 GNS。当 GO 被生物阴极 MFC 中的细菌还原时，在阴极上产生石墨烯/生物膜复合材料（见图 13.4），并且该生物阴极显示出能够增强 ORR[39]。阴极上使用的 GNS 也存在堆叠问题，这会降低表面积和电导率，可以通过制造三维褶皱状石墨烯颗粒来消除这种影响[32]。据报道，具有三维皱缩石墨烯颗粒的阴极产生的功率密度高于平的二维石墨烯片[19]。

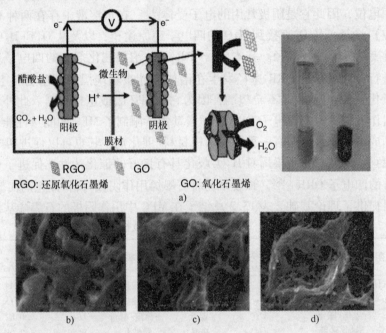

图 13.4　a）微生物燃料电池与微生物 RGO 作为阴极的示意图，b）用石墨烯制造之前的阴极电极的 SEM 图像，c）、d）具有生物膜的石墨烯的 SEM 图像
（经参考文献 [39] 许可转载）

13.3.2　用石墨烯作为掺杂剂的聚合物涂层

通过掺杂石墨烯材料可以提高导电聚合物的电催化活性。PANI 是使用最广泛的导电聚合物之一，并对 ORR 表现出电催化活性。已经证明，具有 PANI 涂覆的阴极的 MFC 产生比没有 PANI 涂层的 MFC 更多的电能[43,49]。当 PANI 掺杂一定量的 GNS 形成 PANI-GNS 阴极时，与非石墨烯掺杂阴极相比，功率密度进一步提高。苯胺和石墨烯的质量比被优化为 9:1，以达到这种类型阴极的最大功率密度

$(0.10W/m^2)^{[43]}$。

13.3.3 用石墨烯作为支撑物的金属涂层

过渡金属因其催化活性而众所周知,因为它们具有采取多种氧化态并形成络合物的能力。然而,大多数过渡金属对于 ORR 的催化活性低于铂,因此它们的应用要么与铂(通过成形合金)相关,要么通过改性改进。使用石墨烯作为载体来制备 Pt/钴阴极电极,其在 Pt 负载率为 15wt% 时表现出与具有 20wt% Pt 的 Pt/C 改性的阴极电极相似的性能[46]。微波辐射下石墨烯与高锰酸钾的直接氧化还原反应制备了 MnO_2/GNS 复合物,其中石墨烯作为还原剂和高导电性基体[38]。由于石墨烯具有良好的电学性能和 MnO_2/GNS 复合材料的独特结构,以 MnO_2/GNS 为阴极催化剂具有较高的催化活性,最大功率密度为 $2.08W/m^2$,比纯二氧化锰催化剂 $(1.47W/m^2)$ 的 MFC 高得多(见图 13.5)[38]。MnO_2 的催化活性受其结构、粒径

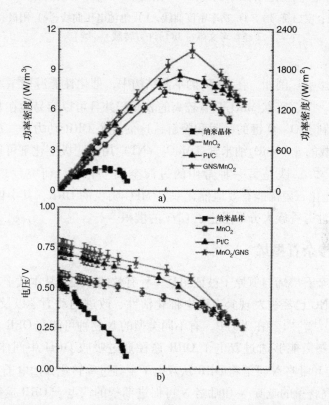

图 13.5 装有非催化剂阴极、MnO_2 阴极、Pt/C 阴极和 MnO_2/GNS 阴极的 MFC 的性能(阴极:填充符号;阳极:空白符号)。a)功率密度曲线,b)电池电压曲线,c)阳极和阴极极化曲线
(经参考文献 [38] 许可转载)

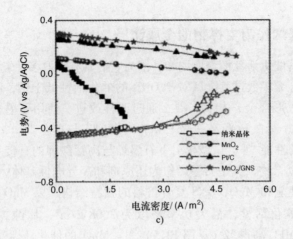

图 13.5 装有非催化剂阴极、MnO_2 阴极、Pt/C 阴极和 MnO_2/GNS 阴极的 MFC 的性能（阴极：填充符号；阳极：空白符号）。a）功率密度曲线，b）电池电压曲线，c）阳极和阴极极化曲线（经参考文献［38］许可转载）（续）

和合成方法的影响。例如，在 MnO_2 的不同结构中，催化性能遵循序列 β - < λ - < γ - < α - MnO_2[45]。管状 MnO_2 具有较高的表面积并且可以容易地在其隧道中容纳氧气，从而有利于 O - O 键的吸附和裂解，这促进了 ORR 动力学。据报道，由石墨烯或 GO 负载的 α - MnO_2 纳米管（MnO_2 - NT）用作阴极催化剂可以有效地改善 MFC 的性能[45,47]。铁是另一种常用的过渡金属催化剂。研究发现四磺基酞菁（FeTsPc）官能化石墨烯能有效地催化双室 MFC 阴极的 ORR，其中四磺酞菁作为负电荷和水溶性芳香族大分子阻止了 GNS 的堆积[37]。

13.3.4　氮掺杂石墨烯

最近，掺杂石墨烯与氮原子被证明是一种有效的方法，从本质上改善了石墨烯的电子性质。NG 已经被发现具有高电催化活性、改进的动力学以及 MFC 中 ORR 的长期稳定性[34,40,41]。在 NG 中，有不同类型的 N 物种可能在 ORR 过程中扮演不同的角色。石墨氮能够通过双电子 ORR 途径通过吸收 OHH 中间体将 O_2 还原成 H_2O_2，而吡啶和吡咯 N 可能将 ORR 从双电子主导过程转化为四电子主导过程[50]。因此，NG 中高含量的吡啶 N 和吡咯 N 可促进期望的四电子 ORR 途径。提高吡啶 N 和吡咯氮含量的简单方法是增加氮活性位点的总数。人们发现用介孔 g - C_3N_4 向 NG（I - NG）植入氮活性位点在 NG 表面引入了大量的氮位点（见图 13.6）[44]。具有高含氮量的 I - NG 具有通过氧和氮之间的键合弱化 O - O 键的强大能力，并且使用 I - NG 作为阴极催化剂的 MFC 产生比正常 NG MFC 更高的功率密度，甚至高于 Pt/C MFC[44]。然而，如何选择性地提高 MFC 阴极电极上 ORR 的吡啶 N 和吡咯 N 的含量仍不清楚，值得进一步研究。

金属元素，如铁和钴，也用于改性 NG 电极[36,42]，在某些情况下，也可以通过四电子途径促进 ORR[51,52]。据报道，石墨烯基催化剂中的铁可以稳定氮在石墨烯基体内的结合，这促进了用于氧还原的电子转移；铁还可以促进不需要的 H_2O_2 的歧化，这可以通过期望的四电子途径来增强 ORR[51,52]。因此，具有铁和氮官能化石墨烯（Fe–N–G）作为阴极催化剂的 MFC 比石墨烯或 Pt/C 具有更高的功率密度[36]。通过简单的水热法制备了氧化钴和氮掺杂石墨烯（Co_3O_4/NG）的纳米复合材料，并用作双室 MFC 中 ORR 的阴极催化剂[42]：Co_3O_4/NG 高度改善了 MFC 中的 ORR，这是因为 Co_3O_4 和 NG 之间的协同化学偶联作用，催化活性提高[42]。

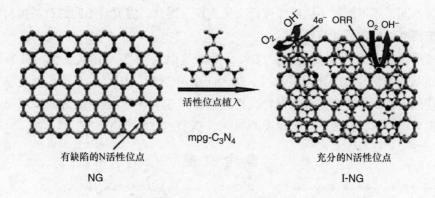

图 13.6　NG 和介孔石墨烯–C_3N_4 之间协同相互作用的示意图
（经参考文献［44］许可转载）

13.4　展望

尽管石墨烯基材料在改善 MFC 中的发电方面有很大的希望，但仍有一些挑战必须在未来的应用中解决。

首先，制备石墨烯基电极/催化剂的过程仍然复杂。制备石墨烯电极的典型方法是通过三个步骤：根据 Hummers 方法从石墨化学合成 GO；通过化学还原剂还原 GO 到石墨烯；并通过黏合剂如 PTFE 或 Nafion[29]将石墨烯涂覆在载体的表面上。一些电化学方法可以通过直接减少载体上的 GO 来结合第二步和第三步[29]。这些复杂的程序可能增加与制备/制造相关的成本，特别是对于需要大量材料的大型 MFC。此外，制备过程高度影响石墨烯的性能（例如，由于石墨烯片的不同堆积水平而导致的不同表面积)。因此，开发新的简单的石墨烯电极制备方法是一个巨大的挑战。虽然 NG 对 MFC 中的 ORR 表现出较好的催化活性，但不清楚不同类型的 N 物种如何促进 ORR 过程。另外，准备过程中准确控制 NG 中的氮含量和掺杂位置需要进一步研究。

其次，必须检查作为电极/催化剂的石墨烯材料的稳定性，特别是对于金属涂覆的石墨烯材料，因为金属可能在含水电解质中被腐蚀/氧化。在大多数已发表的工作中，MFC 的运行时间从几天到几个月不等。一个长期的操作（>1 年）将是理想的。另外，对于那些为废水处理而设计的 MFC，应该使用实际废水来调查长期运行期间的电极性能。

第三，在 MFC 中提出并研究了各种石墨烯基材料，然而，目前尚不清楚哪种石墨烯可以实现最佳性能的最佳形式。由于 MFC 配置/操作、污垢和膜/电极材料的显著不同，不可能对不同研究进行交叉比较。因此，需要对不同的石墨烯材料进行系统研究以确定最佳材料。

最后但并非最不重要的是，放大石墨烯基电极仍然具有挑战性。石墨烯基 MFC 的所有研究均在小型反应器（<1000 mL）中进行。MFC 的系统扩展是这项技术成功的关键。尽管石墨烯基材料在桌式系统中改善 MFC 的性能方面显示出有效性，但它们应该制造成适应大规模的 MFC，例如三维电极而不是二维电极。

参 考 文 献

1. Logan, B.E., Hamelers, B., Rozendal, R., Schröder, U., Keller, J., Freguia, S. *et al.* (2006) Microbial fuel cells: methodology and technology. *Environ. Sci. Technol.*, **40**, 5181–5192.
2. Fu, L., You, S.-J., Zhang, G.-Q., Yang, F.-L., and Fang, X.-H. (2011) PB/PANI-modified electrode used as a novel oxygen- reduction cathode in microbial fuel cell. *Biosens. Bioelectron.*, **26**, 1975–1979.
3. Zhou, M., Chi, M., Luo, J., He, H., and Jin, T. (2011) An overview of electrode materials in microbial fuel cells. *J. Power Sources*, **196**, 4427–4435.
4. Qiao, Y., Li, C., Bao, S., and Bao, Q. (2007) Carbon nanotube/polyaniline composit as anode material for microbial fuel cells. *J. Power Sources*, **179**, 79–84.
5. Qiao, Y., Bao, S., Li, C., Cui, X., Lu, Z., and Guo, J. (2007) Nanostructured polyaniline/titanium dioxide composite anode for microbial fuel cells. *ACS Nano*, **2**, 113–119.
6. Wang, H., Wu, Z., Plaseied, A., Jenkins, P., Simpson, L., Engtrakul, C. *et al.* (2011) Carbon nanotube modified air-cathodes for electricity production in microbial fuel cells. *J. Power Sources*, **196**, 7465–7469.
7. Feng, L., Yan, Y., Chen, Y., and Wang, L. (2011) Nitrogen-doped carbon nanotubes as efficient and durable metal-free cathodic catalysts for oxygen reduction in microbial fuel cells. *Energy Environ. Sci.*, **4**, 1892–1899.
8. Kim, B.H., Chang, I.S., and Gadd, G.M. (2007) Challenges in microbial fuel

cell development and operation. *Appl. Microbiol. Biotechnol.*, **76**, 485–494.

9. Filip, J. and Tkac, J. (2014) Is graphene worth using in biofuel cells? *Electrochim. Acta*, **136**, 340–354.

10. Geim, A.K. and Novoselov, K.S. (2007) The rise of graphene. *Nat. Mater.*, **6**, 183–191.

11. Novoselov, K.S., Geim, A.K., Morozov, S.V., Jiang, D., Zhang, Y., Dubonos, S.V. et al. (2004) Electric field effect in atomically thin carbon films. *Science*, **306**, 666–669.

12. Pumera, M. (2009) Electrochemistry of graphene: new horizons for sensing and energy storage. *Chem. Rec.*, **9**, 211–223.

13. Paek, S.M., Yoo, E., and Honma, I. (2009) Enhanced cyclic performance and lithium storage capacity of SnO_2/graphene nanoporous electrodes with three-dimensionally delaminated flexible structure. *Nano Lett.*, **9**, 72–75.

14. Wang, X., Zhi, L., and Müllen, K. (2008) Transparent, conductive graphene electrodes for dye-sensitized solar cells. *Nano Lett.*, **8**, 323–327.

15. Zhang, L.L., Zhou, R., and Zhao, X.S. (2010) Graphene-based materials as supercapacitor electrodes. *J. Mater. Chem.*, **20**, 5983–5992.

16. Zhang, Y., Mo, G., Li, X., Zhang, W., Zhang, J., Ye, J. et al. (2011) A graphene modified anode to improve the performance of microbial fuel cells. *J. Power Sources*, **196**, 5402–5407.

17. Huang, Y.-X., Liu, X.-W., Xie, J.-F., Sheng, G.-P., Wang, G.-Y., Zhang, Y.-Y. et al. (2011) Graphene oxide nanoribbons greatly enhance extracellular electron transfer in bio-electrochemical systems. *Chem. Commun. (Camb.)*, **47**, 5795–5797.

18. Liu, J., Qiao, Y., Guo, C.X., Lim, S., Song, H., and Li, C.M. (2012) Graphene/carbon cloth anode for high-performance mediatorless microbial fuel cells. *Bioresour. Technol.*, **114**, 275–280.

19. Xiao, L., Damien, J., Luo, J., Jang, H.D., Huang, J., and He, Z. (2012) Crumpled graphene particles for microbial fuel cell electrodes. *J. Power Sources*, **208**, 187–192.

20. Yuan, Y., Zhou, S., Zhao, B., Zhuang, L., and Wang, Y. (2012) Microbially-reduced graphene scaffolds to facilitate extracellular electron transfer in microbial fuel cells. *Bioresour. Technol.*, **116**, 453–458.

21. Xie, X., Yu, G., Liu, N., Bao, Z., Criddle, C.S., and Cui, Y. (2012) Graphene–sponges as high-performance low-cost anodes for microbial fuel cells. *Energy Environ. Sci.*, **5**, 6862.

22. He, Z., Liu, J., Qiao, Y., Li, C., and Tan, T. (2012) Architecture engineering of hierarchically porous chitosan/vacuum-stripped graphene scaffold as bioanode for high performance microbial fuel cell. *Nano Lett.*, **12**, 4738–4741.

23. Hou, J., Liu, Z., and Zhang, P. (2013) A new method for fabrication of graphene/polyaniline nanocomplex modified microbial fuel cell anodes. *J. Power Sources*, **224**, 139–144.

24. Yong, Y., Dong, X., Chan-Park, M., Song, H., and Chen, P. (2012) Macroporous and monolithic anode based on polyaniline hybridized three-dimensional graphene for high-performance microbial fuel cells. *ACS Nano*, **6**, 2394–2400.

25. Wang, Y., Zhao, C., Sun, D., Zhang, J.-R., and Zhu, J.-J. (2013) A Graphene/Poly (3,4-ethylenedioxythiophene) Hybrid as an anode for high-performance microbial fuel cells. *ChemPlusChem*, **78**, 823–829.

26. Mink, J.E., Qaisi, R.M., and Hussain, M.M. (2013) Graphene-based flexible micrometer-sized microbial fuel cell. *Energy Technol.*, **1**, 648–652.

27. Zhao, C., Wang, Y., Shi, F., Zhang, J., and Zhu, J.-J. (2013) High biocurrent generation in Shewanella-inoculated microbial fuel cells using ionic liquid functionalized graphene nanosheets as an anode. *Chem. Commun. (Camb.)*, **49**, 6668–6670.

28. Wang, H., Wang, G., Ling, Y., Qian, F., Song, Y., Lu, X. et al. (2013) High power density microbial fuel cell with flexible 3D graphene-nickel foam as anode. *Nanoscale*, **5**, 10283–10290.

29. Lv, Z., Chen, Y., Wei, H., Li, F., Hu, Y., Wei, C. et al. (2013) One-step electrosynthesis of polypyrrole/graphene oxide composites for microbial fuel cell application. *Electrochim. Acta*, **111**, 366–373.

30. Zhao, C., Gai, P., Liu, C., Wang, X., Xu, H., Zhang, J. et al. (2013) Polyaniline networks grown on graphene

31. Salas, E.C., Sun, Z., Luttge, A., and Tour, J.M. (2010) Reduction of graphene oxide via bacterial respiration. *ACS Nano*, **4**, 4852–4856.

32. Luo, J., Jang, H.D., Sun, T., Xiao, L., He, Z., Katsoulidis, A.P. et al. (2011) Compression and aggregation-resistant particles of crumpled soft sheets. *ACS Nano*, **5**, 8943–8949.

33. Gutiérrez, M., Ferrer, M., and del Monte, F. (2008) Ice-templated materials: sophisticated structures exhibiting enhanced functionalities obtained after unidirectional freezing and ice-segregation-induced self-assembly. *Chem. Mater.*, **203**, 634–648.

34. Liu, Y., Liu, H., and Wang, C. (2013) Sustainable energy recovery in wastewater treatment by microbial fuel cells: stable power generation with nitrogen-doped graphene cathode. *Environ. Sci.*, **47**, 13889–13895.

35. Wu, J., Wang, Y., Zhang, D., and Hou, B. (2011) Studies on the electrochemical reduction of oxygen catalyzed by reduced graphene sheets in neutral media. *J. Power Sources*, **196**, 1141–1144.

36. Li, S., Hu, Y., Xu, Q., Sun, J., Hou, B., and Zhang, Y. (2012) Iron- and nitrogen-functionalized graphene as a non-precious metal catalyst for enhanced oxygen reduction in an air-cathode microbial fuel cell. *J. Power Sources*, **213**, 265–269.

37. Zhang, Y., Mo, G., Li, X., and Ye, J. (2012) Iron tetrasulfophthalocyanine functionalized graphene as a platinum-free cathodic catalyst for efficient oxygen reduction in microbial fuel cells. *J. Power Sources*, **197**, 93–96.

38. Wen, Q., Wang, S., Yan, J., Cong, L., Pan, Z., Ren, Y. et al. (2012) MnO_2–graphene hybrid as an alternative cathodic catalyst to platinum in microbial fuel cells. *J. Power Sources*, **216**, 187–191.

39. Zhuang, L., Yuan, Y., Yang, G., and Zhou, S. (2012) In situ formation of graphene/biofilm composites for enhanced oxygen reduction in biocathode microbial fuel cells. *Electrochem. Commun.*, **21**, 69–72.

40. Feng, L., Chen, Y., and Chen, L. (2011) Easy-to-operate and low-temperature synthesis of gram-scale nitrogen-doped graphene and its application as cathode catalyst in microbial fuel cells. *ACS Nano*, **5**, 9611–9618.

41. Ci, S., Wu, Y., Zou, J., Tang, L., Luo, S., Li, J. et al. (2012) Nitrogen-doped graphene nanosheets as high efficient catalysts for oxygen reduction reaction. *Chin. Sci. Bull.*, **57**, 3065–3070.

42. Su, Y., Zhu, Y., Yang, X., Shen, J., Lu, J., Zhang, X. et al. (2013) A highly efficient catalyst toward oxygen reduction reaction in neutral media for microbial fuel cells. *Ind. Eng. Chem. Res.*, **52**, 6076–6082.

43. Ren, Y., Pan, D., Li, X., Fu, F., Zhao, Y., and Wang, X. (2013) Effect of polyaniline-graphene nanosheets modified cathode on the performance of sediment microbial fuel cell. *J. Chem. Technol. Biotechnol.*, **88**, 1946–1950.

44. Feng, L., Yang, L., Huang, Z., Luo, J., Li, M., Wang, D. et al. (2013) Enhancing electrocatalytic oxygen reduction on nitrogen-doped graphene by active sites implantation. *Sci. Rep.*, **3**, 3306.

45. Khilari, S., Pandit, S., Ghangrekar, M.M., Das, D., and Pradhan, D. (2013) Graphene supported α-MnO2 nanotubes as a cathode catalyst for improved power generation and wastewater treatment in single-chambered microbial fuel cells. *RSC Adv.*, **3**, 7902.

46. Yan, Z., Wang, M., Huang, B., Liu, R., and Zhao, J. (2013) Graphene supported Pt-Co alloy nanoparticles as cathode catalyst for microbial fuel cells. *Int. J. Electrochem. Sci.*, **8**, 149–158.

47. Gnana Kumar, G., Awan, Z., Suk Nahm, K., and Xavier, J.S. (2014) Nanotubular MnO_2/graphene oxide composites for the application of open air-breathing cathode microbial fuel cells. *Biosens. Bioelectron.*, **53**, 528–534.

48. Wen, Q., Wang, S., Yan, J., Cong, L., Chen, Y., and Xi, H. (2014) Porous nitrogen-doped carbon nanosheet on graphene as metal-free catalyst for oxygen reduction reaction in air-cathode

microbial fuel cells. *Bioelectrochemistry*, **95**, 23–28.

49. Li, C., Ding, L., Cui, H., Zhang, L., Xu, K., and Ren, H. (2012) Application of conductive polymers in biocathode of microbial fuel cells and microbial community. *Bioresour. Technol.*, **116**, 459–465.

50. Lai, L., Potts, J.R., Zhan, D., Wang, L., Poh, C.K., Tang, C. *et al.* (2012) Exploration of the active center structure of nitrogen-doped graphene-based catalysts for oxygen reduction reaction. *Energy Environ. Sci.*, **5**, 7936–7942.

51. Wang, P., Wang, Z., Jia, L., and Xiao, Z. (2009) Origin of the catalytic activity of graphite nitride for the electrochemical reduction of oxygen: geometric factors vs. electronic factors. *Phys. Chem. Chem. Phys.*, **11**, 2730–2740.

52. Chlistunoff, J. (2011) RRDE and voltammetric study of ORR on pyrolyzed Fe/polyaniline catalyst. *J. Phys. Chem. C*, **115**, 6496–6507.

第 14 章　石墨烯及其衍生物在酶促生物燃料电池中的应用

A. Rashid bin Mohd Yusoff

14.1　引言

一个世纪前，Potter[1]率先展示了微生物燃料电池的概念。后来，在 20 世纪 60 年代，美国国家航空航天局（NASA）在太空穿梭机上演示了来自人体废物的发电[2]。从那以后，生物燃料电池因其从尿素和甲烷等多种物质中产生能量而备受关注。1964 年，Yahiro 等人报道了第一种基于酶的生物燃料电池，其中葡萄糖氧化酶（GO_x）用作阳极催化剂，葡萄糖用作燃料[3]。尽管在过去的几十年中已经取得了许多有趣的进展，但是在功率密度、寿命和运行稳定性方面，生物燃料电池的性能仍远低于化学燃料电池的性能。尽管基于酶的生物燃料电池基本上具有较高数量级的功率密度，但由于酶的脆弱性[4,5]，它具有有限的使用寿命（7~10 天）并且仅部分氧化燃料。稳定性和效率差是由于电子在酶的活性位点和电极之间传输的介质所致。介体（溶液中或固定在电极表面）在酶促生物燃料电池中通常由有机染料或有机金属配合物组成。一般来说，该酶可以消除对膜分离器的需求（见图 14.1）。为了克服这个缺点，碳纳米管（CNT）已被选择通过酶和 CNT 之间的共价结合来降低电子转移电阻并增加电极表面积[6-9]。最近，人们提出使用氧化还原介体的想法来提高电子转移速率，其中介体的氧化还原电位位于酶和电极的氧化还原电位之间，导致电子从酶逐渐穿梭到介体最后到电极[8]。

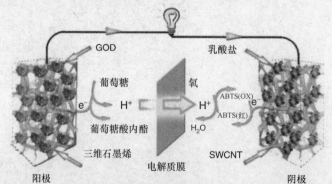

图 14.1　EBFC 和三维石墨烯/SWCNT 混合电极的示意结构

（经参考文献 [10] 许可转载。版权所有（2014），美国化学学会）

石墨烯是一种二维（2D）CNT 片，由于其优异的导电性和较大的表面积（约为 2630m²/g），最近引起了人们极大的兴趣。此外，最近已经证明，这种二维纳米结构碳的三维（3D）结构可以用作各种应用中的新型三维电化学电极，例如储能[12]、能量转换[13]以及生物和化学传感[14]。为实现三维石墨烯和 CNT 在电化学生物传感器[15]、场发射器件[16]和双层电容器[17]等应用中的协同集成也做出了努力。在最近的一项研究[10]中，单壁碳纳米管（SWCNT）改性的三维石墨烯被用作酶促生物燃料电池（EBFC）中的阳极和阴极（见图 14.1）。作者证明，与先前报道的装置相比，装备有酶功能化的三维石墨烯/ SWCNT 混合电极的 EBFC 具有显著改善的性能，特别是开路电压（E_{cell}^{cov}）几乎达到理论极限（约为 1.2V）、高功率输出密度（2.27mW/cm² ± 0.11mW/cm² 或 45.38mW/cm² ± 2.1mW/cm²）和良好的长期稳定性（30 天后 E_{cell}^{cov} 仅下降约 20%）。

由于石墨烯在 EBFC 研究中的重要性稳步提高，本章将综述有关无膜以及改性的阳极和阴极 EBFC 的研究，尽管在这个相对较新的领域石墨烯或其衍生物制备 EBFC 的研究文献有限。

14.2 无膜酶促生物燃料电池

2009 年，Liu 等人[18]开创了使用石墨烯片作为阳极和阴极制造无膜 EBFC 的工作。阳极由金电极组成，其中它已经使用硅溶胶-凝胶基质与葡萄糖氧化酶共固定化。同时，通过与胆红素氧化酶共固定制备阴极。图 14.2 显示了基于石墨烯的无膜 EBFC 以及它们的测试设置和原理图配置。

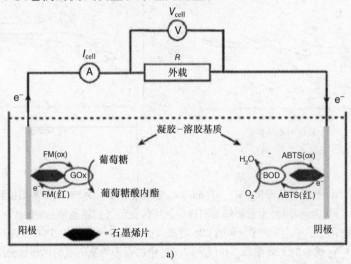

图 14.2　a）基于石墨烯的无膜 EBFC 组件，b）EBFC 测试设置，c）基于石墨烯的无膜 EBFC 的示意性配置（经参考文献［18］许可转载。版权所有（2010），Elsevier）

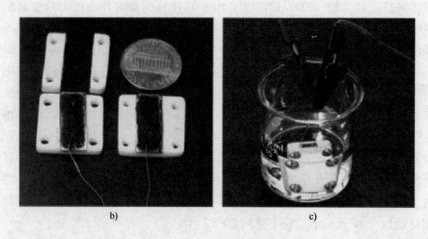

图 14.2 a）基于石墨烯的无膜 EBFC 组件，b）EBFC 测试设置，c）基于石墨烯的无膜 EBFC 的示意性配置（经参考文献［18］许可转载。版权所有（2010），Elsevier）（续）

为了确定石墨烯作为 EBFC 中电极的适用性，Liu 等人在没有葡萄糖的磷酸盐缓冲盐水（PBS）中通过石墨烯-、SWCNT-和石墨烯基阳极进行循环伏安分析。从图 14.3a 可以看出由葡萄糖产生的催化电流，表明石墨烯保留了 GO_x 的生物活性。此外，石墨烯催化电流比 SWCNT 高两倍，并且还观察到了石墨烯/BOD（胆

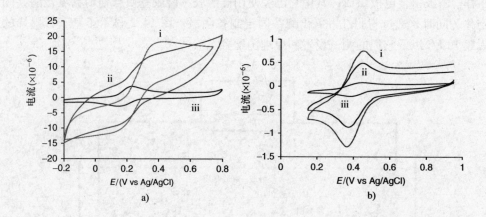

图 14.3 a）i 石墨烯基阳极、ii 100mmol/L 葡萄糖溶液中的 SWCNT 基阳极和 iii 不含葡萄糖的 PBS（pH 值 = 7.4）中石墨烯基阳极的循环伏安图（扫描速率：500mV/s）。b）基于 i 石墨烯的阴极、ii 在空气饱和的 PBS 溶液（pH 值 = 7.4）中的 SWCNT 基阴极和 iii 在 N_2 饱和的 PBS 溶液（pH 值 = 7.4）中的石墨烯基阴极的循环伏安图（扫描速度：1mV/s）（经参考文献［18］许可转载。版权所有（2010），Elsevier）

红素氧化酶）复合物的生物活性。通过在空气饱和的 PBS 溶液中使用石墨烯基阴极，SWCNT 基阴极，以及在 N_2 饱和的 PBS 溶液中使用石墨烯基阴极，也观察到类似的行为（见图 14.3b）。

最后，采用所谓的优化阳极和阴极，作者制造了无膜 EBFC，其中氧化还原介质分别与石墨烯和酶共同固定在阳极和阴极上。基于石墨烯的无膜 EBFC 的性能比基于 SWCNT 的无膜 EBFC 有更高的开路电压（V_{oc}）和最大电流密度（J_{sc}）（见图 14.4a）。基于石墨烯和 SWCNT 的 EBFC 的 V_{oc} 和 J_{sc} 分别为 0.58V±0.05V 和 0.39V±0.04V 以及 156.6μm/cm^2±25μm/cm^2 和 86.8μm/cm^2±13μm/cm^2。此外，基于石墨烯和 SWCNT 的 EBFC 的最大功率密度分别为 24.3μW±4μW 和 7.8μW（见图 14.4b）。基于石墨烯的 EBFC 的性能仅持续 7 天（见图 14.4c）。

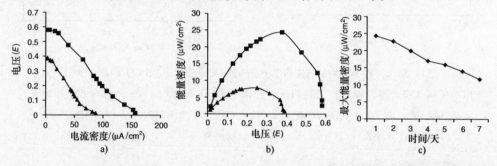

图 14.4　a）石墨烯基 EBFC（■）和 SWCNT 基 EBFC（▲）在 100mmol/L 葡萄糖溶液中不同外部负载下的电流-电压行为。b）在 100mmol/L 葡萄糖溶液中，石墨烯基 EBFC（■）和基于 SWCNT 的 EBFC（▲）在不同电池电压下的功率密度。c）作为时间的函数组装的石墨烯基 EBFC 的稳定性。测试中的外部负载为 15kΩ。其他条件与图 a、b 中的条件相同
（经参考文献［18］许可转载。版权所有（2010），Elsevier）

同一研究小组进行了另一个基于电聚合吡咯固定化酶/石墨烯片复合电极的尝试[19]。虽然这种类型的 EBFC 的性能与之前的工作相比略差，但这项工作提供了石墨烯可以成功用于 EBFC 的观点。

14.3　改性生物阳极和生物阴极

14.3.1　电化学还原的 GO 和 MWCNT/ZnO

Palanisamy 等人报道了另一个有趣的研究，其中 EBFC 是基于简单 GO_x 固定电化学还原氧化石墨烯（RGO）作为生物阳极和漆酶固定多壁碳纳米管（MWC-NT）/氧化锌（ZnO）作为生物阴极[20]。他们提出的 RGO/GO_x 改性电极在 -0.458V 和 -0.413V 处显示出优良的和良好定义的氧化还原峰与其他改性电极，如氧化石墨烯（GO）/GO_x 和玻碳电极（GCE）/GO_x（见图 14.5a）。这表明他们提

出的 RGO/GO$_x$ 生物复合材料可以在电极表面有效传输电子。他们还证明，这种固定在复合生物阴极处是稳定的，漆酶/MWCNT/ZnO 改性电极具有良好的氧化还原峰（见图 14.5b）。他们制造的 EBFC 实现了 0.055V 的 V_{oc} 和高达 54nW/cm^2 的功率密度。

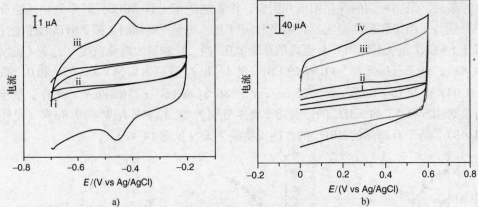

图 14.5　a) 在 50mV/s 扫描速率下在 i 裸 GCE/GO$_x$ -、ii GO/GO$_x$ - 和 iii ERGO/GO$_x$ - 膜改性的 GCE 在无氧 PBS 中获得的循环伏安图。b) 在 50mV/s 扫描速率下，在 i 裸 GCE、ii ZnO、iii MWCNT 和 iv MWCNT/ZnO/漆酶膜改性的 GCE 中获得的循环伏安图（转载自参考文献 [20]。版权所有 (2012)，电化学科学集团）

14.3.2　石墨烯/SWCNT

Prasad 等人[10]最近的工作（2014）证明了存在利用酶功能化的三维石墨烯/SWCNT 混合电极的新型 EBFC。三维石墨烯/SWCNT/GO$_x$ 混合电极的阳极电压约为 -0.58V（见图 14.6a）。另一方面，GO$_x$ 涂覆的裸露三维石墨烯仅展示约 -0.12V 电压，突出了 SWCNT 的关键作用。涂有漆酶的三维石墨烯电极的阴极 V_{oc} 几乎为 0V（见图 14.6b）。作者将这种差的性能归因于漆酶蛋白在石墨烯表面上的不

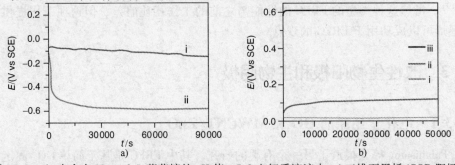

图 14.6　a) 在含有 30mmol/L 葡萄糖的 pH 值 =5.0 电解质溶液中，i 三维石墨烯/GOD 阳极和 ii 三维石墨烯/SWCNT/GOD 阳极的开路电势。b) i 三维石墨烯/漆酶阴极、ii 三维石墨烯/SWCNT/漆酶阴极和 iii 三维石墨烯/SWCNT/漆酶阴极的开路电势（在 O$_2$ 饱和的 pH 值 =5.0 电解质溶液中测量）阴极（含有 0.5mmol/L ABTS）（转载于参考文献 [10]。版权所有 (2012)，美国化学学会）

良黏附，以及漆酶蛋白在石墨烯表面上的不良黏附。然而，在三维石墨烯/SWCNT/漆酶电极上观察到显著的增强，即约为 0.11V。尽管明显的改进已有文献记载，但它仍远离理论值（0.61V）[21,22]。他们构建的基于三维石墨烯/SWCNT/GO_x（阳极）和三维石墨烯/SWCNT/漆酶（阴极）的 EBFC 利用二茂铁一元羧酸（FMCA）作为介质，表现出明显高的 V_{oc} 约为 1.20V。他们记录的葡萄糖基 EBFC 的最高功率密度为 $2.27mW/cm^2 \pm 0.11mW/cm^2$。另外，30 天后的寿命下降了 20%。今天，基于石墨烯的 EBFC 的研究才刚刚开始，然而，上面强调的报道表明，石墨烯基复合材料是未来用于开发高效 EBFC 的潜在候选者。

14.4 结论

总之，本章已经指出了一些基于石墨烯及其衍生物的生物燃料电池的优秀成果。作为未来的前景，石墨烯可用于通过固定各种不同的酶来制造高性能的生物燃料电池。由于它们能够提供高功率输出，EBFC 的发展可能对国土安全以及航空航天和医疗保健行业产生显著影响。尽管在高性能 EBFC 领域取得了进展，但其使用寿命也应该优先考虑，因为迄今为止 EBFC 的最佳使用寿命仅在使用 30 天后就从其初始值下降近 20%。

致谢

这项工作得到了韩国贸易、工业和能源部的韩国能源技术评估与规划研究所（KETEP）资助的人力资源开发计划（No. 20134010200490）的支持。

参 考 文 献

1. Potter, M.C. (1912) Electrical effects accompanying the decomposition of organic compounds. *Proc. R. Soc. London, Ser. B*, **84** (571), 260–276.
2. FuelCellToday *http://www.fuelcelltoday.com/history* (accessed 3 September 2014).
3. Yahiro, A.T., Lee, S.M., and Kimble, D.O. (1964) Bioelectrochemistry: I. Enzyme utilizing bio-fuel cell studies. *Biochim. Biophys. Acta*, **88** (2), 375–383.
4. Barton, S.C., Gallaway, J., and Atanassov, P. (2004) Enzymatic biofuel cells for implantable and microscale devices. *Chem. Rev.*, **104** (10), 4867–4886.
5. Kim, J., Jia, H., and Wang, P. (2006) Challenges in biocatalysis for enzyme based biofuel cells. *Biotechnol. Adv.*, **24** (3), 296–308.
6. Gao, F., Yan, Y., Su, L., Wang, L., and Mao, L. (2007) An enzymatic glucose/O_2 biofuel cell: preparation, characterization and performance in serum. *Electrochem. Commun.*, **9** (5), 989–996.
7. Li, C.-Z., Choi, W.-B., and Chuang, C.-H. (2008) Size effects on the photoelectrochemical activities of single wall carbon nanotubes. *Electrochim. Acta*, **54** (2), 821–828.
8. Lim, J., Malati, P., Bonet, F., and Dunn, B. (2007) Nanostructured sol–gel electrodes for biofuel cells. *J. Electrochem. Soc.*, **154** (2), A140–A145.
9. Liu, Y. and Dong, S. (2007) A biofuel cell harvesting energy from glucose–air and fruit juice–air. *Biosens. Bioelectron.*, **23** (4), 593–597.
10. Prasad, K.P., Chen, Y., and Chen, P. (2014) Three-dimensional graphene-carbon nanotube hybrid for high

performance enzymatic biofuel cells. *ACS Appl. Mater. Interfaces*, **6** (5), 3387–3393.

11. Stoller, M.D., Park, S., Zhu, Y., An, J., and Ruoff, R.S. (2008) Graphene-based ultracapacitors. *Nano Lett.*, **8** (10), 3498–3502.

12. Pumera, M. (2011) Graphene-based nanomaterials for energy storage. *Energy Environ. Sci.*, **4** (3), 668–674.

13. Kamat, P.V. (2011) Graphene-based nanoassemblies for energy conversion. *J. Phys. Chem. Lett.*, **2** (3), 242–251.

14. Liu, Y., Dong, X., and Chen, P. (2012) Biological and chemical sensors based on graphene materials. *Chem. Soc. Rev.*, **41** (6), 2283–2307.

15. Shao, Y., Wang, J., Wu, H., Liu, J., Aksay, I.A., and Lin, Y. (2010) Graphene based electrochemical sensors and biosensors: a review. *Electroanalysis*, **22** (10), 1027–1036.

16. Verma, V.P., Das, S., Lahiri, I., and Choi, W. (2010) Large-area graphene on polymer film for flexible and transparent anode in field emission device. *Appl. Phys. Lett.*, **96** (20), 203108.

17. Miller, J.R., Outlaw, R.A., and Holloway, B.C. (2010) Graphene double-layer capacitor. *Science*, **329** (5999), 1637–1639.

18. Liu, C., Alwarappan, S., Chen, Z., Kong, X., and Li, C.-Z. (2010) Membraneless enzymatic biofuel cells based on graphene nanosheets. *Biosens. Bioelectron.*, **25** (7), 1829–1833.

19. Liu, C., Chen, Z., and Li, C.-Z. (2011) Surface engineering of graphene-enzyme nanocomposites for miniaturized biofuel cell. *IEEE Trans. Nanotechnol.*, **10** (1), 59–62.

20. Palanisamy, S., Cheemalapati, S., and Chen, S.-M. (2012) An enzymatic biofuel cell based on electrochemically reduced graphene oxide and multiwalled carbon nanotubes/zinc oxide modified electrode. *Int. J. Electrochem. Sci.*, **7** (11), 11477–11487.

21. Harris, D.C. (2010) *Quantitative Chemical Analysis*, 8th edn, W. H. Freeman and Company, New York, p. 298.

22. Chen, Y., Prasad, K.P., Wang, X.W., Pang, H.C., Yan, R.Y., Than, A., Chan-Park, M.B., and Chen, P. (2013) Enzymeless multi-sugar fuel cells with high power output based on 3D graphene–Co_3O_4 hybrid electrodes. *Phys. Chem. Chem. Phys.*, **15** (23), 9170–9176.

第15章 石墨烯及其衍生物用于高效有机光伏

Seung J. Lee, A. Rashid bin Mohd Yusoff

15.1 引言

在过去几年中，石墨烯因其有趣的性能和巨大的应用潜力而备受关注[1-12]。特别是其在经济和高效的基于能量的光电子器件中的应用，例如光伏系统、锂离子二次电池、光催化剂和超级电容器，已引起高度重视。因此，在实际应用中，石墨烯必须大量供应，但石墨烯的可用性和可加工性一直是其真正评估中的限速步骤[13-15]。在光电器件中合成和应用石墨烯的一个主要缺点是克服了石墨中π堆积层的强黏性范德华能[16]。迄今为止，人们已经提出了各种物理和化学方法来生产单个或几层石墨烯。

有两种从不同碳源合成石墨烯的化学方法："自上而下"和"自下而上"的方法。自上而下的技术包括石墨的化学剥离[7,13]和碳纳米管（CNT）的纵向解开[17,18]。另一方面，自下而上的方法包括化学气相沉积（CVD）[3,9-21]和有机合成[22-25]。迄今为止最流行的技术是氧化石墨烯的化学还原，尽管它有一些缺点[26-28]。而且，在许多光电子器件中，石墨烯必须与其他材料混合形成纳米复合材料，这导致了有趣的性能。本章的重点是目前关于石墨烯及其衍生物的研究活动，包括导电电极、活性层、电荷传输层和敏化剂。

15.2 太阳电池中的各种应用

目前，研究领域无处不在，石墨烯是可以改变电子元器件制造方式并帮助计算性能持续增长的新兴杰出材料。目前已经报道了许多有趣且令人印象深刻的结果，其中透明石墨烯被用作阳极[29-38]、不透明阳极[39,40]和透明阴极[41-44]以及石墨烯被用作活性层，例如捕光材料[45-47]、肖特基结[48-51]、电子传输层（ETL）[52-56]、空穴传输层（HTL）[57-61]、HTL和ETL[59]以及串联配置中的界面层[62-64]。

15.2.1 导电电极

15.2.1.1 透明导电阳极

多年来，碳纳米管（CNT）[65-67]和纳米线[68,69]已广泛用作OSC（有机太阳电池）中电极（阳极或阴极）的替代材料。然而，这些薄膜的粗糙度与常用的氧化铟锡（ITO）薄膜的粗糙度相当或更高，导致显著的分流损耗。在寻找合适的替代物时，石墨烯以其单原子厚度的碳原子二维晶体排列具有准线性色散关系，以及$10^{12}cm^{-2}$载流子浓度预测的迁移率为$10^6cm^2/(V·s)$[1]。石墨烯单层通常具有97%~98%的透明度[70]，未掺杂的石墨烯的薄层电阻（R_{sr}）约为$6k\Omega$[71]。石墨烯薄膜适用于需要低R_{sr}和高光学透明度的透明导电电极。

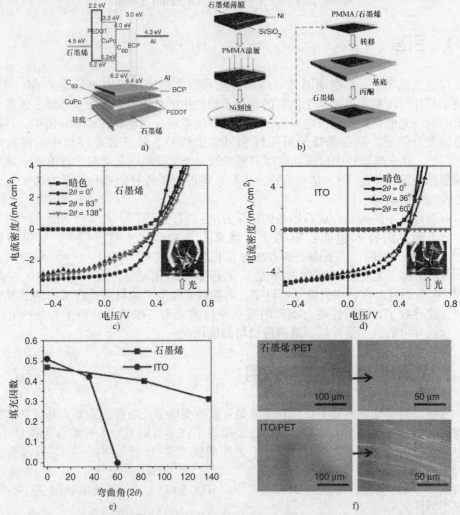

图15.1 a）以石墨烯作为阳极电极制备的异质结有机太阳电池的能级对准（顶部）和构造的示意图：CVD石墨烯/聚（3,4-亚乙基二氧噻吩）PEDOT）/CuPc/C_{60}/BCP/铝（Al）。b）在透明衬底上的CVD石墨烯转移工艺的示意图。c）CVD石墨烯或d）ITO光伏电池在$100mW/cm^2$ AM1.5G光谱照明下不同弯曲角度下的电流密度与电压特性。插图显示了实验中使用的设置。e）CVD石墨烯和ITO器件的弯曲角度的填充因数依赖性。f）在经受图a和图b中所述的弯曲角度之后，CVD石墨烯（顶部）和ITO（底部）光伏电池的表面结构的SEM图像（转载自参考文献[32]。版权所有（2010），美国化学学会）

已经证明石墨烯可以用作柔性 OSC 的透明导电阳极[32]。器件结构为石墨烯/PEDOT：聚苯乙烯磺酸（PSS）/铜酞菁（CuPc）/C_{60}/浴铜灵（BCP）/Al（见图 15.1a）。石墨烯薄膜已经通过 CVD 在热退火的多晶镍表面上合成。随后将生长的石墨烯薄膜转移至透明的柔性基底，如聚对苯二甲酸乙二醇酯（PET）（见图 15.1b）。根据这项研究，作者获得了 4.73mA/cm^2 的短路电流密度（J_{sc}），0.48V 的开路电压（V_{oc}）和 52% 的填充因数（FF），导致 1.18% 的功率转换效率（PCE）。作为比较，他们还制造了一种使用 ITO 作为 PET 上的透明导电阳极的控制装置，其 J_{sc}、V_{oc}、FF 和 PCE 分别为 4.69mA/cm^2、0.48V、57% 和 1.27%。尽管 CVD 生长的石墨烯表现出更高的 R_{sr}，但太阳电池的输出功率密度接近 93%，并且对阳极电导率以及从有源层拉出空穴的能力更敏感。此外，CVD 生长的石墨烯太阳电池的柔性可以承受弯曲角度（曲率半径，表面应变）高达 138°（4.1mm，2.4%，见图 15.1c），与 ITO/PET 制造的相比只能承受 36°（15.9mm，0.8%）弯曲（见图 15.1d）。作者还指出，CVD - 石墨烯中的 FF 和 PCE 逐渐恶化，在 60° 的弯曲下 FF 快速递减至 0（见图 15.1e）。ITO/PET 太阳电池的不良性能是由于形成了微裂纹（见图 15.1f）。

另外，化学还原的氧化石墨烯（RGO）也被用作 OSC 中的透明导电阳极[31]。将化学改性的 RGO 从 SiO_2/Si 转移到 PET 基底上，并显示出 720Ω/□ 的 R_{sr} 以及 40% 的透明度（见图 15.2a）。4nm 厚的 RGO 可以达到 88% 的最高透过率，但是 R_{sr}

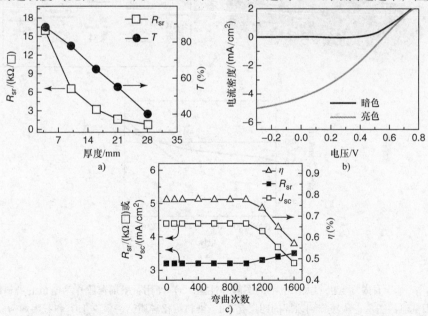

图 15.2 a）RGO 薄膜的薄层电阻（R_{sr}）和透射率（T）与其厚度的函数关系。b）RGO/PET 在 100mW/cm^2 AM1.5G 模拟全球太阳照射下 RGO 薄膜厚度为 21nm 的有机光伏（OPV）器件的 J-V 曲线。c）将短路电流密度（J_{sc}）、总功率转换效率（η）和薄层电阻（R_{sr}）绘制为弯曲循环次数的函数（转载自参考文献 [31]。版权所有（2010），美国化学学会）

明显增加到 16kΩ/□，完整的结构由 RGO/PEDOT：PSS/聚（3－己基噻吩－2，5－二基）diyl）regioregular（P3HT）：PCBM/TiO$_2$/Al 构造。他们最好的器件提供了 4.39mAcm^{-2} 的 J_{sc}、0.56V 的 V_{oc}、32% 的 FF 和 0.78% 的 PCE（见图 15.2b）。制造的柔性 OSC 表现出令人印象深刻的性能，能够承受 1600 次弯曲循环（2.9% 拉伸应变，见图 15.2c）。这表明 CVD 生长的 RGO 具有很高的力学柔性。

尽管石墨烯在 OSC 中的应用受到了很多关注，但它也展示了它作为染料敏化太阳电池（DSSC）的透明阳极的潜力[30]。所获得的石墨烯膜显示出 550S/cm 的高电导率，并且在 1000~3000nm 下透明度大于 70%。这些高电导率石墨烯薄膜通过将石墨薄片悬浮于水中，然后以 4000r/min 离心 30min，并在真空下蒸发干燥来制备。在这项研究中，螺环－OMeTAD（空穴传输材料）和多孔 TiO$_2$（电子传输材料）与 Au 一起用作阴极。一个完整的装置由排列石墨烯/TiO$_2$/染料/螺环－OMeTAD/Au 组成（见图 15.3a）。图 15.3b 和 c 显示了在 AM 太阳光（1 太阳）下照射的器件的能量图

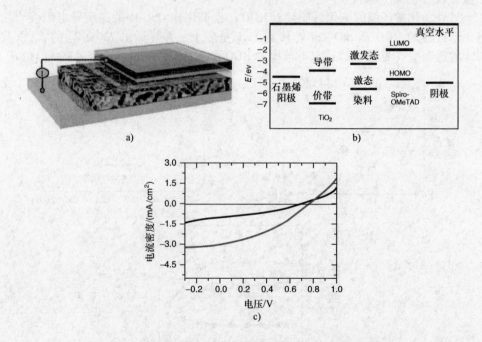

图 15.3　基于石墨烯电极的太阳电池的图解和性能。a）使用石墨烯薄膜作为电极的染料敏化太阳电池的图示：从底部到顶部的四层是 Au、染料敏化异质结、紧凑 TiO$_2$ 和石墨烯薄膜。
b）石墨烯/TiO$_2$/染料/螺环－OMeTAD/Au 装置的能级图。c）基于石墨烯的电池（深色）和基于 FTO 的电池（浅色）的 $I-V$ 曲线，在 AM 太阳光（1 太阳）下照射
（转载自参考文献［30］。版权所有（2008），美国化学学会）

和 J-V 特性。得到的石墨烯 DSSC 的 J_{sc} 为 1.01mA/cm^2，V_{oc} 为 0.7V，FF 为 36%，PCE 为 0.26%。作为比较，基于 FTO 的 DSSC，J_{sc} 为 3.02mA/cm^2，V_{oc} 为 0.76V，FF 为 36%，效率为 0.84%。他们将石墨烯基 DSSC 的较低光伏性能归因于器件的串联电阻（R_s）、电极相对较低的透射率以及电子界面变化。

15.2.1.2 透明导电阴极

除了少数使用石墨烯作为透明导电阳极的尝试，还同时存在将石墨烯用作透明导电阴极的尝试。最近，Yin 等人[41]已经证明在石英上应用高导电 RGO 薄膜。通过将肼蒸气生长的 RGO 膜转移到 3-氨基丙基三乙氧基硅烷（APTES）基底上，然后对膜进行热退火来制备透明 RGO。简言之，RGO 在 61% 的透射率下显示出 420Ω/□ 的 R_{sr}。制造具有石英/RGO/ZnO NR/P3HT/PEDOT：PSS/Au 结构的 OSC。采用这种结构，已经获得 1.43mA/cm^2 的 J_{sc}、0.66V 的 V_{oc} 和 33% 的 FF，导致 PCE 为 0.31%。

另外，Bi 等人[42]采用常压 CVD 合成的石墨烯作为 CdTe 太阳电池的前电极。他们的石墨烯薄膜在铜箔上合成，然后转移到玻璃基板上（见图 15.4a）。

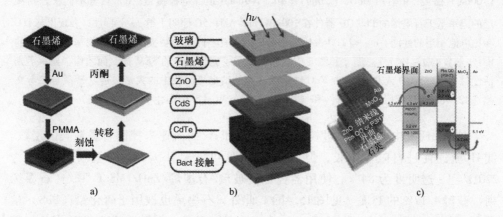

图 15.4 a）APCVD 石墨烯转移过程示意图。b）玻璃/石墨烯/ZnO/CdS/CdTe/（石墨浆）太阳电池和混合石墨烯/ZnO 纳米线太阳电池的示意图。c）石墨烯阴极混合太阳电池的示意图：沉积在石英上的石墨烯被聚合物（PEDOT：PEG（PC）或 RG-1200）覆盖，接着是 ZnO 种子层和 400nm 长的 ZnO 纳米线。然后将纳米线过滤并用 PbS QD（300nm）或 P3HT（700nm）覆盖，最后用 MoO$_3$（25nm）/Au（100nm）顶部电极覆盖。d）具有不同聚合物夹层的冠军基于石墨烯的 PbS QD 器件在 100mW/cm^2 AM1.5G 照明下的 J-V 特性，表现出与 ITO 参比电池相当的性能。e）与 ITO 参比装置相比，具有不同聚合物夹层的代表性基于石墨烯的 P3HT 装置的 J-V 特性。图 c 和图 d 中的插图显示了完整器件的 SEM 横截面图像，显示了光活性材料（PbS QD 或 P3HT）在 ZnO 纳米线之间的纳米级间隙中的大量渗透（转载自参考文献 [42，44]。版权所有（2011）和（2013），Wiley VCH 和美国化学学会）

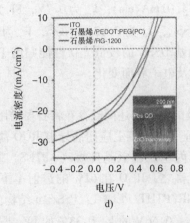
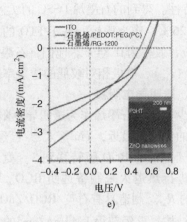

图 15.4 a) APCVD 石墨烯转移过程示意图。b) 玻璃/石墨烯/ZnO/CdS/CdTe/（石墨浆）太阳电池和混合石墨烯/ZnO 纳米线太阳电池的示意图。c) 石墨烯阴极混合太阳电池的示意图：沉积在石英上的石墨烯被聚合物（PEDOT：PEG (PC) 或 RG-1200）覆盖，接着是 ZnO 种子层和 400nm 长的 ZnO 纳米线。然后将纳米线过滤并用 PbS QD（300nm）或 P3HT（700nm）覆盖，最后用 MoO_3（25nm）/Au（100nm）顶部电极覆盖。d) 具有不同聚合物夹层的冠军基于石墨烯的 PbS QD 器件在 $100mW/cm^2$ AM1.5G 照明下的 J-V 特性，表现出与 ITO 参比电池相当的性能。e) 与 ITO 参比装置相比，具有不同聚合物夹层的代表性基于石墨烯的 P3HT 装置的 J-V 特性。图 c 和图 d 中的插图显示了完整器件的 SEM 横截面图像，显示了光活性材料（PbS QD 或 P3HT）在 ZnO 纳米线之间的纳米级间隙中的大量渗透（转载自参考文献 [42，44]。版权所有（2011）和（2013），Wiley VCH 和美国化学学会）（续）

在这项研究中，可以通过控制 H_2、CH_4 和 Ar 的流速来控制石墨烯膜的层数。低 H_2 流速促进自限性生长，但 H_2 流速太低可能离开碳岛。石墨烯膜的 R_{sr} 为 220Ω/□，透明度为 84%。使用器件配置玻璃/石墨烯/ZnO/CdS/CdTe/（石墨糊）获得 4.17% 的 PCE（见图 15.4b）。此外，石墨烯也被用于硫化铅（PbS）量子点（QD）太阳电池（见图 15.4c）[44]。在 ITO/ZnO、石墨烯/PEDOT：聚乙二醇（PEG）(PC)/ZnO 和石墨烯/RG-1200/ZnO 上制备的 PbS QD 器件的 PCE 分别为 5.1%、4.2% 和 3.9%（见图 15.4d）。在 ITO/ZnO、石墨烯/PEDOT：PEG (PC)/ZnO 和石墨烯/RG-1200/ZnO 上制备的 P3HT 基器件的 PCE 分别为 0.4%、0.3% 和 0.5%（见图 15.4e）。随着 PbS QD 太阳电池的发展，作者研究了使用石墨烯替代 ITO 作为更有效、更便宜的导电电极材料。

石墨烯通常是疏水性的，这妨碍了功能半导体的直接生长。Zhang 等人[43]使用复合改性的石墨烯能够通过热蒸发非常薄的 Al 纳米团簇来改善石墨烯表面的润湿性。除了提供改善的表面润湿性，石墨烯上的薄 Al 纳米团簇通过降低石墨烯的功函数提供更有利的阴极界面，以便与有机受体更好地进行能量对准（见图 15.5a）。使用 Al-TiO_2/SLG 阴极，优化的反向 OSC 提供了 1.59% 的平均效率。为了比较，在

Al-TiO$_2$/ITO 上制造的反向 OSC 显示 J_{sc} 为 9.11mA/cm^2、V_{oc} 为 0.63V、FF 为 60.1%、PCE 为 3.45%（见图 15.5b）。前者的低光伏性能是由于所用石墨烯的高电阻,尽管表面粗糙度与 Al-TiO$_2$/ITO 的相当。

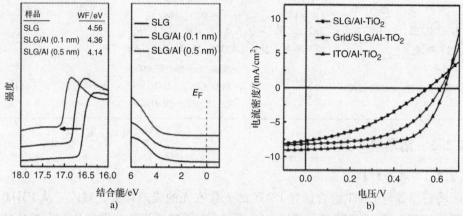

图 15.5 a) SLG 和 SLG/Al 样品（0.1nm 和 0.5nm 的 UPS 谱与计算的功函。b) 具有 P3HT：PC$_{61}$BM (220nm) /MoO$_3$ (14nm) /Ag (100nm) 器件结构阴极的一类代表性的反向 PCS 的 J-V 特征（经许可转载自参考文献 [43]。版权所有 (2013)，美国化学学会）

表 15.1 总结了在各种光伏器件中利用高度透明的石墨烯及其衍生物的相关发表成果。

表 15.1 之前报道的石墨烯或 RGO 作为各种 OSC 中的电极

材料	电极	穿透率 (R_{st}, T)	器件结构	PCE (%)	参考文献
RGO	透明阳极	1.8kΩ/□ $T \approx 70\%$	玻璃/RGO/TiO$_2$/ 染料/螺环-OMeTAD/Au	0.26	[30]
RGO	透明阳极	3.2kΩ/□ $T \approx 65\%$	PET/RGO/PEDOT PSS/P3HT：PCBM/TiO$_2$/Al	0.78	[31]
CVD-石墨烯	透明阳极	0.25kΩ/□ $T \approx 92\%$	石英/石墨烯/PEDOT PSS/CuPc：C$_{60}$/BCP/Ag	0.85	[36]
RGO-CNT	透明阳极	0.6kΩ/□ $T \approx 87\%$	玻璃/RGO-CNT/PEDOTTi PSS/P3HT：PCBM/Ca：Al	0.85	[33]
CVD-石墨烯	透明阳极	3.5kΩ/□ $T \approx 89\%$	PET/石墨烯 /PEDOT：PSS/ CuPc：C$_{60}$/BCP/Al	1.18	[32]
CVD-石墨烯	透明阳极	0.08kΩ/□ $T \approx 90\%$	石英/石墨烯/MoO$_3$ + PEDOT： PSS/P3HT：PCBM/LiF/Al	2.5	[34]
四氰基石墨烯	透明阳极	0.278kΩ/□ $T \approx 92\%$	TCNQ-石墨烯/ PEDOT：PSS/P3HT：PCBM/Ca/Al	2.58	[37]
Au 掺杂石墨烯	透明阳极	0.293kΩ/□ $T \approx 90\%$	Au/石墨烯/PEDOT PSS/ZnO/ITO	3.04	[38]

(续)

材料	电极	穿透率 (R_{st}, T)	器件结构	PCE (%)	参考文献
RGO	透明阳极	0.42kΩ/□ $T≈61\%$	石英/RGO/ZnO/P3HT/ PEDOT：PSS/Au	0.31	[41]
Al-TiO$_2$改性石墨烯	透明阳极	1.2kΩ/□ $T≈96\%$	Au/石墨烯/Al-TiO$_2$/ P3HT：PCBM/MoO$_3$/Ag	2.58	[43]
CVD-石墨烯	透明阳极	0.3kΩ/□ $T≈92\%$	玻璃/石墨烯/PEDOT： PEG (PC)/ZnO/PbS QD (P3HT)/MoO$_3$/Au	4.2 (0.5)	[44]

15.2.2 活动层

15.2.2.1 收光材料

将石墨烯与P3HT混合诱导P3HT的光致发光的强烈猝灭，对应于从P3HT到石墨烯的强电子/能量转移。例如，Liu等人[45]通过两步法，即氧化和有机功能化步骤，制备了一种可溶液处理的官能化石墨烯，最后将其用作OSC中的活性层。由于氧化石墨烯片本质上是亲水性的，因此使用改进的Hummers方法[72]进行第一步，然后进行化学官能化过程。在这项研究中，使用了ITO/PEDOT：PSS/P3HT：石墨烯/LiF/Al的常规结构（见图15.6a）。首先，随着石墨烯含量的增加，PCE先增加然后减小。结果表明，100mW/cm^{2}模拟AM1.5G条件下，在160℃保持10min热处理后，由10wt%石墨烯组成的器件表现出优异的PCE为1.1%、V_{oc}为0.72、J_{sc}为4.0mA/cm^2、FF为38%的性能（见图15.6b）。

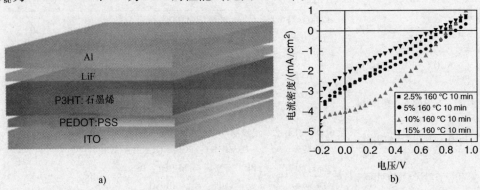

图15.6 a) 具有P3HT：石墨烯薄膜作为有源层的器件的示意性结构：ITO（约为17Ω/□）/PEDOT：PSS (40nm)/P3HT：石墨烯 (100nm)/LiF nm)/Al (70nm)。b) 具有不同石墨烯含量（2.5wt%、5wt%、10wt%和15wt%）的P3HT：石墨烯基光伏器件在模拟AM1.5G 100mW/cm^{2}照射下的$J-V$特性，没有退火并且在160℃退火10分钟（转载自参考文献[45]。版权所有（2009），Wiley VCH）

可溶性共轭聚合物和富勒烯经常用作电子给体（D）和受体（A）以改善电荷分离[1-5]。Yu 等人[60]证明了 CH_2OH 封端的区域规整 P3HT 可以通过酯化反应接枝到 GO 的羧基上。该产品可溶于普通有机溶剂，通过溶液处理促进结构性能表征和器件制造。在他们的研究中，作者证明，通过使用化学接枝石墨烯 P3HT 作为活性层以及热蒸发的 C_{60}，所获得的 PCE 与 AM1.5 照明下具有 $P3HT/C_{60}$ 活性层的器件相比增加了 200%（$100mW/cm^2$，见图 15.7）。

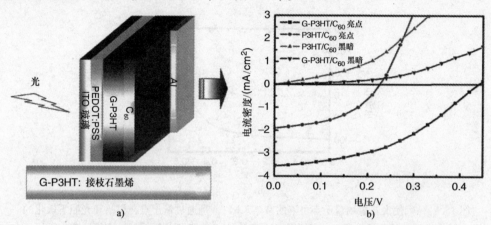

图 15.7 使用 $P3HT/C_{60}$ 或 $G-P3HT/C_{60}$ 作为有源层的光伏器件的 a) 示意图和 b) 电流-电压特性（转载自参考文献 [60]。版权所有（2010），美国化学学会）

溶解共轭聚合物体系最常用的技术之一是通过柔性侧链的横向连接，并且它在溶解小石墨烯分子方面非常成功[73]。然而，由于柔性侧链的最大数量，对于石墨烯，随着尺寸增大，石墨烯吸引迅速超过增溶作用力，使其不太有效。因此，为了减少大量石墨烯纳米结构形成不溶性聚集体的倾向，Yan 等人[46]提出了将石墨烯层彼此屏蔽的方法（见图 15.8a）。作者合成了均匀大小的可溶液处理的石墨烯量子点，然后将其用作太阳电池的敏化剂。然而，由于 J_{sc} 和 V_{oc} 极低（见图 15.8b），器件性能差。他们将低 J_{sc} 归因于量子点对氧化物表面的低亲和力。

石墨烯量子点（GQD）也可以通过水热方法由石墨烯片（GS）合成[74]，其中 GS 是通过热氧化 GO 片然后透析过程获得的。获得的 GQD 的大小主要为 5～15nm（见图 15.9a）。Gupta 等人[47]在他们的研究中使用了结构为 ITO/PEDOT：PSS/P3HT：ANI - GQD/LiF/Al 的混合 OSC。为了比较，还测量了使用具有 0.5wt%、1wt%、3wt%、5wt%、10wt% 和 15wt%（与 P3HT 的比率）的 ANI - GS 含量的 P3HT/ANI - GS 的 OSC（见图 15.9b）。从图 15.9b 可以看出，与 GS 器件相比，P3HT/ANI - GQD 器件的 FF 值更高。尽管先前讨论的基于 GQD 的太阳电池获得的 PCE 显示出显著的改进，但与当前最先进的器件相比，J_{sc} 仍然非常低。需要更多的研究来了解和改进基于 GQD 的太阳电池的性能。

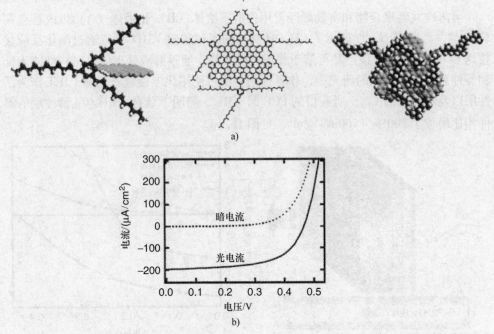

图 15.8 a) 使大石墨烯量子点可溶的策略。b) 分别通过量子点在黑暗和光照下敏化的典型纳米晶体二氧化钛太阳电池的电流-电压特性（经参考文献 [46] 许可转载。版权所有 (2009), Wiley VCH）

15.2.2.2 肖特基连接

太阳电池中碳基材料替代硅的第一次成功的尝试是使用类金刚石非晶膜（a-C）。尽管成功地形成了 p 型 a-C/n 型硅结，但 a-C 主要是单极半导体，因此难以处理掺杂物并消除缺陷。因此，最近，Li 等人[49b]试图将 GS 沉积在 n-Si 晶片上以制造具有 1.5% PCE 的太阳电池（见图 15.10a）。后来，Feng 等人进行了改进[75]，他们用硅柱阵列（SPA）代替平面硅（见图 15.10b）。PA 比平面 Si 的优点是前者可以改善入射光的收集。他们提出的石墨烯/SPA 肖特基结太阳电池的 V_{oc} 为 0.47V，J_{sc} 为 15.19mA/cm^2，PCE 为 2.90%。后来，同一组通过使用 HNO_3 化学掺杂石墨烯进一步提高了光伏性能，其中 PCE 增加到 4.35%（见图 15.10c）[76]。这似乎很有趣，因为如 Miao 等人报道的那样，肖特基结太阳电池的 PCE 再次提高到 8.6%[48]。在他们的工作中，他们使用 p 型掺杂的双（三氟甲磺酰基）酰胺 [$(CF_3SO_2)_2NH$]（TFSA），由此 R_{sr} 降低 70%（见图 15.10d）。最后在 2013 年，Zhang 等人[77]通过表面改性和石墨烯掺杂报道了石墨烯/Si 肖特基结太阳电池的最高 PCE。在他们的研究中，P3HT 被用作电子阻挡层，其中 HNO_3 掺杂后性能从 7.65% 显著提高到 10.30%（见图 15.10e）。迄今为止，这是石墨烯基肖特基结太阳电池的最佳报告值。尽管石墨烯基肖特基结太阳电池领域有重大改进，但仍有很大改进空间，包括以下内容：

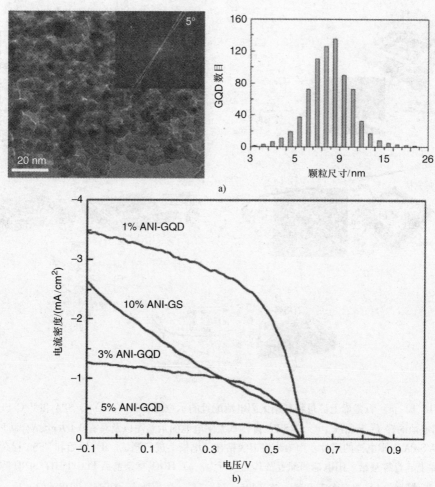

图15.9 a) GQD 的 TEM 图像和直径分布。b) 基于具有不同 GQD 含量的 ANI – GQD 和在 AM1.5G 100mW/cm^2 照明条件下在 160℃ 下退火 10min 的 ANI – GS（在优化条件下）的光伏器件的 $J-V$ 特性（经参考文献 [47] 许可转载。版权所有 (2009)，Wiley VCH）

1) 石墨烯薄膜的电导率和透明度之间的折中需要全面优化。
2) 必须认真考虑调整薄层电阻的能力，因为这会导致较高的串联电阻。

15.2.3 电荷传输层

15.2.3.1 空穴传输层

几年后，在 2010 年，Li 等人[57]第一次证明 GO 在聚合物太阳电池（PSC）中用作 HTL。在他们的工作中，结构由 ITO/GO/P3HT：PCBM/Al 组成，如图 15.11 所示。此外，还制作了两组器件用于比较：ITO/P3HT：PCBM/Al 和 ITO/PEDOT：PSS/P3HT：PCBM/Al。ITO 基器件的 J_{sc} 为 9.84mA/cm^2，V_{oc} 为 0.45V，FF 为 41.5%，PCE 为 1.8%。另一方面，基于 EDOT：PSS 的器件的 J_{sc} 显著高于

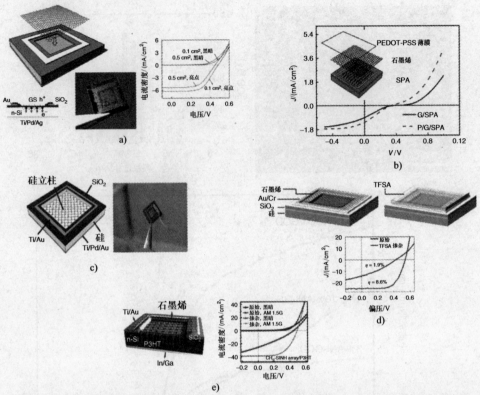

图15.10 a) 石墨烯上硅肖特基结太阳电池配置的示意图和照片。b) G/SPA 和 P/G/SPA 太阳电池的轻 $J-V$ 曲线。c) G/SiPA 肖特基太阳电池的示意图以及具有 0.09 cm^2 结合面积的 G/SiPA 太阳电池的照片。用银浆将银线粘在前电极上进行测试。d) 原始和TFSA掺杂石墨烯上硅肖特基结太阳电池的配置及其光伏行为。e) HNO_3 掺杂前后 FLG/P3HT/SiNH 阵列的光伏特性（转载自参考文献 [48, 49b, 76, 77]。版权所有 (2011、2012 和 2013)，Wiley VCH、美国化学学会和英国皇家化学学会）

11.15 mA/cm^2，V_{oc} 为 0.58V，FF 为 56.9%，PCE 为 3.6%。对于基于 GO 的器件，J_{sc} 值为 11.40 mA/cm^2，V_{oc} 为 0.57V，FF 为 54.3%，PCE 为 3.5%。GO 器件的性能得到改进，这是由于 GO 和 P3HT 的功函数匹配，人们发现相比原始 GO 的 4.6eV，它的值为 4.9eV。GO 的较高功函数是由于产生表面 C-C 偶极子的氧（O）原子的大电负性。

Gao 等人[78] 开发了一种简单的方法来改性倒置 PSC 的阳极界面层。将 GO 层以 2000r/min 的转速旋涂 45s 至活性层 P3HT：PCBM 的顶部。在沉积 GO 层之后没有进行热处理，为了比较，使用 PEDOT：PSS 制造了控制装置并且没有任何界面层。没有界面层的 GO、PEDOT：PSS 和 PSC 分别给出 3.13%、3.54% 和 0.43% 的 PCE（见图15.12）。与基于 PEDOT：PSS 的 PSC 的 FF 为 63.7% 相比，基于 GO 的 PSC 的主要缺点是略低的 FF 为 58.2%。另一方面，不存在阳极界面层的 PSC 性能差是由于通过 PCBM 和 Ag 之间的电荷转移相互作用可能形成不希望的界面偶极子[79]。

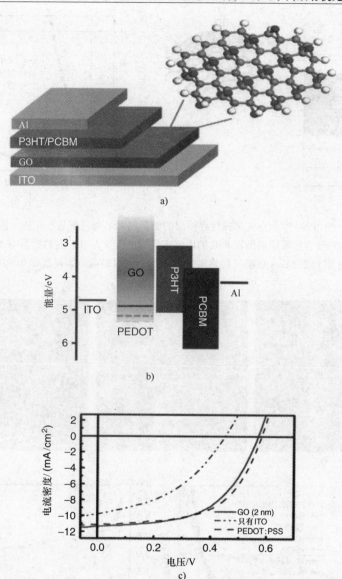

图 15.11 a）由 ITO/GO/P3HT：PCBM/Al 组成的光伏器件结构示意图。b）底部电极 ITO、中间层材料（PEDOT：PSS、GO）、P3HT（供体）和 PCBM（受体）以及顶部电极 Al 的能级图。c）没有空穴传输层（曲线标记为 ITO）的光伏器件的电流 - 电压特性，具有 30nm PEDOT：PSS 层和 2nm 厚的 GO 膜（转载于参考文献 [57]。版权所有（2010），Wiley VCH）

另外，Yun 等人[58]进行了常规 PSC 中溶液处理的传统 RGO 和对甲苯磺酰肼处理 GO（pRGO）作为 HTL 的比较研究。pRGO 和 RGO 薄膜的电导率均比 GO 薄膜高 10^5 倍。与 GO 和 RGO 不同，prGO 在 ITO 表面显示出均匀的形态（见图 15.13a～c）。因此，prGO 比 GO 和 RGO 提供更好的 PSC 性能（见图 15.13d）。另外，与基于 GO 和 RGO 的其他器件相比，基于 prGO 的器件的寿命也更长（见图 15.13e）。

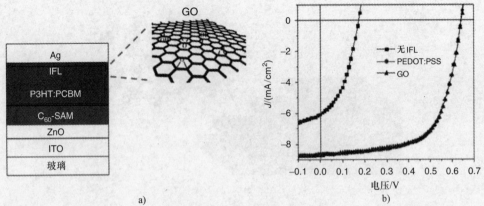

图15.12 a) 使用GO作为空穴选择性界面层的倒置的PSC器件配置。正确的图像显示GO的示意结构。b) 没有界面层的倒置PSC的电流密度对电压($J-V$)特性,具有50nm PEDOT:PSS层和2.1nm GO层(经参考文献 [78] 许可转载。版权所有(2010),美国物理学会)

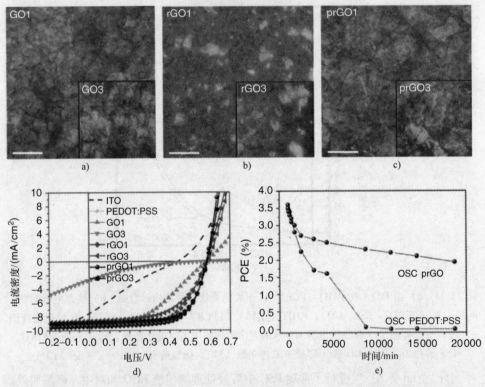

图15.13 a) GO的AFM高度图。b) RGO的AFM高度图。c) prGO的AFM高度图(AFM图像中的比例尺表示1μm)。d) 基于不同阳极界面层的PSC的$J-V$曲线。e) 传统基于PEDOT:PSS的OSC和暴露在空气中的prGO阳极界面层的OSC的PCE变化(经参考文献 [58] 许可转载。版权所有(2011),Wiley VCH)

GO 的空穴萃取性质来自两个因素：①通过 GO 的外围 - COOH 基团在活性层中掺杂相邻的供体聚合物以使接触电阻最小化；②将空穴穿过其基面以将其收集在阳极[57-59,78,80]。因此，为了提高空穴传输能力，Liu 等人[81]提出用 - OSO_3H 基团硫酸化 GO（见图 15.14a）。由于与活性材料欧姆接触的功函数匹配，所获得的产物 GO - OSO_3H 显示出优异的空穴提取层。FF 从 58% 显著提高到 71%（见图 15.14b），是由于 GO - OSO_3H 的电导率较高，为 1.3S/m，而 GO 的电导率为 0.004S/m。因此，基于 GO - OSO_3H 的 PSC 的 PCE 为 4.37%，而 GO 基 PSC 的控制器件为 3.34%。此外，器件性能几乎与 GO - OSO_3H 层厚无关（见图 15.14c）。

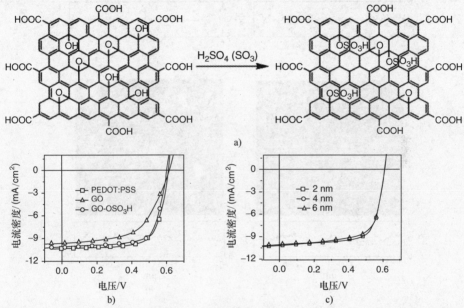

图 15.14 a) GO - OSO_3H 的合成路线。b) 具有 PEDOT：PSS（25nm）、GO（2nm）或 GO - OSO_3H（2nm）作为 HEL 的 PSC 器件的电流密度对电压曲线。c) GO - OSO_3H 作为不同厚度的 PSC 器件的电流密度与电压曲线（经参考文献 [81] 许可转载。版权所有（2012），美国化学学会）

另一方面，Jeon 等人通过采用简单、快速的热退火来适度还原 GO，证明了高性能 PSC。GO 膜在 150℃、250℃ 或 350℃ 下空气中退火 10min。如原子力显微镜（AFM）所示（见图 15.15a～d），GO 膜的均匀性和聚集较少证实了这种还原。还原的另一个证据是 X 射线光电子（XPS）光谱中 C - O 峰强度的显著降低（见图 15.15e 和 f）。进一步确认 GO 的还原可以通过 GO 薄膜的电导率值在 250℃ 下是否有进行热退火来观察，其中经过处理的 GO 薄膜的电导率从 8×10^{-6} S/m 增加到 1.8S/m。因此，相比 ITO/PEDOT：PSS/P3HT：PCBM/LiF/Al PSC，3.85% 的 PCE ITO/GO /P3HT：PCBM/LiF/Al PSC 显示出 3.98% 的 PCE。略有提高是由于基于 PEDOT：PSS 的 PSC 中 FF 从 63 增加到 66。此外，基于 GO 的 PSC 表现出比基于

PEDOT：PSS 的 PSC 更好的稳定性。

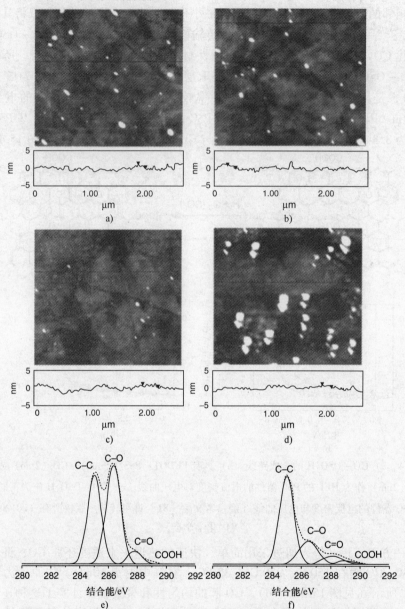

图 15.15　a) 未经热处理的 GO 及经 b) 150℃、c) 250℃和 d) 350℃热处理的 GO 的 AFM 形貌图。e) 没有热处理的 GO 的 XPS 谱和 f) 在 250℃下热处理的 GO（经参考文献 [82] 许可转载。版权所有 (2012)，Elsevier）

Murray 等人[83]证明了一种新的 GO 处理方法，通过石墨烯粉末的氧化化学剥离，后来通过 Langmuir - Blodgett（LB）组装沉积，随后进行低浓度的臭氧暴露。由此产生的 GO 膜显示 PCE 为 7.39%，而 PEDOT：PSS 膜的 PCE 为 7.46%（见图

15.16a)。此外，与基于 PEDOT：PSS 的 PSC 相比，基于 GO 的 PSC 的热老化寿命提高 5 倍，湿环境寿命提高 20 倍（见图 15.16b 和 c）。

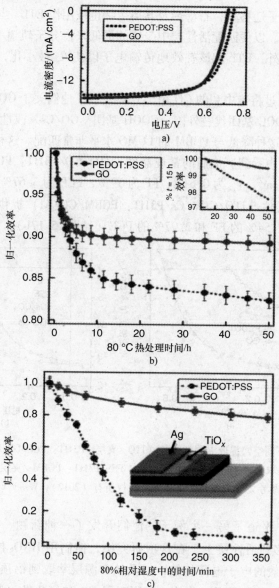

图 15.16 a）用 PEDOT：PSS 和 GO IFL 制造的 OPV 的 AM1.5G 太阳模拟光下的电流与电压的关系曲线。PTB7：PC71BM 太阳电池与 PEDOT：PSS 和 GO IFL 的耐久性特征。b）在 N_2 气氛下，封装器件在 80℃下热降解。插图：15~50h 的数据图，作为 $t=15h$ 的效率的百分比。c）在 80%相对湿度和 25℃下用空气稳定电极制造的未封装器件的环境退化。插图：用于湿度降解测试的设备几何结构示意图（经参考文献［83］许可转载。版权所有（2011），美国化学学会）

15.2.4 电子传输层

考虑到其高电子迁移率,石墨烯及其衍生物也被用作ETL。与HTL不同,ETL应该具有低功函数,以便匹配活性层中受体的最低未占分子轨道(LUMO)水平以促进电子萃取。此外,ETL应该有效地传输电子以使R_s最小化,以获得更好的光伏性能。

Liu等人[59]通过将铯中和的GO用于PSC发表了他们关于GO基的ETL的研究工作。通过用-COOC基团代替外围-COOH基团,GO/Cs-改性的Al的功函数可以降低至4.0eV。这种降低与PCBM的LUMO水平非常匹配。这种改性可以从制造的传统和倒置器件中看到。他们的常规器件(ITO/GO/P3HT:PCBM/GO-Cs/Al)的J_{sc}为10.30mA/cm^2,V_{oc}为0.61V,FF为59%,PCE为3.67%(见图15.17a)。另一方面,倒装器件(ITO/GO-Cs/P3HT:PCBM/GO/Al)提供10.69mA/cm^{2}的J_{sc}、0.51V的V_{oc}、54%的FF和2.97%的PCE(见图15.17b)。

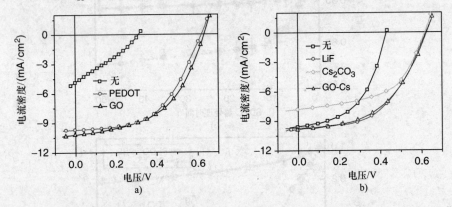

图15.17 a) 具有不同空穴提取夹层的器件(ITO/夹层/P3HT:PCBM/LiF/Al)的$J-V$曲线。b) 具有不同电子提取夹层的器件(ITO/PEDOT:PSS/P3HT:PCBM/夹层/Al)的$J-V$曲线
(经参考文献[59]许可转载。版权所有(2012),Wiley VCH)

Wang等人[84]报道了另一个例子,他们开发了一种新颖、简单的冲压工艺,将石墨烯直接转移到活性层上。在这项研究中,他们用HNO$_3$掺杂石墨烯,得到GO薄膜。由于有效的电子电荷传输,以及从有源层萃取到铝顶电极,转移的GO ETL增强了器件的J_{sc}和PCE。此外,采用双层GO和氧化钛(TiO$_x$)夹层的PSC显示,聚[N-9′-十七烷基-2,7-咔唑-alt-5,5-(4,7-二-2-噻吩基-2′,1′,3′-苯并噻二唑)](PCDTBT):PC71BM的PSC最好的PCE为7.5%(见图15.18a)。它们将控制装置的这种显著改进归因于改进的电荷传输和增强的光场振幅的协同作用。除了高性能的PSC,装有GO ETL的器件还具有超过30天的空气中长寿命存储时间(见图15.18b)。

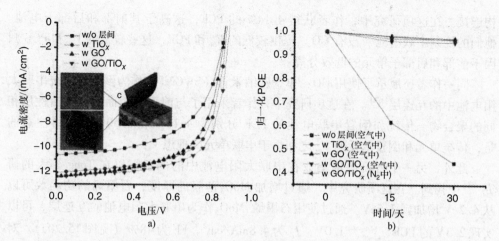

图 15.18 a) PCDTBT 的 $J-V$ 特性：没有 ETL 层的 PC71BM BHJ 和具有 TiO_x、GO 和 GO/TiO_x 的 ETL 层。b) 在环境条件下，在空气或氮气氛中作为时间函数的来自装置稳定性测试的标准化 PCE。w/o = 没有（经参考文献 [84] 许可转载。版权所有（2013），Wiley VCH）

15.2.4.1 串联太阳电池中的界面层

Tung 等人[64]首次尝试利用石墨烯或其衍生物作为串联太阳电池的界面层。这些作者通过将 GO 分散体（0.1wt% ~ 2wt%）混合到 PEDOT：PSS 中而显著增加溶液黏度。因此，与原始 GO 或 PEDOT：PSS 相比，PEDOT：PSS/GO 混合物提供了高 2~3 个数量级的黏度。它表明凝胶化有利于 GO 和 PEDOT：PSS 之间的强烈相互作用。此外，与 PEDOT：PSS（约为 0.025S/cm）相比，GO 和 PEDOT：PSS 的混合物也表现出增加的电导率（约为 0.4S/cm）。如图 15.19 所示，串联电池的 V_{oc} 为 0.94V，几乎是前后子电池的 V_{oc} 之和的 84%，由此证明这两个子电池以串联结

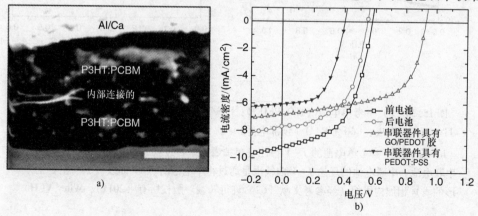

图 15.19 a) 如此制造的串联装置的横截面 SEM 图。可以清楚地区分两个子单元和互连层。比例尺 = 150nm。b) 分别制备的前电池和后电池以及分别与 PEDOT：PSS 和 GO/PEDOT 凝胶层压的串联电池的 $I-V$ 特性（经参考文献 [64] 许可转载。版权所有（2011），美国化学学会）

构连接。在这项研究中,作者获得4.14%的PCE,这高于其前部和后部干电池。他们的控制串联电池(没有GO)提供较低的V_{oc}和PCE。这些较低的V_{oc}和PCE归因于前部和后部子单元的低效分离。

同一作者还展示了使用GO:单壁碳纳米管(SWCNT)作为倒置和传统串联太阳电池中的互连层[63]。在这项研究中,作者采用了与前面和后面子电池活性层相同的聚合物。传统和倒置串联电池的PCE分别为4.10%和3.50%。值得注意的是,传统单元和倒置单元的V_{oc}之和小于串联单元的理想V_{oc}。

此外,另一个将石墨烯集成在串联太阳电池中的例子可以在Tong等人的研究[62]中找到。在这项研究中,通过增加MoO_3薄膜的厚度,石墨烯的功函数可以从4.2eV增加到5.5eV。通过使用石墨烯/MoO_3作为串联太阳电池的互连层,可以实现2.3V的PCE,V_{oc}为1.0V,J_{sc}为4.8mA/cm^2,FF为48%(见图15.20a)。对串联太阳电池的并联情况,MoO_3/石墨烯/MoO_3作为互连层,证明了2.9%的PCE(见图15.20b)。利用该结构,证明了V_{oc}为0.52V,J_{sc}为11.6mA/cm^2,FF为48%。这表明石墨烯可成功用于连接前后子电池,以增加V_{oc}和J_{sc},从而实现高性能串联太阳电池。

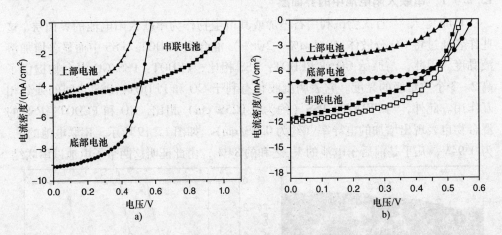

图15.20 a)参考单电池(ITO/PEDOT:PSS/P3HT:PCBM/LiF/Al(底部电池)、ITO/MoO_3/ZnPc:C60/LiF/Al(顶部电池))的$J-V$特性以及在光照下串联的电池。
b)在光照下参考单电池的$J-V$特性(单独表征来自并联的串联电池)和并联的串联电池。串联电池的理论$J-V$曲线也是通过将单电池的$J-V$曲线(具有空心正方形的线)相加构成的(经参考文献[62]许可转载。版权所有(2011),Wiley VCH)

最近,作者的团队还展示了利用氧化钛(TiO_x)/GO作为常规结构中的互连层的串联太阳电池[85]。在这些串联电池中，使用 PSEHTT：ICBA 和 PSBTBT：$PC_{70}BM$ 作为前和后子电池的活性层（见图 15.21a）。作者提出的互连层成功地连接了前和后子电池，导致理想的 V_{oc} 为 1.62V（分别为 0.94V 和 0.68V）。前后 V_{oc} 的理想总和为 8.40%（见图 15.21b）。此外，这些串联电池还表现出优异的寿命，其中 PCE 仅在连续照明 2880h 后仅从其初始值降低 20%（见图 15.21c）。尽管提出的互连层提供了理想的 V_{oc}，但 TiO_x 的沉积步骤需要特别注意，这可能导致其他关键问题。

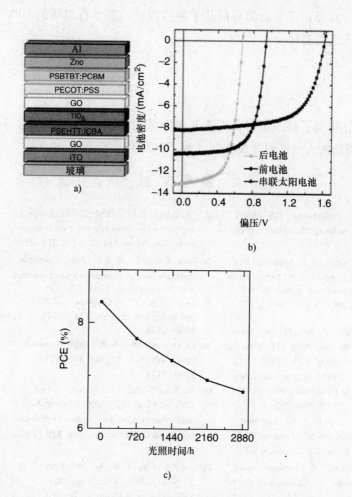

图 15.21　a）以 TiO_2/GO 为复合层的聚合物叠层太阳电池的器件结构。
b）在 AM1.5 100mW/cm^2 照明下，前、后和串联太阳电池的平均 $J-V$ 特性。
c）有机串联太阳电池的效率衰减。数据每 720h 绘制一次，并在 117 个相同的设备上进行平均（经参考文献［85］许可转载。版权所有（2013），英国皇家化学学会）

15.3 结论

在本章中,系统地总结了石墨烯及其衍生物在有机光伏(OPV)领域的最新进展。尽管已经取得了巨大的进展,但该领域的研究仍处于初期阶段,许多问题仍未解决:例如,解决化学改性石墨烯较低的电导率问题,开发新的方法来混合单层石墨烯片材进入聚合物基质,并根据用于解释石墨烯影响的机制改进石墨烯基OPV的应用。这是由于目前的解释基于某些假设,基于石墨烯的OPV器件的性能仍远低于最先进的器件。

致谢

这项工作得到了韩国贸易、工业和能源部的韩国能源技术评估与规划研究所(KETEP)资助的人力资源开发计划(No. 20134010200490)的支持。

参考文献

1. Geim, A.K. and Novoselov, K.S. (2007) The rise of graphene. *Nat. Mater.*, **6** (3), 183–191.
2. Bolotin, K.I., Ghahari, F., Shulman, M.D., Stormer, H.L., and Kim, P. (2009) Observation of the fractional quantum Hall effect in graphene. *Nature*, **462** (7270), 196–199.
3. Kim, K.S., Zhao, Y., Jang, H., Lee, S.Y., Kim, J.M., Kim, K.S., Ahn, J.H., Kim, P., Choi, J.Y., and Hong, B.H. (2009) Large-scale pattern growth of graphene films for stretchable transparent electrodes. *Nature*, **457** (7230), 706–710.
4. Stankovich, S., Dikin, D.A., Dommett, G.H.B., Kohlhaas, K.M., Zimney, E.J., Stach, E.A., Piner, R.D., Nguyen, S.T., and Ruoff, R.S. (2006) Graphene-based composite materials. *Nature*, **442** (7100), 282–286.
5. Eda, G., Fanchini, G., and Chhowalla, M. (2008) Large-area ultrathin films of reduced graphene oxide as a transparent and flexible electronic material. *Nat. Nanotechnol.*, **3** (5), 270–274.
6. Obraztsov, A.N. (2009) Chemical vapour deposition: making graphene on a large scale. *Nat. Nanotechnol.*, **4** (4), 212–213.
7. Park, S. and Ruoff, R.S. (2009) Chemical methods for the production of graphenes. *Nat. Nanotechnol.*, **4** (4), 217–224.
8. Geim, A.K. (2009) Graphene: status and prospects. *Science*, **324** (5934), 1530–1534.
9. Li, D. and Kaner, R.B. (2008) Graphene-based materials. *Science*, **320** (5880), 1170–1171.
10. Li, X.L., Wang, X.R., Zhang, L., Lee, S.W., and Dai, H.J. (2008) Chemically derived, ultrasmooth graphene nanoribbon semiconductors. *Science*, **319** (5867), 1229–1232.
11. Li, X.S., Cai, W.W., An, J.H., Kim, S., Nah, J., Yang, D.X., Piner, R., Velamakanni, A., Jung, I., Tutuc, E., Banerjee, S.K., Colombo, L., and Ruoff, R.S. (2009) Large-area synthesis of high-quality and uniform graphene films on copper foils. *Science*, **324** (5932), 1312–1314.

12. Stoller, M.D., Park, S.J., Zhu, Y.W., An, J.H., and Ruoff, R.S. (2008) Graphene-based ultracapacitors. *Nano Lett.*, **8** (10), 3498–3502.
13. Novoselov, K.S., Geim, A.K., Morozov, S.V., Jiang, D., Zhang, Y., Dubonos, S.V., Grigorieva, I.V., and Firsov, A.A. (2004) Electric field effect in atomically thin carbon films. *Science*, **306** (5696), 666–669.
14. Si, Y. and Samulski, E.T. (2008) Synthesis of water soluble graphene. *Nano Lett.*, **8** (6), 1679–1682.
15. Shen, J.F., Hu, Y.Z., Li, C., Qin, C., Shi, M., and Ye, M.X. (2009) Layer-by-layer self-assembly of graphene nanoplatelets. *Langmuir*, **25** (11), 6122–6128.
16. Schniepp, H.C., Li, J.L., McAllister, M.J., Sai, H., Herrera-Alonso, M., Adamson, D.H., Prud'homme, R.K., Car, R., Saville, D.A., and Aksay, I.A. (2006) Functionalized single graphene sheets derived from splitting graphite oxide. *J. Phys. Chem. B*, **110** (17), 8535–8539.
17. Kosynkin, D.V., Higginbotham, A.L., Sinitskii, A., Lomeda, J.R., Dimiev, A., Price, B.K., and Tour, J.M. (2009) Longitudinal unzipping of carbon nanotubes to form graphene nanoribbons. *Nature*, **458** (7240), 872–876.
18. Jiao, L.Y., Wang, X.R., Diankov, G., Wang, H.L., and Dai, H.J. (2010) Facile synthesis of high-quality graphene nanoribbons. *Nat. Nanotechnol.*, **5** (5), 321–325.
19. Sutter, P.W., Flege, J.I., and Sutter, E.A. (2008) Epitaxial graphene on ruthenium. *Nat. Mater.*, **7** (5), 406–411.
20. Dedkov, Y.S., Fonin, M., Rudiger, U., and Laubschat, C. (2008) Rashba effect in the graphene/ni(111) system. *Phys. Rev. Lett.*, **100** (10), 107602.
21. Reina, A., Jia, X.T., Ho, J., Nezich, D., Son, H.B., Bulovic, V., Dresselhaus, M.S., and Kong, J. (2009) Large area, few-layer graphene films on arbitrary substrates by chemical vapor deposition. *Nano Lett.*, **9** (1), 30–35.
22. Wu, J.S., Pisula, W., and Müllen, K. (2007) Graphenes as potential material for electronics. *Chem. Rev.*, **107** (3), 718–747.
23. Zhi, L.J. and Müllen, K. (2008) A bottom-up approach from molecular nanographenes to unconventional carbon materials. *J. Mater. Chem.*, **18** (13), 1472–1484.
24. Yang, X.Y., Dou, X., Rouhanipour, A., Zhi, L.J., Rader, H.J., and Müllen, K. (2008) Two-dimensional graphene nanoribbons. *J. Am. Chem. Soc.*, **130** (13), 4216–4217.
25. Yan, X., Cui, X., and Li, S.L. (2010) Synthesis of large, stable colloidal graphene quantum dots with tunable size. *J. Am. Chem. Soc.*, **132** (17), 5944–5945.
26. Eda, G. and Chhowalla, M. (2010) Chemically derived graphene oxide: towards large-area thin-film electronics and optoelectronics. *Adv. Mater.*, **22** (22), 2392–2415.
27. Wei, D.C. and Liu, Y.Q. (2010) Controllable synthesis of graphene and its applications. *Adv. Mater.*, **22** (30), 3225–3241.
28. Dreyer, D.R., Park, S., Bielawski, C.W., and Ruoff, R.S. (2010) The chemistry of graphene oxide. *Chem. Soc. Rev.*, **39** (1), 228–240.
29. Bae, S., Kim, H., Lee, Y., Xu, X.F., Park, J.S., Zheng, Y., Balakrishnan, J., Lei, T., Kim, H.R., Song, Y.I., Kim, Y.J., Kim, K.S., Ozyilmaz, B., Ahn, J.H., Hong, B.H., and Iijima, S. (2010) Roll-to-roll production of 30-inch graphene films for transparent electrodes. *Nat. Nanotechnol.*, **5** (8), 574–278.
30. Wang, X., Zhi, L., and Mullen, K. (2007) Transparent, conductive graphene electrodes for dye-sensitized solar cells. *Nano Lett.*, **8** (1), 323–327.
31. Yin, Z.Y., Sun, S.Y., Salim, T., Wu, S.X., Huang, X.A., He, Q.Y., Lam, Y.M., and Zhang, H. (2010) Organic photovoltaic devices using highly flexible reduced graphene oxide films as transparent electrodes. *ACS Nano*, **4** (9), 5263–5268.
32. Gomez De Arco, L., Zhang, Y., Schlenker, C.W., Ryu, K., Thompson, M.E., and Zhou, C. (2010) Continuous, highly flexible, and transparent graphene films by chemical vapor deposition for organic photovoltaics. *ACS Nano*, **4** (5), 2865–2873.
33. Tung, V.C., Chen, L.-M., Allen, M.J., Wassei, J.K., Nelson, K., Kaner, R.B., and Yang, Y. (2009) Low-temperature solution processing of graphene–carbon

nanotube hybrid materials for high-performance transparent conductors. *Nano Lett.*, **9** (5), 1949–1955.

34. Wang, Y., Tong, S.W., Xu, X.F., Özyilmaz, B., and Loh, K.P. (2011) Interface engineering of layer-by-layer stacked graphene anodes for high-performance organic solar cells. *Adv. Mater.*, **23** (13), 1514–1518.

35. Lee, Y.-Y., Tu, K.-H., Yu, C.-C., Li, S.-S., Hwang, J.-Y., Lin, C.-C., Chen, K.-H., Chen, L.-C., Chen, H.-L., and Chen, C.-W. (2011) Top laminated graphene electrode in a semitransparent polymer solar cell by simultaneous thermal annealing/releasing method. *ACS Nano*, **5** (8), 6564–6570.

36. Park, H., Brown, P.R., Bulović, V., and Kong, J. (2011) Graphene as transparent conducting electrodes in organic photovoltaics: studies in graphene morphology, hole transporting layers, and counter electrodes. *Nano Lett.*, **12** (1), 133–140.

37. Hsu, C.-L., Lin, C.-T., Huang, J.-H., Chu, C.-W., Wei, K.-H., and Li, L.-J. (2012) Layer-by-layer Graphene/TCNQ stacked films as conducting anodes for organic solar cells. *ACS Nano*, **6** (6), 5031–5039.

38. Li, S., Luo, Y., Lv, W., Yu, W., Wu, S., Hou, P., Yang, Q., Meng, Q., Liu, C., and Cheng, H.-M. (2011) Vertically aligned carbon nanotubes grown on graphene paper as electrodes in lithium-ion batteries and dye-sensitized solar cells. *Adv. Energy Mater.*, **1** (4), 486–490.

39. Lin, T., Huang, F., Liang, J., and Wang, Y. (2011) A facile preparation route for boron-doped graphene, and its CdTe solar cell application. *Energy Environ. Sci.*, **4** (3), 862–865.

40. Liang, J., Bi, H., Wan, D., and Huang, F. (2012) Novel Cu Nanowires/Graphene as the back contact for CdTe solar cells. *Adv. Funct. Mater.*, **22** (6), 1267–1271.

41. Yin, Z., Wu, S., Zhou, X., Huang, X., Zhang, Q., Boey, F., and Zhang, H. (2010) Electrochemical deposition of ZnO nanorods on transparent reduced graphene oxide electrodes for hybrid solar cells. *Small*, **6** (2), 307–312.

42. Bi, H., Huang, F., Liang, J., Xie, X., and Jiang, M. (2011) Transparent conductive graphene films synthesized by ambient pressure chemical vapor deposition used as the front electrode of CdTe solar cells. *Adv. Mater.*, **23** (38), 3202–3206.

43. Zhang, D., Xie, F.X., Lin, P., and Choy, W.C.H. (2013) Al-TiO$_2$ composite-modified single-layer graphene as an efficient transparent cathode for organic solar cells. *ACS Nano*, **7** (2), 1740–1747.

44. Park, H., Chang, S., Jean, J., Cheng, J.J., Araujo, P.T., Wang, M.S., Bawendi, M.G., Dresselhaus, M.S., Bulovic, V., Kong, J., and Gradecak, S. (2013) Graphene cathode-based ZnO nanowire hybrid solar cells. *Nano Lett.*, **13** (1), 233–2339.

45. Liu, Z., Liu, Q., Huang, Y., Ma, Y., Yin, S., Zhang, X., Sun, W., and Chen, Y. (2008) Organic photovoltaic devices based on a novel acceptor material:graphene. *Adv. Mater.*, **20** (20), 3924–3930.

46. Yan, X., Cui, X., Li, B., and Li, L.-S. (2010) Large, solution-processable graphene quantum dots as light absorbers for photovoltaics. *Nano Lett.*, **10** (5), 1869–1873.

47. Gupta, V., Chaudhary, N., Srivastava, R., Sharma, G.D., Bhardwaj, R., and Chand, S. (2011) Luminescent graphene quantum dots for organic photovoltaic devices. *J. Am. Chem. Soc.*, **133** (26), 9960–9963.

48. Miao, X., Tongay, S., Petterson, M.K., Berke, K., Rinzler, A.G., Appleton, B.R., and Hebard, A.F. (2012) High efficiency graphene solar cells by chemical doping. *Nano Lett.*, **12** (6), 2745–2750.

49. (a) Song, J., Yin, Z., Yang, Z., Amaladass, P., Wu, S., Ye, J., Zhao, Y., Deng, W.-Q., Zhang, H., and Liu, X.-W. (2011) Enhancement of photogenerated electron transport in dye-sensitized solar cells with introduction of a reduced graphene oxide–TiO$_2$ junction. *Chem. A Eur. J.*, **17** (39), 10832–10837; (b) Li, X., Zhu, H., Wang, K., Cao, A., Wei, J., Li, C., Jia, Y., Li, Z., Li, X., and Wu, D. (2010) Graphene-on-silicon schottky junction solar cells. *Adv. Mater.*, **22** (25), 2743–2748.

50. Wang, H., Yang, Y., Liang, Y., Cui, L.-F., Sanchez Casalongue, H., Li, Y., Hong, G., Cui, Y., and Dai, H. (2011) LiMn$_{1-x}$Fe$_x$PO$_4$ nanorods grown

on graphene sheets for ultrahigh-rate-performance lithium ion batteries. *Angew. Chem. Int. Ed.*, **50** (32), 7364–7368.

51. Lin, Y.X., Li, X.M., Xie, D., Feng, T.T., Chen, Y., Song, R., Tian, H., Ren, T.L., Zhong, M.L., Wang, K.L., and Zhu, H.W. (2013) Graphene/semiconductor heterojunction solar cells with modulated antireflection and graphene work function. *Energy Environ. Sci.*, **6** (1), 108–115.

52. Wang, S., Goh, B.M., Manga, K.K., Bao, Q., Yang, P., and Loh, K.P. (2010) Graphene as atomic template and structural scaffold in the synthesis of graphene-organic hybrid wire with photovoltaic properties. *ACS Nano*, **4** (10), 6180–6186.

53. Guo, C.X., Yang, H.B., Sheng, Z.M., Lu, Z.S., Song, Q.L., and Li, C.M. (2010) Layered graphene/quantum dots for photovoltaic devices. *Angew. Chem. Int. Ed.*, **49** (17), 3014–3017.

54. Zhou, W., Zhu, J., Cheng, C., Liu, J., Yang, H., Cong, C., Guan, C., Jia, X., Fan, H.J., Yan, Q., Li, C.M., and Yu, T. (2011) A general strategy toward graphene/metal oxide core–shell nanostructures for high-performance lithium storage. *Energy Environ. Sci.*, **4** (12), 4954–4961.

55. Yang, N., Zhai, J., Wang, D., Chen, Y., and Jiang, L. (2010) Two-dimensional graphene bridges enhanced photoinduced charge transport in dye-sensitized solar cells. *ACS Nano*, **4** (2), 887–894.

56. Tang, Y.-B., Lee, C.-S., Xu, J., Liu, Z.-T., Chen, Z.-H., He, Z., Cao, Y.-L., Yuan, G., Song, H., Chen, L., Luo, L., Cheng, H.-M., Zhang, W.-J., Bello, I., and Lee, S.-T. (2010) Incorporation of graphenes in nanostructured TiO_2 films via molecular grafting for dye-sensitized solar cell application. *ACS Nano*, **4** (6), 3482–3488.

57. Li, S.-S., Tu, K.-H., Lin, C.-C., Chen, C.-W., and Chhowalla, M. (2010) Solution-processable graphene oxide as an efficient hole transport layer in polymer solar cells. *ACS Nano*, **4** (6), 3169–3174.

58. Yun, J.-M., Yeo, J.-S., Kim, J., Jeong, H.-G., Kim, D.-Y., Noh, Y.-J., Kim, S.-S., Ku, B.-C., and Na, S.-I. (2011) Solution-processable reduced graphene oxide as a novel alternative to PEDOT:PSS hole transport layers for highly efficient and stable polymer solar cells. *Adv. Mater.*, **23** (42), 4923–4928.

59. Liu, J., Xue, Y., Gao, Y., Yu, D., Durstock, M., and Dai, L. (2012) Hole and electron extraction layers based on graphene oxide derivatives for high-performance bulk heterojunction solar cells. *Adv. Mater.*, **24** (17), 2228–2233.

60. Yu, D., Yang, Y., Durstock, M., Baek, J.-B., and Dai, L. (2010) Soluble P3HT-grafted graphene for efficient bilayer-heterojunction photovoltaic devices. *ACS Nano*, **4** (10), 5633–5640.

61. Kim, J., Tung, V.C., and Huang, J. (2011) Water processable graphene oxide:single walled carbon nanotube composite as anode modifier for polymer solar cells. *Adv. Energy Mater.*, **1** (6), 1052–1057.

62. Tong, S.W., Wang, Y., Zheng, Y., Ng, M.-F., and Loh, K.P. (2011) Graphene intermediate layer in tandem organic photovoltaic cells. *Adv. Funct. Mater.*, **21** (23), 4430–4435.

63. Tung, V.C., Kim, J., and Huang, J. (2012) Graphene oxide: single-walled carbon nanotube-based interfacial layer for all-solution-processed multijunction solar cells in both regular and inverted geometries. *Adv. Energy Mater.*, **2** (3), 299–303.

64. Tung, V.C., Kim, J., Cote, L.J., and Huang, J.X. (2011) Sticky interconnect for solution-processed tandem solar cells. *J. Am. Chem. Soc.*, **133** (24), 9262–9265.

65. Rowell, M.W., Topinka, M.A., McGehee, M.D., Prall, H.-J., Dennler, G., Sariciftci, N.S., Hu, L., and Gruner, G. (2006) Organic solar cells with carbon nanotube network electrodes. *Appl. Phys. Lett.*, **88** (3), 233506.

66. Wu, J., Becerril, H.A., Bao, Z., Liu, Z., Chen, Y., and Peumans, P. (2008) Organic solar cells with solution-processed graphene transparent electrodes. *Appl. Phys. Lett.*, **92** (26), 263302.

67. Wang, X., Zhi, L., Tsao, N., Tomović, Ž., Li, J., and Müllen, K. (2008) Transparent carbon films as electrodes in organic solar cells. *Angew. Chem.*, **120** (16), 3032–3034.

68. Kang, M.-G., Xu, T., Park, H.J., Luo, X., and Guo, L.J. (2010) Efficiency enhancement of organic solar cells using transparent plasmonic Ag nanowire electrodes. *Adv. Mater.*, **22** (39), 4378–4383.
69. Lee, J.-Y., Connor, S.T., Cui, Y., and Peumans, P. (2008) Solution-processed metal nanowire mesh transparent electrodes. *Nano Lett.*, **8** (2), 689–692.
70. Nair, R., Blake, P., Grigorenko, A.N., Novoselov, K.S., Booth, T.J., Stauber, T., Peres, N.M.R., and Geim, A.K. (2008) Fine structure constant defines visual transparency of graphene. *Science*, **320** (5881), 1308.
71. Blake, P., Brimicombe, P.D., Nair, R.R., Booth, T.J., Jiang, D., Schedin, F., Ponomarenko, L.A., Morozov, S.V., Gleeson, H.F., Hill, E.W., Geim, A.K., and Novoselov, K.S. (2008) Graphene-based liquid crystal device. *Nano Lett.*, **8** (6), 1704–1708.
72. Hummers, W.S. and Offeman, R.E. (1958) Preparation of graphitic oxide. *J. Am. Chem. Soc.*, **80** (6), 1339–1339.
73. Li, L.S. and Yan, X. (2010) Colloidal graphene quantum dots. *J. Phys. Chem. Lett.*, **1** (17), 2572–2576.
74. Liua, J. and Li, X. (2014) Hydrothermal synthesis of CdTe quantum dots–TiO_2–graphene hybrid. *Phys. Lett. A*, **378** (4), 405–407.
75. Feng, T., Xie, D., Lin, Y., Zhao, H., Chen, Y., Tian, H., Ren, T., Li, X., Li, Z., Wang, K., Wu, D., and Zhu, H. (2012) Efficiency enhancement of graphene/silicon-pillar-array solar cells by HNO3 and PEDOT-PSS. *Nanoscale*, **4** (6), 2130–2133.
76. Feng, F.T., Xie, D., Lin, Y., Zang, Y., Ren, T., Song, R., Zhao, H., Tian, H., Li, X., Zhu, H., and Liu, L. (2011) Graphene based Schottky junction solar cells on patterned silicon-pillar-array substrate. *Appl. Phys. Lett.*, **99** (23), 233505.
77. Zhang, X., Xie, C., Jie, J., Zhang, X., Wu, Y., and Zhang, W. (2013) High-efficiency graphene/Si nanoarray Schottky junction solar cells via surface modification and graphene doping. *J. Mater. Chem. A*, **1** (22), 6593–6601.
78. Gao, Y., Yip, H.P., Hau, S.K., O'Malley, K.M., Cho, M.C., Chen, H., and Jen, A.K.-Y. (2010) Anode modification of inverted polymer solar cells using graphene oxide. *Appl. Phys. Lett.*, **97** (20), 203306.
79. Akaike, K., Kanai, K., Ouchi, Y., and Seki, K. (2009) Influence of side chain of [6,6]-phenyl-C_{61}-butyric acid methyl ester on interfacial electronic structure of [6,6]-phenyl-C_{61}-butyric acid methyl ester/Ag substrate. *Appl. Phys. Lett.*, **94** (4), 043309.
80. Gao, Y., Yip, H.L., Chen, K.-S., O'Malle, K., Acton, M.O., Sun, Y., Ting, G., Chen, H.Z., and Jen, A.K.-Y. (2011) Surface doping of conjugated polymers by graphene oxide and its application for organic electronic devices. *Adv. Mater.*, **23** (16), 1903–1908.
81. Liu, J., Xue, Y., and Dai, L. (2012) Sulfated graphene oxide as a hole-extraction layer in high-performance polymer solar cells. *J. Phys. Chem. Lett.*, **3** (14), 1928–1933.
82. Jeon, Y.-J., Yun, J.-M., Kim, D.-Y., Na, S.-I., and Kim, S.-S. (2012) High-performance polymer solar cells with moderately reduced graphene oxide as an efficient hole transporting layer. *Sol. Energy Mater. Sol. Cells*, **105** (2-3), 96–102.
83. Murray, I.P., Lou, S.J., Cote, L.J., Loser, S., Kadleck, C.J., Xu, T., Szarko, J.M., Rolczynski, B.S., Johns, J.E., Huang, J.X., Yu, L.P., Chen, L.X., Marks, T.J., and Hersam, M.C. (2011) Graphene oxide interlayers for robust, high-efficiency organic photovoltaics. *J. Phys. Chem. Lett.*, **2** (24), 3006–3012.
84. Wang, D.H., Kim, J.K., Seo, J.H., Park, I., Hong, B.H., Park, J.H., and Heeger, A.J. (2013) Transferable graphene oxide by stamping nanotechnology: electron-transport layer for efficient bulk-heterojunction solar cells. *Angew. Chem. Int. Ed.*, **52** (10), 2874–2880.
85. Yusoff, A.R.B.M., da Silva, W.J., Kim, H.P., and Jang, J. (2013) Extremely stable all solution processed organic tandem solar cells with TiO_2/GO recombination layer under continuous light illumination. *Nanoscale*, **5** (22), 11051–11057.

第 16 章　石墨烯作为敏化剂

Mohd A. Mat-Teridi, Mohd A. Ibrahim, Norasikin Ahmad-Ludin, Siti Nur Farhana Mohd Nasir, Mohamad Yusof Sulaiman, Kamaruzzaman Sopian

16.1　石墨烯作为敏化剂

最近，由于石墨烯具有适用于许多电子器件的有利物理性能，因此作为敏化剂受到高度关注。目前，大部分工作集中在太阳电池上，太阳电池可以分为石墨烯作为活性介质和石墨烯作为透明或分布电极材料。前者使用与已经讨论过的光电探测器相同的操作原理，原则上可以得到易于从宽光谱范围内的均匀吸收[1]。然而，由于石墨烯的固有光学吸收低，这种器件将需要复杂的干涉或等离子体激元增强结构[2]以达到所需的响应度，因此不可能在不久的将来被广泛使用。相反，在量子点或染料敏化太阳电池（DSSC）中使用石墨烯作为透明电极证明是非常有益的。掺杂可以显著改变石墨烯中费米能级的位置，因此这种电极已被用作电子[3]和空穴[4]的传导介质。随着由液相或热剥离产生的石墨烯成本降低[5]，可以预期在 DSSC 中广泛使用石墨烯，特别是在力学柔性至关重要的应用中。

目前正在广泛研究石墨烯在下一代锂离子电池（LIB）中的应用。商业 LIB 中传统使用的阴极常常具有较差的导电性，这可以通过向电极配方添加石墨和炭黑来克服。具有片状形态的石墨烯不仅可以用作先进的导电填料，还可以产生新型的核-壳或夹层型纳米复合结构[6]。这些新形态导致的电导率增加将有助于克服 LIB 的关键限制之一——它们的低比功率密度。最后，石墨烯的高导热性对于电池系统中产生大量热量的高电流负载可能是有利的。作为阳极，石墨烯纳米片可用于将锂可逆地嵌入层状晶体中。与碳纳米管（CNT）和富勒烯（C_{60}）结合使用的石墨烯纳米片可以提高电池的充电容量[7]。

超级电容器（见图 16.1）基于电化学双层电容器储能[8]。这些先进设备的优越性能（与 LIB 相比）基于电能大多数的静电存储，这由高表面积活性炭材料和电极/电解质界面上的纳米尺度的电荷分离决定。石墨烯是本应用的明显选择，具有高固有电导率、易于定义的孔结构、良好的抗氧化性能和高温稳定性。目前，基于石墨烯的电化学双层电容器雏形在电容领域以及能量和功率密度方面领先[9]。尽管石墨烯超级电容器的特性非常令人鼓舞，但商业使用这些系统之前仍然存在必须解决的问题。特别是，石墨烯基超级电容器的不可逆电容仍然过高，这可能可以通过减少缺陷数量或选择更好的电解质来改善。

图16.1 在超级电容器装置中,两个高表面积石墨烯基电极(净六角形平面向上和向下)由膜(中间的孔膜)分隔开。充电后,电解液中的阴离子(白色和灰色合并成小球体)和阳离子(顶部的单个灰色球体)在石墨烯表面附近聚集。离子通过电化学双层与碳材料电隔离,电化学双层充当分子电介质[8]

也有报道使用石墨烯纳米片作为燃料电池铂催化剂的载体材料[10]。与作为铂催化剂基线载体材料的炭黑不同,由于铂原子和石墨烯之间的强烈相互作用,石墨烯将铂颗粒尺寸减小到1nm以下[11]。铂和石墨烯之间的强烈相互作用和小粒径导致直接甲醇燃料电池中的催化活性增加。如果石墨烯在性能和成本方面都被证明是优越的,那么能源相关应用中的通用基准材料(石墨、炭黑和活性炭)将仅被替换。事实上,适用于此类应用的合适等级的石墨烯已经具有可规模化的数量,可能会加快它向真实器件的发展。

在染料敏化太阳电池(DSSC)和有机光伏电池(OPV)中使用石墨烯增加了这种器件的整体转换效率,但其在太阳电池中的功能仍在研究中,因为有许多功能因素尚不清楚。有人认为石墨烯可以吸收分子(碳氢化合物)或原子(氢),缺陷可以作为导电通道[12]。通常,由于裸石墨烯光电阳极糊更好的光捕获和更高的散射效应,在DSSC或OPV中使用石墨烯时,已经观察到光电流的增加。石墨烯光电阳极可以产生额外的光电流,而不会对半导体产生任何能量或结构变化[13]。加入石墨烯后,天然染料花青素的性能大大提高(达2.4倍)[14]。不管石墨烯是通过形成复合膜还是通过与染料共吸附到TiO_2光电阳极上,作为染料混合物的组分而添加到TiO_2中,已经获得了效率的提高。石墨烯为光生电子提供了更好的导电通路,从而增加了电流并降低了电阻。人们还观察到在石墨烯存在下可以实现更长的电子寿命,抑制不需要的电子重组[14]。

由于石墨烯具有较高的电导率,具有较大的比表面积(理论上为$2630m^2/g$),因此也可用作DSSC和OPV中的反电极。它是sp^2键碳原子的碳纳米片,具有非常高的载流子迁移率($200000cm^2/(V·s)$),这源于其独特的二维碳结构[15]。人们已经进行了各种研究以优化石墨烯在 DSSC 和 OPV 中作为反电极的用途，以取代由昂贵的 Pt 前体获得的 Pt 反电极。最近，利用热电化学气相沉积（HFCVD）生长石墨烯薄膜，实现了 4.3% 的电转换效率，对氧化还原电解质中 I-3 离子的还原表现出相当高的电催化活性[16]。同时也揭示了复合反电极中石墨烯和炭黑的含量对制备具有高催化性能和快速界面电子转移的 DSSC 和 OPV 非常重要[17]。使用热还原的氧化石墨烯（RGO）作为电极催化剂可以在反电极上获得满意的电流和电压，但是填充因子很不好[18]。石墨烯基多壁碳纳米管（GMWNT）结构是 DSSC 和 OPV 反电极的候选材料之一[19]。

由于石墨烯/TiO_2 光电阳极的组合提高了硫化镉量子点敏化太阳电池的光伏性能，因为其电子转移电阻较小且频率峰值低于原始 TiO_2 电极。这表明通过将石墨烯与 TiO_2 电极结合，电子转移效率提高[20]。石墨烯量子点（GQD）被认为是一类新兴的具有独特光子和电学性质的纳米材料[21]。GQD 可以用作倒置聚合物太阳电池的阴极补充添加剂，因为它们表现出优异的空穴阻挡和电子转移能力。它们还可以减少电荷复合并改善阴极/聚合物活性层界面处的电荷转移[21]。

16.2 石墨烯作为存储集流体

如今，在许多能量器件应用中对石墨烯的需求增加表明石墨烯具有很高的潜力并且是有价值的。在诸如太阳电池、电池和超级电容器之类的能量装置中，集流体起着作为有效受体或运输电荷载流子（例如电子和空穴）的重要作用和功能。在包括激发和充电与放电过程的电荷分离过程期间，电荷载体从活性材料/电解质界面传输或传输到活性材料/电解质界面。因此，需要将诸如石墨烯的合适材料用作所需的集流体。根据材料的性质（优异的电子传输、热力学稳定性、表面润湿性和高导电性）和更好的表面接触（包括石墨烯/电解质和石墨烯/活性材料），石墨烯的优点使其适合用作集流体[22,23]。然而，影响许多能量器件的主要因素是沿原子级薄层的良好电子传输。电子在石墨烯中的迁移率可以达到 $15000cm^2/(V \cdot s)$[24]，这意味着石墨烯可以非常快速地传输电子并使其非常适合用于能量器件。此外，高电导率可以通过影响电子传输使器件以最大功率工作。这是由于材料的高导电性，高电子运输将在材料内提供高导电通路。这些现象将改善设备的性能。接下来，高表面积也会影响器件的性能。最大化表面积可在材料中提供大量活性部位。看起来材料与有源层/电解质之间更好的接触会增加行进电子的数量。这是通过改性粒子大小而发生的。换句话说，更好地接触有源层/电解质和石墨烯是非常需要的，以减少接触电阻并导致电子的高传输以及高功率和高倍率性能[25-30]。正如 Li 和 Morris[22] 以及 Holm[31] 所报道的那样，考虑到经典的接触理论，不可避免地会在有限数量的电荷传输接触点的两个表面形成不均匀的电阻。因此，会在集电体的粗糙界面和活性物质或电解质中产生相当大的接触电阻。

另外，正如 Holm 理论所详细解释的那样，接触点的电阻率会影响集流体功能中的扩散电阻[31-33]。这将影响集流体与活性物质/电解质之间的界面连接。换言之，用作集流体的材料应该具有优异的导电性，这使得石墨烯非常有吸引力，可以用作在界面之间获得更好吸附的理想桥。因为材料间宽的附着表面积，更好的吸附意味着更好的接触，因此它会降低扩散电阻。因此，高吸附将改善沿着材料的电子传递，并增强电子的迁移率。

就吸收而言，石墨烯仅吸收 2% 的光谱[34]，这使得石墨烯在能量装置中作为集流体非常有用。其他因素，如热力学稳定性和表面可湿性也会影响器件的性能。通过减少不可逆的氧化还原过程并减少腐蚀，可以避免这两个因素。这两个因素会缩短设备的使用寿命和性能。石墨烯已被证明是应用于许多高性能能量装置中最优异且最理想的材料。正如后面将要讨论的那样，由于石墨烯在用作阳极和阴极时的优点，它们在不同的部件和不同的功能中被使用，如图 16.2 所示。

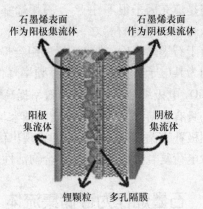

图 16.2 完全表面使能的锂离子交换电池的结构。它在阳极包含阳极集流体和纳米结构石墨烯，阴极包含锂离子源（例如，Li 箔片或表面稳定的 Li 粉末片）、多孔隔膜和纳米结构功能石墨烯[35]

16.2.1 阳极集流体

通常在这些器件中，有两个组件在性能中起着重要的作用，即阳极和阴极。这些组件中的每一个都负责提高与电子电导率和离子差异性相关的性能[36]。然而，与阴极材料相比，阳极材料由于其制造容易、性能高且可用性高，已成为许多研究的主题。与之相比，阴极材料非常稀少、生产成本高且性能低。此外，作为主要成分，阳极材料对器件性能的影响比阴极材料更大[37]。石墨烯是作为阳极材料的最佳候选者。这是由于石墨烯的物理性质，其满足作为阳极候选的全部要求。石墨烯的优势在于其高导电性、大表面积、独特的非均相电子转移和电荷载流子率、广泛适用的电催化活性以及低生产成本[38-42]。目前，阳极材料更多集中用于储能的 LIB 和燃料电池以及作为太阳电池中的光电阳极。

16.2.1.1 锂离子存储

LIB 是可以在一定时间内存储和供电的设备，该设备由阳极和阴极组成。作为最有前途的材料，石墨烯已被用于 LIB 阳极。在 LIB 中使用石墨烯的优点是该设备具有更高的能量容量和更长的循环寿命。这种电池适用于电动车[43,44]。在商业上，由于石墨的库伦效率高[42]，石墨已被用作锂离子电池的阳极材料，这意味着插层电位下具有合理比容量的可逆充电和放电更高。尽管如此,自从该领域引入石墨烯以来,已经实现了显著的改进,该器件的功率输出大幅增加,同时也缩短了充电时间[45-47]。特种电容从372mAh/g(商业)增加到1264mAh/g,与仅240的商用装置相比,耐用性也增加到848。结果表明,石墨烯的物理性能有助于通过高电导率、大表面积和独特的不均匀电子转移与电荷载流子率来改进LIB。

为了提高掺入石墨烯的器件的性能,研究的重点一直放在石墨烯复合材料上。石墨烯掺杂了Fe_2O_3、SnO_2、C_{60}、CNT和Mn_3O_4[7,48-50]。然而,其性能比只有石墨烯纳米片的性能差。这可能是由于复合材料本身导电性低,对复合材料有影响。结果可能表明电子转移也可能受到其他材料存在的影响。然而,可以得出结论,石墨烯是LIB应用中优异的阳极电极材料。

16.2.1.2 燃料电池

在燃料电池的商业应用中,只有碳质材料被用作阳极[51]。这种材料是石墨、改性石墨、非石墨碳和石墨烯。在含碳材料中,石墨烯由于其有利的物理性质而表现出优异的改进。从理论上讲,石墨烯是一种独特的材料,它具有零带隙半金属特性,并且在电场的影响下表现出很大的导电行为[52,53]。石墨烯中的层间力也很小(范德华力),层间距离很大(3.35Å)[54],这使得锂离子在石墨烯片之间容易使用。电子在石墨烯中的容易传输和扩散导致出色的性能。

在生物燃料电池中,如Liu等人[55]报道,石墨烯已经在酶促生物燃料电池中使用而没有任何膜。在他们的研究中,他们使用石墨烯来制造阳极和阴极。该研究比较了由金和石墨烯纳米片制成的阳极作为电极掺杂剂。结果显示,在0.38V(负载为15kΩ)时,最大功率密度为24.3μW±4μW,比使用金时高出近两倍(0.25V(负载为15kΩ)时为7.8μW±1.1μW)。这种改进与石墨烯的大表面积、高电子转移和高电导率有关。该材料的稳定性和耐用性也得到了改善,如在4℃下存储在pH值=7.4的磷酸盐缓冲溶液中,并每天用15kΩ外部负载进行测试所示。一周后,发现输出功率缓慢下降,最终达到50%。然而,与使用黄金实现的结果相比,结果仍然令人惊叹,其中在一周后功率输出衰减超过50%。从这个结果可以得出结论,石墨烯是在燃料电池应用中用作阳极材料的理想材料。

16.2.2 阴极集流体

通常,阳极集流体一直使用贵金属(例如铂和金)和铝。众所周知,所有这些材料都是优质的材料,满足了所有的要求。为了获得更好质量的阴极作为集流体,候选者应该有合适的材料而不改变其结构。所有这些材料唯一的问题是其成本,每年都在不断增加,使得能源设备的制造成为一个高成本的过程[56]。因此,其他合适的材料已经被研究。替代贵金属的主要候选材料是过渡金属,如Ni、Mn、Co、V、Fe和C[57]。在这些材料中,V已经显示出很多前景,因为它可以可逆地嵌入锂,如Shembel等人[58]的研究所示。此外,V的氧化态范围为+2~+5。其他材料仅适用于单电子转移过程。此外，V 也被认为具有高能量密度和卓越的循环性，如 Ding 等人[59]的研究所示。然而，有一些问题使得 V 成为低性能的阴极集流体，例如低电导率和 V 中电子或离子的缓慢扩散[56]。

最近，由石墨合成的石墨烯已被证明是最理想和适合的候选材料，主要因为材料的性质、高稳定性和耐用性以及低成本的加工[60]。与其他材料相比，石墨烯可以低成本生产，并且可以大量使用。由于工作在非常薄的层中，石墨烯可以降低电阻并提高电导率。

16.2.2.1 锂离子存储

由于其优越的特性，石墨烯已被用于锂基可再充电电池中。在 LIB 中，阴极在器件性能方面扮演着非常重要的角色。然而，许多研究集中在石墨烯作为阳极集电器上。在 Liu 等人[61]的早期研究中，他们在 LIB 中报道了纳米复合 $Li_3V_2(PO_4)_3$（LVP）/石墨烯作为阴极。在石墨烯的存在下，这些器件对于 LIB 显示出非常高的性能和可循环性。这是由于石墨烯表面积大，吸附并紧密黏附在 LVP 上。因此，Li^+ 离子可以容易地插入和剥离，导致高电子传导性和电化学性能。其他复合材料如 $LiFePO_4$/石墨烯[62,63]、$LiMn_2O_4$/石墨烯[64,65]和 $LiMn_{1-x}Fe_xPO_4$/石墨烯[38]也会出现类似情况。因此可以得出结论，形成电子传导的石墨烯网络，导致材料的电子电导率和电化学性质的巨大改进。

16.2.2.2 燃料电池

石墨烯也对燃料电池的制造产生了重大影响。由于石墨烯具有比表面积大、导电性能好、电催化活性高、酶结合能力好、生产成本低等优点，因此在燃料电池应用中作为阳极和阴极集流体已经吸引了很大关注[39,66]。Qu 等人[66]以及 Brownson 和 Banks[67]报道，掺杂氮的石墨烯作为无金属电极表现出改善的电催化活性、长期操作稳定性和对交叉效应的耐受性。与之相比，Pt 在碱性溶液中通过四电子通路还原率，产生水作为副产物。在质子交换膜燃料电池（PEMFC）中，正如 Jafri 等人[68]成功报道的那样，用负载 Pt 石墨烯纳米片和氮掺杂石墨烯纳米片取代商业 Pt 催化剂导致电池在电导率和吸附方面的性能得到改善。这是因为石墨烯中氮的存在会造成缺陷或增加铂纳米颗粒（NP）附着的表面积。因此，吸附和电子传输得到改善，导致燃料电池的电导率提高。Zhang 等人也报道了类似的结果[69]。他们证明，使用乙二醇还原法可将铂纳米颗粒沉积在石墨亚微米颗粒上，以用于聚合物电解质膜燃料电池。结果与 CNT 和掺杂有 Pt 的炭黑的结果进行了比较，并且显示出电催化活性的大量改进和增强的耐久性。人们在石墨烯作为燃料电池技术的催化剂方面进行了进一步的研究，其显示出在电池的性能和生命周期方面的许多改进。总的来说，可以得出结论，石墨烯在燃料电池中的应用可以提高电催化活性和耐久性与改善表面吸附，如 Xin 等人[20]报道。表明氧化物形式的石墨烯或氮掺杂将导致优越的特性，这将有助于改进燃料电池装置。

16.3 石墨烯作为光电阳极添加剂

石墨烯基复合材料通过石墨烯的力学、化学和电子性能优势,可以提高复合材料的强度。在复合材料中加入石墨烯可以提高工作温度的水平,降低湿度水平,提供良好的雷击绝缘,并提高抗压强度[11]。然而,流体基纳米材料的添加剂也存在缺点。添加剂的混合会改变颗粒的表面性质,这可能导致不可接受的杂质水平。样品可能含有较大颗粒的附聚物,可能需要进行特定测试以确定其确切性能。这对纳米颗粒来说是一个主要挑战,这与它们的高表面积有关[71]。

16.3.1 DSSC 应用程序

目前,低成本染料敏化太阳电池(DSSC)的效率在 AM1.5G 条件下已经达到 12.3%[72]。这些器件的性能主要取决于 TiO_2 薄膜中电荷传输的效率。人们已经对 TiO_2 薄膜进行了广泛的研究,特别是在电子迁移率改进和混合材料开发方面。在电子传输增强的情况下,将石墨烯纳入 TiO_2 基质显然可以改善其性能,最大限度地减少电荷重组,并提高电池性能[73]。为了解石墨烯/TiO_2 复合材料中电子运输的机理,用导电原子力显微镜(c - AFM)研究了 TiO_2 的粒径依赖性[74]。光电阳极复合材料采用刮刀法通过改进的一步溶剂热反应来制备。重要的是,这项研究确定,当 TiO_2 的粒径较小时,电子传输更加活跃,这也改善了电荷迁移率。DSSC 器件中的石墨烯复合材料导致功率转换效率约为 7.26%,短路电流密度 J_{sc} = 13.1mA/cm^2,开路电压 V_{oc} = 0.771V。可以看出,较小的 TiO_2 颗粒提供更大的复合电极表面积并不断增强器件的电子迁移网络。

Kusumawati 等人[75]详细研究了石墨烯作为复合多孔膜在合成石墨烯片和锐钛矿型二氧化钛纳米颗粒过程中的应用。通过添加锐钛矿二氧化钛颗粒、萜品醇、乙醇和单层石墨烯氧化物(SGO)薄片以形成黏稠糊状物,用改进的 Hummer 方法制备两种类型的溶液。然后,将乙基纤维素粉末溶解在乙醇中,再使用超声波扬声器超声处理两种溶液。通过刮刀(doctor - blading)将 TiO_2/SGO 浆料层沉积在氟掺杂的氧化锡(FTO)玻璃上。在 500℃ 退火 15min 之前,进行多步骤工艺以获得薄膜的精确厚度。最后一步需要将 TiO_2 薄膜浸入 $TiCl_4$ 溶液中,并在 500℃ 再次加热。RGO 通过在 1.2wt% RGO 存在下的层电导率增加 60% 电荷传输来提高光电极的性能。RGO 改善了薄膜的比表面积,导致更高的染料负载吸收更多的太阳辐射光谱。由于短路电流密度 J_{sc} 的增加,石墨烯太阳电池的转换效率提高到 12%。这一结果几乎与 DSSC 氧化还原电解液中的卟啉锌染料相似,该电解液在没有石墨烯含量的情况下具有最高的电池效率。此外,如 Du 等人[26]报道,通过界面的计算方法可以理解从石墨烯到 TiO_2 的电荷转移增强。三维(3D)模型绘制了界面石墨烯和 TiO_2(110)表面的大密度,平衡距离为 0.275nm。该模型模拟 TiO_2 支撑的石墨烯中的空穴积聚,其中电荷转移在电子基态从石墨烯层到 TiO_2(110)。这意味着在可见光照射下,高价带中的电子可以从石墨烯直接激发到导带。

Esteban 和 Enriquez[14]研究了石墨烯和染料作为 DSSC 光敏剂的组合。TiO_2 和花青素/石墨烯体积比为 1:2 的 DSSC 实现了约 0.436% 的效率和 1.47mA/cm^2 的短路电流 J_{sc}。天然染料花青素在石墨烯存在下的效率比单独花青素染料高 2.4 倍。正如 Yang 等人[73]所提出的,石墨烯在光电阳极复合物中的存在改善了电荷载流子迁移率并增加了表面积,这使得电子传输更有效。但是,由于使用天然染料,这不会改善电池的整体效率。根据人们的理解,天然染料通常会导致电池低效率,因为电子电荷产生量低,TiO_2 光敏阳极和敏化剂材料之间的连接性差[77]。此外,使用基于 betanin 的天然染料的电池的效率仅为 2% 左右[78]。由于石墨烯的有利特性,石墨烯基复合材料更合适,这将提高电荷迁移率和电池效率,而不是应用于敏化剂材料。

16.3.2 OPV 应用

目前已经开展了许多工作来开发用于有机太阳电池应用的高性能、功能化的石墨烯基阳极和添加剂。石墨烯基材料被用作本体异质结(BHJ)OPV 中供体或供体-受体材料的添加剂[79]。

Liu 等人[80]研究了用作 OPV 器件受体的可溶性官能化石墨烯。为了形成可溶液处理的官能化石墨烯(SPF-石墨烯),使用两步法,先氧化处理,然后是有机官能化步骤来制备石墨烯。OPV 的活性层使用旋涂法将聚(3-己基噻吩-1,3-二基)(P3HT)和 SPF-石墨烯在有机溶剂 1,2-二氯苯中的混合溶液沉积在预涂覆导电聚合物的氧化铟锡(ITO)玻璃基板上。具有 10wt% SPF-石墨烯含量和 100nm 厚的有源层导致功率转换效率约为 1.1%,短路电流 J_{sc} 为 4.0mA/cm^2,开路电压 V_{oc} 为 0.72V。本研究结果表明,石墨烯可用作受体材料,因为其成本低,制备简单,在环境条件下具有惰性。

Yong 和 Tour[81]最近的研究推测纳米石墨烯基 OPV 的效率可以达到 12%(单电池结)和 24%(串联电池结)。但是,需要进一步调查实际的电池。目前,实际的实验结果表明,OPV 器件中石墨烯纳入单电池和串联电池的结合有可能增强分子间的相互作用,提高电池的效率。Kim 和合作者[82]使用一步还原 OPV 中新型苯肼的方法,证实了一种官能化还原氧化石墨烯(FrGO)作为空穴传输层。氟原子与 FrGO 的性能通过去除氧化石墨烯(GO)上的氧官能团而提高了 OPV 的效率。此外,通过一步还原制备的基于 FrGO 的 OPV 是合适的界面材料,并且对于聚(3,4-亚乙基二氧噻吩):聚(苯乙烯磺酸酯)(PEDOT:PSS)是稳定的。他们通过制备各种 OPV 体系使用 FrGO 来延伸他们的实验,包括噻吩并[3,4-b]噻吩/苯并二噻吩:[6,6]-苯基 C71-丁酸甲酯(PTB7:$PC_{71}BM$)和 P3HT:茚-C_{60} 双加成物(ICBA)。基于 PTB7:$PC_{71}BM$ 的 FrGO OPV 的功率转换效率为

6.71%，V_{oc} 为 0.70V，J_{sc} 为 14.84mA/cm^2，填充因数（FF）为 65.1%。基于 PTB7：PC$_{71}$BM，该电池效率几乎与 PEDOT：PSS OPV（6.85%）相似。尽管 PEDOT：PSS 的电池效率较高，但它具有较差的电池稳定性、较高的酸度、较低的吸湿稳定性和电性能的不稳定性[83]。

16.3.3 锂离子电池

许多研究人员已经证明，由于 LIB 具有重量轻、能量密度高以及适用于便携式能源设备和车辆等优点，因此具有良好的储能潜力。最近，许多研究已经研究了基于金属氧化物/石墨烯复合材料的新电极材料作为阳极材料，他们针对更高的能量密度具有更好的比容量。Guo 等人[84]研究了复合氧化锡（SnO$_2$）/石墨烯作为 LIB 的阳极材料。该复合材料通过使用 GO 和氯化锡（II）脱水物的简单湿法化学方法来制备。SnO$_2$/石墨烯复合材料的初始放电量为 1995.8mAh/g，充电容量为 1923.5mAh/g，表现出优异的嵌锂/脱锂性能。在 40 次循环后，阳极复合材料也保持了高性能，在 1A/g 的电流密度下，可逆放电容量约为 1545.7mAh/g。

Tang 等人[85]研究了 CuInZnS（CIZS）涂覆的石墨烯作为可再充电 LIB 应用的阳极材料。使用水热法制备 CIZS/石墨烯复合材料，其中 RGO 的前体、脱水乙酸锌、氯化铟（III）四水合物、氯化铜和硫代乙酰胺在蒸馏水中一起加入。将混合物超声处理 0.5h，然后在 180℃的高压釜中加热 18h。将制备的样品离心，用乙醇清洗，并在空气中干燥。CIZS 与高导电石墨烯的组合在 480 次循环的初始放电容量和高电流密度方面表现出很好的性能。该器件表现出增强的初始放电容量（100mA/g 时 1623mAh/g）、良好的重复性/倍率性能（2000mA/g）和稳定的循环寿命。在石墨烯作为锂电池阳极材料的情况下，它具有更好的质量、高倍率容量和循环稳定性。

16.3.4 传感器应用

石墨烯与纳米晶体（NC）结合的混合纳米结构的研究在能量器件和传感应用中受到了很多关注，这为新材料结构和性能的变化提供了广泛的机会。用石墨烯改性的基于贵金属（Au[86,87]、Ag[88,89]、Pt[90]和 Pd[91]）和金属氧化物（SnO$_2$[92]）NC 的催化剂的特性应该包括灵敏度、选择性以及生物传感器、光学传感器和气体传感器应用的动态响应。

Huang 等人[89]研究了 AgNP/polydopamine（Pdop）涂覆的石墨烯。使用适度方法通过在室温下氧化多巴胺，然后将其与 AgNP 混合在一起，用 Pdop 制备石墨烯。该纳米复合材料后来被用作改性电极来测试鸟嘌呤和腺嘌呤模型的电化学传感，通过在鱼精子中检测痕量腺嘌呤和鸟嘌呤获得 AgNP/石墨烯纳米复合物电极上期待的结果。在一项与不同金属类似的研究中，Zhang 等人[90]研究了 Pt-

NP/Pdop 与 RGO 纳米片电化学传感的简便方法。Pt/Pdop/RGO 改性电极展示了检测 H_2O_2 模型分子的最低检测水平和高灵敏度。PtPPs 在 Pdop-RGO 表面上的良好分散表明了一种有效的合成方法，并显示出对还原 H_2O_2 和 O_2 具有很大的电催化活性。这些纳米复合材料的性能比用于生物传感应用的电催化剂玻璃碳电极的性能更好。

对于半导体衬底，Janczak 和 Wróblewski[93]研究了基于石墨烯纳米片（GNP）的柔性层，该层用作力传感器的测量层。该复合材料由 GNP 作为甲苯溶液中的纳米碳填料和 CNT 与聚甲基丙烯酸甲酯（PMMA）基质作为对比样品组成，其中两种样品均使用丝网印制方法制备。超声 1h 后，蒸发溶液，留下糊状物。之后，将糊剂在具有碳化硅（SiC）辊的辊式磨机上印制两次。传感器结构通过用聚合物-银接触作为电极印制聚合物纳米片或聚合物纳米管区域来制造。与基于 CNT 的传感器相比，基于 GNP 的传感器的性能（GNP 含量为 1.5wt%～2wt%）显示相对较高的 10～20kN 的张力变化。

16.3.5 透明导电薄膜

通常，ITO 和 FTO 是薄膜太阳电池中最常见的透明导电薄膜，作为前电极。由于这些导电膜的高需求和高成本，有必要找到替代材料。石墨烯具有与 ITO 和 FTO 类似的特性，具有高电迁移率、高灵活性[94]、良好的光学透明性，但成本低。此外，石墨烯和有机层之间的界面改性研究已经显示出与 OPV 单元中的 ITO 基底相似的产量[95]。通过在 PEDOT：PSS 和石墨烯表面之间引入薄的双孔注入层（D-HIL）来完成界面的改性。该研究表明石墨烯作为阳极和阴极应用的透明导体的潜力。

此外，使用环境压力化学气相沉积（APCVD）在 Cu 箔上生长石墨烯薄膜，并在 CVD 室中 1000℃下退火 30min。基于石墨烯的透明导电膜（TCF）被认为是有利的材料，其在 350～2200nm 的波长范围内保持 97%（单层膜）～84%（七层石墨烯层）的高透光率[96]。器件结构由玻璃/石墨烯/ZnO/CdS/CdTe/（石墨膏）组成，其光伏效率为 4.17%。电池的效率很低，需要进一步改进，可能基于 TCF 制备方法和逐层堆叠界面材料。新的基于 TCF 的石墨烯的形成有可能成为低成本、透明的导电电极，提供了大的光学透明度和良好的薄层电阻。

Kholmanov 等人[97]引入 TCF 的多组分杂交体作为 ITO 的替代物。使用旋涂法在载玻片上制备由 AuNP、Ag 纳米线（NW）和 RGO 片晶组成的混合 TCF。RGO 纳米片作为覆盖 AgNW 的绝缘层，与 Ag TCF 相比，其表现出更好的性能和较低的薄层电阻 R_s，并保持良好的光学透射率。这项研究的结果与 Zhu 等人[98]的研究结果一致，即在 $T_{550}=90\%$ 时，石墨烯/金属网格混合组件 $R_s=20\Omega/\square$。

16.3.6 光催化应用

Min 和 Lu[99]建立了一个高度有效且稳定的光催化氢气释放的活动。使用 Pt 催化剂沉积的石墨烯片并且与曙红 Y（EY）和玫瑰红（RB）共敏化来证明 H_2 的产生。用可见光（520nm 和 550nm）照射时，光催化的量子产率高达 37.3%，这增强了从光激发染料分子向 Pt 催化剂的正向电子转移。同时，两种染料（EY 和 RB）作为共敏化剂的组合增强了可见光区域的吸收，从而确保更高效地利用入射光能。

在 Min 和 Lu[100]最近的一项研究中，用 Pt 改性的 RB–致敏石墨烯薄片的光催化剂在 550nm 波长处表现出最大表观量子效率约为 18.5%。可分散石墨烯片的光催化活性通过增强电子传输和最小化 H_2 释放中电荷的重组表现出更高的操作效率。与 GO 和多壁碳纳米管（MWCNT）相比，能量转换发生在具有更多分散石墨烯 NP 的活性位点的庞大界面上。这项工作表明，使用导电和可分散石墨烯片在太阳能转化和光催化方面具有巨大的潜力。

GO 掺入复合催化过程已被公认为光催化降解污染物的替代物。Zhu 等人[101]用 GO 纳米片研究了银/卤化银（Ag/AgBr 和 Ag/AgCl）上的光催化剂，表明其在可见光照射下作为稳定的等离子体光催化剂用于甲基橙（MO）污染物的光降解方面表现出优异的性能。通过将 GO 水溶液和硝酸银与十六烷基三甲基溴化铵（CTAB）或十六烷基三甲基氯化铵（CTAC）表面活性剂在氯仿溶液中混合来制备 Ag/AgX（X = Br，Cl）/GO 的杂化纳米复合材料。光催化性能表明，与裸露的 Ag/AgX（25%）相比，Ag/AgX/GO 对 MO 分子表现出更高的吸附容量（71% ~ 85%）。

16.4 石墨烯作为阴极电催化剂

燃料电池技术是非常理想的，因为它是一种高效率的清洁技术。然而，正极材料如 Pt 的需求和阴极中的缓慢氧还原反应是在燃料电池的大规模工业生产开始之前必须解决的主要问题。其他限制大规模生产的因素包括生产成本、耐用性差、燃料交叉效应和 CO 中毒[102-107]。为了解决这些问题，改进或更换商业阴极电催化剂是改进技术的主要策略。使用其他廉价和非中性材料如 Fe、Co、Mo 和 W 已经做了许多工作[102-107]。这些问题严重的影响限制了燃料电池技术领域的发展。此外，研究人员发现，非贵金属催化剂能够催化氧还原反应，如酞菁钴[108]包括 N-配位过渡金属大分子、硫族化合物、氮氧化物、碳氮化物以及过渡金属掺杂导电聚合物[109-112]。在上述材料中，碳纳米管、碳纳米管杯、有序介孔石墨阵列和石墨烯[66,113-119]等氮掺杂碳材料（碳氮化物）是最有前途的材料，因为它们具有如下优点如低生产成本和良好的耐用性，这意味着更多的循环次数和无毒材料。在碳材料中，石墨烯或 N 掺杂的石墨烯在碱性电解液中的氧还原反应的电催化活性与其他材料相比有更多的改进，显示出令人喜悦的结果[120]。这是由于石墨烯的特性比其他材料更好。据人们所知，石墨烯在氮存在下的电催化活性预计将成为开发燃料电池实现高氧还原反应的主要因素之一。

16.4.1　N 掺杂石墨烯

据 Liu 等人和 Yang 等人报道[121,122]，氮可以以吡啶、裂解和石墨形式掺入石墨烯中。吡啶形式是通过将 N 原子连接到石墨烯平面的边缘获得的。然后 N 原子连接到两个碳原子上并释放一个 p 电子到 p 体系。在 pyrolic 系统中，N 原子连接到与两个碳原子键合的杂环上，并将两个 p 电子提供给 p 体系。此外，石墨 N 原子与石墨烯层相关联并取代石墨烯平面内的碳原子。因此，氮对电子结构和活动改善机制有很大的影响。可以得出结论，氮与氧还原反应之间存在关系。

在氮掺杂石墨烯的研究基础上，氮可以影响氧还原反应活性。提高氧还原反应活性将提高电催化活性，因为前者取决于氮含量。如 Lai 等人报道的，最大化氮掺杂将改善氧还原反应活性，最初是 $2e^-$ ~ $4e^-$ 主导的过程[123]。作为掺杂研究的结论，增加氮掺杂导致活性位点的数量增加，从而改善氧还原反应以及电催化活性。另外，与 20wt% Pt/C [66] 的原始值相比，电流密度可以增加约三倍（60%）。

氮掺杂石墨烯的发展不仅取决于氮含量，还取决于结构和形态特性[124]。因此，引入具有高达 1500m^2/g 的高表面积的 N 掺杂石墨烯对于氧还原反应具有非常高的电催化活性，导致燃料电池性能的提高[118]。此外，结果显示与商业 20wt% Pt/C 相比，N 掺杂石墨烯具有碱性介质中氧还原反应的低起始电压和高甲醇耐受性。这项工作是通过制备介孔氮掺杂石墨烯完成的，用二氧化硅 NP 硬模板，将溶解在全有机离子液体中的核碱基的碳化。然后，改性石墨烯的纳米孔占据了领先地位。Pluronic F127 的存在导致石墨烯的复合物具有优异的电催化活性和耐久性[125]。总的来说，用于阴极电催化活性的石墨烯复合材料的新结构和形态的发展可以带来新的希望，以制造具有优异的电催化活性和耐久性的理想燃料电池。

16.4.2　B、P、S 和 Se 掺杂的石墨烯

为了提高电催化活性，除 N 外的元素也已经尝试和掺杂，例如硼、磷、硫和硒。第一次成功的试验是由 Sheng 等人[126]做的，用硼掺杂石墨烯。他们发现掺杂导致了电催化活性和耐久性的提高。他们的研究结果表明，通过增加硼含量可以改善这种状况，这也改变了起始和峰值电位。这些结果还表明，掺杂元素可以在改善电催化性能中起主要作用。

此外，还选择磷用于石墨烯掺杂。因此，正如 Peng 等人报道的那样[127]，就改善的电催化活性和稳定性而言，掺杂剂的含量影响性能。结果与用氮掺杂时的结果非常相似。这可能是由于磷与氮具有相同的基团，其具有相同数量的价电子，并

且最重要的是表现出类似的化学性质。总体而言，结果比商用 Pt/C 更好。

而且，硼和磷之间的相似之处在于它们比碳更负电。这些给了 Yang 等人和 Jin 等人[128,129]想法，他们开始使用具有 0.03 电负性的硫和具有与碳类似的电负性的硒。结果显示，电催化活性和长期稳定性改善。通常，当与石墨烯掺杂时，类似于氮的掺杂剂与商业 Pt/C 相比可以增强电催化活性和长期稳定性。

低成本和高性能石墨烯作为燃料电池的电催化剂的开发非常有前景，并且已经做了大量的工作。这个想法目的是取代昂贵并且性能有限的商业 Pt。研究人员报告的结果给未来带来了新的希望。人们正在研究不同的材料，例如氮、硼、磷、硫和硒掺杂的石墨烯，这些材料表现出高性能。基于这个评论，可以提出一些建议：

- 用合适的材料掺杂石墨烯可以显著改善电催化活性，并且可能是最有前途的方法。然而，需要考虑许多因素，例如掺杂材料、沉积技术、掺杂剂含量以及最重要的材料缺陷。
- 不仅要改进阴极电催化剂的掺杂剂，还要改进电催化剂的表面活性位点。这种改进可以通过提高还原电流密度来改变表面形态，通过提供优异的起始电位影响电催化活性。这也可以增强电子传导性。
- 迄今为止，在碱性介质中实现了更好的阴极电催化剂性能。但是，也需要考虑酸性介质。这是因为在商用质子交换膜燃料电池中使用酸性介质。此外，酸性介质中的机制也需要探索。

16.5 结论

作为能源生产和存储设备的最有前途的材料，石墨烯在绿色技术设备的所有应用中显示出巨大的潜力。石墨烯的开发包括其制备、沉积、制造和测试。导致器件性能提高的石墨烯最重要的方面是其有利的特性。另外，该材料可用性大，制造成本低，且易于制造。在石墨烯存在下讨论和总结了太阳电池、超级电容器、LIB、燃料电池、传感器和透明导电膜等能源生产和存储设备后，可以得出结论：石墨烯具有广泛而多样的影响，这将引领高性能设备。但可以说，石墨烯的勘探尚处于初期阶段，仍有很多需要研究和改进。未来，为了使石墨烯成为理想的候选材料，需要对材料进行改性。必须从提高其所有特性如电导率、表面积、电子转移速率和电荷载流子速率开始。材料的稳定性和吸附性也需要改进。关于沉积和制造，目前的技术需要改进，为了避免碳污染，需要考虑采用更环保、更节能的替代品。最后，为了实现商业化，需要解决一些问题，如可扩展性、可重复性、能量输出的连续性、存储能力、石墨烯特性、成本和环境问题。

致谢

这项工作得到了马来西亚政府通过马来西亚国立大学资助项目 ICONIC - 2013 - 005 的支持。

参考文献

1. Nair, R.R., Blake, P.A., Grigorenko, N., Novoselov, K.S., Booth, T.J., Stauber, T., Peres, N.M.R., and Geim, A.K. (2008) Fine structure constant defines visual transparency of graphene. *Science*, **320**, 1308.
2. Echtermeyer, T.J., Britnell, L., Jasnos, P.K., Lombardo, A., Gorbachev, R.V., Grigorenko, A.N., Geim, A.K., Ferrari, A.C., and Novoselov, K.S. (2011) Strong plasmonic enhancement of photovoltage in graphene. *Nat. Commun.*, **2**, 458–462.
3. Wang, X., Zhi, L.J., and Mullen, K. (2008) Transparent, conductive graphene electrodes for dye-sensitized solar cells. *Nano Lett.*, **8** (1), 323–327.
4. Li, S.S., Tu, K.H., Lin, C.C., Chen, C.W., and Chhowalla, M. (2010) Solution-processable graphene oxide as an efficient hole transport layer in polymer solar cells. *ACS Nano*, **4** (6), 3169–3174.
5. Segal, M. (2009) Selling graphene by the ton. *Nat. Nanotechnol.*, **4**, 612–614.
6. Yang, S.B., Feng, X.L., Ivanovici, S., and Mullen, K. (2010) Fabrication of graphene encapsulated oxide nanoparticles: towards high-performance anode materials for lithium storage. *Angew. Chem. Int. Ed.*, **49** (45), 8408–8411.
7. Yoo, E.J., Kim, J., Hosono, E., Zhou, H.-S., Kudo, T., and Honma, I. (2008) Large reversible Li storage of graphene nanosheet families for use in rechargeable lithium ion batteries. *Nano Lett.*, **8** (8), 2277–2282.
8. Simon, P. and Gogotsi, Y. (2008) Materials for electrochemical capacitors. *Nat. Mater.*, **7**, 845–854.
9. Stoller, M.D., Park, S.J., Zhu, Y.W., An, J.H., and Ruoff, R.S. (2008) Graphene-based ultracapacitors. *Nano Lett.*, **8** (10), 3498–3502.
10. Yoo, E.J., Okata, T., Akita, T., Kohyama, M., Nakamura, J., and Honma, I. (2009) Enhanced electrocatalytic activity of Pt subnanoclusters on graphene nanosheet surface. *Nano Lett.*, **9** (6), 2255–2259.
11. Novoselov, K.S., Fal'ko, V.I., Colombo, L., Gellert, P.R., Schwab, M.G., and Kim, K. (2012) A roadmap for graphene. *Nature*, **490**, 192–200.
12. Peres, N.M.R. (2010) The transport properties of graphene: an introduction. *Rev. Mod. Phys.*, **82**, 2673–2700.
13. Javier, D., Pablo, P.B., Miguel, G., Gustavo, M.M., Luis, O., Juan, B., and Eva, M.B. (2012) Photocurrent enhancement in dye-sensitized photovoltaic devices with titania-graphene composite electrode. *Electroanal. Chem.*, **683**, 43–46.
14. Esteban, A.C.M.S. and Enriquez, E.P. (2013) Graphene-anthocyanin mixture as photosensitizer for dye-sensitized solar cell. *Sol. Energy*, **98**, 392–399.
15. Park, S. and Ruoff, R.S. (2009) Chemical methods for production of graphenes. *Nat. Nanotechnol.*, **4**, 217–224.
16. Hyung-Kee, S., Minwu, S., Sadia, A., Shaheer, A., and Hyung, S.S. (2013) New counter electrode of hot filament chemical vapour deposited graphene thin film for dye sensitized solar cell. *Chem. Eng. J.*, **222**, 464–471.
17. Xiaohuan, M., Kai, P., Qingjiang, P., Wei, Z., Lei, W., Yongping, L., Guohui, T., and Guofeng, W. (2013) Highly crystalline graphene/carbon black composite counter electrodes with controllable content: synthesis, characterization and application in dye-sensitized solar cell. *Electrochem. Acta*, **96**, 155–163.
18. Archontoula, N., Dimitrios, T., Lambrini, S., Vassilios, D., Costas, G., and Panagiotis, L. (2013) Study of the thermal reduction of graphene oxide and of its application as electrocatalyst in quasi-solid state dye-sensitized solar cells in combination with PEDOT. *Electrochem. Acta*, **111**, 698–706.

19. Hyonkwang, C., Hyunkook, K., Sookhyun, H., Wonbong, C., and Minhyon, J. (2011) Dye-sensitized solar cells using graphene-based carbon nano composite as counter electrode. *Sol. Energy Mater. Sol. Cells*, **95** (1), 323–325.
20. Junchang, Z., Jihuai, W., Fuda, Y., Zhang, L., and Jianwang, L. (2013) Improving the photovoltaic performance of cadmium sulfide quantum dots-sensitized solar cell by graphene/titania photoanode. *Electrochem. Acta*, **96**, 110–116.
21. Hong, B.Y., Yong, Q.D., Xizu, W., Si, Y.K., Bin, L., and Chang, M.L. (2013) Graphene quantum dots-incorporated cathode buffer for improvement of inverted polymer solar cells. *Sol. Energy Mater. Sol. Cells*, **117**, 214–218.
22. Li, L. and Morris, J.E. (1997) Electrical conduction models for isotropically conductive adhesive joints. *IEEE Trans. Compon. Packag. Manuf. Technol. Part A*, **20**, 3–5.
23. Bo, Z., Zhu, W., Ma, W., Wen, Z., Shuai, X., Chen, J., Yan, J., Wang, Z., Cen, K., and Feng, X. (2013) Vertically oriented graphene bridging active-layer/current-collector interface for ultrahigh rate supercapacitors. *Adv. Mater.*, **25** (40), 5799–5806.
24. Wang, Y., Chen, X.H., Zhong, Y.L., Zhu, F.R., and Loh, K.P. (2009) Large area, continuous, few-layered graphene as anodes in organic photovoltaic devices. *Appl. Phys. Lett.*, **95**, 063302–063304.
25. Biswas, S. and Drzal, L.T. (2010) Multilayered nano architecture of graphene nanosheets and polypyrrole nanowires for high performance supercapacitor electrodes. *Chem. Mater.*, **22** (20), 5667–5670.
26. Shaijumon, M.M., Ou, F.S., Ci, L., and Ajayan, P.M. (2008) Synthesis of hybrid nanowire arrays and their application as high power supercapacitor electrodes. *Chem. Commun.*, **20**, 2373–2275.
27. An, K.H., Kim, W.S., Park, Y.S., Moon, J.M., Bae, D.J., Lim, S.C., Lee, Y.S., and Lee, Y.H. (2001) Electrochemical properties of high-power supercapacitors using single-walled carbon nanotube electrodes. *Adv. Funct. Mater.*, **11** (5), 387–392.
28. Huang, C.-W., Teng, H., Kuo, P.-L., and Teng, H. (2012) Electric double layer capacitors based on a composite electrode of activated mesophase pitch and carbon nanotubes. *J. Mater. Chem.*, **22** (15), 7314–7322.
29. Du, C.S., Yeh, J., and Pan, N. (2005) High power density supercapacitors using locally aligned carbon nanotube electrodes. *Nanotechnology*, **16** (4), 350–353.
30. An, K.H., Kim, W.S., Park, Y.S., Choi, Y.C., Lee, S.M., Chung, D.C., Bae, D.J., Lim, S.C., and Lee, Y.H. (2001) Supercapacitors using single-walled carbon nanotube electrode. *Adv. Mater.*, **13** (7), 497–500.
31. Holm, R. (2000) *Electric Contacts: Theory and Application*, Springer, Berlin.
32. Morozov, S.V., Novoselov, K.S., Katsnelson, M.I., Schedin, F., Elias, D.C., Jaszczak, J.A., and Geim, A.K. (2008) Giant intrinsic carrier mobilities in graphene and its bilayer. *Phys. Rev. Lett.*, **100**, 016602–016607.
33. Du, X., Skachko, I., Barker, A., and Andrei, E.Y. (2008) Approaching ballistic transport in suspended graphene. *Nat. Nanotechnol.*, **3**, 491–495.
34. Alivisatos, A.P., Gur, I., Fromer, N.A., Chen, C.P., and Kanaras, A.G. (2007) Hybrid solar cells with prescribed nanoscale morphologies based on hyperbranched semiconductor nanocrystals. *Nano Lett.*, **7** (2), 409–413.
35. Zhu, Y.W., Murali, S., Stoller, M.D., Ganesh, K.J., Cai, W.W., Ferreira, P.J., Pirkle, A., Wallace, R.M., Cychosz, K.A., Thommes, M., Su, D., Stach, E.A., and Ruoff, R.S. (2011) Carbon-based supercapacitors produced by activation of graphene. *Science*, **332**, 1537–1540.
36. Park, M., Zhang, X., Chung, M., Less, G.B., and Sastry, A.M. (2010) A review of conduction phenomena in Li-ion batteries. *J. Power. Sources*, **195** (24), 7904–7929.
37. Takahashi, M., Ohtsuka, H., Akuto, K., and Sakurai, Y. (2005) Confirmation of long-term cyclability and high thermal stability of LiFePO4 in prismatic

lithium-ion cells. *J. Electrochem. Soc.*, **152** (5), A899–A904.

38. Geim, A.K. and Novoselov, K.S. (2007) The rise of graphene. *Nat. Mater.*, **6**, 183–191.
39. Chen, D., Tang, L., and Li, J. (2010) Graphene-based materials in electrochemistry. *Chem. Soc. Rev.*, **39** (8), 3157–3180.
40. Pumera, M. (2009) Electrochemistry of graphene: new horizons for sensing and energy storage. *Chem. Rec.*, **9** (4), 211–223.
41. Brownson, D.A.C. and Banks, C.E. (2011) Graphene electrochemistry: fabricating amperometric biosensors. *Analyst*, **136** (10), 2084–2089.
42. Liang, M. and Zhi, L. (2009) Graphene-based electrode materials for rechargeable lithium batteries. *J. Mater. Chem.*, **19** (33), 5871–5878.
43. Lian, P., Zhu, X., Liang, S., Li, Z., Yang, W., and Wang, H. (2010) Large reversible capacity of high quality graphene sheets as an anode material for lithium-ion batteries. *Electrochim. Acta*, **55**, 3909–3914.
44. Guo, P., Song, H., and Chen, X. (2009) Electrochemical performance of graphene nanosheets as anode material for lithium-ion batteries. *Electrochem. Commun.*, **11** (6), 1320–1324.
45. Paek, S.-M., Yoo, E., and Honma, I. (2009) Enhanced cyclic performance and lithium storage capacity of SnO_2/graphene nanoporous electrodes with three-dimensionally delaminated flexible structure. *Nano Lett.*, **9** (1), 72–75.
46. Pan, D., Wang, S., Zhao, B., Wu, M., Zhang, H., Wang, Y., and Jiao, Z. (2009) Li storage properties of disordered graphene nanosheets. *Chem. Mater.*, **21** (14), 3136–3142.
47. Uthaisar, C. and Barone, V. (2010) Edge effects on the characteristics of Li diffusion in graphene. *Nano Lett.*, **10** (8), 2838–2842.
48. Zhou, G., Wang, D.-W., Li, F., Zhang, L., Li, N., Wu, Z.-S., Wen, L., Lu, G.Q., and Cheng, H.-M. (2010) Graphene-wrapped Fe_3O_4 anode material with improved reversible capacity and cyclic stability for lithium ion batteries. *Chem. Mater.*, **22** (18), 5306–5313.
49. Wang, H., Cui, L.-F., Yang, Y., Casalongue, H.S., Robinson, J.T., Liang, Y., Cui, Y., and Dai, H. (2010) Mn_3O_4–graphene hybrid as a high-capacity anode material for lithium ion batteries. *J. Am. Chem. Soc.*, **132** (40), 13978–13980.
50. Wang, X., Zhou, X., Yao, K., Zhang, J., and Liu, Z. (2010) A SnO_2/graphene composite as a high stability electrode for lithium ion batteries. *Carbon*, **49** (1), 133–139.
51. Wu, Y.P., Rahm, E., and Holze, R. (2003) Carbon anode materials for lithium ion batteries. *J. Power. Sources*, **114** (2), 228–236.
52. Novoselov, K.S., Geim, A.K., Morozov, S.V., Jiang, D., Zhang, Y., Dubonos, S.V., Grigorieva, I.V., and Firsov, A.A. (2004) Electric field effect in atomically thin carbon films. *Science*, **306**, 666–669.
53. Partoens, B. and Peeters, F.M. (2006) From graphene to graphite: electronic structure around the K point. *Phys. Rev. B*, **74**, 075404-1–075404-11.
54. Zabel, H. and Solin, S.A. (eds) (1992) *Graphite Intercalation Compound II*, Springer-Verlag.
55. Liu, C., Alwarappan, S., Chen, Z., Kong, X., and Li, C.-Z. (2010) Membrane-less enzymatic biofuel cells based on graphene nanosheets. *Biosens. Bioelectron.*, **25** (7), 1829–1833.
56. Bazito, F.F.C. and Torresi, R.M. (2006) Cathodes for lithium ion batteries: the benefits of using nanostructured materials. *J. Braz. Chem. Soc.*, **17** (4), 627–642.
57. Fergus, J.W. (2010) Recent developments in cathode materials for lithium ion batteries. *J. Power Sources*, **195** (4), 939–954.
58. Shembel, E., Apostolova, R., Nagirny, V., Aurbach, D., and Markovsky, B. (1999) Synthesis, investigation and practical application in lithium batteries of some compounds based on vanadium oxides. *J. Power Sources*, **80** (1-2), 90–97.
59. Ding, N., Feng, X., Liu, S., Xiu, J., Fang, X., Lieberwirth, I., and Chen, C. (2009) High capacity and excellent cyclability of vanadium (IV) oxide in lithium

battery applications. *Electrochem. Commun.*, **11** (3), 538–541.

60. Huang, Y.-H., Park, K.-S., and Goodenough, J.B. (2006) Improving lithium batteries by tethering carbon-coated LiFePO$_4$ to polypyrrole. *J. Electrochem. Soc.*, **153** (12), A2282–A2286.
61. Liu, H., Gao, P., Fang, J., and Yang, G. (2011) Li$_3$V$_2$(PO$_4$)$_3$/graphene nanocomposites as cathode material for lithium ion batteries. *Chem. Commun. (Camb.)*, **47** (32), 9110–9112.
62. Su, C., Bu, X., Xu, L., Liu, J., and Zhang, C. (2012) A novel LiFePO$_4$/graphene/carbon composite as a performance-improved cathode material for lithium-ion batteries. *Electrochim. Acta*, **64**, 190–195.
63. Yang, J., Wang, J., Wang, D., Li, X., Geng, D., Liang, G., Gauthier, M., Li, R., and Sun, X. (2012) 3D porous LiFePO$_4$/graphene hybrid cathodes with enhanced performance for Li-ion batteries. *J. Power Sources*, **208** (15), 340–344.
64. Kim, J.-G., Kim, H.-K., Jegal, J.-P., Kim, K.-H., Kim, J.-Y., Park, S.-H., and Kim, K.-B. (2012) Nanocomposites of reduced graphene oxide for energy storage applications. *Proc. Int. Conf. Nanomaterials: Appl. Prop.*, **1** (4), 04NEA07-1–04NEA07-3.
65. Bak, S.-M., Nam, K.-W., Lee, C.-W., Kim, K.-H., Jung, H.-C., Yang, X.-Q., and Kim, K.-B. (2011) Spinel LiMn$_2$O$_4$/reduced graphene oxide hybrid for high rate lithium ion batteries. *J. Mater. Chem.*, **21** (43), 17309–17315.
66. Qu, L., Baek, Y.J.-B., and Dai, L. (2010) Nitrogen-doped graphene as efficient metal-free electrocatalyst for oxygen reduction in fuel cells. *ACS Nano*, **4** (3), 1321–1326.
67. Brownson, D.A.C. and Banks, C.E. (2010) Graphene electrochemistry: an overview of potential applications. *Analyst*, **135**, 2768–2778.
68. Jafri, R.I., Rajalakshmi, N., and Ramaprabhu, S. (2010) Nitrogen doped graphene nanoplatelets as catalyst support for oxygen reduction reaction in proton exchange membrane fuel cell. *J. Mater. Chem.*, **20** (34), 7114–7117.
69. Zhang, S., Shao, Y., Li, X., Nie, Z., Wang, Y., Liu, J., Yin, G., and Lin, Y. (2010) Low-cost and durable catalyst support for fuel cells: graphite submicronparticles. *J. Power Sources*, **195** (2), 457–460.
70. Xin, Y., Liu, J.-G., Zhou, Y., Liu, W., Gao, J., Xie, Y., Yin, Y., and Zou, Z. (2010) Preparation and characterization of Pt supported on graphene with enhanced electrocatalytic activity in fuel cell. *J Power Sources*, **196** (3), 1012–1018.
71. Abdin, Z., Alim, M.A., Saidur, R., Islam, M.R., Rashmi, W., and Mekhilef, S. (2013) Solar energy harvesting with the application of nanotechnology. *Renew. Sustain. Energy Rev.*, **26**, 837–852.
72. Yella, A., Lee, H.-W., Tsao, H.N., Yi, C., Chandiran, A.K., Nazeeruddin, M.K., Diau, E.W.G., Yeh, C.Y., Zakeeruddin, S.M., and Grätzel, M. (2011) Porphyrin-sensitized solar cells with cobalt (II/III)–based redox electrolyte exceed 12 percent efficiency. *Science*, **334**, 629–634.
73. Yang, N., Zhai, J., Wang, D., Chen, Y., and Jiang, L. (2010) Two-dimensional graphene bridges enhanced photoinduced charge transport in dye-sensitized solar cells. *ACS Nano*, **4**, 887–894.
74. He, Z., Phan, H., Liu, J., Nguyen, T.-Q., and Tan, T.T.Y. (2013) Understanding TiO$_2$ size-dependent electron transport properties of a graphene-TiO$_2$ photoanode in dye-sensitized solar cells using conducting atomic force microscopy. *Adv. Mater.*, **25**, 6900–6904.
75. Kusumawati, Y., Martoprawiro, M.A., and Pauporté, T. (2014) Effects of graphene in graphene/TiO$_2$ composite films applied to solar cell photoelectrode. *J. Phys. Chem. C*, **118** (19), 9974–9981.
76. Du, A., Ng, Y.H., Bell, N.J., Zhu, Z., Amal, R., and Smith, S.C. (2011) Hybrid graphene/titania nanocomposite: interface charge transfer, hole doping, and sensitization for visible light response. *J. Phys. Chem. Lett.*, **2**, 894–899.
77. Narayan, M.R. (2012) Review: dye sensitized solar cells based on natural

photosensitizers. *Renew. Sustain. Energy Rev.*, **16**, 208–215.

78. Sandquist, C. and McHale, J.L. (2011) Improved efficiency of betanin-based dye-sensitized solar cells. *J. Photochem. Photobiol., A*, **221**, 90–97.

79. Iwan, A. and Chuchmal, A. (2012) Perspectives of applied graphene: polymer solar cells. *Prog. Polym. Sci.*, **37** (12), 1805–1828.

80. Liu, Q., Liu, Z., Zhang, X., Zhang, N., Yang, L., and Yin, S. (2008) Organic photovoltaic cells based on an acceptor of soluble graphene. *Appl. Phys. Lett.*, **92**, 223303–223306.

81. Yong, V. and Tour, J.M. (2010) Theoretical efficiency of nanostructured graphene-based photovoltaics. *Small*, **6** (2), 313–318.

82. Kim, S.-H., Lee, C.-H., Yun, J.-M., Noh, Y.-J., Kim, S.-S., Lee, S., Jo, S.M., Joh, H.-I., and Na, S.-I. (2014) Fluorine-functionalized and simultaneously reduced graphene oxide as a novel hole transporting layer for highly efficient and stable organic photovoltaic cells. *Nanoscale*, **6**, 7183–7187.

83. Boopathi, K.M., Raman, S., Mohanraman, R., Chou, F.-C., Chen, Y.-Y., Lee, C.-H., Chang, F.-C., and Chu, C.-W. (2014) Solution-processable bismuth iodide nanosheets as hole transport layers for organic solar cells. *Sol. Energy Mater. Sol. Cells*, **121**, 35–41.

84. Guo, Q., Zheng, Z., Gao, H., Ma, J., and Qin, X. (2013) SnO_2/graphene composite as highly reversible anode materials for lithium ion batteries. *J. Power Sources*, **240**, 149–154.

85. Tang, X., Yao, X., Chen, Y., Song, B., Zhou, D., and Kong, J. (2014) CuInZnS-decorated graphene as a high-rate durable anode for lithium-ion batteries. *J. Power Sources*, **257**, 90–95.

86. Gong, J., Zhou, T., Song, D., and Zhang, L. (2010) Monodispersed Au nanoparticles decorated graphene as an enhanced sensing platform for ultrasensitive stripping voltammetric detection of mercury (II). *Sens. Actuators B*, **150** (2), 491–497.

87. Ge, S., Yan, M., Lu, J., Zhang, M., Yu, F., and Yu, J. (2012) Electrochemical biosensor based on graphene oxide–Au nanoclusters composites for l-cysteine analysis. *Biosens. Bioelectron.*, **31** (1), 49–54.

88. Cui, S., Pu, H., Lu, G., Wen, Z., Mattson, E.C., and Hirschmugl, C. (2012) Fast and selective room-temperature ammonia sensors using silver nanocrystal-functionalized carbon nanotubes. *ACS Appl. Mater. Interfaces*, **4** (9), 4898–4904.

89. Huang, K.-J., Wang, L., Wang, H.-B., Gan, T., Wu, Y.-Y., and Li, J. (2013) Electrochemical biosensor based on silver nanoparticles–polydopamine–graphene nanocomposite for sensitive determination of adenine and guanine. *Talanta*, **114**, 43–48.

90. Zhang, Q.-L., Xu, T.-Q., Wei, J., Chen, J.-R., Wang, A.-J., and Feng, J.-J. (2013) Facile synthesis of uniform Pt nanoparticles on polydopamine-reduced graphene oxide and their electrochemical sensing. *Electrochim. Acta*, **112**, 127–132.

91. Kong, L., Lu, X., Bian, X., Zhang, W., and Wang, C. (2010) Accurately tuning the dispersity and size of palladium particles on carbon spheres and using carbon spheres/palladium composite as support for polyaniline in H_2O_2 electrochemical sensing. *Langmuir*, **26** (8), 5985–5990.

92. Lin, Q., Li, Y., and Yang, M. (2012) Tin oxide/graphene composite fabricated via a hydrothermal method for gas sensors working at room temperature. *Sens. Actuators B*, **173**, 139–147.

93. Janczak, D. and Wróblewski, G. (2012) Screen printed resistive pressure sensors fabricated from polymer composites with graphene nanoplatelets. XIV International PhD Workshop OWD2012, pp. 171–175.

94. Yin, Z., Sun, S., Salim, T., Wu, S., Huang, X., and He, Q. (2010) Organic photovoltaic devices using highly flexible reduced graphene oxide films as transparent electrodes. *ACS Nano*, **4** (9), 5263–5268.

95. Park, H., Chang, S., Smith, M., Gradecak, S., and Kong, J. (2013) Interface engineering of graphene

battery applications. *Electrochem. Commun.*, **11** (3), 538–541.
60. Huang, Y.-H., Park, K.-S., and Goodenough, J.B. (2006) Improving lithium batteries by tethering carbon-coated $LiFePO_4$ to polypyrrole. *J. Electrochem. Soc.*, **153** (12), A2282–A2286.
61. Liu, H., Gao, P., Fang, J., and Yang, G. (2011) $Li_3V_2(PO_4)_3$/graphene nanocomposites as cathode material for lithium ion batteries. *Chem. Commun. (Camb.)*, **47** (32), 9110–9112.
62. Su, C., Bu, X., Xu, L., Liu, J., and Zhang, C. (2012) A novel $LiFePO_4$/graphene/carbon composite as a performance-improved cathode material for lithium-ion batteries. *Electrochim. Acta*, **64**, 190–195.
63. Yang, J., Wang, J., Wang, D., Li, X., Geng, D., Liang, G., Gauthier, M., Li, R., and Sun, X. (2012) 3D porous $LiFePO_4$/graphene hybrid cathodes with enhanced performance for Li-ion batteries. *J. Power Sources*, **208** (15), 340–344.
64. Kim, J.-G., Kim, H.-K., Jegal, J.-P., Kim, K.-H., Kim, J.-Y., Park, S.-H., and Kim, K.-B. (2012) Nanocomposites of reduced graphene oxide for energy storage applications. *Proc. Int. Conf. Nanomaterials: Appl. Prop.*, **1** (4), 04NEA07-1–04NEA07-3.
65. Bak, S.-M., Nam, K.-W., Lee, C.-W., Kim, K.-H., Jung, H.-C., Yang, X.-Q., and Kim, K.-B. (2011) Spinel $LiMn_2O_4$/reduced graphene oxide hybrid for high rate lithium ion batteries. *J. Mater. Chem.*, **21** (43), 17309–17315.
66. Qu, L., Baek, Y.J.-B., and Dai, L. (2010) Nitrogen-doped graphene as efficient metal-free electrocatalyst for oxygen reduction in fuel cells. *ACS Nano*, **4** (3), 1321–1326.
67. Brownson, D.A.C. and Banks, C.E. (2010) Graphene electrochemistry: an overview of potential applications. *Analyst*, **135**, 2768–2778.
68. Jafri, R.I., Rajalakshmi, N., and Ramaprabhu, S. (2010) Nitrogen doped graphene nanoplatelets as catalyst support for oxygen reduction reaction in proton exchange membrane fuel cell. *J. Mater. Chem.*, **20** (34), 7114–7117.
69. Zhang, S., Shao, Y., Li, X., Nie, Z., Wang, Y., Liu, J., Yin, G., and Lin, Y. (2010) Low-cost and durable catalyst support for fuel cells: graphite submicronparticles. *J. Power Sources*, **195** (2), 457–460.
70. Xin, Y., Liu, J.-G., Zhou, Y., Liu, W., Gao, J., Xie, Y., Yin, Y., and Zou, Z. (2010) Preparation and characterization of Pt supported on graphene with enhanced electrocatalytic activity in fuel cell. *J Power Sources*, **196** (3), 1012–1018.
71. Abdin, Z., Alim, M.A., Saidur, R., Islam, M.R., Rashmi, W., and Mekhilef, S. (2013) Solar energy harvesting with the application of nanotechnology. *Renew. Sustain. Energy Rev.*, **26**, 837–852.
72. Yella, A., Lee, H.-W., Tsao, H.N., Yi, C., Chandiran, A.K., Nazeeruddin, M.K., Diau, E.W.G., Yeh, C.Y., Zakeeruddin, S.M., and Grätzel, M. (2011) Porphyrin-sensitized solar cells with cobalt (II/III)–based redox electrolyte exceed 12 percent efficiency. *Science*, **334**, 629–634.
73. Yang, N., Zhai, J., Wang, D., Chen, Y., and Jiang, L. (2010) Two-dimensional graphene bridges enhanced photoinduced charge transport in dye-sensitized solar cells. *ACS Nano*, **4**, 887–894.
74. He, Z., Phan, H., Liu, J., Nguyen, T.-Q., and Tan, T.T.Y. (2013) Understanding TiO_2 size-dependent electron transport properties of a graphene-TiO_2 photoanode in dye-sensitized solar cells using conducting atomic force microscopy. *Adv. Mater.*, **25**, 6900–6904.
75. Kusumawati, Y., Martoprawiro, M.A., and Pauporté, T. (2014) Effects of graphene in graphene/TiO_2 composite films applied to solar cell photoelectrode. *J. Phys. Chem. C*, **118** (19), 9974–9981.
76. Du, A., Ng, Y.H., Bell, N.J., Zhu, Z., Amal, R., and Smith, S.C. (2011) Hybrid graphene/titania nanocomposite: interface charge transfer, hole doping, and sensitization for visible light response. *J. Phys. Chem. Lett.*, **2**, 894–899.
77. Narayan, M.R. (2012) Review: dye sensitized solar cells based on natural

photosensitizers. *Renew. Sustain. Energy Rev.*, **16**, 208–215.

78. Sandquist, C. and McHale, J.L. (2011) Improved efficiency of betanin-based dye-sensitized solar cells. *J. Photochem. Photobiol., A*, **221**, 90–97.

79. Iwan, A. and Chuchmal, A. (2012) Perspectives of applied graphene: polymer solar cells. *Prog. Polym. Sci.*, **37** (12), 1805–1828.

80. Liu, Q., Liu, Z., Zhang, X., Zhang, N., Yang, L., and Yin, S. (2008) Organic photovoltaic cells based on an acceptor of soluble graphene. *Appl. Phys. Lett.*, **92**, 223303–223306.

81. Yong, V. and Tour, J.M. (2010) Theoretical efficiency of nanostructured graphene-based photovoltaics. *Small*, **6** (2), 313–318.

82. Kim, S.-H., Lee, C.-H., Yun, J.-M., Noh, Y.-J., Kim, S.-S., Lee, S., Jo, S.M., Joh, H.-I., and Na, S.-I. (2014) Fluorine-functionalized and simultaneously reduced graphene oxide as a novel hole transporting layer for highly efficient and stable organic photovoltaic cells. *Nanoscale*, **6**, 7183–7187.

83. Boopathi, K.M., Raman, S., Mohanraman, R., Chou, F.-C., Chen, Y.-Y., Lee, C.-H., Chang, F.-C., and Chu, C.-W. (2014) Solution-processable bismuth iodide nanosheets as hole transport layers for organic solar cells. *Sol. Energy Mater. Sol. Cells*, **121**, 35–41.

84. Guo, Q., Zheng, Z., Gao, H., Ma, J., and Qin, X. (2013) SnO_2/graphene composite as highly reversible anode materials for lithium ion batteries. *J. Power Sources*, **240**, 149–154.

85. Tang, X., Yao, X., Chen, Y., Song, B., Zhou, D., and Kong, J. (2014) CuInZnS-decorated graphene as a high-rate durable anode for lithium-ion batteries. *J. Power Sources*, **257**, 90–95.

86. Gong, J., Zhou, T., Song, D., and Zhang, L. (2010) Monodispersed Au nanoparticles decorated graphene as an enhanced sensing platform for ultrasensitive stripping voltammetric detection of mercury (II). *Sens. Actuators B*, **150** (2), 491–497.

87. Ge, S., Yan, M., Lu, J., Zhang, M., Yu, F., and Yu, J. (2012) Electrochemical biosensor based on graphene oxide–Au nanoclusters composites for l-cysteine analysis. *Biosens. Bioelectron.*, **31** (1), 49–54.

88. Cui, S., Pu, H., Lu, G., Wen, Z., Mattson, E.C., and Hirschmugl, C. (2012) Fast and selective room-temperature ammonia sensors using silver nanocrystal-functionalized carbon nanotubes. *ACS Appl. Mater. Interfaces*, **4** (9), 4898–4904.

89. Huang, K.-J., Wang, L., Wang, H.-B., Gan, T., Wu, Y.-Y., and Li, J. (2013) Electrochemical biosensor based on silver nanoparticles–polydopamine–graphene nanocomposite for sensitive determination of adenine and guanine. *Talanta*, **114**, 43–48.

90. Zhang, Q.-L., Xu, T.-Q., Wei, J., Chen, J.-R., Wang, A.-J., and Feng, J.-J. (2013) Facile synthesis of uniform Pt nanoparticles on polydopamine-reduced graphene oxide and their electrochemical sensing. *Electrochim. Acta*, **112**, 127–132.

91. Kong, L., Lu, X., Bian, X., Zhang, W., and Wang, C. (2010) Accurately tuning the dispersity and size of palladium particles on carbon spheres and using carbon spheres/palladium composite as support for polyaniline in H_2O_2 electrochemical sensing. *Langmuir*, **26** (8), 5985–5990.

92. Lin, Q., Li, Y., and Yang, M. (2012) Tin oxide/graphene composite fabricated via a hydrothermal method for gas sensors working at room temperature. *Sens. Actuators B*, **173**, 139–147.

93. Janczak, D. and Wróblewski, G. (2012) Screen printed resistive pressure sensors fabricated from polymer composites with graphene nanoplatelets. XIV International PhD Workshop OWD2012, pp. 171–175.

94. Yin, Z., Sun, S., Salim, T., Wu, S., Huang, X., and He, Q. (2010) Organic photovoltaic devices using highly flexible reduced graphene oxide films as transparent electrodes. *ACS Nano*, **4** (9), 5263–5268.

95. Park, H., Chang, S., Smith, M., Gradecak, S., and Kong, J. (2013) Interface engineering of graphene

for universal applications as both anode and cathode in organic photovoltaics. *Sci. Rep.*, **3**, 1–8.
96. Bi, H., Huang, F., Liang, J., Xie, X., and Jiang, M. (2011) Transparent conductive graphene films synthesized by ambient pressure chemical vapor deposition used as the front electrode of CdTe solar cells. *Adv. Mater.*, **23**, 3202–3206.
97. Kholmanov, I.N., Stoller, M.D., Edgeworth, J., Lee, W.H., Li, H., and Lee, J. (2012) Nanostructured hybrid transparent conductive films with antibacterial properties. *ACS Nano*, **6** (6), 5157–5163.
98. Zhu, Y., Sun, Z., Yan, Z., Jin, Z., and Tour, J.M. (2011) Rational design of hybrid graphene films for high-performance transparent electrodes. *ACS Nano*, **5** (8), 6472–6479.
99. Min, S. and Lu, G. (2012) Dye-cosensitized graphene/Pt photocatalyst for high efficient visible light hydrogen evolution. *Int. J. Hydrogen Energy*, **37** (14), 10564–10574.
100. Min, S. and Lu, G. (2013) Promoted photoinduced charge separation and directional electron transfer over dispersible xanthene dyes sensitized graphene sheets for efficient solar H2 evolution. *Int. J. Hydrogen Energy*, **38** (5), 2106–2116.
101. Zhu, M., Chen, P., and Liu, M. (2011) Graphene oxide enwrapped Ag/AgX (X = Br, Cl) nanocomposite as a highly efficient visible-light plasmonic photocatalyst. *ACS Nano*, **5** (6), 4529–4536.
102. Gasteiger, H.A. and Markovic, N.M. (2009) Just a dream or future reality? *Science*, **324**, 48–49.
103. Lefevre, M., Proietti, E., Jaouen, F., and Dodelet, J.P. (2009) Iron-based catalysts with improved oxygen reduction activity in polymer electrolyte fuel cells. *Science*, **324**, 71–74.
104. Wu, G., More, K.L., Johnston, C.M., and Zelenay, P. (2011) High-performance electrocatalysts for oxygen reduction derived from polyaniline, iron, and cobalt. *Science*, **332**, 443–447.
105. Levy, R.B. and Boudart, M. (1973) Platinum-like behavior of tungsten carbide in surface catalysis. *Science*, **181**, 547–5479.
106. Jaouen, F., Proietti, E., Lefèvre, M., Chenitz, R., Dodelet, J.-.P., Wu, G., Chung, H.T., Johnston, C.M., and Zelenay, P. (2011) Recent advances in non-precious metal catalysis for oxygen-reduction reaction in polymer electrolyte fuel cells. *Energy Environ. Sci.*, **4** (1), 114–130.
107. Chen, Z.W., Higgins, D., Yu, A.P., Zhang, L., and Zhang, J.J. (2011) A review on non-precious metal electrocatalysts for PEM fuel cells. *Energy Environ. Sci.*, **4** (9), 3167–3192.
108. Jasinski, R. (1964) A new fuel cell cathode catalyst. *Nature*, **201**, 1212–1213.
109. Bashyam, R. and Zelenay, P. (2006) A class of non-precious metal composite catalysts for fuel cells. *Nature*, **443**, 63–66.
110. Gong, K., Yu, P., Su, L., Xiong, S., and Mao, L. (2007) Polymer-assisted synthesis of manganese dioxide/carbon nanotube nanocomposite with excellent electrocatalytic activity toward reduction of oxygen. *J. Phys. Chem. C*, **111** (5), 1882–1887.
111. Collman, J.P., Devaj, N.K., Decreau, R.A., Yang, Y., Yan, Y.L., Ebina, W., Eberspacher, T.A., and Chidsey, C.E.D. (2007) A cytochrome c oxidase model catalyzes oxygen to water reduction under rate-limiting electron flux. *Science*, **315**, 1565–1568.
112. Jensen, B.W., Jensen, O.W., Forsyth, M., and MacFarlane, D.R. (2008) High rates of oxygen reduction over a vapor phase-polymerized PEDOT electrode. *Science*, **321**, 671–674.
113. Gong, K.P., Du, F., Xia, Z.H., Durstock, M., and Dai, L.M. (2009) Nitrogen-doped carbon nanotube arrays with high electrocatalytic activity for oxygen reduction. *Science*, **323**, 760–764.
114. Xiong, W., Du, F., Liu, Y., Perez, A., Supp, M., Ramakrishnan, T.S., Dai, L.M., and Jiang, L. (2010) 3-D carbon nanotube structures used as high performance catalyst for oxygen reduction reaction. *J. Am. Chem. Soc.*, **132** (45), 15839–15841.
115. Nagaiah, T.C., Kundu, S., Bron, M., Muhler, M., and Schuhmann, W. (2010) Nitrogen-doped carbon nanotube as a highly efficiency cathode catalyst for the

oxygen reduction reaction in alkaline medium. *Electrochem. Commun.*, **12**, 338–341.

116. Tang, Y.F., Allen, B.L., Kauffman, D.R., and Star, A. (2009) Electrocatalytic activity of nitrogen-doped carbon nanotube cups. *J. Am. Chem. Soc.*, **131** (37), 13200–13201.

117. Liu, R.L., Wu, D.Q., Feng, X.L., and Mullen, K. (2010) Nitrogen-doped ordered mesoporous graphitic arrays with high electrocatalytic activity for oxygen reduction. *Angew. Chem. Int. Ed.*, **49** (14), 2565–2569.

118. Yang, W., Fellinger, T.P., and Antonietti, M.J. (2011) Efficient metal-free oxygen reduction in alkaline medium on high-surface-area mesoporous nitrogen-doped carbons made from ionic liquids and nucleobases. *J. Am. Chem. Soc.*, **133** (2), 206–209.

119. Yu, D.S. and Dai, L.M. (2010) Self-assembled graphene/carbon nano-tube hybrid films for supercapacitors. *J. Phys. Chem. Lett.*, **1** (2), 467–470.

120. Sheng, Z.H., Tao, L., Chen, J.J., Bao, W.J., Wang, F.B., and Xia, X.H. (2011) Catalyst-free synthesis of nitrogen-doped graphene via thermal annealing graphite oxide with melamine and its excellent electrocatalysis. *ACS Nano*, **5** (6), 4350–4358.

121. Liu, H.T., Liu, Y.Q., and Zhu, D.B. (2011) Chemical doping of graphene. *J. Mater. Chem.*, **21** (10), 3335–3345.

122. Yang, Z., Nie, H., Chen, X., Chen, X., and Huang, S. (2013) Recent progress in doped carbon nanomaterials as effective cathode catalysts for fuel cell oxygen reduction reaction. *J. Power Sources*, **236**, 238–249.

123. Lai, L.F., Potts, J.R., Zhan, D., Wang, L., Poh, C.K., Tang, C.H., Gong, H., Shen, Z.X., Lin, J.Y., and Ruoff, R.S. (2012) Exploration of the active center structure of nitrogen-doped graphene-based catalysts for oxygen reduction reaction. *Science*, **5**, 7936–7942.

124. Matter, P.H., Zhang, L., and Ozkan, U.S. (2006) The role of nanostructure in nitrogen-containing carbon catalysts for the oxygen reduction reaction. *J. Catal.*, **239** (1), 83–96.

125. Sun, Y.Q., Li, C., and Shi, G.Q. (2012) Nanoporous nitrogen doped carbon modified graphene as electrocatalyst for oxygen reduction reaction. *J. Mater. Chem.*, **22** (25), 12810–12816.

126. Sheng, Z.H., Gao, H.L., Bao, W.J., Wang, F.B., and Xia, X.H. (2012) Synthesis of boron doped graphene for oxygen reduction reaction in fuel cells. *J. Mater. Chem.*, **22**, 390–395.

127. Liu, Z.W., Peng, F., Wang, H.J., Yu, H., Zheng, W.X., and Yang, J. (2011) Phosphorus-doped graphite layers with high electrocatalytic activity for the O_2 reduction in an alkaline medium. *Angew. Chem. Int. Ed.*, **50** (14), 3257–3261.

128. Yang, Z., Yao, Z., Fang, G.Y., Li, G.F., Nie, H.G., Zhou, X.M., Chen, X., and Huang, S.M. (2012) Sulfur-doped graphene as an efficient metal-free cathode catalyst for oxygen reduction. *ACS Nano*, **6** (1), 205–211.

129. Jin, Z.P., Nie, H.G., Yang, Z., Liu, Z., Zhou, X.M., Xu, X.J., and Huang, S.M. (2012) Metal-free selenium doped carbon nanotube/graphene networks as a synergistically improved cathode catalyst for oxygen reduction reaction. *Nanoscale*, **4** (20), 6455–6460.

Copyright © 2015 Wiley - VCH Verlag GmbH & Co.

All Right Reserved. This translation published under license. Authorized translation from English language edition, entitled Graphene – based Energy Devices, ISBN: 978 – 3 – 527 – 33806 – 1, by A. Rashid bin Mohd Yusoff, Published by John Wiley & Sons. No part of this book may be reproduced in any form without the written permission of the original copyrights holder. Copies of this book sold without a Wiley sticker on the cover are unauthorized and illegal.

本书中文简体字版由 Wiley 授权机械工业出版社出版，未经出版者书面允许，本书的任何部分不得以任何方式复制或抄袭。版权所有，翻印必究。

北京市版权局著作权合同登记 图字：01 – 2017 – 2499 号。

图书在版编目（CIP）数据

石墨烯基能源器件/（韩）A. 拉希德·本 莫赫德·尤索夫主编；张强强等译. —北京：机械工业出版社，2019.7

书名原文：Graphene – based Energy Devices

ISBN 978-7-111-62946-7

Ⅰ. ①石… Ⅱ. ①A… ②张… Ⅲ. ①石墨–纳米材料–应用–储能电容器 Ⅳ. ①TM531

中国版本图书馆 CIP 数据核字（2019）第 115662 号

机械工业出版社（北京市百万庄大街22号　邮政编码100037）

策划编辑：顾　谦　责任编辑：闫洪庆

责任校对：雕燕舞　封面设计：马精明　责任印制：李　昂

北京京丰印刷厂印刷

2019 年 8 月第 1 版第 1 次印刷

169mm×239mm・24.25 印张・498 千字

标准书号：ISBN 978 - 7 - 111 - 62946 - 7

定价：129.00 元

电话服务　　　　　　　　网络服务

客服电话：010 - 88361066　　机　工　官　网：www.cmpbook.com

　　　　　010 - 88379833　　机　工　官　博：weibo.com/cmp1952

　　　　　010 - 68326294　　金　书　网：www.golden – book.com

封底无防伪标均为盗版　　机工教育服务网：www.cmpedu.com